土 木 工 程 施 工

（第三版）

申琪玉　主　编

石开荣　尹秀琴　副主编

科 学 出 版 社

北　京

内 容 简 介

本书按照高等院校“土木工程施工”课程教学大纲的基本要求编写。内容包括土方工程、桩基础工程、混凝土结构工程、预应力混凝土工程、砌体结构工程、脚手架工程、结构安装工程、防水工程、装饰工程、路桥工程、流水施工原理、网络计划技术、施工组织总设计、单位工程施工组织设计和绿色施工。本书按照现行最新的国家标准、行业规范等进行编写，力求做到内容新颖、结构完整、深入浅出、通俗易懂、实用性强。

本书可作为高等院校土木工程专业的教材，也可作为建筑施工技术人员的参考书。

图书在版编目（CIP）数据

土木工程施工/申琪玉主编．—3 版．—北京：科学出版社，2021.1

ISBN 978-7-03-067540-8

Ⅰ．①土…　Ⅱ．①申…　Ⅲ．①土木工程-工程施工-高等学校-教材
Ⅳ．①TU7

中国版本图书馆 CIP 数据核字（2020）第 269438 号

责任编辑：任加林　宫晓梅 / 责任校对：王万红
责任印制：吕春珉 / 封面设计：东方人华平面设计部

科学出版社 出版
北京东黄城根北街 16 号
邮政编码：100717
http://www.sciencep.com

新科印刷有限公司 印刷

科学出版社发行　各地新华书店经销

*

2007 年 6 月第 一 版　2021 年 7 月第二十次印刷
2015 年 8 月第 二 版　开本：787×1092 1/16
2021 年 1 月第 三 版　印张：31 1/2
字数：744 000

定价：82.00 元

（如有印装质量问题，我社负责调换〈新科〉）

销售部电话 010-62136230　编辑部电话 010-62138978-2028（HA18）

第三版前言

编者根据最新国家标准、行业规范等更新了全书内容，增加了多高层装配式结构安装和绿色施工的内容，以适应现阶段建筑工业化和绿色施工对土木工程施工领域的新要求。

本书由华南理工大学申琪玉担任主编，华南理工大学石开荣和广东工业大学尹秀琴担任副主编，华南理工大学朱东风、河海大学李弘扬和南阳理工学院陈守兰参加了编写。具体分工为：申琪玉编写第 1 章土方工程、第 3 章混凝土结构工程、第 12 章网络计划技术及第 15 章绿色施工；石开荣编写第 4 章预应力混凝土工程、第 6 章脚手架工程、第 7 章结构安装工程的 7.4 节及第 8 章防水工程；尹秀琴编写第 9 章装饰工程、第 13 章施工组织总设计及第 14 章单位工程施工组织设计；陈守兰编写第 7 章结构安装工程的 7.1～7.3 节；李弘扬编写第 5 章砌体结构工程及第 11 章流水施工原理；朱东风编写第 2 章桩基础工程及第 10 章路桥工程。全书由申琪玉进行审校、统编与定稿。

由于编者水平有限，不足之处在所难免，恳请广大读者批评指正。

编　者

2020 年 12 月

第一版前言

土木工程施工是土木工程专业的主要专业课之一，它在培养学生具有独立分析和解决土木工程中有关施工技术与组织管理问题的基本能力方面起着重要作用。

土木工程施工是研究土木工程施工过程中各主要分部工程的施工技术及其组织规律的课程。它实践性、综合性强，涉及知识面广，技术发展迅速。

本书强调理论联系实际，反映当前土木工程施工的先进水平，并增加新技术、新工艺等内容，以达到培养学生解决工程实际问题能力的目标。

本书由华南理工大学申琪玉担任主编，燕山大学赵燕青和黄石理工学院吴洁担任副主编，南阳理工学院陈守兰、张树珺、鲁亚波及山东农业大学李一凡与太原理工大学阳泉学院靳雪梅参加了编写。具体分工为：申琪玉编写第 3 章“混凝土结构工程”、第 4 章“预应力混凝土工程”及第 12 章“网络计划技术”；赵燕青编写第 1 章“土方工程”及第 10 章“装饰工程”；吴洁编写第 13 章“单位工程施工组织设计”及第 14 章“施工组织总设计”；陈守兰编写第 7 章“结构安装工程”及第 8 章“钢结构工程”；张树珺编写第 9 章“防水工程”；鲁亚波编写第 2 章“桩基础工程”；李一凡编写第 5 章“砌体工程”及第 6 章“脚手架工程”；靳雪梅编写第 11 章“流水施工原理”。全书由申琪玉进行审校、通编与定稿。

本书由南阳理工学院陈守兰教授级高工担任主审，她对本书提出了许多宝贵的修改意见，在此表示衷心感谢。

本书根据我国现行国家标准和行业规范进行编写，努力做到内容新颖、结构完整、深入浅出、通俗易懂、实用性强。但由于编者水平有限，不足之处在所难免，恳请广大读者批评指正。

编　者

2006 年 12 月

目　录

第 1 章　土 方 工 程

本章主要介绍土方工程的种类及施工特点、土的工程分类及其与土方施工有关的性质、场地平整及基坑（槽）土方工程量的计算、地下水控制与土方施工机械等内容。重点阐述土方边坡稳定及基坑支护、基坑（槽）土方开挖、地下水控制的方法、土方填筑与压实等内容。

1.1　概　　述

1.1.1　土方工程的种类

土方工程是土木工程施工中的主要分部工程之一，通常也是土木工程施工过程中的第一道工序。它包括土（石）方的挖掘、填筑和运输等过程，以及排水、降低地下水位和支护结构施工等。土方工程根据施工内容和方法不同，一般可以分为以下几种。

1. 场地平整

场地平整是指将天然地面改造成工程设计要求的设计平面时所进行的建筑场地的挖土、填土及找平。其特点是工作面广、工程量大，应尽可能采用机械化施工。

2. 基坑（槽）及管沟开挖

基坑是为进行建（构）筑物基础、地下建（构）筑物施工所开挖形成的地面以下空间。基坑（槽）及管沟开挖是指在地面以下为浅基础、桩承台及地下管道等施工而进行的土方开挖。这类土方工程由于开挖工作面较小，要求断面、标高、位置准确度高，多采用人工开挖；当工程量较大时可采用中小型土方机械开挖。

3. 地下大型土方开挖

地下大型土方开挖是指在地面以下为人防工程、大型建筑物的地下室、深基础及大型设备基础等施工而进行的土方开挖。它涉及降低地下水位、边坡稳定及支护、邻近建筑物的安全防护等问题。这类土方工程工程量大、施工条件复杂，受气候、水文、地质等影响因素多，应尽可能采用机械化、半机械化施工。

4. 土方填筑

土方填筑是指将低洼处用土方分层填平、压实，包括大型土方填筑和小型场地、基坑、基槽、管沟、房心的回填等。前者一般与场地平整同时进行，交叉施工；后者除小型场地回填外，一般在地下工程施工完毕后进行。土方填筑通常采用机械化、半机械化施工。

1.1.2　土方工程施工的特点

土方工程施工的特点是工程量大、工作面广、施工条件复杂，受影响因素众多。大型建设项目的土方工程量可达几十万立方米乃至几兆立方米；另外，土方工程多为露天作业，施工经常受到工程所在地的气候、地形、水文、地质等因素的影响，因此，在组织土方工程施工前，应详细分析施工条件，做好调查研究，根据本地区的工程及水文地质情况以及气候、环境等特点，制定合理的施工组织方案。土方工程施工要尽量避开雨季，如不能避开，则要做好防洪和排水工作。

1.1.3　土的工程分类

土的种类繁多，其分类方法也很多。下面是几种常见的土的分类方法。

1）根据《土的工程分类标准》（GB/T 50145—2007）规定，土按其不同粒组的相对含量可划分为巨粒类土、粗粒类土、细粒类土。

2）根据《岩土工程勘察规范（2019 年版）》（GB 50021—2001）规定，岩石按坚硬程度分为坚硬岩、较硬岩、较软岩、软岩和极软岩。

根据地质成因，土可划分为残积土、坡积土、洪积土、冲积土、淤积土、冰积土和风积土等。

根据粒径和塑性指数，土可划分为碎石土、砂土、粉土、黏性土。

碎石土：粒径大于 2mm 的颗粒质量超过总质量 50%的土。碎石土又分为漂石、块石、卵石、碎石、圆砾、角砾。

砂土：粒径大于 2mm 的颗粒质量不超过总质量 50%，粒径大于 0.075mm 的颗粒质量超过总质量 50%的土。砂土又分为砾砂、粗砂、中砂、细砂、粉砂。

粉土：粒径大于 0.075mm 的颗粒质量不超过总质量 50%，且塑性指数等于或小于 10 的土。

黏性土：塑性指数大于 10 的土。黏性土又分为粉质黏土和黏土。

3）根据《建材矿山工程施工与验收规范》（GB 50842—2013）的分类方法，作为建筑地基的岩土，可分为岩石、碎石土、砂土、粉土、黏性土和人工填土。

4）根据土方开挖难易程度不同，在现行预算定额中将土壤及岩石分为 8 类，如表 1-1 所示，以便选择施工方法和确定劳动量，为计算劳动量、施工机具及工程费用提供依据。

表 1-1　土壤及岩石（普氏）分类表

定额分类	普氏分类	土壤及岩石名称	开挖方法及工具	坚固系数
第一类（松软土）	Ⅰ	砂土；粉土；冲击砂土层；疏松的种植土；淤泥（泥炭）	用尖锹开挖	0.5～0.6
第二类（普通土）	Ⅱ	粉质黏土；潮湿的黄土；夹有碎石、卵石的砂；粉土混卵（碎）石；种植土；填土	用锹开挖并少数用镐开挖	0.6～0.8
第三类（坚土）	Ⅲ	软及中等密实黏土；重粉质黏土；砾石土；干黄土、含有碎石卵石的黄土、粉质黏土；压实的填土	用尖锹并同时用镐开挖(30%)	0.8～1.0
第四类（砾砂坚土）	Ⅳ	坚硬密实的黏性土或黄土；含碎石、卵石的中等密实的黏性土或黄土；粗卵石；天然级配砂石；软泥灰岩	用尖锹并同时用镐和撬棍开挖（30%）	1.0～1.5
第五类（软石）	Ⅴ	硬质黏土；中密的页岩、泥灰岩、白垩土；胶结不紧的砾岩；软石灰岩及贝壳石灰岩	部分用手凿工具，部分用爆破来开挖	1.5～4.0

续表

定额分类	普氏分类	土壤及岩石名称	开挖方法及工具	坚固系数
第六类（次坚石）	Ⅵ～Ⅷ	泥岩；砂岩；砾岩；坚实的页岩、泥灰岩；密实的石灰岩；风化花岗岩、片麻岩及正长岩	用风镐和爆破方法开挖	4.0～10.0
第七类（坚石）	Ⅸ～Ⅹ	大理岩；辉绿岩；玢岩；粗中粒花岗岩；坚实的白云岩；砂岩、砾岩、片麻岩、石灰岩；微风化安山岩、玄武岩	用爆破方法开挖	10.0～18.0
第八类（特坚石）	Ⅺ～ⅩⅥ	安山岩；玄武岩；花岗片麻岩；坚实的细粒花岗岩、闪长岩、石英岩、辉长岩、辉绿岩、玢岩、角闪岩	用爆破方法开挖	18.0～25.0及以上

1.1.4 土的工程性质

土的工程性质直接影响土方工程的施工方案。土有多种工程性质，其中对土方工程施工影响较大的有土的密度、含水量、可松性和渗透性等。

1. 土的密度

与土方工程施工紧密相关的是土的天然密度和土的干密度。土的天然密度是指土在天然状态下单位体积的质量，它与土的密实程度和含水量有关，它影响土的承载力、土压力及边坡稳定性。土的干密度是指单位体积土中固体颗粒的质量，工程上常以土的干密度来评价土的密实程度，它是检验填土压实质量的控制指标。

2. 土的含水量

土的含水量是指土中所含水的质量与土的固体颗粒的质量之比，以百分数表示为

$$W=\frac{m_1-m_2}{m_2}\times 100\%=\frac{m_w}{m_s}\times 100\% \tag{1-1}$$

式中：W——土的含水量，%；

m_1——含水状态时土的质量，kg；

m_2——烘干后土的质量，kg；

m_w——土中水的质量，kg；

m_s——土中固体颗粒的质量，kg。

土的含水量反映土的干湿程度。含水量在5%以下的土称为干土，在5%～25%的土称为潮湿土，大于25%的土称为湿土。含水量越大，土越潮湿，对施工越不利。含水量对挖土难易、土方边坡的稳定性和填土压实质量均有影响。土方回填时需要在最佳含水量状态方能夯压密实，获得最佳干密度。

3. 土的可松性

自然状态下的土，经过开挖以后，其体积因松散而增加，以后虽经回填压实，仍不能恢复到原来的体积，这种性质称为土的可松性。土的可松性用可松性系数表示为

$$K_s=\frac{V_2}{V_1} \tag{1-2}$$

$$K'_s=\frac{V_3}{V_1} \tag{1-3}$$

式中：K_s——土的最初可松性系数；

K'_s——土的最终可松性系数；

V_1——土在自然状态下的体积，m^3；

V_2——土经开挖后的松散体积，m^3；

V_3——土经回填压实后的体积，m^3。

土的可松性与土方的平衡调配、场地平整土方量的计算、基坑（槽）开挖后的留弃土方量计算以及确定土方运输工具数量等都有着密切的关系。

4. 土的渗透性

土的渗透性是指水在土孔隙中渗透流动的性能，一般用渗透系数 K 表示。地下水在土中的渗流速度可按达西定律计算，即

$$v=Ki \tag{1-4}$$

式中：v——水在土中渗流的速度，m/d 或 cm/s；

K——土的渗透系数，m/d 或 cm/s；

i——水力坡度。

渗透系数 K 反映了土透水性的强弱，它直接影响基坑降水方案的选择和涌水量的计算，可通过室内渗透试验或现场抽水试验确定。常见土的渗透系数参考值如表 1-2 所示。

表 1-2　渗透系数参考值

土的种类	渗透系数 K/（cm/s）	渗透性
纯砾	$>10^{-1}$	高渗透性
纯砂与砾混合物	$10^{-3}\sim10^{-1}$	中渗透性
极细砂	$10^{-5}\sim10^{-3}$	低渗透性
粉土、砂与黏土混合物	$10^{-7}\sim10^{-5}$	极低渗透性
黏土	$<10^{-7}$	几乎不透水

1.2　场地平整施工

场地平整一般是土方施工的第一道工序，场地平整前应先做好各项准备工作，如清除场地内所有地上、地下障碍物，排除地面积水，铺筑临时道路等；同时还要进行场区竖向规划设计，确定场地设计标高，计算挖方和填方的工程量，进行土方调配，根据工程规模、施工期限、土的类别选择土方机械、拟定施工方案等。

1.2.1　场地设计标高的确定

场地设计标高是进行场地平整和土方工程量计算的依据，也是现场总施工平面图布置和竖向设计的依据。合理确定场地的设计标高，对减少土方量、节约土方运输费用、

加快施工进度等有重要的意义。

场地设计标高除应满足规划、生产工艺及运输、排水及最高洪水位等要求外，还应尽可能使场地内土方挖填平衡且土方运输量最小。

场地设计标高的确定常用以下两种方法。

1）按挖填平衡原则确定设计标高。适用于场地比较平缓，对场地设计标高无特殊要求的情况，按照挖填土方量相等的原则确定场地设计标高。

2）用最小二乘法原理求最佳设计平面。应用最小二乘法的原理，不仅可满足土方挖填平衡的要求，还可做到土方的总工程量最小，实现场地设计平面的优化。

场地设计标高应在设计文件上标明，若设计文件没有标明，可按照挖填平衡原则依据下述步骤和方法确定。

1. 初步确定场地设计标高

首先将场地的地形图根据要求的精度划分成边长为10～40m的方格网［图1-1（a）］。在各方格左上角逐一标出其角点的编号，然后求出各方格角点的地面标高，标于各方格的左下角。当地形平坦时，各方格角点的地面标高可根据地形图上相邻两等高线的标高，用插入法求得。当地形起伏较大或无地形图时，可在地面用木桩打好方格网，用仪器直接测出。

按照场地内土方工程量在平整前及平整后相等的原则，场地设计标高可计算为

$$H_0na^2=\sum\left(a^2\frac{H_{11}+H_{12}+H_{21}+H_{22}}{4}\right)$$

$$H_0=\frac{\sum(H_{11}+H_{12}+H_{21}+H_{22})}{4n}$$

式中：H_0——场地设计标高，m；

a——方格边长，m；

n——方格数，个；

H_{11}、H_{12}、H_{21}、H_{22}——一个方格的4个角点标高，m。

由图1-1可见，H_{11}系一个方格的角点标高，H_{12}及H_{21}系相邻两个方格的公共角点标高，而H_{22}系相邻四个方格的公共角点标高。如果将所有方格的四个角点标高相加，则类似H_{12}的角点标高需加两次，而类似H_{22}的角点标高要加四次，为便于计算，上式可改写为

$$H_0=\frac{\sum H_1+2\sum H_2+3\sum H_3+4\sum H_4}{4n} \tag{1-5}$$

式中：H_1——一个方格独有的角点标高，m；

H_2——两个方格共有的角点标高，m；

H_3——三个方格共有的角点标高，m；

H_4——四个方格共有的角点标高，m。

2. 场地设计标高的调整

按式（1-5）所计算的场地设计标高H_0是理论值，还需要考虑以下影响因素进行调整。

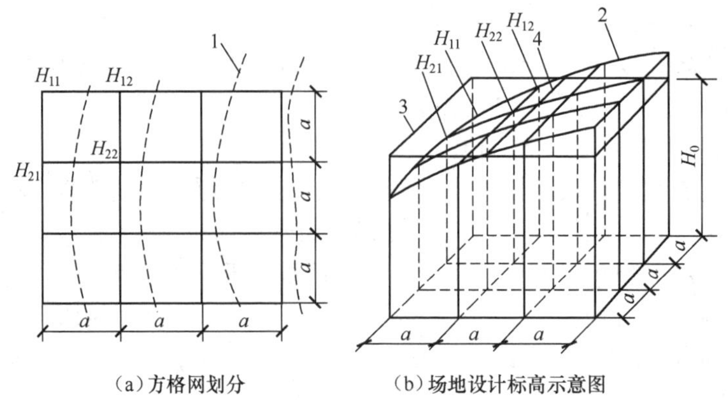

1—等高线；2—自然地面标高；3—设计地面标高；4—自然地面与设计标高平面的交线（零线）。

图 1-1　场地设计标高计算示意图

（1）土的可松性影响

由于土具有可松性，按理论计算出的 H_0 进行施工，填土会有剩余，需相应地提高设计标高，如图 1-2 所示。若 Δh 为由于土的可松性引起设计标高的增加，F_W、F_T 为场地挖方横断面积及填方横断面积，则设计标高调整后的总挖方体积 V'_W 为

$$V'_W = V_W - F_W \Delta h$$

总填方体积为

$$V'_T = V_T + F_T \Delta h$$

而

$$V'_T = V'_W K'_s$$

所以

$$V_T + F_T \Delta h = (V_W - F_W \Delta h) K'_s$$

移项整理得

$$\Delta h = \frac{V_W K'_s - V_T}{F_T + F_W K'_s}$$

当 $V_W = V_T$ 时，上式化为

$$\Delta h = \frac{V_W (K'_s - 1)}{F_T + F_W K'_s}$$

故考虑土的可松性后，场地设计标高应调整为

$$H'_0 = H_0 + \Delta h \tag{1-6}$$

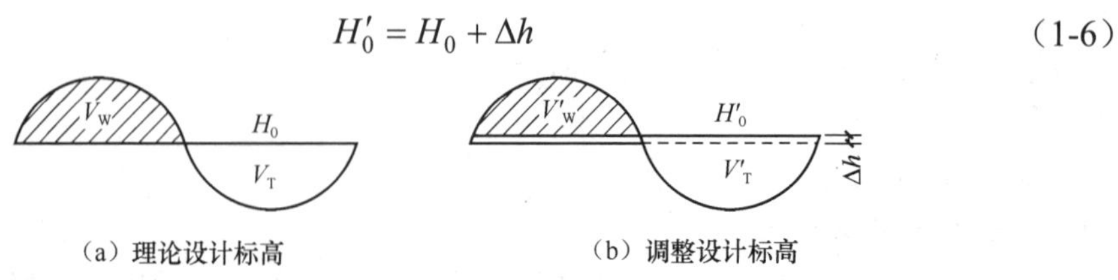

图 1-2　设计标高调整计算

（2）借土或弃土的影响

由于受设计标高以下的各种填方工程的填土量或设计标高以上的各种挖方工程的挖土量的影响，以及通过经济比较而将部分挖方就近弃土于场外（弃土），或部分填方就近从场外取土（借土），都会导致设计标高的降低或提高。因此需根据实际情况适当调整设计标高。

（3）泄水坡度的影响

施工平整后，场地是一个平面。但实际上由于排水的要求，场地表面需要有一定的泄水坡度，其大小应符合设计规定。因此，在计算的 H_0（或经调整后的 H_0'）基础上，要根据场地要求的泄水坡度（图 1-3），计算出场地内各方格角点实际施工时的设计标高。

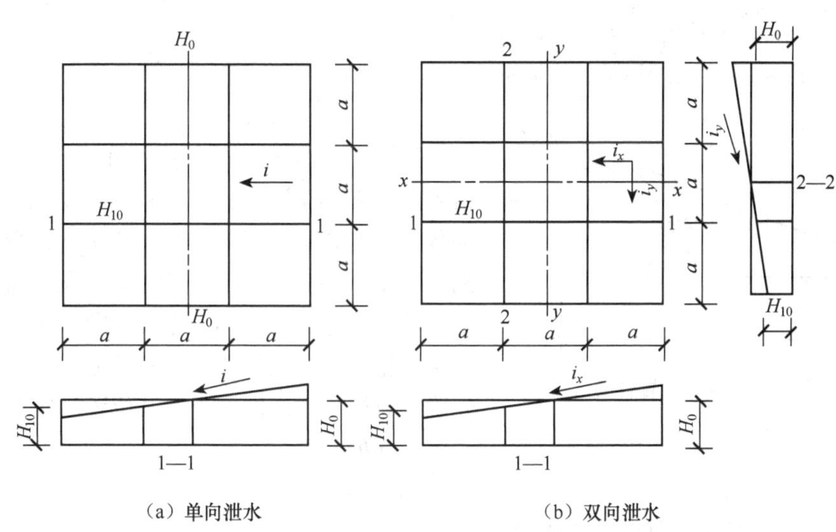

图 1-3　场地泄水坡度示意图

单向泄水时，以计算出的设计标高 H_0（或调整后的设计标高 H_0'）作为场地中心线的标高。场地内任意一个方格角点的设计标高为

$$H_n=H_0(H_0')\pm li \tag{1-7}$$

式中：l——该方格角点距场地中心线的距离，m；

i——场地泄水坡度（不小于 0.2%）。

当场地表面为双向泄水时，设计标高的计算原理与单向泄水坡度的计算原理相同。场地内任意一个方格角点的设计标高为

$$H_n=H_0(H_0')\pm l_x i_x \pm l_y i_y \tag{1-8}$$

式中：l_x、l_y——该点于 $x—x$、$y—y$ 方向上距场地中心线的距离，m；

i_x、i_y——场地在 $x—x$、$y—y$ 方向上的泄水坡度。

1.2.2　场地平整土方工程量的计算

场地平整土方工程量的计算方法，有方格网法和断面法两种。当场地地形较为平坦

时宜采用方格网法；当场地地形起伏较大、断面不规则时，宜采用断面法。

1. 方格网法

将场地划分为正方形的方格网，方格边长一般取 10m、20m、30m、40m 等。根据每个方格角点的自然地面标高和设计标高，算出相应的角点挖填高度，然后计算出每一个方格的土方量，并算出场地边坡的土方量，这样即可求得整个场地的填、挖土方量。具体步骤如下。

（1）计算场地各方格角点的施工高度

各方格角点的施工高度（挖或填的高度），可按下式计算：

$$h_n = H_n - H \tag{1-9}$$

式中：h_n——角点的施工高度（以“＋”为填，“－”为挖），m；

H_n——角点的设计标高，m；

H——角点的自然地面标高，m。

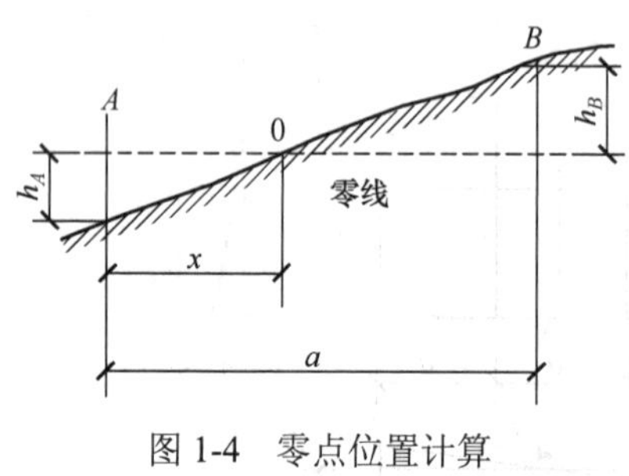

图 1-4　零点位置计算

（2）确定零线

当同一方格的 4 个角点的施工高度同号时，该方格内的土方则全部为挖方或填方，如果同一方格中一部分角点的施工高度为“＋”，而另一部分为“－”时，则此方格中的土方一部分为填方，另一部分为挖方。挖、填方的分界线，称为零线（图 1-4），零线上的点不填不挖，称之为不开挖点或零点。确定零线时，要先确定方格边线上的零点，其位置可按下式计算：

$$x = \frac{ah_A}{h_A + h_B} \tag{1-10}$$

式中：x——零点距角点 A 的距离，m；

a——方格边长，m；

h_A、h_B——相邻两角点 A、B 的施工高度（取绝对值），m。

将方格网中各相邻的零点连接起来，即为不挖不填的零线。零线将场地划分为挖方区域和填方区域两部分。

（3）计算场地方格挖（填）方土方量

场地各方格土方量的计算，可采用四方棱柱体的体积计算方法，一般有下述 4 种类型。

1）方格 4 个角点全部为填方或全部为挖方（图 1-5），其挖（填）方土方量为

$$V = \frac{a^2}{4}(h_1 + h_2 + h_3 + h_4) \tag{1-11}$$

2）方格的相邻两角点为挖方，另两角点为填方（图 1-6），其挖方部分的土方量为

$$V_{1,2} = \frac{a^2}{4}\left(\frac{h_1^2}{h_1 + h_4} + \frac{h_2^2}{h_2 + h_3}\right) \tag{1-12}$$

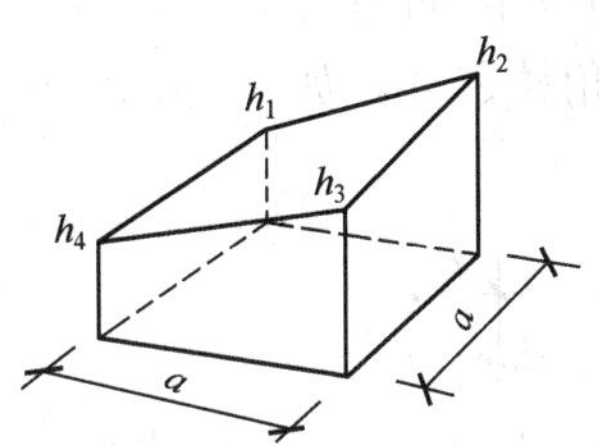

图 1-5　全挖（全填）方格

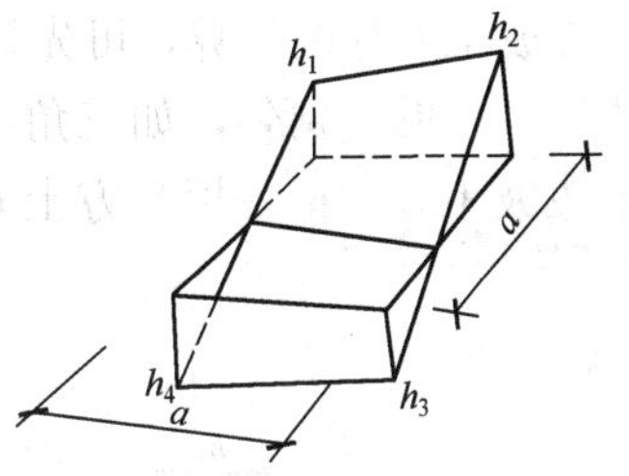

图 1-6　两挖两填方格

填方部分的土方量为

$$V_{3,4}=\frac{a^2}{4}\left(\frac{h_4^2}{h_1+h_4}+\frac{h_3^2}{h_2+h_3}\right) \tag{1-13}$$

3）方格的 3 个角点为挖方，另一个角点为填方，或者相反时（图 1-7），其填方部分土方量为

$$V_4=\frac{a^2}{6}\frac{h_4^3}{(h_3+h_4)(h_4+h_1)} \tag{1-14}$$

挖方部分土方量为

$$V_{1,2,3}=\frac{a^2}{6}(2h_1+h_2+2h_3-h_4)+V_4 \tag{1-15}$$

4）方格的一个角点为挖方，相对的角点为填方，另两个角点为零点时（图 1-8），其挖（填）方土方量为

$$V=\frac{1}{6}a^2h \tag{1-16}$$

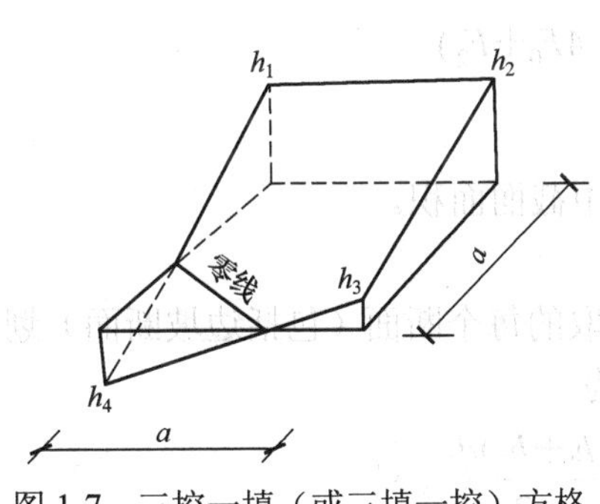

图 1-7　三挖一填（或三填一挖）方格

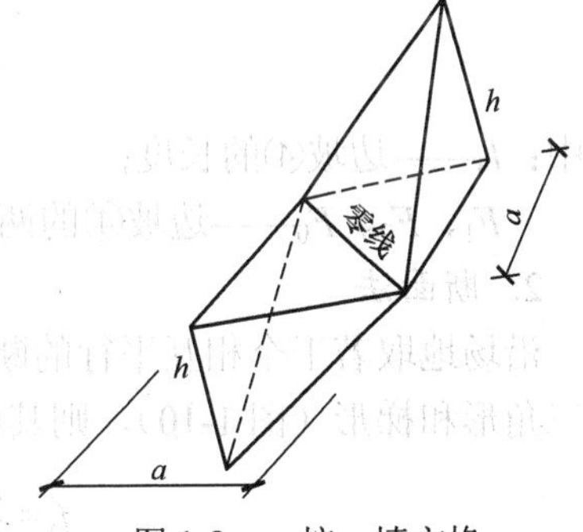

图 1-8　一挖一填方格

以上的计算公式是根据平均中断面的近似公式推导而得，当方格网中地形不平时误差较大，但计算相对简单，目前人工计算土方量时多用此法。为提高计算精度，也可将方格网按等高线走向再划成三角棱柱体进行计算，但该法计算工作量大，一般适宜用计算机计算土方量，在此不再赘述。

（4）计算场地边坡土方量

在场地平整施工中，场地四周都需要做成边坡，以保持土体稳定，保证施工和使用的安全。边坡土方量的计算，可先把挖方区和填方区的边坡①～⑨画出来，然后将边坡划分为两种近似的几何体，如三角棱柱体或三角棱锥体，如图 1-9 所示，分别计算其体积，求出边坡土方的挖（填）方土方量。

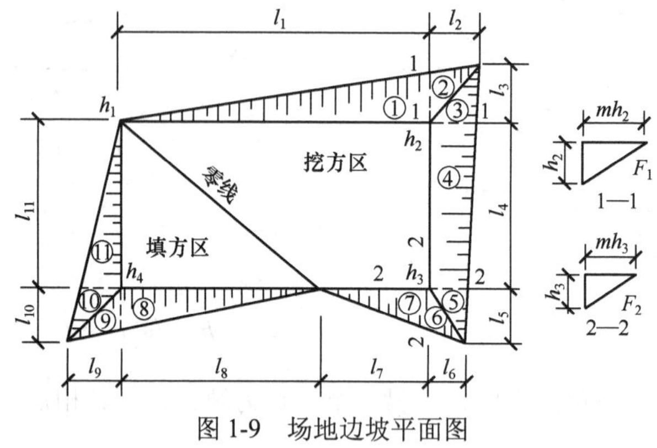

图 1-9　场地边坡平面图

1）棱锥体边坡体积。如图 1-9 中的①，其体积为

$$V_1=\frac{1}{3}F_1l_1 \tag{1-17}$$

式中：l_1——边坡①的长度；

F_1——边坡①的端面积。

2）三角棱柱体边坡体积。如图 1-9 中的④，其体积为

$$V_4=\frac{F_1+F_2}{2}l_4 \tag{1-18}$$

在两端面积相差很大的情况下，则

$$V_4=\frac{l_4}{6}(F_1+4F_0+F_2) \tag{1-19}$$

式中：l_4——边坡④的长度；

F_1、F_2、F_0——边坡④的两端面积及中截面面积。

2. 断面法

沿场地取若干个相互平行的断面，将所取的每个断面（包括边坡断面）划分为若干个三角形和梯形（图 1-10），则其面积分别为

$$f_1=\frac{h_1d_1}{2},\ f_2=\frac{(h_1+h_2)d_2}{2},\ \cdots$$

某一断面面积为

$$F_i=f_1+f_2+\cdots+f_n$$

若 $d_1=d_2=d_3=\cdots=d_n=d$，则

$$F_i=d(h_1+h_2+\cdots+h_{n-1})$$

设各断面面积分别为 $F_1,F_2,\cdots,F_m$，相邻两断面间的距离依次为 $L_1,L_2,\cdots,L_m$，则所求土方量为

$$V=\frac{F_1+F_2}{2}L_1+\frac{F_2+F_3}{2}L_2+\cdots+\frac{F_{m-1}+F_m}{2}L_{m-1} \tag{1-20}$$

可见，用断面法计算土方量时，边坡土方量已包括在内。

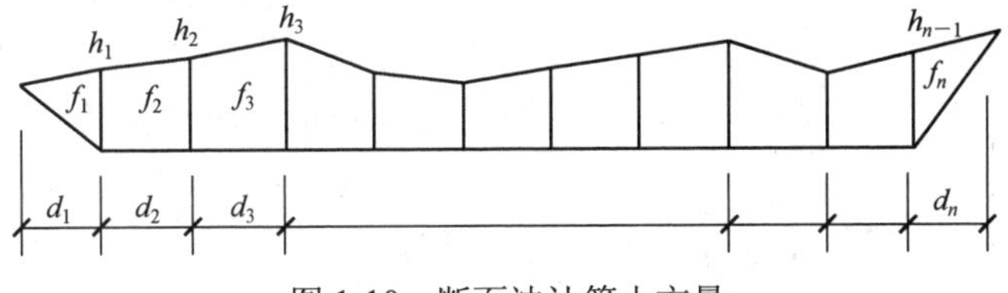

图 1-10 断面法计算土方量

1.2.3 土方调配

土方调配是指在同一或相邻土方工程作业施工中，对挖方弃土量和回填用土量进行综合平衡。其目的是在土方总运输量最小或土方总运输成本最小的条件下，确定填、挖区土方的调配方向和数量，从而达到缩短工期和降低成本的目的。

1. 土方调配的原则

1）应力求达到挖、填平衡和运距最短的原则。

2）土方调配应考虑近期施工与后期利用相结合的原则。

3）土方调配应采取分区与全场结合考虑的原则。

4）土方调配还应尽可能与大型地下建（构）筑物的施工相结合，避免土方的重复挖、填和运输。

5）合理布置挖、填方分区线，选择恰当的调配方向、运输线路，使土方机械和运输车辆的性能得到充分发挥。

2. 土方调配的步骤

划分调配区（绘出零线）→计算各调配区的土方量→计算调配区之间的平均运距（即挖方区土方重心至填方区土方重心的距离）→确定初始调配方案→优化方案判别→绘制土方调配图。

1）划分调配区。在平面图上划出挖、填区的分界线，并在挖方区和填方区划出若干调配区，确定调配区的大小和位置。划分调配区应注意下列几点。

① 调配区的范围应该与工程建（构）筑物的平面位置相协调，并考虑它们的开工顺序、工程的分期施工顺序。

② 调配区的大小应该满足土方施工主导机械（铲运机、挖土机等）的技术要求。

③ 调配区的范围应该与场地平整工程量计算用的方格网相协调，通常若干个方格可组成一个调配区。

④ 当土方运距较大或场地范围内土方不平衡时，可根据附近地形，考虑就近取土或就近弃土，这时一个取土区或弃土区都可作为一个独立的调配区。

2）计算各调配区的土方量，并标于图上。

3）计算调配区之间的平均运距，即挖方区土方重心至填方区土方重心的距离，并将其距离标于土方平衡与运距表中。

4）确定初始调配方案。用最小元素法，就近调配。调配顺序：先从运距小的开始，使其土方量最大，依次进行。

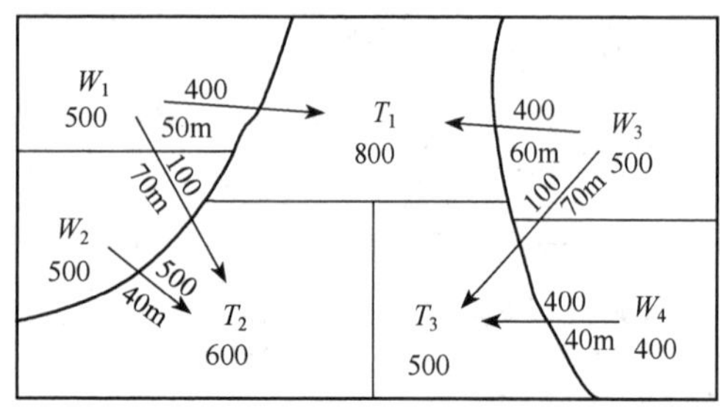

W_i—挖方；T_i—填方。

图 1-11　土方调配图

注：箭头线上方数字为最终土方调配量，箭头线下方数字为挖（填）区之间的平均运距。

5）优化方案判别。初始调配方案是按“就近调配”得到的，它保证了挖填平衡、总运输量较小，但总运输量不一定是最小的，因此还需进行判别。用“位势法”检查，总的运输量是否为最小值，否则用“闭回路法”进行调整。

6）绘制土方调配图。调配方案确定后，绘制土方调配图（图 1-11）。在土方调配图上要注明挖（填）调配区、土方数量、调配方向、最终土方调配量和每对挖填区之间的平均运距。

1.3　基坑（槽）土方工程施工

1.3.1　基坑（槽）土方量计算

1. 基坑土方量计算

基坑土方量的计算可近似地按拟柱体（由两个平行的平面做上下底的多面体）体积计算［图 1-12（a）］，即

$$V=\frac{H}{6}(F_1+4F_0+F_2) \tag{1-21}$$

式中：V——基坑土方量，m^3；

H——基坑深度，m；

F_1、F_2——基坑上下两底的底面积，m^2；

F_0——基坑中截面面积，m^2。

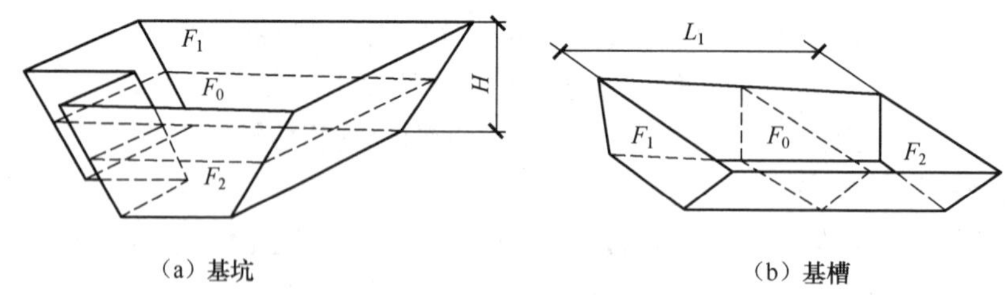

（a）基坑　　（b）基槽

图 1-12　基坑（槽）土方量计算

2. 基槽土方量计算

基槽和路堤的土方量可沿长度方向分段后，再按拟柱体计算[图 1-12（b）]。计算公式如下：

$$V_1=\frac{L_1}{6}(F_1+4F_0+F_2) \tag{1-22}$$

式中：V_1——第一段的土方量，m^3；

L_1——第一段的基槽长度，m。

然后将各段相加即得总土方量

$$V = V_1 + V_2 + \cdots + V_n \tag{1-23}$$

式中：V——基槽总土方量，m^3；

$V_1, V_2, \cdots, V_n$——各段的土方量，m^3。

1.3.2 土方边坡与稳定

1. 土方边坡坡度的确定

土方施工中为了保持土壁稳定防止塌方，将挖方和填方的边缘做成一定的坡度，这个倾斜的坡度即为边坡。

当开挖基坑（槽）时，地质条件良好、土质均匀且地下水位低于基坑（槽）或管沟底面标高时，挖方边坡可以做成直立的形状。但是深度不得大于当地预算定额规定不放坡的最大挖方深度。当挖土高度超过当地预算定额规定的最大挖土深度时，应考虑放坡。边坡坡度应根据土质、开挖深度、开挖方法、施工工期、地下水位、坡顶荷载及气候条件等因素确定，可做成直线形、折线形或阶梯形（图 1-13）。

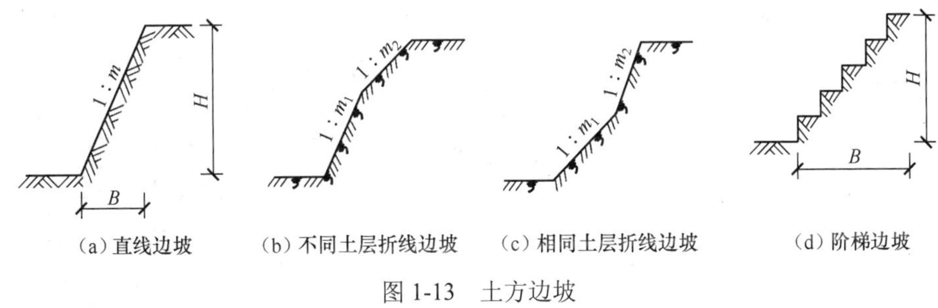

图 1-13 土方边坡

土方边坡的坡度是指边坡表面倾斜程度，表述为高度 H 与宽度 B 之比，即

$$\text{土方边坡坡度} = \frac{H}{B} = \frac{1}{B/H} = \frac{1}{m} \tag{1-24}$$

式中：m——边坡系数。

土方开挖的坡度应符合下列规定。

1）永久性挖方边坡坡度应符合设计要求，当工程地质与设计资料不符，需修改边坡坡度或采取加固措施时，应由设计单位确定。

2）临时性挖方边坡坡度应根据工程地质和开挖边坡高度要求，结合当地同类土体的稳定坡度确定。

3）临时性挖方工程的边坡坡率允许值应符合表 1-3 的规定或经设计计算确定。一次开挖深度，软土不应超过 4m，硬土不应超过 8m。

表 1-3　临时性挖方工程的边坡坡率允许值

土的类别		边坡坡率（高：宽）
砂土	不包括细砂、粉砂	（1：1.25）～（1：1.50）
黏性土	坚硬	（1：0.75）～（1：1.00）
	硬塑、可塑	（1：1.00）～（1：1.25）
	软塑	1：0.50 或更缓
碎石类土	充填坚硬黏土、硬塑黏土	（1：0.50）～（1：1.00）
	充填砂土	（1：1.00）～（1：1.50）

2. 土方边坡的稳定

土方边坡稳定，主要是由于土体内摩阻力和黏结力保持平衡，一旦失去平衡，边坡就会塌方。造成边坡塌方的主要原因有以下几方面。

1）土质差且边坡过陡，会使土体稳定性差。在开挖深度大的基坑时就会引起塌方。

2）雨水、地下水渗入基坑，使土体重力增大及抗剪强度降低，是造成塌方的主要原因。

3）基坑（槽）边缘附近大量堆土，或停放机具、材料，或由于动荷载的作用，使土体产生的剪应力超过土体的抗剪强度而破坏。

为了防止塌方，保证施工安全，在开挖土方达到一定深度时，要按规定进行放坡，或进行土壁支撑，以保证边坡的稳定。

1.3.3　基坑支护

基坑支护是为保护地下主体结构施工和基坑周边环境的安全，对基坑采用的临时性支挡、加固、保护与地下水控制的措施。基坑支护应满足下列功能要求：保证基坑周边建（构）筑物、地下管线、道路的安全和正常使用；保证主体地下结构的施工空间。基坑支护结构应根据工程特点、基坑周边环境、开挖深度、工程地质与水文地质、施工作业设备和施工季节等条件因素综合考虑选用。

基坑支护的种类很多，下面主要介绍应用较多的横撑式支撑、钢板桩支撑、水泥土搅拌桩支护、土层锚杆支护、土钉墙支护和地下连续墙。

1. 横撑式支撑

开挖较窄的沟槽，多用横撑式支撑。横撑式支撑根据挡土板的不同，分为水平挡土板式和竖直挡土板式两类（图 1-14）。水平挡土板式又分为间断式和连续式两种。湿度小的黏性土挖土深度小于 3m 时，可用间断式水平挡土板支撑；对松散、湿度大的土可用连续式水平挡土板支撑，挖土深度可达 5m；对松散和湿度很大的土可用竖直挡土板支撑，其挖土深度不限。挡土板、立柱及支撑的强度、变形及稳定性等可根据实际布置情况进行结构计算。

挡土板一般为木板，挖土时达一定深度后要尽快支撑，严禁超挖，防止土壁坍塌。还应经常检查，若有松动变形需及时更换。基坑开挖后按回填土的顺序由下而上拆除支撑，与支撑顺序相反。

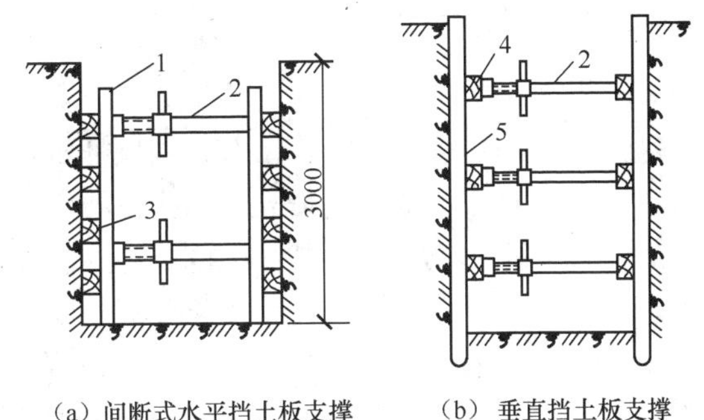

（a）间断式水平挡土板支撑　（b） 垂直挡土板支撑

1—竖楞木；2—工具式横撑；3—水平挡土板；4—横楞木；5—竖直挡土板。

图 1-14　横撑式支撑

2. 钢板桩支撑

钢板桩支撑是一种常见的临时支护结构，它是在基坑开挖前先在周围用打桩机将钢板桩打入地下要求的深度，依靠锁口来连接钢板桩，从而形成封闭的挡墙，在封闭的挡墙内进行基础施工。钢板桩具有高强、轻型、施工简便、耐久性强、可重复使用等优点，适用于软土地基和地下水位较高、水量较多的基坑支护。但钢板桩支撑一次用钢量大，支护刚度小，挡水效果有局限。

（1）钢板桩支撑的作用

钢板桩支撑可切断地下水的流向，减小动水压力，从而预防流沙的产生；钢板桩支撑既挡土又防水，特别适于开挖较深、地下水位较高的大型基坑；钢板桩支撑可以防止基坑附近建筑物基础下沉。钢板桩可重复使用，节约材料。

（2）打入板桩的质量要求

板桩位置必须在板桩的轴线上，板壁面垂直；封闭式板桩墙要求封闭合龙；埋置要达到规定深度要求，有足够的抗弯强度和防水性能。

（3）钢板桩施工

钢板桩分平板桩和波浪式板桩两类（图 1-15）。平板桩防水和承受轴向力的性能良好，易打入地下；波浪式板桩的防水和抗弯性能好，施工中应用较广。

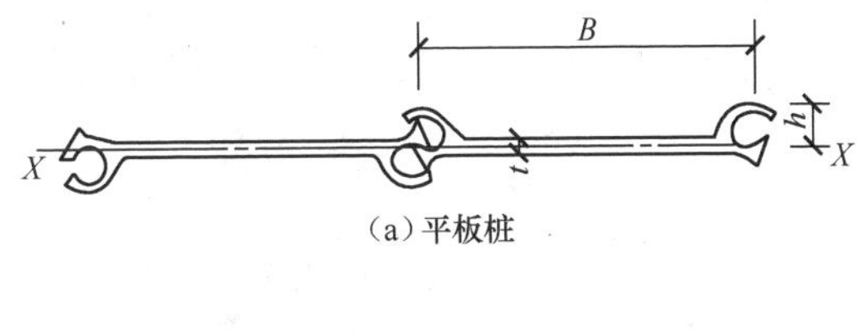

（a）平板桩

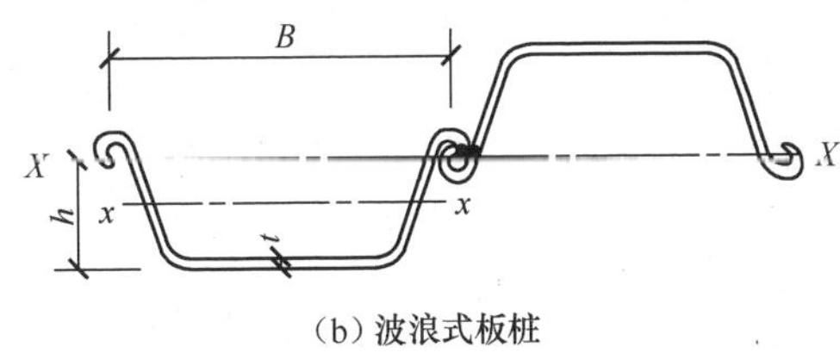

（b）波浪式板桩

图 1-15　钢板桩形式

钢板桩施工要正确选择打桩方法、打桩机械和流水段划分，以使打桩后的板桩墙有足够的刚度和良好的防水作用，且板桩墙面平直，以满足基础施工的要求。对封闭式板桩墙还要求封闭合龙。钢板桩打入方法有单打法、双层围檩插桩法和分段复打法 3 种。

1）单打法。钢板桩单打法适用于桩长小于10m，且施工精度要求不高的情况。一般在基坑外侧的板桩轴线上插入板桩，然后打桩到设计要求的深度。沿板桩轴线按顺时针或逆时针方向进行板桩间的锁口咬合，打入一块，咬合一块，直至板桩封闭合龙。其优点是打桩简捷、速度快，但由于单块打入，桩板的垂直度不易控制。

2）双层围檩插桩法。双层围檩插桩法是用围檩（即一定高度的钢制栅栏）为钢板桩定位。其方法是在桩的轴线两侧先安装围檩，将钢板桩依次锁口咬合并全部插入两侧围檩间（图 1-16）。其作用一是插入钢板桩时起垂直支撑作用，保证平面位置准确；二是施打过程中起导向作用，保证板桩的垂直度。施工时先对 4 个角板桩进行施打，封闭合龙后，再逐块将板桩打到设计标高要求。其优点是板桩安装质量高，但施工速度较慢，费用也较高。

3）分段复打法。分段复打法又称屏风法，是将 10～20 块钢板桩组成的施工段沿单层围檩插入土中一定深度形成较短的屏风墙，先将其两端的两块打入，严格控制其垂直度，打好后用电焊固定在围檩上，然后将其他的板桩按顺序以 1/2 或 1/3 板桩高度打入（图 1-17）。此法可以防止板桩过大的倾斜和扭转，防止误差积累，有利于实现封闭合龙，且分段打设，不会影响邻近板桩施工。

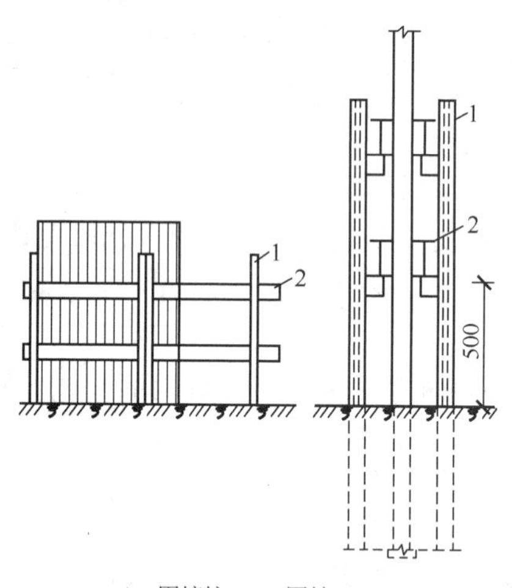

1—围檩桩；2—围檩。

图 1-16　双层围檩插桩法（单位：mm）

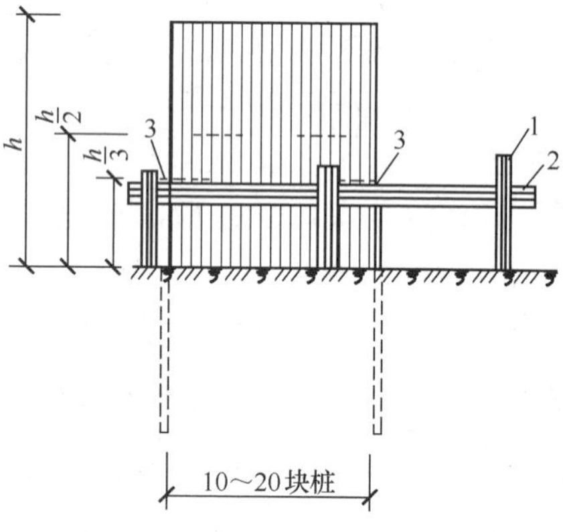

1—围檩桩；2—围檩；3—两端先打入的定位钢板桩。

图 1-17　单层围檩分段复打法

打钢板桩时先按施工图放板桩轴线，测量打桩高度，作为控制桩入土深度的依据；其次，准确安装好围檩支架，围檩支架由围檩桩和围檩组成；围檩桩垂直打入土中一定深度后，水平安装围檩，在围檩上划分标注每块桩的位置和编号，在轴线上插入板桩，保证板桩的垂直打入和平整度；桩锤不宜过重，以防重锤锤击时桩头产生纵向弯曲；基坑回填土后，用机械拔出钢板桩，桩孔用粗砂回填并挤压密实。

3. 水泥土搅拌桩支护

水泥土搅拌桩主要是通过搅拌桩机将水泥与土进行搅拌，形成连续搭接的桩状水泥加固土即水泥搅拌桩，起到挡土和隔水的作用。水泥土搅拌桩具有施工无噪声、无振动、不排污、成本低、施工效率高等优点，但相对位移较大，厚度也较大。适用于水泥土墙基坑侧壁安全等级为二、三级，水泥土桩施工范围内地基土承载力不大于 150kPa，基坑深度不大于 6m 的基坑。

（1）水泥土搅拌桩的施工机械

水泥土搅拌桩的施工机械常为深层搅拌桩机，其由深层搅拌机（主机）、机架及灰浆搅拌机、灰浆泵等配套机械组成（图 1-18）。

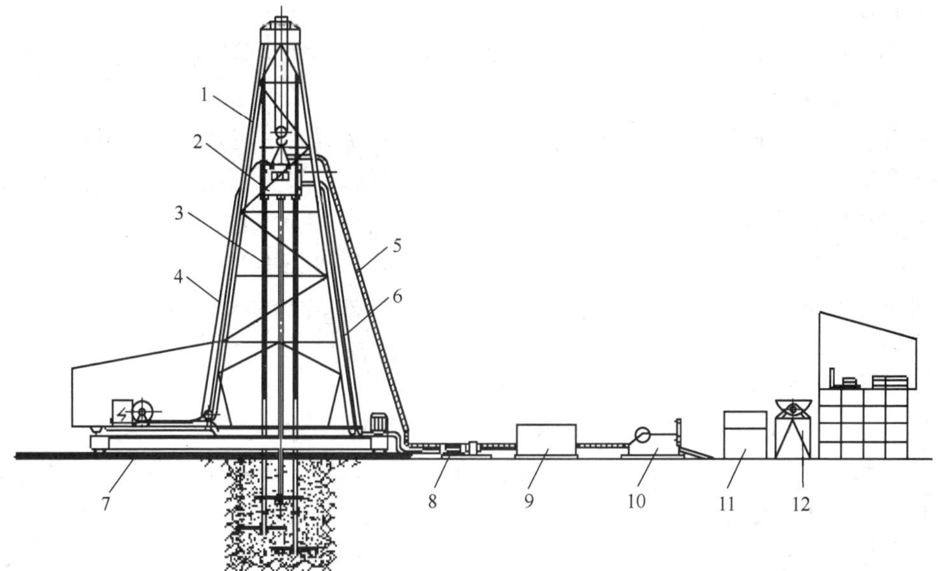

1—机架；2—主机；3—导向管；4—电缆；5—输浆管；6—水管；
7—道轨；8—冷却水泵；9—储水池；10—灰浆泵；11—集料斗；12—灰浆搅拌机。

图 1-18　深层搅拌桩机机组

（2）水泥土搅拌桩的施工工艺

深层搅拌法的施工工艺：深层搅拌机就位→预搅下沉→喷浆搅拌提升→重复搅拌下沉→重复搅拌提升直至孔口（图 1-19）。

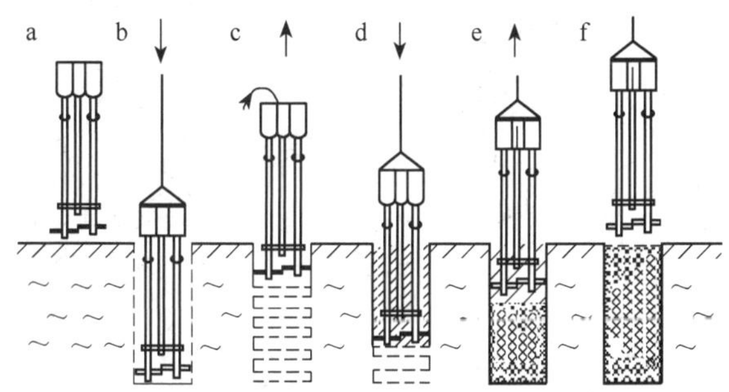

a—定位；b—预搅下沉；c—提升喷浆搅拌；d—重复下沉搅拌；e—重复提升搅拌；f—成桩结束。

图 1-19　深层搅拌法施工工艺

按施工机具和方法不同，水泥土搅拌桩有深层搅拌法、旋喷法和粉喷法。

1）深层搅拌法是指当深层搅拌机下沉到设计标高后，开始将水泥浆压入土中，边喷浆边搅拌。按设计确定的提升速度提升搅拌机，重复上下搅拌，使土体完全破碎与水泥浆均匀拌和。其提升速度和次数必须符合施工要求，每米下沉深度误差不得大于50mm，使用的固化剂和外加剂必须经过试验方能使用，水泥应严格按预定的配合比拌制。水泥掺入量为加固土体质量的7%～15%。

2）旋喷法是利用专用钻机钻孔至设计处理深度，采用高压发生装置，通过安装在钻杆端部的特殊喷嘴，将高压水泥浆液向四周高速喷入土体，随钻头旋转和提升切削土层，使其拌和均匀。

3）粉喷法是指用压缩空气将水泥粉体输送到桩头，并以雾状喷入土中，通过钻头叶片旋转搅拌混合。

水泥土搅拌桩施工中应注意水泥浆配合比及搅拌方法、水泥浆喷射速率与提升速度的关系及每根桩的水泥浆喷注量，以保证注浆的均匀性与桩身强度。施工中还应注意控制桩的垂直度及桩的搭接等，以保证水泥土墙的整体性与抗渗性。

水泥土搅拌桩法挡土效果好，但挡水效果较差。如果在水泥土搅拌桩完成后、凝固前及时进行插钢筋或插入H型钢进行加固，变成劲性水泥土墙，则可起到挡土和挡水的双重作用。

4. 土层锚杆支护

锚杆是由杆体（钢绞线、普通钢筋、热处理钢筋或钢管）、注浆形成的固结体、锚具、套管和连接器所组成的一端与支护结构构件连接，另一端锚固在稳定岩土体内的受拉杆件。杆体采用钢绞线时，也称为锚索。土层锚杆支护是在深基础土壁未开挖的土层内钻孔，达到一定深度后，在孔内放入钢筋、钢管、钢丝束、钢绞线等材料，灌入泥浆或化学浆液，使其与土层结合成为抗拉（拔）力强的锚杆。锚杆端部与护壁桩联结，防止土壁坍塌或滑坡。由于坑内不设支撑，所以施工条件较好。

（1）土层锚杆的构造

土层锚杆由锚头、拉杆和锚固体组成。锚头由锚具、横梁等组成；拉杆采用钢筋、钢绞线或高强钢丝制成；锚固体是用水泥砂浆将拉杆与土体连成一体的抗拔构件（图1-20）。

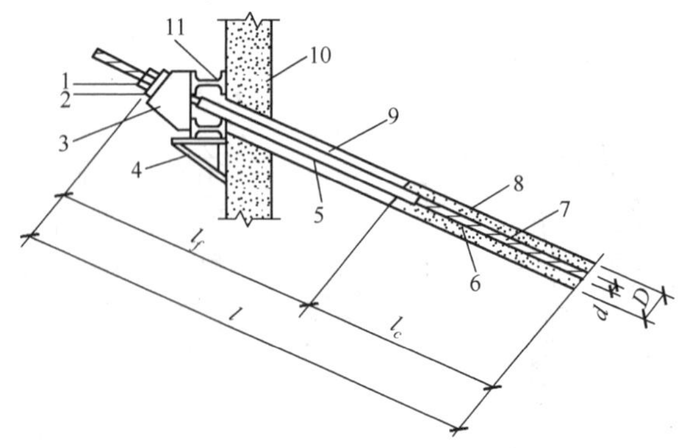

1—锚具；2—承压板；3—台座；4—承托支架；5—套管；6—钢拉杆；7—锚固体；8—砂浆；9—钻孔；10—挡墙；11—横梁；l_f—非锚固段（自由段）长度；l_c—锚固段长度；l—锚杆全长；D—锚固体直径；d—拉杆直径。

图1-20　土层锚杆构造图

锚杆全长以土的主动滑动面为界，分为非锚固段（自由段）和锚固段。非锚固段处在可能滑动的不稳定土层中，可以自由伸缩，其作用是将锚头所承受的荷载传到主动滑动面外的锚固段。锚固段处在稳定的土层中，与周围土层牢固结合，将荷载分散到稳定土体中。锚杆成孔直径宜取 100～150mm；锚杆自由段的长度不应小于 5m，且穿过潜在滑动面进入稳定土层的长度不应小于 1.5m；钢绞线、钢筋杆体在自由段应设置隔离套管；非锚固段长度不应小于 5m，土层中的锚杆锚固段长度不应小于 6m。

（2）土层锚杆的布置

锚杆的布置应符合下列规定。

1）锚杆的水平间距不宜小于 1.5m；多层锚杆，其竖向间距不宜小于 2.0m；当锚杆的间距小于 1.5m 时，应根据群锚效应对锚杆抗拔承载力进行折减或相邻锚杆应取不同的倾角。

2）锚杆锚固段的上覆土层厚度不宜小于 4.0m。

3）锚杆倾角宜取 15°～25°，且不应大于 45°，不应小于 10°；锚杆的锚固段宜设置在黏结强度高的土层内。

4）当锚杆穿过的地层上方存在天然地基的建筑物或地下构筑物时，宜避开易塌孔、变形的地形。

（3）土层锚杆的施工与检测

当锚杆穿过的地层附近既有地下管线，又有地下构筑物时，应在调查或探明其位置、走向、类型、使用状况等情况后再进行锚杆施工。

锚杆的成孔应符合下列规定。

1）应根据土层性状和地下水条件选择套管护壁、干成孔或泥浆护壁成孔工艺，成孔工艺应满足孔壁稳定性要求。

2）对松散和稍密的砂土、粉土、卵石、填土、有机质土、高液性指数的黏性土宜采用套管护壁成孔工艺。

3）在地下水位以下时，不宜采用干成孔工艺。

4）在高塑性指数的饱和黏性土层成孔时，不宜采用泥浆护壁成孔工艺。

5）当成孔过程中遇不明障碍物时，在查明其性质前不得钻进。

钢绞线锚杆和普通钢筋锚杆杆体的制作安装应符合下列规定。

1）钢绞线锚杆杆体绑扎时，钢绞线应平行、间距均匀；杆体插入孔内时，应避免钢绞线在孔内弯曲或扭转。

2）当锚杆杆体采用 HRB335、HRB400 级钢筋时，其连接宜采用机械连接、双面搭接焊、双面帮条焊；采用双面焊时，焊缝长度不应小于 $5d$（d 为钢筋的直径）。

3）杆体制作和安放时应除锈、除油污、避免杆体弯曲。

4）采用套管护壁工艺成孔时，应在拔出套管前将杆体插入孔内；采用非套管护壁成孔时，杆体应匀速推送至孔内。

5）成孔后应及时插入杆体并注浆。

钢绞线锚杆和普通钢筋锚杆的注浆应符合下列规定。

1）注浆液采用水泥浆时，水灰比宜取 0.50～0.55；采用水泥砂浆时，水灰比宜取

0.40～0.45，灰砂比宜取 0.5～1.0，拌和用砂宜选用中粗砂。

2）水泥浆或水泥砂浆内可掺入能提高注浆固结体早期强度或微膨胀的外掺剂，其掺入量宜根据试验确定。

3）注浆管端部至孔底的距离不宜大于 200mm；注浆及拔管过程中，注浆管口应始终埋入注浆液面内，应在水泥浆液从孔口溢出后停止注浆；注浆后，当浆液液面下降时，应进行孔口补浆。

4）采用二次压力注浆工艺时，二次压力注浆宜采用水灰比为 0.50～0.55 的水泥浆；二次注浆管应牢固绑扎在杆体上，注浆管的出浆口应采取逆止措施；二次压力注浆时，终止注浆的压力不应小于 1.5MPa。

5）采用分段二次劈裂注浆工艺时，注浆宜在固结体强度达到 5MPa 后进行，注浆管的出浆孔宜沿锚固段全长设置，注浆顺序应由内向外分段依次进行。

6）基坑采用截水帷幕时，地下水位以下的锚杆注浆应采取孔口封堵措施。

7）寒冷地区在冬期施工时，应对注浆液采取保温措施，浆液温度应保持在 5℃以上。

锚杆的施工偏差应符合下列要求。

1）钻孔深度宜大于设计深度 0.5m。

2）钻孔孔位的允许偏差应为±50mm。

3）钻孔倾角的允许偏差应为±3°。

4）杆体长度应大于设计长度。

5）自由段的套管长度允许偏差应为±50mm。

预应力锚杆张拉锁定时应符合下列要求。

1）当锚杆固结体的强度达到设计强度的 75%且不小于 15MPa 后，方可进行锚杆的张拉锁定。

2）拉力型钢绞线锚杆宜采用钢绞线束整体张拉锁定的方法。

3）锚杆锁定前，应按表1-4 的张拉值进行锚杆预张拉；锚杆张拉应平缓加载，加载速率不宜大于 $0.1N_k$/min（N_k 为锚杆轴向拉力标准值）；在张拉值下的锚杆位移和压力表压力应保持稳定，当锚头位移不稳定时，应判定此根锚杆不合格。

4）锁定时的锚杆拉力应考虑锁定过程的预应力损失量；预应力损失量宜通过对锁定前后锚杆拉力的测试确定；缺少测试数据时，锁定时的锚杆拉力可取锁定值的 1.1～1.15 倍。

5）锚杆锁定尚应考虑相邻锚杆张拉锁定引起的预应力损失，当锚杆预应力损失严重时，应进行再次锁定；锚杆出现锚头松弛、脱落、锚具失效等情况时，应及时进行修复并对其进行再次锁定。

6）当锚杆需要再次张拉锁定时，锚具外杆体的长度和完好程度应满足张拉要求。

锚杆的检测应符合下列规定。

1）检测数量不应少于锚杆总数的 5%，且同一土层中的锚杆检测数量不应少于 3 根。

2）检测试验应在锚杆的固结体强度达到设计强度的 75%后进行。

3）检测锚杆应采用随机抽样的方法选取。

4）检测试验的张拉值应按表 1-4 取值。

5）当检测的锚杆不合格时，应扩大检测数量。

表 1-4　锚杆的张拉值

支护结构的安全等级	锚杆张拉值与轴向拉力标准值 N_k 的比值
一级	1.4
二级	1.3
三级	1.2

5. 土钉墙支护

土钉是设置在基坑侧壁土体内承受拉力与剪力的杆件。例如，成孔后植入钢筋杆体并通过孔内注浆在杆体周围形成固结体的钢筋土钉，将设有出浆孔的钢管直接击入基坑侧壁土中并在钢管内注浆的钢管土钉等。土钉墙是由随基坑开挖分层设置的、纵横向密布的土钉群、喷射混凝土面层及原位土体组成的支护结构。土钉墙支护是以土钉作为主要受力构件的坑外边坡支护技术。

土钉墙支护的特点：材料用量少和工程量小，施工速度快；施工设备操作方法简单；施工操作场地小，对环境干扰小，土体支护位移小，对相邻建筑物影响小，适合在城市地区施工；经济效益好。

土钉墙支护适用于地下水位以上或采取降水措施后的砂土、粉土、黏土类基坑。

（1）土钉墙支护的构造

土钉墙支护由土钉、面层组成（图 1-21）。土钉宜采用直径 16～32mm 的 HRB335、HRB400 级钢筋，与水平面夹角为 5°～20°；土钉长度应按各层土钉受力均匀、各土钉拉力与相应土钉极限承载力的比值近于相等的原则确定；土钉水平间距和竖向间距宜为 1～2m；土钉成孔直径宜取 70～120mm。土钉孔注浆材料可采用水泥浆或水泥砂浆，其强度不宜低于 20MPa。面层采用喷射混凝土，强度等级不低于 C20，厚度 80～200mm，配置的钢筋网采用直径 6～10mm 的钢筋，间距 150～250mm。

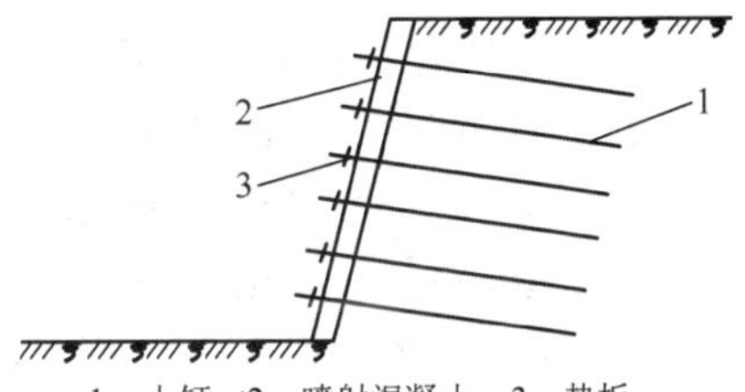

1—土钉；2—喷射混凝土；3—垫板。

图 1-21　土钉墙支护构造

（2）土钉墙支护施工与检测

土钉墙应按每层土钉及混凝土面层分层设置、分层开挖的步骤施工。当有地下水时，对易产生流沙或塌孔的砂土、粉土、碎石土等土层，应通过试验确定土钉施工工艺和措施。

钢筋土钉成孔时应符合下列要求。

1）土钉成孔范围内存在地下管线等设施时，应在查明其位置并避开后，再进行成孔作业。

2）应根据土层的性状选择洛阳铲、螺旋钻、冲击钻、地质钻等成孔工具，采用的成孔方法应能保证孔壁的稳定性、减小对孔壁的扰动。

3）当成孔遇不明障碍物时，应停止成孔作业，在查明障碍物的情况并采取针对性措施后方可继续成孔。

4）对易塌孔的松散土层宜采用机械成孔工艺；成孔困难时，可采用注入水泥浆等方法进行护壁。

钢筋土钉杆体在制作安装时应符合下列要求。

1）钢筋使用前，应调直并清除污锈。

2）当钢筋需要连接时，宜采用搭接焊、帮条焊；应采用双面焊，双面焊的搭接长度或帮条长度应不小于主筋直径的5倍，焊缝高度不应小于主筋直径的0.3倍。

3）中支架的断面尺寸应符合土钉杆体保护层厚度要求，中支架可选用直径6～8mm的钢筋焊制。

4）土钉成孔后应及时插入土钉杆体，遇塌孔、缩径时，应在处理后再插入土钉杆体。

钢筋土钉注浆时应符合下列规定。

1）注浆材料可选用水泥浆或水泥砂浆；水泥浆的水灰比宜取0.50～0.55；水泥砂浆的水灰比宜取0.40～0.45，灰砂比宜取0.5～1.0，拌和用砂宜选用中粗砂，按质量计的含泥量不得大于3%。

2）水泥浆或水泥砂浆应拌和均匀，一次拌和的水泥浆或水泥砂浆应在初凝前使用。

3）注浆前应将孔内残留的虚土清除干净。

4）注浆时，宜采用将注浆管与土钉杆体绑扎、同时插入孔内并由孔底注浆的方式；注浆管端部至孔底的距离不宜大于200mm；注浆及拔管时，注浆管口应始终埋入注浆液面内，应在新鲜浆液从孔口溢出后停止注浆；注浆后，当浆液液面下降时，应进行补浆。

打入式钢管土钉施工时应符合下列规定。

1）钢管端部应制成尖锥状；顶部宜设置防止钢管顶部施打变形的加强构造。

2）注浆材料应采用水泥浆；水泥浆的水灰比宜取0.5～0.6。

3）注浆压力不宜小于0.6MPa；应在注浆至管顶周围出现返浆后停止注浆；当不出现返浆时，可采用间歇注浆的方法。

喷射混凝土面层施工应符合下列规定。

1）细骨料宜选用中粗砂，含泥量应小于3%；粗骨料宜选用粒径不大于20mm的级配砾石。

2）水泥与砂石的质量比宜取（1∶4）～（1∶4.5），砂率宜取45%～55%，水灰比宜取0.4～0.45。

3）使用速凝剂等外掺剂时，应做外加剂与水泥的相容性试验及水泥净浆凝结试验，并应通过试验确定外掺剂掺量及掺入方法。

4）喷射作业应分段依次进行，同一分段内喷射顺序应自下而上均匀喷射，一次喷射厚度宜为30～80mm；喷射混凝土时，喷头与土钉墙墙面应保持垂直，其距离宜为0.6～1.0m；喷射混凝土终凝2h后应及时喷水养护。

5）钢筋与坡面的间隙应大于20mm；钢筋网可采用绑扎固定；钢筋连接宜采用搭接焊，焊缝长度不应小于钢筋直径的10倍；采用双层钢筋网时，第二层钢筋网应在第一层钢筋网被喷射混凝土覆盖后铺设。

土钉墙的施工偏差应符合下列要求。

1）钢筋土钉的成孔深度应大于设计深度0.1m。

2）土钉位置的允许偏差应为±100mm。

3）土钉倾角的允许偏差应为±3°。

4）土钉杆体长度应大于设计长度。

5）钢筋网间距的允许偏差应为±30mm。

6）微型桩桩位的允许偏差应为±50mm。

7）微型桩垂直度的允许偏差应为0.5%。

土钉墙的质量检测应符合下列规定。

1）应对土钉的抗拔承载力进行检测，抗拔试验可采用逐级加荷法；土钉的检测数量不宜少于土钉总数的1%，且同一土层中的土钉检测数量不应少于3根；试验最大荷载不应小于土钉轴向拉力标准值的1.1倍；检测土钉应按随机抽样的原则选取，并应在土钉固结体强度达到设计强度的70%后进行试验；试验方法应符合《建筑基坑支护技术规程》（JGJ 120—2012）的规定。

2）土钉墙面层喷射混凝土应进行现场试块强度试验，每500m^{2}喷射混凝土面积试验数量不应少于一组，每组试块不应少于3个。

3）应对土钉墙的喷射混凝土面层厚度进行检测，每500m^{2}喷射混凝土面积检测数量不应少于一组，每组的检测点不应少于3个；全部检测点的面层厚度平均值不应小于厚度设计值，最小厚度不应小于厚度设计值的80%。

4）复合土钉墙中的预应力锚杆，应按《建筑基坑支护技术规程》（JGJ 120—2012）的规定进行抗拔承载力检测。

5）复合土钉墙中的水泥土搅拌桩或旋喷桩用作帷幕时，应按《建筑基坑支护技术规程》（JGJ 120—2012）的规定进行质量检测。

6. 地下连续墙

地下连续墙是分槽段用专用机械成槽、浇筑钢筋混凝土所形成的连续地下墙体，也可称为现浇地下连续墙。

地下连续墙的优点是刚度大，既可以挡土又可以挡水，能够承受较大的土压力；开挖基坑时无须放坡，也无须用井点降水；施工时噪声低、振动小；对邻近的地下设施和工程结构影响较小；适用于各种土质，尤其适用于城市中密集建筑群的基础开挖。但是地下连续墙的施工技术比较复杂，要求精度高。施工过程中产生的泥浆对地下水有污染，需要妥善处理。

（1）地下连续墙的构造

地下连续墙的墙体厚度宜按成槽机的规格，选取600mm、800mm、1000mm或1200mm。一字形槽段长度宜取4～6m。当成槽施工可能对周边环境产生不利影响或槽壁稳定性较差时，应取较小的槽段长度。必要时，宜采用搅拌桩对槽壁进行加固。地下连续墙的转角处或有特殊要求时，单元槽段的平面形状可采用L形、T形等。地下连续墙的混凝土设计强度等级宜取C30～C40。地下连续墙用于截水时，墙体混凝土抗渗等级不宜小于P6，槽段接头应满足截水要求。当地下连续墙同时作为主体地下结构构件时，墙体混凝土抗渗等级应满足现行国家标准《地下工程防水技术规范》（GB 50108—2008）及其他相关规范的要求。

地下连续墙的纵向受力钢筋应沿墙身每侧均匀配置，可按内力大小沿墙体纵向分段配置，且通长配置的纵向钢筋数量不应少于 50%；纵向受力钢筋宜采用 HRB335 或 HRB400 钢筋，直径不宜小于 16mm，净间距不宜小于 75mm。水平钢筋及构造钢筋宜选用 HPB235、HRB335 或 HRB400 钢筋，直径不宜小于 12mm，水平钢筋间距宜取 200～400mm。

地下连续墙纵向受力钢筋的保护层厚度，在基坑内侧不宜小于 50mm，在基坑外侧不宜小于 70mm。

钢筋笼两侧的端部与槽段接头之间、钢筋笼两侧的端部与相邻墙段混凝土接头面之间的间隙应不大于 150mm，纵筋下端 500mm 长度范围内宜按 1∶10 的斜度向内收口。

地下连续墙墙顶应设置混凝土冠梁。冠梁宽度不宜小于墙厚，高度不宜小于墙厚的 0.6 倍。冠梁钢筋应符合现行国家标准《混凝土结构设计规范（2015 年版）》（GB 50010—2010）对梁的构造配筋要求。冠梁按构造设置时，纵向钢筋锚入冠梁的长度宜取冠梁厚度。冠梁按结构受力构件设置时，桩身纵向受力钢筋伸入冠梁的锚固长度应符合现行国家标准《混凝土结构设计规范（2015 年版）》（GB 50010—2010）对钢筋锚固的有关规定。当不能满足锚固长度的要求时，其钢筋末端可采取机械锚固措施。冠梁用作支撑或锚杆的传力构件或按空间结构设计时，尚应按受力构件进行截面设计。

（2）地下连续墙施工与检测

地下连续墙的施工应根据地质条件的适应性等因素选择成槽设备。成槽施工前应进行成槽试验，并应通过试验确定施工工艺及施工参数。

当地下连续墙邻近建筑物、地下管线、对地基变形敏感的地下构筑物时，地下连续墙的施工应采取有效措施控制槽壁变形。

成槽施工前，应沿地下连续墙两侧设置导墙，导墙宜采用混凝土结构，且混凝土的设计强度等级不宜低于 C20。导墙底面不宜设置在新近填土上，且埋深不宜小于 1.5m。导墙的强度和稳定性应满足成槽设备和顶拔接头管施工的要求。

成槽时的护壁泥浆在使用前，应根据泥浆材料及地质条件试配并进行室内性能试验，泥浆配比应根据试验确定。泥浆拌制后应储放 24h，待泥浆材料充分水化后方可使用。成槽时，泥浆的供应及处理设备应满足泥浆使用量的要求，泥浆的性能应符合相关技术指标的要求。

单元槽段宜采用间隔一个或多个槽段的跳幅施工顺序。每个单元槽段，挖槽分段不宜超过 3 个。成槽过程护壁泥浆液面应高于导墙底面 500mm。

槽段接头应满足混凝土浇筑压力对其强度和刚度的要求。安放槽段接头时，应紧贴槽段垂直缓慢沉放至槽底。遇到阻碍时应先清除，然后再入槽。混凝土浇灌过程中应采取防止混凝土产生绕流的措施。

对有防渗要求的接头，应在吊放地下连续墙钢筋笼前，对槽段接头和相邻墙段的槽壁混凝土面用刷槽器等方法进行清刷，清刷后的槽段接头和混凝土面不得夹泥。

钢筋笼制作时，纵向受力钢筋的接头不宜设置在受力较大处。同一连接区段内，纵向受力钢筋的连接方式和连接接头面积百分率应符合国家现行有关标准对板类构件的规定。钢筋笼应设置定位层垫块，垫块在垂直方向上的间距宜取3～5m，水平方向上每层宜设置2～3块。

单元槽段的钢筋笼宜整体装配和沉放。需要分段装配时，宜采用焊接或机械连接，接头的位置宜选在受力较小处，并应符合现行国家标准《混凝土结构设计规范（2015年版）》（GB 50010—2010）对钢筋连接的有关规定。

钢筋笼应根据吊装的要求，设置纵横向起吊桁架；桁架主筋宜采用HRB335或HRB400钢筋，钢筋直径不宜小于20mm，且应满足吊装和沉放过程中钢筋笼的整体性及钢筋笼骨架不产生塑性变形的要求。连接点出现位移、松动或开焊的钢筋笼不得入槽，应重新制作或修整完好。

现浇地下连续墙应采用导管法浇筑混凝土。导管拼接时，其接缝应密闭。混凝土浇筑时，导管内应预先设置隔水栓。槽段长度不大于6m时，槽段混凝土宜采用2根导管同时浇筑；槽段长度大于6m时，槽段混凝土宜采用3根导管同时浇筑。每根导管分担的浇筑面积应基本均等。钢筋笼就位后应及时浇筑混凝土。混凝土浇筑过程中，导管埋入混凝土面的深度宜在2～4m，浇筑液面的上升速度不宜小于3m/h。混凝土浇筑面宜高于地下连续墙设计顶面500mm。

地下连续墙的质量检测应符合下列规定。

1）应进行槽壁垂直度检测，检测数量不得少于同条件下总槽段数的20%，且不少于10幅；当地下连续墙作为主体地下结构构件时，应对每个槽段进行槽壁垂直度检测。

2）应进行槽底沉渣厚度检测；当地下连续墙作为主体地下结构构件时，应对每个槽段进行槽底沉渣厚度检测。

3）应采用声波透射法对墙体混凝土质量进行检测，检测墙段数量不宜少于同条件下总墙段数的20%，且不得少于3幅墙段，每个检测墙段的预埋超声波管数不应少于4个，且宜布置在墙身截面的四边中点处。

4）当根据声波透射法判定墙身质量不合格时，应采用钻芯法进行验证。

5）地下连续墙作为主体地下结构构件时，其质量检测应符合相关规范的要求。

1.3.4 基坑（槽）土方开挖

1. 基坑（槽）土方开挖前的准备工作

（1）施工准备

基坑（槽）土方开挖前应进行挖、填土方的平衡计算，综合考虑土方运距最短，运程合理和各个工程项目的合理施工程序等，做好土方平衡调配，减少重复挖运。

1）土方平衡调配应尽可能与城市规划和农田水利相结合，将余土一次性运到指定弃土场，做到文明施工。

2）当土方开挖较深，基坑施工前，应采取围护措施，基坑周边有邻近的建筑物时，要有设计单位设计的桩、挡土墙等可靠围护方案，防止基坑底部的隆起和边坡塌方，避免危害周边环境。

3）在挖方前应做好地面排水和降低地下水位工作。

4）土方不应堆在基坑边缘，且不应小于边缘处 3m，如土质较差应距边缘 5m 以上。

（2）主要机具及准备

1）机械挖方：推土机、单斗挖土机、装载机、翻斗车、自卸汽车等。

2）人工挖方：锹、镐、人力小斗车、箩筐等。

3）检测仪器：经纬仪、水平仪、标杆尺、钢卷尺（20～50m）等。

（3）作业条件

1）基坑（槽）管沟开挖前，应根据支护结构形式、挖深、地质条件、施工方法、周围环境、工期、气候和地面载荷等资料，同时根据工程设计要求，制定切实可行的施工方案、环境保护措施、基坑（槽）变形监测方案等，经审批后方可施工。

2）土方工程施工前，应对降水、排水方案进行设计，系统应经检查和试运转，一切正常时方可施工。

3）土方开挖的顺序、方法必须与设计工况相一致，并遵循“开槽支撑，先撑后挖，分层开挖，严禁超挖”的原则。

2. 基坑（槽）土方开挖的工艺流程

基坑（槽）土方开挖的工艺流程：放线定位→支护结构→再放线定位→基坑（槽）分层开挖→随层检查平面位置、标高、环境监测→土方运送→复测平面位置、标高→基坑（槽）验收。

（1）放线定位

根据设计要求首先确定标高控制点，按照规划部门的规划红线，做好永久性的控制轴线桩和标高控制点。将设计要求建筑物平面位置标高及基坑（槽）线定好。

（2）支护结构

当新建建筑物土方开挖会对周边邻近建筑或邻近地下管线、永久性道路产生危害时，须编写桩基、锚杆、挡土墙等支护方案，支护方案必须确保周围环境安全。支护结构完成后必须经过验收，合格后方可使用。

（3）再放线定位

支护结构验收合格后对新建建筑物重新放线定位。

（4）基坑（槽）分层开挖

人工应以每层 0.5～0.8m 进行挖土，机械以每层 1.0～1.5m 进行挖土。

（5）随层检查平面位置、标高、环境监测

每层挖土后，应用经纬仪检查平面位置是否正确，用水准仪检测挖深标高，特别是分层挖深后一定要对边坡情况、周围地面情况进行监控，发现产生周边地面开裂下沉等应及时停止挖土并采取有效措施。

（6）土方运送

分层开挖出的土应根据现场情况外运或现场规定地方堆放，不得留置在边坡附近 3～5m 内。

（7）复测平面位置、标高

当土方快挖至设计标高时，应对其新建建筑物位置重新复测，以保证基坑（槽）符合设计要求，如土质尚未达到设计要求，应立即停止土方深挖，请设计、勘察、建设单位共同对基坑（槽）土质情况现场察看，并由设计和勘察单位根据土质情况做出修改通知。

机械挖土应在设计标高处留置高出20～30cm土方不挖，由人工修整槽（基）坑底，以防超挖或深挖。

（8）基坑（槽）验收

基坑（槽）验收必须由建设、设计、施工、勘察、监理、监督等单位共同验收，合格后应办理验坑（槽）手续。

3. 土方开挖工程的质量标准

（1）质量标准

土方开挖工程的质量检验标准如表1-5所示。

表1-5 土方开挖工程的质量检验标准

<table>
<tr><th rowspan="3">项目</th><th rowspan="3">检验项目</th><th colspan="5">允许偏差或允许值</th><th rowspan="3">检验方法</th></tr>
<tr><th rowspan="2">柱基、基坑、基槽</th><th colspan="2">挖方场地平整</th><th rowspan="2">管沟</th><th rowspan="2">地（路）面基层</th></tr>
<tr><th>人工</th><th>机械</th></tr>
<tr><td rowspan="3">主控项目</td><td>标高/mm</td><td>0
−50</td><td>±30</td><td>±50</td><td>0
−50</td><td>0
−50</td><td>水准测量</td></tr>
<tr><td>长度、宽度/mm
（由设计中心线向两边量）</td><td>+200
−50</td><td>+300
−100</td><td>+500
−150</td><td>+100
0</td><td>设计值</td><td>全站仪或钢尺测量</td></tr>
<tr><td>坡率/%</td><td colspan="5">设计值</td><td>目测法或用坡度尺检查</td></tr>
<tr><td rowspan="2">一般项目</td><td>表面平整度</td><td>±20</td><td>±20</td><td>±50</td><td>±20</td><td>±20</td><td>用2m靠尺</td></tr>
<tr><td>基底土性</td><td colspan="5">设计要求</td><td>目测法或土样分析</td></tr>
</table>

注：地（路）面基层的偏差只适用于直接在挖、填土方上做地（路）面的基层。

（2）质量记录

1）主控项目、一般项目检验批检查记录。

2）土方开挖围护结构设计，降水、排水系统设计。

3）地质勘察报告。

4）周围环境监测及基坑（槽）变形监测方案及记录。

（3）质量控制点

1）土方开挖标高。

2）基坑（槽）轴线、尺寸（长度、宽度）。

3）基坑（槽）边坡。

4）基坑（槽）基底土性。

4. 成品保护

土方开挖时要注意收听天气预报，基坑（槽）开挖后注意排水流畅，基坑（槽）不得长时间积水。保护基坑（槽）边缘及坑（槽）底干燥，及时验收进行下道工序施工。

5. 安全和环境

基坑（槽）、管沟土方工程验收必须以确保支护结构安全和周围环境安全为前提。当有设计指标时，基坑变形监控值以设计要求为依据，如无设计指标时，应按表 1-6 执行。

表 1-6　基坑变形监控值　　单位：cm

基坑	围护结构墙顶位移监控值	围护结构墙体最大位移监控值	地面最大沉降监控值
一级基坑	3	5	3
二级基坑	6	8	6
三级基坑	8	10	10

注：1. 符合下列情况之一，为一级基坑：

（1）重要工程或支护结构做主体结构的一部分的基坑；

（2）开挖深度大于 10m 的基坑；

（3）与邻近建筑物、重要设施的距离在开挖深度以内的基坑；

（4）基坑范围内有历史文物、近代优秀建筑、重要管线等需严加保护的基坑。

2. 三级基坑为开挖深度小于 7m，且对周围环境无特别要求的基坑。

3. 除一级和三级外的基坑属二级基坑。

4. 当周围已有的设施有特殊要求时，应符合这些要求。

土方工程施工应经常测量和校核其平面位置、水平标高和边坡坡度，平面控制桩和水准控制点应采取可靠的保护措施，定期复测和检验。

1.4　地下水控制

地下水控制应根据工程地质和水文地质条件、基坑周边环境要求及支护结构形式选用截水、降水、集水明排或其组合方法。当降水会对基坑周边建筑物、地下管线、道路等造成危害或对环境造成长期不利影响时，应采用截水方法控制地下水。采用悬挂式帷幕时，应同时采用坑内降水，并宜根据水文地质条件结合坑外回灌措施。地下水控制设计应符合《建筑基坑支护技术规程》（JGJ 120—2012）对基坑周边建（构）筑物、地下管线、道路等沉降控制值的要求。当坑底以下有水头高于坑底的承压水含水层时，各类支护结构均应按规定进行承压水作用下的坑底突涌稳定性验算。当不满足突涌稳定性要求时，应对该承压水含水层采取截水、减压措施。

1.4.1　截水

基坑截水方法应根据工程地质条件、水文地质条件及施工条件等，选用水泥土搅拌桩帷幕、高压旋喷或摆喷注浆帷幕、搅拌-喷射注浆帷幕、地下连续墙或咬合式排桩。支护结构采用排桩时，可采用高压喷射注浆与排桩相互咬合的组合帷幕。对碎石土、杂填土、泥炭质土或当地下水流速较快时，宜通过试验确定高压喷射注浆帷幕的适用性。当坑底以下存在连续分布、埋深较浅的隔水层时，应采用落底式帷幕。落底式帷幕进入下卧隔水层的深度应满足式（1-25）要求，且不宜小于 1.5m。

$$l \geq 0.2\Delta h_w - 0.5b \tag{1-25}$$

式中：l——帷幕进入隔水层的深度，m；

Δh_w——基坑内外的水头差值，m；

b——帷幕的厚度，m。

截水帷幕宜采用沿基坑周边闭合的平面布置形式。当采用沿基坑周边非闭合的平面布置形式时，应对地下水沿帷幕两端绕流引起的基坑周边建筑物、地下管线、地下构筑物的沉降进行分析。

采用水泥土搅拌桩帷幕时，搅拌桩桩径宜取 450～800mm，搅拌桩的搭接宽度应符合下列规定。

1）单排搅拌桩帷幕的搭接宽度，当搅拌深度不大于 10m 时，不应小于 150mm；当搅拌深度为 10～15m 时，不应小于 200mm；当搅拌深度大于 15m 时，不应小于 250mm。

2）对于地下水位较高、渗透性较强的地层，宜采用双排搅拌桩截水帷幕；搅拌桩的搭接宽度，当搅拌深度不大于 10m 时，不应小于 100mm；当搅拌深度为 10～15m 时，不应小于 150mm；当搅拌深度大于 15m 时，不应小于 200mm。

搅拌桩水泥浆液的水灰比宜取 0.6～0.8。搅拌桩的水泥掺量宜取土的天然重度的 15%～20%。

搅拌桩桩位的允许偏差应为 50mm；垂直度的允许偏差应为 1.0%。

采用高压旋喷、摆喷注浆帷幕时，旋喷注浆固结体的有效直径、摆喷注浆固结体的有效半径宜通过试验确定；缺少试验时，可根据土的类别及其密实程度、高压喷射注浆工艺，根据工程经验采用。摆喷帷幕的喷射方向与摆喷点连线的夹角宜取 10°～25°，摆动角度宜取 20°～30°。帷幕的水泥土固结体搭接宽度，当注浆孔深度不大于 10m 时，不应小于 150mm；当注浆孔深度为 10～20m 时，不应小于 250mm；当注浆孔深度为 20～30m 时，不应小于 350mm。对地下水位较高、渗透性较强的地层，可采用双排高压喷射注浆帷幕。

高压喷射注浆水泥浆液的水灰比宜取 0.9～1.1，水泥掺量宜取土的天然重度的 25%～40%。当土层中地下水流速快时，宜掺入外加剂改善水泥浆液的稳定性与固结性。高压喷射注浆应按水泥土固结体的设计有效半径与土的性状选择喷射压力、注浆流量、提升速度、旋转速度等工艺参数，对较硬的黏性土、密实的砂土和碎石土宜取较小提升速度、较大喷射压力。当缺少类似土层条件下的施工经验时，应通过现场工艺试验确定施工工艺参数。

高压喷射注浆截水帷幕施工时应符合下列规定。

1）采用与排桩咬合的高压喷射注浆截水帷幕时，应先进行排桩施工，后进行高压喷射注浆施工。

2）高压喷射注浆的施工作业顺序应采用隔孔分序方式，相邻孔喷射注浆的间隔时间不宜小于 24h。

3）喷射注浆时，应由下而上均匀喷射，停止喷射的位置宜高于帷幕设计顶面标高 1m。

4）可采用复喷工艺增大固结体半径、提高固结体强度。

5）喷射注浆时，当孔口的返浆量大于注浆量的20%时，可采取提高喷射压力、增加提升速度等措施。

6）当因喷射的浆液渗漏而出现孔口不返浆的情况时，应在漏浆部位停止提升注浆管，并宜同时采取从孔口填入中粗砂、注浆液掺入速凝剂等措施，直至孔口出现返浆。

7）喷射注浆后，当浆液析水、液面下降时，应进行补浆。

8）当因故中途停喷注浆后，继续注浆时应与停喷前的注浆体搭接，其搭接宽度不应小于500mm。

9）当注浆孔邻近有建筑物时，宜采用速凝浆液进行喷射注浆。

高压喷射注浆的施工偏差应符合下列要求：孔位偏差应为50mm；注浆孔垂直度偏差应为1.0%。

截水帷幕的质量检测应符合下列规定。

1）与排桩咬合的水泥土搅拌桩、高压喷射注浆帷幕，与土钉墙面层贴合的水泥土搅拌桩帷幕，应在基坑开挖前或开挖时，检测水泥土固结体的表面轮廓、搭接接缝；检测点应按随机方法选取或选取施工中出现异常、开挖中出现漏水的部位；对支护结构外侧独立的截水帷幕，其质量可通过开挖后的截水效果判断。

2）对施工质量有怀疑时，可在搅拌桩、高压喷射注浆液固结后，采用钻芯法检测帷幕固结体的范围、单轴抗压强度、连续性及深度；检测点应针对怀疑部位选取帷幕的偏心、中心或搭接处，检测点的数量不应少于3处。

1.4.2　降水

基坑降水就是在基坑开挖前，在基坑四周预先埋设一定数量的井管，利用抽水设备不断抽出地下水，使地下水水位降到坑底以下，直至土方和基础工程施工结束为止。其优点是改善了施工条件，消除了流沙现象，还能使土层密实，增加地基的承载能力，提高边坡的稳定性。

基坑降水可采用管井、真空井点（轻型井点）、喷射井点等方法，并宜按表1-7的适用条件选用。

表1-7　各种降水方法的适用条件

方法	土类	渗透系数/（m/d）	降水深度/m
管井	粉土、砂土、碎石土	0.1～200.0	不限
真空井点（轻型井点）	黏性土、粉土、砂土	0.005～20.0	单级井点<6 多级井点<20
喷射井点	黏性土、粉土、砂土	0.005～20.0	<20

基坑内的水位应低于坑底0.5m。当主体结构的电梯井、集水井等部位使基坑局部加深时，应按其底面考虑设计降水水位或对其另行采取局部地下水控制措施。基坑采用截水结合坑外减压降水的地下水控制方法时，应规定降水井水位的最大降深值和最小降深值。

各降水井井位应沿基坑周边以一定间距形成闭合状。当地下水流速较慢时，降水井宜等间距布置；当地下水流速较快时，在地下水补给方向宜适当减小降水井间距。对宽度较小的狭长形基坑，降水井也可在基坑一侧布置。

1. 轻型井点

轻型井点就是沿基坑周围或一侧每隔一定间距布设井点管，井点管底部设置滤水管插入透水层中，上部接弯联管与集水总管连接，然后通过真空吸水泵使地下水经滤管进入井点管，最后经总管不断抽出，从而将地下水位降至基坑底面以下的降水设施（图 1-22）。

（1）轻型井点设备的组成

轻型井点设备由管路系统和抽水设备组成。

管路系统包括滤管、井点管、弯联管及总管等。滤管为进水设备，其构造是否合理对抽水设备影响很大；滤管直径为 38～50mm，长度为 1.0～1.7m，选择时长度应不小于蓄水层厚的 2/3；管壁上钻有直径为 12～18mm 的梅花状小圆孔，外包两层滤网（图 1-23）；滤管下端为一铸铁圆锥体堵头，其上端与井点管连接。井点管采用直径为 38～110mm 的无缝钢管，长度 5～7m，上端用弯联管与总管相连；弯联管上装有阀门，用于检修井点。总管一般用内径为 100～127mm 的无缝钢管，分节连接，每节长 4m，其上每隔 0.8～2.0m 设有一个与井点管连接的短接头。

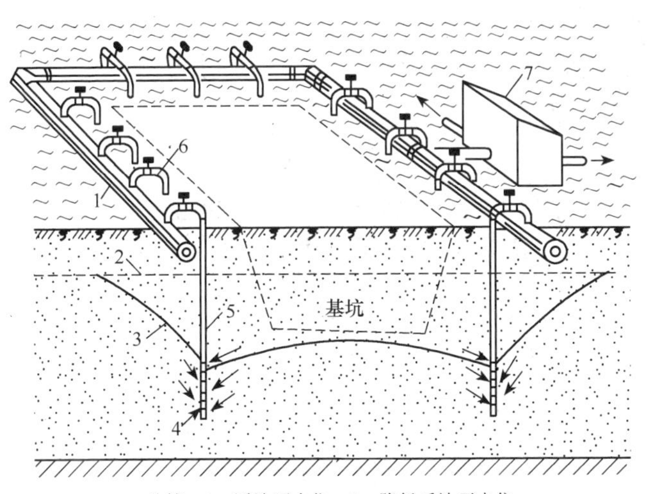

1—总管；2—原地下水位；3—降低后地下水位；4—滤管；5—井点管；6—弯联管；7—水泵房。

图 1-22 轻型井点系统降低地下水位示意图

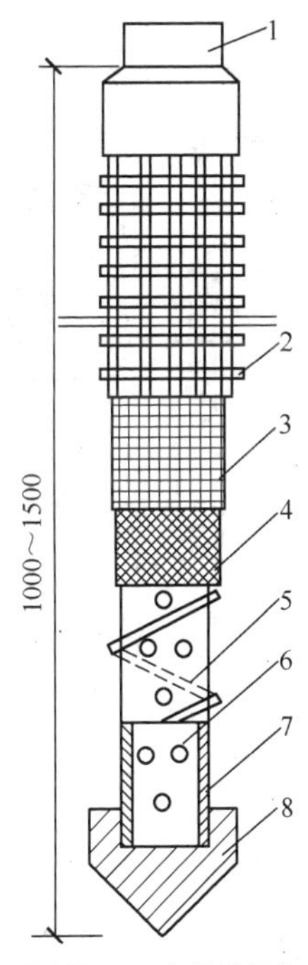

1—井点管；2—粗铁丝保护网；3—粗滤网；4—细滤网；5—缠绕的铁丝；6—管壁上小孔；7—钢管；8—铸铁头。

图 1-23 滤管构造（单位：mm）

抽水设备常采用真空泵、射流泵。真空泵抽水设备由真空泵、离心泵、水气分离器等组成；射流泵抽水设备由离心水泵、射流器和循环水箱等组成。

（2）轻型井点的布置

井点布置应根据基坑平面形状与大小、土质、地下水位高低与流向、降水深度要求等决定。

当基坑或沟槽宽度小于 6m，水位降低深度不超过 5m 时，可用单排线状井点布置在地下水流的上游一侧，两端延伸长度一般不小于沟槽宽度（图 1-24）。当基坑或沟槽宽度大于 6m 或土质不稳定，渗透系数较大时，宜用双排井点，面积较大的基坑宜用环形井点（图 1-25）。为便于挖土机械和运输车辆出入基坑，井点也可不封闭，布置为 U 形。井点距离基坑壁一般不宜小于 1.0～1.5m，以防局部发生漏气。

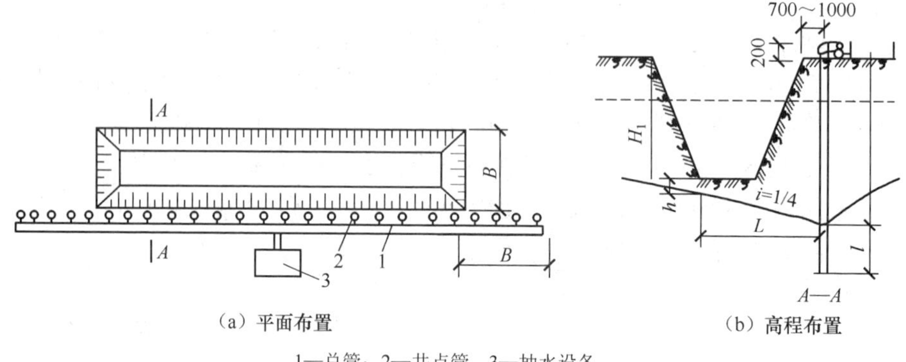

（a）平面布置　　（b）高程布置

1—总管；2—井点管；3—抽水设备。

图 1-24　单排线状井点布置图（单位：mm）

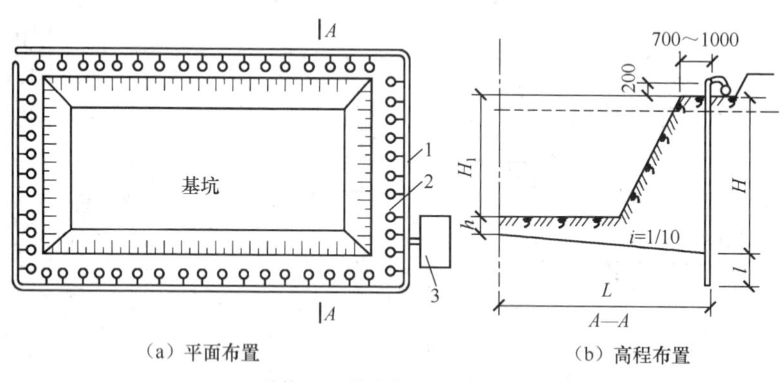

（a）平面布置　　（b）高程布置

1—总管；2—井点管；3—抽水设备。

图 1-25　环形井点布置图（单位：mm）

在考虑到抽水设备的水头损失以后，井点降水深度一般不超过 6m。井点管的埋设深度 H（不包括滤管）为

$$H \geqslant H_1 + h + iL \tag{1-26}$$

式中：H_1——井点管埋设面至基坑底的距离，m；

h——基坑中心线底面至降低后的地下水位线的距离，m，一般取 0.5～1.0m；

i——地下水降落坡度（环形井点为1/10，单排线状井点为1/4）；

L——井点管至基坑中心的水平距离（单排井点中为井点管至基坑另一侧坡角的水平距离），m。

确定井点管埋设深度时，还要考虑井点管一般要露出地面0.2m左右。如果计算出的H值大于6m，则应降低井点管抽水设备的埋置面，以适应降水深度的要求。滤管必须埋设在蓄水层内。为了充分利用抽水设备的抽吸能力，要求先挖槽然后再布置总管，使总管尽量接近地下水位线。水泵轴心标高宜与总管集水管平行或略低于总管，总管应具有0.25%～0.5%坡度坡向泵房。各段总管与滤管最好分别设在同一水平面内。

当一级井点系统达不到降水深度要求时，可采用二级井点或多级井点，即先挖去第一级井点所疏干的土，然后在基坑底部埋设第二级井点，使降水深度增加（图1-26）。

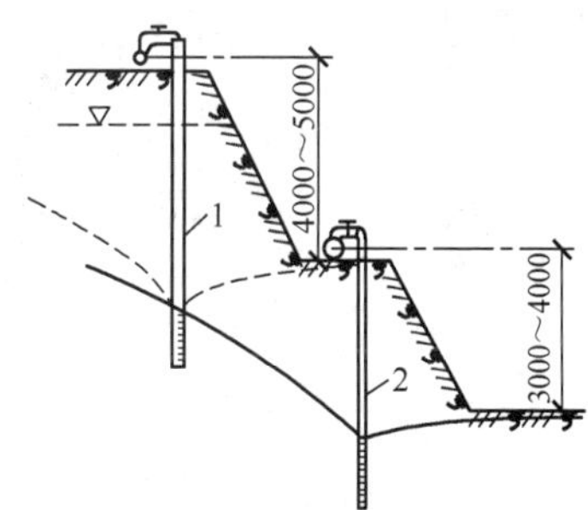

1—第一级井点管；2—第二级井点管。

图1-26 二级轻型井点布置图（单位：mm）

（3）轻型井点的计算

轻型井点的计算内容包括涌水量计算、井点管数量与井距的确定等。由于受水文地质和井点设备等诸多因素影响，算出的数值只是近似值。

1）涌水量计算。井点系统涌水量计算是按水井理论进行的。计算涌水量前首先要判断水井类型。水井根据井底是否达到不透水层，分为完整井和非完整井。凡井底达到含水层下面的不透水层的井为完整井，否则为非完整井。根据抽取的地下水层有无压力，水井又分为无压井与承压井（图1-27）。

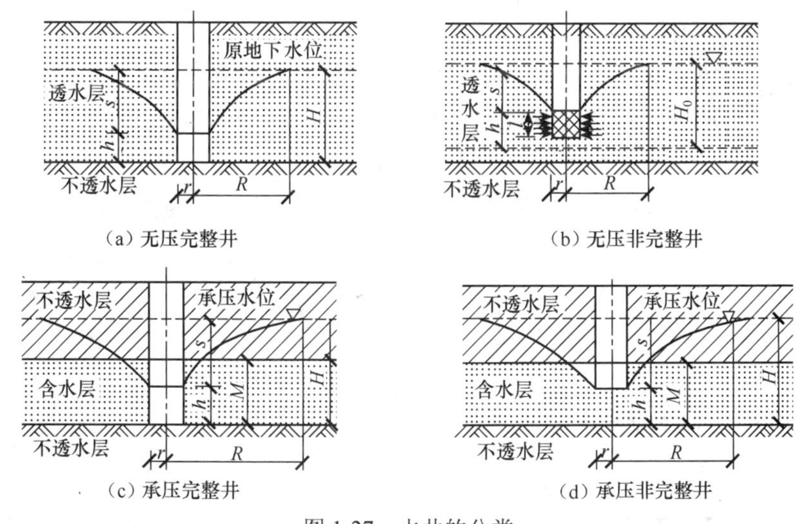

（a）无压完整井 （b）无压非完整井

（c）承压完整井 （d）承压非完整井

图1-27 水井的分类

无压完整井涌水量计算。无压完整井抽水时，井周围的水面最后将下落成为渐趋稳定的漏斗状曲面，称为降落漏斗。水井轴线至漏斗最外缘的水平距离称为抽水影响半径R（图1-28）。

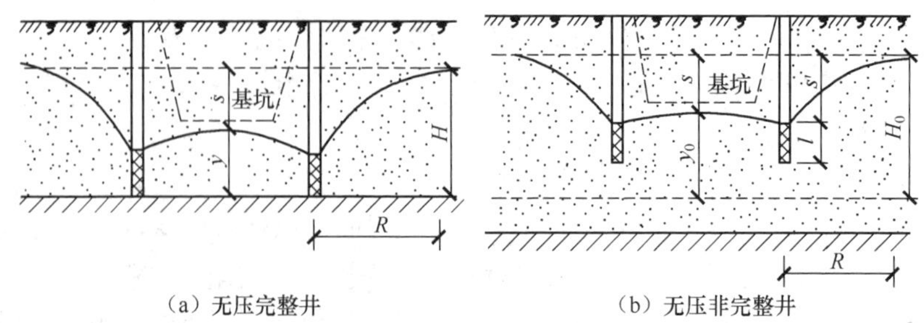

图 1-28　环形井点涌水量计算简图

对于无压完整井的环状井点系统，群井涌水量计算公式为

$$Q=1.366K\frac{(2H-s)s}{\lg R-\lg x_0} \tag{1-27}$$

其中

$$R=1.95s\sqrt{HK} \tag{1-28}$$

$$x_0=\sqrt{\frac{F}{\pi}} \tag{1-29}$$

式中：Q——井点系统的涌水量，m^3/d；

K——土的渗透系数（由实验室或现场抽水试验确定），m/d；

H——含水层厚度，m；

s——水位降低值，m；

R——抽水影响半径，m；

x_0——环形井点系统的假想半径，m；

F——基坑周围井点所包围的面积，m^2。

当矩形基坑的长宽比大于 5，或基坑宽度大于抽水影响半径的 2 倍时，需将基坑分块，分别计算涌水量后再相加得到总涌水量。

无压非完整井涌水量计算。无压非完整井涌水量计算较为复杂，为了简化计算，仍可采用无压完整井公式计算，但需将含水层厚度 H 换成有效深度 H_0，即

$$Q=1.366K\frac{(2H_0-s)s}{\lg R-\lg x_0} \tag{1-30}$$

$$R=1.95s\sqrt{H_0K} \tag{1-31}$$

其中有效深度 H_0 为经验数值，可查表 1-8 得到。

表 1-8　有效深度 H_0 值　　单位：m

$s'/(s'+l)$	H_0	$s'/(s'+l)$	H_0
0.2	$1.3(s'+l)$	0.5	$1.7(s'+l)$
0.3	$1.5(s'+l)$	0.8	$1.85(s'+l)$

注：s'为井管内水位降低深度；l为滤管长度。

承压完整井涌水量计算。承压完整井环形井点涌水量计算公式为

$$Q=2.73K\frac{Ms}{\lg R-\lg x_0} \tag{1-32}$$

式中：M——承压含水层厚度，m。

承压非完整井涌水量计算。承压非完整环形井点系统的涌水量计算公式为

$$Q=2.73K\frac{Ms}{\lg R-\lg x_0}\sqrt{\frac{M}{l+0.5r}}\sqrt{\frac{2M-l}{M}} \tag{1-33}$$

式中：r——井点管的半径，m；

l——滤管长度，m。

2）确定井点管数量与井距。单井最大出水量q主要取决于土的渗透系数、滤管的构造与尺寸，按下式计算：

$$q=65\pi dl\sqrt[3]{K} \tag{1-34}$$

式中：d——滤管直径，m；

l——滤管长度，m；

K——土的渗透系数，m/d。

井点管数量由下式确定：

$$n=1.1\frac{Q}{q} \tag{1-35}$$

式中：1.1——考虑井点管堵塞等因素的备用系数。

井点管平均间距为

$$D=\frac{L}{n} \tag{1-36}$$

式中：L——总管长度，m。

实际采用的井点管间距应大于15d（d为滤管直径），不能过小，以免彼此干扰，影响出水量。另外还应与总管接头的间距（0.8m、1.2m、1.6m、2.0m）相吻合。最后根据实际采用的井点管间距，确定井点管根数。

【例1-1】 某工程基坑底的平面尺寸为40m×16m，底面标高为－7m。已知地下水位－3m，土层渗透系数K＝15m/d，－15m以下为不透水层，基坑边坡为1∶0.5，井点管长度6m，滤管长度待定，管径为38mm；总管直径100mm，每节4m（图1-29）。试进行轻型井点降水设计。

解：1）井点管的布置。

平面布置：基坑宽16m，面积较大，布置成环形。

高程布置：

基坑上口宽：16＋2×7×0.5＝23（m）

井点管埋深：H＝7＋0.5＋（23/2＋1）×1/10＝8.75（m）

井点管长度：H＋0.2＝8.95（m）＞6（m），不能满足要求，因此要将基坑先开挖至－2.9m再埋设井点管。此时井点管需要长度为

$$H_1=0.2+(3-2.9)+4.5+(8+4.1\times0.5+1)\times1/10\approx6\text{（m）}$$

满足要求，高程布置如图 1-30 所示。

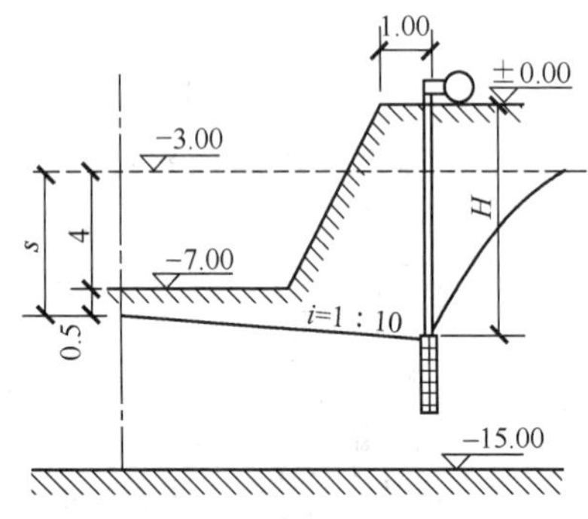

图 1-29　井点管高程布置

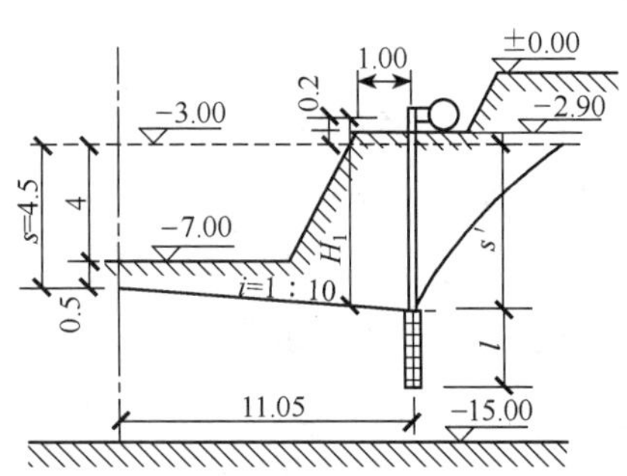

图 1-30　降低埋设面后的井点管高程布置

2）涌水量计算。

判断水井类型，取滤管长 1.4 m，则滤管到达的深度为

$$2.9+(6-0.2)+1.4=10.1\text{（m）}<15\text{（m）}$$

未到达透水层，为无压非完整井。

计算抽水有效影响深度：

$$s'=6-0.2-0.1=5.7\text{（m）}$$

$$s'/(s'+l)=5.7/(5.7+1.4)\approx0.8\text{（m）}$$

查表得 $H_0=1.85\times(s'+l)=1.85\times(5.7+1.4)\approx13.14$（m）＞含水层厚度 $15-3=12$（m），所以按实际情况取 12m。

计算井点系统的假想半径。

井点管包围面积 $F=(20+4.1\times0.5+1)\times2\times11.05\times2\approx1018.8\ (\text{m}^2)$

$$x_0=\sqrt{F/\pi}=\sqrt{1018.8/3.14}\approx18(\text{m})$$

$$R=1.95s\sqrt{H_0K}=1.95\times4.5\times\sqrt{12\times15}\approx117.7(\text{m})$$

计算涌水量：

$$Q=1.366K\frac{(2H_0-s)s}{\lg R-\lg x_0}=1.366\times15\times\frac{(2\times12-4.5)\times4.5}{\lg117.7-\lg18}\approx2204.8(\text{m}^3/\text{d})$$

3）确定井点管的数量及井距。

单个井点管的出水量 $q=65\pi dl\sqrt[3]{K}$

$$=65\pi\times0.038\times1.4\times\sqrt[3]{15}\approx26.8\text{（m}^3\text{/d）}$$

$$\text{井点管数量 }n=1.1\times\frac{Q}{q}=1.1\times\frac{2204.8}{26.8}=90.5\text{（根）}$$

井距：

井点管包围的周长 $L=(46.1+22.1)\times2=136.4$（m）

$$井点管间距\ D=L/n=136.4/90.5=1.51（m）$$

取 1.6m。

$$实际井点管数\ n=136.4/1.6=85.25\approx 86（根）$$

（4）轻型井点的施工准备和安装

轻型井点的施工准备工作包括井点设备、动力、水泵及必要材料的准备；排水沟的开挖；附近建筑物的标高监测以及防止附近建筑物沉降的措施等。

井点系统安装的顺序：根据降水方案放线、挖管沟、布设总管、冲孔、埋设井点管、埋砂滤层、黏土封口、弯联管连接井点管与总管、安装抽水设备、试抽。其中井点管的埋设质量是保证轻型井点顺利抽水、降低地下水位的关键。

井点管的埋设一般用水冲法施工，分为冲孔和埋管两个过程（图 1-31）。冲孔时，先用起重设备将井点管吊起并垂直地插在井点位置上，利用高压水在井管下端冲刷土体，井点管则边冲边沉，直至比滤管底深 0.5m 时停止冲水。井孔冲成后，拔出冲管，立即将井点管居中插入，并在井点管与孔壁之间及时均匀地填灌砂滤层，以防孔壁塌土。孔壁与井管之间的滤料宜采用中粗砂，滤料上方应使用黏土封堵，封堵至地面的厚度应大于 1m，以防漏气。

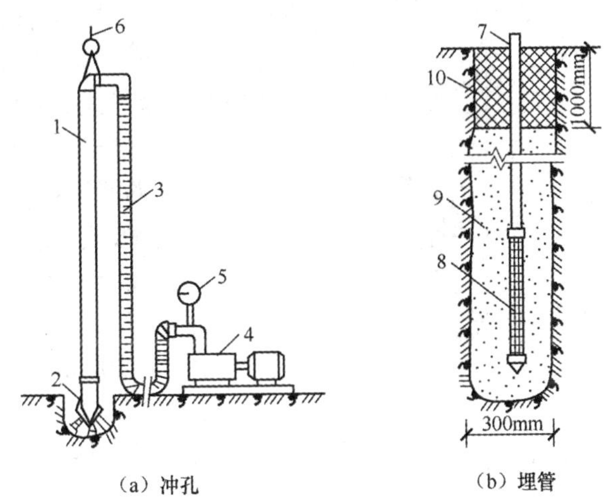

（a）冲孔　　（b）埋管

1—冲管；2—冲嘴；3—胶皮管；4—高压水泵；5—压力表；
6—起重机吊钩；7—井点管；8—滤管；9—填砂；10—黏土封口。

图 1-31　井点管的埋设

井点系统全部安装完毕后，应进行试抽，以检查有无漏气、漏水现象，出水是否正常，井点管有无淤塞。如有异常，进行检修后方可使用。

（5）轻型井点的使用

轻型井点运行后，应保证连续不断抽水。若时抽时停，滤网易堵塞。中途停抽，地下水回升，也会引起边坡塌方事故。地下工程竣工后，用机械或人工拔除井管，井孔用砂石回填，地面下 2m 范围内用黏土填实。

2. 喷射井点

当开挖基坑（槽）的深度较大，且地下水位较高时，若布置一级轻型井点则不能满足降水深度的要求，若采用多级轻型井点布置，则挖土方工程量大，经济上不合理。因此通常在降水深度超过 6m 时，采用喷射井点。

喷射井点降水是在井点管内部装设特制的喷射器，用高压水泵或空气压缩机通过井点管中的内管向喷射器输入高压水（喷水井点）或压缩空气（喷气井点）形成水气射流，将地下水经井点外管与内管之间的缝隙抽出排走。

喷射井点的平面布置：当基坑宽度小于 10m 时，井点可单排布置；当基坑宽度大于 10m 时，可双排布置；当基坑面积较大时，宜用环形布置。井点间距一般取 2～3m，井孔直径宜取 400～600mm，井孔应比滤管底部深 1m 以上。涌水量计算和井点埋设与轻型井点相同。

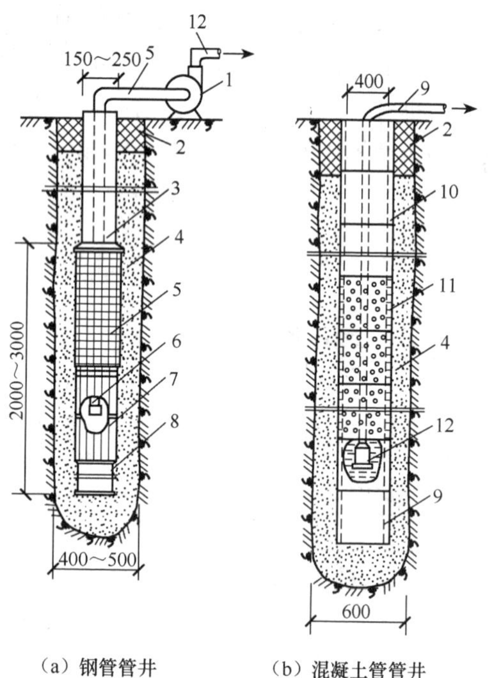

（a）钢管管井　　（b）混凝土管管井

1—离心泵；2—黏土封口；3—管身；4—小砾石过滤层；5—滤网；6—吸水管；7—钢筋焊接骨架；8—沉沙管；9—出水管；10—混凝土实壁管；11—混凝土过滤管；12—潜水泵。

图 1-32　管井井点（单位：mm）

3. 管井

在土的渗透系数较大（20～200m/d），地下水含量丰富的土层中降水时，宜采用管井。管井就是在基坑的四周每隔 10～50m 钻孔成井，然后放入钢筋混凝土管或钢管，底部设滤水管。每个井管用一台水泵抽水，以使水位降低。图 1-32 为钢管管井和混凝土管管井。管井设备简单、排水量大、降水较深，水泵设在地面，易于维护，但一次性投资较大。

（1）管井的构造

1）管井的滤管可采用无砂混凝土滤管、钢筋笼、钢管或铸铁管。

2）滤管内径应满足单井设计出水量的要求，滤管内径宜大于水泵外径 50mm，且滤管外径不宜小于 200mm。管井成孔直径应满足填充滤料的要求。

3）井管外滤料宜选用磨圆度好的硬质岩石的圆砾，不宜采用棱角形石渣料、风化料或其他黏质岩石成分的砾石。

4）采用深井泵或深井潜水泵抽水时，水泵的出水量应根据单井出水能力确定，水泵的出水量应大于单井出水能力的 1.2 倍。

5）井管的底部应设置沉砂段，井管沉砂段长度不宜小于 3m。

（2）管井施工

1）管井的成孔施工工艺应适合地层特点，对不易塌孔、缩孔的地层宜采用清水钻进；钻孔深度宜大于降水井设计深度 0.3～0.5m。

2）采用泥浆护壁时，应在钻进到孔底后清除孔底沉渣并立即置入井管、注入清水，当泥浆相对密度不大于 1.05 时，方可投入滤料；遇塌孔时不得置入井管，滤料填充体积不应小于计算量的 95%。

3）填充滤料后，应及时洗井，洗井应充分直至过滤器及滤料滤水畅通，并应抽水检验降水井的滤水效果。

（3）管井回灌

当基坑降水引起的地层变形对基坑周边环境产生不利影响时，宜采用回灌方法减小地层变形量。回灌方法宜采用管井回灌，回灌应符合下列规定。

1）回灌井应布置在降水井外侧，回灌井与降水井的距离不宜小于6m；回灌井的间距应根据回灌水量的要求和降水井的间距确定。

2）回灌井深度宜低于稳定水面以下1m，回灌井过滤器应位于渗透性强的土层中，其长度不应小于降水井过滤器的长度。

3）回灌水量应根据水位观测孔中水位变化进行控制和调节，回灌后的地下水位不应超过降水前的水位。采用回灌水箱时，其距地面的水头高度应根据回灌水量的要求确定。

4）回灌用水应采用清水，宜用降水井抽水进行回灌。回灌水质应符合环境保护要求。

1.4.3　集水明排

对基底表面汇水、基坑周边地表汇水及降水井抽出的地下水，可采用明沟排水；对坑底以下渗出的地下水，可采用盲沟排水；当地下室底板与支护结构间不能设置明沟时，基坑坡脚处也可采用盲沟排水；对降水井抽出的地下水，也可采用管道排水。

1. 集水井降水原理

集水井降水是一种简单、方便、经济的基坑降水方法。在开挖基坑（槽）过程中，遇到地下水或地表水时，在基础范围以外，地下水的上游，沿坑底的两侧或四周开挖排水沟，设置集水井；土方开挖后地下水在重力作用下经排水沟流入集水井内，然后用水泵抽出坑外（图1-33）。集水井降水法适用于降水深度较小且土层为砂性土或渗水量小的黏性土，对于容易发生流沙的细砂或粉砂土，宜采用井点降水。

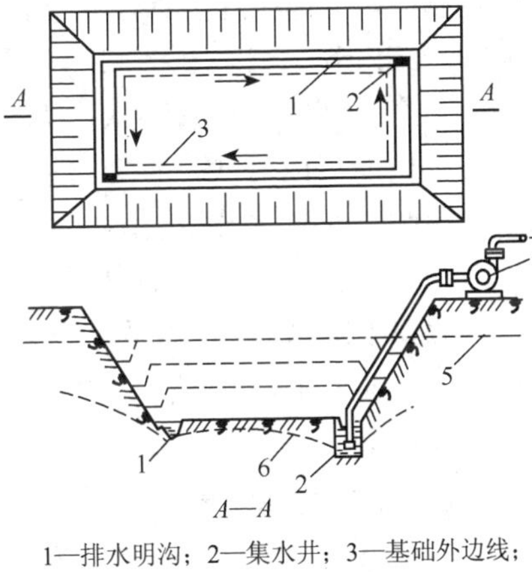

1—排水明沟；2—集水井；3—基础外边线；4—离心式水泵；5—原地下水位线；6—降低后地下水位线。

图1-33　明沟、集水井降水

2. 排水沟的确定

排水沟的截面尺寸和集水井的个数是根据坑底涌水量的大小、基础的形状和水泵的抽水能力来确定的。一般沟底低于挖土面为0.4～0.5m，集水井应设在基础范围以外的边角处。排水沟向集水井方向保持不小于3‰的纵向坡度，每间隔30～50m设置一口集水井，其直径或宽度为0.6～0.8m，集水井深度随挖土深度增加而加深，始终低于挖土面0.7～1.0m。

集水井积水到一定深度，将水抽出坑外。基坑底挖至设计标高后，集水井底应低于坑底1.5m左右，并铺设砾石滤水层。以免在抽水时将泥沙抽走，并防止井底的土被搅动。

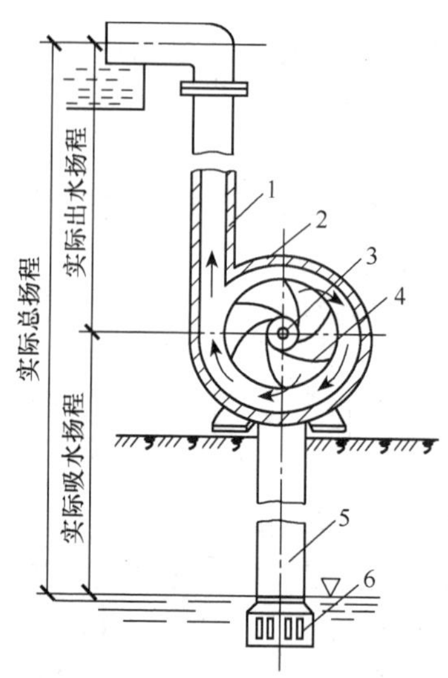

1—出水管；2—泵壳；3—泵轴；4—叶轮；5—吸水管；6—滤网与底阀。

图 1-34　离心泵

3. 抽水设备

基坑抽水设备主要有离心泵（图 1-34）、潜水泵、软轴水泵等。其主要性能包括流量、扬程和功率等。水泵的流量和扬程应满足基坑涌水量和坑底降水深度要求。选用水泵的抽水量一般为基坑涌水量的 1.5～2 倍，这样有利于快速抽水，否则坑内水会越积越多，将基坑土泡软。

4. 流沙的防治

当基坑开挖深度大、地下水位较高且土质为细砂或粉砂时，若采用集水井降水，当挖至地下水位以下时，坑底下面的土粒会形成流动状态，随地下水涌入基坑，这种现象称为流沙。发生流沙时，土体边挖边冒流沙，土完全丧失承载力，致使施工条件恶化，基坑难以挖到设计深度。严重时会引起基坑边坡塌方，临近建筑因地基被掏空而出现开裂、下沉、倾斜甚至倒塌。

流沙现象是水在土中渗流所产生的动水压力对土体作用的结果。动水压力 G_D 的大小与水力坡度成正比，即水位差越大，渗透路径 L 越短，则 G_D 越大。当动水压力大于土的浮重度时，土颗粒处于悬浮状态，土颗粒往往会随渗流的水一起流动，涌入基坑内，形成流沙。细颗粒、松散、饱和的非黏性土特别容易发生流沙现象。

是否会产生流沙主要看动水压力的大小和方向。当动水压力方向向上且足够大时，土颗粒被带出而形成流沙，而当动水压力方向向下且足够大时，土颗粒向下流动，使土体稳定。因此，在基坑开挖中，防治流沙应从“治水”着手。防治流沙的基本原则是减少或平衡动水压力，设法使动水压力方向向下，截断地下水流。有以下具体措施。

1）枯水期施工法。枯水期地下水位较低，基坑内外水位差小，动水压力小，就不容易产生流沙。如条件许可，土方工程尽量安排在枯水期施工，使最高地下水位距坑底不小于 0.5m。

2）抢挖并抛大石块法。组织分段抢挖，使挖土的速度大于冒沙速度，在挖至设计标高后立即铺竹板、芦席，并抛大石块，以平衡动水压力，将流沙压住。此法适用于治理局部的或轻微的流沙。

3）设止水帷幕法。将连续的止水支护结构（如连续板桩、深层搅拌桩、密排灌注桩等）打入基坑底面以下一定深度，形成封闭的止水帷幕，从而使地下水只能从支护结构下端向基坑渗流，增加地下水从坑外流入基坑内的渗流路径，减小水力坡度，从而减小动水压力，防止流沙产生。

4）冻结法。将出现流沙区域的土进行冻结，阻止地下水的渗流，以防止流沙发生。

5）人工降低地下水位法。采用井点降水法，使地下水位降低至基坑底面以下，地下水的渗流向下，则动水压力的方向也向下，从而水不能渗流入基坑内，可有效防止流沙的发生。

1.5 土方施工机械与土方填筑

1.5.1 土方施工机械

土方工程由于工程量大，劳动繁重，应尽可能采用机械化施工，以提高劳动生产率，加快施工进度。常用的土方施工机械有推土机、铲运机、挖掘机等。

1. 推土机施工

推土机是一种在拖拉机前端装有推土板（铲刀）等工作装置的土方机械。它可以单独进行切土、推土和卸土工作，并可作为辅助机械配合其他土方机械施工。按行走装置形式，推土机可分为履带式和轮胎式两种，履带式推土机附着牵引力大，接地压力小，但机动性比轮胎式推土机差。按推土铲刀的操纵方式，推土机可分为索式和液压式两种，索式推土机的铲刀依靠本身自重切入土中，而液压式推土机（图1-35）是用液压操纵，能使铲刀强制切入土中，切土深度比较大，此外还可以调整铲刀的切土角度，具有较强的灵活性。因此，液压式推土机目前更为常用。

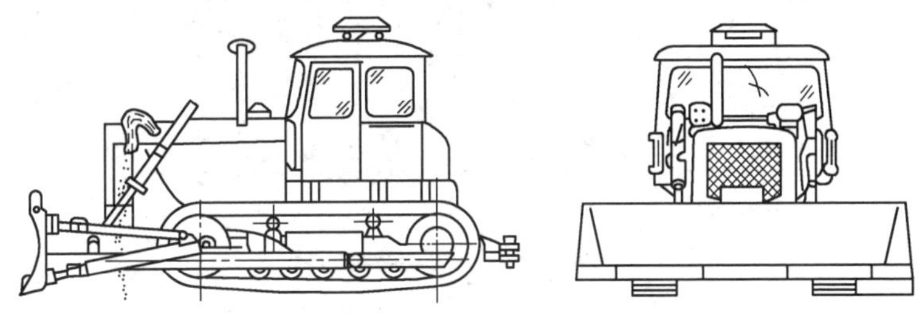

图1-35 液压式推土机外形图

推土机操纵灵活、运转方便、所需工作面小、行驶速度快，能爬30°左右的坡。适用于场地平整、开挖深度不大的基坑、移挖作填、填筑堤坝、回填基坑和基槽土方，为铲运机助铲，为挖掘机清理集中余土和创造工作面，修路开道，牵引其他无动力施工机械。推土机的经济运距在100m以内，效率最高运距在60m。

为了减少推土过程中土的散失，提高推土机的生产效率，常采取以下几种施工方法。

（1）下坡推土法

推土机顺地面坡度沿下坡方向开行切土、推运（图1-36），这样可借助机械本身的重力作用，增加切土深度和运土量，缩短铲土时间。一般可提高生产效率30%左右，但推土坡度不宜超过15°，否则推土机后退爬坡困难。

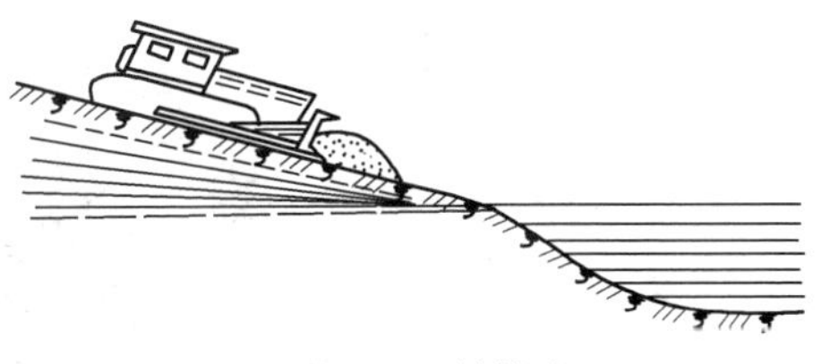

图1-36 下坡推土

（2）槽形推土法

当推运距离较远且挖土层较厚时，推土机可重复多次在一条作业线上切土和推运（图1-37），使地面逐渐形成浅槽，这样可减少推土过程中土的散失，增加推土量。

（3）并列推土法

平整大面积的场地时，可用2～3台推土机并列推土（图1-38）。铲刀相距30cm左右，这样可以增加推土量，减少土的散失。但平均运距不宜超过50～75m，也不宜小于20m，且推土机数量不宜超过3台，否则行驶不一致反而会影响生产效率。

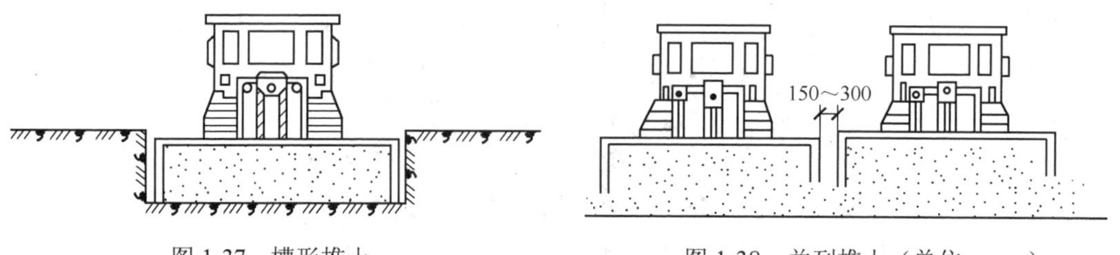

图1-37　槽形推土　　　　图1-38　并列推土（单位：mm）

（4）多铲集运法

在较硬的土层中，铲刀切土深度较小，宜采取多次铲土，将每次铲起的少量土先聚集在一个中间地点，再一次将其全部推运的方法（图1-39），以便在铲刀前保持满载，有效利用推土机的功率，缩短推运时间，提高生产率。

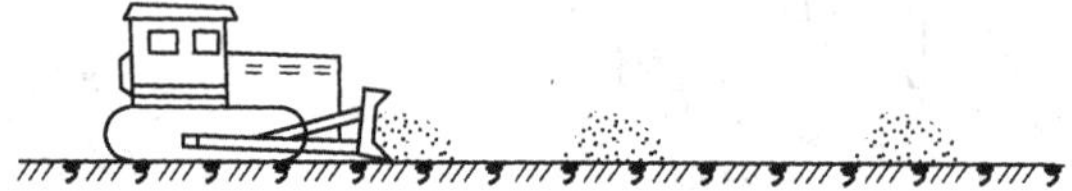

图1-39　多铲集运

2. 铲运机施工

铲运机是一种利用铲斗铲削土壤，并将碎土装入铲斗进行运送的铲土运输机械。铲运机按行走方式不同可分为自行式铲运机（图1-40）和拖式铲运机（图1-41）两种。按铲斗的升降操纵系统不同拖式铲运机又可分为索式和油压式两种。铲运机常用斗容量为2～8m^3。经济运距：自行式铲运机为800～1500m；拖式铲运机为600m；效率最高的经济运距为200～350m；双联铲运或挂大斗铲运时，经济运距可增加至1000m。运距越长、生产效率越低，超过经济运距时应考虑汽车运输。

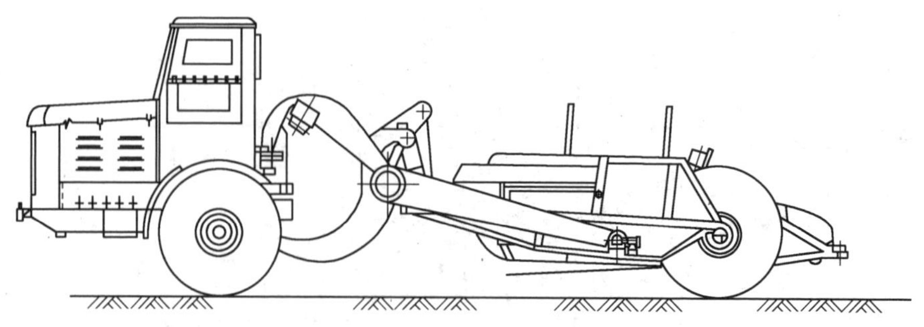

图1-40　自行式铲运机外形图

图 1-41　拖式铲运机外形图

铲运机操纵简单、运转方便、行驶速度快、生产效率高。能独立完成铲土、运土、卸土、填筑、压实等全部土方施工工序。适用于坡度为 20° 以内的大面积场地平整、大型基坑开挖、填筑路基堤坝。对于一至三类土可直接挖运，对于硬土需用松土机预松后再挖。所挖土的含水量以不大于 27%为宜，否则卸土困难。不适于在砾石层、冻土地带及沼泽区施工。

（1）铲运机的开行路线

铲运机由挖土至卸土运行的循环路线称为开行路线，应根据挖、填方区的分布预先合理选择，开行路线选择的合理与否将直接影响生产效率的高低。铲运机的开行路线一般有以下几种。

1）环行路线。对于地形起伏不大，施工地段较短和填方不高的场地平整工程，宜采用图 1-42（a）、（b）所示的环行路线。环行路线每一循环只完成一次铲土和卸土，挖土和填土交替。当挖填交替，且互相距离又较短时，则可采用大环行路线，如图 1-42（c）所示，其优点是每一循环可以完成两次或多次铲卸作业，减少了铲运机的转弯次数，从而提高工作效率。

2）“8”字形路线。对于地形起伏较大或施工地段较长的场地平整工程，宜采用“8”字形路线，如图 1-42（d）所示。这种开行路线的优点是：铲运机上坡取土时是斜向开行，可减小坡度影响，并且一个循环完成两次铲土和卸土，减少了转弯次数及空驶距离，可提高生产效率；一个循环中两次转弯方向不同，铲运机机械磨损均匀。“8”字形路线一般在地形起伏较大、施工地段狭长时采用。

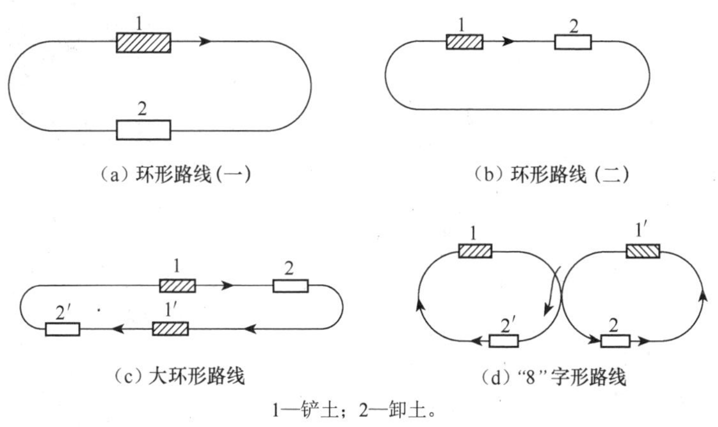

1—铲土；2—卸土。

图 1-42　铲运机开行路线

拖式和自行式铲运机，都是在机车后拖挂铲斗，机组较长，要求其铲土的操作在直线行驶时进行。如果在转弯时铲土，铲刀因受力不均而易引起翻车事故。所以组织开行路线时，铲运机直线行驶的最短距离应能保证土装满土斗。

（2）提高铲运机生产效率的措施

1）下坡铲土法。铲运机利用地形沿下坡方向铲土，借助铲运机的自重，加大铲斗的切土深度（图 1-43），缩短铲土时间。

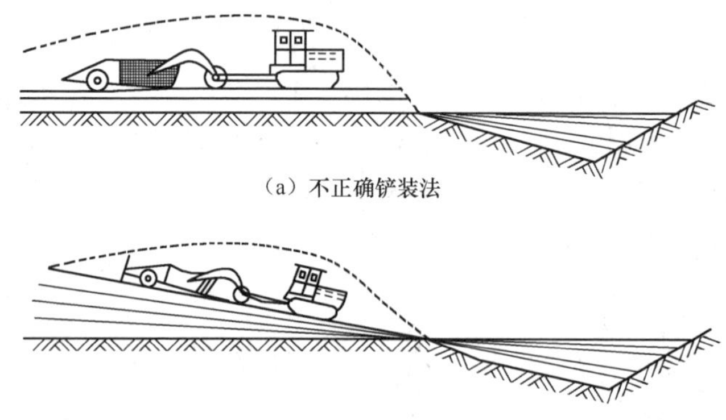

（a）不正确铲装法

（b）正确铲装法

图 1-43　铲运机下坡铲土

2）跨铲法。铲运机间隔铲土，预留土埂（图 1-44）。这样在间隔铲土时由于形成一个土槽，减少了土向外散；铲土埂时，铲土阻力减小。一般土埂高不大于 300mm，宽度不大于拖拉机两履带间的净距。

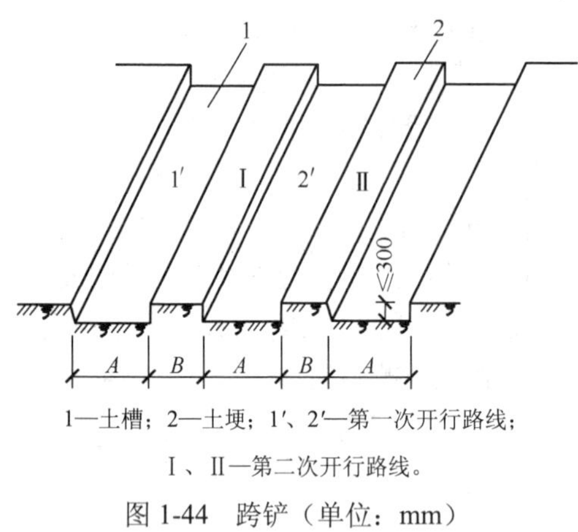

1—土槽；2—土埂；1′、2′—第一次开行路线；
Ⅰ、Ⅱ—第二次开行路线。

图 1-44　跨铲（单位：mm）

3）助铲法。地势平坦，土质较硬时可用推土机在铲运机后助推（图 1-45），以提高铲刀切削力，加大铲土深度，缩短铲土时间，提高生产效率。推土机在助铲的空隙可兼做松土或平整工作，为铲运机创造工作条件。

4）挖近填远、挖远填近。挖土先从距离填土区最近一端开始，由近而远；填土则从距挖土区最远一端开始，由远而近。既可使铲运机始终在合理的经济运距内工作，又可创造下坡铲土的条件。

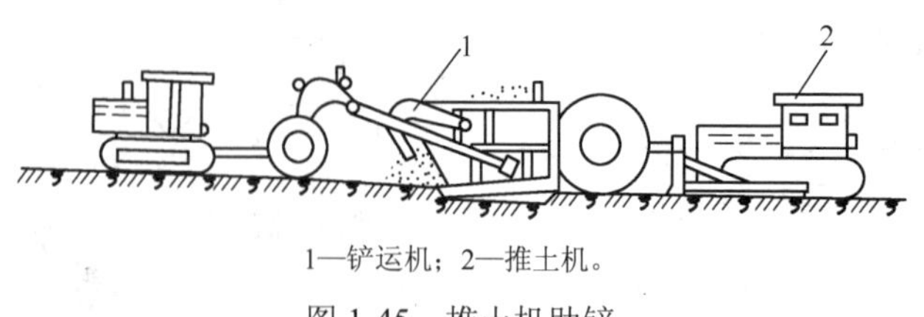

1—铲运机；2—推土机。

图 1-45　推土机助铲

5）双联铲运。拖式铲运机的动力有富余时，可串联两个铲斗进行双联铲运（图 1-46）。

对坚硬土层，先铲满一个斗，再铲另一个斗，即“双联单铲”；松软土层则两个斗同时铲土，即“双联双铲”。

图1-46　双联铲运

6）挂大斗铲运。在土质松软地区，可改挂大型土斗，充分利用拖拉机的牵引力提高工效。

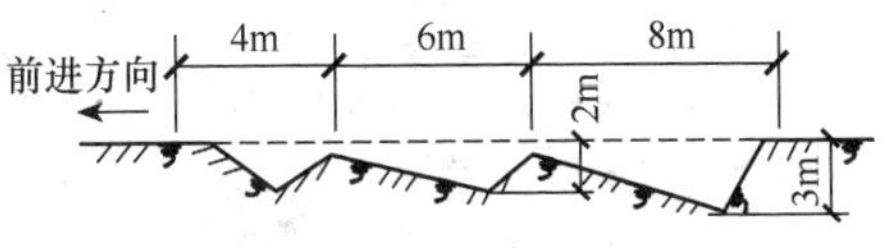

图1-47　波浪式铲土

7）波浪式铲土法。铲土开始时，铲刀以最大深度切入土中，随着负荷增加、车速降低，相应减小切土深度，依次反复进行（图1-47），直至铲斗装满土为止，适用于较硬土层。

3. 挖掘机施工

挖掘机主要用于挖掘基坑、沟槽，清理和平整场地，更换工作装置后还可进行装卸、起重、打桩等其他作业，能一机多用，工效高、经济效果好，是基坑开挖中最常用的一种土方机械。挖掘机按其行走装置的不同可分为履带式和轮胎式两类，按其传动方式不同可分为机械传动和液压传动两种。根据工作的需要，单斗挖掘机可更换其工作装置，按其工作装置的不同，又可分正铲、反铲、拉铲和抓铲等（图1-48）。常用的是正铲和反铲挖掘机，斗容量为0.1～2.5m^3。

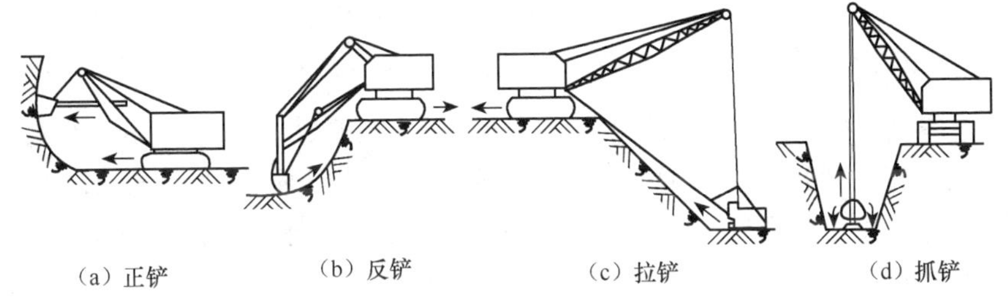

(a) 正铲　(b) 反铲　(c) 拉铲　(d) 抓铲

图1-48　挖掘机类型

（1）正铲挖掘机施工

正铲挖掘机的工作特点是“前进向上，强制切土”。其挖掘能力强，生产效率高，需自卸汽车配合完成挖运作业。它适用于开挖停机面以上的一至四类土和经爆破的岩石及冻土。开挖深而大的基坑时需设坡度约为1∶8的坡道，以便挖掘机进入基坑工作，也便于运输车辆运土。当地下水位较高时，应先降低地下水位，疏干基坑内的土，然后再开始挖土。

正铲挖掘机的开挖方式根据开挖路线与自卸汽车相对位置的不同分为“正向开挖、侧向装土”以及“正向开挖、后方装土”两种。

1）正向开挖、侧向装土［图1-49（a）］。挖掘机沿前进方向挖土，自卸汽车停在侧面装土。自卸汽车既可停在停机面上，也可停在高于停机面的平面上，主要取决于所需开挖基坑的断面尺寸、坑道布置及挖掘机的技术性能。采用这种挖土方式，挖掘机卸土时，动臂转角小，自卸汽车行驶方便，生产率高，应用广泛。

2）正向开挖、后方装土［图 1-49（b）］。挖掘机沿前进方向挖土，自卸汽车停在挖掘机后面装土。采用这种挖土方式，工作面左右对称，挖掘机卸土时，动臂转角大，自卸汽车需倒车进入坑道，行驶不方便，生产率低，只适用于基坑宽度较小、深度较大的情况。

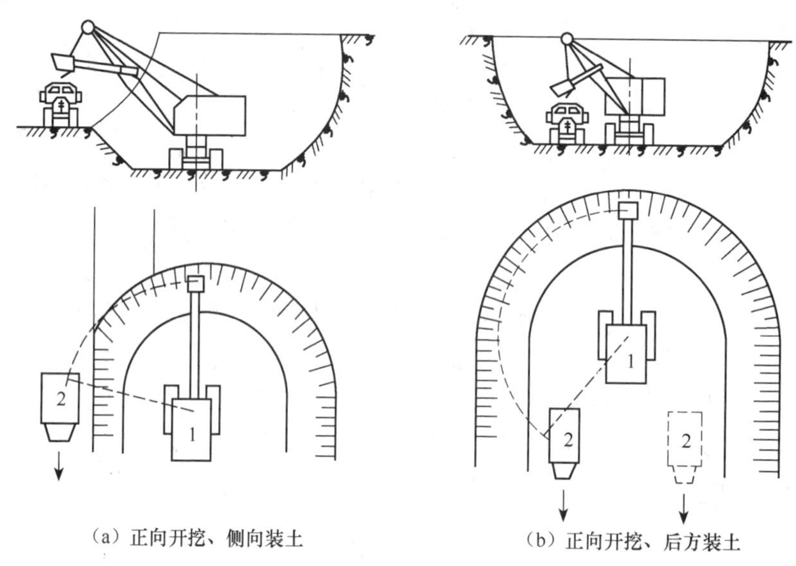

（a）正向开挖、侧向装土　（b）正向开挖、后方装土

1—正铲挖掘机；2—自卸汽车。

图 1-49　正铲挖掘机作业方式

正铲挖掘机开挖基坑时，还需根据工作面的大小和基坑的横断面尺寸，确定挖掘机的开行通道。当基坑的深度小而面积大时，只布置一层开行通道［图 1-50（a)]，第一次用正向开挖，后方装土，第二、三次可以正向开挖、侧向装土，一次挖到坑底。当基坑宽度稍大于工作面时，为减少挖掘机开行通道，可用加宽工作面法，即按“之”字形行驶［图 1-50（b)]。当基坑的深度较大时，可布置成多层通道［图 1-50（c)]。

（2）反铲挖掘机施工

反铲挖掘机的工作特点是“后退向下，强制切土”。其挖掘能力比正铲挖掘机弱，主要开挖停机面以下一至三类土的砂土或黏土。适用于开挖深度不大的基坑、基槽和管沟，对湿土、地下水位较高土层也适用。一般反铲挖掘机的最大挖土深度为 6m，经济合理的挖土深度为 3～5m。反铲挖掘机也需要配备自卸汽车进行运输。

反铲挖掘机的开挖方式有沟端开挖和沟侧开挖两种。

1）沟端开挖［图 1-51（a)]。挖掘机停在基坑（槽）的沟端，后退挖土，自卸汽车停在两侧装土。当基坑宽度超过 1.7 倍挖掘机的有效挖土半径时，可分几次开行进行开挖。这种开挖方式挖掘宽度不受机械最大挖掘半径限制，同时可挖到最大深度。

2）沟侧开挖［图 1-51（b)]。挖掘机停在基坑（槽）的一侧工作，边挖边平行于基坑（槽）移动。所挖土可用自卸汽车运走，也可弃于距基坑（槽）较远处。这种开挖方

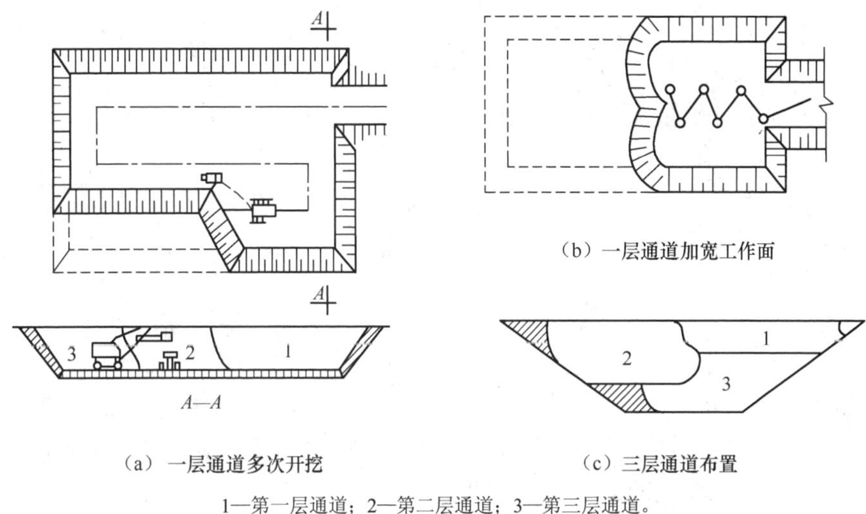

(a) 一层通道多次开挖　　(c) 三层通道布置

1—第一层通道；2—第二层通道；3—第三层通道。

图 1-50　正铲挖掘机开挖基坑通道布置

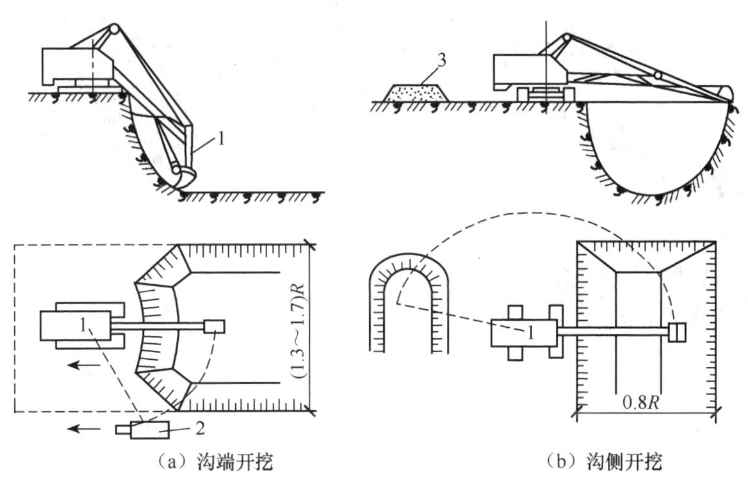

(a) 沟端开挖　　(b) 沟侧开挖

1—反铲挖掘机；2—自卸汽车；3—弃土堆；R—挖掘机的有效挖土半径。

图 1-51　反铲挖掘机的开挖方式

式挖土的深度和宽度均较小，由于挖掘机的移动方向与挖土方向相垂直，所以稳定性差。因此，只在无法采用沟端开挖或所挖的土不需运走时采用。

（3）拉铲挖掘机施工

拉铲挖掘机的工作特点是“后退向下，自重切土”。其利用铲斗的自重向下切土，随挖随行或后退。由于其铲斗悬吊在动臂的钢丝索上，挖土时可利用惯性力将铲斗甩出起动臂半径范围外，所以挖土半径和深度均较大，但开挖的精确性差。能开挖停机面以下一类和二类土。也可水下挖土。适于开挖深度较大的基坑、沟渠以及填筑路基、修筑堤坝、河道清淤。拉铲挖掘机的开挖方式基本与反铲挖掘机相同，也可分为沟端开挖和沟侧开挖两种。

（4）抓铲挖掘机施工

抓铲挖掘机是在挖掘机臂端用钢丝绳吊装一个抓斗挖土，其工作特点是“直上直下，自重切土”。抓铲挖掘机挖掘能力较弱，生产效率低，但挖土深度大，可挖出直立边坡。

适用于开挖停机面以下一类和二类土，常用于开挖土质较松软、施工面狭窄而深的基坑、深槽、沉井和清理河泥等。挖淤泥时，抓斗易被淤泥吸住，应避免用力过猛，以防翻车。抓铲挖掘机施工时一般需加配重。

4. 凿岩机械

凿岩机械主要有气动凿岩机、液压凿岩机、凿岩台车和锚杆钻机四大类。

5. 其他土方施工机械

（1）装载机

装载机（图 1-52）主要用来铲、装、卸、运土与砂石类散装物料，也可对岩石、硬土进行轻度铲掘，更换工作装置后可进行推土、起重、装卸等作业。铲容量一般 1.5～6.1m^3。

（2）挖掘装载机

挖掘装载机（图 1-53）前铲后挖，小巧灵活、多能高效，集挖掘机和装载机之优点于一身，是最受工地欢迎的土方施工机械之一。

图 1-52 装载机

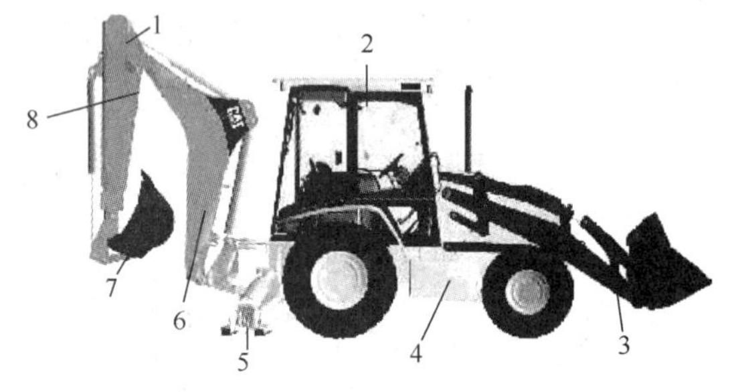

1—挖掘机；2—驾驶室；3—装载机；4—拖拉机；5—稳定支脚；6—动臂；7—铲斗；8—斗杆。

图 1-53 挖掘装载机

（3）轮斗式挖掘机

轮斗式挖掘机（图 1-54）又称斗轮机，是利用斗轮旋转和臂架回转的复合运动，使铲斗连续挖掘较硬物料的多斗挖掘机。轮斗式挖掘机配以汽车或带式输送机组成的挖掘运输系统，是一种高效率的采掘设备，主要用于露天矿中煤炭、油母页岩等的剥离和采掘及大型水利、建筑等工程的土方开挖。

（4）平地机

平地机（图 1-55）是利用刮刀平整地面的土方机械。刮刀装在机械前后轮轴之间，能升降、倾斜、回转和外伸。动作灵活准确，操纵方便，平整场地有较高的精度，广泛用于公路、机场等大面积的填方平整作业。

1.5.2 土方填筑与压实

1. 土方填筑的要求

1）土方填筑前，应根据设计要求和不同质量等级标准来确定施工工艺和方法。土方填筑时，应先低处后高处，逐层填筑。

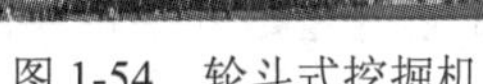

图1-54 轮斗式挖掘机

图1-55 平地机

2）回填基底的处理，应符合设计要求。设计无要求时，应符合下列规定。

① 基底上的树墩及主根应拔除，排干水田、水库、鱼塘等的积水，对软土进行处理。

② 设计标高500mm以内的草皮、垃圾及软土应清除。

③ 坡度大于1∶5时，应将基底挖成台阶，台阶面内倾，台阶高宽比为1∶2，台阶高度不大于1m。

④ 当坡面有渗水时，应设置盲沟将渗水引出填筑体外。

3）填料应符合设计要求，不同填料不应混填。设计无要求时，应符合下列规定。

① 不同土类应分别经过击实试验测定填料的最大干密度和最佳含水量，填料含水量与最佳含水量的偏差控制在±2%范围内。

② 草皮土和有机质含量大于8%的土，不应用于有压实要求的回填区域。

③ 淤泥和淤泥质土不宜作为填料，在软土和沼泽地区，经过处理且符合压实要求后，可用于回填次要部位或无压实要求的区域。

④ 碎石类土或爆破石渣，可用于表层以下回填，可采用碾压法或强夯法施工。采用分层碾压时，厚度应根据压实机具通过试验确定，一般不宜超过500mm，其最大粒径不得超过每层厚度的3/4；采用强夯法施工时，填筑厚度和最大粒径应根据强夯夯击能量大小和施工条件通过试验确定，为了保证填料的均匀性，粒径一般不宜大于1m，大块填料不应集中，且不宜填在分段接头处或回填与山坡连接处。

⑤ 两种透水性不同的填料分层填筑时，上层宜填透水性较小的填料。

⑥ 填料为黏性土时，回填前应检查其含水量是否在控制范围内，当含水量偏高时，可采取松翻晾晒或均匀掺入干土或生石灰等措施；当含水量偏低时，可采取预先洒水湿润的措施。

4）土方回填应填筑压实，压实系数应满足设计要求。当采用分层回填时，应在下层压实系数经试验验证合格后，才能进行上层施工。

2. *填土方法*

填土可采用人工填土和机械填土。

（1）人工填土

人工填土一般用手推车、箩筐运土，用锹、耙、锄等工具进行填筑，从最低部分开始由一端向另一端自下而上分层铺填。

（2）机械填土

机械填土可用推土机、铲运机、翻斗车、自卸汽车、挖土机等进行。用自卸汽车填土，需用推土机推开、推平，采用机械填土时，可利用行驶的机械进行部分压实工作。

填土必须分层进行，并逐层压实。特别是机械填土，不能不分层次，一次倾倒填筑。

3. 压实方法

填土的压实方法一般有碾压法、夯实法和振动压实法。

（1）碾压法

碾压法适用于平整场地、室内填土等大面积填土工程。它是利用机械滚轮的压力压实土壤。碾压机械（图 1-56）有平碾（压路机）、羊足碾、汽胎碾等。砂类土和黏性土用平碾的压实效果好；羊足碾需要较大的牵引力且只能用于压实黏性土，因在砂土中碾压时，土的颗粒受到“羊足”较大的单位压力后会向四周移动，而使土的结构破坏；汽胎碾在工作时是弹性体，给土的压力较均匀，填土质量较好。

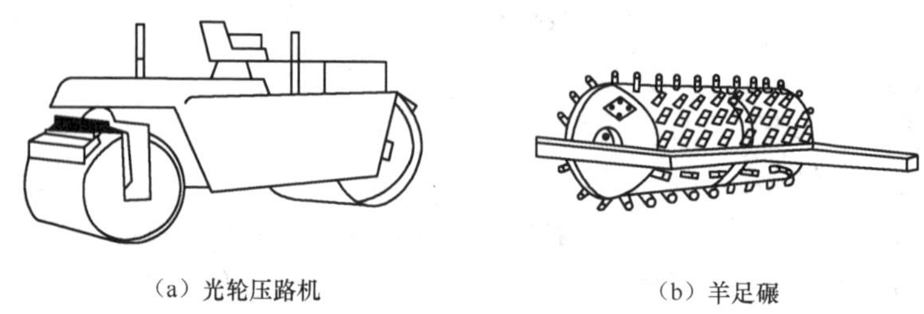

（a）光轮压路机　（b）羊足碾

图 1-56　碾压机械

碾压机械压实回填时，一般先静压后振动或先轻后重，并控制行驶速度，平碾和振动碾不宜超过 2km/h，羊足碾不宜超过 3km/h；每次碾压，机具应从两侧向中央进行，主轮应重叠 150mm 以上。

施工中应防止出现翻浆或弹簧土现象，特别是雨期施工时，应集中力量分段回填碾压，还应增加临时排水设施，回填面应保持一定的排水坡度，避免积水。对于局部翻浆或弹簧土可以采取换填或翻松晾晒等方法处理。在地下水位较高的区域施工时，应设置盲沟疏干地下水。

（2）夯实法

夯实法是用夯锤自由下落的冲击力来夯实土壤，主要用于小面积回填土。其优点是可以夯实较厚的黏性土层和非黏性土层，使地基原土的承载力加强。夯实方法有人工夯实和机械夯实两种。人工夯实用木夯和石夯；机械夯实有夯锤和蛙式打夯机等。

夯锤是用钢筋混凝土做成的截头圆锥体，锤底面为钢板，锤重一般为 1.5～3.0t。工作时，借助起重机将锤提升至 2.5～4.5m，然后自由下落夯击。夯土的影响深度大于 1m，夯实效果好，但费用较高。适用于夯实沙砾土、湿陷性黄土、杂填土以及含有石块的填土。

蛙式打夯机是建筑工地上应用较广的小型夯实机械（图 1-57），由电动机带动皮带轮使偏心块旋转继而使夯板做上下运动而夯击土层，夯头架随牵引拖盘做蛙跃式前移。这种机械操作简单，对零星分散或边角部分的夯实反应灵活，其虚铺土厚度一般为 200～250mm。

对有排水沟、电缆沟、涵洞、挡土墙等结构区域进行回填时，可用小型机具或人工分层夯实。填料宜使用砂土、沙砾石、碎石等，不宜用黏土回填。在挡土墙泄水孔附近应按设计做好滤水层和排水盲沟。

（3）振动压实法

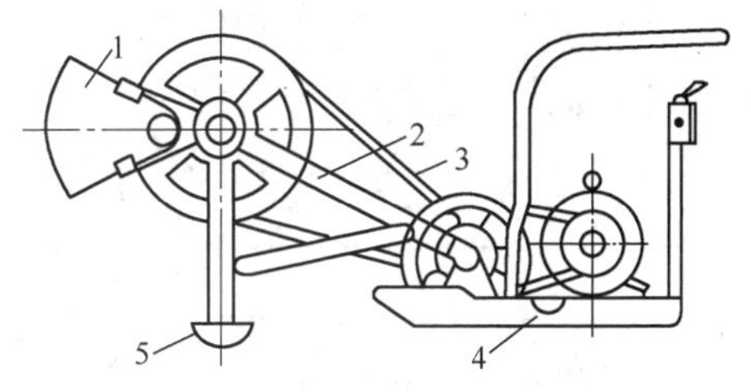

1—偏心块；2—夯头架；3—三角胶带；4—拖盘；5—夯头。

图 1-57 蛙式打夯机

振动压实法是利用振动机械作用的振动力，使土颗粒发生相对位移而趋向密实的稳定状态。振动压实法主要用于压实非黏性土，采用的机械有振动压路机、平板振动器等。

4. 影响填土压实的因素

影响填土压实的因素很多，主要有压实功、土的含水量和每层铺土厚度。

（1）压实功的影响

填土压实后的密度与压实机械所施加功的关系如图 1-58 所示。当土的含水量一定，开始压实时，土的密度急剧增加，待到接近土的最大密度时，压实功虽然增加许多，而土的密度却变化不大。所以在实际施工中，在压实机械和铺土厚度一定的条件下，碾压一定遍数即可，过多增加压实遍数对提高土的密实度并无多大作用。对于砂土一般只需碾压或夯实 2～3 遍，对亚砂土只需 3～4 遍，对亚黏土或黏土只需 5～6 遍。

（2）土的含水量的影响

在压实功相同的条件下，土的含水量对压实质量有直接影响。较干燥的土，由于土颗粒间的摩阻力较大，所以不易压实。但若土的含水量超过一定限度，土颗粒之间的孔隙全部被水填充而呈饱和状态，故土颗粒的间隙无法减小，土也不能被压实。所以，只有当土具有适当的含水量时，水起到了润滑作用，土颗粒之间的摩阻力减小，土才容易被压实。在压实功相同的条件下，使填土压实获得最大干密度时土的含水量，称为土的最佳含水量（图 1-59）。土的最佳含水量可由击实试验确定。经验认为对于黏性土或排水不良的砂土，最佳含水量大约为土的塑限含水量加 2（即 w_p+2），现场检验土料最佳含水量，一般以手握成团，落地“开花”为宜。

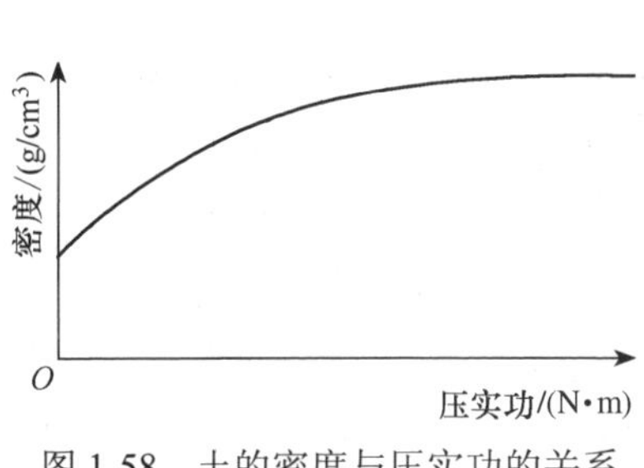

图 1-58 土的密度与压实功的关系

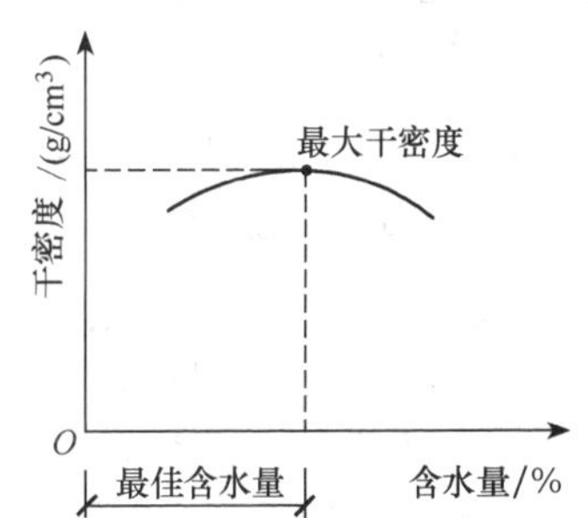

图 1-59 土的干密度与含水量的关系

为了保证填土在压实过程中具有最佳含水量，当实际含水量偏高时，应先翻松晾干，或均匀掺入干土或吸水性填料（碎砖、生石灰粉等），再铺填压实；若实际含水量偏低，则应预先洒水湿润，以提高压实效果。各种土的最佳含水量和所能获得的最大干密度，可由试验确定，也可参考表 1-9。

表 1-9 土的最佳含水量和最大干密度参考表

土的种类	变动范围	
	最佳含水量（质量比）/%	最大干密度/（g/cm^3）
砂土	8～12	1.80～1.88
黏土	19～23	1.58～1.70
粉质黏土	12～15	1.85～1.95
粉土	16～22	1.61～1.80

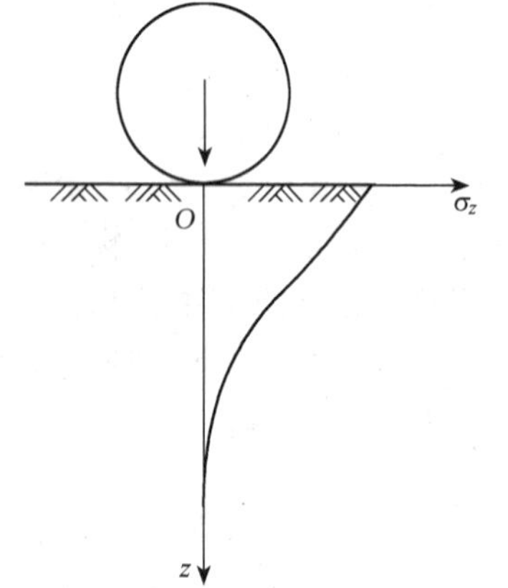

图 1-60 压实作用沿深度的变化

（3）每层铺土厚度的影响

土在压实功的作用下，压应力随深度的增加而逐渐减小（图 1-60），其影响深度与压实机械、土的性质和含水量等有关。铺土厚度应小于压实机械压土时的有效作用深度，而且还应考虑最优土层厚度。铺得过厚，要压很多遍才能达到规定的密实度；铺得过薄，则要增加机械的总压实遍数。最优的铺土厚度应能使土方压实而机械的功耗费最少。填土的铺土厚度及压实遍数可参考表 1-10。

5. 土方填筑与压实的工艺流程

土方填筑的工艺流程是：验收基坑（槽）、基础结构等→检验土料→工作面清理→分层填土→分层夯打（压）密实→找平验收。

表 1-10 填土施工时的铺土厚度及压实遍数

压实机具	分层铺土厚度/mm	每层压实遍数
平碾	250～300	6～8
振动压实机	250～350	3～4
柴油打夯机	200～250	3～4
人工打夯	＜200	3～4

1）检查土料的种类和质量是否符合设计要求标准，特别是控制土的含水量是否符合要求。

2）工作面清理：对所要回填土的工作面，清理积水、淤泥、树根、杂物，各类纸片、塑料垃圾、虚土等，使基面保持干净。

3）分层填土：每层虚铺厚度，可根据不同的施工方法，按表 1-10 进行，用木耙和锹等将铺摊面分层找平，并分层控制高程，逐层检查。

4）分层夯打（压）密实：夯打（压）密实必须按设计要求，如设计无要求时，不论人工打（压）还是机械打（压）都不得少于 3 遍，并按表 1-10 执行，人工及小型机械夯实，必须一夯压半夯，夯夯相连，行行相接，纵横交叉进行。

5）找平验收：回填土完成后，必须达到设计的标高，不得高于也不得低于设计要求，应用靠尺和拉线检查表面的平整度。同时，用水准仪检测水平标高。

6. 填土压实的质量控制与检查

（1）填土压实的质量控制

填土压实的质量以压实系数λ_c控制，λ_c为土的控制干密度ρ_d与土的最大干密度ρ_{dmax}之比，即

$$\lambda_c=\frac{\rho_d}{\rho_{dmax}} \tag{1-37}$$

ρ_d可通过环刀法或灌砂（灌水）法测定。ρ_{dmax}则通过击实试验确定。标准击实试验方法分轻型标准和重型标准两种，两者的落锤质量、击实次数不同，即试件承受的单位压实功不同。压实度相同时，采用重型标准的压实要求比轻型标准的高，道路工程中一般要求土基压实采用重型标准，确有困难时可采用轻型标准。

利用填土作为地基时，规范规定了不同结构类型、不同填土部位的压实系数值（表1-11）。

表1-11　填土压实的质量控制

结构类型	填土部位	压实系数λ_c	控制含水量/%
砌体承重结构和框架结构	在地基主要受力层范围以内	≥0.97	$w_{op}\pm2$
	在地基主要受力层范围以下	≥0.95	
排架结构	在地基主要受力层范围以内	≥0.96	$w_{op}\pm2$
	在地基主要受力层范围以下	≥0.94	
地坪垫层以下及基础底面标高以上的压实填土		≥0.94	$w_{op}\pm2$

注：w_{op}为最佳含水量。

在填土施工时，当土的实际干密度ρ_0大于等于控制干密度ρ_d时，则填土压实质量符合要求。

检查压实填土的实际干密度可采用环刀法取样测定。取样部位在每层土压实后的下半部，取样先称出土的湿密度并测定含水量，然后计算土的实际干密度ρ_0：

$$\rho_0=\frac{\rho}{1+0.01w} \tag{1-38}$$

式中：ρ——土的湿密度，g/cm^3；

w——土的含水量，%。

如果土的实际干密度$\rho_0\geqslant\rho_d$，则填土压实质量合格；如$\rho_0<\rho_d$，则填土压实质量不合格，应采取相应措施，提高填土密实度。

（2）填土压实的质量检验

1）填土施工过程中应检查排水措施、每层填筑厚度、含水量和压实程序。

2）填土经夯实或压实后，要对每层回填土的质量进行检验，下层土符合要求后才

能填筑上层土。

3）按填土对象不同，规范规定了不同的抽取样本标准：基坑回填，每 100～500m² 取样一组（每个基坑不少于一组）；基槽或管沟，每层按长度 20～50m 取样一组；室内填土，每层按 100～500m² 取样一组；场地平整填方每层按 400～900m² 取样一组。取样部位在每层压实后的下半部，用灌砂法取样应为每层压实后的全部深度。

4）每项抽检的实际干密度应有 90%以上符合设计要求，其余 10%的最低值与设计值之差不得大于 0.08g/cm³，且应分散，不得集中。

5）填土施工结束后应检查标高、边坡坡高、压实程度等，质量检验标准见表 1-12。

表 1-12　填土工程质量检验标准　　单位：mm

<table>
<tr><th rowspan="3">项目</th><th rowspan="3">序号</th><th rowspan="3">检查项目</th><th colspan="5">允许偏差或允许值</th><th rowspan="3">检查方法</th></tr>
<tr><th rowspan="2">桩基、基坑、基槽</th><th colspan="2">场地平整</th><th rowspan="2">管沟</th><th rowspan="2">地（路）面基础层</th></tr>
<tr><th>人工</th><th>机械</th></tr>
<tr><td rowspan="2">主控项目</td><td>1</td><td>标高</td><td>0
−50</td><td>±30</td><td>±50</td><td colspan="2">0
−50</td><td>水准测量</td></tr>
<tr><td>2</td><td>分层压实系数</td><td colspan="5">不小于设计值</td><td>环刀法、灌水法、灌砂法</td></tr>
<tr><td rowspan="6">一般项目</td><td>1</td><td>回填土料</td><td colspan="5">设计要求</td><td>取样检查或直接鉴别</td></tr>
<tr><td>2</td><td>分层厚度</td><td colspan="5">设计值</td><td>水准测量及抽样检查</td></tr>
<tr><td>3</td><td>含水量</td><td>最优含水量±2%</td><td colspan="2">最优含水量±4%</td><td colspan="2">最优含水量±2%</td><td>烘干法</td></tr>
<tr><td>4</td><td>表面平整度</td><td colspan="2">±20</td><td>±30</td><td colspan="2">±20</td><td>用 2m 靠尺</td></tr>
<tr><td>5</td><td>有机质含量</td><td colspan="5">≤5%</td><td>灼烧减量法</td></tr>
<tr><td>6</td><td>辗迹重叠长度</td><td colspan="5">500～1000</td><td>用钢尺量</td></tr>
</table>

思　考　题

1-1　土方工程一般分为哪几类？

1-2　土的工程性质有哪些？

1-3　简述基坑（槽）土方量的计算方法。

1-4　试述场地平整土方量计算的步骤及方法。

1-5　影响边坡稳定的因素有哪些？

1-6　简述开挖基坑土方应遵循的原则。

1-7　基坑支护的方法有哪些？各自适用范围及特点是什么？

1-8　地下水控制的方法有哪些？指出其适用范围。

1-9　轻型井点的布置及计算内容有哪些？

1-10　简述流沙的成因及预防措施。

1-11　土方工程施工机械有哪些？各自的特点及适用范围是什么？

1-12　土方填筑的材料有哪些要求？

1-13　填土压实的方法主要有哪些？

1-14　影响填土压实的主要因素有哪些？

习　　题

1-1　某建筑外墙采用毛石基础（图 1-61），基础底宽 1.07m，开挖深度 1.8m，地基为硬塑黏土，已知土的可松性系数 $K_s=1.3$，$K_s'=1.05$。试计算每 100m 长基槽的挖方量；若留土回填，余土全部运走，试计算预留土量及弃土量（已知硬塑黏土放坡起始深度为 1.5m，放坡坡度为 1∶0.33，工作面为 300mm）。

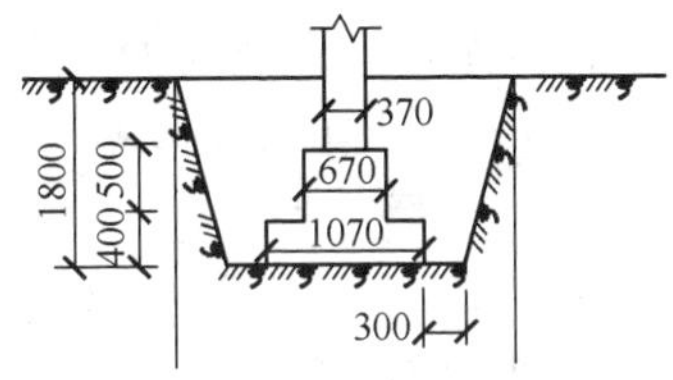

图 1-61　某毛石基础（单位：mm）

1-2　某工程基坑开挖，坑底平面尺寸为 18m×36m，基坑底标高为－5m，自然地面标高为－0.2m，地下水位标高为－1.6m。土质条件为：地面至－2.5m 为杂填土，－2.5～－9.0m 为细砂层，土的渗透系数 K =5m/d。－9.0m 以下为不透水层，土方边坡坡度为 1∶0.5，现采用轻型井点降低地下水位，试进行轻型井点的平面布置和高程布置，并计算井点管的数量和间距。

第 2 章　桩基础工程

2.1　概　　述

桩基础是一种常用的深基础形式。当采用天然地基时，基础沉降量过大或地基的承载力不能满足设计要求，往往需要使用桩基础。桩基础由桩身和承台组成，桩身全部或部分埋入土中，顶部由承台或承台梁连成一体，在承台上建造建筑物或构筑物。

桩按承载性状不同可分为摩擦桩和端承桩。摩擦桩指在承载能力极限状态下，桩顶竖向荷载由桩侧阻力承受，桩的端阻力小到可以忽略不计，而端承摩擦桩是指在承载能力极限状态下，桩顶竖向荷载主要由桩侧阻力承受；端承桩是指在承载能力极限状态下，桩顶竖向荷载由桩端阻力承受，桩侧阻力小到可以忽略不计，而摩擦端承桩是指在承载能力极限状态下，桩顶竖向荷载主要由桩端阻力承受。

桩按成桩方法不同可分为非挤土桩、部分挤土桩和挤土桩。非挤土桩有干作业钻（挖）孔灌注桩、泥浆护壁法钻（挖）孔灌注桩、套管护壁法钻（挖）孔灌注桩；部分挤土桩有冲孔灌注桩、钻孔挤扩灌注桩、搅拌劲芯桩、预钻孔打入（静压）预制桩、打入（静压）式敞口钢管桩、敞口预应力混凝土空心桩和 H 型钢桩；挤土桩有沉管灌注桩、沉管夯（挤）扩灌注桩、打入（静压）预制桩、闭口预应力混凝土空心桩和闭口钢管桩。按桩的设计直径 d 大小可分为小直径桩（$d\leqslant 250$mm）、中等直径桩（250mm$<d<$800mm）和大直径桩（$d\geqslant 800$mm）。

桩的成桩工艺应根据建筑结构类型、荷载性质、桩的使用功能、穿越土层、桩端持力层、地下水位、施工设备、施工环境、施工经验、制桩材料供应条件等，按安全适用、经济合理的原则选择。

2.2　钢筋混凝土预制桩施工

钢筋混凝土预制桩是我国广泛应用的桩型之一，它具有承载能力较大、坚固耐久、施工速度快、制作容易、施工简单等优点，但采用锤击法施工时噪声较大、对周围环境影响较大，在城市施工受到很大限制。钢筋混凝土预制桩分为钢筋混凝土方桩和钢筋混凝土管桩两种（图 2-1）。混凝土方桩常为边长为 250～550mm 的方形断面，有空心桩和实心桩两类，一般在施工现场预制，单根桩的最大长度取决于打桩架的高度，长度不宜超过 30m。打 30m 以上的桩需考虑接桩；管桩外径可为 300～1200mm，为空心断面，壁厚 70～150mm，在工厂采用离心法预制，分节长度 8～15m，接桩采用法兰盘连接或焊接连接。

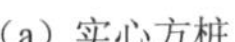
（a）实心方桩

（b）空心方桩

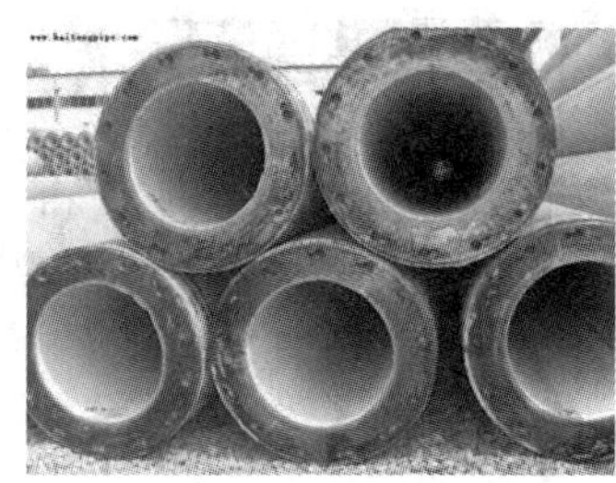
（c）管桩

图 2-1　钢筋混凝土预制桩

2.2.1　钢筋混凝土预制桩的制作

钢筋混凝土预制桩可在施工现场预制，也可在工厂预制。其预制顺序一般为：制作场地压实、整平→场地地坪做三七灰土或浇筑混凝土→支模→绑扎钢筋骨架、安设吊环→浇筑混凝土→养护至 30%强度拆模→支间隔端头模板、刷隔离剂、绑钢筋→浇筑间隔桩混凝土→同法间隔重叠制作第二层桩→养护至 70%强度起吊→达 100%强度后运输、堆放。

用间隔重叠法预制方桩时（图 2-2），桩头部分使用钢模堵头板，并与两侧模板相互垂直，桩与桩间应涂刷隔离剂，桩与邻桩及底模之间的接触面不得粘连，上层桩或邻桩的混凝土浇筑必须在下层桩或邻桩的混凝土达到设计强度的 30%以上时方可进行，桩的重叠层数不应超过 4 层。

图 2-2　间隔重叠法预制方桩

预制桩中的钢筋绑扎应严格保证位置的准确（图 2-3），桩尖应对准纵轴线，钢筋骨架主筋连接宜采用对焊或电弧焊，当钢筋直径不小于 20mm 时，宜采用机械接头连接。当采用对焊或电弧焊时，受拉钢筋的主筋接头配置在同一截面内的数量不得超过 50%。相邻两根主筋接头截面的距离应大于 $35d$（d 为主筋直径），且不小于 500mm。桩顶 1m 范围内不应有接头。桩顶钢筋网的位置要准确，纵向钢筋顶部保护层不应过厚，钢筋网格的距离应正确，以防锤击时打碎桩头，同时桩顶面和接头端面应平整，桩顶平面与桩纵轴线倾斜不应大于3mm。现场分段预制桩时，应整体支模，纵向钢筋先通长铺设，再在分段处切断。

（a）桩身

（b）桩尖

（c）桩顶

图 2-3　方桩钢筋构造

预制桩的混凝土强度等级应不低于 C30，锤击预制桩的骨料粒径宜为 5～40mm，用机械拌制混凝土，坍落度不大于 60mm。灌筑混凝土预制桩时，宜从桩顶开始灌筑，由桩顶向桩尖连续浇筑捣实，严禁中断，并应防止另一端的砂浆聚积过多，并用振捣器仔细捣实。接桩的接头处要平整，使上下桩能互相贴合对准。浇筑完毕应覆盖洒水养护不少于 7d。预制桩制作及钢筋骨架的允许偏差应符合规范规定。

2.2.2　混凝土预制桩的起吊、运输和堆放

对于混凝土实心桩，混凝土设计强度达到 70%及以上方可起吊，达到 100%方可运输，如需提前起吊，应进行强度和抗裂度验算；桩起吊时应采取相应措施，保证安全平稳，保护桩身；水平运输时，应做到桩身平稳放置，严禁在场地上直接拖拉桩体。对于混凝土管桩，出厂前应进行出厂检查，其规格、批号、制作日期应符合所属的验收批号内容；在吊运过程中应轻吊轻放，避免剧烈碰撞；单节桩可采用专用吊钩钩住两端内壁直接进行水平起吊；运至施工现场时应进行检查验收，严禁使用质量不合格及在吊运过程中产生裂缝的桩。

在起吊和搬运时，吊点应符合设计规定，如无吊环，设计又未做规定时，可按吊点间的跨中弯矩与吊点处的负弯矩相等的原则来确定吊点的位置（图 2-4）。钢丝绳与桩之间应加衬垫，以免损坏棱角。起吊时应平稳提升，吊点同时离地。经过搬运的桩，还应进行质量复查。打桩时宜随打随运，以避免二次搬运。

桩堆放（图 2-5）时，地面必须平整坚实，最下层与地面接触的垫木应有足够的宽度和高度。垫木间距应与吊点位置相同，各层垫木应在同一垂直面上。堆放时桩应稳固，不得滚动，并应按不同规格、长度及施工流水顺序分别堆放。当场地条件许可时，宜单层堆放；当叠层堆放时，外径为 500～600mm 的桩不宜超过 4 层，外径为 300～400mm 的桩不宜超过 5 层。叠层堆放桩时，应在垂直于长度方向的地面上设置两道垫木，垫木应分别位于距桩端 0.2 倍桩长处；底层最外缘的桩应在垫木处用木楔塞紧，垫木宜采用耐压的长木枋或枕木，不得使用有棱角的金属构件。

当桩叠层堆放超过 2 层时，应采用吊机取桩，严禁拖拉取桩，并且三点支撑自行式打桩机不应拖拉取桩。运桩和堆放的桩尖方向应符合吊升的要求，以免临时再需将桩调头。

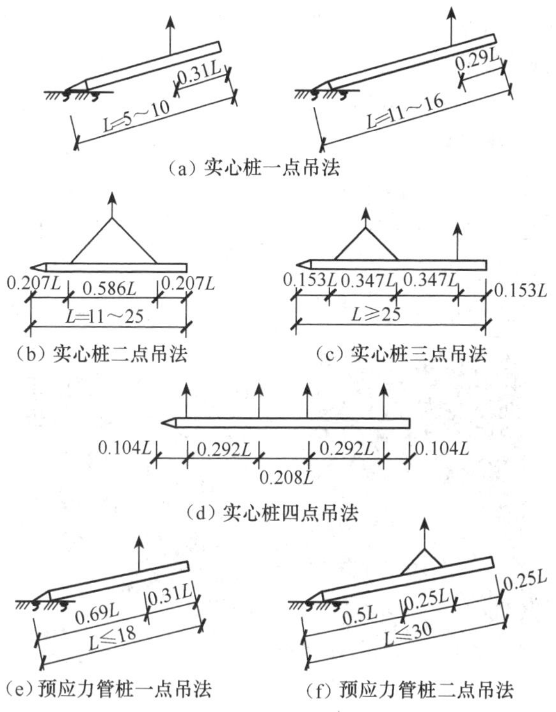

图 2-4　吊点的合理位置（单位：m）

图 2-5　预制桩的堆放

2.2.3　混凝土预制桩的接桩

桩可采用焊接、法兰连接或机械快速连接（螺纹式、啮合式）等接头形式（图 2-6）。

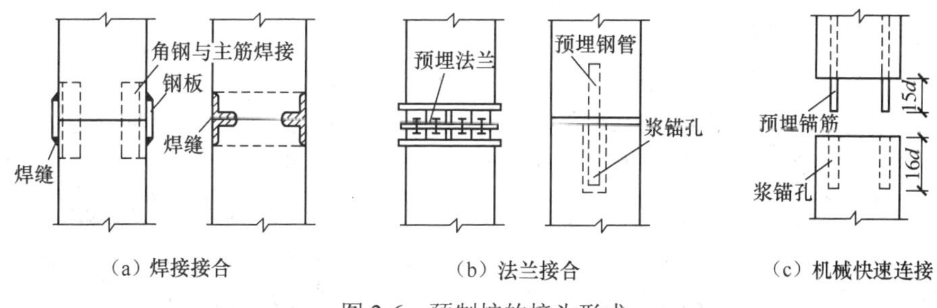

图 2-6　预制桩的接头形式

采用焊接接桩（图 2-7）时，钢板宜采用低碳钢，焊条宜采用 E43 型，并应符合行业标准的要求。接头宜采用探伤检测，同一工程检测量不得少于 3 个接头。下节桩段的接头宜高出地面 0.5m，并且桩头处宜设导向箍，接桩时上下节桩段应保持顺直，错位偏差不宜大于 2mm。接桩就位纠偏时，不得采用大锤横向敲打。桩对接前，上下端板表面应采用铁刷清刷干净，坡口处应刷至露出金属光泽。焊接宜在桩四周对称地进行，待上下桩节固定后拆除导向箍再分层施焊，且焊接层数不得少于两层，第一层焊完后必须将焊渣清理干净，方可进行第二层施焊，焊缝应连续、饱满。焊接好后的桩接头应自然冷却后方可继续锤击，自然冷却时间不宜少于 8min，严禁用水冷却或焊好即施打。

图 2-7　焊接接桩

采用机械螺纹快速接桩时，安装前应检查桩两端制作的尺寸偏差及连接键，无受损后方可起吊施工，其下节桩端宜高出地面 0.8m。接桩时，卸下上下节桩两端的保护装置后，应清理接头残物，涂上润滑脂，并应采用专用接头锥度对中，对准上下节桩进行旋转连接。可采用专用链条式扳手进行旋紧（臂长 1m 卡紧后人工旋紧再用铁锤敲击扳臂），锁紧后两端板尚应有 1～2mm 的间隙。

采用机械啮合接头接桩时，将上下接头钣清理干净，用扳手将已涂抹沥青涂料的连接销逐根旋入上节桩 I 型端头钣的螺栓孔内，并用钢模板调整好连接销的方位。剔除下节桩 II 型端头钣连接槽内泡沫塑料保护块，在连接槽内注入沥青涂料，并在端头钣面周边抹上宽度 20mm、厚度 3mm 的沥青涂料；当地基土、地下水含中等以上腐蚀介质时，桩端钣板面应满涂沥青涂料。将上节桩吊起，使连接销与 II 型端头钣上各连接口对准，随即将连接销插入连接槽内，然后加压使上下节桩的桩头钣接触。

采用法兰连接桩时，钢板和螺栓宜采用低碳钢。

2.2.4　打桩的质量控制

打桩的质量控制包括打桩前、打桩过程中的控制以及施工后的质量检查。

施工前应对成品外观及强度进行检验，锤击预制桩，应在强度与龄期均达到要求后，方可锤击。接桩用的焊条或半成品硫黄胶泥应有产品合格证书，或送有关部门检验。

打桩开始前应对桩位的放样进行验收，桩位放样允许偏差对群桩为 20mm、对单排桩为 10mm。施工过程中应检查桩的桩体垂直度、沉桩情况、贯入情况、桩顶完整状况、电焊接桩质量、电焊后的停歇时间等。对电焊接桩，重要工程应对电焊接头做 10%的焊缝探伤检查。

打桩时，桩顶破碎或桩身出现严重裂缝，应立即暂停，在采取相应的技术措施后，方可继续施打。打桩时，除了注意桩顶与桩身由于桩锤冲击破坏外，还应注意桩身因锤击拉应力而导致的水平裂缝，在软土中打桩，在桩顶以下 1/3 桩长范围内常会因反射的张力波使桩身受拉而引起水平裂缝。开裂的地方往往出现在吊点和混凝土缺陷处，这些地方容易形成应力集中。采用重锤低速击桩的偏差，必须符合有关规定。

按标高控制的桩，桩顶标高的允许偏差为－50～＋100mm。斜桩倾斜度的偏差不得大于倾斜正切值的 15%（倾斜角系桩的纵向中心线与铅垂线间夹角）。

打桩施工结束后，工程桩应进行承载力检验，一般采用静载荷试验的方法进行检验，检验桩数不应少于 3 根，当总桩数少于 50 根时，不应少于 2 根。此外，还应对桩身质量进行检验。

2.2.5　锤击沉桩

锤击沉桩法，又称打入桩法，是利用桩锤下落产生的冲击能量，克服土体对桩的阻力，将桩沉入土中，它是钢筋混凝土预制桩最常用的沉桩方法。该方法施工速度快、机械化程度高，适应范围广。但施工时极易产生挤土、噪声和振动现象，在城市施工应加以限制。

1. 机具设备

打桩所用的机具设备主要包括桩锤、桩架及动力装置 3 部分。

1）桩锤：主要有落锤、单动汽锤、双动汽锤、柴油打桩锤［图 2-8（a）］和液压打桩锤［图 2-8（b）］等，其作用是对桩施加冲击力，将桩打入土中。桩锤的选用应根据地质条件、桩型、桩的密集程度、单桩竖向承载力及现有的施工条件等因素确定。

（a）柴油打桩锤

（b）液压打桩锤

图 2-8　桩锤形式

2）桩架：主要有多功能桩架和履带式桩架，其作用是支持桩身和桩锤，将桩吊到打桩位置，并在打入过程中引导桩的方向，保证桩锤沿着所要求的方向冲击。桩架的选用，应考虑桩锤的类型、桩的长度和施工条件等因素。桩架的高度应由桩的长度、桩锤高度、桩帽厚度、滑轮组的高度以及桩锤的工作余地高度来确定，即桩架高度＝桩长＋桩锤高度＋滑轮组高度＋桩帽高度＋（1～2m）的桩锤工作余地高度。

3）动力装置：主要有卷扬机、锅炉、空气压缩机等，其作用是提供桩锤的动力设施。

2. 打桩顺序

打桩时，由于桩对土体的挤密作用，先打入的桩会因水平推挤而造成偏移和变位，或被垂直挤拔造成浮桩；而后打入的桩难以达到设计标高或入土深度，造成土体隆起和挤压，上部被截去的桩过多。所以，施打群桩时，应根据桩的密集程度、桩的规格、桩的长短等正确选择打桩顺序，以保证施工质量和进度。

当桩较稀时（桩中心距大于 4 倍桩边长或桩径）可采用一侧向单一方向逐排施打，或由两侧同时向中间施打［图 2-9（a）、（b）］。这种方法土体挤压均匀，易保证施工质量。

当桩较密时（桩中心距小于等于 4 倍桩边长或桩径），应由中间向两侧对称施打，或由中间向四周施打［图 2-9（c）、（d）］。这种方法土体挤压均匀，易保证施工质量。

当桩的规格、埋深、长度不同时，宜根据先大后小、先深后浅、先长后短的原则施打。

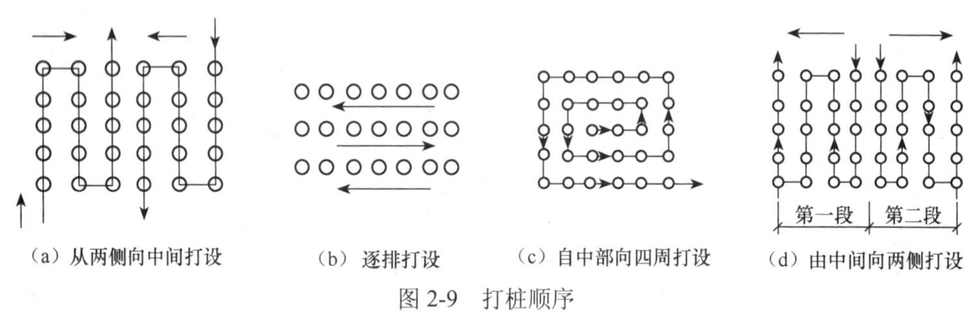

（a）从两侧向中间打设　（b）逐排打设　（c）自中部向四周打设　（d）由中间向两侧打设

图 2-9　打桩顺序

3. 施工工艺

沉桩施工过程一般包括定桩位、桩架移动、吊桩和定桩、打桩、接桩、截桩。

在桩架就位后即可吊桩，垂直对准桩位中心，缓缓放下插入土中，桩插入时的垂直度偏差不超过 0.5%。桩就位后，在桩顶安上桩帽，然后放下桩锤轻轻压住桩帽。桩锤、桩帽和桩身中心线应在同一条垂线上。在桩的自重和锤重作用下，桩向土中沉入一定深度而达到稳定位置。这时，再校正一次桩的垂直度，即可进行打桩。为了防止击碎桩顶，在桩锤与桩帽、桩帽与桩之间应放上硬木、粗草纸或麻袋等桩垫作为缓冲层。

打桩时“重锤低击”可取得良好效果。桩开始打入时，桩锤落距宜低，一般为 0.6～0.8m，以便使桩能正常地沉入土中，待桩入土到一定深度（1～2m）且桩尖不易发生偏移时，可适当增大落距，并逐渐提高到规定的数值，继续锤击。

打桩系隐蔽工程施工，应做好记录，作为工程验收时鉴定桩质量的依据之一。打桩的质量要求包括两个方面：一是能否满足贯入度或标高的设计要求；二是打入后的偏差是否在施工及验收规范允许的范围以内。

打桩对周围的影响，主要是噪声、振动和土体挤压的影响，为减小噪声的影响，尽量选用液压桩锤，或在桩顶、桩帽上加垫缓冲材料；为减小震动的影响，可采用液压桩锤，也可开挖防震沟；为消除土体挤压的影响，可采取预钻孔打桩工艺，合理安排沉桩顺序。

在承台施工前要按承台标高对已验收合格的预制桩进行截桩施工，截取高出的桩身混凝土［图 2-10（a）］，剔出桩身受力主筋锚入承台［图 2-10（b）］，无须截桩的基桩应在桩顶焊接锚筋［图 2-10（c）］。截桩施工应防止对桩身的过大震动和破坏。

（a）

（b）

（c）

图 2-10　截桩施工

4. 桩终止锤击的控制

1）当桩端位于一般土层时，应以控制桩端设计标高为主，贯入度为辅。

2）当桩达到坚硬、硬塑的黏性土，中密及以上粉土、砂土、碎石类土及风化岩时，应以贯入度控制为主，桩端设计标高为辅。

3）当贯入度已达到设计要求而桩端设计标高未达到时，应继续锤击 3 阵，并按每阵 10 击的贯入度不应大于设计规定的数值确认，必要时，施工控制贯入度应通过试验确定。

当遇到贯入度剧变，桩身突然发生倾斜、位移或有严重回弹、桩顶或桩身出现严重裂缝、破碎等情况时，应暂停打桩，并应分析原因，采取相应措施。

5. 送桩

送桩法是指将桩顶标高低于地面的桩送入土中的施工方法，桩与送桩杆应在同一轴线上，拔出送桩杆后，桩孔应及时回填。送桩法施工过程为：安装送桩杆［图 2-11（a）］、送桩施打［图 2-11（b）］、桩打入地面以下。

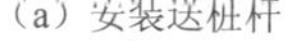
（a）安装送桩杆

（b）送桩施打

图 2-11　送桩施工

锤击桩送桩常采用钢送桩，深度不宜大于 2m，当送桩深度大于 2m 且不大于 6m 时，打桩机应为三点支撑自行式或步履式柴油打桩机，桩帽和桩锤之间应用竖纹硬木或盘圆层叠的钢丝做“锤垫”，其厚度宜取 150～200mm。送桩的最后贯入度应参考相同条件下不送桩时的最后贯入度并修正。

2.2.6 静力压桩

静力压桩法是在软土地基上，利用静力压桩机或液压压桩机用无振动的静压力，将预制桩压入土中的一种沉桩工艺，具有无噪声、无振动、无冲击、施工应力小等优点，可减少打桩振动对地基和邻近建筑物的影响，桩顶不易损坏，沉桩精度较高，节省制桩材料，降低工程成本，施工质量较高，是一种很有发展前途的沉桩方法。静力压桩适用于软弱土层或邻近存在对振动敏感的建（构）筑物的场地，但场地地基承载力不应小于压桩机接地压强的 1.2 倍，且场地应平整。当存在厚度大于 2m 的中密砂夹层时，不宜采用静力压桩。

1. 静力压桩机

静力压桩机有顶压式、箍压式和前压式 3 种类型。顶压式由桩架、压梁、桩帽、卷扬机、滑轮组等组成，按行走机构不同，又可分为托板圆轮式、走管式和步履式 3 种，箍压式是最近几年才发展起来的机型，全液压操作，行走机构为新型的液压步履机，可做任何角度的回转，最大压力可达 7000kN；前压式是最新的压桩机型、压桩高度可达 20m，可大大减少接桩的工作，是有前途的一种压桩机。当设计要求或施工需要采用引孔法压桩时，应配备螺旋钻孔机，或在压桩机上配备专用的螺旋钻。当桩端持力层需进入较坚硬的岩层时，应配备可入岩的钻孔桩机或冲孔桩机。

2. 施工顺序

静力压桩施工顺序为：场地清理→测量定位→桩尖就位（包括对中和调直）→压桩→接桩、再压桩→截桩等。静力压桩多采用分段预制、分节压入、逐段接长。当下节桩压入土中后上端距地面 0.8～1m 时接长上节桩，继续压入，并且每根桩的压入、接长应连续。

3. 压桩顺序

对于场地地层中局部含砂、碎石、卵石时，宜先对该区域进行压桩；当持力层埋深或桩的入土深度差别较大时，宜先施压长桩后施压短桩。

4. 质量控制

压桩时，第一节桩下压时垂直度偏差不应大于 0.5%，宜将每根桩一次性连续压到底，且最后一节有效桩长不宜小于 5m。最大压桩力不得小于设计的单桩竖向极限承载力标准值，必要时可由现场试验确定，抱压压桩力不应大于桩身允许侧向压力的 1.1 倍。

压桩过程中应测量桩身的垂直度。当桩身垂直度偏差大于 1%时，应找出原因并设法纠正；当桩尖进入较硬土层后，严禁用移动机架等方法强行纠偏。

送桩应采用专制钢质送桩器，不得将工程桩用作送桩器。当场地上多数桩的有效桩长小于等于 15m 或桩端持力层为风化软质层，可能需要复压时，送桩深度不宜超过 1.5m；当桩的垂直度偏差小于 1%，且桩的有效桩长大于 15m 时，送桩深度不宜超过 8m。送桩的最大压桩力不宜超过桩身允许抱压压桩力的 1.1 倍。

当桩较密集，或地基为饱和淤泥、淤泥质土及黏性土时，应设置塑料排水板、袋装砂井消减超孔压或采取引孔等措施，引孔的垂直度偏差不宜大于 0.5%，并与压桩作业连续进行，间隔时间不宜大于 12h，且在软土地基中不宜大于 3h；在压桩施工过程中应对总桩数 10%的桩设置上涌和水平偏位观测点，定时检测桩的上浮量及桩顶水平偏位量，若上涌和偏位值较大，应采取复压等措施。

当出现下列情况之一时，应暂停压桩作业，并分析原因，采取相应措施：压力表读数显示情况与勘察报告中的土层性质明显不符；桩难以穿越具有软弱下卧层的硬夹层；实际桩长与设计桩长相差较大；出现异常响声，压桩机械工作状态出现异常；桩身出现纵向裂缝和桩头混凝土出现剥落等异常现象；夹持机构打滑；压桩机下陷等。

5. 终压条件

静力压桩应根据现场试压桩的试验结果确定终压力标准，稳压压桩力不得小于终压力，稳定压桩的时间宜为 5～10s。终压连续复压次数应根据桩长及地质条件等因素确定，对于入土深度大于等于 8m 的桩，复压次数可为 2～3 次；对于入土深度小于 8m 的桩，复压次数可为 3～5 次。

2.2.7　振动沉桩

振动沉桩的原理是借助固定于桩头上的振动沉桩机所产生的振动力，以减小桩与土壤颗粒之间的摩擦力，使桩在自重与机械力的作用下沉入土中。振动沉桩适用于钢板桩、钢管桩及长度在 15m 内的细长钢筋混凝土预制桩。振动法沉桩设备构造简单、使用方便、效率较高，主要适用于砂石、黄土、软土、亚黏土地基，在含水砂层中的效果更为显著。但在沙砾层中采用振动沉桩法时，施工比较困难，还需要配以水冲沉桩法。

振动沉桩机由电动机、弹簧支承、偏心振动块和桩帽组成。振动机内的偏心振动块分左右对称两组，其旋转速度相同，方向相反。因此，当工作时，两组偏心块的离心力的水平分力相抵消，而垂直分力相叠加，形成垂直方向的振动力。由于桩体与沉桩是刚性连接在一起，所以也将随着振动力沿垂直方向上下振动而下沉。振动沉桩施工过程必须连续进行，以防间歇过久难以沉桩。

2.3　钢 桩 施 工

钢桩的大规模使用，在我国始于 20 世纪 70 年代。它具强度高、承载能力大、自重轻、运输方便等优点，被广泛使用。目前，钢桩的类型主要有钢管桩、H 型桩、异型钢桩等。其中，钢管桩（图 2-12）在码头工程、桥梁工程中使用非常普遍。

图 2-12　钢管桩

1. 打桩机械的选择

钢桩打桩机的选择要根据工地地貌、地质、配套锤的型号、外形尺寸、质量、桩的材质、规格及埋入深度、工程量大小、工期长短等因素而定。打桩机的形式很多，有桅杆式（履带行走）、柱脚式、塔式、龙门式等多种，其中三点支撑桅杆式柴油打桩机使用较普遍，具有桩架移动机动灵活，可做全向转动，导杆垂直度可全方位调节，锤、导杆可自由上下移动，可做各种角度微调，打桩精度较高，整机稳定性好，操作方便、安全、工效较高等优点。但对场地要求较高，要铺填厚 10～30cm 碎石并碾压密实。

钢桩施工工序主要包括平整和清理施工场地、测量定位放线、标出桩心位置（可用石灰撒圈标出桩径大小和位置）、标出打桩顺序和桩机开行路线、在桩机开行部位上铺垫碎石等。

2. 桩的运输与吊放

钢管桩可由平板拖车运至现场，用吊车卸于桩机一侧。按打桩先后顺序及桩的配套要求堆放，并注意方向。场地宽时宜用单层排列。叠层堆放时，外径大于等于 900mm 的桩不宜大于 3 层；外径为 600～900mm 的桩不宜大于 4 层；外径为 400～600mm 的桩不宜大于 5 层；H 型钢桩不宜大于 6 层。吊钢管桩多采用一点绑扎起吊，待吊到桩位进行插桩，将钢管桩对准事先用石灰画出的样桩位置，做到桩位正、桩身直。

水上运输钢管桩时宜采用驳船运输，也可采用密封浮运或其他方式运输。采用驳船运输时，驳船应具备足够的长度和稳定性，钢管桩宜放置在半圆形专用支架上，必要时应采用缆索等紧固；采用密封浮运时，应满足水密要求，并考虑风浪的影响，密封装置应便于安装和拆卸。

3. 打桩顺序

钢管桩施工，有先挖土后打桩和先打桩后挖土两种方法。在软土地区，一般表层土承载力尚可，深部地基承载力则往往很差，且地下水位较高，较难排干。为避免基坑被长时间大面积暴露和扰动，同时也为了便于施工作业，一般采用先打桩后挖土的施工方法，即现场三通一平→打桩→切桩→安混凝土圆盖→堵住桩头→坑口填平→降低地下水位→基坑挖土施工→清理基坑，修正边坡→焊桩盖，浇筑垫层混凝土→绑钢筋，支模板，浇筑混凝土基础承台。

钢管桩打桩的施工顺序是：桩机安装→桩机移动就位→吊桩→插桩→锤击下沉→接桩→锤击至设计深度→内切钢管桩→精割→戴帽。为防止打桩过程中导致邻桩和相邻建（构）筑物产生较大位移和变位，并使施工方便，一般遵循先打中间后打外围（或先打中间后打两侧）；先打长桩后打短桩；先打大直径桩，后打小直径桩的顺序。如有两种类型桩，则先打钢管桩，后打混凝土桩，主要有利于减少挤土，满足打桩入土深度的要求。另外，在打桩机回转半径范围内的桩宜一次流水施打完毕，为此应组织好桩的供应和场地的处理，放样桩和复核等配合协调工作。

4. 打桩方法

钢管桩的沉桩方法有锤击沉桩和静压沉桩。锤击沉桩宜采用吊钟式替打［图 2-13（a）］；对于小直径或陆上施打的钢管桩也可采用锅盖式替打［图 2-13（b）］或其他形式替打；替打的导向板宜插入钢管桩内 300～500mm。

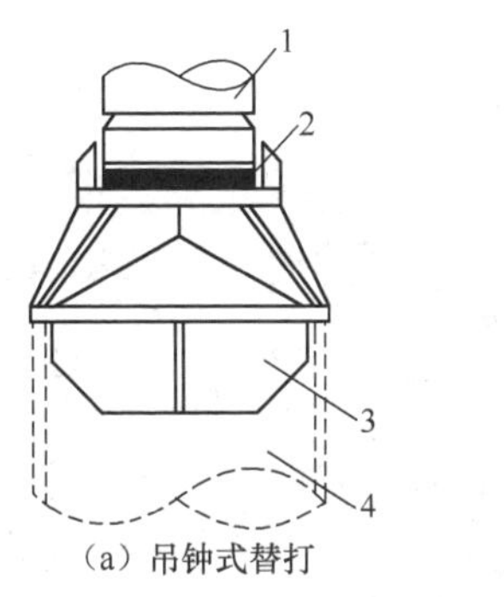

（a）吊钟式替打

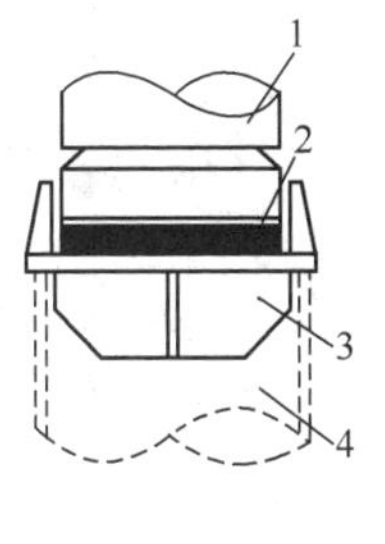

（b）钢盖式替打

1—桩锤；2—锤垫；3—导向板；4—钢管桩。

图 2-13　钢管桩锤击沉桩替打形式

为防止桩头在锤击时损坏，打桩前，要在桩头顶部放置特制的桩帽，其上直接经受锤击应力的部位，应放置硬木减振垫。

打桩时，先用两台经纬仪，架设在桩架的正面及侧面，校正桩架导向杆及桩的垂直度，并保持锤、桩帽与桩在同一纵轴线上，然后空打 1～2m，再次校正垂直度后正式打桩。当沉至某一深度并经复核沉桩质量良好时，再连续打击，至桩顶高出地面 60～80cm 时，停止锤击，进行接桩，再按同样步骤直至达到设计深度为止。若开始阶段发现桩位不正或倾斜，应调正或将钢管桩拔出重新插打。

5. 接桩

钢管桩每节长 15m，沉桩时需边打边焊接接长，一般可采用“YM-505N”型半自动无气体保护焊机焊接（图 2-14）。这种焊机具有效率高、质量好、焊接变形小、适应全位置焊接、操作方便等优点。

焊接前应将上下节桩管顶部变形损坏部分修整，上节桩端部泥沙、水或油污清除，铁锈用角向磨光机磨光，并打焊接坡口，且将内衬箍放置在下节桩内侧的挡块上，紧贴桩管内壁分段点焊。焊完每层焊缝后应及时清除焊渣。焊接完毕后应冷却 1～5min，再进行锤击打桩。

1—内衬箍；2—钢管桩上节；3—挡块；4—钢夹箍；5—钢管桩下节。

图 2-14　钢管桩接头焊接（单位：mm）

6. 贯入深度控制

钢管桩一般都不设桩靴，直接开口打入。沉桩时，土体由桩口涌入桩管内，至一定高度（一般为 1/3～1/2 的桩体贯入深度）后，即闭塞封死，其效用与闭口桩相似。其贯入深度一般按以下标准控制：当持力层较薄时，打到持力层厚度的 1/3～1/2；当持力层厚时，以最后 10 次锤击每击的贯入量 $S\leqslant 2$mm 为限；当持力层坚固时，打入 1～2 倍桩径的深度；当持力层不坚固时，打入 5～10 倍桩径的深度。

锤击桩顶时对桩产生的锤击应力应不超过钢管桩材料的允许应力（一般按 80%考虑），一般限制最后 10m 的锤击数在 1500 击以下（总锤击数不超过 3000 击）。以桩锤的容许负荷限制，避免桩锤的活塞受到过量冲击而损坏，一般限制每次冲击的最小贯入量不大于 0.5～1.0mm 作为控制。以上停打标准系以贯入深度为主，并结合打桩时的贯入量、最后 1m 锤击数和每根桩的总锤击数等综合判定。

设计桩端土层为砾石、密实砂土或风化岩时，应以贯入度控制为主；当沉桩贯入度已达到控制贯入度，而桩端未达到设计标高时，应继续锤击贯入 100mm 或锤击 30～50 击，其平均贯入度不应大于控制贯入度，且桩端距设计标高不宜超过 1～3m，硬土层顶面高程相差不大时取小值，超过上述规定时应与有关单位研究解决。

设计桩端土层为硬塑状的黏性土或粉细砂时，应首先以标高控制，当桩端达不到设计标高但相差不大时，可以贯入度作为停锤控制标准；当桩端已到达设计标高而贯入度仍较大时，应继续锤击使其贯入度接近控制贯入度，但继续下沉的深度应考虑施工水位的影响，必要时由设计单位核算后决定是否停锤；当桩端距离设计标高较大，而贯入度小于控制贯入度时，处理方法同桩端土层为砾石、密实砂土或风化岩时的情形。

打桩时要做好原始记录，记录桩号、打桩日期、桩锤型号、桩规格、打入深度、焊接质量、锤击次数、落锤高度、最后贯入度、回弹量、平面位移，以及打桩过程中出现的问题及处理措施等。

7. 钢管桩切割

钢管桩打入地下，为便于基坑机械化挖土，基底以上的钢管桩要切割。由于周围被地下水和土层包围，只能在钢管桩的管内地下切割。切割设备有等离子体切桩机、手把式氧乙炔切桩机、半自动氧乙炔切桩机、悬吊式全回转氧乙炔自动切割机等，前两种使用较普遍。工作时吊挂送入钢管桩内，靠风动顶针装置固定在钢管桩内壁，割嘴按预先调整好的间隙进行回转切割。割出短桩头，用内胀式拔桩装置，借吊车拔出，能拔出地面以下 15m 深的钢管桩，拔出的短桩焊接接长后可再使用。

8. 焊桩盖

为使钢管桩与承台共同工作，可在每个钢管桩上加焊一个桩盖，并在外壁加焊 8～12 根ϕ20 锚固钢筋。桩盖形式有平桩盖和凹面形桩盖两种。当挖土至设计标高，使钢管桩外露，取下临时桩盖，按设计标高用气焊进行钢管桩桩顶的精割，方法是先用水准仪在每根钢管桩上按设计标高定上 3 点，然后按此水平标高固定一环作为割框的支撑点，然后用气焊切割，切割清理平整后打坡口，放上配套桩盖焊牢。

9. 桩端与承台连接

钢管桩顶端与承台的连接一般采用刚性接头，将桩头嵌入承台的长度不小于 d（d 为钢管桩外径），或仅嵌入承台内 100mm 左右，再利用钢筋予以补强或在钢管桩顶端焊以基础锚固钢筋，再按常规方法施工上部钢筋混凝土基础。

2.4 灌注桩施工

灌注桩是直接在施工现场桩位上成孔，然后在孔内安放钢筋笼，浇筑混凝土成桩。与预制桩相比，具有施工噪声低、振动小、挤土影响小、单桩承载力大、钢材用量小、设计变化自如等优点。灌注桩按成桩方法可分为：①非挤土桩，包括干作业钻（挖）孔灌注桩、泥浆护壁法钻孔灌注桩、套管护壁法钻孔灌注桩；②部分挤土桩，包括冲孔灌注桩、扩孔灌注桩。钻（挖）孔桩适用于各类土层（包含碎石类土和岩石层），但应注意的是，钻孔桩应用于淤泥及可能发生流沙的土层时，宜先做试桩；挖孔桩宜用于无地下水或地下水量不多的地层。对同一个建（构）筑物，除特殊设计外，不宜同时采用摩擦桩和端承桩，不宜采用直径不同、材料不同和桩端深度相差过大的桩。

2.4.1　灌注桩成孔方法

灌注桩成孔方法有干作业成孔、泥浆护壁成孔和沉管成孔。干作业成孔又可分为螺旋钻孔、人工挖孔等；泥浆护壁成孔可采用潜水钻机成孔、回旋钻机成孔、冲击钻成孔等；沉管成孔主要有锤击沉管成孔、振动沉管成孔以及振动-冲击沉管成孔，此外，还可采用爆扩成孔等工艺。选择合适的成孔方式对灌注桩成孔质量有重要影响，工程中应根据不同的条件进行选择，表2-1给出了不同灌注桩型的适用条件。

表2-1　不同灌注桩型的适用条件

灌注桩桩型	适用条件
泥浆护壁法钻孔灌注桩	地下水位以下的黏性土、粉土、砂土、填土、碎石土及风化岩层
旋挖成孔灌注桩	黏性土、粉土、砂土、填土、碎石土及风化岩层
冲孔灌注桩	黏性土、粉土、砂土、填土、碎石土及风化岩层，可穿透旧基础、建筑垃圾填土或大孤石等障碍物（岩溶发育地区慎用）
长螺旋钻孔压灌桩后插钢筋笼	黏性土、粉土、砂土、填土、非密实的碎石类土、强风化岩
干作业钻、挖灌注桩	地下水位以上的黏性土、粉土、砂土、填土、碎石土及风化岩层
沉管灌注桩	黏性土、粉土和砂土
夯扩桩	持力层埋深不超过20m的中、低压缩性黏性土、粉土、砂土和碎石类土

1. 干作业成孔

（1）螺旋钻孔

螺旋钻孔是常用的干作业成孔方法，它利用螺旋钻机成孔。通过动力旋转转杆，钻头的旋转叶片旋转削土，土块沿着螺旋叶片提升排出孔外，如图2-15所示。在软塑土层中，含水量大时，可用疏纹叶片钻杆，以便较快地钻进。对密纹叶片钻杆，应缓慢、均匀钻进。操作时要求钻杆垂直，钻孔过程中如果发现钻杆摇晃或难钻进时，可能是遇到石块等异物，应立即停机检查。全叶片螺旋钻机成孔直径一般为300～600mm，钻孔深度为8～20m，钻孔速度应根据电流值变化及时调整，在钻进过程中，应随时清理孔口积土，遇到塌孔、缩孔等异常情况应及时解决。

长螺旋钻孔压灌桩是在早期螺旋钻孔灌注桩的工艺基础上演化发展而来的，即先采用长螺旋钻孔，然后空转清孔，再提钻200mm，通过长螺旋钻钻杆中心向孔内压力灌注混凝土，边提钻边压入，随后下钢筋笼（连同振动棒一同下入），最后振捣成桩。相比早期工艺增加了长螺旋钻钻杆中心向孔内压力灌注混凝土的工艺，其适应范围更广，效果也更佳。与普通水下灌注桩施工工艺相比，长螺旋钻孔压灌桩施工，由于不需要泥浆护壁，无泥皮，无沉渣，无泥浆污染，施工速度快，造价较低，适用于地下水位较高，易塌孔，且长螺旋钻孔机可以钻进的地层。

（a）

（b）

图 2-15 履带式螺旋钻机和回旋钻机

（2）人工挖孔

在丘陵地区等大型机械通行不便的地区，采用大面积的人工挖孔往往可以提高成孔速度。人工挖孔灌注桩施工设备简单，施工现场干净；噪声小、振动小、无挤土现象；土层情况明确，可直接观察到地质变化情况；桩底沉渣容易清理，施工质量可靠；桩径不受限制，承载力大；与其他桩型相比较经济。但人工挖孔桩施工，工人在井下作业，劳动条件差，生产效率低，安全性较差。施工中应特别注意塌方、流沙、有害气体等影响，应严格按操作规程施工，制定可靠的安全措施。人工挖孔桩的孔径（不含护壁）不得小于 0.8m，且不宜大于 2.5m；孔深不宜大于 30m。当桩净距小于 2.5m 时，应间隔开挖。

人工挖孔灌注桩的施工流程：桩基定位→插打钢护筒→人工开挖→孔壁支护→孔径、中心检查→桩底检查、处理→灌注混凝土。

孔壁支护是人工成孔的关键，其护壁的厚度不应小于 100mm，混凝土强度等级不应低于桩身混凝土强度等级，并应振捣密实；护壁应配置直径不小于 8mm 的构造钢筋，竖向筋应上下搭接或拉接。当要求增大承载力、底部扩底时，扩底直径一般为 $1.3d$～$3.0d$（d 为桩身直径），最大可达 $4.5d$，桩底应支承在可靠的持力层上，支承桩大多采用构造配筋，配筋长度一般为 1/2 桩长，钢筋直径不小于 10mm 用于抗滑、锚固、挡土桩的配筋，按全长或 2/3 桩长配置，由计算确定。箍筋采用螺旋筋或封闭箍筋，直径不小于 8mm，间距不大于 200mm，在桩顶 1.0m 范围内间距缩小 1/2，以提高桩的抗剪强度。当钢筋笼长度超过 4.0m 时，为加强其刚度，拼接处应用焊接。桩身混凝土强度等级不低于 C25。

2. 泥浆护壁成孔

泥浆护壁成孔是利用原土自然造浆或人工造浆进行护壁，通过循环泥浆将被钻头切下的土块挟带出孔外成孔，然后安放绑扎好的钢筋笼，水下灌注混凝土成桩。常见的成孔机械有回旋钻机、潜水钻机、冲击钻机等。

（1）回旋钻机成孔

回旋钻机是由动力装置带动钻机的回旋装置转动，并带动带有钻头的钻杆转动，由钻头切削土体，切削形成的土渣，通过泥浆循环排出桩孔，如图 2-15 所示。在陆地杂填土或松软土层中钻孔时，应在桩位孔口处设护筒，以起到定位、保护孔口、维持水头等作用。护筒常用 4～8mm 厚钢板制成，其内径比钻头直径大 100mm，其上部宜开设 1～2 个溢浆孔。埋设护筒时，先挖去桩孔处表面土，将护筒埋入土中，并保证其准确、稳定，护筒中心与桩位中心的偏差不得大于 50mm，护筒与坑壁之间用黏土填实，以防漏水。护筒的埋设深度，在黏土中不宜小于 1.0m，在砂土中不宜小于 1.5m，护筒顶面应高于地面 0.5m 左右，并应保持孔内泥浆面高出地下水位 1～2m。受水位涨落或水下施工的钻孔灌注桩影响，护筒应加高加深，必要时应打入不透水层。

（2）潜水钻机成孔

潜水钻机是一种将动力变速机构与钻头连在一起加以密封，潜入水中工作的一种体积小、质量小的钻机。这种钻机由桩架及钻杆定位，钻孔时钻杆不旋转，仅钻头部分旋转，切削下来的泥渣通过泥浆循环排出孔外，该钻机桩架轻便，移动灵活，噪声低，速度快，钻孔直径为 600～1500mm，钻孔深度可达 40m，潜水钻机适用于在黏性土、淤泥质土及砂土中钻孔，尤其适用于地下水位较高的土层。钻机的钻头，有笼式钻头和筒式钻头等多种，可根据不同土层进行选用，如图 2-16（a）所示。

（3）冲击钻机成孔

冲击钻机成孔是将带钻刃的冲锥式钻头提升到一定高度，靠自由下落的冲击力来破碎岩层或冲击土层，然后用掏渣筒掏取孔内的渣浆而成孔的方法。这种成孔方法适用于碎石土、砂土、黏性土及风化的岩层等。桩径可达 600～1500mm，如图 2-16（b）所示。

（a）

（b）

图 2-16　潜水钻机和冲击钻机

上述工艺在成孔过程中，为防止孔壁坍塌，在孔内注入高塑性黏土或膨润土和水拌和的泥浆，对黏性土也可利用钻削下来的黏土与水混合自造泥浆，这种护壁泥浆与钻孔的土屑混合，边钻边排出泥浆，同时进行孔内补浆，进行泥浆循环，泥浆具有保护孔壁、防止塌孔的作用，同时在泥浆循环过程中还可携带土渣排出钻孔，并对钻头起到冷却与润滑的作用。在黏性土中成孔，可在孔中直接注入清水，钻机不停地回转，就可把切下的土屑形成泥浆，泥浆的相对密度宜控制在 1.1～1.2。在其他土层中成孔，泥浆制备应当用高塑性土或膨润土，在孔外泥浆池中进行；在砂质土层中成孔，泥浆的相对密度应控制在 1.1～1.3；在容易塌孔的土层中，泥浆的相对密度、黏度、含砂率、胶体率等指标，对确保泥浆质量非常重要。

根据泥浆循环方式的不同，分为正循环和反循环。根据桩型、钻孔深度、土层情况、泥浆排放条件、允许沉渣厚度等进行选择，但对孔深较大的端承型桩和粗粒土层中的摩擦型桩，宜采用反循环成孔及清空，也可根据土质情况采用正循环钻进，反循环清空。

正循环排渣法：采用 3PN 泥浆泵将泥浆水或清水压向钻机中心送水管，然后下放钻杆进入土中，当钻到设计标高后，电机停转，但 3PN 泥浆泵仍继续工作。正循环排泥，直到孔内泥浆相对密度为 1.1～1.15，方停泵提升钻机，然后迅速移位，进行下道工序，如图 2-17（a）所示。

反循环排渣法：目前常用的反循环排渣法，它是将潜水泵同主机连接，开钻时采用正循环开孔，钻深超过砂石泵叶轮位置后，即可启动砂石泵机，开始循环作业。当钻至设计标高时，停止钻进，砂石泵继续排泥，一直达到要求浓度为止，如图 2-17（b）所示。

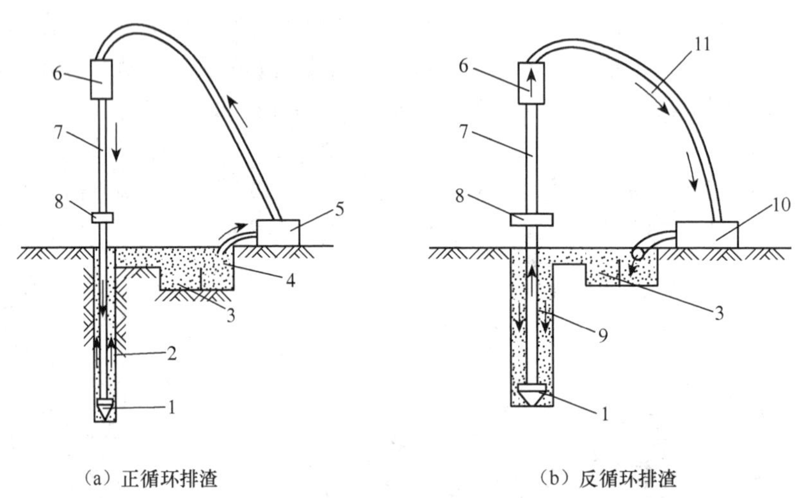

（a）正循环排渣　　（b）反循环排渣

1—钻头；2—泥浆循环方向；3—沉淀池；4—泥浆池；5—泥浆泵；6—水龙头；7—钻杆；8—钻机回转装置；9—新泥浆流向；10—砂石泵；11—混合液流向。

图 2-17　循环排渣方法

3. 套管成孔

套管成孔灌注桩适用于黏性土、粉土、淤泥质土、砂土及填土；在厚度较大、灵敏度较高的淤泥和流塑状态的黏性土等软弱土层中采用时，应制定质量保证措施，并经工艺试验成功后方可实施。按其施工方法不同，可分为锤击沉管灌注桩、静压沉管灌注桩、沉管夯扩灌注桩（适用于桩端持力层位于中、低压缩性黏性土、粉土、砂土、碎石类土，且其埋深不超过 20m 的情况）及振动冲击沉管灌注桩等。

套管成孔灌注桩是利用锤击打桩法或振动沉桩法，将带有活瓣式桩尖或带有钢筋混凝土桩靴的钢套管沉入土中，然后边拔管边灌注混凝土而成，当配有钢筋时，则在浇筑混凝土前先吊放钢筋骨架，沉管的方法有锤击式和振动式，其施工过程如图 2-18 所示。

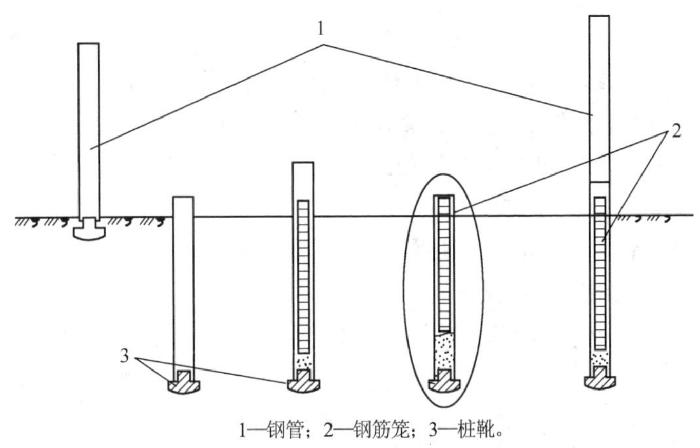

1—钢管；2—钢筋笼；3—桩靴。

图 2-18　沉管灌注桩施工过程

（1）锤击沉管

锤击沉管施工时，用桩架吊起钢桩管，对准预先设在桩位处的预制钢筋混凝土桩靴。桩管与桩靴连接处要垫以麻、草绳，以防止地下水渗入桩管。然后缓缓放下桩管，套入桩靴压进土中，校正垂直度后即可锤击桩管。先用低锤轻击，观察无偏移后，再进行正常施打。桩管打入至要求的贯入度或标高后，停止锤击，在管内放入钢筋笼。同时，用吊砣检查管内有无泥浆或渗水，然后用吊斗将混凝土通过漏斗灌入桩管内，待桩管灌满后，开始拔管，拔管要均匀，不宜过快，一般为 0.8～1.2m/min，也不宜过高，应保持桩管内的混凝土高度不少于 2m，然后再灌筑混凝土。拔管时应保持连续密锤低击不停，从而将混凝土振实，这样一直到全管拔出为止。

沉管夯扩灌注桩，是在锤击沉管灌注桩的基础上发展起来的一种施工方法。它利用打桩锤将内、外桩管同步沉入土层中，通过锤击内桩管夯扩端部混凝土，使桩端形成一个扩大头，然后再灌注桩身混凝土。在上拔外桩管时，用内桩管和桩锤顶压在管内混凝土面上，使桩身混凝土密实。

沉管夯扩灌注桩的机械设备，与锤击沉管灌注桩相同，常用 D25 或 D40 型柴油锤。这种沉管施工方法，适用于中低压缩性黏土、粉土、砂土、碎石土、强风化岩等土层，桩身直径一般为 400～600mm，扩大头直径可达 500～900mm，桩长不宜超过 20m。

（2）振动沉管

振动沉管灌注桩采用激振器或振动冲击锤沉管。施工时，先安装好桩机，将桩靴对准桩位，徐徐放下桩管，压入土中，校正垂直度后即可开动激振器沉管。当桩管沉到设计标高时，停止振动，用吊斗将混凝土灌入桩管内，然后，再开动激振器和卷扬机拔出钢管，边振边拔，从而使混凝土密实。

2.4.2　钢筋笼制作与混凝土施工

钢筋笼制作应对钢筋规格、焊条规格、品种、焊口规格、焊缝长度、焊缝外观和质量、主筋和箍筋的制作偏差等进行检查。在灌注混凝土前，应严格检查钢筋笼安放的实际位置，保证钢筋保护层的厚度，钢筋笼保护层允许偏差对水下浇注混凝土灌注桩为±20mm，对非水下浇注混凝土灌注桩为±10mm，钢筋笼直径比孔径小110～120mm。钢筋骨架吊放时，要防止扭转、弯曲和碰撞，要吊直扶稳，缓缓下落，避免碰撞孔壁。钢筋骨架下放到设计位置后，应立即固定。为保证钢筋骨架位置正确，可在钢筋笼上设置钢筋环或混凝土块，以确保保护层的厚度。

钢筋骨架固定之后，在4h之内必须浇注混凝土。混凝土选用的粗骨料粒径不宜大于30mm，并不宜大于钢筋间最小净距的1/3，含砂率宜为40%～50%，细骨料宜采用中砂。混凝土灌注常采用导管法，灌注混凝土的导管，可用钢管制成，壁厚不宜小于3mm，直径为200～250mm，直径制作偏差不超过±2mm，导管的分节长度视具体情况确定，底管长度不宜小于4m，两管的接头宜用法兰或双螺纹方扣快速接头，接口要严密，不漏水漏浆。水下浇注混凝土（图2-19）要求混凝土流动性好，坍落度应控制在160～220mm，用掺加木钙、糖蜜、加气剂等外加剂，改善其和易性和延长初凝时间。水泥用量一般达350kg/m^{3}以上，水灰比0.50～0.60。灌注混凝土前，先将导管吊入桩孔内，导管底部距桩孔底0.3～0.5m，导管内设隔水栓，用细钢丝悬吊在导管下口，隔水栓可用预制混凝土四周加橡皮封圈、橡胶球胆或软木球。

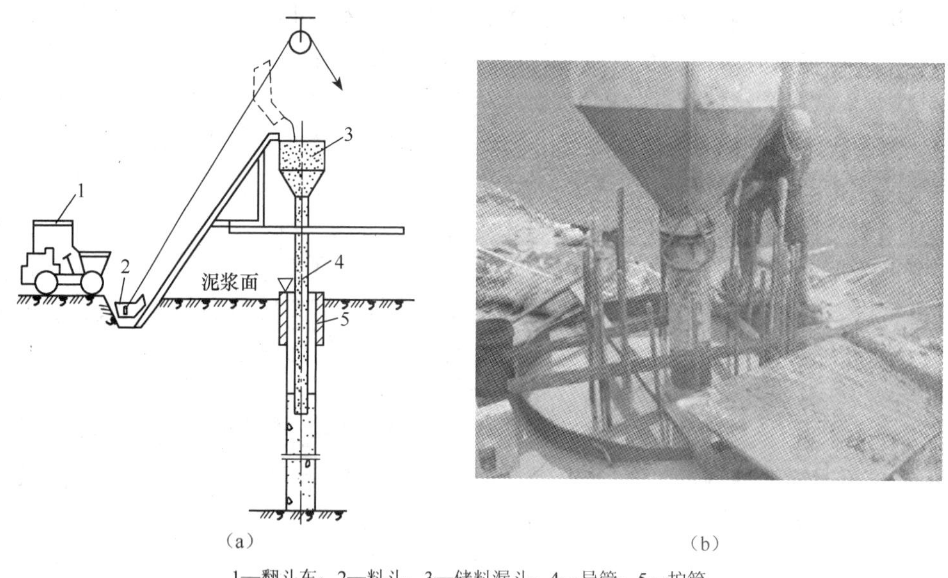

1—翻斗车；2—料斗；3—储料漏斗；4—导管；5—护筒。

图2-19　水下浇筑混凝土

灌筑混凝土时，先在漏斗内灌入足够量的混凝土，保证下落后能将导管下端埋入混凝土0.6～1.0m，然后剪断铁丝，隔水栓下落，混凝土在自重的作用下，随隔水栓冲出导管下口（用橡胶球胆或软木球做的隔水栓浮出水面可回收重复使用）并把导管底部埋入混凝土内，然后连续灌筑混凝土，当导管埋入混凝土达2～2.5m时，即可提升导管，提升速度不宜过快，应保持导管埋在混凝土内1m以上，这样连续灌筑，直到桩顶为止。桩身混凝土必须留置试块，每浇注50m^{3}必须有一组试件，小于50m^{3}的桩，每根桩必须有一组试件。

2.4.3　灌注桩后注浆工法

灌注桩后注浆工法是我国近几年开发的灌注桩施工新技术，通过预设于桩身内的注浆导管及与之相连的桩端、桩侧注浆阀注入水泥浆，可用于各类钻、挖、冲孔灌注桩及地下连续墙的沉渣（虚土）、泥皮和桩底、桩侧一定范围内土体的加固，从而使桩的承载力提高，沉降量减小。

后注浆装置的设置应符合下列规定：后注浆导管应采用钢管，且应与钢筋笼加劲筋绑扎固定或焊接；桩端后注浆导管及注浆阀数量宜根据桩径大小设置。对于直径不大于 1.2m 的桩，宜沿钢筋笼周围对称设置 2 根；对于直径大于 1.2m 而不大于 2.5m 的桩，宜对称设置 3 根；对于桩长超过 15m 且承载力增幅要求等因素较高者，宜采用桩端桩侧复式注浆。桩侧后注浆阀设置数量应综合地层情况、桩长和承载力增幅要求等因素确定，可在离桩底 5m 以上、桩顶 8m 以下，每隔 6～12m 设置一道桩侧注浆阀，当有粗粒土时，宜将注浆阀设置于粗粒土层下部，对于干作业成孔灌注桩宜设置于粗粒土层中部；对于非通长配筋桩，下部应有不少于 2 根与注浆管等长的主筋组成的钢筋笼通底；钢筋笼应沉放到底，不得悬吊，下笼受阻时不得撞笼、墩笼、扭笼。

2.4.4　灌注桩施工质量控制

灌注桩的成桩质量检查主要包括成孔及清孔、钢筋笼制作及安放、混凝土搅拌及灌注、承载力检测及桩身质量等 4 个内容的质量检查。

对摩擦桩以设计桩长控制成孔深度；端承摩擦桩必须保证设计桩长及桩端进入持力层深度，当采用锤击沉管法成孔时，桩管入土深度控制以标高为主，以贯入度控制为辅。对端承桩，当采用钻（冲）、挖掘成孔时，必须保证桩孔进入设计持力层的深度，当采用锤击沉管法成孔时，沉管深度控制以贯入度为主，以设计标高为辅。

钻孔灌注桩浇注混凝土前，对已成孔的中心位置、孔深、孔径、垂直度、孔底沉渣厚度等进行认真检查，其中孔底沉渣厚度直接影响桩的承载力及沉降量，因此，沉渣厚度应严格控制，其允许厚度按有关规定执行。

桩的承载力检测与桩身质量检查，一般要求与预制桩相同。但对于一级建筑桩基和地质条件复杂或成桩质量可靠性较低的桩基工程，还应进行质量检测。检测方法可采用动测法，对于大直径桩还可采取钻取桩芯、预埋管超声检测法等。

2.5　承 台 施 工

承台是桩基础的组成部分，它把若干个桩的顶端连接起来，使桩共同承担上部的荷载。常见的承台有矩形承台和三角承台等。

承台施工一般应按先深后浅的施工顺序进行，承台埋深较大时，应对邻近建筑物、市政设施，采取必要的保护措施，在施工期间进行监测。承台施工往往需要进行基坑开挖，施工前应对边坡稳定，支护形式、降水措施、挖土方案、运土路线、堆土位置编制施工方案。打桩全部结束并停顿一段时间后方可开挖。支护方式可采用钢板桩，地下连续墙、排桩（灌注桩）、水泥土搅拌桩、喷锚、H 型钢柱等支护结构。地下水位较高需要降水时，可视周围情况采用内降水、外降水措施或止水帷幕等方法。

机械挖土时必须确保基坑内的桩体不会受到损坏，挖土应分层进行，高差不宜过大，同时，挖出的土方不得堆置在基坑附近，以防止过高的土坡对工程桩产生水平推力，引起桩的位移，甚至断裂，软土地区的基坑开挖，基坑内土面高度应保持均匀，高差不宜超过 1m，承台钢筋绑扎前必须将灌注桩桩头浮浆部分或锤击破坏部分去除，并应保证桩体埋入承台长度符合设计要求，承台混凝土应一次浇筑完成，大体积承台混凝土施工，应采取有效措施防止温度应力引起裂缝。

思 考 题

2-1　预制桩有哪几种？预制桩施工内容包括哪些程序？

2-2　吊桩时如何选择吊点？预制桩堆放要注意什么？

2-3　打桩锤的种类及特点有哪些？

2-4　打桩对周围环境有哪些影响？如何防止？

2-5　预制桩的打桩顺序是什么？

2-6　钢管桩的沉桩方法有哪几种？

2-7　灌注桩有哪些成孔方法？一般灌注桩的施工顺序是怎样的？

2-8　灌注桩施工中的泥浆有什么作用？

2-9　干作业螺旋钻孔灌注桩和长螺旋钻孔压灌桩有什么异同？

2-10　人工挖孔灌注桩有什么特点？施工时应注意哪些问题？

2-11　灌注桩施工有哪些质量要求？

第 3 章　混凝土结构工程

混凝土结构工程是土木工程施工的主导工程，对工程的质量、成本和工期有很大的影响。混凝土结构是以混凝土为主制成的结构，根据所用材料分为素混凝土结构、钢筋混凝土结构和预应力混凝土结构等；根据施工方法分为现浇混凝土结构和装配式混凝土结构。混凝土结构工程可划分为模板工程、钢筋工程和混凝土工程等分项工程，在施工中三者应紧密配合，统筹安排，进行流水施工。

3.1　模 板 工 程

3.1.1　模板工程的作用与基本要求

模板工程是一个系统，模板系统包括模板和支架两部分，其中模板是指与混凝土直接接触使混凝土具有构件所要求形状的部分；支架是指支撑模板，承受模板、构件及施工中各种荷载的作用，并使模板保持所要求的空间位置的临时结构。模板及其支架应根据工程结构形式、荷载大小、地基土类别、施工设备和材料供应等条件进行设计。在浇筑混凝土之前，应对模板工程进行验收。模板安装和浇筑混凝土时，应对模板及其支架进行观察和维护。发生异常情况时，应按施工技术方案及时进行处理。

为了保证所浇筑混凝土结构的施工质量和安全，模板和支架必须符合下列基本要求。

1）安装质量。保证结构和构件各部分形状、尺寸和相互位置的正确性；且接缝严密，不易漏浆。

2）安全性。具有足够的承载能力（强度、稳定性）和刚度，能可靠地承受浇筑混凝土的质量、侧压力以及施工荷载等。

3）经济性。选材合理、用料经济、构造简单，拆装方便，能多次周转使用。

3.1.2　模板工程分类

1）按所用材料不同可分为木模板、钢模板、胶合板模板（木胶合板、竹胶合板）塑料模板、玻璃钢模板、铝合金模板等。

2）按模板的形式及施工工艺不同可分为组合式模板（如木模板、胶合板模板、组合钢模板）、工具式模板（如大模板、滑模、爬模、飞模、模壳等）和永久性模板等。

3）按模板规格形式不同可分为定型模板（即定型组合模板，如小钢模）和非定型模板（散拼模板）。

下面以木模板和组合钢模板为例，介绍其基本构造。

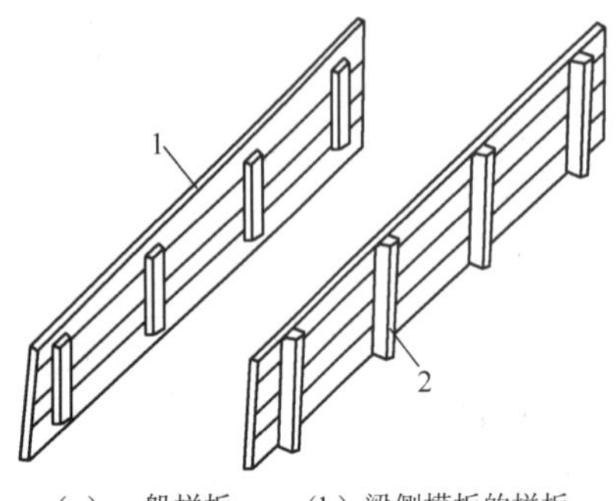

（a）一般拼板　（b）梁侧模板的拼板

1—板条；2—拼条。

图 3-1　拼板构造

1. 木模板

木材是最早被人们用来制作模板的工程材料，其优点是：制作方便、拼装随意，尤其适用于外形复杂和异形的混凝土构件。此外，因其导热系数小，对混凝土冬期施工有一定的保温作用。

木模板的木材主要采用松木和杉木，其含水率不宜过高，以免干裂，材质不宜低于Ⅲ等材。

木模板的基本元件是拼板，它由板条和拼条（木档）组成（图 3-1）。板条厚 25～50mm，宽度不宜超过 200mm，以保证在干缩时缝隙均匀，浇水后缝隙要严密且板条不翘曲，但梁底板的板条宽度不受限制，以免漏浆。拼条截面尺寸为（25mm×35mm）～（50mm×50mm），拼条间距根据施工荷载的大小及板条的厚度而定，一般取 400～500mm。

木模板通常可拼装成以下几种形式。

（1）基础模板

基础模板安装时，要保证上、下模板不发生相对位移（图 3-2）。如有杯口，还要在其中放入杯口芯模。当土质良好时，基础的最下一阶可不用模板，直接进行原槽浇筑。

（2）柱模板

柱模板由内拼板、外拼板组成（图 3-3），内拼板夹在两片相对的外拼条之内。为承受混凝土侧压力，拼板外要设柱箍，其间距与混凝土侧压力、拼板厚度有关，通常上稀下密，间距为 500～700mm。柱模板底部设有钉在混凝土上的木框，用以固定柱模板的位置。

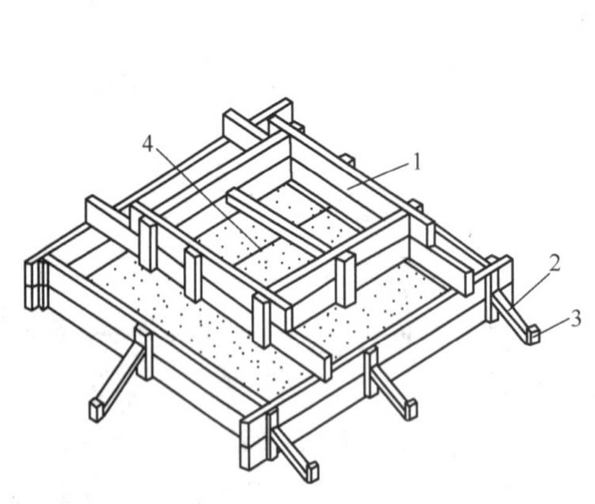

1—拼板；2—斜撑；3—木撑；4—铁丝。

图 3-2　基础模板

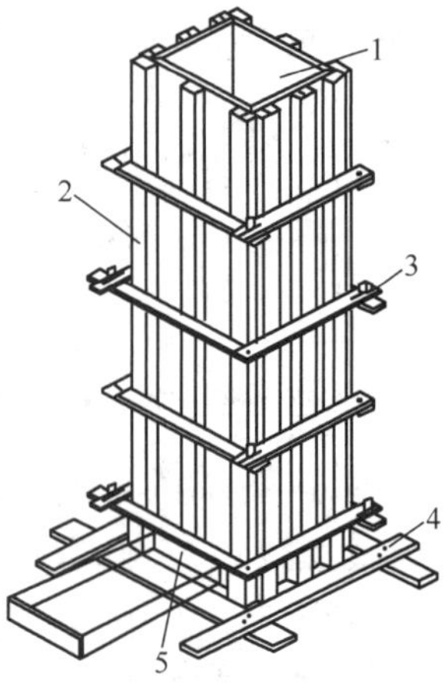

1—内拼板；2—外拼板；3—柱箍；4—底部木框；5—清理孔。

图 3-3　柱模板

柱模板上部根据需要可开设与梁模板连接的缺口，底部开设清理孔，沿高度每隔约 2m 开设浇注孔。对于独立柱模，四周应加设支撑，以免混凝土浇筑时产生倾斜。

（3）梁、楼板模板

梁模板由底模板和侧模板组成。底模板承受垂直荷载，一般较厚，下面有支撑（顶撑）或桁架承托。支撑多为伸缩式，可调节高度，底部应支承在坚实的地面或楼面上，下垫木楔。如地面松软，底部应垫木板，以加大支撑面。在多层建筑施工中，应使上、下层的支撑在同一条竖向直线上，否则要采取措施保证上层支撑的荷载能传到下层支撑上。支撑间应用水平和斜向拉杆拉牢，以增强整体稳定性。当层间高度大于 5m 时，宜用桁架支撑或多层支架支撑。

梁侧模板承受混凝土侧压力，为防止侧向变形，底部用夹紧条夹住，顶部可由支承楼板模板的格栅顶住，或用斜撑支牢。

楼板模板多用定型模板或胶合板，它放置在格栅上，格栅支承在梁侧模板外的横楞上（图 3-4）。

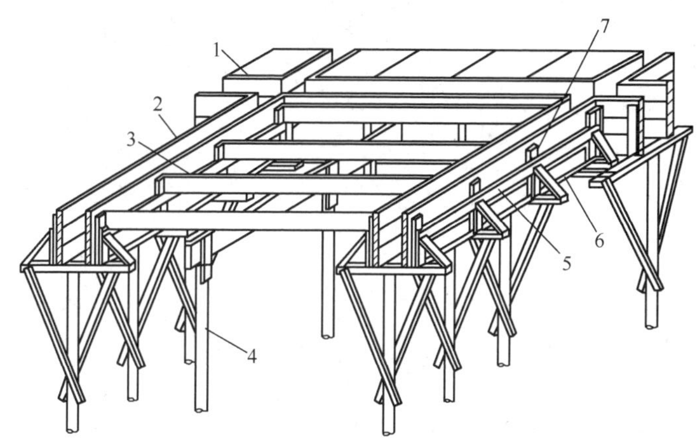

1—楼板模板；2—梁侧模板；3—格栅；4—支撑；5—横楞；6—夹条；7—次肋。

图 3-4　梁及楼板模板

2. 组合钢模板

组合钢模板是一种定型模板，它是施工中应用最多的一种模板形式。它由具有一定模数的钢模板和配件两大部分组成，配件包括连接件和支撑件，这种模板可以拼出多种尺寸和几何形状，可用于建筑物的梁、板、柱、墙、基础等构件施工的需要，也可拼成大模板、滑模、台模等使用。因而这种模板具有轻便灵活、拆装方便、通用性强、周转率高等优点。

（1）钢模板

钢模板包括平面模板、阳角模板、阴角模板和连接角模（图 3-5）。另外还有角楞模板、圆楞模板、梁腋模板等与平面模板配套使用的专用模板。

钢模板由厚度 2.5mm、2.75mm、3.0mm 的薄钢板压轧成型。钢模板采用模数制设计，模板宽度以 100mm 为基础，按 50mm 进级（宽度超过 600mm 后，以 150mm 进级）；长度以 450mm 为基础，按 150mm 进级（长度超过 900mm 后，以 300mm 进级），可以适应横竖拼装，拼装成以 50mm 进级的任何尺寸的模板，如拼装时出现不足模数的空隙时，用镶嵌木条补缺，用钉子或螺栓将木条与板块边框上的孔洞连接。

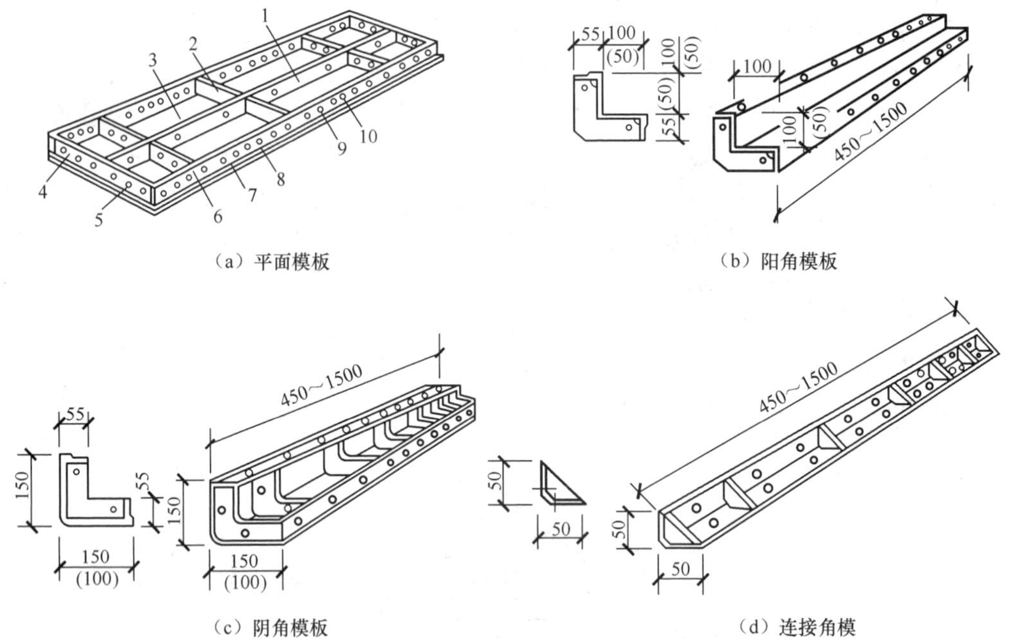

（a）平面模板　（b）阳角模板

（c）阴角模板　（d）连接角模

1—中纵肋；2—中横肋；3—面板；4—横肋；5—插销孔；6—纵肋；7—凸棱；8—凸鼓；9—U 形卡孔；10—钉子孔。

图 3-5　钢模板类型（单位：mm）

为了便于板块之间连接，钢模板边肋上设有 U 形卡连接孔，端部上设有 L 形插销孔，孔径为 13.8mm，孔距 150mm。

（2）连接件

连接件包括 U 形卡、L 形插销、钩头螺栓、紧固螺栓、对拉螺栓和扣件等（图 3-6）。

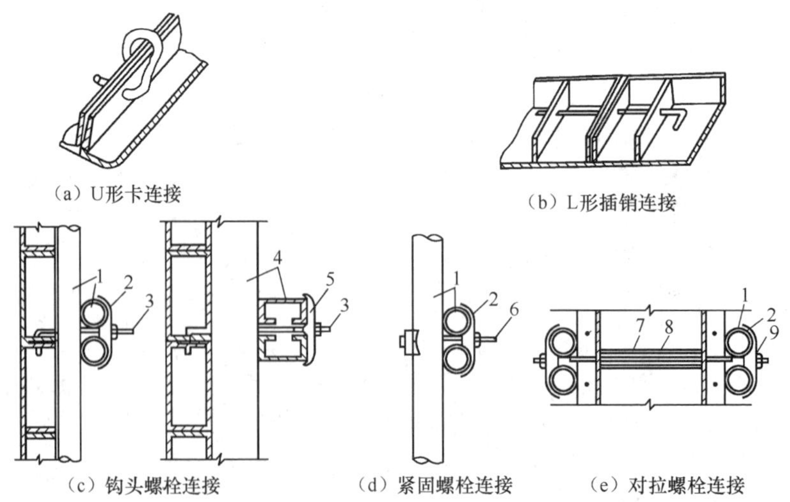

（a）U形卡连接　（b）L形插销连接

（c）钩头螺栓连接　（d）紧固螺栓连接　（e）对拉螺栓连接

1—圆钢管钢楞；2—扣件；3—钩头螺栓；4—内卷边槽钢钢楞；5—蝶形扣件；6—紧固螺栓；7—对拉螺栓；8—塑料套管；9—螺母。

图 3-6　钢模板连接件

1）U 形卡。用于相邻模板间的拼接。其安装距离不大于 300mm，即每隔一个孔插一个卡，安装方向一顺一倒相互交错，以抵消 U 形卡可能产生的位移。

2）L 形插销。插入钢模板端部的插销孔内，以加强两相邻模板接头处的刚度和保证接头处板面平整。

3）钩头螺栓。用于钢模板与内、外钢楞的加固，使之成为整体，安装间距一般不大于 600mm，长度应与采用的钢楞尺寸相适应。

4）紧固螺栓。用于紧固钢模板内、外钢楞，增强组合模板的整体刚度，长度应与采用的钢楞尺寸相适应。

5）对拉螺栓。用于连接墙壁的两侧模板，保持模板与模板之间的设计厚度，并承受混凝土侧压力及水平荷载，使模板不致变形。

6）扣件。用于钢楞与钢楞或钢楞与钢模板之间的扣紧，按钢楞的不同形状，分别采用蝶形扣件和 3 形扣件。

（3）支撑件

组合钢模板的支撑件由桁架、三脚架、托具、支撑、早拆柱头和模板成型卡具等组成。

1）桁架用于支承梁、板类结构的模板，通常采用角钢、扁钢和圆钢筋制成，可调节长度，以适应不同跨度使用（图 3-7）。一般以两榀为一组，其跨度可调整到 2100～3500mm，荷载较大时，可采用多榀组成排放，并在下弦加设水平支撑，使其相互连接固定，增加侧向刚度。

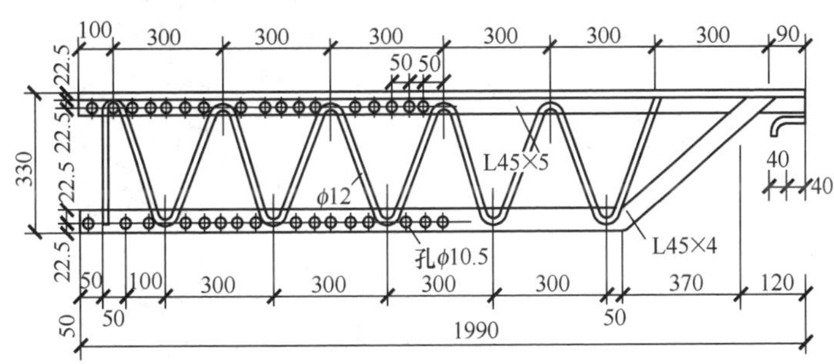

图 3-7　轻型桁架（单位：mm）

2）三脚架用于悬挑结构模板的支承，如阳台、雨篷、挑檐等，采用角钢铆接而成，悬臂长不应大于 1200mm，跨度为 600mm 左右，每榀三脚架的控制荷载应不大于 4.5kN。

3）支撑有钢管支撑、组合四管支撑等形式。

钢管支撑又称钢支撑，用于大梁、楼板等水平模板的垂直支撑，其规格形式较多，目前常用的有 CH 型和 YJ 型两种（图 3-8）。

组合四管支撑由管柱、螺栓千斤顶和托盘等组成（图 3-9），用于大梁、平台、楼板等水平模板的垂直支撑。管柱由四根ϕ48×3.5mm 钢管和 8mm 厚钢板焊接而成，千斤顶由 M45mm 螺栓与托板组成，其调距为 250mm。

4）托具用来靠墙支承楞木、斜撑、桁架等。用钢筋焊接而成，上面焊接一块钢托板，托具两齿间距为三皮砖厚。在砌体强度达到支模强度时、将托具垂直打入灰缝内。

在梁端荷载集中部位安设托具数量不少于 3 个，承受均布荷载部位，间距不大于 1m，且沿全长不得少于 3 个。每个托具控制使用荷载不得大于 4kN。

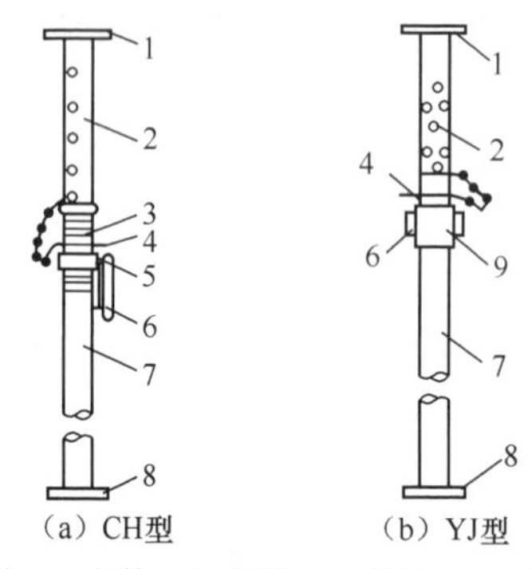

1—顶板；2—插管；3—螺管；4—插销；5—转盘；6—手柄；7—套管；8—底板；9—螺旋套。

图 3-8　钢支撑

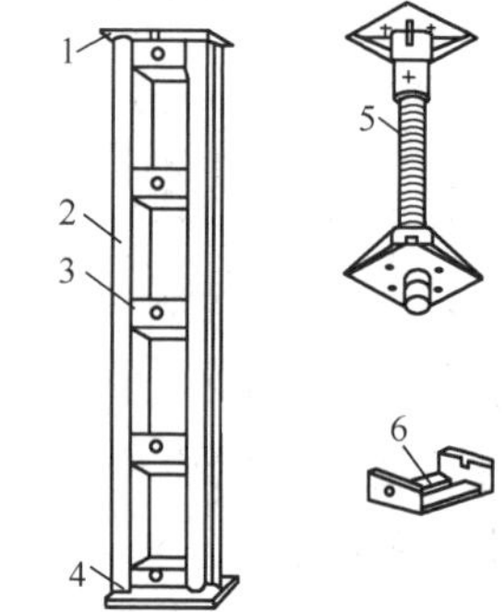

1—顶板；2—钢管；3—连接板；4—底板；5—螺栓千斤顶；6—托盘。

图 3-9　组合四管支撑

5）早拆柱头如图 3-10 所示，是近年来发展的一种模板快拆体系，它设置在钢支撑的顶部，可在楼板混凝土浇筑后提早拆除楼面模板，而将钢支撑保留在楼板底面，从而加快了模板的周转。

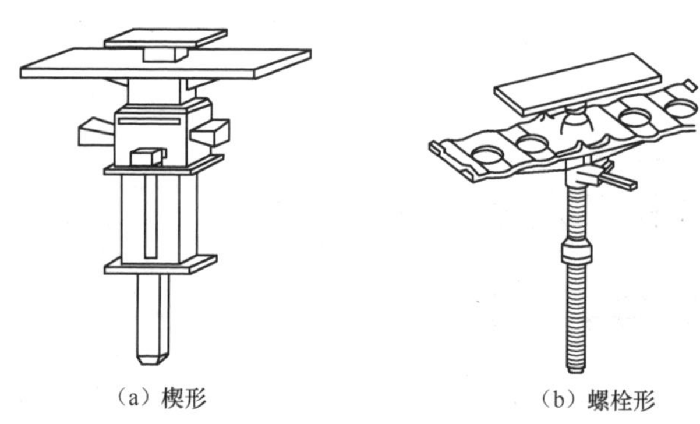

图 3-10　早拆柱头

6）模板成型卡具用于支承梁、柱等的模板，使其成为整体。常用的有柱箍和梁卡具。

柱箍（图 3-11）又称柱卡箍、定型夹箍，用于直接支承和夹紧各类柱模的支承件，可根据柱模的外形尺寸和侧压力的大小来选用。

梁卡具又称梁托架，是一种将大梁、过梁等模板夹紧固定的装置，并承受混凝土的侧压力，其种类较多，其中钢管型梁卡具（图 3-12），适用于断面为 700mm×500mm 以内的梁；扁钢和圆钢管组成的梁卡具（图 3-13），适用于断面为 600mm×500mm 以内的梁，上述两种梁卡具的高度和宽度均可调节。

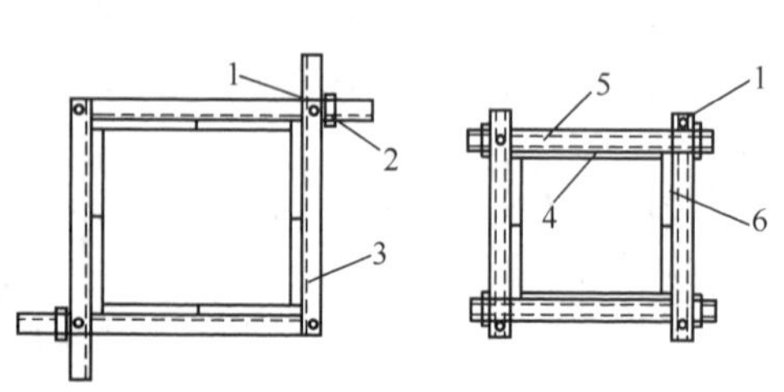

1—插销；2—限位器；3—夹板；4—模板；5—角钢；6—槽钢。

图 3-11　柱箍

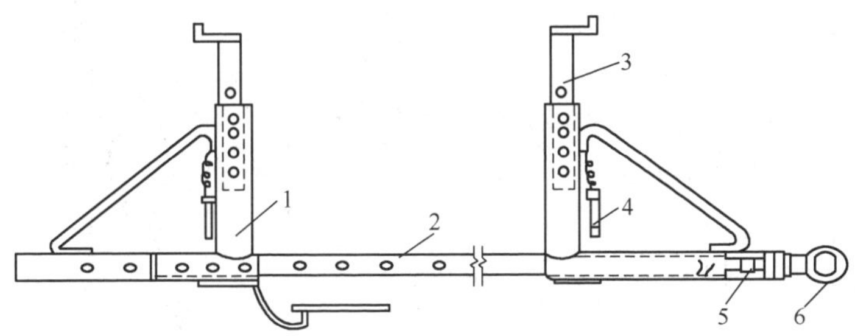

1—三角架；2—底座；3—调节杆；4—插销；5—调节螺栓；6—钢筋环。

图 3-12　钢管型梁卡具

（4）组合钢模板的配板

采用定型组合钢模板时需要进行配板设计。由于同一面积的模板可以使用不同规格的平面模板和角模组成各种配板方案，配板设计就是从中找出最佳组配方案。

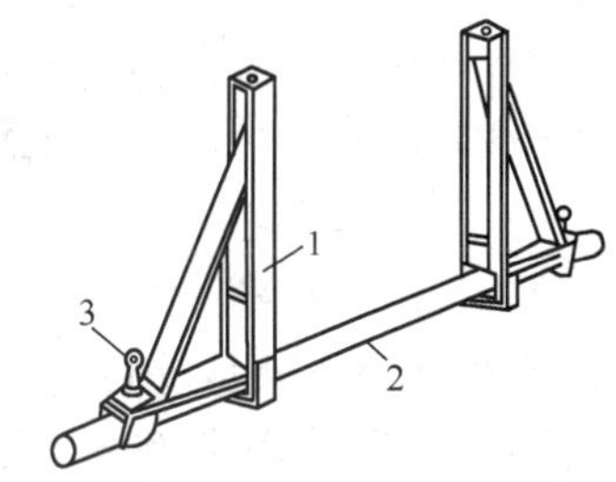

1—三角架；2—底座；3—固定螺栓

图 3-13　扁钢和圆钢管组成的梁卡具

配板设计时，平面模板的选择应根据所配模板板面的形状、几何尺寸及支撑形式决定。宜优先选用大规格的模板为主板，其他小规格的模板作为补充。模板宜以其长边沿梁、板、墙的长度方向或柱的高度方向排列，以利于使用长度规格大的模板，并扩大钢模板的支撑跨度。当结构的宽度刚好是钢模板长度的整数倍时，也可将钢模板的长边沿结构的短边排列。模板长向接缝宜错开布置，以增加模板的整体刚度。应采取措施减少和避免在钢模板上钻孔，当需设置对拉螺栓或其他拉筋需要在模板上钻孔时，应尽可能使用已钻孔的模板。

进行配板设计之前，先绘制结构构件的展开图，据此绘制配板设计图、连接件和支承系统布置图、细部结构和异型模板详图及特殊部位详图。在配板图上要标明所配板块和角模的规格、位置及数量，并在配板图上标明预埋件和预留孔洞的位置，注明其固定方法。

3.1.3　模板工程设计

模板及支架应根据安装、使用和拆除工况进行设计，并应满足承载力、刚度和整体稳固性要求。

1. 模板工程设计的目的、内容及基本规定

（1）目的

合理选择模板材料及支撑系统，确保模板及支撑系统具有足够的承载能力和刚度，并综合考虑其经济性。

（2）内容

模板工程设计的主要内容包括选型、选材及构造，荷载计算、结构验算；拟定制作安装和拆除方案；绘制模板施工图等。各项内容及其详尽程度，可根据工程的具体情况

和施工条件确定。

（3）基本规定

1）宜采用以分项系数表达的极限状态设计方法。

2）设计计算时所采用的计算假定和分析模型，应有理论或试验依据，或经工程实践验证可行。

3）应根据施工过程中各种受力工况进行结构分析，并确定其最不利的作用效应组合。

2. 荷载计算

作用在模板及支架上的荷载分为永久荷载和可变荷载。永久荷载包括模板及支架自重 G_1、新浇筑混凝土自重 G_2、钢筋自重 G_3 和新浇筑混凝土对模板的侧压力 G_4 等。可变荷载包括施工人员及施工设备荷载 Q_1、混凝土下料产生的荷载 Q_2、泵送混凝土或不均匀堆载等因素产生的附加水平荷载 Q_3 和风荷载 Q_4 等。各项荷载的标准值按以下规定计算。

（1）荷载标准值

1）模板及支架自重 G_1 的标准值。

应根据模板施工图确定。有梁楼板及无梁楼板的模板及支架自重标准值，可按表 3-1 采用。

表 3-1　模板及支架自重标准值　　单位：kN/m^2

项目名称	木模板	定型组合钢模板
无梁楼板的模板及小楞	0.30	0.50
有梁楼板模板（包括梁的模板）	0.50	0.75
楼板模板及支架（楼层高度为 4m 以下）	0.75	1.10

2）新浇筑混凝土自重 G_2 的标准值。

应根据混凝土实际重力密度确定，对于普通混凝土可取 $24kN/m^3$。

3）钢筋自重 G_3 的标准值。

应根据施工图确定。对于一般梁板结构，楼板的钢筋自重可取 $1.1kN/m^3$，梁的钢筋自重可取 $1.5kN/m^3$。

4）新浇筑混凝土对模板的侧压力 G_4 的标准值。

影响新浇筑混凝土侧压力的因素很多，其中主要因素有混凝土的密度、混凝土初凝时间、混凝土的浇筑速度、混凝土坍落度及有无外加剂等。当采用插入式振动器且混凝土浇筑速度不大于 10m/h、混凝土坍落度不大于 180mm 时，新浇筑混凝土对模板的最大侧压力标准值可按下列公式计算，并应取其中的较小值：

$$F=0.28\gamma_c t_0 \beta V^{\frac{1}{2}} \tag{3-1}$$

$$F=\gamma_c H \tag{3-2}$$

式中：F——新浇筑混凝土作用于模板的最大侧压力标准值，kN/m^2。

γ_c——混凝土的重力密度，kN/m^3。

t_0——新浇筑混凝土的初凝时间，h［可按实测确定，当缺乏试验资料时，可采用 $t_0=200/(T+15)$（T 为混凝土的温度，℃）计算］。

β——混凝土坍落度影响的修正系数（当坍落度大于 50mm 且不大于 90mm 时，β 取 0.85；坍落度大于 90mm 且不大于 130mm 时，β 取 0.9；坍落度大于 130mm 且不大于 180mm 时，β 取 1.0）。

V——混凝土的浇筑速度，m/h［取混凝土浇筑高度（厚度）与浇筑时间的比值］。

H——混凝土侧压力计算位置处至新浇筑混凝土顶面的总高度，m。

混凝土侧压力的计算分布图如图 3-14 所示。

当浇筑速度大于 10m/h，或混凝土坍落度大于 180mm 时，侧压力标准值可直接按式（3-2）计算。

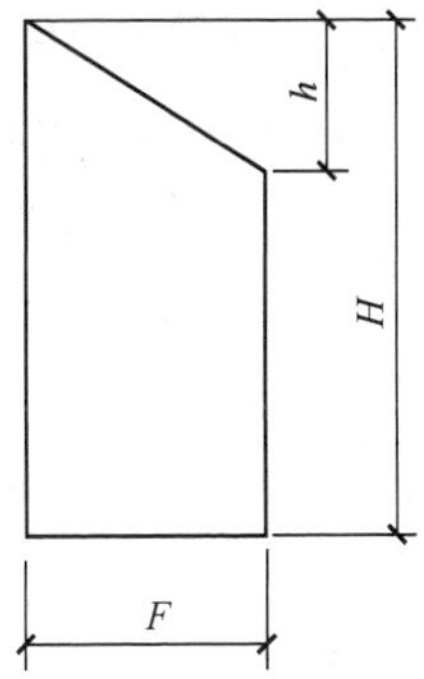

5）施工人员及施工设备荷载 Q_1 的标准值。

可按实际情况计算，且不应小于 $2.5kN/m^2$。此外，对于大型混凝土浇筑设备，如上料平台、混凝土泵等应按实际情况计算；当混凝土堆料高度超过 100mm 时，也按实际情况计算。

6）混凝土下料产生的水平荷载 Q_2 的标准值。

可按表 3-2 采用，其作用范围可取为新浇筑混凝土侧压力的有效压头高度 h 之内。

h—有效压头高度，$h=F/\gamma_c$，m。

图 3-14 混凝土侧压力的计算分布图

表 3-2 混凝土下料产生的水平荷载标准值 单位：kN/m^2

下料方式	水平荷载
溜槽、串筒、导管或泵管下料	2
吊车配备斗容器下料或小车直接倾倒	4

7）泵送混凝土或不均匀堆载等因素产生的附加水平荷载 Q_3 的标准值。

可取计算工况下竖向永久荷载标准值的 2%，并作用在模板支架上端水平方向。

8）风荷载 Q_4 的标准值。

可根据现行国家标准《建筑结构荷载规范》（GB 50009—2012）的有关规定确定。其中基本风压可按 10 年一遇的风压取值，但基本风压不应小于 $0.20kN/m^2$。

（2）荷载组合

模板工程设计时，承载力计算应采用荷载基本组合，变形验算可仅采用永久荷载标准值。

1）模板及支架应按短暂设计状况进行承载力计算，承载力计算应符合下式要求：

$$\gamma_0 S \leqslant \frac{R}{\gamma_R} \tag{3-3}$$

式中：γ_0——结构重要性系数（对重要的模板及支架宜取 $\gamma_0 \geqslant 1.0$；对一般的模板及支架宜取 $\gamma_0 \geqslant 0.9$）；

S——模板及支架按荷载基本组合计算的效应设计值；

R——模板及支架结构构件的承载力设计值（应按国家现行有关标准计算）；

γ_R——承载力设计值调整系数（应根据模板及支架重复使用情况取用，不应小于 1.0）。

2）模板及支架荷载基本组合的效应设计值，可按下式计算：

$$S=1.35\alpha\sum_{i\geqslant 1}S_{G_{ik}}+1.4\psi_{cj}\sum_{j\geqslant 1}S_{Q_{jk}} \tag{3-4}$$

式中：$S_{G_{ik}}$——第 i 个永久荷载标准值产生的效应值；

$S_{Q_{jk}}$——第 j 个可变荷载标准值产生的效应值；

α——模板及支架的类型系数（对侧面模板，取 0.9；对底面模板及支架，取 1.0）；

ψ_{cj}——第 j 个可变荷载的组合值系数（宜取 $\psi_{cj}\geqslant 0.9$）。

3）模板及支架的变形验算应符合下列规定：

$$\alpha_{fG}\leqslant\alpha_{f,\lim} \tag{3-5}$$

式中：α_{fG}——按永久荷载标准值计算的构件变形值；

$\alpha_{f,\lim}$——构件变形限值。

4）模板及支架承载力计算和变形验算的各荷载组合项可按表 3-3 确定。

表 3-3　参与模板及支架承载力计算和变形验算的各项荷载

项目		参与荷载项	
		承载力计算	变形验算
模板	底面模板	$G_1+G_2+G_3+Q_1$	$G_1+G_2+G_3$
	侧面模板	G_4+Q_2	G_4
支架	水平杆及节点	$G_1+G_2+G_3+Q_1$	$G_1+G_2+G_3$
	立杆	$G_1+G_2+G_3+Q_1+Q_4$	$G_1+G_2+G_3$
	支架结构	$G_1+G_2+G_3+Q_1+Q_3$（整体稳定） $G_1+G_2+G_3+Q_1+Q_4$（整体稳定）	—

注："＋"仅表示各项荷载参与组合，而不表示代数相加。

3．模板工程设计要点

1）在保证准确性的前提下，模板工程设计计算可适当简化。

① 所有荷载可假定为均布荷载，如作用在外楞（或大楞、主楞）上的荷载，实际为集中荷载，可等效为均布荷载。

② 计算模板面板、内楞（或小楞、次楞）时，均可视为梁，跨度等于或多于两跨时可视为连续梁进行内力分析，其中三跨及以上的均可等效为三跨连续梁。

2）对于模板支架体系，其高宽比不宜大于 3；当高宽比大于 3 时，应加强整体稳固性措施。在泵送混凝土或不均匀堆载等因素产生的附加水平荷载或风荷载作用下，当需要对模板支架做抗倾覆验算时，应满足下式要求：

$$\gamma_0 M_0\leqslant M_{\mathrm{r}} \tag{3-6}$$

式中：M_0——支架的倾覆力矩设计值（按荷载基本组合计算，其中永久荷载的分项系数取1.35，可变荷载的分项系数取1.4）；

M_r——支架的抗倾覆力矩设计值（按荷载基本组合计算，其中永久荷载的分项系数取0.9，可变荷载的分项系数取0）。

3）验算模板及支架的变形时，构件变形限值$\alpha_{f,\ \lim}$为：

① 结构表面外露的模板，取模板构件计算跨度的1/400。

② 结构表面隐蔽的模板，取模板构件计算跨度的1/250。

③ 支架的轴向压缩变形或侧向挠度，取计算高度或计算跨度的1/1000。

3.1.4　模板安装与拆除

1. 现浇混凝土模板安装

模板安装在组织上应做好分层分段流水施工，确定模板安装顺序，加速模板的周转使用。

在浇筑混凝土前，模板内的杂物应清理干净，模板与混凝土的接触面应清理干净并涂刷隔离剂；在涂刷模板隔离剂时，不得污染钢筋和混凝土接槎处；模板的接缝不应漏浆；木模板应浇水湿润，但模板内不应有积水；对清水混凝土工程及装饰混凝土工程，应使用能达到设计效果的模板。竖向模板和支架的支承部分，当安装在基土上时，应设垫板，且基土必须坚实并有排水措施；对湿陷性黄土，必须有防水措施；对冻胀土，必须有防冻融措施。模板及其支架在安装过程中，必须设置抗倾覆的临时固定设施。

用作模板的地坪、胎模等应平整光洁，不得产生影响构件质量的下沉、裂缝、起砂或起鼓。

对跨度不小于4m的现浇钢筋混凝土梁、板，其模板应按设计要求起拱；当设计无具体要求时，起拱高度宜为跨度的1/1000～3/1000。

现浇多层房屋和构筑物，应采取分层分段支模的方法。安装上层模板及其支架应符合下列规定。

1）下层楼板应具有承受上层荷载的承载能力或加设支架支撑。

2）上层支架的立柱应对准下层支架的立柱，并铺设垫板。

3）当采用悬吊模板、桁架支模方法时，其支撑结构的承载能力和刚度必须符合要求。

当层间高度大于5m，宜选用桁架支模或多层支架支模。当采用多层支架支模时，支架的横垫板应平整，支撑应垂直，上下层支撑应在同一竖向中心线上。

当采用分节脱模时，底模的支点按模板设计设置，各节模板应在同一平面上，高低差不得超过3mm。

模板安装后应仔细检查各部分构件是否牢固，在浇筑混凝土过程中要经常检查，如发现变形、松动等现象，要及时修整加固。固定在模板上的预埋件和预留孔洞均不得遗漏，且应安装牢固，位置准确，其允许偏差应符合表3-4的规定。

表 3-4　预埋件和预留孔洞的允许偏差　　单位：mm

<table>
<tr><th colspan="2">项目</th><th>允许偏差</th></tr>
<tr><td colspan="2">预埋钢板中心线位置</td><td>3</td></tr>
<tr><td colspan="2">预埋管、预留孔中心线位置</td><td>3</td></tr>
<tr><td rowspan="2">插筋</td><td>中心线位置</td><td>5</td></tr>
<tr><td>外露长度</td><td>+10，0</td></tr>
<tr><td rowspan="2">预埋螺栓</td><td>中心线位置</td><td>2</td></tr>
<tr><td>外露长度</td><td>+10，0</td></tr>
<tr><td rowspan="2">预留洞</td><td>中心线位置</td><td>10</td></tr>
<tr><td>尺寸</td><td>+10，0</td></tr>
</table>

注：检查中心线位置时，沿纵、横两个方向量测，并取其中偏差的较大值。

组合钢模板在浇混凝土前，还应检查下列内容。

1）扣件规格与对拉螺栓、钢楞的配套和紧固情况。

2）斜撑、支撑的数量和着力点。

3）钢楞、对拉螺栓及支撑的间距。

4）各种预埋件和预留孔洞的规格尺寸、数量、位置及固定情况。

5）模板结构的整体稳定性。

现浇结构模板安装的允许偏差及检验方法应符合表 3-5 的规定。

表 3-5　现浇结构模板安装的允许偏差及检验方法　　单位：mm

<table>
<tr><th colspan="2">项目</th><th>允许偏差/mm</th><th>检验方法</th></tr>
<tr><td colspan="2">轴线位置</td><td>5</td><td>尺量</td></tr>
<tr><td colspan="2">底模上表面标高</td><td>±5</td><td>水准仪或拉线、钢尺检查</td></tr>
<tr><td rowspan="3">模板内部尺寸</td><td>基础</td><td>±10</td><td>尺量</td></tr>
<tr><td>柱、墙、梁</td><td>±5</td><td>尺量</td></tr>
<tr><td>楼梯相邻踏步高差</td><td>5</td><td>尺量</td></tr>
<tr><td rowspan="2">主、墙垂直度</td><td>层高≤6m</td><td>8</td><td>经纬仪或吊线、钢尺检查</td></tr>
<tr><td>层高>6m</td><td>10</td><td>经纬仪或吊线、钢尺检查</td></tr>
<tr><td colspan="2">相邻模板表面高差</td><td>2</td><td>尺量</td></tr>
<tr><td colspan="2">表面平整度</td><td>5</td><td>2m 靠尺和塞尺检查</td></tr>
</table>

注：检查轴线位置当有纵、横两个方向时，沿纵、横两个方向量测，并取其中偏差的较大值。

2. 现浇混凝土模板拆除

现浇结构的模板及其支架拆除时的混凝土强度，应符合设计要求，当设计无要求时，应符合下列规定。

1）侧面模板：一般在混凝土强度能保证其表面及棱角不因拆除模板而受损伤时，方可拆除。

2）底面模板及支架：对混凝土的强度要求较严格，应符合设计要求；当设计无具体要求时，混凝土强度应符合表 3-6 规定后，方可拆除。

表 3-6　底模拆除时的混凝土强度要求

构件类型	构件跨度/m	达到设计的混凝土立方体抗压强度标准值的百分率/%
板	≤2	≥50
	>2，≤8	≥75
	>8	≥100
梁、拱、壳	≤8	≥75
	>8	≥100
悬臂构件	—	≥100

模板拆除时，可按先支的后拆、后支的先拆，先拆非承重模板、后拆承重模板的顺序，并应从上而下进行拆除。重大复杂模板的拆除，应事先制定拆除方案。

拆除跨度较大的梁下支撑时，应先从跨中开始，分别拆向两端。

多层楼板支撑的拆除，应按下列规定进行。

1）楼板正在浇筑混凝土时，下一层楼板的模板支撑不得拆除。

2）再下层楼板模板的支撑，仅可拆除一部分。跨度大于等于 4m 的梁下均应保留支撑，其间距不得小于 3m。

3）再下层的楼板模板支撑，当楼板混凝土强度达到设计强度时，可以全部拆除。

工具式支撑的梁、板模板的拆除，事先应搭设轻便稳固的脚手架。拆模时应先拆卡具、顺口方木、侧模，再松动木楔，使支撑、桁架平稳下降，逐段抽出底模板和底楞木，最后取下桁架、支撑、托具等。

快速施工的高层建筑的梁和楼板模板，确定其底模及支撑的拆除时间，应对所有混凝土的强度发展情况分层进行核算，确保下层楼板及梁能安全承载。

在拆除模板过程中，如发现混凝土有影响结构安全的质量问题时，应暂停拆除。经过处理后，方可继续拆除。

已拆除模板及其支架的结构，应在混凝土强度达到设计强度后，才允许承受全部计算荷载。当承受施工荷载大于计算荷载时，必须经过核算，加设临时支撑。

拆模时不要过急，不可用力过猛，不应对楼层形成冲击荷载。拆下来的模板和支架宜分类堆放并及时清运。

3.2　钢 筋 工 程

在浇筑混凝土之前，应进行钢筋隐蔽工程验收，其内容包括：纵向受力钢筋的品种、规格、数量、位置等；钢筋的连接方式、接头位置、接头数量、接头面积百分率等；箍筋和横向钢筋的品种、规格、数量、间距等；预埋件的规格、数量、位置等。当钢筋的品种、级别或规格需变更时，应办理设计变更手续。

3.2.1　钢筋的种类

混凝土结构用的普通钢筋可分为两类，即热轧钢筋和冷加工钢筋（冷轧带肋钢筋、冷轧扭钢筋、冷拔螺旋钢筋等）。热轧钢筋按屈服强度分为 HPB300、HRB335、HRBF335、HRB400、HRBF400、RRB400、HRB500 和 HRBF500，其中，HRBF 为细晶粒钢筋，RRB 为余热处理钢筋。热轧钢筋按表面形状分为热轧光圆钢筋和热轧带肋钢筋两种，直径 12mm 以下通常为盘圆钢筋，直径 16mm 以上一般为直条钢筋（单根长度为 6m、9m 和 12m）。对于冷加工钢筋，其强度较高，但延性相对较差，一般用于预制混凝土构件，也可用于现浇混凝土结构或构件。

3.2.2 钢筋的检验和存放

1. 钢筋的检验

钢筋进场时，应按国家现行相关标准的规定抽取试件做屈服强度、抗拉强度、伸长率、弯曲性能和质量偏差检验，检验结果必须符合国家现行相关标准的规定。钢筋应有产品合格证、出厂检验报告和进场复验报告。每捆（盘）钢筋均应有标牌，进场时应按批号及直径分批验收。验收的内容包括查对标牌、外观检查、抽样检验，合格后方可使用。

对有抗震设防要求的结构，其纵向受力钢筋的性能应满足设计要求；当设计无具体要求时，对按一、二、三级抗震等级设计的框架和斜撑构件（含梯段）中的纵向受力普通钢筋应采用 HRB335E、HRBF335E、HRB400E、HRBF400E、HRB500E 或 HRBF500E 钢筋，其强度和最大力下总伸长率的实测值应符合下列规定。

1）抗拉强度实测值与屈服强度实测值的比值不应小于 1.25。

2）屈服强度实测值与钢筋强度标准值的比值不应大于 1.3。

3）最大力下总伸长率不应小于 9%。

钢筋应平直、无损伤，表面不得有裂纹、油污、颗粒状或片状老锈。当发现钢筋脆断、焊接性能不良或力学性能显著不正常等现象时，应对该批钢筋进行化学成分检验或其他专项检验。

2. 钢筋的存放

钢筋运进施工现场后，必须严格按批分等级、牌号、直径、长度挂牌存放，并注明数量，不得混淆。钢筋应尽量堆入仓库或料棚内。条件不具备时，应选择地势较高，土质坚实，较为平坦的露天场地存放。在仓库或场地周围挖排水沟，以利泄水。堆放时钢筋下面要加垫木，离地不宜少于 200mm，以防钢筋锈蚀和污染。钢筋成品要分工程名称和构件名称，按号码顺序存放。同一项工程与同一构件的钢筋要存放在一起，按号挂牌排列，牌上注明构件名称、部位、钢筋类型、尺寸、钢号、直径、根数。不能将几项工程的钢筋混放在一起，同时不要和会产生有害气体的车间靠近，以免污染和腐蚀钢筋。

3.2.3 钢筋配料与代换

1. 钢筋配料

钢筋配料指根据结构施工图，计算构件各钢筋的下料长度、根数及质量，编制钢筋配料单，作为备料、加工和结算的依据。

（1）钢筋下料长度计算

钢筋因弯曲或弯钩会使长度发生变化，配料时不能直接根据图纸中尺寸下料，必须了解混凝土保护层、钢筋弯曲及弯钩等规定，再根据图中尺寸计算其下料长度。各种钢筋下料长度计算如下：

直钢筋下料长度＝构件长度－保护层厚度＋弯钩增加长度

弯起钢筋下料长度＝直段长度＋斜段长度－弯曲调整值＋弯钩增加长度

箍筋下料长度＝箍筋周长＋箍筋调整值

上述钢筋需要搭接的话，还应增加钢筋搭接长度。

1）弯曲调整值。钢筋弯曲后的特点：一是在弯曲处内皮收缩，外皮延伸，轴线长度不变；二是在弯曲处形成圆弧。钢筋的量度方法是沿直线量外包尺寸（图3-15），而钢筋是按轴线长度下料的。因此，弯起钢筋的量度尺寸大于下料尺寸，两者之间的差值称为弯曲调整值。弯曲调整值，根据理论推算并结合实践经验，数值见表3-7。

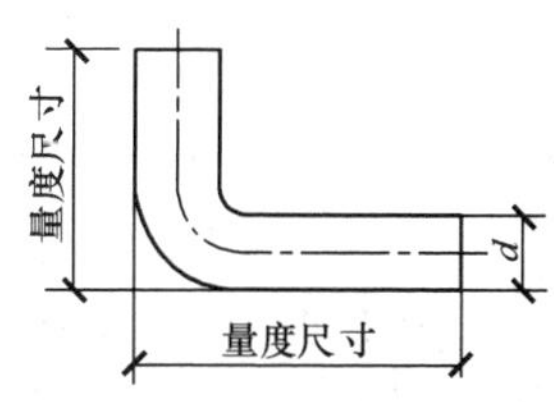

图3-15　钢筋弯曲时的量度方法

表3-7　钢筋弯曲调整值

钢筋弯曲角度/（°）	30	45	60	90	135
钢筋弯曲调整值	$0.35d$	$0.5d$	$0.85d$	$2d$	$2.5d$

注：d 为钢筋直径。

2）弯钩增加长度。钢筋的弯钩形式有3种：半圆弯钩、直弯钩及斜弯钩。半圆弯钩是最常用的一种弯钩；直弯钩只用在柱钢筋的下部、箍筋和附加钢筋中；斜弯钩只用在直径较小的钢筋中。

光圆钢筋的弯钩增加长度（图3-16，弯心直径为 $2.5d$，平直部分为 $3d$），对半圆弯钩为 $6.25d$，对直弯钩为 $3.5d$，对斜弯钩为 $4.9d$。

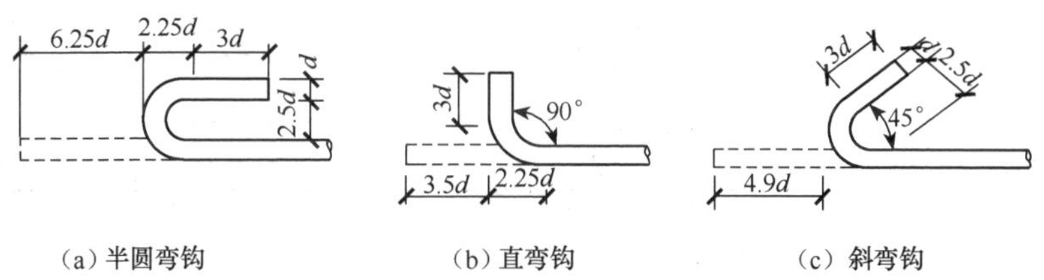

图3-16　钢筋弯钩计算简图

在生产实践中，因实际弯心直径与理论直径有时不一致，钢筋粗细和机具条件不同等而影响平直部分的长短（手工弯钩时平直部分可适当加长，机械弯钩时可适当缩短），因此在实际配料计算时，对弯钩增加长度常根据具体条件，采用经验数据，半圆弯钩增加长度参考值如表3-8所示。

表3-8　半圆弯钩增加长度参考值（用机械弯曲）　　单位：mm

钢筋直径	≤6	8～10	12～18	20～28	32～36
一个弯钩长度	$4d$	$6d$	$5.5d$	$5d$	$4.5d$

3）弯起钢筋斜长。弯起钢筋斜长计算如图 3-17 所示。弯起钢筋斜长系数见表 3-9。

表 3-9　弯起钢筋斜长系数

弯起角度/（°）	斜边长度 s	底边长度 l	增加长度（$s-l$）
30	$2h_0$	$1.732h_0$	$0.268h_0$
45	$1.414h_0$	h_0	$0.414h_0$
60	$1.154h_0$	$0.577h_0$	$0.577h_0$

注：h_0 为弯起高度。

4）箍筋调整值。箍筋调整值，即为弯钩增加长度和弯曲调整值两项之差或和，根据箍筋量外包尺寸或内皮尺寸确定，如图 3-18 和表 3-10 所示。

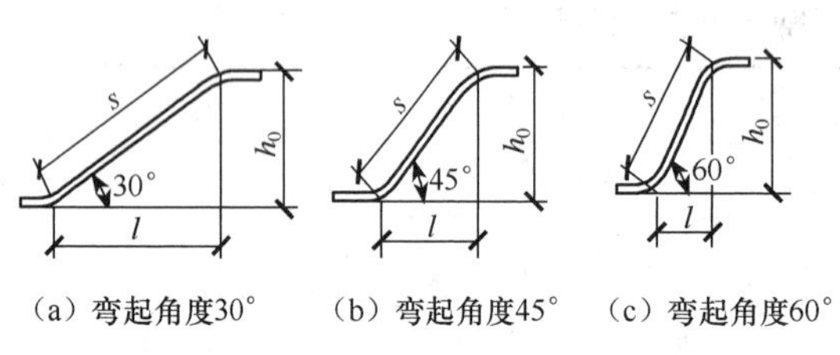

（a）弯起角度30°　（b）弯起角度45°　（c）弯起角度60°

图 3-17　弯起钢筋斜长计算简图

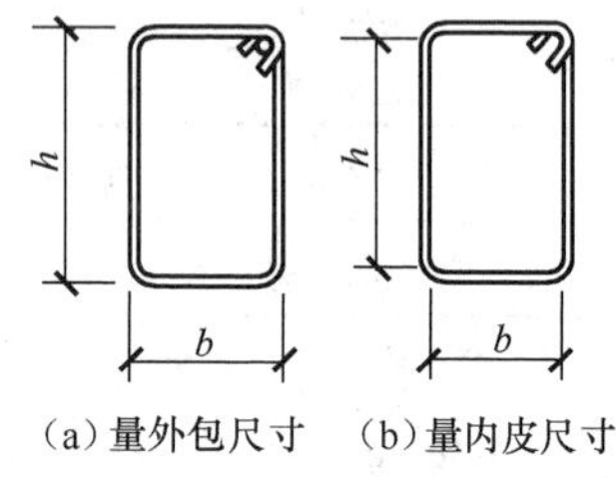

（a）量外包尺寸　（b）量内皮尺寸

图 3-18　箍筋量度方法

表 3-10　箍筋调整值　　单位：mm

箍筋量度方法	箍筋直径			
	4～5	6	8	10～12
量外包尺寸	40	50	60	70
量内皮尺寸	80	100	120	150～170

（2）配料计算注意事项

1）在设计图纸中，钢筋配置的细节问题没有注明时，一般按构造要求处理。

2）配料计算时，要考虑钢筋的形状和尺寸在满足设计要求的前提下要有利于加工安装。

3）配料时，还要考虑施工需要的附加钢筋。例如，后张预应力构件预留孔道定位用的钢筋井字架，基础双层钢筋网中保证上层钢筋网位置用的钢筋撑脚，墙板双层钢筋网中固定钢筋间距用的钢筋撑铁，柱钢筋骨架增加四面斜筋撑等。

【例 3-1】 有一根梁（图 3-19），其中①号筋弯起角度为 45°，试计算该梁各钢筋的下料长度（不考虑抗震要求）。

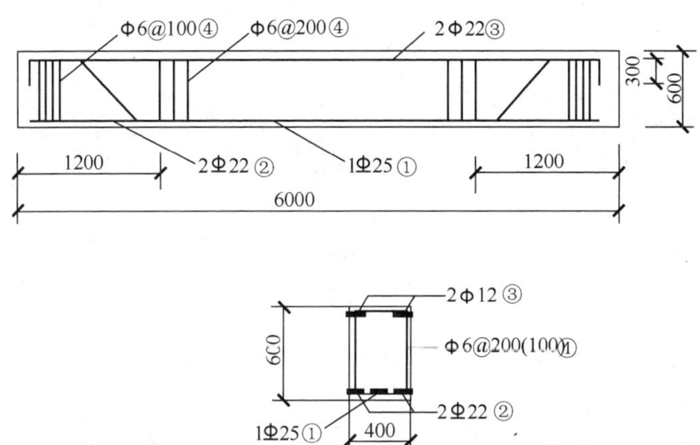

图 3-19　梁配筋图（单位：mm）

解：（1）长度及数量计算

①号筋（Φ25，1 根）

$$L_1=6-0.025\times2+0.414\times0.538\times2+0.3\times2-4\times0.5\times0.025-2\times2\times0.025=6.85(\text{m})$$

②号筋（Φ22，2 根）

$$L_2=6-0.025\times2=5.95(\text{m})$$

③号筋（Φ12，2根）

$$L_3=6-0.025\times2+12.5\times0.012=6.1(\text{m})$$

④号筋Φ6

$$L_4=(0.4-0.025\times2)\times2+(0.6-0.025\times2)\times2+0.05=1.85(\text{m})$$

根数：$(6-2\times1.2)\div0.2+2\times(1.2-0.025)\div0.1+1=42.5\approx43$(根)

（2）质量计算

Φ25：6.85(m)×3.85(kg/m) =26.37(kg)

Φ22：5.95(m)×2×2.684(kg/m) =31.94(kg)

Φ12：6.1(m)×2×0.888(kg/m) =10.83(kg)

Φ6：1.85(m/根)×43(根)×0.222(kg/m) =17.66(kg)

质量合计：86.80kg

2. 钢筋代换

（1）代换原则

当施工中遇有钢筋品种或规格与设计要求不符时，可参照以下原则进行钢筋代换。

1）等强度代换。当构件受强度控制时，钢筋可按强度相等的原则进行代换。

2）等面积代换。当构件按最小配筋率配筋时，钢筋可按面积相等的原则进行代换。

当构件受裂缝宽度或挠度控制时，代换后应进行裂缝宽度或挠度验算。

（2）代换方法

1）等强度代换方法。如设计图中所用的钢筋设计强度为 f_{y1}，钢筋总面积为 A_{s1}，代换后的钢筋设计强度为 f_{y2}，钢筋总面积为 A_{s2}，则应使

$$A_{s1}f_{y1} \leqslant A_{s2}f_{y2} \tag{3-7}$$

即

$$n_1 \frac{\pi d_1^2}{4} f_{y1} \leqslant n_2 \frac{\pi d_2^2}{4} f_{y2} \tag{3-8}$$

$$n_2 \geqslant \frac{n_1 d_1^2 f_{y1}}{d_2^2 f_{y2}} \tag{3-9}$$

式中：n_1——原设计钢筋根数；

n_2——代换钢筋根数；

d_1——原设计钢筋直径；

d_2——代换钢筋直径；

f_{y1}——原设计钢筋抗拉强度设计值；

f_{y2}——代换钢筋抗拉强度设计值。

2）等面积代换方法。

$$A_{s1} \leqslant A_{s2} \tag{3-10}$$

则

$$n_2 \geqslant n_1 \frac{d_1^2}{d_2^2} \tag{3-11}$$

式中符号含义同上。

钢筋代换后，由于受力钢筋直径加大或根数增多而需要增加排数时，则构件截面的有效高度 h_0 减小，截面强度降低。通常对这种影响可凭经验适当增加钢筋面积，然后再做截面强度复核。

（3）钢筋代换注意事项

钢筋代换时必须充分了解设计意图或代换材料性能，并严格遵守现行《混凝土结构设计规范（2015 年版）》（GB 50010—2010）的各项规定。当需要进行钢筋代换时，应办理设计变更手续，并应符合下列规定。

1）对重要受力构件，如吊车梁、薄腹梁、桁架下弦等，不宜用 HPB300 级光圆钢筋代替高级别的带肋钢筋。

2）钢筋代换后，应满足混凝土结构设计规范中配筋构造规定，如钢筋间距、锚固长度、最小直径、根数等要求。

3）同一截面内可同时配有不同种类和直径的钢筋，但每根钢筋的拉力差不应过大，（同品种钢筋的直径差不大于 5mm），以免构件受力不匀。

4）当构件受裂缝宽度或挠度控制时，钢筋代换后应进行刚度、裂缝验算。

5）梁的纵向受力钢筋与弯曲钢筋应分别代换，以保证正截面与斜截面强度。偏心受压构件（如框架柱、有吊车梁的厂房柱、桁架上弦等）或偏心受拉构件做钢筋代换时，不取整个截面配筋量计算，应按受力面（受拉或受压）分别代换。

6）有抗震要求的梁、柱和框架，不宜以强度等级较高的钢筋代换原设计中的钢筋。

如必须代换时，其代换的钢筋检验所得的实际强度，应符合抗震钢筋的要求。

7）预制构件的吊环，应采用未经冷拉的 HPB300 光圆钢筋制作，严禁以其他钢筋代换。

3.2.4　钢筋加工

钢筋加工主要包括调直、切断和弯折。

1. 钢筋调直

钢筋宜采用无延伸功能的机械设备进行调直，也可采用冷拉方法调直。当采用冷拉方法调直时，HPB235、HPB300 光圆钢筋的冷拉率不宜大于 4%；HRB335、HRB400、HRB500、HRBF335、HRBF400、HRBF500 带肋钢筋的冷拉率不宜大于 1%。

为了提高施工机械化水平，钢筋的调直宜采用钢筋调直切断机，它具有自动调直、定位切断、除锈、清垢等多种功能。

2. 钢筋切断

钢筋下料时须按计算的下料长度切断。钢筋切断可采用钢筋切断机或手动切断器。手动切断器只用于切断直径小于 16mm 的钢筋；钢筋切断机可切断直径 40mm 以内的钢筋。

在大中型建筑工程施工中，钢筋切断机用得较多，它不仅生产效率高，操作方便，而且能确保钢筋断面垂直钢筋轴线，不出现马蹄形或翘曲现象，便于钢筋进行焊接或机械连接。

3. 钢筋弯折

（1）钢筋弯钩和弯折的一般规定

1）受力钢筋。HPB235 钢筋末端应做成 180° 弯钩，其弯弧内直径不应小于钢筋直径的 2.5 倍，弯钩的弯后平直部分长度不应小于钢筋直径的 3 倍；当设计要求钢筋末端需做成 135° 弯钩时，HRB335、HRB400 钢筋的弯弧内直径不应小于钢筋直径的 4 倍，弯钩的弯后平直部分长度应符合设计要求；钢筋做不大于 90° 的弯折时，弯折处的弯弧内直径不应小于钢筋直径的 5 倍。

2）箍筋。除焊接封闭环式箍筋外，箍筋的末端应做成弯钩。弯钩形式应符合设计要求，当设计无具体要求时，应符合下列规定。

① 箍筋弯钩的弯弧内直径除应满足 1）条的规定外，尚应不小于受力钢筋的直径。

② 箍筋弯钩的弯折角度：对一般结构，不应小于 90°；对有抗震等要求的结构，应为 135°。

③ 箍筋弯后的平直部分长度：对一般结构构件，不宜小于箍筋直径的 5 倍；对有抗震等要求的结构，不应小于箍筋直径的 10 倍。

（2）钢筋弯曲

1）划线。钢筋弯曲前，对形状复杂的钢筋（如弯起钢筋），根据钢筋料牌上标明的尺寸，用石笔将各弯曲点位置画出。

2）钢筋弯曲成型。钢筋在弯曲机上成型时（图 3-20），心轴直径应是钢筋直径的 2.5～5.0 倍，成型轴宜加偏心轴套，以便适应不同直径的钢筋弯曲需要。弯曲细钢筋时，为了使弯弧一侧的钢筋保持平直，挡铁轴宜做成可变挡架或固定挡架（加铁板调整）。

钢筋弯曲点线和心轴的关系，如图 3-21 所示。由于成型轴和心轴在同时转动，会带动钢筋向前滑移。因此，钢筋弯 90° 时，弯曲点线约与心轴内边缘齐；弯 180° 时，弯曲点线距心轴内边缘为 1.0d～1.5d（d 为钢筋直径，钢筋硬时取大值）。对 HRB335 及以上的钢筋，不能弯过头再弯过来，以免钢筋弯曲点处发生裂纹。

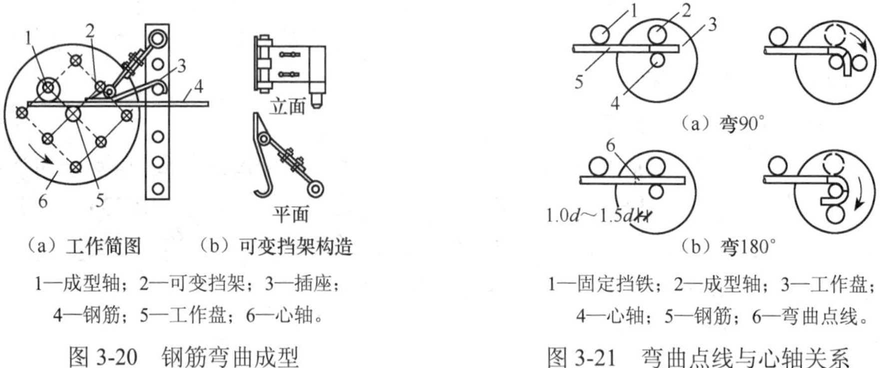

（a）工作简图　（b）可变挡架构造

1—成型轴；2—可变挡架；3—插座；4—钢筋；5—工作盘；6—心轴。

图 3-20　钢筋弯曲成型

（a）弯90°

（b）弯180°

1—固定挡铁；2—成型轴；3—工作盘；4—心轴；5—钢筋；6—弯曲点线。

图 3-21　弯曲点线与心轴关系

3）曲线型钢筋成型。弯制曲线型钢筋时（图 3-22），可在原有钢筋弯曲机的工作盘中央放置一个十字架和钢套；另外在工作盘 4 个孔内插上短轴和成型钢套（和中央钢套相切）。插座板上的挡轴钢套尺寸，可根据钢筋曲线形状选用。钢筋成型过程中，成型钢套起顶弯作用，十字架只协助推进。

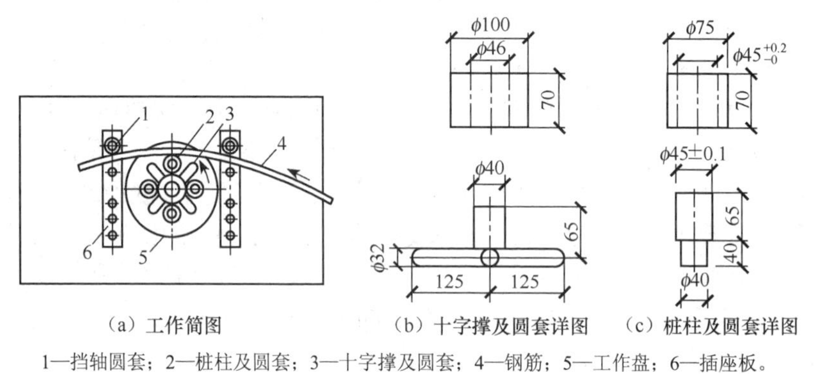

（a）工作简图　（b）十字撑及圆套详图　（c）桩柱及圆套详图

1—挡轴圆套；2—桩柱及圆套；3—十字撑及圆套；4—钢筋；5—工作盘；6—插座板。

图 3-22　曲线型钢筋成型（单位：mm）

钢筋加工的形状、尺寸应符合设计要求，其允许偏差应符合表 3-11 的规定。

表 3-11　钢筋加工的允许偏差

项目	允许偏差/mm
受力钢筋顺长度方向全长的净尺寸	±10
弯起钢筋的弯折位置	±20
箍筋外廓尺寸	±5

3.2.5　钢筋连接

钢筋连接方法有绑扎连接、焊接连接和机械连接。绑扎连接由于需要较长的搭接长度，浪费钢筋，且连接不可靠，故宜限制使用。焊接连接的方法较多，成本较低，质量可靠，宜优先选用。机械连接无明火作业，设备简单，节约能源，不受气候条件影响，可全天候施工，连接可靠，技术易于掌握，适用范围广。

纵向受力钢筋的连接方式应符合设计要求。在施工现场，应按《钢筋机械连接技术规程》（JGJ 107—2016）、《钢筋焊接及验收规程》（JGJ 18—2012）的规定抽取钢筋机械连接接头、焊接接头试件做力学性能检验，并按规定对接头的外观进行检查，其质量应符合有关规程的规定。钢筋的接头宜设置在受力较小处，同一纵向受力钢筋不宜设置两个或两个以上接头，接头末端至钢筋弯起点的距离不应小于钢筋直径的 10 倍。

1. 绑扎连接

同一构件中相邻纵向受力钢筋的绑扎搭接接头宜相互错开。绑扎搭接接头中钢筋的横向净距不应小于钢筋直径，且不应小于 25mm。

钢筋绑扎搭接接头连接区段的长度为 $1.3l_1$（l_1 为搭接长度），凡搭接接头中点位于该连接区段长度内的搭接接头均属于同一连接区段。同一连接区段内，纵向钢筋搭接接头面积百分率为该区段内有搭接接头的纵向受力钢筋截面面积与全部纵向受力钢筋截面面积的比值（图 3-23）。同一连接区段内，纵向受拉钢筋搭接接头面积百分率应符合设计要求，当设计无具体要求时，应符合下列规定。

1）对梁类、板类及墙类构件，不宜大于 25%。

2）对柱类构件，不宜大于 50%。

3）当工程中确有必要增大接头面积百分率时，对梁类构件，不应大于 50%；对其他构件，可根据实际情况放宽。

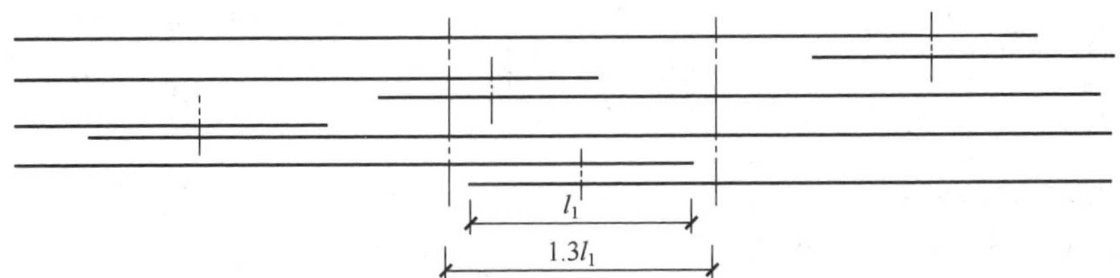

图 3-23　钢筋绑扎搭接接头连接区段及接头面积百分率

注：图中所示搭接接头同一连接区段内的搭接钢筋为两根，当各钢筋直径相同时，接头面积百分率为 50%。

当纵向受拉钢筋的绑扎搭接接头面积百分率不大于 25%时，其最小搭接长度应符合表 3-12 的规定。当纵向受拉钢筋搭接接头面积百分率大于 25%，但不大于 50%时，其最小搭接长度应按表 3-12 中的数值乘以系数 1.2 取用；当接头面积百分率大于 50%时，应按表 3-12 中的数值乘以系数 1.35 取用。

表 3-12　纵向受拉钢筋的最小搭接长度

钢筋类型		不同混凝土强度等级下的纵向受拉钢筋最小搭接长度			
		C15	C20～C25	C30～C35	≥C40
光圆钢筋	HPB235 级	45*d*	35*d*	30*d*	25*d*
带肋钢筋	HRB335 级	55*d*	45*d*	35*d*	30*d*
	HRB400 级、RRB400 级	—	55*d*	40*d*	35*d*

注：*d* 为钢筋直径。两根直径不同钢筋的搭接长度，以较细钢筋的直径计算。

在梁、柱类构件的纵向受力钢筋搭接长度范围内，应按设计要求配置箍筋。当设计无具体要求时，应符合下列规定。

1）箍筋直径不应小于搭接钢筋较大直径的1/4。

2）受拉搭接区段的箍筋间距不应大于搭接钢筋较小直径的5倍，且不应大于100mm。

3）受压搭接区段的箍筋间距不应大于搭接钢筋较小直径的10倍，且不应大于200mm。

4）当柱中纵向受力钢筋直径大于25mm时，应在搭接接头两个端面外100mm范围内各设置两个箍筋，其间距宜为50mm。

2. 焊接连接

钢筋焊接代替钢筋绑扎，可节约钢材、改善结构受力性能、提高工效、降低成本。常用的钢筋焊接方法有闪光对焊、电弧焊、电渣压力焊、电阻点焊、气压焊、埋弧压力焊、埋弧螺柱焊等。

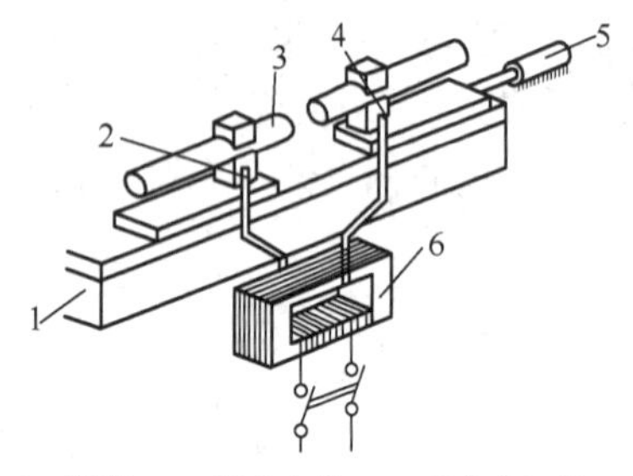

1—机座；2—固定电极；3—焊接的钢筋；4—可动电极；5—手动顶压机构；6—变压器。

图3-24　钢筋闪光对焊

（1）钢筋闪光对焊

钢筋闪光对焊是将两根钢筋以对接形式安放在对焊机上，利用电阻热使接触点金属熔化，产生强烈闪光和飞溅，迅速施加顶锻力完成的一种压焊方法（图3-24）。

1）钢筋闪光对焊工艺种类。钢筋闪光对焊有3种工艺：连续闪光焊、预热闪光焊、闪光-预热闪光焊。生产中，可按不同条件进行选用。

① 连续闪光焊。当钢筋直径小于25mm、钢筋级别较低、对焊机容量在80～160kV·A的情况下，可采用连续闪光焊。连续闪光焊的工艺过程，包括连续闪光和轴向顶锻。即先将钢筋夹在对焊机电极钳口上，然后闭合电源，使两端钢筋轻微接触，由于钢筋端部凸凹不平，开始仅有较小面积接触，故电流密度和接触电阻很大，这些接触点很快熔化，形成“金属过梁。”“金属过梁”进一步加热，产生金属蒸气飞溅，形成闪光现象，然后再徐徐移动钢筋保持接头轻微接触，导致连续闪光，整个接头同时被加热，直至接头端面烧平、杂质闪掉。接头熔化后，随即施加适当的轴向压力迅速顶锻，使两根钢筋对焊成为一体。

② 预热闪光焊。由于连续闪光焊对大直径钢筋有一定限制，为了发挥对焊机的效率，对于大于25mm且端面较平整的钢筋，可采用预热闪光焊。此种方法实际上是在连续闪光焊之前，增加一个预热过程，以扩大焊接端部热影响区。即在闭合电源后使钢筋两端面交替接触和分开，在钢筋端面的间隙中发出断续的闪光而形成预热过程。当钢筋端部达到预热温度后，随即进行连续闪光和顶锻。

③ 闪光-预热闪光焊。对于直径较粗且端面不平整的钢筋，应通过连续闪光，使钢筋端面烧平，以保证端面加热温度比较均匀，此后再进行预热闪光焊。对于像RRB400级钢筋，因碳、锰、硅的含量较高，加上合金元素钛、钒的存在，故对氧化淬火和过热比较敏感，其焊接性能较差，关键在于掌握适当的焊接温度，温度过高或过低都会影响接头的质量。采用闪光预热-闪光焊是保证大直径、高强度钢筋质量的良好办法。

2）对焊设备及对焊参数。

① 对焊设备。钢筋闪光对焊的设备是对焊机。对焊机按其形式可分为弹簧顶锻式、杠杆挤压弹簧顶锻式、电动凸轮顶锻式、气压顶锻式等。

② 对焊参数。闪光对焊工艺参数包括调伸长度、闪光留量、闪光速度、顶锻留量、顶锻速度、顶锻压力及变压器级次。闪光对焊 3 种工艺方法留量如图 3-25 所示，施焊中，应熟练掌握合适的各项工艺参数。

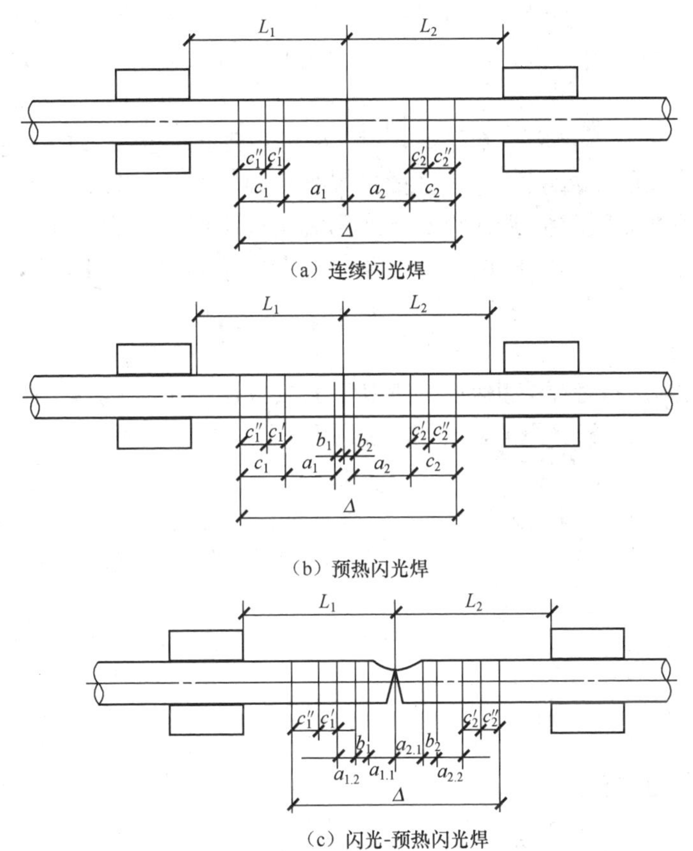

（a）连续闪光焊

（b）预热闪光焊

（c）闪光-预热闪光焊

L_1、L_2—调伸长度；(a_1+a_2)—烧化留量；(b_1+b_2)—预热留量；(c_1+c_2)—顶锻留量；($c_1'+c_2'$)—有电顶锻留量；($c_1''+c_2''$)—无电顶锻留量；($a_{1.1}+a_{2.1}$)—一次烧化留量；($a_{1.2}+a_{2.2}$)—二次烧化留量；Δ—焊接总留量。

图 3-25　钢筋闪光对焊 3 种工艺方法留量图解

a．调伸长度的选择，应随着钢筋牌号的提高和钢筋直径的增加而增长，主要是减缓接头的温度梯度，防止在热影响区产生淬硬组织。当焊接 HRB400、HRB500 等级别钢筋时，调伸长度宜在 40～60mm 内选用。

b．烧化留量的选择，应根据焊接工艺方法确定。当采用连续闪光焊时，闪光过程应较长。烧化留量应等于两根钢筋在断料时切断机刀口严重压伤部分（包括端面的不平整度），再加 8mm。闪光-预热闪光焊时，应区分一次烧化留量和二次烧化留量。一次烧化留量应不小于 10mm。预热闪光焊时的烧化留量应不小于 10mm。

c．需要预热时，宜采用电阻预热法。预热留量应为 1～2mm，预热次数应为 1～4 次；

每次预热时间应为 1.5～2s，间歇时间应为 3～4s。

d．顶锻留量应为 4～10mm，并应随钢筋直径的增加和钢筋牌号的提高而增加。其中，有电顶锻留量约占 1/3，无电顶锻留量约占 2/3，焊接时必须控制得当。焊接 HRB500 钢筋时，顶锻留量宜稍微增大，以确保焊接质量。

e．生产中，当有 RRB400 钢筋需要进行闪光对焊时，与热轧钢筋比较，应减小调伸长度，提高焊接变压器级数，缩短加热时间，快速顶锻，形成快热快冷条件，使热影响区长度控制在钢筋直径的 3/5 范围之内。

f．变压器级数应根据钢筋牌号、直径、焊机容量以及焊接工艺方法等具体情况选择。

3）对焊接头的质量检验。钢筋焊接时，应采用预热闪光焊或闪光-预热闪光焊工艺。闪光对焊接头的质量检验，应分批进行外观检查和力学性能检验。当接头拉伸试验钢筋发生脆性断裂或弯曲试验不能达到规定要求时，应在焊机上进行焊后热处理。在闪光对焊生产中，当出现异常现象或焊接缺陷时，应查找原因，采取措施，及时消除。

（2）箍筋闪光对焊

箍筋闪光对焊是将待焊箍筋两端以对接形式安放在对焊机上，利用电阻热使接触点金属熔化，产生强烈闪光和飞溅，迅速施加顶锻力，焊接形成封闭环式箍筋的一种压焊方法。

1）焊点位置。箍筋闪光对焊的焊点位置宜设在箍筋受力较小一边。不等边的多边形箍筋的焊点位置宜设在两个边上，如图 3-26 所示；大尺寸箍筋焊点位置如图 3-27 所示。

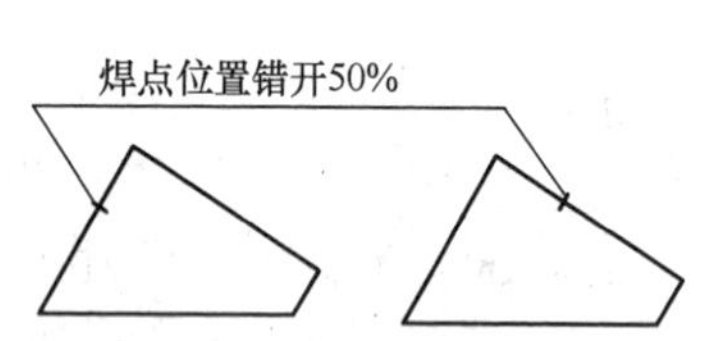

图 3-26　不等边多边形箍筋的焊点位置

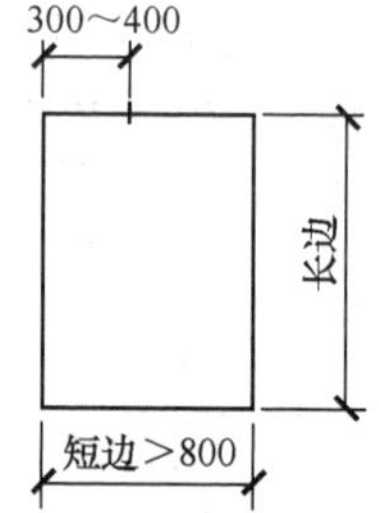

图 3-27　大尺寸箍筋焊点位置（单位：mm）

2）下料长度。箍筋下料长度应预留焊接总留量 Δ，其中包括烧化留量 a、预热留量 b 和顶锻留量 c。矩形箍筋下料长度可参照下式计算：

$$L_g=2(a_g+b_g)+\Delta \tag{3-12}$$

式中：L_g——箍筋下料长度，mm；

a_g——箍筋内净长度，mm；

b_g——箍筋内净宽度，mm；

Δ——焊接总留量，mm。

当采用切断机下料时，应增加压痕长度；采用闪光-预热闪光焊工艺时，焊接总留

量 Δ 随之增大，为1.0d～1.5d。上列计算值应经试焊后核对确定。

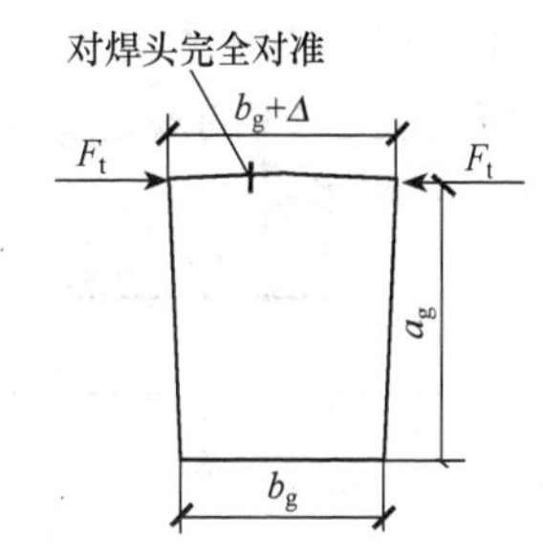

a_g—箍筋内净长度；b_g—箍筋内净宽度；Δ—焊接总留量；F_t—弹性压力。

图 3-28　待焊箍筋

3）弯曲成形。应精心将下料钢筋按设计图纸规定尺寸弯曲成形，制成待焊箍筋，并使两个对焊头完全对准，具有一定弹性压力，如图 3-28 所示。

4）质量检查。待焊箍筋应进行加工质量的检查，按每一工作班、同一牌号钢筋、同一加工设备完成的待焊箍筋作为一个检验批，每批抽查不少于 3 件。检查项目包括以下内容。

① 箍筋内净空尺寸是否符合设计图纸规定，允许偏差在±5mm 之内。

② 两钢筋头应完全对准。

5）箍筋闪光对焊应符合下列要求。

① 宜使用 100kV · A 的箍筋专用对焊机。

② 焊接工艺参数、操作要领、焊接缺陷的产生与解决措施等，可参照钢筋闪光对焊的规定实施。

③ 焊接变压器级数应适当提高，二次电流稍大。

④ 无电顶锻时间延长数秒钟。

6）接头的质量检验。箍筋闪光对焊接头应分批进行外观质量检查和力学性能检验。

（3）钢筋电弧焊

钢筋电弧焊是钢筋接长、接头、骨架焊接、钢筋与钢板焊接等常用的方法。钢筋电弧焊包括焊条电弧焊和二氧化碳气体保护电弧焊两种工艺方法。钢筋焊条电弧焊是以焊条作为一极，钢筋为另一极，利用焊接电流通过产生的电弧热进行焊接的一种熔焊方法。钢筋二氧化碳气体保护电弧焊是以焊丝作为一极，钢筋为另一极，并以二氧化碳气体作为电弧介质，保护金属熔滴、焊接熔池和焊接区高温金属的一种钢筋电弧焊方法。二氧化碳气体保护焊简称二氧化碳焊。

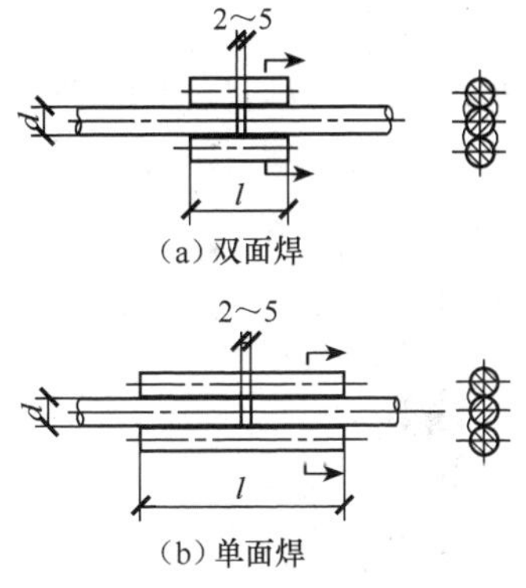

d—钢筋直径；l—帮条长度。

图 3-29　钢筋帮条焊接头（单位：mm）

1）钢筋电弧焊接头形式。钢筋电弧焊包括帮条焊、搭接焊、坡口焊、窄间隙焊和熔槽帮条焊 5 种接头形式。焊接时，应符合下列要求：应根据钢筋牌号、直径、接头形式和焊接位置，选择焊接材料，确定焊接工艺和焊接参数；焊接时，引弧应在垫板、帮条或形成焊缝的部位进行，不得烧伤主筋；焊接地线与钢筋应接触良好；焊接过程中应及时清渣，焊缝表面应光滑，焊缝余高应平缓过渡，弧坑应填满。

① 帮条焊。帮条焊接头适用于直径为 6～40mm 的各级钢筋。焊接时，用两根一定长度的帮条，将受力主筋夹在中间，并采用两端焊点定位，然后用双面焊形成焊缝；当不能进行双面焊时，也可采用单面焊（图 3-29）。

当帮条牌号与主筋相同时，帮条直径可与主筋相同或小一个规格；当帮条直径与主筋相同时，帮条牌号可与主筋相同或低一个牌号。帮条长度应符合表 3-13 的规定。

表 3-13 钢筋帮条长度

钢筋牌号	焊缝形式	帮条长度 l/mm
HPB300	单面焊	≥8d
	双面焊	≥4d
HPB235/HRB335 HRBF335/HRB400 HRBF400/HRB500 HRBF500/RRB400	单面焊	≥10d
	双面焊	≥5d

注：d 为主筋直径，mm。

② 搭接焊。搭接焊时，宜采用双面焊；当不能进行双面焊时，才可采用单面焊（图 3-30）。搭接长度与帮条焊相同。

帮条焊接头或搭接焊接头的焊缝厚度 s 不应小于主筋直径的 3/10；焊缝宽度 b 不应小于主筋直径的 4/5（图 3-31）。

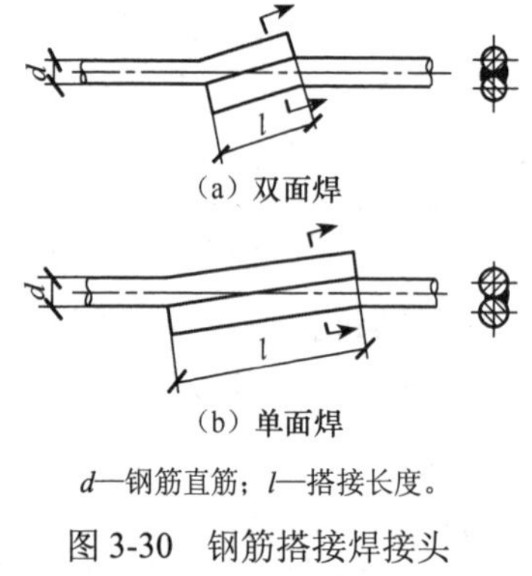

d—钢筋直筋；l—搭接长度。

图 3-30 钢筋搭接焊接头

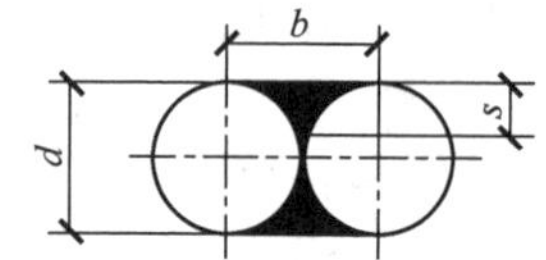

b—焊缝宽度；s—焊缝厚度；d—钢筋直径。

图 3-31 帮条焊接头或搭接焊接头的焊缝

③ 坡口焊。坡口焊适用于焊接直径 18～40mm 的普通热轧钢筋。坡口焊有平焊和横焊两种接头形式（图 3-32）。坡口焊的准备工作和焊接工艺应符合下列要求：坡口面

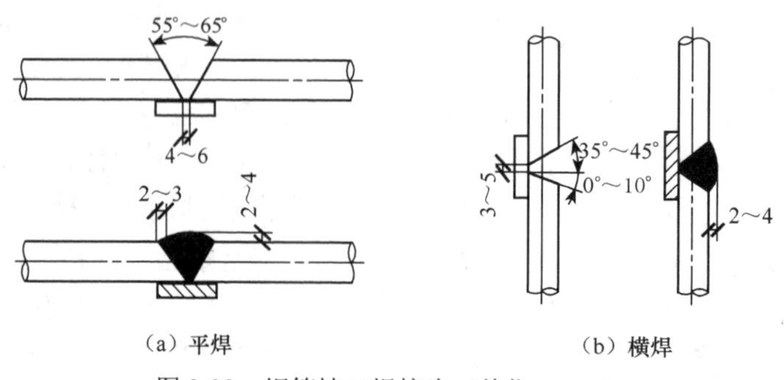

（a）平焊 （b）横焊

图 3-32 钢筋坡口焊接头（单位：mm）

应平顺，切口边缘不得有裂纹、钝边和缺棱；钢垫板厚度宜为 4～6mm，长度宜为 40～60mm；平焊时，垫板宽度应为钢筋直径加 10mm；横焊时，垫板宽度宜等于钢筋直径；焊缝的宽度应大于 V 形坡口的边缘 2～3mm，焊缝余高为 2～4mm，并平缓过渡至钢筋表面；钢筋与钢垫板之间，应加焊两、三层侧面焊缝；当发现接头中有弧坑、气孔及咬边等缺陷时，应立即补焊。

④ 窄间隙焊。窄间隙焊适用于直径 16mm 及以上钢筋的现场水平连接。焊接时，钢筋端部应置于铜模中，并应留出一定间隙，连续焊接，熔化钢筋端面和使熔敷金属填充间隙形成接头（图 3-33）。其焊接工艺应符合下列要求：钢筋端面应平整；宜选用低氢焊接材料；从焊缝根部引弧后应连续进行焊接，左右来回运弧，在钢筋端面处电弧应少许停留，并使熔合；焊至端面间隙的 4/5 高度后，焊缝逐渐扩宽；当熔池过大时，应改连续焊为断续焊，避免过热；焊缝余高应为 2～4mm，且应平缓过渡至钢筋表面。

⑤ 熔槽帮条焊。熔槽帮条焊适用于直径 20mm 及以上钢筋的现场安装焊接。焊接时应加角钢做垫板。接头形式（图 3-34）、角钢尺寸和焊接工艺应符合下列要求：角钢边长宜为 40～70mm；钢筋端头应加工平整；从接缝处垫板引弧后应连续施焊，并应使钢筋端部熔合，防止未焊透、气孔或夹渣；焊接过程中应停焊清渣 1 次；焊平后，再进行焊缝余高的焊接，其高度为 2～4mm；钢筋与角钢垫板之间，应加焊侧面焊缝一至三层，焊缝应饱满，表面应平整。

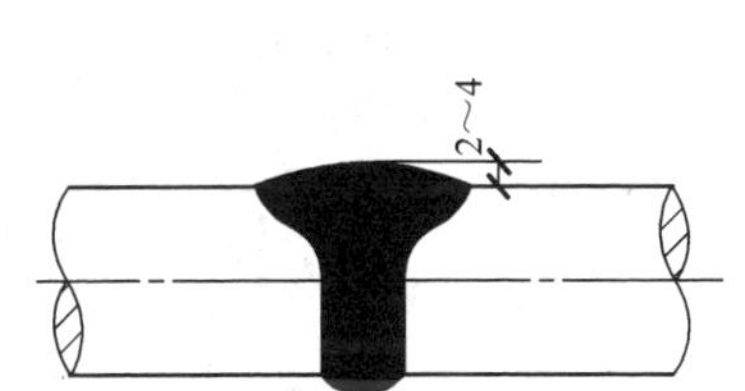

图 3-33　钢筋窄间隙焊接头（单位：mm）

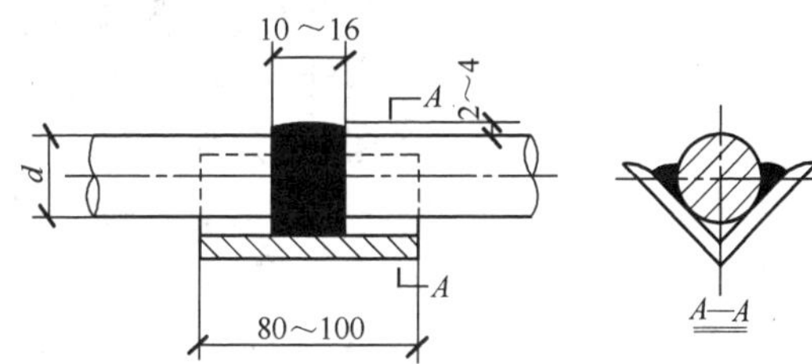

图 3-34　钢筋熔槽帮条焊接头（单位：mm）

2）接头的质量检验。电弧焊接头的质量检验，应分批进行外观检查和力学性能检验。

（4）钢筋电渣压力焊

钢筋电渣压力焊是将两根钢筋安放成竖向对接形式，利用焊接电流通过两根钢筋端面间隙，在焊剂层下形成电弧过程和电渣过程，产生电弧热和电阻热，熔化钢筋，加压完成的一种压焊方法。电渣压力焊适用于现浇钢筋混凝土结构中竖向或斜向（倾斜度在 4∶1 范围内）钢筋的连接。

1）焊接设备。当直径 12mm 钢筋采用电渣压力焊时，应用小型焊接夹具，上下两根钢筋对正，不偏歪，应做焊接工艺试验，确保焊接质量。电渣压力焊焊机容量应根据所焊钢筋直径选定，接线端应连接紧密，确保良好导电。焊接夹具应具有足够刚度，夹具形式、型号应与焊接钢筋配套，上下钳口应同心，在最大允许荷载下应移动灵活，操作便利，电压表、时间显示器应配备齐全。

2）电渣压力焊工艺过程。

① 焊接夹具的上下钳口应夹在上、下钢筋上；钢筋一经夹紧，就应同心，且不得

晃动。

② 引弧可采用直接引电弧法，或铁丝圈（焊条芯）引弧法。

③ 引燃电弧后，应先进行电弧过程，然后，加快上钢筋下送速度，使上钢筋端面插入液态渣池约 2mm，转变为电渣的过程，最后在断电的同时，迅速下压上钢筋，挤出熔化金属和熔渣。

④ 接头焊毕，应稍做停歇，方可回收焊剂和卸下焊接夹具；敲去渣壳后，四周焊包凸出钢筋表面的高度，当钢筋直径为 25mm 及以下时不得小于 4mm；当钢筋直径为 28mm 及以上时不得小于 6mm（图 3-35）。

3）电渣压力焊焊接参数。电渣压力焊焊接参数应包括焊接电流、焊接电压和通电时间。当采用专用焊剂或自动电渣压力焊机时，焊接参数应根据焊剂或焊机使用说明书中推荐数据，通过试验确定。

不同直径钢筋焊接时，钢筋直径相差宜不超过 7mm，上下两钢筋轴线应在同一直线上，焊接接头上下钢筋轴线偏差不得超过 2mm。在焊接生产中焊工应进行自检，当发现有偏心、弯折、烧伤等焊接缺陷时，应查找原因和采取措施，及时消除。

4）接头质量检验。电渣压力焊接头，应分批进行外观检查和力学性能检验。

（5）钢筋电阻点焊

钢筋电阻点焊是将两根钢筋安放成交叉叠接形式，压紧于两电极之间，利用电阻热熔化母材金属，加压形成焊点的一种压焊方法。混凝土结构中钢筋焊接骨架和钢筋焊接网，宜采用电阻点焊制作。钢筋焊接骨架和钢筋焊接网可由 HPB300、HRB335、HRBF335、HRB400、HRBF400、HRB500、CRB550 钢筋制成。

当两根钢筋直径不同时，焊接骨架较小钢筋直径小于或等于 10mm 时，大、小钢筋直径之比不宜大于 3；当较小钢筋直径为 12～16mm 时，大、小钢筋直径之比不宜大于 2。

焊接网较小钢筋直径不得小于较大钢筋直径的 3/5。

1）电阻点焊的工艺过程。电阻点焊的工艺过程包括预压、通电、锻压 3 个阶段（图 3-36）。电阻点焊的工艺参数应根据钢筋牌号、直径及焊机性能等具体情况，选择变压器级数、焊接通电时间和电极压力。焊点的压入深度应为较小钢筋直径的 18%～25%。

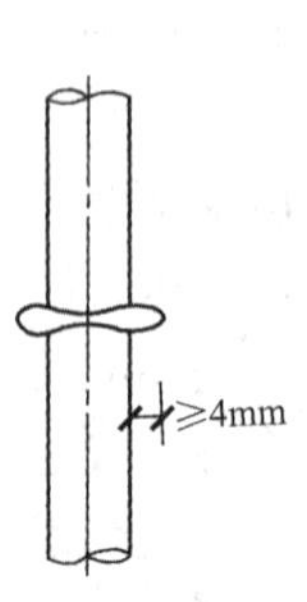

图 3-35　钢筋电渣压力焊接头

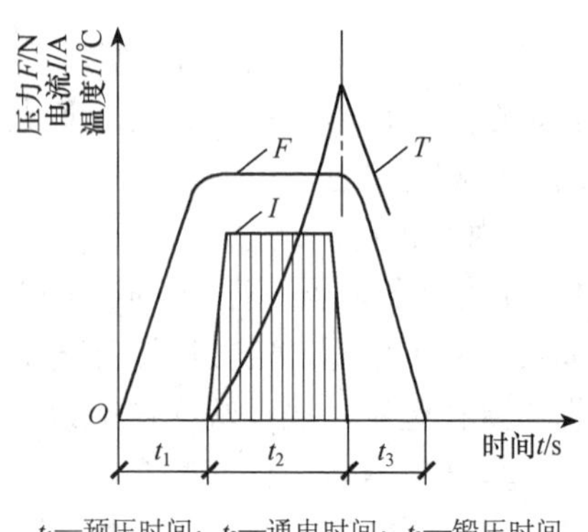

t_1—预压时间；t_2—通电时间；t_3—锻压时间。

图 3-36　电阻点焊工艺过程示意图

大型钢筋焊接网、水泥管钢筋焊接骨架等适用于成批生产；焊接时应按设备使用说明书中的规定进行安装、调试和操作，根据钢筋直径选用合适电极压力、焊接电流和焊接通电时间。在点焊生产中，应经常保持电极与钢筋之间接触面的清洁平整；当电极使用变形时，应及时修整；应随时检查制品的外观质量；当发现焊接缺陷时，应查找原因并采取措施，及时消除。

2）接头质量检验。焊接骨架和焊接网的质量检验应包括外观检查和力学性能检验。

（6）钢筋气压焊

钢筋气压焊是采用氧乙炔火焰或氧液化石油气火焰（或其他火焰）对两钢筋对接处加热，使其达到热塑性状态（固态）或熔化状态（熔态）后，加压完成的一种压焊方法。加热达到固态的，在 1150～1250℃时，称钢筋固态气压焊；加热达到熔态的，在 1540℃以上，称钢筋熔态气压焊。气压焊可用于钢筋在垂直位置、水平位置或倾斜位置的对接焊接。适用于焊接直径 12～40mm 的热轧钢筋。

1）焊接设备。气压焊设备应符合下列要求。

① 供气装置应包括氧气瓶、溶解乙炔气瓶或液化石油气瓶、干式回火防止器、减压器及胶管等。

② 焊接夹具应能夹紧钢筋，当钢筋承受最大的轴向压力时，钢筋与夹头之间不得产生相对滑移；应便于钢筋的安装定位，并在施焊过程中保持刚度；动夹头应与定夹头同心，并且当不同直径钢筋焊接时，也应保持同心；动夹头的位移应大于或等于现场最大直径钢筋焊接时所需要的压缩长度。

③ 采用半自动钢筋固态气压焊时，应增加电动加压装置、控制开关，以及钢筋常温直角切断机。使用带有加压控制开关的多嘴环管加热器，以及辅助设备带有陶瓷切割片的钢筋常温（也称冷间）直角切断机。

④ 当采用氧液化石油气火焰进行加热焊接时，需要配备梅花状喷嘴的多嘴环管加热器。

2）焊接工艺。采用固态气压焊时，其焊接工艺应符合下列要求。

① 焊前钢筋端面应切平、打磨，使其露出金属光泽，钢筋安装夹牢，预压顶紧后，两钢筋端面局部间隙不得大于 3mm。

② 气压焊加热开始至钢筋端面密合前，应采用碳化焰集中加热；钢筋端面密合后可采用中性焰宽幅加热；使钢筋端部加热至 1150～1250℃。

③ 气压焊顶压时，对钢筋施加的顶压力应为 30～40N/mm^2。

④ 常用的三次加压法工艺过程，以ϕ25mm 钢筋为例，如图 3-37 所示。

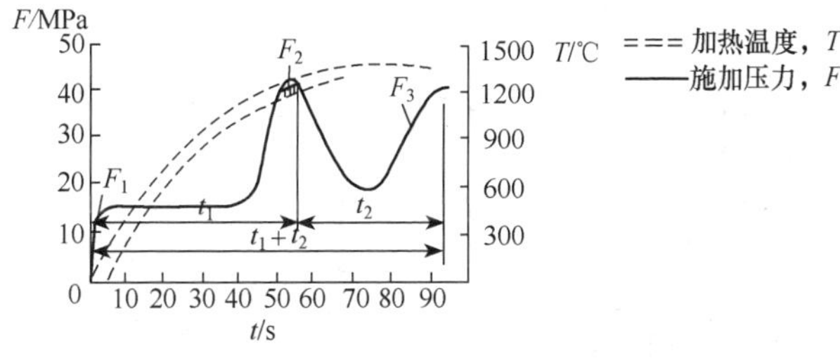

t_1—碳化焰对准钢筋接缝处集中加热；F_1——次加压，预压；t_2—中性焰往复宽幅加热；F_2—二次加压，接缝密合；（t_1+t_2）—根据钢筋直径和火焰热功率而定；F_3—三次加压，镦粗成形。

图 3-37　三次加压法焊接工艺过程图解

⑤ 当采用半自动钢筋固态气压焊时，应使用钢筋常温直角切断机断料，两根钢筋端面间隙控制在 1～2mm，钢筋端面平滑，可直接焊接；另外，由于采用自动液压加压，可一人操作。

采用熔态气压焊时，其焊接工艺应符合下列要求。

① 安装时，两根钢筋端面之间应预留 3～5mm 间隙。

② 气压焊开始时，首先使用中性焰加热，待钢筋端头至熔化状态，附着物随熔滴流走，端部呈凸状时，即加压，挤出熔化金属，并密合牢固。

在加热过程中，当在钢筋端面缝隙完全密合之前发生灭火中断现象时，应将钢筋取下重新打磨、安装，然后点燃火焰进行焊接。若发生在钢筋端面缝隙完全密合之后，可继续加热加压。

在焊接生产中，焊工应自检，当发现有焊接缺陷时，应查找原因并采取措施，及时消除。

3）接头质量检验。气压焊接头的质量检验，应分批进行外观检查和力学性能检验。

（7）预埋件钢筋埋弧压力焊

预埋件钢筋埋弧压力焊是将钢筋与钢板安放成 T 形接头形式，利用焊接电流通过，在焊剂层下产生电弧，形成熔池，加压完成的一种压焊方法，适用于焊接直径 6～25mm 的热轧钢筋。

1）焊接设备。预埋件钢筋埋弧压力焊设备应符合下列要求。

① 根据钢筋直径大小，选用 500 型或 1000 型弧焊变压器作为焊接电源。

② 焊接机械应操作方便、灵活；宜装有高频引弧装置；焊接地线宜采用对称接地法，以减少电弧偏移，如图 3-38 所示；操作台面上应装有电压表和电流表。

③ 控制系统应灵敏、准确；并应配备时间显示装置或时间继电器，以控制焊接通电时间。

2）焊接工艺。埋弧压力焊工艺过程应符合下列要求。

① 钢板应放平，并与铜板电极接触紧密。

② 将锚固钢筋夹于夹钳内，应夹牢；并应放好挡圈，注满焊剂。

③ 接通高频引弧装置和焊接电源后，应立即将钢筋上提，引燃电弧，使电弧稳定燃烧，再渐渐下送。

④ 顶压时不得用力过猛。

⑤ 敲去渣壳，四周焊包凸出钢筋表面的高度不得小于 2mm。钢筋位移过程如图 3-39 所示。

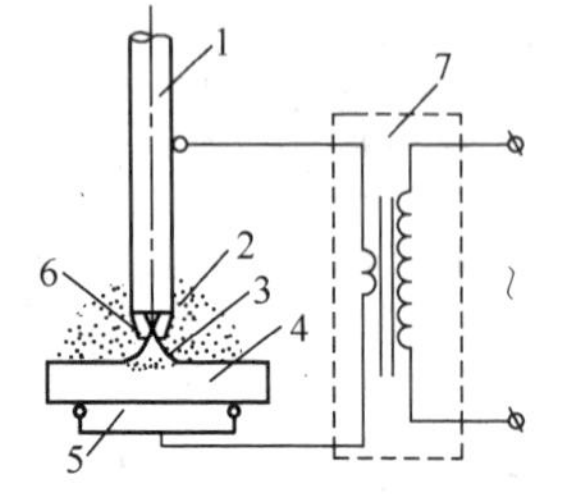

1—钢筋；2—焊剂；3—熔池；4—钢板；
5—铜板电极；6—电弧；7—焊接变压器。

图 3-38　对称接地示意图

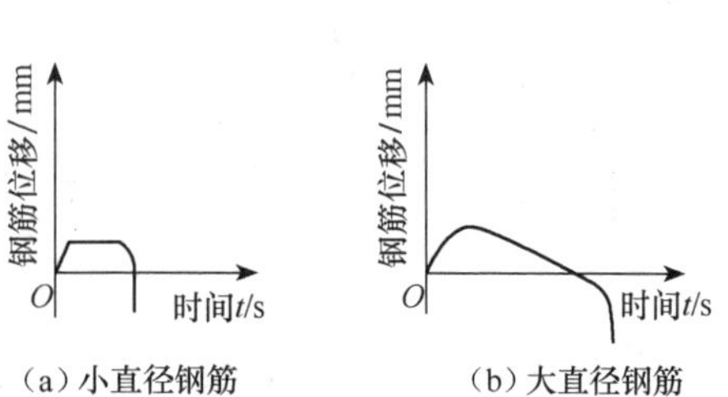

图 3-39　预埋件钢筋埋弧压力焊上钢筋位移图解

3）焊接参数。埋弧压力焊的焊接参数包括引弧提升高度、电弧电压、焊接电流和焊接通电时间。

在埋弧压力焊生产中，引弧、燃弧（钢筋维持原位或缓慢下送）和顶压等环节应紧密配合；焊接地线应与铜板电板接触紧密；并应及时消除电极钳口的铁锈和污物，修理电极钳口的形状。在埋弧压力焊生产中，焊工应自检，当发现焊接缺陷时，应查找原因并采取措施，及时消除。

4）接头质量检验。预埋件钢筋 T 形接头的质量检验，应分批进行外观检查和力学性能检验。

（8）预埋件钢筋埋弧螺柱焊

预埋件钢筋埋弧螺柱焊是用捏弧螺柱焊焊枪夹持钢筋，使钢筋垂直对准钢板，通过螺柱焊电源设备产生强电流、短时间的焊接电弧，在熔剂层保护下使钢筋焊接端面与钢板产生熔池后，适时将钢筋插入熔池，形成 T 形接头的焊接方法。适用于焊接直径 6～25mm 的热轧钢筋。

1）焊接设备。预埋件钢筋埋弧螺柱焊设备应包括埋弧螺柱焊机、焊枪、焊接电缆、控制电缆和钢筋夹头等。埋弧螺柱焊机由晶闸管整流器和调节-控制系统组成，有多种型号，在生产中，应根据钢筋直径选用。埋弧螺柱焊焊枪有电磁铁提升式和电机拖动式两种，生产中，应根据钢筋直径和长度，选用合适的焊枪。

2）焊接工艺。预埋件钢筋埋弧螺柱焊工艺应符合下列要求。

① 将预埋件钢板放平，在钢板的最远处对称点，用两根电缆将钢板与焊机的正极连接，将焊枪与焊机的负极连接，连接应紧密、牢固。

② 将钢筋推入焊枪的夹持钳内，顶紧于钢板，在焊剂挡圈内注满焊剂。

③ 选择合适的焊接参数，焊接电流和焊接通电时间，均在焊机上设定；钢筋伸出长度、钢筋提升量，在焊枪上设定。

④ 拨动焊枪上按钮“开”，接通电源，钢筋上提，引燃电弧。

⑤ 经设定燃弧时间，钢筋插入熔池，自动断电。

⑥ 停息数秒，打掉渣壳，焊接完成。

电磁铁提升式钢筋埋弧螺柱焊工艺过程示意图如图 3-40 所示。

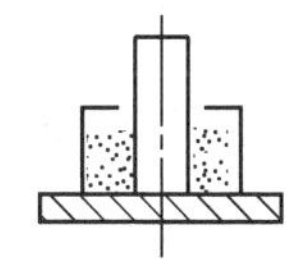

（a）套上焊剂挡圈，顶紧钢筋，注满焊剂

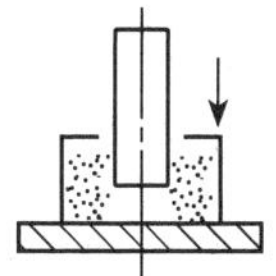

（b）接通电源，钢筋上提，引燃电弧

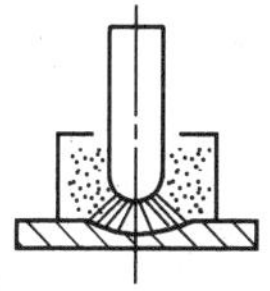

（c）燃弧

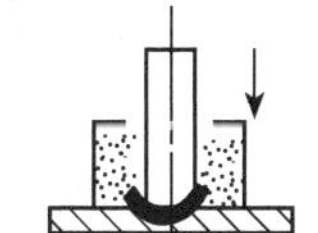

（d）钢筋插入熔池，自动断电

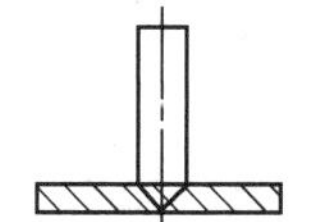

（e）打掉渣壳，焊接完成

图 3-40　预埋件钢筋埋弧螺柱焊工艺过程示意图

3）接头质量检验。预埋件钢筋 T 形接头的质量检验，应分批进行外观检查和力学性能检验。

3. 机械连接

钢筋机械连接是通过钢筋与连接件的机械咬合作用或钢筋端面的承压作用，将一根钢筋中的力传递至另一根钢筋的连接方法。常用的钢筋机械连接类型有如下几种。

1）套筒挤压接头，即通过挤压力使连接件钢套筒塑性变形与带肋钢筋紧密咬合形成的接头。

2）锥螺纹接头，即通过钢筋端头特制的锥形螺纹和连接件锥螺纹咬合形成的接头。

3）镦粗直螺纹接头，即通过钢筋端头镦粗后制作的直螺纹和连接件螺纹咬合形成的接头。

4）滚轧直螺纹接头，即通过钢筋端头直接滚轧或剥肋后滚轧制作的直螺纹和连接件螺纹咬合形成的接头。

5）熔融金属充填接头，即由高热剂反应产生熔融金属充填在钢筋与连接件套筒间形成的接头。

6）水泥灌浆充填接头，即用特制的水泥浆充填在钢筋与连接件套筒间硬化后形成的接头。

钢筋套筒有以下连接方式。

（1）钢筋套筒挤压连接

带肋钢筋套筒挤压连接是将两根待接钢筋插入钢套筒，用挤压设备沿径向挤压钢套筒，使钢套筒产生塑性变形，依靠变形的钢套筒与被连接钢筋的纵、横肋产生机械咬合而成为一个整体的钢筋连接方法（图 3-41）。由于是在常温下挤压连接，所以也称为钢筋冷挤压连接。这种连接方法具有操作简单、容易掌握、对中度高、连接速度快、安全可靠、不污染环境、实现文明施工等优点。适用于钢筋混凝土结构中钢筋直径为16～40mm 的各级别带肋钢筋的连接。

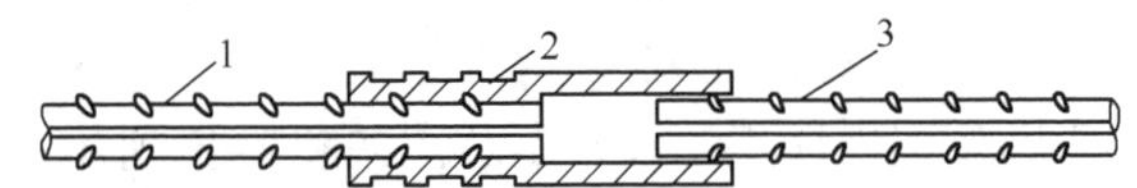

1—已挤压的钢筋；2—钢套筒；3—未挤压的钢筋。

图 3-41 钢筋套筒挤压连接

1）套筒挤压接头等级。套筒挤压接头等级与锥螺纹套筒连接接头等级相同。

2）对套筒的质量要求。挤压接头套筒所用的材料，应选用适于压延加工的钢材，其实测的力学性能应符合技术规程的要求。套筒出厂时应严格检查，必须附有出厂合格证；在正式挤压连接之前，对套筒的规格和尺寸进行复检，其尺寸偏差应符合技术规程的要求。

3）挤压连接设备。带肋钢筋套筒挤压连接设备，由压接钳、超高压泵站及超高压胶管等组成。超高压泵站为高、低压油泵并联式结构。高压油泵是一阀配流旋转斜盘式轴向定量柱塞泵，低压油泵是一齿轮泵。设备空载时，高、低压油泵同时向压接钳供油，使压接钳活塞的进给速度较快。当高压时，低压油泵经低压溢流阀流回油箱，由高压油泵单独推动活塞并挤压钢套筒。压接钳由油缸、机架和活塞组成。压接钳采用双作用油缸、U 形机架结构，上压模与活塞相连，并可沿机架轨道上下移动；下压模用模挡铁和机架相连，并可以从机架中抽出，以便插入或退出钢筋。压接钳的吊环可在 360° 内转动，便于压接钳在各种角度下工作（图 3-42）。

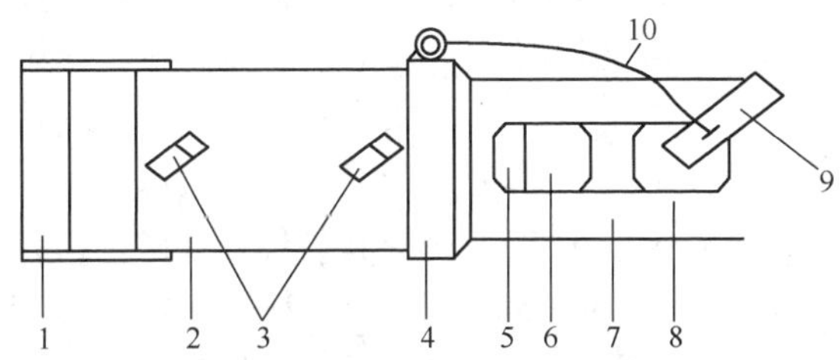

1—提把；2—缸体；3—油路接头；4—吊环；5—活塞；6—上压模；7—机架；8—下压模；9—模挡铁；10—链绳。

图 3-42 压接钳构造图

4）挤压连接工艺。在正式挤压之前，钢筋端头的锈皮、泥沙、油污、杂物等，要清理干净，并置于适当位置。进一步对钢套筒做外观尺寸检查，并与被连接的钢筋规格尺寸一致。对钢筋与套筒进行试套，如钢筋有马蹄、弯折或纵肋尺寸过大者，应预先校正或用砂轮打磨；不同直径钢筋的套筒不得相互串用。钢筋连接端应划出明显的定位标记，确保在挤压时和挤压后可按定位标记检查钢筋伸入套筒的长度。认真检查挤压设备的情况，并进行试压，待一切符合要求后，方可正式作业。正式挤压时，先在地面上插上钢筋挤压一端套筒，在施工作业区插入待接的另一根钢筋，再挤压另一端套筒。在挤压另一端套筒之前，应按标记检查钢筋插入套筒内的深度，并保证钢筋端头距套筒长度中点不宜超过 10mm。挤压时压接钳与钢筋轴线应保持垂直。挤压顺序宜从套筒中央开始，并依次向两端挤压。挤压操作时采用的挤压力、压模宽度、压痕直径和挤压后套筒长度及挤压道数等，均应符合检验确定的技术参数要求。

5）挤压接头的质量检验。带肋钢筋套筒挤压连接接头的质量检验，主要包括外观质量检验和单向拉伸试验两项。同一施工条件下采用同一批材料的同等级、同形式、同规格接头，以 500 个接头为一验收批进行检验与验收，不足 500 个也作为一个验收批。

（2）钢筋锥螺纹套筒连接

钢筋锥螺纹套筒连接是把钢筋的连接端加工成锥形螺纹（简称丝头），通过锥螺纹连接套把两根带丝头的钢筋，按规定的力矩连接成一体的钢筋接头（图 3-43）。此种接头方式适用于 16～40mm 的热轧同级钢筋的同径或异径钢筋的连接。

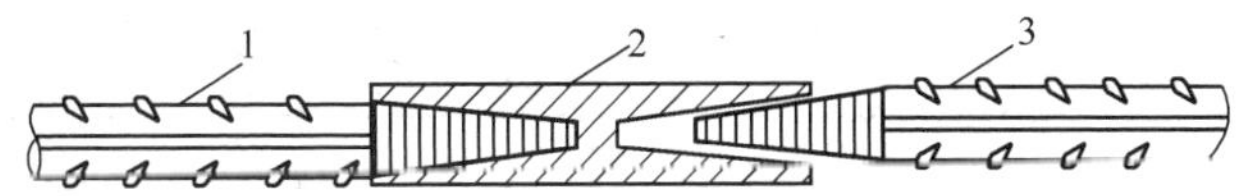

1—已连接的钢筋；2—锥螺纹套筒；3—待连接的钢筋。

图 3-43 钢筋锥螺纹套筒连接

1）钢筋锥螺纹套筒连接接头的等级。钢筋锥螺纹套筒连接接头根据静力单向拉伸性能，以及高应力和大变形条件下反复拉、压性能的差异划分为 A、B、C 3 个性能等级。

A 级：接头的抗拉强度，应达到或超过母材抗拉强度标准值，并具有高延性及反复拉压性能。适用于钢筋混凝土结构中要求充分发挥钢筋强度，或对接头延性要求高的部位。

B 级：接头的抗拉强度，应达到或超过母材屈服强度标准值的 1.35 倍，具有一定的延性及反复拉压性能。适用于钢筋混凝土结构中钢筋受力较小、对接头延性要求不高的部位。

C 级：接头仅承受压力。

对直接承受动力荷载的结构，其接头还应满足设计要求的抗疲劳性能。

2）钢筋锥螺纹套筒连接接头的材质要求。被连接的钢筋质量，应符合《混凝土结构工程施工质量验收规范》（GB 50204—2015）、《钢筋混凝土用钢　第 2 部分：热轧带肋钢筋》（GB/T 1499.2—2018）等标准。锥螺纹连接套的材质宜选用 45 号优质碳素结构钢。锥螺纹连接套的受拉承载力，应不小于被连接钢筋的受拉承载力标准值的 1.10 倍。

3）钢筋锥螺纹加工要点。钢筋应当先调直再下料，切口端面应与钢筋轴线垂直，不得出现马蹄形或翘曲现象，不得用气割下料。加工钢筋锥螺纹时，应采用水溶性切削润滑液；当气温低于 0℃时，应掺入 15%～20%的亚硝酸钠，但不得采用机油作润滑液或不加润滑液套丝。加工的钢筋锥螺纹的锥度、牙形、螺矩、丝数等，必须与连接套的锥度、牙形、螺距、丝数相一致。加工的钢筋锥螺纹应逐个进行外观质量评定。达到牙形饱满、无断牙、无秃牙缺陷，且与牙形规相吻合，表面光洁；锥螺纹锥度与卡轨或环规相吻合，小端直径在卡规或环规的允许误差之内。

4）钢筋连接的规定。钢筋在连接之前，应进行连接套及钢筋锥螺纹的质量检查，将锥螺纹塞规拧入连接套，连接套的大端边缘在锥螺纹塞规大端的缺口范围内为合格，再检查钢筋的锥螺纹是否合格。取下连接套的密封盖和锥螺纹端的保护帽，并进行回收以便再利用；检查连接套与钢筋的规格是否一致，连接套锥螺纹与钢筋锥螺纹是否完好。连接钢筋时，应对准正轴线将钢筋端部拧入连接套，然后用力矩扳手拧紧并检查安装质量。接头最小拧紧扭矩值应满足表 3-14 的规定，不得欠拧和超拧，合格的接头应做上标记，合格率必须达到 100%。对安装检验不合格的接头，可采用电弧焊贴角焊缝方法补强，焊缝高度不得小于 5mm；当连接钢筋为 HRB400 级钢筋时，必须先做可焊性试验，以便接头不合格时可采用焊接补强方法。

表 3-14　锥螺纹接头安装时的最小拧紧扭矩值

钢筋直径/mm	≤16	18～20	22～25	28～32	36～40
拧紧扭矩/（N·m）	100	180	240	300	360

5）钢筋锥螺纹接头质量检验。钢筋锥螺纹接头质量检验，主要包括外观检查、单向拉伸试验和接头拧紧值检验 3 项。同一施工条件下的同一批材料的同等级、同规格接头，以 500 个为一个验收批，不足 500 个也作为一个验收批。

（3）钢筋直螺纹套筒连接

钢筋直螺纹套筒连接分为镦粗直螺纹套筒连接和滚轧直螺纹套筒连接两类，可适用中等及较粗直径的钢筋连接。

镦粗直螺纹分为冷镦粗和热镦粗两种。其中常用的冷镦粗直螺纹的基本原理为：通过钢筋镦粗机把钢筋端头镦粗，再切削成直螺纹，然后用直螺纹的连接套筒将被接连钢筋两端拧紧完成连接。镦粗直螺纹的特点：钢筋端部经冷镦后不仅直径增大，而且由于冷镦后钢材产生塑性变形，内部金属晶格变形错位使金属强度提高，致使接头部位有很高的强度，断裂常发生于母材部位。这种接头螺纹精度高，接头质量稳定性好，操作简便，连接速度快，成本适中。但是镦粗部位的钢筋延性降低，易发生脆断。

滚轧直螺纹套筒连接是将钢筋端部用滚轧工艺加工成直螺纹，并用相应具有内螺纹的连接套筒将两根被连钢筋连接在一起（图 3-44）。具体又分为直接滚压、挤肋滚压及剥肋滚压。该类接头是 20 世纪 90 年代中期发展起来的钢筋机械连接技术，目前已成为钢筋机械连接的主要形式。与锥螺纹套筒类似，其连接套筒宜选用 45 号优质碳素结构钢，接头最小拧紧扭矩值应满足表 3-15 的规定。

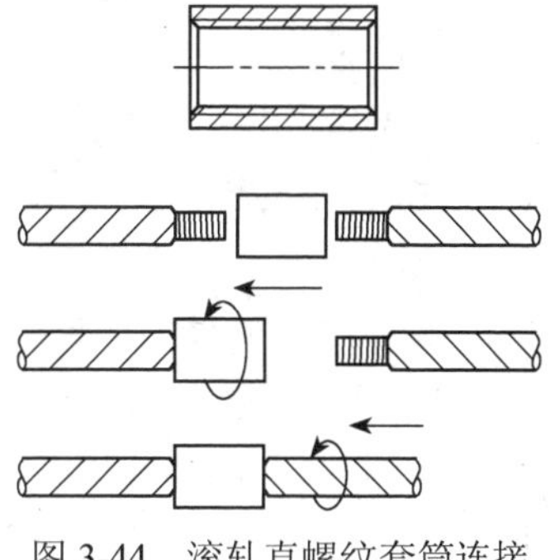

图 3-44　滚轧直螺纹套筒连接

表 3-15　直螺纹接头安装时的最小拧紧扭矩值

钢筋直径/mm	≤16	18～20	22～25	28～32	36～40
拧紧扭矩/（N·m）	100	200	260	320	360

当受力钢筋采用机械连接接头或焊接接头时，设置在同一构件内的接头宜相互错开。纵向受力钢筋机械连接接头及焊接接头连接区段的长度为 35*d*（*d* 为纵向受力钢筋的较大直径）且不小于 500mm，凡接头中点位于该连接区段长度内的接头均属于同一连接区段。同一连接区段内，纵向受力钢筋机械连接及焊接的接头面积百分率为该区段内有接头的纵向受力钢筋截面面积与全部纵向受力钢筋截面面积的比值。

同一连接区段内，纵向受力钢筋的接头面积百分率应符合设计要求；当设计无具体要求时，应符合下列规定。

1）在受拉区不宜大于 50%。

2）接头不宜设置在有抗震设防要求的框架梁端、柱端的箍筋加密区；当无法避开时，对等强度高质量机械连接接头，不应大于 50%。

3）直接承受动力荷载的结构构件中，不宜采用焊接接头；当采用机械连接接头时，不应大于 50%。

3.2.6　钢筋绑扎与安装

单根钢筋经过调直、配料、切断、弯曲等加工后，即可成型为钢筋骨架或钢筋网。钢筋成型最好在车间完成后直接运往现场安装，只有当条件不具备时，可在施工现场绑扎成型。

钢筋在绑扎和安装前，应首先熟悉钢筋图，核对钢筋配料单和料牌，根据工程特点、工作量大小、施工进度、技术水平等，研究与有关工种的配合，确定施工方法。钢筋安装时，受力钢筋的牌号、规格和数量必须符合设计要求。

1. 钢筋现场绑扎

钢筋绑扎与安装应符合《混凝土结构工程施工质量验收规范》（GB 50204—2015）的规定。

（1）准备工作

1）核对成品钢筋的钢号、直径、形状、尺寸和数量等是否与料牌相符。如有错漏，应纠正增补。

2）准备绑扎用的铁丝、绑扎工具（如钢筋钩、带扳口的小撬棍）、绑扎架等。

钢筋绑扎用的铁丝，可采用 20～22 号铁丝，其中 22 号铁丝只用于绑扎直径 12mm 以下的钢筋。

3）准备控制混凝土保护层用的水泥砂浆垫块或塑料卡。

水泥砂浆垫块的厚度，应等于保护层厚度。垫块的平面尺寸：当保护层厚度等于或小于 20mm 时为 30mm×30mm，大于 20mm 时为 50mm×50mm。当在垂直方向使用垫块时，可在垫块中埋入 20 号铁丝。

塑料卡的形状有两种：塑料垫块和塑料环圈。塑料垫块用于水平构件（如梁、板），在两个方向均有槽，以便适应两种保护层厚度。塑料环圈用于垂直构件（如柱、墙），使用时钢筋从卡嘴进入卡腔，由于塑料环圈有弹性，可使卡腔的大小能适应钢筋直径的变化。

4）划出钢筋位置线。平板或墙板的钢筋，在模板上画线；柱的箍筋，在两根对角线主筋上划点；梁的箍筋，则在架立筋上划点；基础的钢筋，在两向各取一根钢筋划点或在垫层上画线。

钢筋接头的位置，应根据来料规格，按相关规范对照有关接头位置、数量的规定使其错开，在模板上划线。

5）绑扎形式复杂的结构部位钢筋时，应先研究逐根钢筋穿插就位的顺序。

（2）钢筋绑扎要点

1）钢筋绑扎不仅要牢固可靠，还要使铁丝长度适宜。

2）板和墙的钢筋网，除靠近外围两行钢筋的交叉点全部扎牢外，中间部分交叉点可间隔交错绑扎，但必须保证受力钢筋不产生位置偏移；对双向受力钢筋，必须全部绑扎牢固。

3）梁和柱的箍筋，除设计有特殊要求外，应与受力钢筋垂直设置；箍筋弯钩叠合处，应沿受力钢筋方向错开设置。

4）当柱中竖向钢筋搭接时，角部钢筋的弯钩平面与模板面的夹角，对矩形柱应为 45°，对多边形柱应为模板内角的平分角；圆形柱钢筋的弯钩平面应与模板的切线平面垂直；中间钢筋的弯钩平面应与模板面垂直；当采用插入式振捣器浇筑小型截面柱时，弯钩平面与模板面的夹角不得小于 15°。

5）板、次梁与主梁交接处，板的钢筋在上，次梁钢筋居中，主梁钢筋在下；主梁与圈梁交接处，主梁钢筋在上，圈梁钢筋在下，绑扎时切不可放错位置。

6）框架梁、牛腿及柱帽等钢筋应放在柱的钢筋内侧。

2. 钢筋网与钢筋骨架安装

钢筋网与钢筋骨架的安装应符合以下要求。

1）焊接骨架和焊接网的搭接接头，不宜设置于构件的最大弯矩处。

2）焊接网在非受力方向的搭接长度，宜为100mm。

3）焊接骨架和焊接网在构件宽度内，其接头位置应错开。在绑扎接头区段内，受力钢筋截面面积不得超过受力钢筋总截面面积的50%。

4）钢筋焊接骨架和焊接网采用绑扎连接时，受拉焊接骨架和焊接网在受力钢筋方向的搭接长度，应符合技术规程的规定；受压焊接骨架和焊接网在受力钢筋方向的搭接长度，可取受拉焊接骨架和焊接网在受力钢筋方向的搭接长度的7/10。

3. 钢筋安装质量检验

钢筋绑扎要求位置正确、绑扎牢固，钢筋安装位置的偏差应符合表3-16的规定。钢筋安装完毕后，应根据施工规范认真检查，做好隐蔽工程记录。主要检查内容如下。

1）根据设计图纸，检查钢筋的钢号、直径、根数、间距是否正确，特别要检查负筋的位置是否正确。

2）检查钢筋接头的位置、搭接长度、同一截面接头百分率及混凝土保护层厚度是否符合要求。水泥垫块是否分布均匀、绑扎牢固。

3）钢筋的焊接和绑扎是否牢固，钢筋有无松动、移位和变形现象。

4）预埋件的规格、数量、位置等是否正确。

5）钢筋表面是否有油渍、漆污和颗粒（片）状铁锈等，钢筋骨架里边有无杂物。

表3-16　钢筋安装位置的允许偏差和检验方法

项目		允许偏差/mm	检验方法
绑扎钢筋网	长、宽	±10	尺量
	网眼尺寸	±20	尺量连续三档，取最大偏差值
绑扎钢筋骨架	长	±10	尺量
	宽、高	±5	尺量
纵向受力钢筋	锚固长度	−20	尺量
	间距	±10	尺量两端、中间各一点，取最大偏差值
	排距	±5	
纵向受力钢筋、箍筋的混凝土保护层厚度	基础	±10	尺量
	柱、梁	±5	尺量
	板、墙、壳	±3	尺量
绑扎箍筋、横向钢筋间距		±20	尺量连续三档，取最大偏差值
钢筋弯起点位置		20	尺量
预埋件	中心线位置	5	尺量
	水平高差	+3，0	塞尺量测

注：检查预埋件中心线位置时，沿纵、横两个方向量测，并取其中偏差的较大值。

3.3　混凝土工程

混凝土工程施工包括混凝土的配制、搅拌、运输、浇筑、振捣和养护等工序。各施工工序对混凝土工程质量都有很大的影响。混凝土工程施工要保证结构具有设计的外形和尺寸，确保混凝土结构的强度、刚度、密实性、整体性及满足设计和施工的特殊要求。

3.3.1　混凝土配制

混凝土应按国家现行标准《普通混凝土配合比设计规程》（JGJ 55—2011）的有关规定，根据混凝土强度等级、耐久性和工作性等要求进行配合比设计；对有特殊要求的混凝土，其配合比设计尚应符合国家现行有关标准的专门规定。

1. *混凝土的施工配制强度*

混凝土配制之前按下式确定混凝土的施工配制强度，以达到95%的保证率。

1）当设计强度等级小于C60时，配制强度按下式确定：

$$f_{cu,0}=f_{cu,k}+1.645\sigma \tag{3-13}$$

式中：$f_{cu,0}$——混凝土的施工配制强度，MPa；

$f_{cu,k}$——设计的混凝土强度标准值，MPa；

σ——施工单位的混凝土强度标准差，MPa。

① 当施工单位具有近期（现场拌制统计周期不超过 3 个月）的同一品种混凝土强度的统计资料时，σ 可按下式计算：

$$\sigma=\sqrt{\frac{\sum_{i=1}^{N}f_{cu,i}^{2}-nm_{fcu}^{2}}{n-1}} \tag{3-14}$$

式中：$f_{cu,i}$——统计周期内同一品种混凝土第 i 组混凝土试件强度，MPa；

m_{fcu}——n 组混凝土试件强度的平均值，MPa；

n——统计周期内相同混凝土强度等级的试件组数，$n\geqslant 30$。

对于强度等级不大于C30的混凝土，当混凝土强度标准差计算值小于3.0MPa时，应取3.0MPa；对于强度等级大于C30且小于C60的混凝土，当混凝土强度标准差计算值小于4.0MPa时，应取4.0MPa。

② 当施工单位不具有近期的同一品种混凝土强度资料时，其强度标准差按表3-17取值。

表 3-17　混凝土强度标准差 σ 值　　单位：MPa

混凝土强度等级	≤C20	C25～C45	C50～C55
σ	4.0	5.0	6.0

2）当设计强度等级不小于C60时，配制强度直接按下式确定：

$$f_{cu,0}\geqslant 1.15f_{cu,k} \tag{3-15}$$

式中符号含义同上。

2. 混凝土的施工配制

影响混凝土配制质量的因素主要有两方面：一是称量不准；二是未按砂、石骨料实际含水率的变化进行施工配合比的换算。这样必然会改变原理论配合比的水灰比、砂石比（含砂率）及浆骨比。当水灰比增大时，混凝土黏聚性、保水性差，而且硬化后多余的水分残留在混凝土中形成水泡，或水分蒸发留下气孔，使混凝土密实性差，强度低。若水灰比减少，则混凝土流动性差，甚至影响成型后的密实性，造成混凝土结构内部松散，表面产生蜂窝、麻面现象。同样，含砂率减少时，则砂浆量不足，不仅会降低混凝土的流动性，更严重的是将影响其黏聚性及保水性，产生粗骨料离析，水泥浆流失，甚至溃散等不良现象。浆骨比反映了混凝土中水泥浆的用量多少（即每立方米混凝土的用水量和水泥用量），如控制不准，也直接影响混凝土的水灰比和流动性。所以，为了确保混凝土的质量，在施工中必须及时进行施工配合比的换算和严格控制称量。

（1）施工配合比换算

混凝土的配合比是在实验室根据混凝土的施工配制强度经过试配和调整而确定的，称为实验室配合比。

实验室配合比所用的砂、石都是不含水分的，而施工现场的砂、石一般都含有一定的水分，且砂、石含水率的大小随当地气候条件不断发生变化。为保证混凝土配合比的准确，在施工中应适当减少使用砂、石的含水量，经调整后的配合比，称为施工配合比。施工配合比可以经过实验室配合比做如下调整得出：设实验室配合比为水泥∶砂子∶石子＝1∶x∶y，水灰比为 W/C，并测定砂子的含水量为 W_x，石子的含水量为 W_y，则施工配合比应为水泥∶砂子∶石子＝1∶x（$1+W_x$）∶y（$1+W_y$）。

按实验室配合比 1m^3 混凝土水泥、砂、石的用量分别为 C（kg）、C_x（kg）、C_y（kg），计算时确保混凝土水灰比 W/C 不变，则换算后各种材料用量如下。

水泥：　$C'=C$

砂子：　$C'_{砂}=C_x(1+W_x)$

石子：　$G'_{石}=C_y(1+W_y)$

水：　$W'=W-C_xW_x-C_yW_y$

【例 3-2】 设混凝土实验室配合比为 1∶2.56∶5.5，水灰比为 0.64，1m^3 混凝土的水泥用量为 275kg，测得砂子含水量为 4%，石子含水量为 2%，试求施工配合比及拌制 1m^3 混凝土各种材料用量。

解：施工配合比为：1∶2.56（1＋4%）∶5.5（1＋2%）＝1∶2.66∶5.61

1m^3 混凝土材料用量如下。

水泥：　275kg

砂子：　275×2.66＝731.5（kg）

石子：　275×5.61≈1542.8（kg）

水：　275×0.64－275×2.56×4%－275×5.5×2%≈118（kg）

（2）施工配料

求出 1m^3 混凝土材料用量后，还必须根据工地现有搅拌机出料容量确定每次需用几整袋水泥，然后按水泥用量来计算砂石的每次拌用量。【例 3-2】如采用 JZ250 型搅拌机，出料容量为 0.25m^3，则每搅拌一次的装料数量如下。

水泥：　275×0.25＝68.75（kg）（取用一袋半水泥，即 75kg）

砂子：
$$731.5\times\frac{75}{275}=199.5\ (\mathrm{kg})$$

石子：
$$1542.8\times\frac{75}{275}\approx 420.8\ (\mathrm{kg})$$

水：
$$118\times\frac{75}{275}\approx 32\ (\mathrm{kg})$$

首次使用的混凝土配合比应进行开盘鉴定，其工作性能应满足设计配合比的要求。开始生产时应至少留置一组标准养护试件，作为验证配合比的依据。混凝土拌制前，应测定砂、石含水率并根据测试结果调整材料用量，确定施工配合比。

为严格控制混凝土的配合比，原材料的计量应按质量计，水和液体外加剂可按体积计。混凝土原材料每盘称量的允许偏差：水泥、掺和料、水、外加剂为±2%；粗、细骨料为±3%。各种衡量器应定期校验，保持准确，骨料含水量应经常测定，雨天施工时，应增加测定次数。

3.3.2 混凝土搅拌

混凝土搅拌，就是将水、水泥、粗骨料、细骨料、掺和料及外加剂进行均匀拌和的过程，同时通过搅拌还可使材料达到强化、塑化的作用。

1. 原材料

水泥进场时，应对其品种、代号、强度等级、包装或散装仓号、出厂日期等进行检查，并应对水泥的强度、安定性和凝结时间进行检验，检验结果应符合现行国家标准《通用硅酸盐水泥》（GB 175—2007/XG 3—2018）等的相关规定。当在使用中对水泥质量有怀疑或水泥出厂超过 3 个月（快硬硅酸盐水泥超过 1 个月）时，应进行复验，并按复验结果使用。钢筋混凝土结构和预应力混凝土结构中，严禁使用含氯化物的水泥。

混凝土中掺用外加剂的质量及应用技术应符合现行国家标准《混凝土外加剂》（GB 8076—2008）、《混凝土外加剂应用技术规范》（GB 50119—2013）等和有关环境保护的规定。预应力混凝土结构中，严禁使用含氯化物的外加剂；钢筋混凝土结构中，当使用含氯化物的外加剂时，混凝土中氯化物的总含量应符合现行国家标准《混凝土质量控制标准》（GB 50164—2011）的规定。

混凝土中氯化物和碱的总含量应符合现行国家标准《混凝土结构设计规范（2015 年版）》（GB 50010 —2010）和设计的要求。

混凝土中掺用矿物掺和料的质量应符合现行国家标准《用于水泥和混凝土中的粉煤灰》（GB/T 1596—2017）等的规定。矿物掺和料的掺量应通过试验确定。

普通混凝土所用的粗骨料宜选用粒形良好、质地坚硬的洁净碎石或卵石，细骨料宜选用级配良好、质地坚硬、颗粒洁净的天然砂或机制砂，并应符合国家现行标准《普通混凝土用砂、石质量及检验方法标准》（JGJ 52—2006）规定。混凝土用的粗骨料，其最大颗粒粒径不得超过构件截面最小尺寸的 1/4，且不得超过钢筋最小净间距的 3/4。对混凝土实心板，骨料的最大粒径不宜超过板厚的 1/3，且不得超过 40mm。

拌制混凝土宜采用饮用水；当采用其他水源时，水质应符合国家现行标准《混凝土用水标准》（JGJ 63—2006）的规定。未经处理的海水严禁用于钢筋混凝土结构和预应力混凝土结构中混凝土的拌制和养护。

2. 混凝土搅拌机

混凝土搅拌机按其搅拌原理分为自落式搅拌机和强制式搅拌机两类（表 3-18）。

表 3-18　混凝土搅拌机类型

自落式混凝土搅拌机	鼓筒式			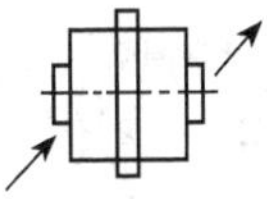
	双锥式	反转出料（JZ）		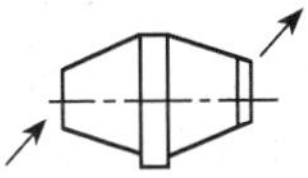
		倾翻出料（JF）		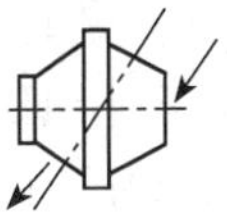
强制式混凝土搅拌机	立轴式	涡桨式（JW）		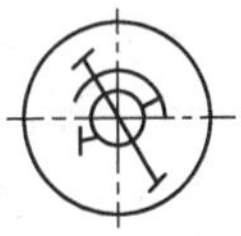
		行星式（JX）	定盘式	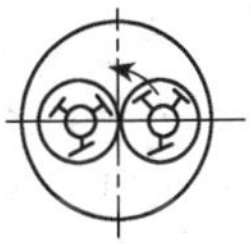
			盘转式	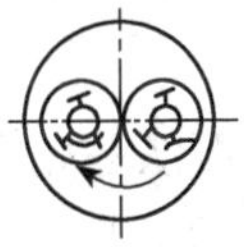
	卧轴式	单卧轴式（JD）		
		双卧轴式（JS）		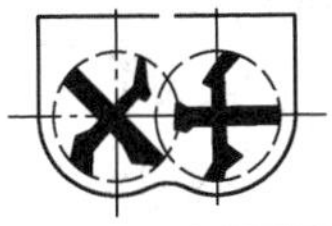

自落式搅拌机搅拌筒内壁装有叶片，搅拌筒旋转，叶片将物料提升一定高度后自由下落，各物料颗粒分散拌和均匀，是重力拌和原理。自落式搅拌机搅拌强度不大、效率低，只适于搅拌一般骨料的塑性混凝土。

强制式搅拌机分立轴式和卧轴式两类。强制式搅拌机轴上装有叶片，通过叶片强制搅拌装在搅拌筒中的物料，使物料沿环向、径向和竖向运动，拌和强烈。强制式搅拌机搅拌质量好、效率高，多用于搅拌干硬性混凝土、低流动性混凝土和轻骨料混凝土。混凝土搅拌机常以其出料容量（m^3）×1000 标定规格，有 150L、250L、350L 等几种规格。选择搅拌机型号，要根据工程量大小、混凝土的坍落度和骨料尺寸等确定，既要满足技术上的要求，也要考虑经济效果和节约能源。

3. 搅拌制度

为了获得均匀优质的混凝土拌和物，除合理选择搅拌机的型号外，还必须确定正确的搅拌制度。搅拌制度包括进料容量、投料顺序及搅拌时间。搅拌制度将直接影响到混凝土的搅拌质量和搅拌机的工作效率。

（1）进料容量

进料容量是将搅拌前各种材料的体积累积起来的容量，又称干料容量。进料容量为出料容量的 1.4～1.8 倍（通常取 1.5 倍）。进料容量超过规定容量的 10%以上，就会使材料在搅拌筒内无充分的空间进行掺和，影响混凝土拌和物的均匀性；反之，如装料过少，则又不能充分发挥搅拌机的效能。

（2）投料顺序

投料顺序应从提高搅拌质量，减少叶片、衬板的磨损，减少拌和物与搅拌筒的黏结，减少水泥飞扬，改善工作环境，提高混凝土强度，节约水泥等方面综合考虑确定，常用一次投料法和二次投料法。

1）一次投料法。这是目前最普遍采用的方法。它是将砂、石、水泥和水一起同时加入搅拌筒中进行搅拌。为了减少水泥的飞扬和水泥的黏罐现象，对自落式搅拌机常采用的投料顺序是将水泥夹在砂、石之间，最后加水搅拌。

2）二次投料法。它又分为预拌水泥砂浆法、预拌水泥净浆法和水泥裹砂石法。

预拌水泥砂浆法是先将水泥、砂和水加入搅拌筒内进行充分搅拌，成为均匀的水泥砂浆后，再加入石子搅拌成均匀的混凝土。

预拌水泥净浆法是先将水泥和水充分搅拌成均匀的水泥净浆后，再加入砂和石搅拌成混凝土。

水泥裹砂石法是先将全部砂、石和 70%的水倒入搅拌机搅拌（将砂石润湿），然后与水泥搅拌，最后加余水搅拌。

国内外的试验表明，二次投料法搅拌的混凝土与一次投料法相比较，混凝土强度可提高约 15%，在强度等级相同的情况下可节约水泥 15%～20%。

（3）搅拌时间

搅拌时间是从全部材料投入搅拌筒起，到开始卸料为止所经历的时间，它与搅拌质量密切相关。搅拌时间过短，混凝土不均匀，强度及和易性低；搅拌时间过长，不但降低搅拌机的生产效率，同时会使不坚硬的粗骨料，在大容量搅拌机中因脱角、破碎等而影响混凝土的质量。对于加气混凝土也会因搅拌时间过长而使所含气泡减少。混凝土应搅拌均匀，宜采用强制式搅拌机搅拌。混凝土搅拌的最短时间可按表 3-19 采用。

表 3-19 混凝土搅拌的最短时间

混凝土坍落度/mm	搅拌机类型	混凝土在不同搅拌机出料容积下的最短搅拌时间/s		
		<250L	250～500L	>500L
≤40mm	自落式	90	120	150
	强制式	60	90	120
>40mm 且<100mm	自落式	90	90	120
	强制式	60	60	90
≥100mm	强制式	60		

注：掺有外加剂时，搅拌时间应适当延长。

3.3.3 混凝土运输

1. 混凝土运输的基本要求

1）运输过程中应保证混凝土拌和物的均匀性和工作性，应控制混凝土运至浇筑地点后不离析、不分层，组成成分不发生变化，并能保证施工所必需的稠度。混凝土运送至浇筑地点，如混凝土拌和物出现离析或分层现象，应进行二次搅拌。

2）运送混凝土的容器和管道应不吸水、不漏浆，并保证卸料及输送通畅。容器和管道在冬期应有保温措施，夏季最高气温超过40℃时，应有隔热措施。混凝土拌和物运至浇筑地点时的温度，最高不超过35℃，最低不低于5℃。

3）混凝土从搅拌机卸出后到浇筑完毕的延续时间不应超过表3-20的规定。

表 3-20 混凝土从搅拌机卸出后到浇筑完毕的延续时间

气温/℃	延续时间/min	
	采用搅拌车	采用其他运输设备
≤25	120	90
>25	90	60

注：掺有外加剂或采用快硬水泥时，延续时间应通过试验确定。

2. 混凝土运输机具

混凝土运输机具的种类很多，一般可分为间歇式运输机具和连续式运输机具两大类，可根据施工条件进行选用。常用的混凝土运输机具有机动翻斗车、混凝土搅拌运输车、混凝土输送泵和垂直运输设备。

输送混凝土的管道、容器、溜槽不应吸水、漏浆，并应保证输送通畅。输送混凝土时应根据工程所处环境条件采取保温、隔热、防雨等措施。

（1）机动翻斗车

机动翻斗车是施工场地内运输混凝土的常用机具，它具有操作灵活、运输快捷、卸料方便、适应性强等优点。当采用机动翻斗车运输混凝土时，道路应通畅，路面应平整、坚实，临时坡道或支架应牢固，铺板接头应平顺。

（2）混凝土搅拌运输车

混凝土搅拌运输车（图 3-45）是一种用于长距离输运混凝土的高效能机械。它将运送混凝土的搅拌筒安装在汽车底盘上，在运输途中及等候卸料时，混凝土搅拌筒始终在不停地缓慢旋转。它既可以运送已拌和好的混凝土拌和料，也可以将混凝土干料装入筒内，在行驶中将水加入搅拌，以减少长途输送引起的混凝土坍落度损失。

混凝土搅拌运输车的搅拌桶呈梨形，由筒体、螺旋叶片、进料圆筒、枢轴和链轮等组成（图 3-46）。搅拌筒的轴线与水平成 16°～20° 夹角。搅拌筒内从筒口至筒底对称地焊有两条螺旋叶片，正转时，可进行加料，同时加入的拌和料被推向筒底得到搅拌；反转时，螺旋叶片将混凝土推向筒口被卸出。

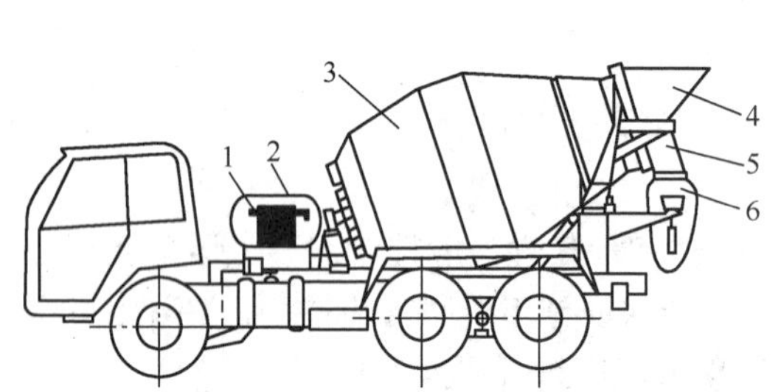

1—水箱；2—外加剂箱；3—搅拌筒；4—进料斗；5—固定卸料溜槽；6—活动卸料溜槽。

图 3-45　混凝土搅拌运输车

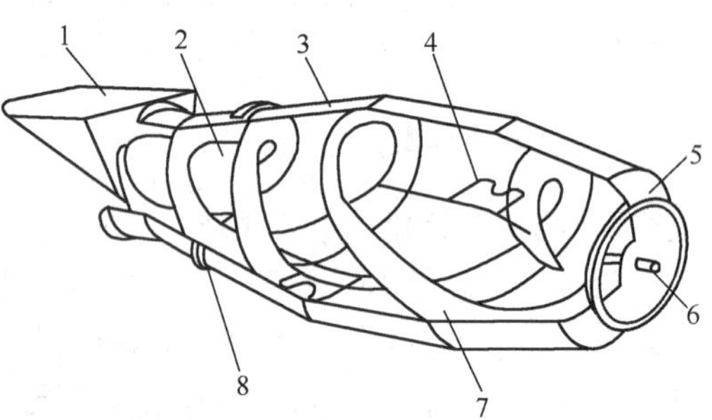

1—加料斗；2—进料导管；3—壳体；4—辅助搅拌叶片；5—链轮；6—中心轴；7—带状螺旋叶片；8—环形液道。

图 3-46　混凝土搅拌运输车的搅拌筒

（3）混凝土输送泵

混凝土输送泵，又名混凝土泵，由泵体和输送管组成。它是一种利用压力，将混凝土沿管道连续输送的机械，主要应用于房建、桥梁及隧道施工。混凝土泵具有可连续浇筑、施工速度快、易于保证工程质量、适合狭窄施工场所施工、具有较高的技术经济价值等优点。

混凝土输送泵按结构形式分为活塞式、挤压式和水压隔膜式等类型，以活塞式应用较多。常用混凝土输送泵的混凝土排量为 30～90m^3/h，水平运距为 200～900m，垂直运距为 50～300m。目前我国已能一次垂直泵送达到 400m。如一次泵送有困难时可采用接力泵送。

混凝土输送管为钢管、橡胶和塑料软管。直径为 75～200mm，每段长约 3m，还配有 45°、90° 等弯管和锥形管。

将混凝土输送泵装在汽车底盘上，再装备可伸缩或曲折的布料杆，就组成了混凝土泵车（图 3-47）。混凝土泵车可将混凝土直接送到浇筑地点，使用十分方便。

混凝土输送泵的选择及布置应符合下列规定。

1）输送泵的选型应根据工程特点、混凝土输送高度和距离、混凝土工作性能确定。

2）输送泵的数量应根据混凝土浇筑量和施工条件确定，必要时宜设置备用泵。

3）输送泵设置的位置应满足施工要求，场地应平整、坚实，道路应畅通。

4）输送泵的作业范围不得有阻碍物；输送泵设置位置应有防范高空坠物的设施。

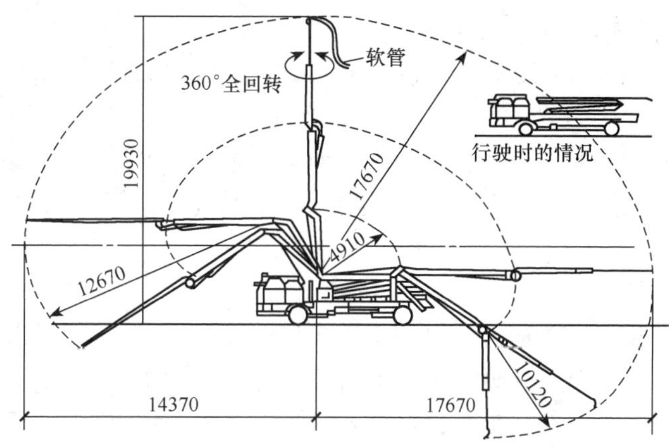

图 3-47　带布料杆的混凝土泵车（单位：m）

混凝土输送泵管的选择与支架的设置应符合下列规定。

1）混凝土输送泵管应根据输送泵的型号、拌和物性能、总输出量、单位输出量、输送距离以及粗骨料粒径等进行选择。

2）混凝土粗骨料最大粒径不大于 25mm 时，可采用内径不小于 125mm 的输送泵管；混凝土粗骨料最大粒径不大于 40mm 时，可采用内径不小于 150mm 的输送泵管。

3）输送泵管安装接头应严密，输送泵管道转向宜平缓。

4）输送泵管应采用支架固定，支架应与结构牢固连接，输送泵管转向处支架应加密。支架应通过计算确定，必要时还应对设置位置的结构进行验算。

5）垂直向上输送混凝土时，地面水平输送泵管的直管和弯管总的折算长度不宜小于垂直输送高度的 1/5，且不宜小于 15m。

6）输送泵管倾斜或垂直向下输送混凝土，且高差大于 20m 时，应在倾斜或垂直管下端设置直管或弯管，直管或弯管总的折算长度不宜小于高差的 1.5 倍。

7）垂直输送高度大于 100m 时，混凝土输送泵出料口处的输送泵管位置应设置截止阀。

8）应经常对混凝土输送泵管及其支架进行检查和维护。

混凝土输送布料设备的选择和布置应符合下列规定。

1）布料设备的选择应与输送泵相匹配；布料设备的混凝土输送管内径宜与混凝土输送泵管内径相同。

2）布料设备的数量及位置应根据布料设备工作半径、施工作业面大小以及施工要求确定。

3）布料设备应安装牢固，且应采取抗倾覆稳定措施；应对布料设备安装位置处的结构或施工设施进行验算，必要时应采取加固措施。

4）应经常对布料设备的弯管壁厚进行检查，磨损较大的弯管应及时更换。

5）布料设备作业范围不得有阻碍物，并应有防范高空坠物的设施。

输送泵输送混凝土应符合下列规定。

1）应先进行泵水检查，并应湿润输送泵的料斗、活塞等直接与混凝土接触的部位；

泵水检查后，应清除输送泵内积水。

2）输送混凝土前，应先输送水泥砂浆对输送泵和输送管进行润滑，然后开始输送混凝土。

3）输送混凝土速度应先慢后快、逐步加速，应在系统运转顺利后再按正常速度输送。

4）输送混凝土过程中，应设置输送泵集料斗网罩，并应保证集料斗有足够的混凝土余量。

（4）垂直运输设备

施工现场的混凝土垂直运输，可利用塔式起重机、井架、施工升降机（施工电梯）等起重设备。利用塔式起重机时，应配备相应的混凝土吊罐式吊斗；利用井架、施工升降机时，可将装载混凝土的手推车直接推入吊盘中，运送到混凝土浇筑面。

3.3.4　混凝土浇筑

1. 浇筑前的检查

1）浇筑混凝土前，应检查和控制模板、钢筋、保护层和预埋件等的尺寸、规格、数量和位置，其偏差值应符合现行国家标准《混凝土结构工程施工质量验收规范》（GB 50204—2015）的规定。此外，还应检查模板支撑的稳定性以及接缝的密合情况。

2）浇筑混凝土前，应清除模板内或垫层上的杂物。表面干燥的地基、垫层、模板应洒水湿润。

3）模板和隐蔽项目应分别进行预检和隐蔽验收，符合要求方可进行混凝土浇筑。

4）对操作人员进行技术交底；根据施工方案中的技术要求，检查并确认施工现场具备实施条件。

2. 混凝土浇筑的一般要求

1）混凝土拌和物入模温度不应低于 5℃，且不应高于 35℃。现场环境温度高于 35℃时宜对金属模板进行洒水降温；洒水后不得留有积水。

2）混凝土运输、输送、浇筑过程中严禁加水；混凝土运输、输送、浇筑过程中散落的混凝土严禁用于结构混凝土浇筑。

3）混凝土应布料均衡。应对模板及支架进行观察和维护，发生异常情况应及时进行处理。混凝土浇筑和振捣应采取防止模板、钢筋、钢构、预埋件及其定位件移位的措施。

4）柱、墙模板内的混凝土浇筑倾落高度限值应符合表 3-21 的规定；当不能满足表 3-21 的要求时，应加设溜槽、溜管、串筒等装置（图 3-48），以防混凝土产生离析。

表 3-21　柱、墙模板内混凝土浇筑倾落高度限值

条件	浇筑倾落高度限值/m	条件	浇筑倾落高度限值/m
粗骨料粒径＞25mm	≤3	粗骨料粒径≤25mm	≤6

注：当有可靠措施能保证混凝土不产生离析时，混凝土倾落高度可不受本表限制。

5）混凝土浇筑的布料点宜接近浇筑位置，应采取减少混凝土下料冲击的措施。宜先浇筑竖向结构构件，后浇筑水平结构构件；浇筑区域结构平面有高差时，宜先浇筑低区部分，再浇筑高区部分。

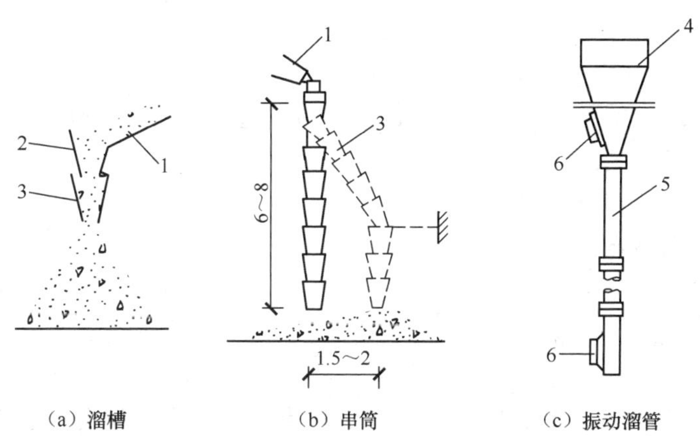

（a）溜槽　（b）串筒　（c）振动溜管

1—溜槽；2—挡板；3—串筒；4—漏斗；5—节管；6—振动器。

图 3-48　溜槽、串筒与溜管（单位：m）

6）浇筑竖向结构混凝土前，底部应先浇入 50～100mm 厚与混凝土成分相同的水泥砂浆，以避免产生蜂窝麻面现象。

7）为了使混凝土上下层结合良好并振捣密实，混凝土浇筑过程应分层进行，上层混凝土应在下层混凝土初凝之前浇筑完毕，其浇筑层厚度应符合表 3-22 的规定。

表 3-22　混凝土浇筑层厚度

捣实混凝土的方法		浇筑层的厚度
插入式振捣		振动器作用部分长度的 1.25 倍
表面振捣		200 mm
人工振捣	在基础、无筋混凝土或配筋稀疏结构中	250mm
	在梁、板、柱结构中	200mm
	在配筋密列的结构中	150mm

8）混凝土运输、浇筑及间歇的全部时间不应超过混凝土的初凝时间。同一施工段的混凝土应连续浇筑，并应在底层混凝土初凝之前将上一层混凝土浇筑完毕。当底层混凝土初凝后浇筑上一层混凝土时，应按施工技术方案中对施工缝的要求进行处理。当由于技术上或施工组织上的原因必须间歇时，其间歇的时间应尽可能缩短，其间歇的最长时间，应按所用水泥品种、混凝土强度等级及施工气温确定，且不超过表 3-23 中的规定，当超过时应留置施工缝。

表 3-23　混凝土浇筑允许间歇时间

混凝土强度等级	混凝土在不同温度下的允许间歇时间/min	
	≤25℃	＞25℃
≤C30	210	180
＞C30	180	150

注：1．表中的数值包括混凝土的运输和浇筑时间。

2．当混凝土中掺促凝剂或缓凝剂时，其允许间歇时间由试验确定。

9）混凝土浇筑后，在混凝土初凝前和终凝前宜分别对混凝土裸露表面进行抹面处理。

10）在混凝土浇筑过程中，应及时认真填写施工记录，这是施工验收的基本依据，也是保证混凝土质量的重要措施。

3. 混凝土施工缝与后浇带

（1）施工缝与后浇带的留设

施工缝是按设计要求或施工需要分段浇筑，先浇筑混凝土达到一定强度后继续浇筑混凝土所形成的接缝。在混凝土浇筑过程中，若因技术上的原因或设备、人力的限制，混凝土不能连续浇筑，中间的间歇时间超过混凝土初凝时间，则应留置施工缝。

后浇带为适应环境温度变化、混凝土收缩、结构不均匀沉降等因素影响，在梁、板（包括基础底板）、墙等结构中预留的具有一定宽度且经过一定时间后再浇筑的混凝土带。后浇带的设置距离，应考虑在有效降低温差和收缩应力条件下，通过计算来确定。在正常的施工条件下，一般间距为 30～50m，采取特殊措施后，可适当增加。后浇带的保留时间应根据设计确定，若设计无要求时，一般应至少保留 28d 以上。后浇带的宽度一般为 700～1000mm，后浇带内的钢筋应完好保存。其构造如图 3-49 所示。

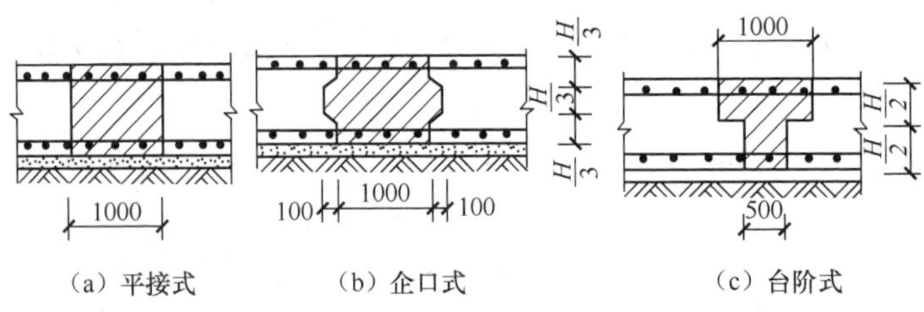

（a）平接式　（b）企口式　（c）台阶式

图 3-49　后浇带构造图（单位：mm）

施工缝和后浇带的留设位置应在混凝土浇筑之前确定。施工缝和后浇带宜留设在结构受剪力较小且便于施工的位置。受力复杂的结构构件或有防水抗渗要求的结构构件，施工缝留设位置应经设计单位认可。

水平施工缝的留设位置应符合下列规定。

1）柱、墙施工缝可留设在基础、楼层结构顶面［图 3-50（a）］，柱施工缝与结构上表面的距离宜为 0～100mm，墙施工缝与结构上表面的距离宜为 0～300mm。

2）柱、墙施工缝也可留设在楼层结构底面，施工缝与结构下表面的距离宜为 0～50mm；当板下有梁托时，可留设在梁托下 0～20mm［图 3-50（b）、（c）］。

3）高度较大的柱、墙、梁以及厚度较大的基础可根据施工需要在其中部留设水平施工缝；必要时，可对配筋进行调整，并应征得设计单位认可。

4）特殊结构部位留设水平施工缝应征得设计单位同意。

竖向施工缝和后浇带的留设位置应符合下列规定。

1）有主次梁的楼板施工缝应留设在次梁跨度中间的 1/3 范围内［图 3-50（d）］。

2）单向板施工缝应留设在与跨度方向平行的任何位置。

3）楼梯梯段施工缝宜设置在梯段板跨度端部的 1/3 范围内［图 3-50（e）］。

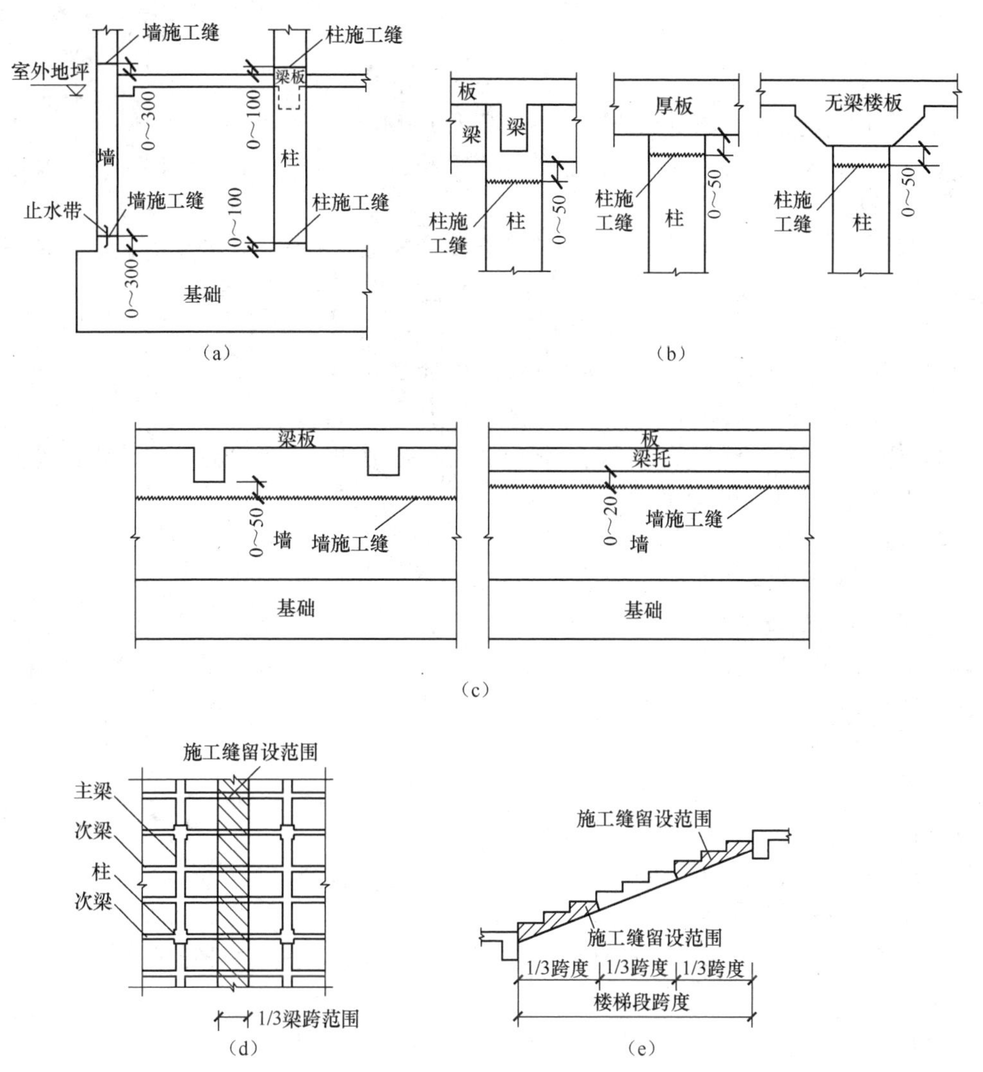

图 3-50　施工缝的留设位置（单位：mm）

4）墙的施工缝宜设置在门洞口过梁跨中 1/3 范围内，也可留设在纵横墙交接处。

5）后浇带留设位置应符合设计要求。

6）特殊结构部位留设竖向施工缝应征得设计单位同意。

施工缝、后浇带留设界面应垂直于结构构件和纵向受力钢筋。结构构件厚度或高度较大时，施工缝或后浇带界面宜采用专用材料封挡。

混凝土浇筑过程中，因特殊原因需临时设置施工缝时，施工缝留设应规整，并宜垂直于构件表面，必要时可采取增加插筋、事后修凿等技术措施。施工缝和后浇带应采取钢筋防锈或阻锈等保护措施。

（2）施工缝与后浇带的处理

施工缝或后浇带处浇筑混凝土应符合下列规定。

1）结合面应采用粗糙面；结合面应清除浮浆、疏松石子、软弱混凝土层，并应清理干净。

2）结合面处应采用洒水方法进行充分湿润，并不得有积水。

3）施工缝处已浇筑混凝土的强度不应小于 1.2MPa。

4）柱、墙水平施工缝水泥砂浆接浆层厚度不应大于 30mm，接浆层水泥砂浆应与混凝土浆液同成分。

5）后浇带混凝土强度等级及性能应符合设计要求；当设计无要求时，后浇带强度等级宜比两侧混凝土提高一级，并宜采用减少收缩的技术措施进行浇筑。

超长结构混凝土浇筑应符合下列规定。

1）可留设施工缝分仓浇筑，分仓浇筑间隔时间不应少于 7d。

2）当留设后浇带时，后浇带封闭时间不得少于 14d。

3）超长整体基础中调节沉降的后浇带，混凝土封闭时间应通过监测确定，差异沉降应趋于稳定后再封闭后浇带。

4）后浇带的封闭时间应经设计单位认可。

4. 整体结构浇筑的要求

为保证结构的整体性和混凝土浇筑的连续性，应在下一层混凝土初凝之前，将上层混凝土浇筑完毕。因此，在编制混凝土浇筑施工方案时，首先应计算每小时需要浇筑的混凝土数量 Q，即

$$Q=\frac{V}{t_1-t_2} \tag{3-16}$$

式中：V——每个浇筑层中混凝土的体积，m^3；

t_1——混凝土的初凝时间，h；

t_2——混凝土的运输时间，h。

根据式（3-16）结果即可计算所需的搅拌机、运输机和振捣机械的数量，并以此拟定混凝土的浇筑方案。

整体结构混凝土浇筑的基本要求，不同的结构有所不同。

（1）框架结构的整体浇筑

框架结构的主要构件包括基础、柱、梁、板等，其中框架梁、板、柱等构件是沿垂直方向重复出现的。因此，一般按结构层分层施工。如果平面面积较大，还应分段进行，以便各工序组织流水作业。

在框架结构整体浇筑中，应注意以下事项。

1）在每层每段的施工中，其浇筑顺序应为先浇柱，后浇梁、板。

2）柱基础浇筑时，应先边角后中间，按台阶分层浇筑，确保混凝土充满模板各个角落，防止从一侧倾倒混凝土，以免挤压钢筋造成柱连接钢筋的移位。

3）柱子宜在梁板模板安装后钢筋未绑扎前浇筑，以便利用梁板模板作为横向支撑和柱浇筑操作平台；一排柱子的浇筑顺序，应从两端同时向中间推进，以防柱模板在横向推力作用下向一方倾斜；柱子应分段浇筑，当边长大于 400mm 且无交叉箍筋时，每段的高度不应大于 3.5m，当柱子的断面小于 400mm×400mm，并有交叉箍筋时，可在柱模板侧面每段不超过 2m 的高度开口（不小于 300mm 高），插入斜溜槽分段浇筑；随

着柱子浇筑高度的上升，相应递减混凝土的水灰比和坍落度，以免混凝土表面积聚浆水。

4）在浇筑与柱墙连成整体的梁和板时，应在柱或墙浇筑完毕后 1～1.5h，再继续浇筑，使柱混凝土充分沉实。肋型楼板的梁板应同时浇筑，其顺序是先根据梁高分层浇筑成阶梯形，当达到板底位置时再与板的混凝土一起浇筑；当梁高大于 1m 时，可单独先浇筑梁的混凝土，施工缝可留在板底以下 20～30mm 处；无梁楼板中，板和柱帽应同时浇筑混凝土。

5）当浇筑主梁及主次梁交叉处的混凝土时，一般钢筋较密集，特别是上部负钢筋又粗又多，因此，这一部分可改用细石混凝土进行浇筑，同时，振捣棒头可改用片式并辅以人工捣固配合。

（2）剪力墙浇筑

剪力墙浇筑应采取长条流水作业，分段浇筑，均匀上升。墙体浇筑混凝土前或新浇混凝土与下层混凝土结合处，应在底面上均匀浇筑 50mm 厚与墙体混凝土成分相同的水泥砂浆或细石混凝土。砂浆或混凝土应用铁锹入模，不应用料斗直接灌入模内，混凝土应分层浇筑振捣，每层浇筑厚度控制在 600mm 左右，浇筑墙体混凝土应连续进行。墙体混凝土的施工缝宜设在门窗洞口上，接槎处混凝土应加强振捣，保证接槎严密。

洞口浇筑混凝土时，应使洞口两侧混凝土高度大体一致。振捣时，振捣棒应距洞边 300mm 以上，从两侧同时振捣，以防止洞口变形，大洞口下部模板应开口并补充振捣。构造柱混凝土应分层浇筑，内外墙交接处的构造柱和墙同时浇筑，振捣要密实。

墙体浇筑振捣完毕后，将上口甩出的钢筋加以整理，用木抹子按标高线将墙上表面混凝土抹平。

混凝土浇捣过程中，不可随意挪动钢筋，要经常检查钢筋保护层厚度及所有预埋件的牢固程度和位置的准确性。

当柱、墙混凝土设计强度等级高于梁、板混凝土设计强度等级时，混凝土浇筑应符合下列规定。

1）柱、墙混凝土设计强度比梁、板混凝土设计强度高一个等级时，柱、墙位置梁、板高度范围内的混凝土经设计单位同意，可采用与梁、板混凝土设计强度等级相同的混凝土进行浇筑。

2）柱、墙混凝土设计强度比梁、板混凝土设计强度高两个等级及以上时，应在交界区域采取分隔措施。分隔位置应在低强度等级的构件中，且距高强度等级构件边缘不应小于 500mm。

3）宜先浇筑高强度等级混凝土，后浇筑低强度等级混凝土。

（3）大体积混凝土的浇筑

1）大体积混凝土的浇筑方法：大体积混凝土结构整体性要求较高，一般不允许留设施工缝。因此，必须保证混凝土搅拌、运输、浇筑、振捣各工序的协调配合。宜先浇筑深坑部分再浇筑大面积基础部分；宜采用斜面分层浇筑方法，也可采用全面分层、分段分层浇筑方法（图 3-51），层与层之间混凝土浇筑的间歇时间应能保证整个混凝土浇筑过程的连续。

全面分层浇筑方法。在整个结构内全面分层浇筑混凝土，待第一层全部浇筑完毕，在初凝前再回来浇筑第二层，如此逐层进行，直至浇筑完成。此浇筑方法适用于结构平面尺寸不大的情况。浇筑时一般从短边开始，沿长边进行，也可以从中间向两端或由两端向中间同时进行。

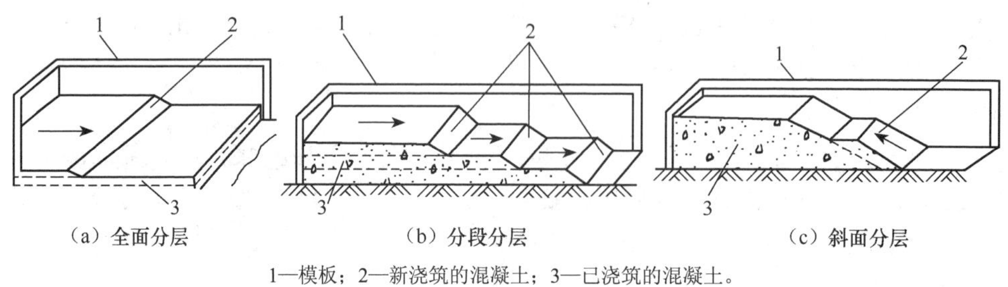

1—模板；2—新浇筑的混凝土；3—已浇筑的混凝土。

图 3-51　大体积混凝土浇筑方法

分段分层浇筑方法。混凝土从底层开始浇筑，进行一定距离后回来浇筑第二层，如此依次向前浇筑以上各层。此浇筑方法适用于厚度不太大，而面积或长度较大的结构。

斜面分层浇筑方法。混凝土从结构一端满足其高度浇筑一定长度，并留设坡度为 1∶3 的浇筑斜面，从斜面下端向上浇筑，逐层进行。此浇筑方法适用于结构的长度超过其厚度 3 倍的情况。

混凝土分层浇筑应采用自然流淌形成斜坡，并应沿高度均匀上升，分层厚度不宜大于 500mm。应有排除积水或混凝土泌水的有效技术措施。

2）大体积混凝土裂缝控制应采取以下措施。

① 大体积混凝土施工应合理选用混凝土配合比，宜选用水化热低的水泥，并宜掺加粉煤灰、矿渣粉和高性能减水剂，控制水泥用量，应加强混凝土养护工作。

② 大体积混凝土宜采用后期强度作为配合比、强度评定的依据。基础混凝土可采用龄期为 60d（56d）、90d 的强度等级；柱、墙混凝土强度等级不小于 C80 时，可采用龄期为 60d（56d）的强度等级。所采用的混凝土后期强度应经设计单位认可。

③ 混凝土最大绝热温升和内部最高温度应按《混凝土结构工程施工质量验收规范》（GB 50204—2015）进行计算。大体积混凝土施工温度控制应符合下列规定：混凝土入模温度不宜大于 30℃；混凝土最大绝热温升不宜大于 50℃；混凝土结构构件表面以内 40～80mm 位置处的温度与混凝土结构构件内部的温度差值不宜大于 25℃，且与混凝土结构构件表面的温度差值不宜大于 25℃；混凝土降温速率不宜大于 2℃/d。

④ 大体积混凝土测温点布置及测温频率应符合规范要求。

3.3.5　混凝土振捣

混凝土入模时呈疏松状，里面含有大量的空洞与气泡，必须采用适当的方法在其初凝前振捣密实，满足混凝土的设计要求。混凝土浇筑后振捣是用混凝土振动器的振动力，把混凝土内部的空气排出，使砂子充满石子间的空隙，水泥浆充满砂子间的空隙，以达到混凝土的密实。混凝土振捣应能使模板内各个部位混凝土密实、均匀，不应漏振、欠振、过振。混凝土振捣应采用插入式振动棒、附着振动器、平板振动器和振动台（图 3-52），必要时可采用人工辅助振捣。

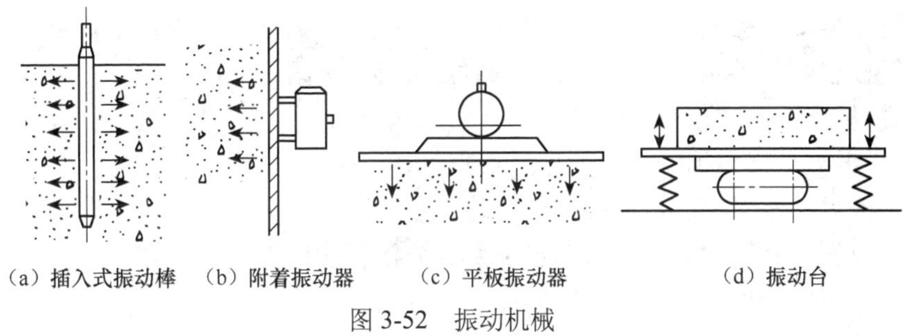

（a）插入式振动棒　（b）附着振动器　（c）平板振动器　（d）振动台

图 3-52　振动机械

1. 插入式振动棒

插入式振动棒是由电动机、传动装置和振动棒 3 部分组成的，工作时依靠振动棒插入混凝土产生振动力而捣实混凝土。插入式振动器是建筑工程应用最广泛的一种，常用来振实梁、柱、墙等平面尺寸较小而深度较大的构件和体积较大的混凝土。

（1）插入式振动棒的种类

插入式振动棒的分类方法有很多，按振动转子激振原理不同，可分为行星滚锥式和偏心轴式；按操作方式不同，可分为垂直振捣式和斜面振捣式；按驱动方式不同，可分为电动、风动、液压和内燃机驱动等形式；按电动机与振动棒之间的传动形式不同，可分为软轴式和直联式（图 3-53）。

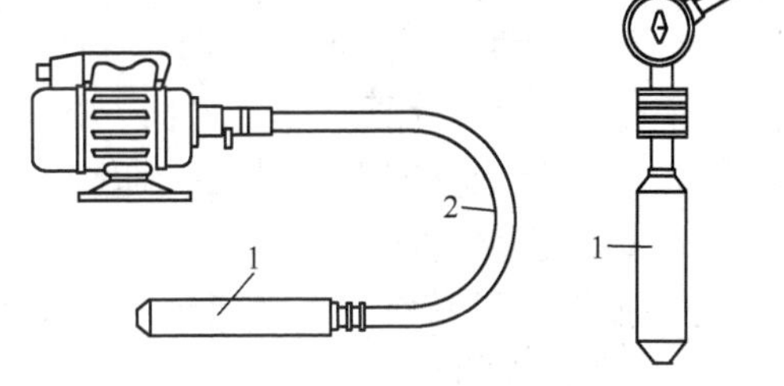

（a）软轴式振动棒　（b）直联式振动棒

1—振动棒；2—软轴。

图 3-53　插入式振动棒外形

（2）振动棒振捣混凝土的施工要点

1）应按分层浇筑厚度分别进行振捣，振动棒的前端应插入前一层混凝土中，插入深度不应小于 50mm。

2）振动棒应垂直于混凝土表面并快插慢拔均匀振捣；当混凝土表面无明显塌陷、有水泥浆出现、不再冒气泡时，可结束该部位振捣。

3）振动棒与模板的距离不应大于振动棒作用半径的 1/2；振捣插点间距不应大于振动棒的作用半径的 1.4 倍。

2. 外部振动器

外部振动器直接安装在模板外侧的横挡或竖挡上，利用偏心块旋转时所产生的振动力，通过模板传递给混凝土，使之振动密实。

（1）外部振动器的种类

外部振动器根据作业不同，可分为附着式和平板式两种。附着振动器是依靠其底部螺栓固定在模板上面；平板振动器是在附着振动器底部加一块平板改装而成，使之能浮在混凝土表面上，并能在偏心块旋转时产生的振动力作用下，在混凝土表面上自动滑移，又叫表面振动器。适用于振捣平板、地面、路面等面积较大而厚度较小的构件。

（2）附着振动器振捣混凝土的施工要点

1）附着振动器应与模板紧密连接，设置间距应通过试验确定。

2）附着振动器应根据混凝土浇筑高度和浇筑速度，依次从下往上振捣。

3）模板上同时使用多台附着振动器时应使各振动器的频率一致，并应交错设置在相对面的模板上。

（3）平板振动器振捣混凝土的施工要点

1）平板振动器振捣应覆盖振捣平面边角。

2）平板振动器移动间距应覆盖已振实部分混凝土边缘。

3）倾斜表面振捣时，应由低处向高处进行振捣。

3. 振动台

（1）振动台的工作原理

混凝土振动台又称台式振动器，是一个支承在弹性支座上的工作平台，是混凝土预制厂的主要成型设备，一般由电动机、齿轮同步器、工作台面、振动子、支承弹簧等部分组成。台面上安装成型的钢模板，模板内装满混凝土，当振动机构运转时，在振动子的作用下，带动工作台面强迫振动，使混凝土振实成型。

（2）振动台的施工要点

1）振动台应安装在牢固的基础上，地脚螺栓应有足够的强度，并确定拧紧。

2）振动台使用前，必须先进行检查和试转，待一切正常才能正式工作。

3）振动台不易空载长时间运转。作业中必须安置牢固的模板并锁紧夹具，以保证模板、混凝土及台面一起振动。

4）振动台作业中应注意轴承的温升，发现过热应停机进行检查维修。

5）振动台台面应保持清洁平整，使其与模板接触良好。由于台面在高频重载下振动，容易产生裂纹，必须注意检查，及时修补。

4. 特殊部位的混凝土加强振捣的措施

1）宽度大于 0.3m 的预留洞底部区域应在洞口两侧进行振捣，并应适当延长振捣时间；宽度大于 0.8m 的洞口底部，应采取特殊的技术措施。

2）后浇带及施工缝边角处应加密振捣点，并应适当延长振捣时间。

3）钢筋密集区域或型钢与钢筋结合区域应选择小型振动棒辅助振捣、加密振捣点，并应适当延长振捣时间。

4）基础大体积混凝土浇筑流淌形成的坡顶和坡脚应适时振捣，不得漏振。

3.3.6 混凝土养护

混凝土浇筑后应及时进行保湿养护，混凝土养护分自然养护和人工养护。自然养护是指在自然气温（大于+5℃）条件下，对混凝土采取洒水、覆盖、喷涂养护剂等方式，使混凝土在规定的时间内有适宜的温湿条件进行硬化；人工养护是指人工控制混凝土的温度和湿度，使混凝土强度增长，如蒸汽养护、加热养护、太阳能养护等。选择养护方式应考虑现场条件、环境温湿度、构件特点、技术要求、施工操作等因素。现浇混凝土结构多采用自然养护。

1. 混凝土的养护时间规定

1）采用硅酸盐水泥、普通硅酸盐水泥或矿渣硅酸盐水泥配制的混凝土，不应少于 7d；其他品种水泥的养护时间应根据水泥性能确定。

2）采用缓凝型外加剂、大掺量矿物掺和料配制的混凝土，不应少于 14d。

3）抗渗混凝土、强度等级 C60 及以上的混凝土，不应少于 14d。

4）后浇带混凝土的养护时间不应少于 14d。

5）地下室底层墙、柱和上部结构首层墙、柱宜适当增加养护时间。

6）基础大体积混凝土养护时间应根据施工方案确定。

2. 洒水养护规定

1）洒水养护宜在混凝土裸露表面覆盖麻袋或草帘后进行，也可采用直接洒水、蓄水等养护方式；洒水养护应保证混凝土处于湿润状态。

2）洒水养护用水应符合《混凝土用水标准》（JGJ 63—2006）的有关规定。

3）当日最低温度低于 5℃时，不应采用洒水养护。

3. 覆盖养护规定

1）覆盖养护宜在混凝土裸露表面覆盖塑料薄膜、塑料薄膜加麻袋、塑料薄膜加草帘进行。

2）塑料薄膜应紧贴混凝土裸露表面，塑料薄膜内应保持有凝结水。

3）覆盖物应严密，覆盖物的层数应按施工方案确定。

4. 喷涂养护剂养护规定

1）应在混凝土裸露表面喷涂覆盖致密的养护剂进行养护。

2）养护剂应均匀喷涂在结构构件表面，不得漏喷；养护剂应具有可靠的保湿效果，保湿效果可通过试验检验。

3）养护剂使用方法应符合产品说明书的有关要求。

基础大体积混凝土裸露表面应采用覆盖养护方式，当混凝土表面以内 40～80mm 位置的温度与环境温度的差值小于 25℃时，可结束覆盖养护。覆盖养护结束但尚未到达养护时间要求时，可采用洒水养护方式直至养护结束。

5. 柱、墙混凝土养护规定

1）地下室底层和上部结构首层柱、墙混凝土带模养护时间，不宜少于 3d；带模养护结束后可采用洒水养护方式继续养护，必要时也可采用覆盖养护或喷涂养护剂养护方式继续养护。

2）其他部位柱、墙混凝土可采用洒水养护；必要时，也可采用覆盖养护或喷涂养护剂养护。

混凝土强度达到 1.2N/mm^2 前，不得在其上踩踏、堆放荷载、安装模板及支架。

同条件养护试件的养护条件应与实体结构部位养护条件相同，并应采取措施妥善保管。施工现场应具备混凝土标准试件制作条件，并应设置标准试件养护室或养护箱。标准试件养护应符合国家现行有关标准的规定。

3.3.7　混凝土质量检查与验收

混凝土结构施工质量检查可分为过程控制检查和拆模后的实体质量检查。过程控制检查应在混凝土施工全过程中，按施工段划分和工序安排及时进行；拆模后的实体质量检查应在混凝土表面未做处理和装饰前进行。

混凝土的强度等级必须符合设计要求。用于检验混凝土强度的试件应在浇筑地点随机抽取。

检查数量：对同一配合比混凝土，取样与试件留置应符合下列规定。

1）每拌制 100 盘且不超过 100m^3 时，取样不得少于一次。

2）每工作班拌制不足 100 盘时，取样不得少于一次。

3）连续浇筑超过 1000m^3 时，每 200m^3 取样不得少于一次。

4）每一楼层取样不得少于一次。

5）每次取样应至少留置一组试件。

检验方法：检查施工记录及混凝土强度试验报告。

1. 混凝土结构质量检查的相关规定

1）检查的频率、时间、方法和参加检查的人员，应当根据质量控制的需要确定。

2）施工单位应对完成施工的部位或成果的质量进行自检，自检应全数检查。

3）混凝土结构质量检查应做出记录。对于返工和修补的构件，应有返工修补前后的记录，并应有图像资料。

4）混凝土结构质量检查中，对于已经隐蔽、不可直接观察和量测的内容，可检查隐蔽工程验收记录。

5）需要对混凝土结构的性能进行检验时，应委托有资质的检测机构检测，并出具检测报告。

2. 混凝土结构的质量过程控制检查内容

（1）模板内容

1）模板与模板支架的安全性。

2）模板位置、尺寸。

3）模板的刚度和密封性。

4）模板涂刷隔离剂及必要的表面湿润。

5）模板内杂物清理。

（2）钢筋及预埋件内容

1）钢筋的规格、数量。

2）钢筋的位置。

3）钢筋的保护层厚度。

4）预埋件（预埋管线、箱盒、预留孔洞）规格、数量、位置及固定。

（3）混凝土拌和物内容

1）坍落度、入模温度等。

2）大体积混凝土的温度测控。

（4）混凝土浇筑内容

1）混凝土输送、浇筑、振捣等。

2）混凝土浇筑时模板的变形、漏浆等。

3）混凝土浇筑时钢筋和预埋件（预埋管线、预留孔洞）位置。

4）混凝土试件制作。

5）混凝土养护。

6）施工载荷加载后，模板与模板支架的安全性。

3. 混凝土结构拆除模板后的实体质量检查内容

1）构件的尺寸、位置：轴线位置、标高；截面尺寸、表面平整度；垂直度（构件垂直度、单层垂直度和全高垂直度）。

2）预埋件：数量、位置。

3）构件的外观缺陷。

4）构件的连接及构造做法。

4. 混凝土现浇结构分项工程的质量验收

（1）一般规定

1）现浇结构的外观质量缺陷，应由监理（建设）单位、施工单位等各方根据其对结构性能和使用功能影响的严重程度，按表 3-24 确定。

表 3-24　现浇结构的外观质量缺陷

名称	现象	严重缺陷	一般缺陷
露筋	构件内钢筋未被混凝土包裹而外露	纵向受力钢筋有露筋	其他钢筋有少量露筋
蜂窝	混凝土表面缺少水泥砂浆而石子外露	构件主要受力部位有蜂窝	其他部位有少量蜂窝
孔洞	混凝土中孔穴深度和长度均超过保护层厚度	构件主要受力部位有孔洞	其他部位有少量孔洞
夹渣	混凝土中夹有杂物且深度超过保护层厚度	构件主要受力部位有夹渣	其他部位有少量夹渣
疏松	混凝土中局部不密实	构件主要受力部位有疏松	其他部位有少量疏松
裂缝	缝隙从混凝土表面延伸至混凝土内部	构件主要受力部位有影响结构性能或使用功能的裂缝	其他部位有少量不影响结构性能或使用功能的裂缝
连接部位缺陷	构件连接处混凝土缺陷及连接钢筋、连接件松动	连接部位有影响结构传力性能的缺陷	连接部位有基本不影响结构传力性能的缺陷
外形缺陷	缺棱掉角、棱角不直、翘曲不平、飞边凸肋等	清水混凝土构件有影响使用功能或装饰效果的外形缺陷	其他混凝土构件有不影响使用功能的外形缺陷
外表缺陷	构件表面麻面、掉皮、起砂、被污染等	具有重要装饰效果的清水混凝土构件有外表缺陷	其他混凝土构件有不影响使用功能的外表缺陷

2）现浇结构拆模后，应由监理（建设）单位、施工单位对外观质量和尺寸偏差进行检查，做出记录，并应及时按施工技术方案对缺陷进行处理。

（2）外观质量

1）现浇结构的外观质量不应有严重缺陷。对已经出现的严重缺陷，应由施工单位提出技术处理方案，并经监理（建设）单位认可后进行处理。对经处理的部位，应重新检查验收。

2）现浇结构的外观质量不宜有一般缺陷。对已经出现的一般缺陷，应由施工单位按技术处理方案进行处理，并重新检查验收。

（3）尺寸偏差

1）现浇结构不应有影响结构性能和使用功能的尺寸偏差。混凝土设备基础不应有影响结构性能和设备安装的尺寸偏差。对超过尺寸允许偏差且影响结构性能和安装、使用功能的部位，应由施工单位提出技术处理方案，并经监理（建设）单位认可后进行处理。对经处理的部位，应重新检查验收。

2）现浇结构和现浇设备基础的位置和尺寸允许偏差及检验方法应符合表 3-25 和表 3-26 的规定。

表 3-25　现浇结构位置和尺寸允许偏差及检验方法

<table>
<tr><th colspan="3">项目</th><th>允许偏差/mm</th><th>检验方法</th></tr>
<tr><td rowspan="3">轴线位置</td><td colspan="2">整体基础</td><td>15</td><td rowspan="2">经纬仪及尺量</td></tr>
<tr><td colspan="2">独立基础</td><td>10</td></tr>
<tr><td colspan="2">柱、墙、梁</td><td>8</td><td>尺量</td></tr>
<tr><td rowspan="4">垂直度</td><td rowspan="2">层高</td><td>≤6m</td><td>10</td><td rowspan="2">经纬仪或吊线、尺量</td></tr>
<tr><td>>6m</td><td>12</td></tr>
<tr><td colspan="2">全高（H）≤300m</td><td>H/30000+20</td><td rowspan="2">经纬仪、尺量</td></tr>
<tr><td colspan="2">全高（H）>300m</td><td>H/10000 且≤80</td></tr>
<tr><td rowspan="2">标高</td><td colspan="2">层高</td><td>±10</td><td rowspan="2">水准仪或拉线、尺量</td></tr>
<tr><td colspan="2">全高</td><td>±30</td></tr>
<tr><td rowspan="3">截面尺寸</td><td colspan="2">基础</td><td>+15，−10</td><td rowspan="5">尺量</td></tr>
<tr><td colspan="2">柱、梁、板、墙</td><td>+10，−5</td></tr>
<tr><td colspan="2">楼梯相邻踏步高差</td><td>6</td></tr>
<tr><td rowspan="2">电梯井</td><td colspan="2">中心位置</td><td>10</td></tr>
<tr><td colspan="2">长、宽尺寸</td><td>+25，0</td></tr>
<tr><td colspan="3">表面平整度</td><td>8</td><td>2m 靠尺和塞尺量测</td></tr>
<tr><td rowspan="4">预埋件中心位置</td><td colspan="2">预埋板</td><td>10</td><td rowspan="5">尺量</td></tr>
<tr><td colspan="2">预埋螺栓</td><td>5</td></tr>
<tr><td colspan="2">预埋管</td><td>5</td></tr>
<tr><td colspan="2">其他</td><td>10</td></tr>
<tr><td colspan="3">预留洞、孔中心线位置</td><td>15</td></tr>
</table>

注：1．检查轴线、中心线位置时，沿纵、横两个方向测量，并取其中偏差的较大值。
2．*H* 为全高，单位为 mm。

表 3-26　现浇设备基础位置和尺寸允许偏差及检验方法

<table>
<tr><th colspan="2">项目</th><th>允许偏差/mm</th><th>检验方法</th></tr>
<tr><td colspan="2">坐标位置</td><td>20</td><td>经纬仪及尺量</td></tr>
<tr><td colspan="2">不同平面的标高</td><td>0，−20</td><td>水准仪或拉线、尺量</td></tr>
<tr><td colspan="2">平面外形尺寸</td><td>±20</td><td rowspan="3">尺量</td></tr>
<tr><td colspan="2">凸台上平面外形尺寸</td><td>0，−20</td></tr>
<tr><td colspan="2">凹槽尺寸</td><td>+20，0</td></tr>
<tr><td rowspan="2">平面水平度</td><td>每米</td><td>5</td><td>水平尺、塞尺量测</td></tr>
<tr><td>全长</td><td>10</td><td>水准仪或拉线、尺量</td></tr>
<tr><td rowspan="2">垂直度</td><td>每米</td><td>5</td><td rowspan="2">经纬仪或吊线、尺量</td></tr>
<tr><td>全高</td><td>10</td></tr>
</table>

续表

项目		允许偏差/mm	检验方法
预埋地脚螺栓	中心线位置	2	尺量
	顶标高	+20，0	水准仪或拉线、尺量
	中心距	±2	尺量
	垂直度	5	吊线、尺量
预埋地脚螺栓孔	中心线位置	10	尺量
	截面尺寸	+20，0	
	深度	+20，0	
	垂直度	*h*/100 且≤10	吊线、尺量
预埋活动地脚螺栓锚板	中心线位置	5	尺量
	标高	+20，0	水准仪或拉线、尺量
	带槽锚板平整度	5	直尺、塞尺量测
	带螺纹孔锚板平整度	2	

注：1．检查坐标、中心线位置时，应沿纵、横两个方向测量，并取其中偏差的较大值。
2．*h* 为预埋地脚螺栓孔孔深，单位为 mm。

3.3.8　混凝土冬期、高温与雨期施工

1．一般规定

1）根据当地多年气象资料统计，当室外日平均气温连续 5 日稳定低于 5℃即进入冬期施工；当室外日平均气温连续 5 日稳定高于 5℃即解除冬期施工。当混凝土未达到受冻临界强度而气温骤降至 0℃以下时，应按冬期施工的要求采取应急防护措施。

2）当日平均气温达到 30℃及以上时，应按高温施工要求采取措施。

3）雨季和降雨期间，应按雨期施工要求采取措施。

4）混凝土冬期施工应按现行行业标准《建筑工程冬期施工规程》（JGJ/T 104—2011）的有关规定进行热工计算。

2．冬期施工

冬期施工配制混凝土宜选用硅酸盐水泥或普通硅酸盐水泥。采用蒸汽养护时，宜选用矿渣硅酸盐水泥。用于冬期施工混凝土的粗、细骨料中，不得含有冰、雪冻块及其他易冻裂物质。冬期施工混凝土用外加剂应符合现行国家标准《混凝土外加剂应用技术规范》（GB 50119—2013）的有关规定。采用非加热养护方法时，混凝土中宜掺入引气剂、引气型减水剂或含有引气组分的外加剂，混凝土含气量宜控制在 3%～5%。冬期施工混凝土配合比应根据施工期间环境气温、原材料、养护方法、混凝土性能要求等经试验确定，并宜选择较小的水胶比和坍落度。

（1）冬期施工混凝土搅拌前，原材料预热的相关规定

1）宜加热拌和水。当仅加热拌和水不能满足热工计算要求时，可加热骨料。拌和水与骨料的加热温度可通过热工计算确定，加热温度不应超过表 3-27 的规定。

2）水泥、外加剂、矿物掺和料不得直接加热，应事先储于暖棚内预热。

表 3-27　拌和水与骨料最高加热温度　　单位：℃

水泥强度等级	拌和水	骨料
42.5 以下	80	60
42.5、42.5R 及以上	60	40

（2）冬期施工混凝土搅拌的相关规定

1）液体防冻剂使用前应搅拌均匀，由防冻剂溶液带入的水分应从混凝土拌和水中扣除。

2）蒸汽法加热骨料时，应加大对骨料含水率测试频率，并应将由骨料带入的水分从混凝土拌和水中扣除。

3）混凝土搅拌前应对搅拌机械进行保温或采用蒸汽进行加温，搅拌时间应比常温搅拌时间延长 30～60s。

4）混凝土搅拌时应先投入骨料与拌和水，预拌后再投入胶凝材料与外加剂。胶凝材料、引气剂或含引气组分外加剂不得与 60℃以上热水直接接触。

混凝土拌和物的出机温度不宜低于 10℃，入模温度不应低于 5℃；对预拌混凝土或需远距离输送的混凝土，混凝土拌和物的出机温度可根据运输和输送距离经热工计算确定，但不宜低于 15℃。大体积混凝土的入模温度可根据实际情况适当降低。

混凝土运输、输送机具及泵管应采取保温措施。当采用泵送工艺浇筑时，应采用水泥浆或水泥砂浆对泵和泵管进行润滑、预热。

应在混凝土运输、输送与浇筑过程中进行测温，温度应满足热工计算的要求。

混凝土浇筑前，应清除地基、模板和钢筋上的冰雪和污垢，并应进行覆盖保温。混凝土分层浇筑时，分层厚度不应小于 400mm。在被上一层混凝土覆盖前，已浇筑层的温度应满足热工计算要求，且不得低于 2℃。

采用加热方法养护现浇混凝土时，应考虑加热产生的温度应力对结构的影响，并应合理安排混凝土浇筑顺序与施工缝留置位置。

（3）冬期浇筑的混凝土，其受冻临界强度应符合的规定

1）当采用蓄热法、暖棚法、加热法施工时，采用硅酸盐水泥、普通硅酸盐水泥配制的混凝土，不应低于设计混凝土强度等级值的 30%；采用矿渣硅酸盐水泥、粉煤灰硅酸盐水泥、火山灰质硅酸盐水泥、复合硅酸盐水泥配制的混凝土时，不应低于设计混凝土强度等级值的 40%。

2）当室外最低气温不低于－15℃时，采用综合蓄热法、负温养护法施工的混凝土受冻临界强度不应低于 4MPa；当室外最低气温不低于－30℃时，采用负温养护法施工的混凝土受冻临界强度不应低于 5MPa。

3）强度等级等于或高于 C50 的混凝土，不宜低于设计混凝土强度等级值的 30%。

4）对有抗冻耐久性要求的混凝土，不宜低于设计混凝土强度等级值的 70%。

（4）混凝土结构工程冬期施工养护应符合的规定

1）当室外最低气温不低于－15℃时，对地面以下的工程或表面系数不大于 $5m^{-1}$ 的结构，宜采用蓄热法养护，并应对结构易受冻部位加强保温。

2）当采用蓄热法不能满足要求时，对表面系数为 $5\sim15m^{-1}$ 的结构，可采用综合蓄

热法养护。采用综合蓄热法养护时，混凝土中应掺加具有减水、引气性能的早强剂或早强型外加剂。

3）对不易保温养护，且对强度增长无具体要求的一般混凝土结构，可采用掺防冻剂的负温养护法进行施工。

4）当上述第 1）～3）款不能满足施工要求时，可采用暖棚法、蒸汽加热法、电加热法等方法，但应采取降低能耗的措施。

混凝土浇筑后，对裸露表面应采取防风、保湿、保温措施，对边、棱角及易受冻部位应加强保温。在混凝土养护和越冬期间，不得直接对负温混凝土表面浇水养护。

模板和保温层应在混凝土达到要求强度，且混凝土表面温度冷却到 5℃后再拆除。对墙、板等薄壁结构构件，宜延长模板拆除时间。当混凝土表面温度与环境温度之差大于 20℃时，拆模后的混凝土表面应立即进行保温覆盖。

混凝土强度未达到受冻临界强度和设计要求时，应继续进行养护。工程越冬期间，应编制越冬维护方案并进行保温维护。

混凝土工程冬期施工应加强对骨料含水率、防冻剂掺量的检查，以及原材料、入模温度、实体温度和强度的监测；应依据气温的变化，检查防冻剂掺量是否符合配合比与防冻剂说明书的规定，并应根据需要进行配合比的调整。

混凝土冬期施工期间，应按国家现行有关标准的规定对混凝土拌和水温度、外加剂溶液温度、骨料温度、混凝土出机温度、浇筑温度、入模温度以及养护期间混凝土内部温度和大气温度进行测量。

冬期施工混凝土强度试件的留置除应符合现行国家标准《混凝土结构工程施工质量验收规范》（GB 50204—2015）的有关规定外，应增设与结构同条件养护试件，养护试件不应少于 2 组。同条件养护试件应在解冻后进行试验。

3. 高温施工

高温施工时，对露天堆放的粗、细骨料应采取遮阳防晒等措施。必要时，可对粗骨料进行喷雾降温。

高温施工混凝土配合比设计应符合下列规定。

1）应考虑原材料温度、环境温度、混凝土运输方式与时间对混凝土初凝时间、坍落度损失等性能指标的影响，根据环境温度、湿度、风力和采取温控措施的实际情况，对混凝土配合比进行调整。

2）宜在近似现场运输条件、时间和预计混凝土浇筑作业最高气温的天气条件下，通过混凝土试拌和与试运输的工况试验后，调整并确定适合高温天气条件下施工的混凝土配合比。

3）宜遵循低水泥用量的原则，并可采用粉煤灰取代部分水泥。宜选用水化热较低的水泥。

4）混凝土坍落度不宜小于 70mm。

混凝土的搅拌应符合下列规定。

1）应对搅拌站料斗、储水器、皮带运输机、搅拌楼采取遮阳防晒措施。

2）对原材料进行直接降温时，宜采用对水、粗骨料进行降温的方法。当对水直接降温时，可采用冷却装置冷却拌和用水，并应对水管及水箱加设遮阳和隔热设施，也可在水中加碎冰作为拌和用水的一部分。混凝土拌和时掺加的固体冰应确保在搅拌结束前融化，且在拌和用水中应扣除其质量。

3）原材料入机温度不宜超过表3-28的规定；混凝土拌和物出机温度不宜大于30℃。必要时，可采取掺加干冰等附加控温措施。

表3-28　原材料最高入机温度　单位：℃

原材料	入机温度	原材料	入机温度
水泥	60	水	20
骨料	30	粉煤灰等掺和料	60

混凝土宜采用白色混凝土搅拌运输车运输；对混凝土输送管应进行遮阳覆盖，并应洒水降温。混凝土浇筑入模温度不应高于35℃。混凝土浇筑宜在早间或晚间进行，且宜连续浇筑。当水分蒸发速率大于 1kg/（m^2·h）时，应在施工作业面采取挡风、遮阳、喷雾等措施。混凝土浇筑前，施工作业面宜采取遮阳措施，并应对模板、钢筋和施工机具采用洒水等降温措施，但浇筑时模板内不得有积水。混凝土浇筑完成后，应及时进行保湿养护。侧模拆除前宜采用带模湿润养护。

4. 雨期施工

雨期施工期间，对水泥和掺和料应采取防水和防潮措施，并应对粗、细骨料含水率实时监测，及时调整混凝土配合比。应选用具有防雨水冲刷性能的模板脱模剂。

雨期施工期间，应对混凝土搅拌、运输设备和浇筑作业面采取防雨措施，并应增加施工机械检查维修及接地接零检测工作次数。

除采用防护措施外，小雨、中雨天气不宜进行混凝土露天浇筑，且不应开始大面积作业面的混凝土露天浇筑；大雨、暴雨天气不应进行混凝土露天浇筑。雨后应检查地基面的沉降，并应对模板及支架进行检查。应采取防止基槽或模板内积水的措施。基槽或模板内和混凝土浇筑分层面出现积水时，应在排水后再浇筑混凝土。混凝土浇筑过程中，对因雨水冲刷致使水泥浆流失严重的部位，应采取补救措施后再继续施工。

在雨天进行钢筋焊接时，应采取挡雨等安全措施。混凝土浇筑完毕后，应及时采取覆盖塑料薄膜等防雨措施。

台风来临前，应对尚未浇筑混凝土的模板及支架采取临时加固措施；台风结束后，应检查模板及支架，已验收合格的模板及支架应重新办理验收手续。

思　考　题

3-1　试述模板的作用。对模板及其支架的基本要求有哪些？

3-2　模板有哪些类型？各有什么特点？

3-3　试述定型组合钢模板的组成及配板原则。

3-4　钢筋的种类有哪些？

3-5　钢筋加工包括哪些工序？

3-6　如何计算钢筋的下料长度？

3-7　如何进行钢筋的代换？

3-8　钢筋连接的方法有哪些？各有什么特点？

3-9　钢筋的绑扎有哪些一般规定？绑扎接头有哪些具体要求？

3-10　钢筋安装要检查的内容有哪些？

3-11　为什么要进行施工配合比的换算？如何换算？

3-12　混凝土搅拌制度包括哪些内容？如何合理确定？

3-13　混凝土运输的基本要求有哪些？

3-14　试述混凝土结构施工缝和后浇带的留设原则、留设位置及处理方法。

3-15　试述大体积混凝土的浇筑方法。

3-16　混凝土振动机械有哪几种？各自的适用范围是什么？

3-17　常用的混凝土养护方法有哪些？

3-18　混凝土现浇结构分项工程的质量验收内容有哪些？

3-19　混凝土冬期施工对原材料和施工工艺有什么要求？

3-20　混凝土高温施工对原材料和施工工艺有什么要求？

习　题

3-1　某简支梁配筋如图 3-54 所示，试计算各钢筋的下料长度，并编制钢筋配料单（梁端保护层取 25mm，其中弯起钢筋弯起角度为 45°）。

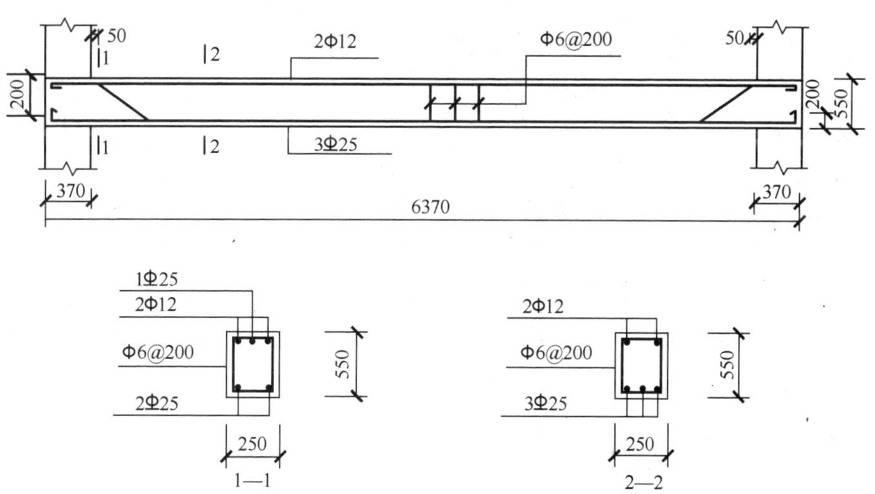

图 3-54　简支梁配筋图（单位：mm）

3-2　若题 3-1 中的Φ25 钢筋拟用Φ20 钢筋代换，应如何配置该梁钢筋，并绘制其配筋图。

3-3　已知某 C20 混凝土的试验室配合比为 0.61∶1∶2.54∶5.12（水∶水泥∶砂∶石），每立方米混凝土水泥用量为 310kg，经测定砂、石子的含水率各为 4%、2%，试求：

1）该混凝土的施工配合比。

2）用 JZ250 型混凝土搅拌机每拌制一盘混凝土各种材料的需用量。

第4章　预应力混凝土工程

4.1　概　　述

预应力混凝土结构的定义是：在结构承受外荷载前，预先对其在外荷载作用下的受拉区施加预压应力，以改善结构使用性能，这种结构形式称为预应力混凝土结构。

普通钢筋混凝土构件的抗拉极限应变值只有（1.0～1.5）$\times 10^{-4}$，相当于每米钢筋只能拉长 0.1～0.15mm，超过这个数值混凝土就会开裂。如要混凝土不开裂，受拉钢筋应力只能达到 20～30MPa。即使对允许出现裂缝的构件，当裂缝宽度限制在 0.2～0.3mm 时，受拉钢筋应力也只能达到 150～250MPa，因此限制了在钢筋混凝土构件中采用高强钢材来节约钢材的可能性。为了解决这一矛盾，有效的方法是在构件的受拉区施加预压应力，当构件在荷载作用下产生拉应力时，首先要抵消预压应力，然后随着荷载的不断增加，受拉区混凝土才逐渐受拉开裂，从而推迟裂缝的出现和限制裂缝的开展，提高构件的抗裂度和刚度。

4.1.1　预应力混凝土的特点

预应力混凝土与普通钢筋混凝土相比，具有以下明显的特点。

1）在与普通钢筋混凝土同样的条件下，具有构件截面小、自重轻、刚度大、抗裂度高、耐久性好、节省材料等优点。工程实践证明，预应力混凝土可节约钢材 40%～50%，节省混凝土 20%～40%，减轻构件自重可达 20%～40%。

2）可以有效利用高强钢材和高强度等级的混凝土，能充分发挥钢材和混凝土各自的特性，并能提高预制装配化程度。

3）预应力混凝土的施工，需要专门的材料与设备、特殊的施工工艺，施工技术比较复杂，操作要求较高，但用于大开间、大跨度与重荷载的结构中，其综合效益较好。

4.1.2　预应力混凝土的分类

预应力混凝土按预应力施加工艺的不同分为先张法预应力混凝土和后张法预应力混凝土。先张法是在台座或模板上先张拉预应力筋并用夹具临时锚固，在浇筑混凝土并达到规定强度后，放张预应力筋而建立预应力的施工方法。后张法是结构构件混凝土达到规定强度后，张拉预应力筋并用锚具永久锚固而建立预应力的施工方法。

预应力混凝土按预加应力值对构件截面裂缝控制程度的不同分为全预应力混凝土

和部分预应力混凝土。全预应力混凝土是在全部使用荷载下受拉边缘不允许出现拉应力的预应力混凝土，适用于要求混凝土不开裂的结构；部分预应力混凝土是在全部使用荷载下受拉边缘允许出现一定的拉应力或裂缝的混凝土。

预应力混凝土按预应力筋与混凝土的粘结状态不同分为有粘结预应力混凝土、无粘结预应力混凝土和缓粘结预应力混凝土。预应力混凝土按预应力筋在体内和体外的位置不同分为体内预应力混凝土和体外预应力混凝土。预应力混凝土按施工方法不同分为预制预应力混凝土、现浇预应力混凝土和叠合预应力混凝土。预应力混凝土按预应力筋张拉方式不同可分为液压机械张拉、电热张拉与自应力张拉等。

4.1.3　预应力混凝土工程的一般规定

1）预应力工程应编制专项施工方案。必要时，施工单位应根据设计文件进行深化设计。

2）预应力工程施工应根据环境温度采取必要的质量保证措施，并应符合下列规定。

① 当工程所处环境温度低于－15℃时，不宜进行预应力筋张拉。

② 当工程所处环境温度高于 35℃或日平均环境温度连续 5 日低于 5℃时，不宜进行灌浆施工；当在环境温度高于 35℃或日平均环境温度连续 5 日低于 5℃条件下进行灌浆施工时，应采取专门的质量保证措施。

3）当预应力筋需要代换时，应进行专门计算，并应经原设计单位确认。

4.2　预应力钢材

4.2.1　预应力钢材的种类

预应力用钢材（俗称预应力筋）通常包括钢丝、钢绞线和钢筋等三大体系，其发展趋势为高强、低松弛、大直径与耐腐蚀。

1. 高强钢丝

常用的高强钢丝分为冷拉和矫直回火两种，按外形分为光面、刻痕和螺旋肋 3 种，其直径有 4mm、5mm、6mm、7mm、8mm、9mm 等。

高强钢丝是用优质碳素钢热轧盘条冷拔制成，可用机械方式对钢丝进行压痕处理形成刻痕钢丝（图 4-1），对钢丝进行低温（一般低于 500℃）矫直回火处理后即成为矫直回火钢丝。预应力钢丝矫直回火后，可消除钢丝冷拔过程中产生的残余应力，其比例极限、屈服强度和弹性模量也相应提高，塑性也有所改善，同时也解决了钢丝的矫直，这种钢丝称为消除应力钢丝。消除应力钢丝的松弛损失比消除应力前稍低些，但仍然较高，常经稳定化处理后，钢丝的松弛值仅为普通钢丝的 0.25～0.33，这种钢丝称为低松弛钢丝，目前在国内外应用广泛。

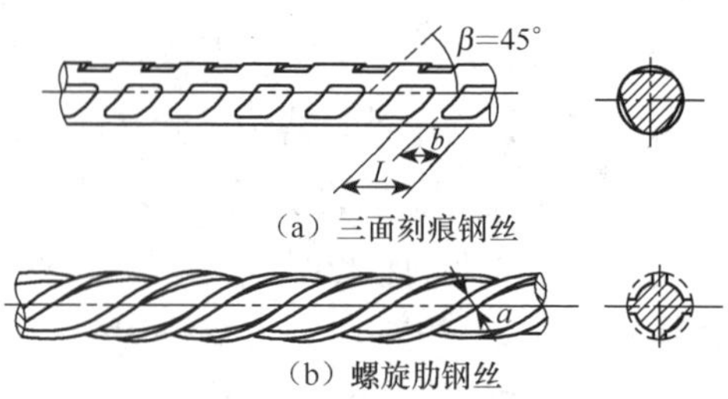

a—单肋宽度；*b*—刻痕长度；*L*—节距。

图 4-1　高强钢丝表面及截面形状

2. 钢绞线

钢绞线是用冷拔钢丝捻制而成，其方法是在绞线机上以一稍粗的直钢丝为中心，其余钢丝围绕其进行螺旋状绞合，再经低温回火处理而成（图 4-2）。钢绞线根据深加工的不同又可分为普通松弛钢绞线（消除应力钢绞线）、低松弛钢绞线、镀锌钢绞线、模拔钢绞线等。模拔钢绞线是在捻制成型后，再经模拔处理制成，其钢丝在模拔时被压扁，使钢绞线的密度提高约 18%。在相同截面时，该钢绞线的外径较小，可减少孔道直径；在相同直径的孔道内，可使钢绞线的数量增加，并且它与锚具的接触较大，易于锚固。

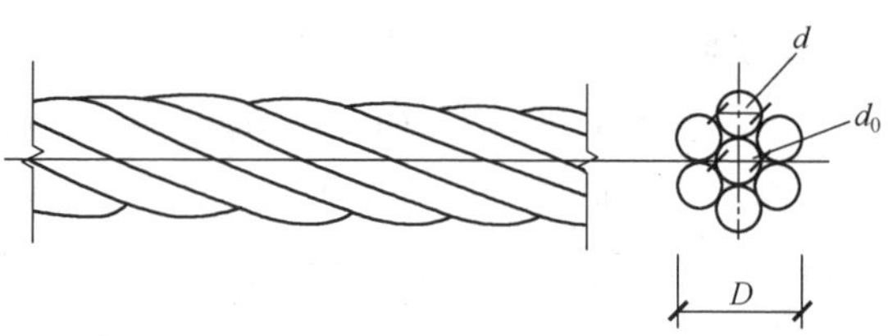

D—钢绞线直径；d_0—中心钢丝直径；*d*—外层钢丝直径。

图 4-2　预应力钢绞线表面及截面形状

钢绞线规格有 2 股、3 股、7 股和 9 股等。7 股钢绞线由于面积较大、柔软、施工定位方便，适用于先张法和后张法预应力结构，是目前国内外应用最广的一种预应力筋。

3. 螺纹钢筋

预应力混凝土用螺纹钢筋，也称精轧螺纹钢筋，是在表面轧有外螺纹的高强度直条钢筋（图 4-3）。该钢筋在任意截面处均可匹配螺母锚具进行锚固或带有内螺纹的连接器进行连接。它具有强度高、连接与锚固简便、黏结力强、张拉锚固安全可靠、施工方便等优点。

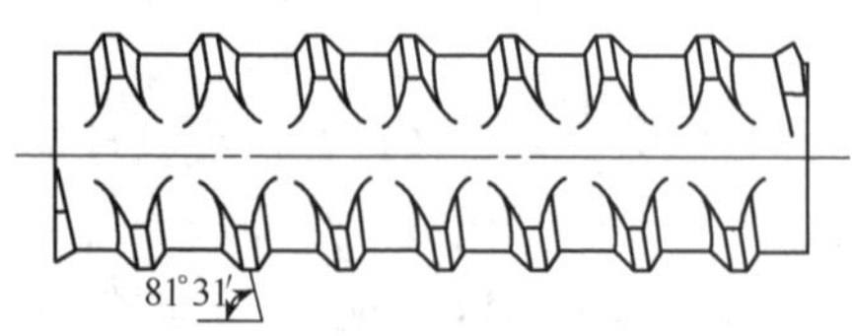

图 4-3　精扎螺纹钢筋

预应力混凝土用螺纹钢筋直径有 18mm、25mm、32mm、40mm、50mm 5 种，其中 25mm 和 32mm 较为常用；其屈服强度有 785N/mm²、830N/mm²、930N/mm²、1080N/mm² 4 级。

4.2.2　预应力钢材的检验

预应力筋的检验是确保预应力混凝土结构或构件质量的关键，预应力筋进场时，应按现行国家标准的规定抽取试件做抗拉强度、伸长率检验，其检验结果应符合《预应力混凝土用钢丝》（GB/T 5223—2014）、《预应力混凝土用钢绞线》（GB/T 5224—2014）、《预应力混凝土用螺纹钢筋》（GB/T 20065—2016）等的规定。

预应力筋安装时，其品种、级别、规格和数量必须符合设计要求。当预应力筋需要代换时，应进行专门计算，并应经原设计单位确认。预应力筋在运输、存放过程中，应采取防止其损伤、锈蚀或污染的保护措施。

4.3　预应力锚（夹）具

4.3.1　夹具

夹具是在先张法施工中，为保持预应力筋的张拉力并将其固定在张拉台座或设备上所使用的临时性锚固装置，也可称为工具锚。对钢丝和钢筋张拉所用夹具不同。

1. 钢丝夹具

先张法中钢丝的夹具分两类：一类是将预应力筋锚固在台座或钢模上的锚固夹具；另一类是张拉时夹持预应力筋用的张拉夹具。锚固夹具与张拉夹具都是重复使用的工具。图 4-4 是钢丝的锚固夹具。图 4-5 是钢丝的张拉夹具。

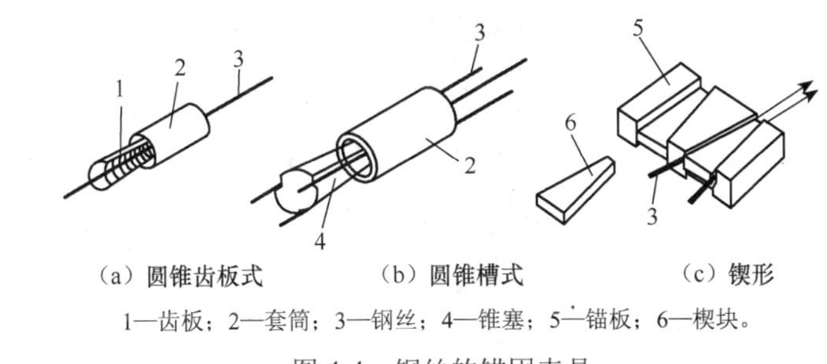

1—齿板；2—套筒；3—钢丝；4—锥塞；5—锚板；6—楔块。

图 4-4　钢丝的锚固夹具

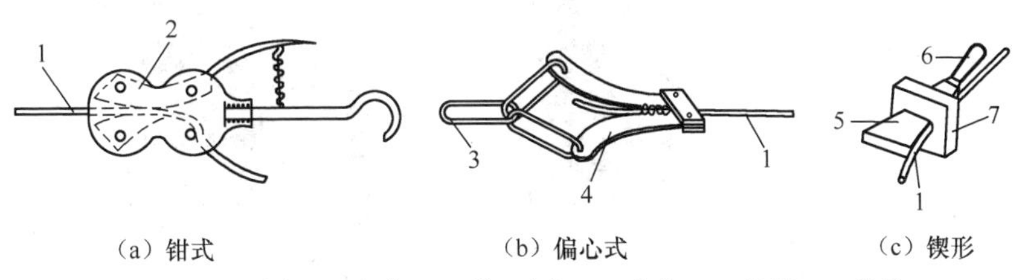

1—钢丝；2—钳齿；3—拉钩；4—偏心齿条；5—楔块；6—拉环；7—锚板。

图 4-5　钢丝的张拉夹具

2. 钢筋夹具

钢筋锚固多用螺母锚具、镦头锚具和销片夹具等。张拉时可用连接器与螺母锚具连接，或用销片夹具等。

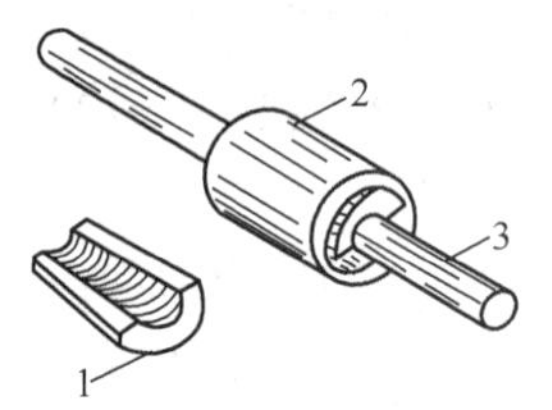

1—销片；2—套筒；3—预应力筋。

图 4-6　两片式销片夹具

钢筋镦头，直径 22mm 以下的钢筋用对焊机热镦或冷镦，大直径钢筋可用压模加热锻打成型。镦过的钢筋需经过冷拉，以检验镦头处的强度。

销片式夹具是由圆套筒和圆锥形销片组成的（图 4-6），套筒内壁呈圆锥形，与销片锥度吻合，销片有两片式和三片式，钢筋夹紧在销片的凹槽内。

先张法用夹具除应具备静载锚固性能，还应具备下列性能：在预应力夹具组装件达到实际破断拉力时，全部零件均不得出现裂缝和破坏；应均有良好的自锚性能；应有良好的放松性能。需大力敲击才能松开的夹具，必须证明其对预应力筋的锚固无影响，且对操作人员安全不造成威胁。同时夹具还应具有安全的重复使用性能。

4.3.2　锚具

锚具是后张法结构或构件中保持预应力筋的张拉力，并将其传递到混凝土上的永久性锚固装置，也可称为工作锚。工作锚是结构或构件的重要组成部分，是保持预应力值和确保结构安全的关键，故应具有足够的强度和刚度、锚固性能可靠、构造简单、施工方便、预应力损失小，且成本低廉等特点。锚具的种类很多，按其锚固方式不同可分为支承式锚具、锥塞式锚具、夹片式锚具和握裹式锚具等，其中部分锚具也可当作先张法施工中的工具锚。

1. 支承式锚具

（1）螺母锚具

对于精轧螺纹钢筋，其张拉端和固定端均可采用配套的螺母锚具。螺母锚具由螺母和垫板组成，是一种利用与该钢筋螺纹匹配的特制螺母锚固的支承式锚具（图 4-7）。

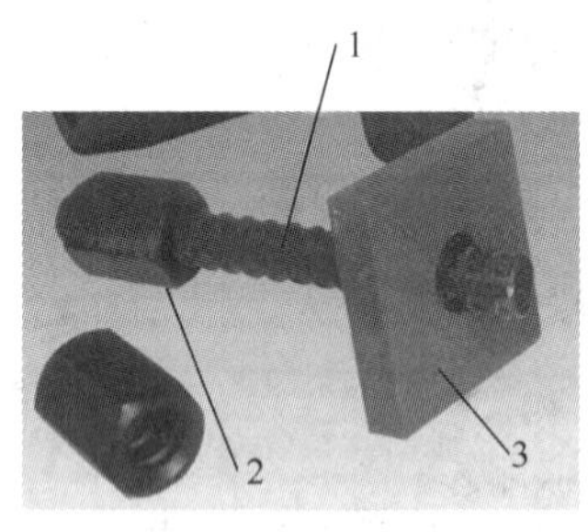

（a）平面螺母

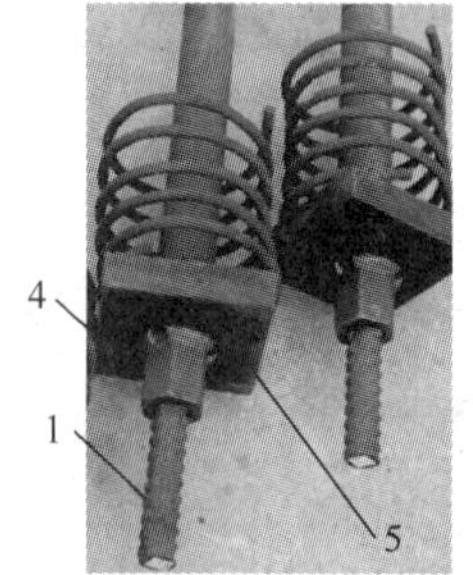

（b）锥形螺母

1—精轧螺纹钢筋；2—平面螺母；3—平面垫板；4—锥形螺母；5—锥形垫板。

图 4-7　精轧螺纹钢筋及配套的螺母锚具

螺母分为平面螺母和锥形螺母，其中锥形螺母可通过锥体与锥孔的配合，保证预应力筋的正确对中，开缝的作用是增强螺母对预应力筋的夹持能力，螺母可采用 45 号钢制作；垫板也相应分为平面垫板和锥形垫板，一般采用 Q235 钢制作，如图 4-8 所示。

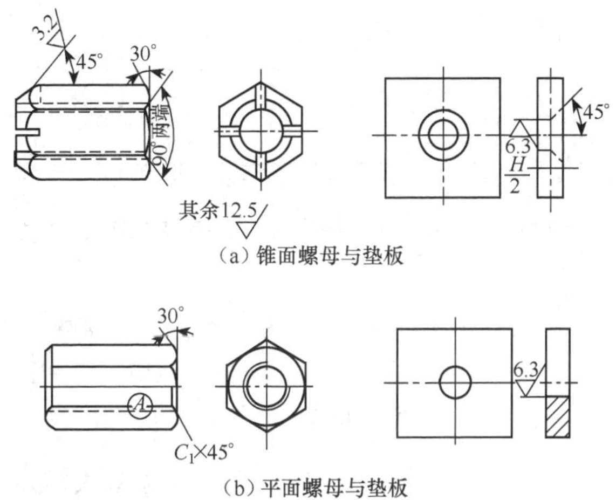

（a）锥面螺母与垫板

（b）平面螺母与垫板

图 4-8　精轧螺纹钢筋螺母锚具

当预应力筋采用普通冷拉钢筋时，螺母锚具由螺丝端杆、螺母及垫板组成（图 4-9），适用于锚固直径 18～36mm 的冷拉钢筋。此类锚具也可作先张法夹具使用。其螺母锚具是将螺丝端杆与预应力筋对焊成一个整体，用张拉设备张拉螺丝端杆，用螺母锚固预应力筋，具有施工简便、锚固可靠等优点。螺丝端杆可采用与预应力筋同级冷拉钢筋制作，也可采用冷拉或热处理的 45 号钢制作；螺母可采用 45 号钢制作，也可采用 Q235 钢制作；垫板一般采用 Q235 钢制作。螺母锚具的强度，不得低于预应力筋的抗拉强度实测值。螺杆的长度一般为 320mm，当构件长度超过 30m 时，一般为 370mm；其净截面面积应大于等于所对焊的预应力钢筋截面面积；螺丝端杆与预应力筋的焊接，应在预应力筋冷拉以前进行，以便检验焊接质量；冷拉时螺母的位置应在螺丝端杆的端部，经冷拉后螺丝端杆不得发生塑性变形。

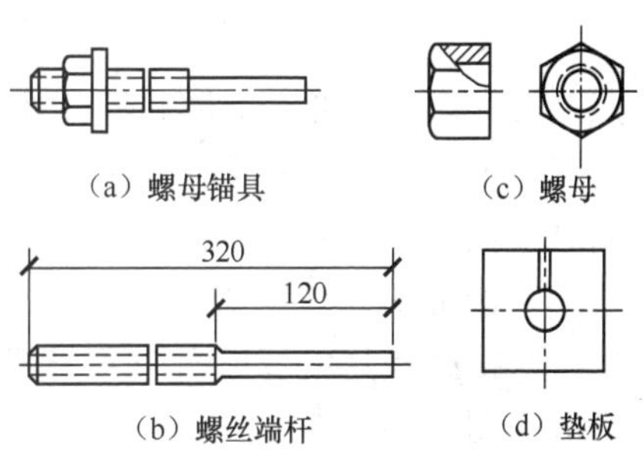

（a）螺母锚具　（c）螺母

（b）螺丝端杆　（d）垫板

图 4-9　普通冷拉钢筋螺母锚具（单位：mm）

（2）镦头锚具

用于单根粗钢筋的镦头锚具一般直接在预应力筋端部热镦、冷镦或锻打成型。镦头锚具也适用于锚固多根钢丝束。钢丝束镦头锚具分为 A 型和 B 型。A 型由锚环和螺母组成，可用于张拉；B 型为锚板，用于固定端。钢丝束镦头锚具构造如图 4-10 所示。

镦头锚具的工作原理是将预应力筋穿过锚环的蜂窝眼后，用专门的镦头机将钢筋或钢丝的端头镦粗，将镦粗端头的预应力束直接锚固在锚环上，待千斤顶拉杆旋入锚环内螺纹后即可进行张拉，当锚环带动钢筋或钢丝伸长到设计值时，将螺母沿锚环外的螺纹旋紧顶在构件表面，于是螺母通过支承垫板将预压力传到了混凝土上。

镦头锚具的优点是操作简便迅速，不会出现锥形锚易发生的“滑丝”现象，故不发生相应的预应力损失。这种锚具的缺点是下料长度要求很精确，否则在张拉时会因各钢丝受力不均匀而出现断丝现象。

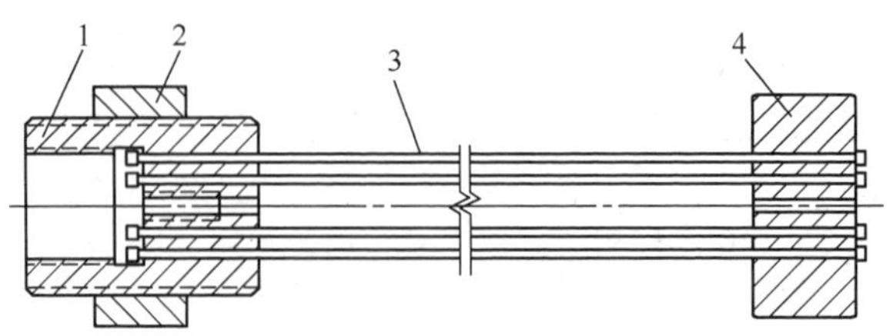

（a）张拉端锚具（A型）　　（b）固定端锚具（B型）

1—锚环；2—螺母；3—钢丝束；4—锚板。

图 4-10　钢丝束镦头锚具构造

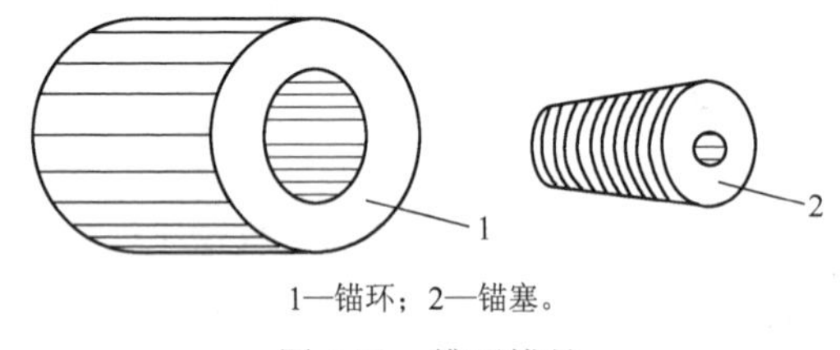

1—锚环；2—锚塞。

图 4-11　锥形锚具

2. 锥塞式锚具

（1）锥形锚具

锥形锚具由钢质锚环和锚塞组成（图 4-11），用于锚固钢丝束。锚环内孔的锥度应与锚塞的锥度一致。锚塞上刻有细齿槽，可夹紧钢丝防止滑动。锥形锚具的优点是尺寸较小，便于分散布置。缺点是易产生单根滑丝现象，钢丝回缩量较大，所引起的应力损失也大，并且滑丝后无法重复张拉和接长，应力损失很难补救。此外，钢丝锚固时呈辐射状，弯折处受力较大。

（2）锥形螺杆锚具

锥形螺杆锚具用于锚固 14～28 根直径 5mm 的钢丝束。它由锥形螺杆、套筒、螺母等组成（图 4-12）。

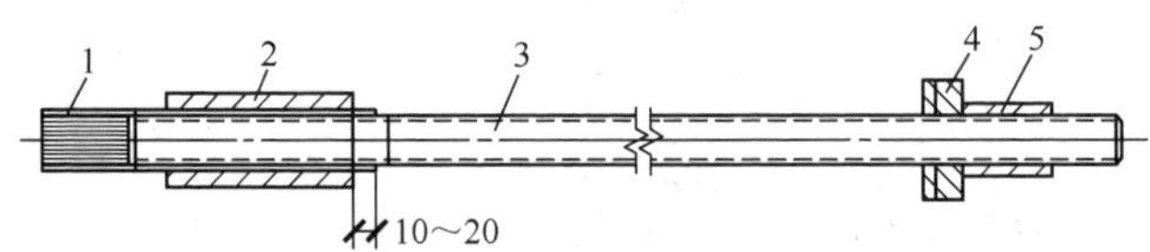

1—钢丝束；2—套筒；3—锥形螺杆；4—垫板；5—螺母。

图 4-12　锥形螺杆锚具（单位：mm）

3. 夹片式锚具

（1）单孔夹片锚具

单孔夹片锚具由锚环与夹片组成，主要用于单根钢绞线的锚固。夹片的种类很多，按片数可分为三片式和二片式；按开缝形式可分为直开缝和斜开缝（图 4-13），实际工程中采用直开缝的二片式夹片锚具居多。

（2）多孔夹片锚具

多孔夹片锚具又称预应力筋束锚具（以锚固预应力钢绞线束为多），是在一块多孔锚板上，利用每个锥形孔装一副夹片夹持一根预应力筋的一种楔紧式锚具。这种锚具在现代预应力混凝土工程中应用广泛，主要的产品有 XM 型、QM 型（QVM 型）、BS 型等，其中又以 QM 型（QVM 型）居多。

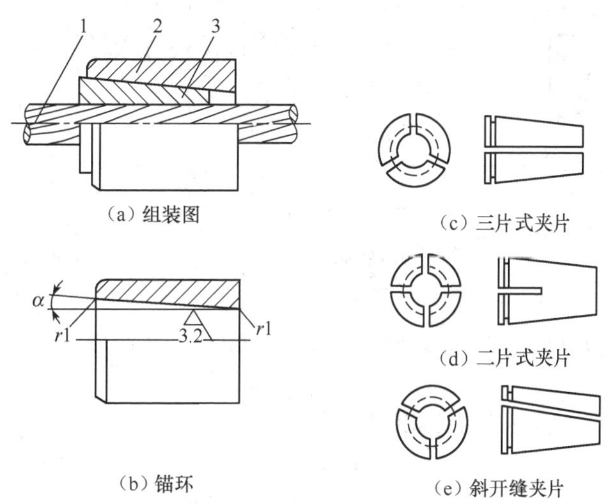

1—钢绞线；2—锚环；3—夹片。

图 4-13　单孔夹片锚具

QM 型锚具由锚板与夹片组成（图 4-14）。它与 XM 型锚具的不同点是锚孔是直的，锚板顶面是平面，夹片垂直开缝，备有配套喇叭形铸铁垫板与弹簧圈等。由于灌浆孔设在垫板上，锚板的尺寸可稍小一些。QM 型锚具主要适用于锚固钢绞线束，配有自动工具锚，张拉和退出十分方便，并可减少安装工具锚所花费的时间。

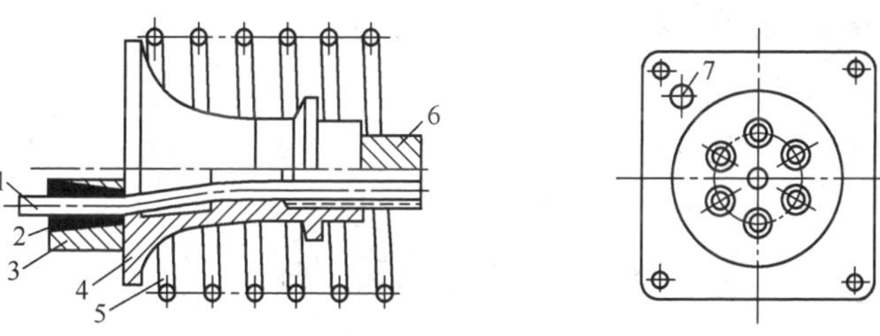

1—钢绞线；2—夹片；3—锚板；4—喇叭形铸铁垫板；5—弹簧圈；6—孔道留设的波纹管；7—灌浆孔。

图 4-14　QM 型锚具及配件

QVM 型锚具（图 4-15）是在 QM 型锚具的基础上发展起来的一种锚具，其与 QM 型锚具的不同点是夹片改用二片式直开缝，操作更加方便。

图 4-15　QVM 型锚具及配件

此外，JM 型锚具属于另一类多孔夹片锚具，由锚环和夹片组成，与前述锚具夹片不同，该锚具夹片呈扇形块状，依靠相邻两块夹片间的半圆槽夹持其中某一根预应力筋，各夹片间相互挤紧对各预应力筋进行整体锚固。

4．握裹式锚具

钢绞线束固定端的锚具除了可以采用与张拉端相同的锚具外，还可选用握裹式锚具。握裹式锚具有挤压锚具和压花锚具两类。

（1）挤压锚具

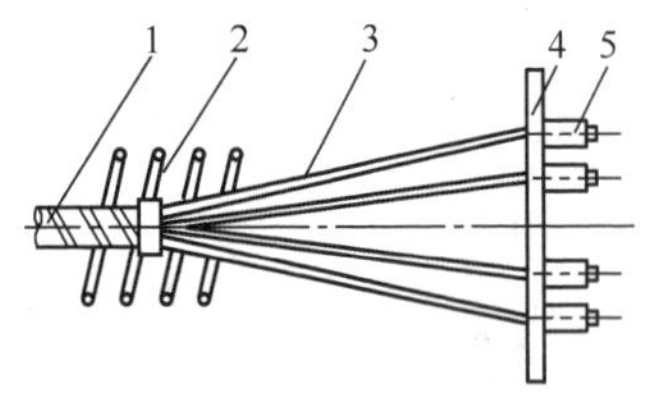

1—波纹管；2—螺旋筋；3—钢绞线；4—钢垫板；5—挤压锚具。

图 4-16　挤压锚具的构造

挤压锚具是利用液压挤压机将套筒挤紧在钢绞线端头上的一种锚具（图 4-16）。套筒内衬有硬钢丝螺旋圈，在挤压后硬钢丝全部脆断，一半嵌入外钢套，一半压入钢绞线，从而增加钢套筒与钢绞线之间的摩阻力。锚具下设有钢垫板与螺旋筋。这种锚具适用于构件端部的设计应力较大或端部尺寸受到限制的情况。

（2）压花锚具

压花锚具是利用液压压花机将钢绞线端头压成梨形散花状的一种锚具（图 4-17）。梨形头的尺寸对于ϕ15.2 钢绞线不小于ϕ95mm×150mm。多根钢绞线梨形头应分排埋置在混凝土内。为提高压花锚具四周混凝土及散花头根部混凝土抗裂强度，在散花头的头部配置构造筋，在散花头的根部配置螺旋筋，压花锚具距构件截面边缘不小于30cm。第一排压花锚具的锚固长度，对ϕ15.2 钢绞线不小于 95cm，每排相隔至少 30cm。多根钢绞线压花锚具构造如图 4-18 所示。

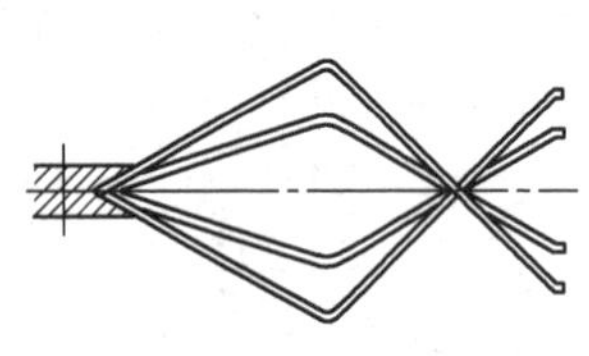

图 4-17　压花锚具

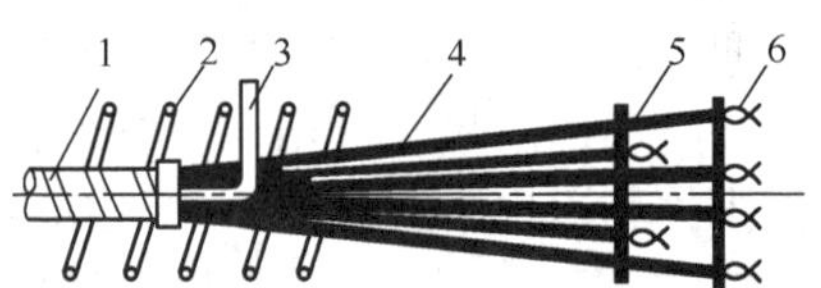

1—波纹管；2—螺旋筋；3—灌浆管；4—钢绞线；5—构造筋；6—压花锚具。

图 4-18　多根钢绞线压花锚具构造

4.4　预应力张拉设备

预应力张拉设备应当操作方便、可靠，准确控制张拉应力，以稳定的速率增大拉力。张拉设备主要包括两大类，即液压张拉设备和电动张拉设备。电动张拉设备主要用于先张法施工，目前已较少采用，而各类液压张拉设备（液压千斤顶）适用范围广、应用较为广泛。

1．拉杆式千斤顶

拉杆式千斤顶用于螺母锚具、锥形螺杆锚具、钢丝镦头锚具等。它由主油缸、主缸活塞、回油缸、回油活塞、连接器、传力架、活塞拉杆等组成。图 4-19 是拉杆式千斤顶张拉时的工作示意图。张拉前，先将连接器旋在预应力筋的螺丝端杆上，相互连接牢固。千斤顶由传力架支承在构件端部的钢板上。张拉时，高压油进入主油缸、推动主缸活塞及拉杆，通过连接器和螺丝端杆，预应力筋被拉伸。千斤顶拉力的大小可由油泵压力表的读数直接显示。当张拉力达到规定值时，拧紧螺丝端杆上的螺母，将预应力筋锚固在构件的端部。锚固后回油缸进油，推动回油活塞工作，千斤顶脱离构件，主缸活塞、拉杆和连接器回到原始位置。最后将连接器从螺丝端杆上卸掉，卸下千斤顶，张拉结束。

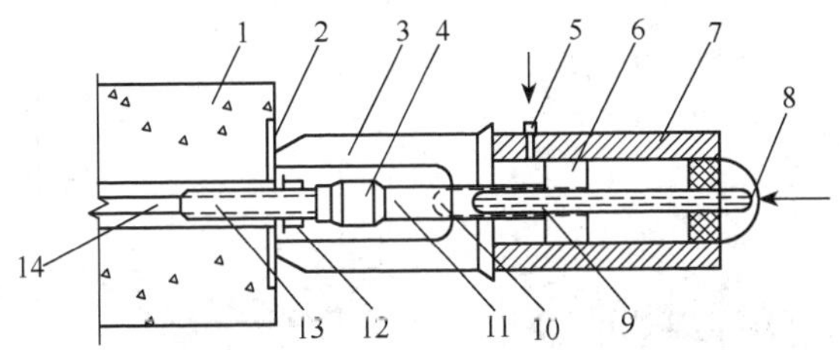

1—混凝土构件；2—预埋铁板；3—传力架；4—连接器；5—进油孔；6—主缸活塞；7—主油缸；8—回油孔；9—回油活塞；10—回油缸；11—拉杆；12—螺母；13—螺丝端杆；14—预应力筋。

图 4-19　拉杆式千斤顶张拉时的工作示意图

YL60 型千斤顶是一种常用的拉杆式千斤顶，另外还有 YL400 型和 YL500 型千斤顶，其张拉力分别为 4000kN 和 5000kN，主要用于张拉大吨位预应力筋。

2. 双作用穿心式千斤顶

双作用穿心式千斤顶具有一个穿心孔，是利用双液压缸张拉预应力筋和顶压锚具的双作用千斤顶。该类穿心式千斤顶适用于多种形式的锚具预应力筋张拉，配上撑脚与拉杆后，也可作为拉杆式千斤顶张拉带螺母锚具和镦头锚具的预应力筋。如图 4-20 为 YC60 型双作用穿心式千斤顶构造图，主要由张拉油缸、顶压油缸、顶压活塞、穿心套、保护套、端盖堵头、连接套、撑套、回弹弹簧和动、静密封圈等组成。该千斤顶具有双作用，即张拉和顶锚两个作用，其工作原理是：张拉预应力筋时，张拉油缸油嘴进油、顶压油缸油嘴回油，顶压油缸、连接套和撑套连成一体右移顶住锚环；张拉油缸、端盖螺母及堵头和穿心套连成一体带动工具锚左移张拉预应力筋；顶压锚固时，在保持张拉力稳定的条件下，顶压缸油嘴进油，顶压活塞、保护套和顶压头连成一体右移将夹片强力顶入锚环内；此时张拉油缸油嘴回油、顶压油缸油嘴进油、张拉油缸液压回程。最后，张拉油缸、顶压油缸油嘴同时回油，顶压活塞在弹簧力作用下回程复位。

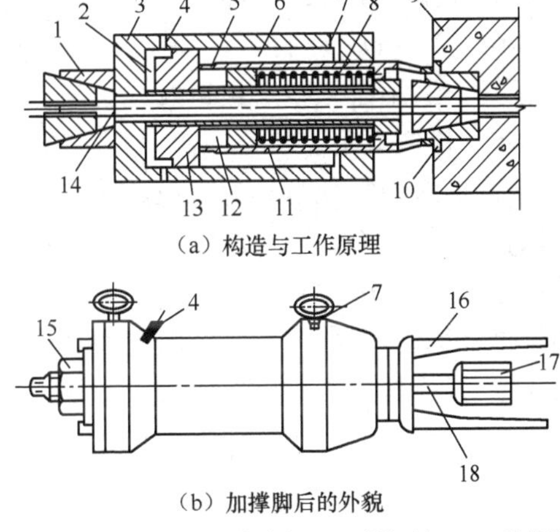

1—工具锚；2—张拉工作油室；3—张拉油缸；4—张拉油缸油嘴；5—油孔；6—张拉回程油室；7—顶压油缸油嘴；8—弹簧；9—构件；10—锚环；11—顶压活塞；12—顶压工作油室；13—顶压油缸（张拉活塞）；14—预应力筋；15—螺帽；16—撑套；17—连接器；18—张拉杆。

图 4-20　YC60 型双作用穿心式千斤顶构造图

3. 大孔径穿心式千斤顶

大孔径穿心式千斤顶又称为群锚千斤顶，是一种具有大穿心孔径的单作用千斤顶（图 4-21）。千斤顶前端安装顶压器或限位板，尾部安装工具锚。限位板的作用是在预应力钢绞线束张拉过程中限制工作锚夹片的外露长度，以保证在锚固时夹片内缩一致，且不大于预期值。工具锚可为专用的，能多次重复使用，且装拆方便，也可采用普通的夹片锚。该千斤顶张拉力大（650～12000kN）、构造简单、不顶锚、操作简单，但要求锚具具有良好的自锚性能，广泛用于大吨位钢绞线束的张拉。

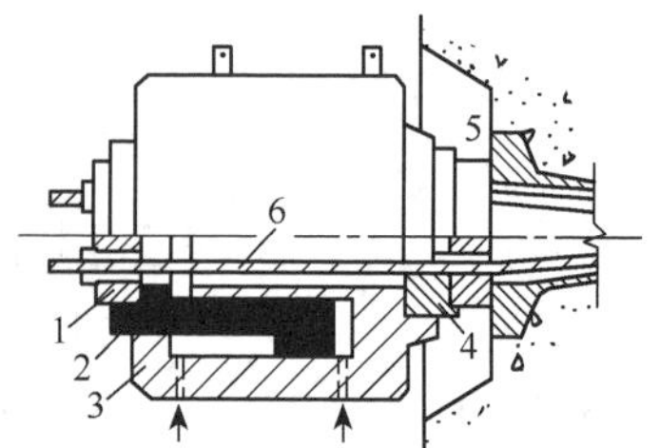

1—工具锚；2—千斤顶活塞；3—千斤顶缸体；4—限位板；5—工作锚；6—钢绞线。

图 4-21　大孔径穿心式千斤顶

4. 前卡式千斤顶

前卡式千斤顶是一种将工具锚安装在前端的小型穿心式千斤顶，由油缸（外缸、内缸）、活塞、前后端盖、顶压器、工具锚组成（图 4-22）。在油压作用下，顶压器、活塞杆不动，外缸后退，从而使工具锚夹片自动夹紧并张拉钢绞线。张拉到位后，油缸回油复位，顶压器中的顶楔环将工具锚夹片打开放松钢绞线，千斤顶退出。该千斤顶张拉力为 180～250kN，张拉行程为 160～200mm，预应力筋的工作长度为 200mm 以上，其轻巧便捷，适用于张拉单根钢绞线。

5. 锥锚式千斤顶

锥锚式千斤顶是具有张拉、顶锚和退楔功能的三作用千斤顶，主要用于张拉钢质锥形锚具的预应力钢丝束。锥锚式千斤顶由主油缸、副油缸、退楔装置锥形卡环等组成，如图 4-23 为 YZ-85 型锥锚式千斤顶构造图。当进行预应力张拉时，首先将预应力钢丝束固定在锥形卡环上，然后由主油缸进油实施张拉；张拉完成后，主油缸稳压，副油缸进油，将锚塞顶入锚环形成锚固；顶锚完成后，主油缸、副油缸同时回油复位。

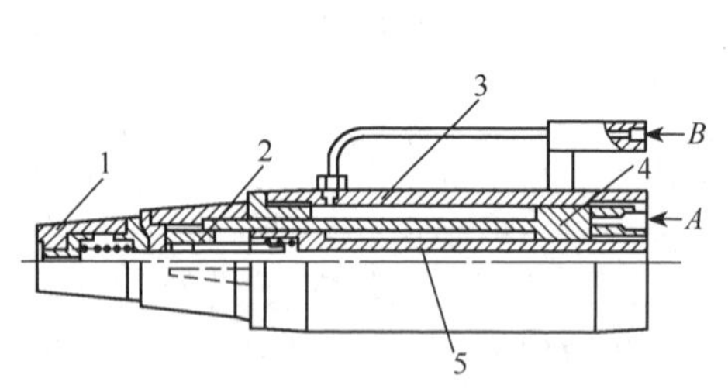

A—进油；*B*—回油

1—顶压器；2—工具锚；3—油缸；4—活塞；5—拉杆。

图 4-22　前卡式千斤顶

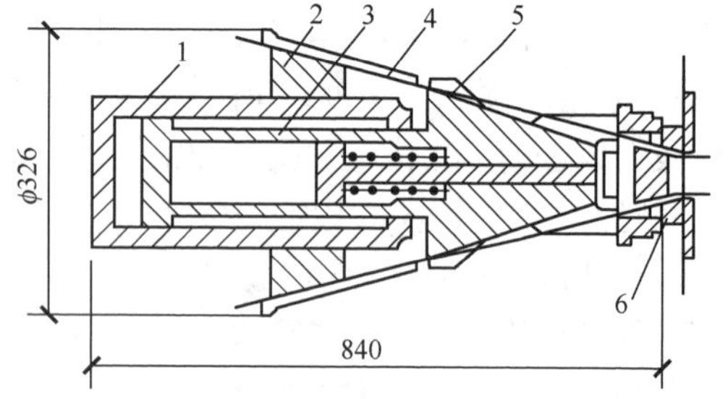

1—主油缸；2—锥形卡环；3—副油缸；4—楔块；5—退楔卡环；6—锥形锚头。

图 4-23　YZ-85 型锥锚式千斤顶构造图

6. 台座式千斤顶

台座式千斤顶主要用于先张法施工，千斤顶在先张法三横梁式或四横梁式台座上成组整体张位或放松预应力筋。当采用三横梁式装置时，台座式千斤顶与活动横梁组装在一起，张拉时台座式千斤顶与活动横梁直接带动预应力筋成组张拉，如图 4-24（a）所示；当采用四横梁式装置时，拉力架由两根活动横梁和两根大螺杆组成，张拉时台座千斤顶推动拉力架横梁，带动预应力筋成组张拉，如图 4-24（b）所示。

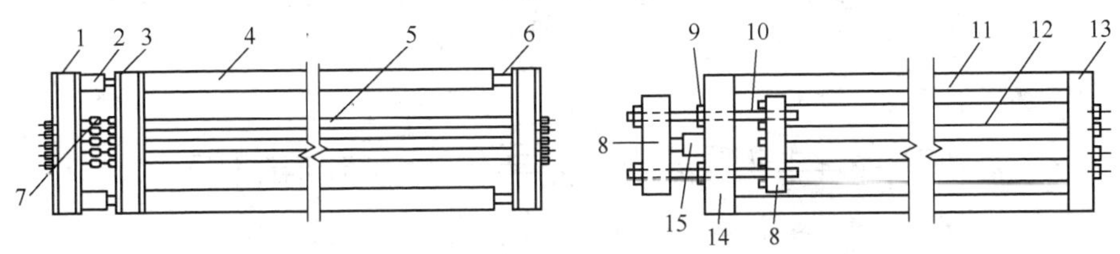

（a）三横梁式成组张拉装置　（b）四横梁式成组张拉装置

1—活动横梁；2—千斤顶；3—固定横梁；4—槽式台座；5—预应力筋；6—放松装置；7—连接器；8—拉力架横梁；9—螺母；10—大螺杆；11—台座传力柱；12—钢丝（筋）；13—后横梁；14—前横梁；15—台座式千斤顶。

图 4-24　预应力筋成组张拉装置

对于以上各类千斤顶，实际在施工时应根据预应力混凝土结构或构件的预应力筋种类及其张拉锚固工艺，选用适合的张拉设备，以确保施工质量。在选用时，应注意以下几点问题。

1）预应力的张拉力不得大于设备的额定张拉力并留有余量。

2）预应力筋的一次张拉伸长值，不得超过设备的最大张拉行程。

3）当一次张拉不足时，可采取分级重复张拉，但所用的锚（夹）具应适合重复张拉的需求。

预应力筋张拉机具设备及仪表，应定期维护和校验。张拉设备应配套标定，并配套使用。张拉设备的标定期限不应超过半年。当在使用过程中出现反常现象时或在千斤顶检修后，应重新标定。

4.5　先张法施工

4.5.1　先张法施工工艺流程

先张法是在台座或模板上先张拉预应力筋并用夹具临时固定，再浇筑混凝土，待混凝土达到一定强度后，放张预应力筋，通过预应力筋与混凝土的黏结力，使混凝土产生预压应力的施工方法。先张法施工顺序简图如图 4-25 所示。

先张法施工可采用台座法和机组流水法。台座法通常在长线台座（50～200m）上成批生产配直线预应力筋的混凝土构件，如屋面板、空心楼板、檩条等。也可采用槽式台座，用于生产深梁、箱梁、盾构的管片等。采用台座法时，构件是在固定的台座上生产，预应力筋张拉力由台座承受，不需复杂的机械设备，可露天生产、自然养护。采用机组流水法时，预应力筋的张拉力由钢模承受，构件连同钢模按流水方式，通过张拉、浇筑、养护等固定机组完成每一生产过程，此法适合于工厂化大批量生产，但模板耗钢量大，需采用蒸汽养护，不适合大型构件的制作。

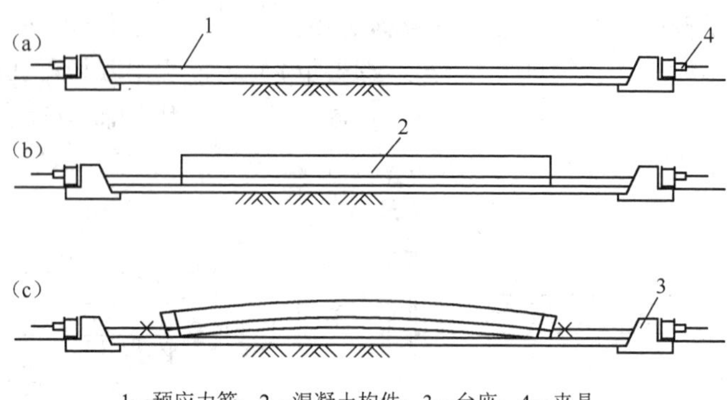

1—预应力筋；2—混凝土构件；3—台座；4—夹具。

图 4-25 先张法施工顺序简图

先张法施工的优点是生产效率高、施工工艺简单、夹具可重复使用等。近年来，先张法技术在应用范围、预应力钢材、张拉设备机具等方面都有了新的开发和改进，大跨度预制预应力空心板、预制预应力混凝土薄板及预应力混凝土装配式结构等已逐步得到应用。

4.5.2 先张法施工台座

台座是先张法生产的主要设备之一，它承受预应力筋的全部张拉力。因此，台座应具有足够的强度、刚度和稳定性，以免台座变形、倾覆、滑移而引起预应力损失。台座按构造形式不同，可分为墩式台座和槽式台座两种。选用时应根据构件的种类、张拉吨位和施工条件而定。

1. 墩式台座

墩式台座（图 4-26）由台墩、台面与横梁等组成，一般用于平卧生产的中小型构件，

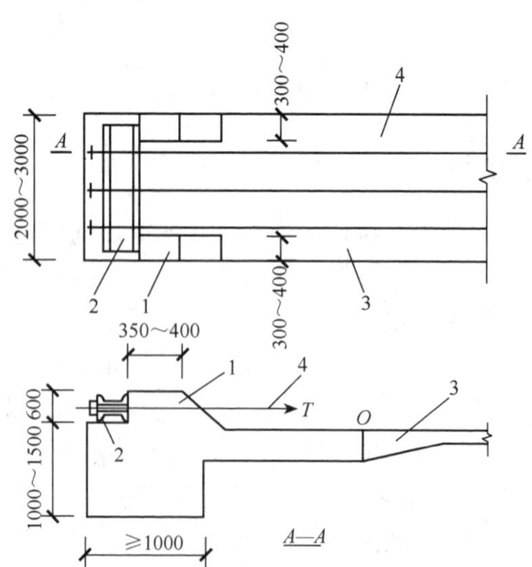

1—混凝土；2—钢横梁；3—局部加厚的台面；4—预应力筋。

图 4-26 墩式台座（单位：mm）

如屋架、空心楼板、平板或多层叠浇构件等。台座尺寸由场地大小、构件类型和产量等因素确定，一般长度为 100～150m，这样张拉一次可生产多根构件，既可减少张拉及临时固定工作，又可减少预应力损失。

（1）台墩

台墩是台座的重要组成部分，一般由现浇钢筋混凝土制作而成，分为重力式和构架式两种。台墩除应具有足够的强度和刚度外，还应进行抗倾覆与抗滑移稳定性验算。

墩式台座抗倾覆验算的计算简图如图 4-27 所示，抗倾覆稳定性计算公式为

$$K=\frac{M_1}{M}=\frac{GL+E_\mathrm{p}e_2}{Ne_1}\geqslant 1.5 \tag{4-1}$$

式中：K——抗倾覆安全系数；

M——倾覆力矩（由预应力筋的张拉力产生），kN · m；

N——预应力筋的张拉力，kN；

e_1——张拉力合力作用点至倾覆点的力臂，m；

M_1——抗倾覆力矩（由台座自重力和土压力等产生），kN · m；

G——台墩的自重力，kN；

L——台墩重心至倾覆点的力臂，m；

E_p——台墩后面的被动土压力合力（当台墩埋置较浅时，可忽略不计），kN；

e_2——被动土压力合力至倾覆点的力臂，m。

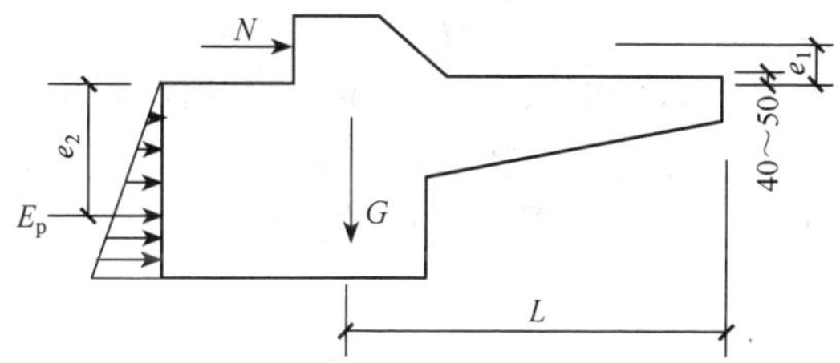

图 4-27　墩式台座抗倾覆验算的计算简图（单位：mm）

墩式台座抗滑移验算：

$$K_\mathrm{c}=\frac{N_1}{N}\geqslant 1.3 \tag{4-2}$$

式中：K_c——抗滑移安全系数；

N_1——抗滑移合力，kN；

N——预应力筋的张拉力，kN。

对于台墩与台面共同作用的台座，台墩的水平推力几乎全部传给台面，不存在滑移问题，可以不做抗滑移验算。但台墩与台面分设时，必须进行抗滑移验算。

（2）台面

台面一般是在夯实的碎石垫层上浇筑一层厚度为 60～100mm 的混凝土而成，台面略高于地坪，表面应当平整光滑，以保证构件底面平整。长度较大的台面，应每 10m 左右设置一条伸缩缝，以适应温度的变化。

（3）横梁

横梁以台墩为支座，直接承受预应力筋的张拉力，其挠度不应大于 2mm，并且不得产生翘曲。预应力筋的定位板必须安装准确，其挠度不应大于 1mm。

2. 槽式台座

槽式台座由钢筋混凝土压杆、上下横梁和砖墙等组成（图 4-28）。这种台座既可承受张拉力，又可作为蒸汽养护槽，适用于张拉较高的大型构件，如吊车梁、箱梁等。

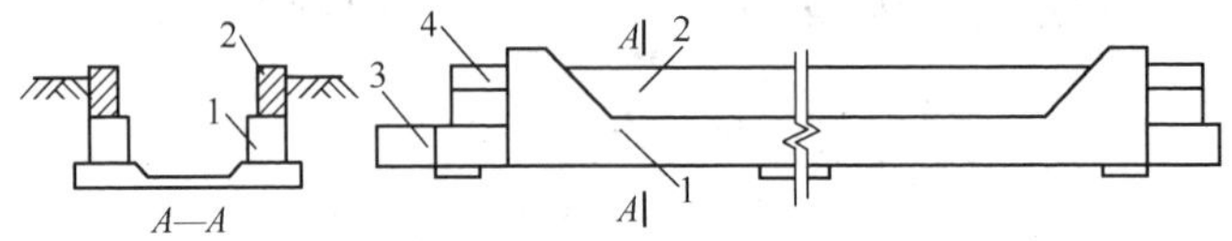

1—钢筋混凝土压杆；2—砖墙；3—下横梁；4—上横梁。

图 4-28 槽式台座

槽式台座的长度一般不大于76m，宽度随构件外形及制作方式而定，一般不小于 1m。为便于混凝土的运输、浇筑及蒸汽养护，台座宜低于地面。为便于拆迁和重复使用，台座应设计成装配式。槽式台座也应进行强度和稳定性验算。

4.5.3 先张法施工工艺

先张法施工工艺包括预应力筋的铺设、预应力筋的张拉、混凝土浇筑与养护，以及预应力筋的放张等施工过程。

1. 预应力筋的铺设

为了便于脱模，在预应力筋铺设前，应对台面及模板涂刷隔离剂；应选用非油质类模板隔离剂，并应避免污染预应力筋。预应力筋应采用砂轮锯或切断机切断，不得采用电弧切割；施工过程中应避免电火花损伤预应力筋；受损伤的预应力筋应被予以更换。

预应力钢丝宜用牵引车铺设，当遇钢丝需要接长时，可使用钢丝连接器，用 20～22 号铁丝将钢丝连接段密排绑扎。对冷拔低碳钢丝绑扎长度不得小于 $40d$（d 为钢丝直径），对高强刻痕钢丝绑扎长度不得小于 $80d$。

预应力筋铺设时，钢筋接长或钢筋与工具式螺杆连接，可采用套筒式连接器。钢筋采用焊接时，应合理布置接头位置，尽可能避免将焊接接头拉入构件内。

预应力钢绞线接长时，可用接长连接器，当钢绞线与工具式螺杆连接时，可采用套筒式连接器。

2. 预应力筋的张拉

先张法预应力筋的张拉分为单根张拉和多根成组张拉。单根张拉所用的设备构造简单，易于保证应力均匀，但生产效率低、锚固困难；多根成组张拉能提高工效、降低劳动强度，但设备构造复杂，需用较大张拉力。因此，应根据实际情况选取适宜的张拉方法，一般预制厂生产常选用多根成组张拉法，施工现场生产常选用单根张拉法。

预应力筋的张拉工作是预应力混凝土施工中的关键工序，为确保施工质量，在张拉中应严格控制张拉控制应力、张拉程序，进行预应力值校核和控制张拉端预应力筋的内缩量。

（1）张拉控制应力

预应力筋张拉时控制应力应符合设计规定。控制应力的大小直接影响预应力的效果。控制应力高，建立的预应力值则大，但控制应力过高，预应力筋处于高应力状态，构件出现裂缝时的荷载与破坏荷载接近，破坏前无明显的预兆，这种情况是不允许的。此外，施工中为减少由于松弛等原因造成的预应力损失，一般要进行超张拉，如果原定的控制应力过高，再加上超张拉就可能使预应力筋的应力超过张拉控制应力。因此，预应力筋的张拉控制应力限值 σ_{con} 应满足表 4-1 的要求。

表 4-1　张拉控制应力限值

项次	预应力筋种类	张拉控制应力限值 σ_{con}
1	消除应力钢丝、钢绞线	$0.75f_{ptk}$
2	中强度预应力钢丝	$0.70f_{ptk}$
3	预应力螺纹钢筋	$0.85f_{pyk}$

注：1. f_{ptk} 为预应力筋极限强度标准值；f_{pyk} 为预应力螺纹钢筋屈服强度标准值。

2. 消除应力钢丝、钢绞线、中强度预应力钢丝的张拉控制应力不应小于 $0.4f_{ptk}$；预应力螺纹钢筋的张拉控制应力不应小于 $0.5f_{pyk}$。

当符合下列情况之一时，表 4-1 中的张拉控制应力限值可相应提高 $0.05f_{ptk}$ 或 $0.05f_{pyk}$。

1）要求提高构件在施工阶段的抗裂性能而在使用阶段受压区内设置的预应力筋。

2）要求部分抵消由于应力松弛、摩擦、钢筋分批张拉以及预应力筋与张拉台座之间的温差等因素产生的预应力损失。

（2）张拉程序

预应力筋的张拉程序有以下两种：

$$0\rightarrow105\%\sigma_{con}\text{（持荷 2min）}\rightarrow\sigma_{con}$$

$$0\rightarrow103\%\sigma_{con}$$

在第一种张拉程序中，超张拉 5%并持荷 2min，目的是加速应力松弛的早期发展，减少应力松弛引起的预应力损失（约减少 50%）。在第二种张拉程序中，超张拉 3%，目的是弥补应力松弛引起的预应力损失。当张拉工作量较大时，宜按第二种张拉程序实施。

成组张拉时，还应预先调整初应力，以保证张拉时每根钢筋（丝）的应力均匀一致，初应力值一般取 $10\%\sigma_{con}$。

在张拉预应力筋的施工中应当注意以下事项。

1）应首先张拉靠近台座截面重心处的预应力筋，以避免台座承受过大的偏心力。

2）张拉机具与预应力筋应在同一条直线上，张拉应以稳定的速率逐渐增大拉力。

3）拉到规定应力在顶紧锚塞时，用力不要过猛，以防钢丝折断。

4）在拧紧螺母时，应时刻观察压力表上的读数，始终保持所需要的张拉力。

5）预应力筋张拉完毕后与设计位置的偏差不得大于 5mm，且不得大于构件截面最短边长的 4%。

6）同一构件中，各预应力筋的应力应均匀，其偏差的绝对值不得超过设计规定的控制应力值的5%。

7）预应力筋张拉或放张时，应采取有效的安全防护措施，预应力筋两端正前方不得站人或穿越。

8）预应力筋张拉或放张时，应对张拉力、压力表读数、张拉伸长值及异常情况等做出详细记录。

9）预应力筋张拉中应避免预应力筋断裂或滑脱。在浇筑混凝土前发生断裂或滑脱的预应力筋必须更换。

（3）预应力值校核

预应力钢筋和钢绞线的预应力值一般用其伸长值校核，即实测伸长值与理论伸长值的相对误差不应超过±6%。

预应力钢丝的预应力值，应采用钢丝内力测定仪直接检测钢丝的预应力值来对张拉结果进行校核。其检验标准为：对台座法张拉的钢丝，预应力值定为95%σ_{con}；对模外张拉钢丝预应力值应符合表4-2的规定。

表4-2　模外张拉钢丝预应力值检测标准

检测时间	检测标准	
	4m长钢丝	6m长钢丝
张拉完毕后30min	92%σ_{con}	93.5%σ_{con}
张拉完毕后1h以上	91%σ_{con}	92.5%σ_{con}

（4）张拉端预应力筋的内缩量限值

锚固阶段张拉端预应力筋的内缩量应符合设计要求；当设计无具体要求时，应符合表4-3的规定。

表4-3　张拉端预应力筋的内缩量限值　　单位：mm

锚具类别		内缩量限值
支承式锚具（镦头锚具等）	螺帽缝隙	1
	每块后加垫板的缝隙	1
锥塞式锚具		5
夹片式锚具	有顶压	5
	无顶压	6～8

先张法预应力筋张拉后的位置与设计位置的偏差不得大于5mm，且不得大于构件截面短边边长的4%。

3. 混凝土浇筑与养护

确定预应力混凝土的配合比时，应尽量减少混凝土的收缩和徐变，以减少预应力损失。收缩和徐变与水泥品种、水灰比、骨料孔隙率和成型方式有关。

预应力筋张拉完毕后，应立即绑扎骨架、支模、浇筑混凝土。台座内每条生产线上的构件，其混凝土应连续浇筑。混凝土必须振捣密实，特别是构件的端部，要注意加强振捣，以保证混凝土强度和黏结力。浇筑和振捣混凝土时，避免碰撞预应力筋；在混凝土未达到一定强度前，不允许碰撞或踩动预应力筋；当叠层生产时，必须待下层混凝土强度达 8～10N/mm^2 后方可继续进行。

混凝土可采用自然养护或湿热养护。当采用湿热养护时，采取二次升温制，初次升温的温差不宜超过 20℃，当构件混凝土强度达到 7.5～10N/mm^2 时，再按一般规定继续升温养护，这样可以减少预应力的损失。

4. 预应力筋的放张

在进行预应力筋的放张时，混凝土强度应符合设计要求；当设计无具体要求时，不应低于设计的混凝土立方体抗压强度标准值的 75%。

（1）放张顺序

先张法预应力筋的放张顺序应符合下列规定。

1）宜采取缓慢放张工艺进行逐根或整体放张。

2）对轴心受压构件，所有预应力筋宜同时放张。

3）对受弯或偏心受压的构件，应先同时放张预压应力较小区域的预应力筋，再同时放张预压应力较大区域的预应力筋。

4）当不能按上述规定放张时，应分阶段、对称、相互交错放张。

5）放张后，预应力筋的切断顺序，宜从张拉端开始逐次切向另一端。

（2）放张方法

1）对预应力钢丝或钢绞线的板类构件，放张时可直接用钢丝钳或砂轮切割机切割，并宜从生产线中间处切断，以减少回弹量，且有利于脱模；对每一块板，应从外向内对称放张，以免构件扭转两端开裂。

2）对预应力筋数量较少的粗钢筋构件，可采用氧炔焰在烘烤区轮换加热每根粗钢筋，使其同步升温，钢筋内应力均匀徐徐下降，外形慢慢伸长，待钢筋出现颈缩现象时，即可切断。

3）对预应力筋配置较多的构件，不允许采用剪断或割断等方式突然放张，以避免最后放张的几根预应力筋因产生过大的冲击而断裂，致使混凝土构件开裂。为此，应采用千斤顶或在台座与横梁间设置砂箱和楔块，或在准备切割的一端预先浇筑混凝土块等方法，进行缓慢放张。

4.6 后张法施工

4.6.1 后张法施工工艺流程

后张法是在混凝土达到一定强度的构件或结构中，张拉预应力筋并用锚具永久固定，使混凝土产生预压应力的施工方法。该方法广泛用于施工现场现浇预应力混凝土结构和构件厂生产的大型预应力混凝土预制构件。后张法施工可分为后张有粘结预应力施工、后张无粘结预应力施工和后张缓粘结预应力施工。后张法预应力工程的施工应由具有相应资质等级的预应力专业施工单位承担。

1）后张有粘结预应力施工是先浇筑好混凝土结构或构件，并在结构或构件中留设孔道，待混凝土强度达到设计规定的数值后，在孔道内穿入预应力筋进行张拉并锚固，最后进行孔道灌浆。张拉力由锚具传给混凝土结构或构件，并使之产生预压应力，其施工顺序简图如图 4-29 所示。

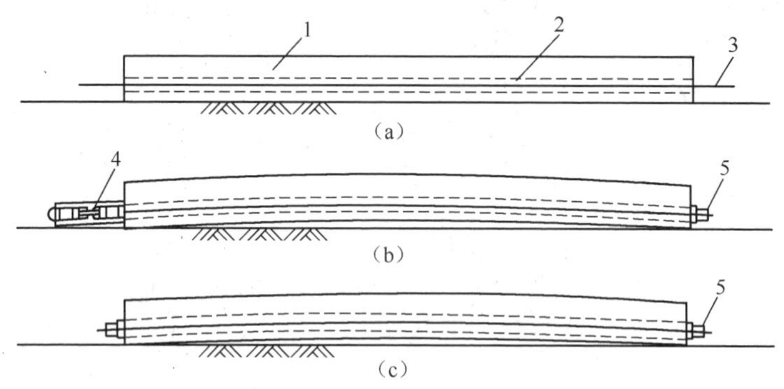

1—混凝土构件；2—孔道留设；3—预应力筋；4—张拉千斤顶；5—锚具。

图 4-29　后张有粘结预应力施工顺序简图

2）后张无粘结预应力施工是在浇注混凝土前，按设计要求把外包塑料包裹层内涂防腐油脂的无粘结预应力筋铺好，然后浇注混凝土，待混凝土达到设计要求强度后，再张拉锚固。预应力筋与混凝土之间没有黏结，张拉力全靠锚具传递到混凝土上。这种预应力结构的优点是不需要孔道留设与灌浆，施工简便，摩阻损失小，但对锚具要求高。其施工顺序简图如图 4-30 所示。

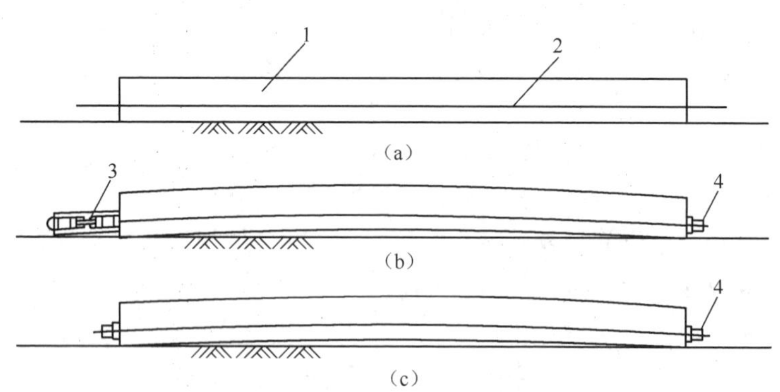

1—混凝土构件；2—无粘结预应力筋；3—张拉千斤顶；4—锚具。

图 4-30　后张无粘结预应力施工顺序简图

3）后张缓粘结预应力施工属于相对较新的预应力施工工艺，为后张无粘结预应力和后张有粘结预应力两种工艺的有机结合。其最大的特点是施工阶段同无粘结预应力一样施工简便，使用阶段同后张有粘结预应力一样，结构或构件的整体性好，对锚具要求相对较低，且耐腐蚀性能更优。后张缓粘结预应力施工顺序与后张无粘结预应力施工顺序类似。

4.6.2 后张有粘结预应力施工工艺

后张有粘结预应力施工工艺主要包括孔道留设、预应力筋制作、预应力筋穿束、预应力筋张拉、灌浆与封锚。

1. 孔道留设

预应力筋的孔道通常有直线、曲线和折线等基本线型，孔道留设正确与否，是后张有粘结预应力施工的关键工序之一。孔道留设方法有钢管抽芯法、胶管抽芯法和预埋管法等。

（1）钢管抽芯法

钢管抽芯法适用于直线孔道。预先将钢管埋设在模板内的孔道位置，在混凝土浇筑和达到终凝之前，应间隔一定时间缓慢转动钢管，使之不与混凝土黏结，待混凝土初凝后、终凝前将钢管抽出。为了保证孔道留设的质量，施工时应注意以下几点。

1）要求钢管平直、表面光滑，预埋前应除锈、刷油，安放位置准确；钢管在构件中用钢筋井字架或其他辅助钢筋定位，井字架间距不宜大于 1.0m。钢管每根长度最好不超过 15m，两端各应伸出构件 100mm 左右，钢管一端钻 16mm 小孔，以便于旋转和抽管。

2）掌握好抽管时间。抽管过早，混凝土未达到一定强度，会造成坍孔事故；抽管过晚，混凝土与钢管易黏结，造成抽管困难。具体抽管时间与水泥品种、施工温度和养护条件有关。一般掌握在混凝土初凝后、终凝前，手指按压混凝土表面不显指纹即可抽管，常温下抽管时间在混凝土浇筑后 3～6h。抽管前每隔 10～15min 转动一次钢管。

3）抽管顺序宜先上后下进行。抽管方法可用人工或卷扬机，抽管时必须速度均匀，边抽边转，并与孔道保持在一条直线上，抽管后应及时检查孔道情况并做好穿筋前的孔道清理工作。

由于孔道需要灌浆，在浇筑混凝土时，应在设计规定位置留设灌浆孔。一般情况下在构件两端和中间，每隔 12m 设置一个直径为 20～25mm 的灌浆孔，并在构件两端各设一个排气孔。

（2）胶管抽芯法

胶管有布胶管和钢丝网胶管两种。布胶管采用 5～7 层帆布夹层、壁厚 6～7mm 的普通橡皮管，可用于直线、曲线或折线孔道。胶管安放于设计位置后，用钢筋井字架或其他辅助钢筋固定，直线孔道井字架间距不宜大于 0.5m，曲线孔道适当加密；在浇筑混凝土前，在胶管中以 0.5～0.8N/mm^2 的压力充水或充气，管径增大约 30mm，待浇筑的混凝土初凝后，放出压缩空气或压力水，管径缩小，混凝土脱离，随即抽出胶管形成孔道。钢丝网胶管质硬，具有一定的弹性，抽管时在拉力作用下断面缩小易于拔出。

胶管抽芯与钢管抽芯相比，具有弹性好、便于弯曲、不需转动等优点，不仅可以留设直线孔道，而且可以留设曲线孔道。使用胶管留设孔道时，胶管必须具有良好的密封装置，抽管时间应比钢管略迟。

（3）预埋管法

预埋管法是采用黑铁皮管、薄钢管、镀锌钢管、金属波纹管和塑料波纹管等预先埋设在结构或构件中，混凝土浇筑后不再抽出，其中金属波纹管和塑料波纹管应用广泛。

1）金属波纹管（图 4-31）是由镀锌薄钢带经压波后卷成，截面形状有圆形和扁形，具有质量小、刚度较好、弯折方便、连接容易、与混凝土黏结良好等优点，可留设各种形状的孔道，并可省去抽管工序，是目前预埋管法的首选管材。

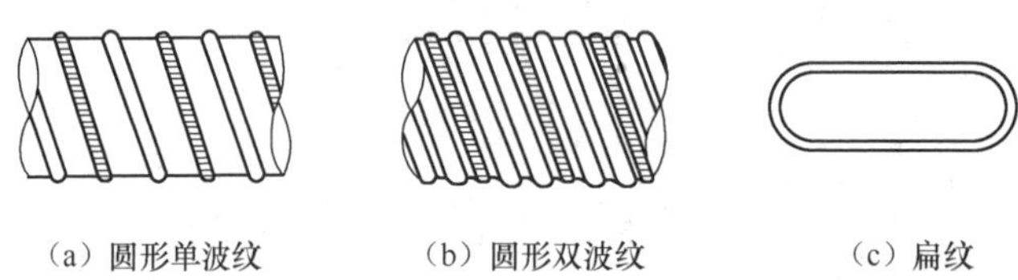

（a）圆形单波纹　（b）圆形双波纹　（c）扁纹

图 4-31　金属波纹管外形

2）塑料波纹管是近年来发展起来的一种新型留孔材料，它以高密度聚乙烯或聚丙烯为原料，采用挤塑机和专用制管机热挤成型，截面形状也有圆形和扁形。塑料波纹管具有强度高、刚度大、孔道摩阻损失小、耐腐蚀性能好等优点，更适合真空辅助灌浆技术。

（4）预留孔道的要求

后张有粘结预应力筋预留孔道的规格、数量、位置除应符合设计要求外，尚应符合下列规定。

1）预留孔道的定位应牢固，浇筑混凝土时不应出现移位和变形。

2）孔道应平顺，端部的预埋锚垫板应垂直于孔道中心线。

3）成孔用管道应密封良好，接头应严密且不得漏浆。

4）灌浆孔的间距不宜大于 30m。

5）在曲线孔道的曲线波峰部位应设置排气兼泌水管，必要时可在最低点设置排水孔。

6）灌浆孔及泌水管的孔径应能保证浆液流动畅通。

2. 预应力筋制作

当采用金属波纹管和塑料波纹管留设孔道时，预应力筋通常选用预应力钢绞线或钢丝。

（1）钢绞线下料与编束

为了防止在下料过程中钢绞线紊乱并弹出伤人，应将钢绞线盘卷在事先制作的铁笼内，从盘卷中央逐步抽出。钢绞线下料宜用砂轮切割机切割，不得采用电弧切割。

钢绞线宜用 20 号铁丝绑扎编束，间距为 1～1.5m。编束时应先将钢绞线理顺，使各根钢绞线松紧一致。如果钢绞线是单根穿入孔道，则不必编束。

（2）钢丝下料与编束

消除应力钢丝放开后可直接下料，下料如发现钢丝表面有电接头或机械损伤，应随时剔除。采用镦头锚具时，钢丝的等长要求较严，同束钢丝下料长度的相对差值，即同束中最长与最短钢丝之差，不应大于 $L/5000$（L 为钢丝下料长度），且不得大于 5mm。为了达到这一要求，钢丝下料可用钢管限位法或用牵引索在拉紧状态下进行。

编束可保证钢丝束两端钢丝的排列顺序一致，在穿束与张拉时不致紊乱。因所用锚具形式不同，编束方法也有差异：采用镦头锚具时，先将内圈和外圈钢丝分别用铁丝顺序编扎，然后将内圈钢丝放入外圈钢丝内扎牢；采用钢质锥形锚具时，编束分为空心束和实心束两种，但都需要圆盘梳丝板理顺钢丝，并在距钢丝端部 5～10cm 处编扎一道，使张拉分丝时不致紊乱。

3. 预应力筋穿束

（1）穿束顺序

预应力筋穿入孔道，即穿束，可分为先穿束法和后穿束法两种。先穿束法是在浇筑混凝土之前穿束，此法按穿束与预埋波纹管之间的顺序，可分为以下 3 种。

1）先装管后穿束。先将波纹管安装就位，后将预应力筋穿入。

2）先穿束后装管。先将预应力筋穿入钢筋骨架内，后将波纹管逐节从两端套入并连接。

3）两者组装放入。在结构或构件外侧的脚手架上将预应力筋与波纹管组装后，从钢筋骨架顶部放入设计部位。

后穿束法是在混凝土浇筑之后穿束，此种穿束方法不占工期，便于用通孔器或高压水通孔和清孔，穿束后立即可以张拉，易于防锈，一般应优先采用。但对波纹管质量要求较高，且在混凝土浇筑时必须对波纹管进行有效保护，以防孔道压瘪、漏浆堵塞以致穿束困难。

（2）穿束方法

根据一次穿入数量，可分为整束穿和单束穿。对钢丝束一般应整束穿；对钢绞线优先采用整束穿也可用单根穿。穿束工作可由人工、卷扬机或穿束机进行。

1）人工穿束。可利用起重设备将预应力筋吊起，工人站在脚手架上将其逐步穿入孔内。束的前端应扎紧并裹胶布或专用穿束头，以便顺利通过孔道。对多波曲线束，宜采用特制的牵引头，工人在前端牵引，后端推送，用对讲机随时联系，保持前后两端同时用力。

2）卷扬机穿束。主要用于超长束、特重束、多波曲线束等整束穿入。卷扬机的电动机功率为 1.5～2.0kW，卷扬机速度宜为 10m/min，束的前端应装有穿束网套或特别的牵引头。

3）穿束机穿束。穿束机是一种专门用来穿束的设备，主要用于大型桥梁与构筑物单根钢绞线的穿入。

穿入孔道的预应力筋，宜采取防止锈蚀的措施。

4. 预应力筋张拉

预应力筋张拉是预应力施工的关键工序。张拉时结构或构件的混凝土强度应符合设计要求，当设计无具体要求时，不应低于设计的混凝土立方体抗压强度标准值的 75%。在预应力筋张拉中，主要是解决好张拉控制应力、张拉方式、张拉顺序、张拉程序、张拉伸长值校核等问题。

（1）张拉控制应力

预应力筋的张拉控制应力值 σ_{con} 的限值见表 4-1。

（2）张拉方式

1）一端张拉方式。有粘结预应力筋长度不大于 20m 时可一端张拉；预应力筋为直线型时，一端张拉的长度可延长至 35m。设计认可放宽以上限制的，也可将张拉端分别设置在构件的两端。

2）两端张拉方式。有粘结预应力筋长度大于 20m 时宜采用两端张拉方式。当张拉设备不足或由于张拉顺序安排关系，也可先在一端张拉完成后，再移到另一端张拉，补足张拉力后锚固。

3）分批张拉方式。此方式适用于配有多束预应力筋的构件或结构。在确定张拉力时，应考虑束间的弹性压缩损失影响，或将弹性压缩损失平均值统一增加到每根预应力筋的张拉力内。

4）分段张拉方式。此方式适用于多跨连续梁板的逐段张拉。在第一段混凝土浇筑与预应力筋张拉锚固后，第二段预应力筋利用锚头连接器接长。

5）分阶段张拉方式。此方式是为了平衡各阶段的荷载所采取的分阶段逐步施加预应力的方式，具有应力、挠度与反拱容易控制、省材料等优点。

6）补偿张拉方式。此方式是一种在早期预应力损失基本完成后，再进行张拉，以弥补损失，达到预期的预应力效果的方式，在水利工程与岩土锚杆中应用较多。

（3）张拉顺序

预应力筋的张拉顺序应符合设计要求，并应符合下列规定。

1）张拉顺序应根据结构受力特点、施工方便及操作安全等因素确定。

2）预应力筋张拉宜符合均匀、对称的原则。

3）对现浇预应力混凝土楼盖，宜先张拉楼板、次梁的预应力筋，后张拉主梁的预应力筋。

4）对预制屋架等平卧叠浇构件，应从上而下逐榀张拉。

（4）张拉程序

后张法预应力筋的张拉程序一般与先张法相同，应根据构件类型、张拉锚固体系、孔道摩阻损失、松弛损失等因素确定。

（5）张拉伸长值校核

对张拉伸长值进行校核，可以综合反映张拉力是否足够，孔道摩阻损失是否偏大，以及预应力筋是否有异常现象等。根据《混凝土结构工程施工质量验收规范》（GB 50204—2015）的规定，如实际伸长值比计算伸长值偏差超过±6%，应暂停张拉，在采取措施予以调整后，方可继续张拉。预应力筋的伸长值 Δl（mm）为

$$\Delta l=\frac{F_{p}l}{A_{p}E_{s}} \tag{4-3}$$

式中：F_p——预应力筋的平均张拉力，N（直线筋取张拉端的拉力；两端张拉的曲线筋，取张拉端的拉力与跨中扣除孔道摩阻损失后拉力的平均值）；

A_p——预应力筋的横截面面积，mm^2；

l——预应力筋的长度，mm；

E_s——预应力筋的弹性模量，N/mm^2。

预应力筋的实际伸长值，应在初应力为张拉控制应力的 10%～20%时开始量测，但必须加上初应力以下的推算伸长值，对于后张法，还应扣除预应力混凝土结构或构件在张拉过程中的弹性压缩量、张拉过程中锚具楔紧引起的内缩量以及张拉设备内预应力筋的张拉伸长值。

（6）张拉注意事项

1）在预应力作业中应特别注意安全。在任何情况下，作业人员均不得站在预应力筋的两端操作，张拉千斤顶的后面应设防护装置。

2）操作千斤顶和测量伸长值的人员，应站在千斤顶的侧面工作；在油泵开动的过程中，不得擅自离开岗位。

3）做到千斤顶、孔道与锚具三对中，以使张拉工作顺利进行，使测得的数据准确，避免产生过大的孔道摩阻。

4）采用锥锚式千斤顶张拉钢丝束时，应先使千斤顶张拉油缸进油，至压力表略有启动时暂停，检查每根钢丝的松紧并进行调整，然后再打紧楔块。

5）钢丝束镦头锚固体系，在张拉过程中应随时拧紧螺母，锚固时如遇钢丝束偏长或偏短，应增加螺母或用连接器解决。

6）新的工具锚夹片在第一次使用前，应在夹片背面涂上润滑剂，以后每使用 5～10 次，应将工具锚上的挡板连同夹片一同卸下，向锚板的锥孔中再涂上一层润滑剂，以防夹片在退楔时卡住。

7）多根钢绞线束所用的夹片锚具，如遇到个别钢绞线滑移，可在更换夹片后用小型前卡式千斤顶单根张拉。

8）当预应力筋是逐根或逐束张拉时，应保证各阶段不出现对结构不利的应力状态；同时宜考虑后批张拉预应力筋所产生的结构或构件的弹性压缩对前批张拉预应力筋的影响。

9）预应力筋张拉中应避免预应力筋断裂或滑脱。钢绞线出现断裂或滑脱的数量不应超过同一截面钢绞线总根数的 3%，且每根断裂的钢绞线断丝不得超过一丝；对多跨双向连续板，其同一截面应按每跨计算。

10）张拉完成后，应检查端部和其他部位有无裂缝，并填写张拉记录表。

11）长期外露的锚具，应涂刷防锈油漆，或用混凝土、砂浆封裹，以防止腐蚀。

5. 灌浆与封锚

后张有粘结预应力筋张拉后应尽早进行孔道灌浆，孔道内水泥浆应饱满、密实。灌浆工艺通常包括普通灌浆和真空辅助灌浆。

（1）普通灌浆

对于普通灌浆，宜用强度等级不低于 42.5 号的普通硅酸盐水泥配制水泥浆，水泥浆的水灰比不应大于 0.45，3h 泌水率宜为 0，且不应大于 1%，泌水应能在 24h 内全部被水泥浆吸收。水泥浆中氯离子含量不应超过水泥质量的 0.06%；拌和用水和掺加的外加剂中不应含有对预应力筋或水泥有害的成分。灌浆用水泥浆的抗压强度不应小于30N/mm^2。为提高灌浆的密实度，可掺入对预应力筋无副作用的膨胀剂、减水剂等外加剂，但24h的自由膨胀率对于普通灌浆不应大于6%，对于真空辅助灌浆不应大于3%。

在灌浆前用压力水冲洗和湿润孔道，灌浆过程中，用电动或手动灰浆泵，将水泥浆均匀缓慢地注入，中途不得中断。灌浆施工应符合下列规定。

1）宜先灌注下层孔道，后灌注上层孔道。

2）灌浆应连续进行，直至排气管排除的浆体稠度与注浆孔处相同且没有出现气泡后，再顺浆体流动方向将排气孔依次封闭；全部封闭后，宜继续加压0.5～0.7MPa，并稳压1～2min后封闭灌浆口。

3）当泌水较大时，宜进行二次灌浆或泌水孔重力补浆。

4）因故停止灌浆时，应用压力水将孔道内已注入的水泥浆冲洗干净。

（2）真空辅助灌浆

与普通灌浆不同，真空辅助灌浆在预应力筋张拉完成后应首先封锚，即密封孔道两端，然后在孔道一端用真空泵抽吸孔道内空气，使孔道内达到−0.08～−0.1MPa的真空度，随后在孔道另一端用灌浆泵将拌制好的水泥浆灌入，待浆体充满整个孔道时，保持不小于0.7MPa的压力2min，以确保孔道灌浆的饱满与密实。其相应的工艺流程如图4-32所示。

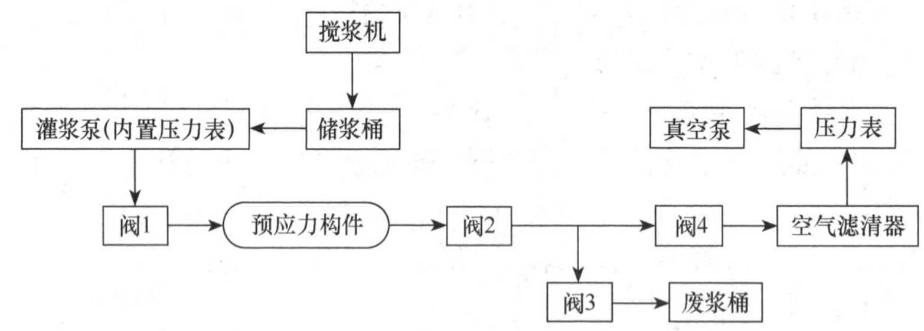

图4-32　真空辅助灌浆工艺流程

采用真空辅助灌浆，孔道内的空气、水分及混在水泥浆中的气泡在负压作用下大部分被排出，增加了孔道内浆体的密实度和充盈度；孔道在真空状态下，减小了由孔道高低弯曲而使浆体自身形成的压头差，便于浆体充盈整个孔道，尤其是预应力线型复杂的构件；真空辅助灌浆的过程也是一个连续而迅速的过程，缩短了灌浆时间。但该技术对预应力孔道的密闭性要求较高，因此宜选用塑料波纹管作为成孔材料，且灌浆用水泥浆应优化配置，以充分发挥真空辅助灌浆的优势。

真空辅助灌浆在我国已逐步推广应用，尤其是对超长多波孔道、大曲率孔道、扁形孔道、腐蚀环境的孔道等灌浆较为有利。

（3）封锚

预应力筋锚固后的外露部分宜采用机械方法切割，其外露长度不宜小于预应力筋直径的1.5倍，且不宜小于30mm。外露锚具及预应力筋应按设计要求采取可靠的防止损伤及腐蚀的保护措施。锚具的封闭保护应符合设计要求，当设计无具体要求时，应符合下列规定。

1）应采取防止锚具腐蚀和遭受机械损伤的有效措施。

2）凸出式锚固端锚具的保护层厚度不应小于 50mm。

3）外露预应力筋的保护层厚度：处于正常环境时，不应小于 20mm；处于易受腐蚀的环境时，不应小于 50mm。

4.6.3　后张无粘结预应力施工工艺

后张无粘结预应力施工工艺主要包括无粘结预应力筋制作、无粘结预应力筋铺设、无粘结预应力筋张拉和封锚处理。

1. 无粘结预应力筋制作

（1）无粘结预应力筋

无粘结预应力筋是指带有专用防腐油脂涂料层和外包层的预应力筋，施加预应力后沿全长与周围混凝土不黏结。它由预应力筋、涂料层和护套层组成（图 4-33）。无粘结预应力筋用的钢绞线和钢丝不应有死弯，当有死弯时必须截断。无粘结预应力筋中的每根钢丝应是通长的，严禁有接头。

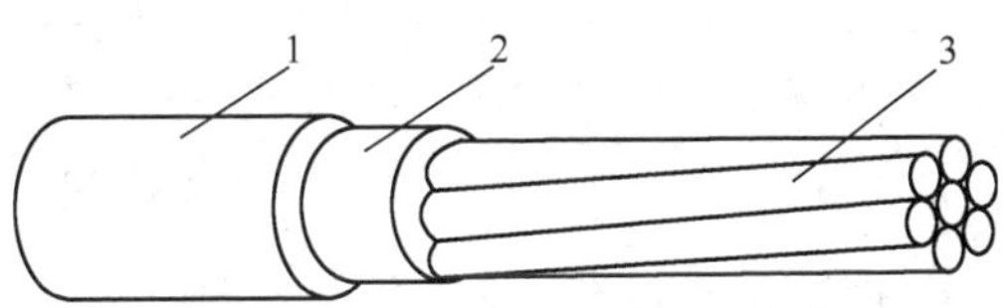

1—塑料护套；2—油脂；3—钢绞线或钢丝束。

图 4-33　无粘结预应力筋

（2）涂料层

涂料层的作用是使预应力筋与混凝土隔离，减少张拉时的摩阻损失，防止预应力筋腐蚀等。无粘结预应力筋涂料层应采用专用防腐油脂，其性能应符合下列要求。

1）在－20～＋70℃内，不流淌，不裂缝变脆，并有一定韧性。

2）使用期内，化学稳定性好。

3）对周围材料（如混凝土、钢材和外包材料）无侵蚀作用。

4）不透水，不吸湿，防水性好。

5）防腐蚀性能好。

6）润滑性能好，摩擦阻力小。

（3）外包层

外包层材料应采用聚乙烯或聚丙烯，严禁使用聚氯乙烯。外包层的作用是使无粘结预应力筋在运输、储运、铺设和浇注混凝土等过程中不会发生不可修复的破坏。

其性能应符合下列要求。

1）在－20～＋70℃内，低温不脆化，高温化学稳定性好。

2）必须具有足够的韧性、抗破损性。

3）对周围材料（如混凝土、钢材和外包材料）无侵蚀作用。

4）防水性好。

制作单根无粘结预应力筋时，涂料层的涂敷和外包层的制作应一次完成，涂料层防腐油脂应完全填充预应力筋与外包层之间的环形空间，外包层宜挤塑成型，并由专业化工厂生产。

（4）无粘结预应力筋的制作

无粘结预应力筋的制作，一般采用挤塑涂层工艺。挤塑涂层工艺设备主要由放线盘、给油装置、塑料挤出机、水冷装置、牵引机、收线装置等组成（图 4-34）。钢绞线（或钢丝束）经给油装置涂油后，通过塑料挤出机的机头出口处，塑料熔融物被挤成管状包覆在钢绞线上，经冷却水槽塑料套管硬化，即形成无粘结预应力筋；牵引机继续将钢绞线牵引至收线装置，自动排列成盘卷。

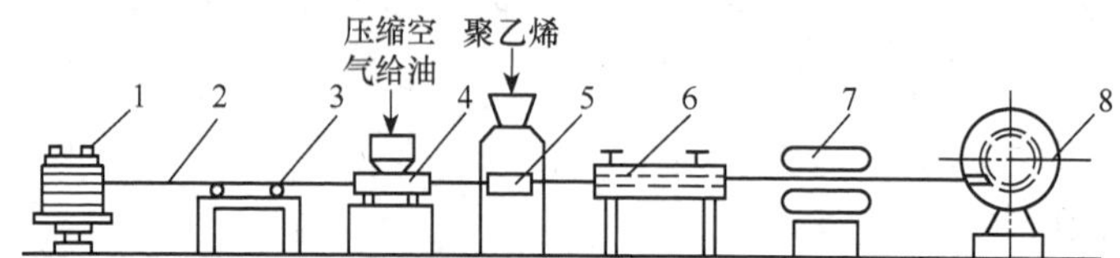

1—放线盘；2—钢绞线；3—滚动支架；4—给油装置；5—塑料挤出机；6—水冷装置；7—牵引机；8—收线装置。

图 4-34　无粘结预应力筋挤塑涂层工艺生产线

挤塑成型后的无粘结预应力筋应按工程所需的长度和锚固形式下料、组装。无粘结预应力筋下料长度，应综合考虑其曲率、锚固端保护层厚度、张拉伸长值及混凝土压缩变形等因素，并应根据不同的张拉方法和锚固形式预留张拉工作长度。

2. 无粘结预应力筋铺设

多跨单向梁板的无粘结预应力筋采取纵向多波连续曲线配筋方式，钢筋的铺设比较简单；多跨双向平板在纵横两方向均采用多波连续曲线配筋的方式，两个方向的无粘结预应力筋互相穿插，给施工操作带来困难，必须事先确定无粘结预应力筋的铺设顺序。无粘结预应力筋的铺放、安装应按设计图纸的规定进行。

无粘结预应力筋的铺设应符合下列要求。

1）预应力筋束形控制点的竖向位置允许偏差应符合表 4-4 的规定。

表 4-4　束形控制点的竖向位置允许偏差　　单位：mm

截面高（厚）度	$h \leqslant 300$	$300 < h \leqslant 1500$	$h > 1500$
允许偏差	±5	±10	±15

注：束形控制点的竖向位置偏差合格点率应达到 90%及以上，且不得有超过表中数值 1.5 倍的尺寸偏差。

2）无粘结预应力筋的定位应牢固，浇筑混凝土时不应出现移位和变形。

3）端部的预埋锚垫板应垂直于预应力筋。

4）内埋式固定端垫板不应重叠，锚具与垫板应贴紧。

5）无粘结预应力筋成束布置时应能保证混凝土密实并能裹住预应力筋。

6）无粘结预应力筋的护套应完整，局部破损处应采用防水胶带缠绕紧密。

镦头锚具张拉端安装时，先将塑料护套插入锚垫板（承压板）孔内，通过计算确定锚杯的预埋位置，并用定位螺杆将其固定在端部模板上。定位螺杆拧入锚杯内必须顶紧各钢丝镦头，并应根据定位螺杆露在模板外的尺寸确定锚杯预埋位置。镦头锚具固定端安装时，按设计要求的位置将固定端锚板绑扎牢固，钢丝镦头必须与锚板贴紧，严禁锚板相互重叠放置。

夹片锚具张拉端安装时，无粘结预应力筋的外露长度应根据张拉机具所需的长度确定，无粘结预应力曲线筋或折线筋末端的切线应与锚垫板（承压板）相垂直，曲线段的起始点至张拉锚固点应有不小于 300mm 的直线段。在安装带有穴模或其他预埋入混凝土中的张拉端锚具时，各部件之间不应有缝隙。夹片锚具固定端安装时，应将组装好的固定端按设计要求的位置绑扎牢固。

张拉端和固定端均必须按设计要求配置螺旋筋，螺旋筋应紧靠锚垫板（承压板）或锚杯，并固定可靠。

在预应力筋全长及锚具与连接套管的连接部位，外包材料均应连续、封闭且能防水。无粘结预应力筋铺放、安装完毕后，应进行隐蔽工程验收，确认合格后方能浇筑混凝土。

3. 无粘结预应力筋张拉

无粘结预应力混凝土楼盖结构宜先张拉楼板，后张拉楼面梁，梁中的无粘结预应力筋应对称张拉，板中的无粘结预应力筋可依次张拉。当无粘结预应力筋长度超过 25m 时，宜采用两端张拉；当筋长超过 50m 时，应采取分段张拉与锚固。

安装张拉设备时，对直线的无粘结预应力筋，应使张拉力的作用线与无粘结预应力筋中心线重合；对曲线的无粘结预应力筋，应使张拉力的作用线与无粘结预应力筋中心线末端的切线重合。无粘结预应力筋的张拉控制应力，应符合设计要求。

后张无粘结预应力张拉程序及相关技术要点与前述后张有粘结预应力类似。当采用应力控制方法张拉时，应校核无粘结预应力筋的伸长值。如实际伸长值与理论伸长值相对误差超过±6%，应暂停张拉，查明原因并采取措施予以调整后，方可继续张拉。

无粘结预应力筋为钢丝时，在张拉过程中当有个别钢丝发生滑脱或断裂时，可相应降低张拉力。但滑脱或断裂的数量，不应超过结构同一截面无粘结预应力筋总量的 2%，且 1 束钢丝最多只允许滑脱或断裂 1 根。对于多双向连续板，其同一截面应按每跨计算。

张拉时，混凝土立方体抗压强度应符合设计要求。当设计无具体要求时，不宜低于混凝土设计强度等级的 75%。无粘预应力筋的张拉顺序应符合设计要求，如设计无具体要求时，可采用分批、分阶段对称张拉或依次张拉。当无粘结预应力筋需进行两端张拉时，也可先在一端张拉并锚固，再在另一端补足张拉力后进行锚固。无粘结预应力筋张拉时，应逐根填写张拉记录表。

张拉后，宜采用砂轮锯或其他机械方法切断超长部分的无粘结预应力筋，严禁采用电弧切断。无粘结预应力筋切断后其外露长度不宜小于 30mm，且不宜小于预应力筋直径的 1.5 倍。

4. 封锚处理

无粘结预应力筋张拉完毕后，应及时对锚固区进行保护。对镦头锚具，应先用油枪通过锚杯注油孔向连接套管内注入足量防腐油脂（以油脂从另一注油孔溢出为止），然后用防腐油脂将锚杯内充填密实，并用塑料或金属帽盖严，再在锚具及承压板表面涂以防水涂料［图 4-35（a）］。对夹片锚具，可先切除外露无粘结预应力筋的多余长度，然后在锚具及承压板表面涂以防水涂料［图 4-35（b）］。

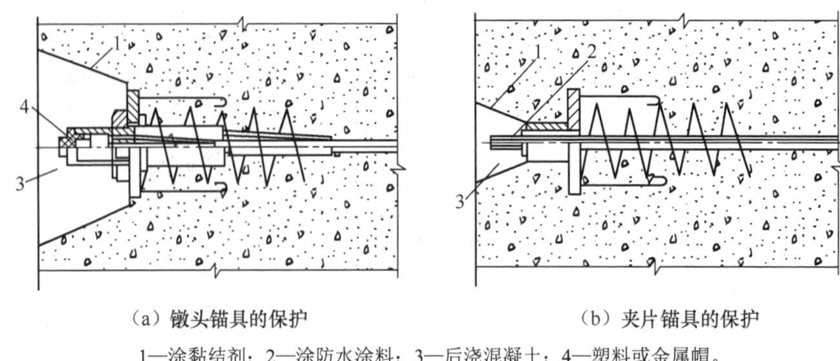

（a）镦头锚具的保护　　（b）夹片锚具的保护

1—涂黏结剂；2—涂防水涂料；3—后浇混凝土；4—塑料或金属帽。

图 4-35　锚固区保护措施

按以上做法进行处理后的无粘结预应力筋锚固区，应用微浇膨胀混凝土、低收缩防水砂浆或环氧砂浆密封。在浇注混凝土前，宜在槽口内壁涂环氧树脂类黏结剂。锚固区也可用后浇的外包钢筋混凝土圈梁进行封闭，外包圈梁不宜突出在外墙面以外。

对不能使用混凝土或砂浆包裹层的部位，应对无粘结预应力筋的锚具全涂与无粘结预应力筋涂料层相同的防腐油脂，并用具有可靠防腐和防火性能的专用保护套将锚具全部封闭。

4.6.4　后张缓粘结预应力施工工艺

后张缓粘结预应力施工工艺及相关技术要点与后张无粘结预应力类似。

缓粘结预应力筋由预应力筋、涂料层和护套层组成。预应力筋宜采用钢绞线，且优先采用 1×19 多股大直径钢绞线；涂料层则是特殊的缓粘结材料，即由树脂缓凝剂和其他材料混合而成，或由专用的缓凝砂浆材料制作而成，具有延迟凝固硬化性能；护套层与无粘结预应力筋不同，表面带有纵横向外肋，以增强预应力筋与混凝土之间的黏结力（图 4-36）。缓粘结材料的黏度会随时间、温度等因素逐步变化，其摩擦系数随之缓慢增大，且后期会急剧增加，使得预应力筋与混凝土间形成有效黏结。对于常温下的缓凝树脂可根据工程需要控制在 2～5 个月后凝固硬化，树脂硬化后的强度可达 70N/mm^2，因此需把握好预应力筋的张拉时机，必须在缓凝树脂凝固硬化前，即摩擦阻力突变前进行张拉。

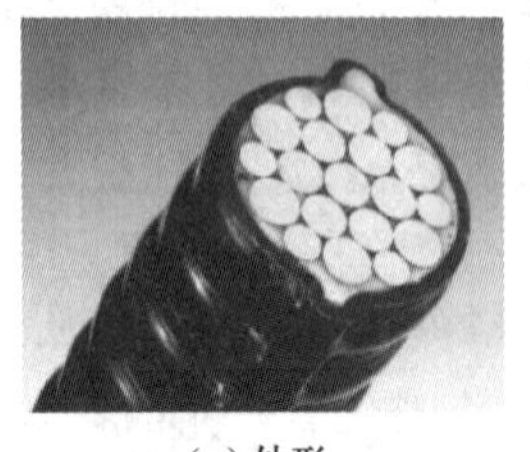

（a）外形

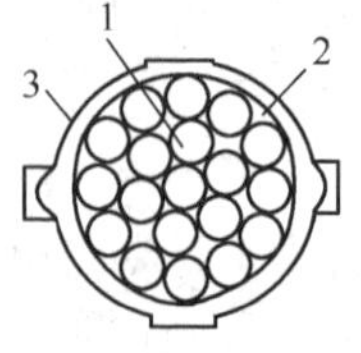

（b）19丝钢绞线

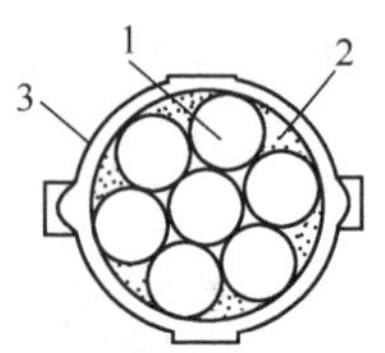

（c）7丝钢绞线

1—钢绞线；2—缓粘结材料；3—塑料护套。

图 4-36　缓粘结预应力钢绞线

思　考　题

4-1　简述预应力混凝土的分类。预应力钢材及锚（夹）具的种类有哪些？

4-2　简述先张法的工艺流程和主要施工设备组成。

4-3　先张法的施工工艺主要包括哪些？如何保障各施工环节的质量？

4-4　简述各类后张法的工艺流程。

4-5　后张有粘结（无粘结、缓粘结）预应力施工工艺主要包括哪些？如何保障各施工环节的质量？

4-6　简述先张法与后张法的区别。

第 5 章　砌体结构工程

砌体结构是由块体和砂浆砌筑而成的墙、柱作为建筑物主要受力构件或围护构件的结构，是砖砌体、砌块砌体和石砌体结构的统称。

砖石建筑在我国有悠久的历史，早在三千多年前就已经出现了用天然石料加工成块材的砌体结构，在两千多年前又出现了由烧制的黏土砖砌筑的砌体结构，“秦砖汉瓦”是中国古代建筑文化的精粹，见证了那一时期建筑装饰的辉煌。砖石建筑至今仍在建筑工程中占有相当的比重，这种结构虽然具有取材方便，保温、隔热、隔声、耐火性能良好，施工简单，不需大型施工机械，成本低廉，可以节约钢材和水泥等优点；但它的施工仍以手工操作为主，劳动强度大、生产效率低，因而采用新型墙体材料，改善砌体施工工艺是砌筑工程改革的重要内容和发展趋势。

5.1　砌 筑 材 料

砌筑工程所使用的材料包括各种砖、石、砌块、砌筑砂浆用水泥、石灰、砂等。砂浆通过胶结作用将块体结合形成砌体，以满足正常使用要求及承受结构的各种荷载。因此，块体与砂浆的质量对砌体质量具有决定意义。

5.1.1　砌筑块体

砌筑块体一般分为砖、砌块与石材三大类。

1. *砖*

砌筑工程中用的砖按材料分为黏土砖、灰砂砖、页岩砖、煤矸石砖、水泥砖及各种工业废料砖（如粉煤灰砖、炉渣砖等）；按生产形状分为实心砖、多孔砖、空心砖等。

（1）烧结普通砖

烧结普通砖是以黏土、页岩、煤矸石、粉煤灰为主要原料，经过焙烧而成的外形为直角六面体、实心或者孔洞率不大于 15%的砖。

（2）烧结多孔砖

烧结多孔砖是以黏土、页岩、煤矸石等为主要原料，经过焙烧而成，孔洞率介于 15%～35%的砖。烧结多孔砖根据其形状可分为方形多孔砖、矩形多孔砖，主要用于承重墙体。

（3）烧结空心砖

烧结空心砖是以黏土、页岩、煤矸石等为主要原料，经过焙烧而成的孔洞率大于 35%的砖。烧结空心砖的外形为矩形体，由于强度等级较低，一般用于非承重墙体。

（4）煤渣砖

煤渣砖是以煤渣为主要原料，掺入适量石灰、石膏，经混合、压制、蒸养或蒸压而成的实心砖。

（5）蒸压灰砂砖与蒸压粉煤灰砖

蒸压灰砂砖以石英砂和石灰为主要原料；蒸压粉煤灰砖以煤灰为主要原料，加入其他掺和料后压制成型，蒸压养护而成。这类砖用于承重砌体结构，但使用要受环境的限制。

2. *砌块*

砌块是以普通混凝土或混凝土以及硅酸盐材料制作的块材。砌块按尺寸和质量大小分为可手工砌筑的小型砌块和采用机械施工的中型和大型砌块；按使用目的可分为承重砌块与非承重砌块（包括隔墙砌块和保温砌块）；按是否有孔洞可以分为实心砌块与空心砌块（包括单排孔砌块和多排孔砌块）；按使用的原材料可以分为普通混凝土砌块、粉煤灰硅酸盐砌块、煤矸石混凝土砌块、浮石混凝土砌块、火山灰混凝土砌块、蒸压加气混凝土砌块等。纳入砌筑结构设计规范的砌块主要有普通混凝土小型空心砌块、轻集料混凝土小型空心砌块及加气混凝土砌块。

（1）普通混凝土小型空心砌块

普通混凝土小型空心砌块以水泥、砂、碎石或卵石、水为原料制成，最小外壁厚度应不小于 30mm，最小肋厚应不小于 25mm，空心率应不小于 25%。沿厚度方向只有一排孔洞的为单排孔小型砌块；有双排条形孔洞的为双排孔小型砌块；有多排条形孔洞的为多排孔小型砌块。

（2）轻集料混凝土小型空心砌块

轻集料混凝土小型空心砌块是由水泥、轻集料、砂、水等预制而成的。其中轻集料品种包括粉煤灰、煤矸石、浮石、火山灰以及各种陶粒等。

（3）加气混凝土砌块

加气混凝土砌块是以水泥、矿渣、砂、石灰等为主要原料，加入发气剂，经搅拌成型、蒸压养护而成的实心砌块。

砖和砌块的规格尺寸如表 5-1 所示。

表 5-1　砖和砌块的规格尺寸

块材名称	长×宽×高
烧结普通砖	240×115×53
烧结多孔砖	M 型：190×190×90　　P 型：240×115×90
烧结空心砖	290×190（140）×90　　240×180（175）×115
煤渣砖	240×115×53
蒸压灰砂砖	1NF：240×115×53　　1.5NF：240×115×90 2NF：240×115×115　　3NF：240×115×175
小型砌块	390×190×190
中型砌块	580×380×190　　880×380×190
普通混凝土小型空心砌块	390×190×190
蒸压加气混凝土砌块	600×250×250
粉煤灰砌块	880×380×240　　880×430×240

注：表中数字的单位均为 mm。

3. *石材*

石砌体常用于基础、墙体、挡土墙和桥涵工程，砌筑用石有毛石和料石两类。形状不规则、中部厚度不小于150mm的块石称为毛石，毛石又分为乱毛石和平毛石。其中乱毛石是指形状不规则的石块，而平毛石是指形状不规则但有两个平面大致平行的石块。料石根据加工程度分为细料石、粗料石和毛料石。料石的宽度、厚度均不宜小于200mm，长度不宜大于厚度的4倍。

块体材料的强度等级用符号“MU”表示。强度等级由标准试验方法得出的块体极限抗压强度的平均值确定，单位为“MPa”。其中空心砖、煤渣砖等确定强度等级时还应符合抗折强度指标，因石材的大小和规格不一，通常用边长为70mm的立方体试块进行抗压试验，取3个试块破坏强度的平均值作为确定石材强度等级的依据。

《砌体结构设计规范》（GB 50003—2011）中规定的块体材料的强度等级如表5-2所示。

表5-2　块体材料的强度等级

块材名称	强度等级
烧结普通砖	MU30、MU25、MU20、MU15、MU10
烧结多孔砖	MU30、MU25、MU20、MU15、MU10
烧结空心砖	MU5、MU3、MU2
煤渣砖	MU20、MU15、MU10、MU7.5
蒸压灰沙砖	MU25、MU20、MU15、MU10
蒸压粉煤灰砖	MU25、MU20、MU15、MU10
砌块	MU20、MU15、MU10、MU7.5、MU5、MU3.5
石材	MU100、MU80、MU60、MU50、MU40、MU30、MU20、MU15、MU10

5.1.2　砌筑砂浆

将砖、石、砌块等黏结成砌体的砂浆称为砌筑砂浆，砌筑砂浆在砌体中的作用主要是将块材连成整体，从而提高砌体的强度和稳定性，并使上层块材所受的负荷均匀地传递到下层，同时，砌筑砂浆填充块材之间的缝隙，可提高建筑物的保温、隔音、防潮性能。砌筑砂浆主要由胶凝材料、细骨料、掺加料和水配制而成。根据胶凝材料的不同，砌筑砂浆分为水泥砂浆、石灰砂浆、混合砂浆、黏土砂浆及石灰黏土砂浆等。砂浆种类及其等级的选择，应根据设计要求确定，合理使用砂浆对节约胶凝材料、方便施工、提高工程质量有着重要的作用。

1. *材料要求*

水泥砂浆和混合砂浆宜用于砌筑处于潮湿环境中和强度要求较高的砌体；石灰砂浆宜用于处于干燥环境中及强度要求不高的砌体和抹灰层，不宜用于处于潮湿环境中的砌体，因为石灰属气硬性胶凝材料，在潮湿环境中，石灰膏不但难以结硬，而且会出现溶解流散现象；黏土砂浆及石灰黏土砂浆一般情况下可代替石灰砂浆使用。

水泥是砂浆的主要胶凝材料，砌筑砂浆使用的水泥品种、强度等级应根据砌体部位和所处环境来选择。水泥砂浆采用的水泥强度等级不宜大于 42.5MPa，水泥混合砂浆采用的水泥强度等级不宜大于 52.5MPa。水泥应保持干燥，如遇水泥标号不明或出厂日期超过 3 个月等情况，应经试验鉴定后方可使用，不同品种的水泥不得混合使用。

砌筑砂浆用砂应符合建筑用砂的技术性质要求，砖砌砂浆用砂宜选用中砂，粒径不得大于 2.5mm；毛石砌体宜采用粗砂，最大粒径应为砂浆层厚度的 1/4～1/5，砂中不得含有杂物和土粒等。由于砂的含泥量对砂浆强度、稠度及耐久性影响较大，对砂浆强度等级大于或等于 M5 的水泥混合砂浆，砂中含泥量不应超过 5%；对于强度等级小于 M5 的水泥混合砂浆，砂的含泥量不应超过 10%。同时，拌制砂浆应采用不含有害物质的洁净水或饮用水。

砂浆的和易性是指砂浆是否容易在砖石等表面铺成均匀、连续的薄层，且具有与基层紧密黏结的性质，砂浆的和易性与其流动性和保水性有关。为改善砌筑砂浆的和易性，常加入掺和料，如石灰膏、黏土粉、电石膏、粉煤灰和生石灰等。掺入生石灰或石灰膏时，应用孔径不大于 3mm×3mm 的网过滤；采用熟石灰时，其熟化时间不得少于 7d；不得采用脱水硬化的石灰膏作为掺和料。除上述掺和料外，目前还采用有机的微沫剂（如松香热聚物）来改善砂浆的和易性。微沫剂的掺量应通过试验来确定，一般为水泥用量的 0.5/10000～1.0/10000（微沫剂按 100%纯度计）。水泥石灰砂浆中掺入微沫剂时，石灰用量最多可减少一半，水泥黏土砂浆中不得掺入微沫剂。

2. 性能指标

砌筑砂浆的性能指标包括砂浆的强度等级、配合比、砂浆的保水性和分层度、砂浆的稠度等。

砌筑砂浆的强度等级是指用 70.7mm×70.7mm×70.7mm 的立方体试块，在标准养护条件下，用标准方法测得 28d 龄期的抗压强度的平均值（MPa）。砌筑砂浆按抗压强度划分为 M15、M10、M7.5、M5、M2.5 五个等级。各强度等级的 28d 抗压强度应不小于表 5-3 的规定。

表 5-3　砌筑砂浆强度等级

强度等级	龄期 28d 抗压强度/MPa	
	各组平均值不小于	最小一组平均值不小于
M15	15.0	11.25
M10	10.0	7.50
M7.5	7.5	5.63
M5	5.0	3.75
M2.5	2.5	1.88

砂浆配合比是指根据砂浆强度等级及其他性能要求而确定砂浆的各组成材料之间的比例，以质量比或体积比表示。砂浆的配合比应经试验确定，根据设计要求和组成材

料（胶结料、掺和料和骨料）进行试配。试配砂浆时，应按设计强度等级提高15%。常用砂浆配合比可参照表 5-4。施工中不应采用强度等级小于 M5 水泥砂浆替代同强度等级水泥混合砂浆，如需替代，应将水泥砂浆提高一个强度等级。在砂浆中掺入的砌筑砂浆增塑剂、早强剂、缓凝剂、防冻剂、防水剂等砂浆外加剂，其品种和用量应经有资质的检测单位检验和试配确定。配制砌筑砂浆时，各组分材料应采用质量计量，水泥及各种外加剂配料的允许偏差为±2%；砂、粉煤灰、石灰膏等配料的允许偏差为±5%。

表 5-4　水泥石灰砂浆配合比（质量比）

水泥强度等级	不同砂浆强度等级下的配合比			
	M10	M7.5	M5	M2.5
42.5	1∶0.3∶5.5	1∶0.6∶6.7	1∶1.0∶8.2	1∶2.2∶13.6
32.5	1∶0.1∶4.8	1∶0.3∶5.7	1∶0.7∶7.1	1∶1.7∶11.5
27.5		1∶0.2∶5.2	1∶0.6∶6.8	1∶1.5∶10.5

砂浆保水性是指在存放、运输和使用过程中，新拌制砂浆保持各层砂浆中水分均匀一致的能力，以砂浆分层度来衡量。

砂浆稠度是指在自重或施加外力下，新拌制砂浆的流动性能。以标准的圆锥体自由落入砂浆中的沉入深度表示。

砂浆应采用机械搅拌，搅拌时间自投料完算起：水泥砂浆和水泥混合砂浆不得少于120s；水泥粉煤灰砂浆和掺用外加剂的砂浆不得少于 180s。拌成后的砂浆应符合设计要求的种类和强度等级，应具有良好的保水性，分层度不宜大于 20mm。如砂浆出现泌水现象，应在砌筑前再次拌和，砌筑砂浆的稠度应符合表 5-5 的规定。现场拌制的砂浆应随拌随用，拌制的砂浆应 3h 内使用完毕；当施工期间最高气温超过 30℃时，应在 2h 内使用完毕。预拌砂浆及蒸压加气混凝土砌块专用砌筑砂浆的使用时间应按照厂方提供的说明书确定。

表 5-5　砌筑砂浆的稠度表

砌体种类	砂浆稠度/mm
烧结普通砖砌体 蒸压粉煤灰砖砌体	70～90
混凝土实心砖、混凝土多孔砖砌体 普通混凝土小型空心砌块砌体 蒸压灰砂砖砌体	50～70
烧结多孔砖、空心砖砌体 轻骨料小型空心砌块砌体 蒸压加气混凝土砌块砌体	60～80
石砌体	30～50

注：1. 采用薄灰砌筑法砌筑蒸压加气混凝土砌块砌体时，加气混凝土黏结砂浆的加水量按照其产品说明书控制。
　　2. 当砌筑其他块体时，其砌筑砂浆的稠度可根据块体吸水特性及气候条件确定。

每一检验批且不超过 250m^3 砌体的各类、各强度等级的普通砌筑砂浆，每台搅拌机应至少抽检一次。验收批的预拌砂浆、蒸压加气混凝土砌块专用砂浆，抽检可为 3 组。

5.2　砖砌体工程

砖和砂浆的强度等级必须符合设计要求。用于清水墙、柱表面的砖，应边角整齐，色泽均匀。砌体砌筑时，混凝土多孔砖、混凝土实心砖、蒸压灰砂砖、蒸压粉煤灰砖等块体的产品龄期不应小于 28d。处于冻胀环境和条件的地区，地面以下或防潮层以下的砌体，不应采用多孔砖。不同品种的砖不得在同一楼层混砌。砌筑烧结普通砖、烧结多孔砖、蒸压灰砂砖、蒸压粉煤灰砖砌体时，砖应提前 1～2d 适度湿润，严禁采用干砖或处于吸水饱和状态的砖砌筑，块体湿润程度宜符合下列规定：烧结类块体的相对含水率为 60%～70%；混凝土多孔砖及混凝土实心砖不需要浇水湿润，但在气候干燥炎热的情况下，宜在砌筑前对其喷水湿润。其他非烧结类块体的相对含水率为 40%～50%。

5.2.1　组砌方法

组砌方法是指砖块在砌体中的排列方式。为了使砌体坚固稳定并形成整体，须将上下皮砖块之间的垂直砌缝有规律地错开，称错缝。错缝还能使清水墙立面构成有规则的图案。砖砌体组砌方法应正确，内外搭砌，上下错缝。清水墙、窗间墙无通缝；混水墙中不得有长度大于 300mm 的通缝，长度 200～300mm 的通缝每间不超过 3 处，且不得位于同一面墙体上。砖柱不得采用包心砌法。

砖墙的组砌方法主要有以下几种。

1. 一顺一丁

一顺一丁砌法是一种常用的组砌方式，由一皮顺砖（砖的长边与墙身长度方向平行的砖）、一皮丁砖（砖的长面与墙身长度方向垂直的砖）间隔相砌而成，上下皮的竖向灰缝都错开 1/4 砖长［图 5-1（a）］。这种砌法整体性好，效率较高，多用于一砖墙，但当砖的规格不一致时，竖缝难以整齐。

2. 三顺一丁

三顺一丁砌法是最常见的组砌形式，由三皮顺砖、一皮丁砖组砌而成，上下皮顺砖间竖缝错开 1/2 砖长，上下皮顺砖与丁砖竖缝错开 1/4 砖长［图 5-1（b）］。这种砌筑方法，由于顺砖较多，砌筑速度快，适用于砌筑一砖或一砖以上的墙厚。

3. 梅花丁

梅花丁砌法又称沙包式、十字式，是每皮中顺砖与丁砖间隔相砌，上皮丁砖坐中于下皮顺砖，上下皮砖的竖缝相互错开 1/4 砖长［图 5-1（c）］。这种砌法内外竖缝每皮上下都能错开，故整体性较好，灰缝整齐，比较美观，但砌筑效率较低。砌筑清水墙或当砖的规格不一致时，采用这种砌法较好。

为了使砖墙的转角处各皮间竖缝相互错开，必须在外角处砌七分头砖，即 3/4 砖长［图 5-2（a）］。砖墙的丁字接头处，应分皮互相砌通，内角相交处竖缝应错开 1/4 砖长，并在横端头处加砌七分头砖［图 5-2（b）］。砖墙的十字接头处，应分皮相互砌通，交角处的竖缝相互错开 1/4 砖长［图 5-2（c）］。

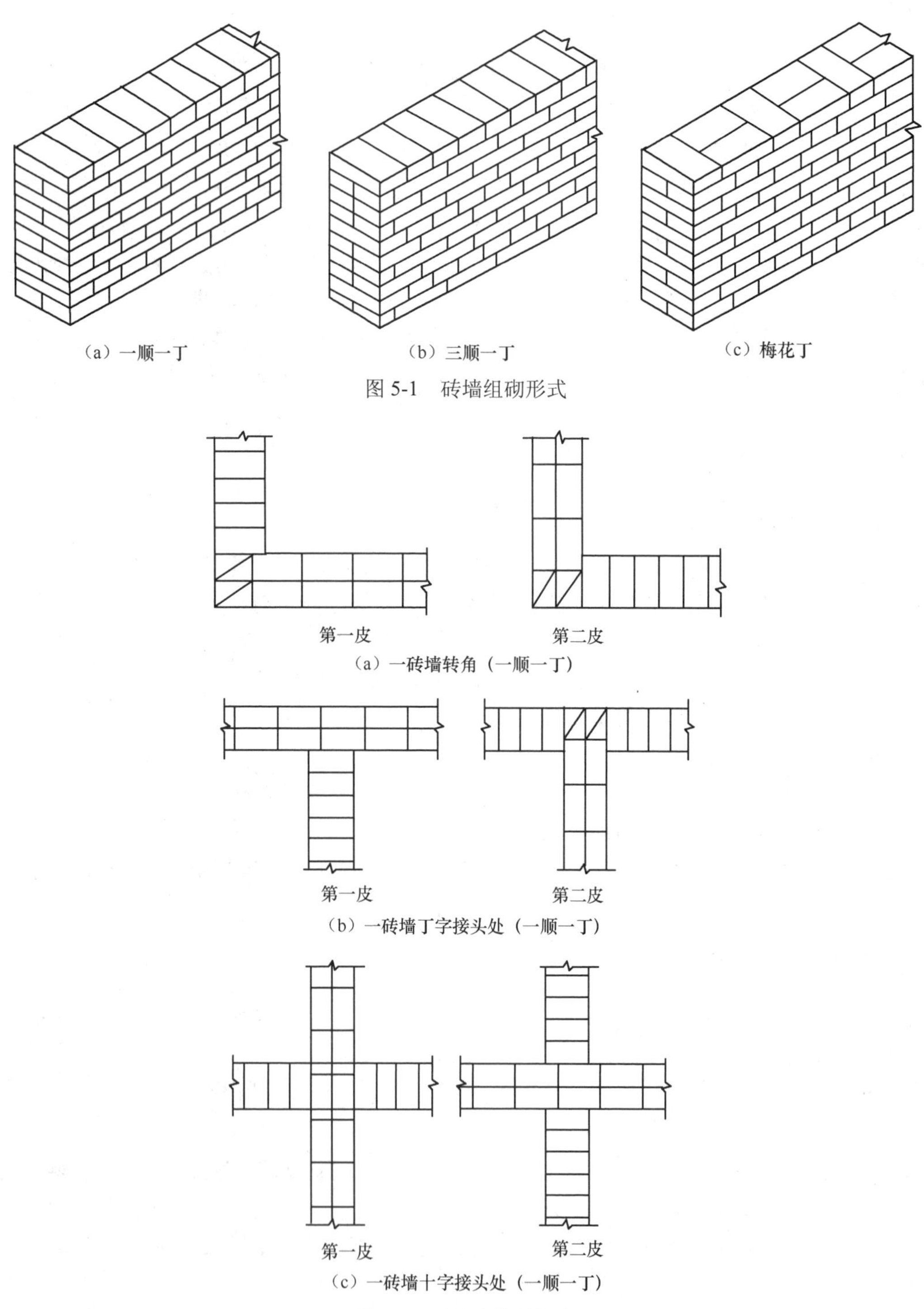

图 5-1　砖墙组砌形式

图 5-2　砖墙交接处组砌

240mm 厚承重墙的每层墙的最上一皮砖，砖砌体的台阶水平面上及挑出层的外皮砖，应整砖丁砌。

5.2.2　砖墙的砌筑工艺

砖砌体的主要施工工艺包括抄平、放线、摆砖撂底、立皮数杆、盘角、挂线、铺灰、砌砖等。如果是清水墙，还要进行勾缝。

1. 抄平

砌墙前先在基础面或楼面上按标准的水准点定出各层的设计标高，并用 M7.5 的水泥砂浆或 C10 细石混凝土找平，使各段墙体的底部标高均在同一水平，以便墙体交接处的搭接施工，确保施工质量。

2. 放线

建筑物底层墙身可按龙门板上轴线定位钉为准拉通线，沿通线挂线锤，将墙身中心轴线引测到基础面上，再以此墙身中心轴线为准弹出纵横墙边线，定出门窗洞口的平面位置。为保证各楼层墙身轴线的重合，并与基础定位轴线一致，可利用预先引测在外墙面上的墙身中心轴线，借助于经纬仪把墙身中心轴线引测到楼层上去；或悬挂线锤，对准外墙面上的墙身中心轴线，从而向上引测。轴线的引测是放线的关键，必须按图纸要求尺寸用钢尺进行校核。然后，按楼层墙身中心线，弹出各墙边线，划出门窗洞口位置。

3. 摆砖撂底

摆砖撂底是指在基础面上按墙身长度和组砌方式进行干砖试摆，核对所弹的门洞位置线及窗孔、附墙垛的墨线是否符合所选用砖型的模数，偏差小时可通过竖缝调整，以期做到门窗洞口两侧的墙面对称，灰缝均匀，并尽量使门窗洞口之间或与墙垛之间的各段墙长为 1/4 砖长的整倍数，以减少砍砖，节约材料，提高工效和施工质量。

摆砖用的第一皮撂底砖的组砌一般采用“横丁纵顺”，即横墙均摆丁砖，纵墙均摆顺砖。

4. 立皮数杆

皮数杆是指在其上划有每皮砖和灰缝的厚度，以及门窗洞口的下口、窗台、过梁、圈梁、楼板、大梁、预埋件等标高位置的一种木制标杆，它是砌墙过程中控制砌体竖向尺寸和各种构配件设置标高的主要依据。皮数杆一般设置在墙体操作面的另一侧，立于建筑物的 4 个大角处、内外墙交接处、楼梯间及洞口较多的地方，并从两个方向设置斜撑或用锚钉加以固定，确保垂直和牢固，皮数杆的基准标高用水准仪校正，间距为 10～15m，如墙的长度很长，可每隔 10～15m 再立一根。

立皮数杆（图 5-3）可以控制每皮砖砌筑的竖向尺寸，并使铺灰、砌砖的厚度均匀，保证砖皮水平。

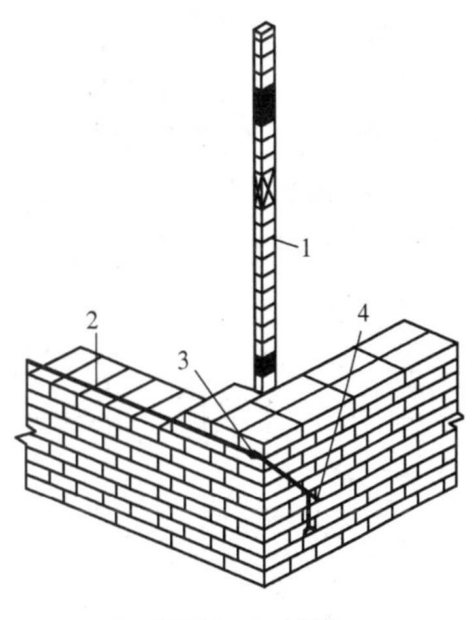

1—皮数杆；2—准线；3—竹片；4—圆铁钉。

图 5-3　立皮数杆

5. 盘角、挂线

盘角是指砌墙前对照皮数杆的砖层和标高先砌墙角，保证转角垂直、平整。每次盘角不超过 5 皮，并进行吊靠，发现偏差及时纠正。然后将准线挂在墙侧，作为墙身砌筑的依据，每砌一皮或两皮，准线向上移动一次。

6. 铺灰、砌砖

宜优先采用“三一”砌砖法和铺浆法。“三一”砌砖法，即一铲灰、一块砖、一揉压，并随手将挤出的砂浆刮去的砌筑方法，优点是灰浆饱满，黏结力好，整体性好，墙面清洁，质量高。铺浆法是用灰勺、大铲或铺灰器在墙顶上铺一段砂浆，然后用力将砖挤入砂浆中一定厚度并放平，优点是施工速度快，灰缝饱满。当采用铺浆法砌筑时，铺浆长度不得超过 750mm，施工期间气温超过 30℃时，铺浆长度不得超过 500mm。

5.2.3 砖墙砌筑的质量要求

砌砖工程质量的基本要求是：横平竖直、砂浆饱满、灰缝均匀、错缝搭接、接槎可靠。

砌体灰缝砂浆应密实饱满，砖墙水平灰缝的砂浆饱满度不得低于 80%；砖柱水平灰缝和竖向灰缝饱满度不得低于 90%；竖向灰缝不应出现透明缝、瞎缝和假缝。砖砌体的灰缝应横平竖直，厚薄均匀。水平灰缝厚度及竖向灰缝宽度宜为10mm，但不应小于 8mm，也不应大于 12mm。

为保证砌体材料能均匀地传递负荷，提高砌体的整体性、稳定性和承载能力，应上下错缝，内外搭砌。上下错缝是指砖砌体上下两皮砖的竖缝应当错开，以避免上下通缝。在垂直荷载作用下，砌体会由于通缝丧失整体性而影响砌体强度。同时，内外搭砌使同皮的里外砌体通过相邻上下皮的砖块搭砌而组砌得牢固。

砖砌体的转角处和交接处应同时砌筑．严禁无可靠措施的内外墙分砌施工。当不能同时砌筑时，应按规定留槎、接槎。在抗震设防烈度为 8 度及 8 度以上的地区，对不能同时砌筑而又必须留置的临时间断处应砌成斜槎［图 5-4（a）］，普通砖砌体斜槎水平投影长度不应小于高度的 2/3；多孔砖砌体的斜槎长高比不应小于 1/2。斜槎高度不得超过一步脚手架的高度。非抗震设防及抗震设防烈度为 6 度、7 度地区的临时间断处，当不能留斜槎时，除转角处外，可留直槎［图 5-4（b）］，但直槎必须做成凸槎，且应加设拉结钢筋，拉结钢筋应符合下列规定：每 120mm 墙厚放置 1Φ6 拉结钢筋（240mm 厚墙应放置 2Φ6 拉结钢筋）；间距沿墙高不应超过 500mm，且竖向间距偏差不应超过 100mm；埋入长度从留槎处算起每边均不应小于 500mm，对抗震设防烈度 6 度、7 度的地区，不应小于 1000mm；末端应有 90° 弯钩。

砌筑顺序应符合下列规定：基底标高不同时，应从低处砌起，并应由高处向低处搭砌。当设计无要求时，搭接长度不应小于基础底的高差，搭接长度范围内下层基础应扩大砌筑。

设有钢筋混凝土构造柱的抗震多层砖房，应先绑扎钢筋，后砌柱侧砖墙，最后支模浇筑混凝土。

尚未施工楼板或屋面的墙、柱，其抗风允许自由高度不得超过表 5-6 的规定。如超过表中限值，必须采用临时支撑等有效措施。砖砌体尺寸、位置的允许偏差及检验方法应符合表 5-7 的规定。

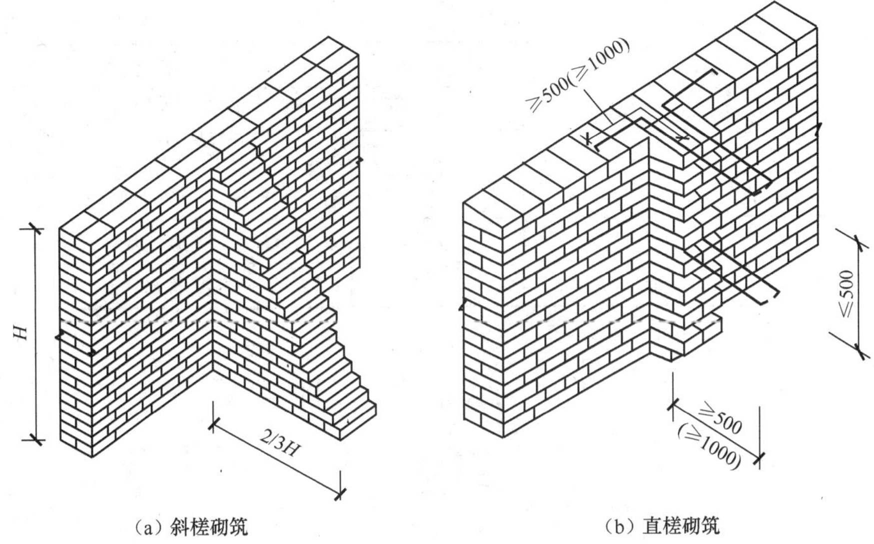

（a）斜槎砌筑　　（b）直槎砌筑

图 5-4　接槎构造（单位：mm）

表 5-6　墙和柱的抗风允许自由高度

墙（柱）厚/mm	允许自由高度/m					
	砌体密度＞1600kg/m^3			砌体密度 1300～1600kg/m^3		
	0.3kN/m^2（约 7 级风）	0.4kN/m^2（约 8 级风）	0.5kN/m^2（约 9 级风）	0.3kN/m^2（约 7 级风）	0.4kN/m^2（约 8 级风）	0.5kN/m^2（约 9 级风）
190	—	—	—	1.4	1.1	0.7
240	2.8	2.1	1.4	2.2	1.7	1.1
370	5.2	3.9	2.6	4.2	3.2	2.1
490	8.6	6.5	4.3	7.0	5.2	3.5
620	14.0	10.5	7.0	11.4	8.6	5.7

注：1．本表适用于施工处相对标高 H 在 10m 范围的情况。如 10m＜H≤15m，15m＜H≤20m 时，表中的允许自由高度应分别乘以 0.9、0.8 的系数；当 H＞20m 时，应通过抗倾覆验算确定其允许自由高度。

2．当所砌筑的墙有横墙或其他结构与其连接，而且间距小于表中相应墙、柱的允许自由高度的 2 倍时，砌筑高度可不受本表的限制。

3．当砌体密度小于 1300kg/m^3 时，墙和柱的允许自由高度应另行验算确定。

表 5-7　砖砌体尺寸、位置的允许偏差及检验方法

<table>
<tr><th>序号</th><th colspan="3">项目</th><th>允许偏差/mm</th><th>检验方法</th></tr>
<tr><td>1</td><td colspan="3">轴线位移</td><td>10</td><td>用经纬仪和尺或用其他测量仪器检查</td></tr>
<tr><td>2</td><td colspan="3">基础、墙、柱顶面标高</td><td>±15</td><td>用水准仪和尺检查</td></tr>
<tr><td rowspan="3">3</td><td rowspan="3">墙面垂直度</td><td colspan="2">每层</td><td>5</td><td>用 2m 托线板检查</td></tr>
<tr><td rowspan="2">全高</td><td>≤10m</td><td>10</td><td rowspan="2">用经纬仪、吊线和尺或其他测量仪器检查</td></tr>
<tr><td>＞10m</td><td>20</td></tr>
<tr><td rowspan="2">4</td><td rowspan="2">表面平整度</td><td colspan="2">清水墙、柱</td><td>5</td><td rowspan="2">用 2m 靠尺和楔形塞尺检查</td></tr>
<tr><td colspan="2">混水墙、柱</td><td>8</td></tr>
</table>

续表

序号	项目		允许偏差/mm	检验方法
5	水平灰缝平直度	清水墙	7	拉 5m 线和尺检查
		混水墙	10	
6	门窗洞口高、宽（后塞口）		±10	用尺检查
7	外墙上下窗口偏移		20	以底层窗口为准，用经纬仪或吊线检查
8	清水墙游丁走缝		20	以每层第一皮砖为准，用吊线和尺检查

5.3　砌块砌体工程

砌块代替黏土砖是我国墙体改革的重要途径。砌块施工方法简单，劳动强度低，砌筑效率高，自重轻，因此，就地取材，以天然材料或工业废料为原料制作的各种中小型砌块在我国大中城市已广泛应用于建筑墙体结构。根据使用材料不同，砌块分为混凝土空心砌块、粉煤灰硅酸盐砌块、煤矸石硅酸盐空心砌块、加气泡沫混凝土砌块等。砌块的规格不一，中型砌块高度一般为 380～940mm，小型砌块高度一般为 190mm 左右，长度为高度的 1.5～2.5 倍，厚度为 180～300mm，每块砌块质量为 50～200kg。

5.3.1　砌块排列图

中小型砌块体积较大、较重，不同于砖块可以随意搬动，施工前，应按房屋设计图绘制小砌块平、立面排列图，施工中应按排列图施工（图 5-5）。砌块排列应按下列原则：尽量采用主规格砌块，减少镶砖；砌块应错缝搭砌；外墙转角处及纵横墙交接处应交错搭砌，如不能互相搭接，则每两皮应设置一道拉结钢筋网片；当竖缝大于 100mm 时，应用黏土砖镶砌，必须镶砖时，砖应分散布置。

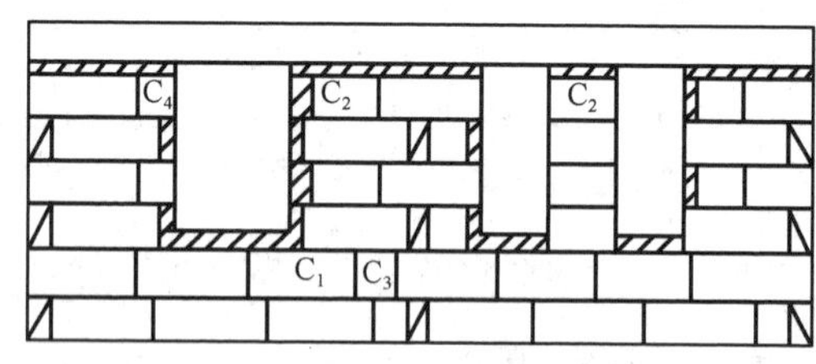

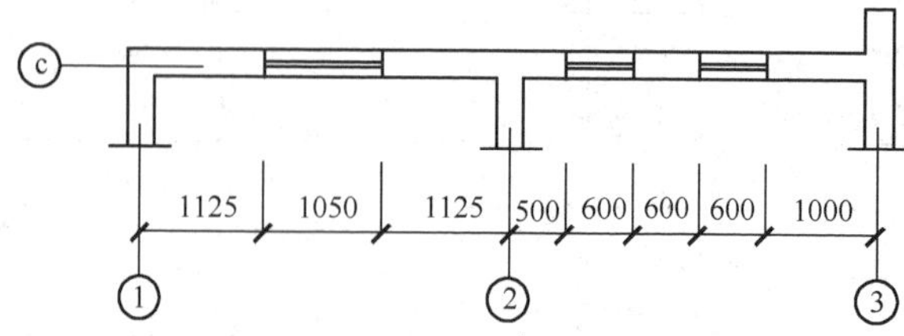

C_1、C_2、C_3、C_4—不同型号的砌块。

图 5-5　砌块排列图（单位：mm）

5.3.2　砌块的吊装机械

砌块墙的施工特点是砌块数量多，吊次也相应地多，但砌块的质量不是很大，其安装方案与所选的机械设备有关，通常采用的吊装方案有两种。一是塔式起重机进行砌块、砂浆的运输，以及楼板等构件的吊装，由台灵架吊装砌块。台灵架在楼层上的转移由塔吊来完成。二是以井架进行材料的垂直运输、杠杆车进行楼板吊装，所有预制构件及材料的水平运输则用砌块车和手推车，台灵架负责砌块的吊装（图 5-6）。

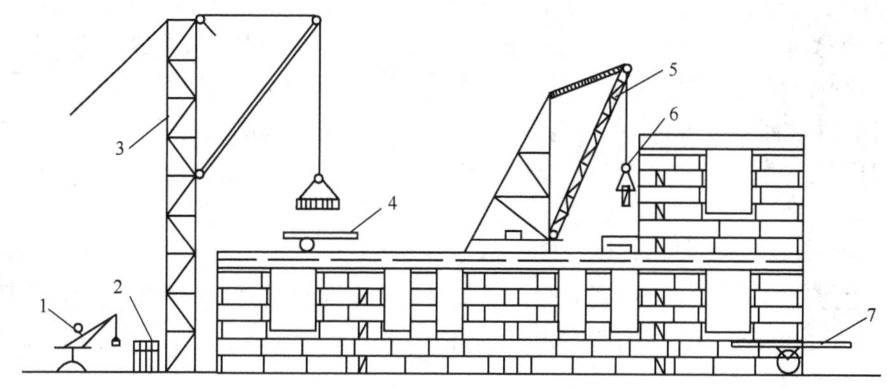

1—少先吊；2—砌块；3—井架；4—砌块车；5—台灵架；6—砌块夹；7—杠杆车。

图 5-6　砌块吊装示意图

5.3.3　砌块砌筑的施工工艺

砌块砌筑的主要工序是：铺灰、吊装砌块就位、校正、灌缝和镶砖等。

1. 铺灰

砌块墙体采用的砂浆，应具有较好的和易性，砂浆稠度为 50～80mm，铺灰应均匀平整，长度一般以不超过 5m 为宜。水平灰缝的厚度和竖向灰缝的宽度宜为 8～12mm；砌体水平灰缝和竖向灰缝的砂浆饱满度，按净面积计算不得低于 90%。

2. 吊装砌块就位

吊装砌块一般采用摩擦式夹具，按砌块排列图将所需砌块吊装就位。砌块就位吊装应该从转角处或定位砌块处开始，夹砌块时应避免偏心，砌块就位应对准位置徐徐下落，使夹具中心尽可能与墙中心线在同一垂直面上，砌块光面在同一侧，垂直落于砂浆层上，待砌块安放稳妥后，才可松开夹具。

3. 校正

用锤球或托线板检查垂直度，用拉准线的方法检查水平度。用人力轻微推动砌块或用撬杠轻轻撬动砌块调整偏差，自重在 150kg 以下的砌块可用木锤敲击偏高处。

4. 灌缝

采用砂浆灌竖缝，两侧用夹板夹住砌块，超过 30mm 宽的竖缝采用不低于 C20 的细石混凝土灌缝，收水后进行嵌缝，即原浆勾缝。灌缝后一般不应再撬动砌块，以防破坏砂浆的黏结。

5. 镶砖

当砌块间出现较大竖缝或过梁找平时应镶砖。镶砖工序必须在砌块校正后立即进行，不宜在吊装好一个楼层的砌块后才开始镶砖。如在下个楼层砌块安装完毕尚需进行镶砖，镶砖的最后一皮砖以及安装楼板、梁、檩条等构件下的砖层都必须用丁砖镶砌。镶砖时的灰缝控制在15～30mm以内，镶砖时应注意使砖的竖缝灌密实。

5.3.4 砌块砌筑的质量要求

小砌块、芯柱混凝土、砌筑砂浆的强度等级必须符合设计要求。砌筑普通混凝土小型空心砌块砌体时，不需要对小砌块浇水湿润，如遇天气干燥炎热，宜在砌筑前对其喷水湿润；对轻骨料混凝土小型空心砌块，应提前浇水湿润，块体的相对含水率宜为40%～50%。雨天及小砌块表面有浮水时，不得施工。承重墙体使用的小砌块应完整、无缺损、无裂缝。

小砌块应将生产时的底面朝上反砌于墙上。小砌块墙体宜逐块坐（铺）浆砌筑。小砌块墙体应孔对孔、肋对肋错缝搭砌。单排孔小砌块的搭接长度应为块体长度的1/2；多排孔小砌块的搭接长度可适当调整，但不宜小于砌块长度的1/3，且不应小于90mm。墙体的个别部位不能满足上述要求时，应在灰缝中设置拉结钢筋或钢筋网片，但竖向通缝仍不得超过两皮小砌块。小砌块砌体的芯柱在楼盖处应贯通，不得削弱芯柱截面尺寸；芯柱混凝土不得漏灌。

墙体转角处和纵横墙交接处应同时砌筑。临时间断处应砌成斜槎，斜槎水平投影长度不应小于斜槎高度。施工洞口可预留直槎，但在洞口砌筑和补砌时，应在直槎上下搭砌的小砌块孔洞内用强度等级不低于C20（或Cb20）的混凝土灌实。

小砌块砌体尺寸、位置的允许偏差同砖砌体。

5.4 石砌体工程

石砌体采用的石材应质地坚实，无裂纹和无明显风化剥落。用于清水墙、柱表面的石材，应色泽均匀。石材的放射性应经检验，其安全性应符合现行国家标准《建筑材料放射性核素限量》（GB 6566—2010）的有关规定。石材表面的泥垢、水锈等杂质，在砌筑前应清除干净。

砌筑用石有毛石和料石两类。料石按其加工面的平整程度分为细料石、粗料石和毛料石3种。料石各面的加工要求应符合表5-8的规定。料石加工的允许偏差应符合表5-9的规定。

表5-8　料石各面的加工要求

料石种类	外露面及相接周边的表面凹入深度	叠砌面和接砌面的表面凹入深度
细料石	不大于2mm	不大于10mm
粗料石	不大于20mm	不大于20mm
毛料石	稍加修整	不大于25mm

注：相接周边的表面是指叠砌面、接砌面与外露面相接处20～30mm内的部分。

表 5-9　料石加工允许偏差　　单位：mm

料石种类	加工允许偏差	
	宽度、厚度	长度
细料石	±3	±5
粗料石	±5	±7
毛料石	±10	±15

注：如设计有特殊要求，应按设计要求加工。

石砌体工程其他施工材料包括水泥、砂、掺和料、水、外加剂和拉结筋等。进场时，应对各种材料的规格、级别或品种进行检查，同时检查其出厂合格证，并按批量取样送试验室进行复验。

5.4.1　石砌体施工工艺

石砌体应采用铺浆法砌筑。砂浆必须饱满，砂浆饱满度应大于 80%。石砌体的转角处和交接处应同时砌筑。对不能同时砌筑而又必须留置的临时间断处，应砌成踏步槎。

1. *料石砌筑要点*

砌筑料石砌体时，料石应放置平稳，砂浆必须饱满。毛料石和粗料石的灰缝厚度不宜大于 20mm；细料石的灰缝厚度不宜大于 5mm。

料石基础砌体的第一皮应用丁砌层坐浆砌筑。阶梯形料石基础，上级阶梯的料石应至少压砌下级阶梯的 1/3。

料石砌体应上下错缝搭砌。砌体厚度等于或大于两块料石宽度时，如同皮内全部采用顺砌，每砌两皮后，应砌一皮丁砌层；如同皮内采用丁顺组砌，丁砌石应交错设置，其中心间距不应大于 2m。

料石墙长度超过设计规定时，应按设计要求设置变形缝，料石墙分段砌筑时，其砌筑高低差不得超过 1.2m。

在料石和毛石或砖的组合墙中，料石砌体和毛石砌体或砖砌体应同时砌筑，并每隔 2～3 皮料石层用丁砌层与毛石砌体或砖砌体拉结砌合。丁砌料石的长度宜与组合墙厚度相同。

料石砌体上下皮料石的竖向灰缝应相互错开，错开长度应不小于料石宽度的 1/2。

2. *毛石砌筑要点*

砌筑毛石基础的第一皮石块应坐浆，并将大面向下。毛石基础的扩大部分，如做成阶梯形，上级阶梯的石块应至少压砌下级阶梯的 1/2，相邻阶梯的毛石应相互错缝搭砌。

毛石砌体的第一皮及转角处、交接处或洞口处，应用较大的平毛石砌筑。每个楼层（包括基础）砌体的最上一皮，宜选用较大的毛石砌筑。

毛石砌体宜分皮卧砌，各皮石块间应利用毛石自然形状经敲打修整使能与先砌毛石基本吻合、搭砌紧密；毛石应上下错缝，内外搭砌，不得采用外面侧立毛石中间填心的砌筑方法；中间不得有铲口石（尖石倾斜向外的石块）、斧刃石（尖石向下的石块）和过桥石（仅在两端搭砌的石块），如图 5-7 所示。

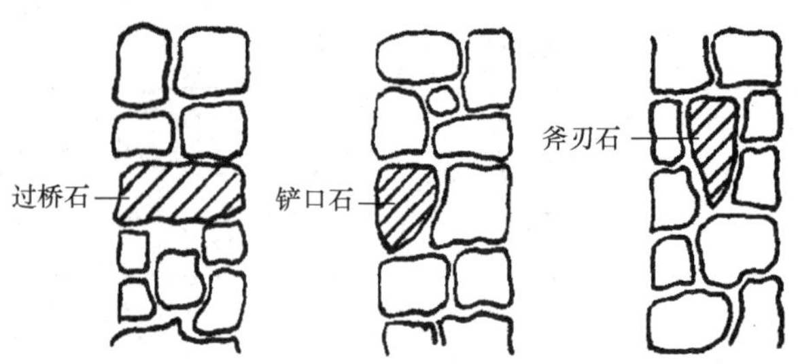

图 5-7　过桥石、铲口石、斧刃石

毛石砌体的灰缝厚度不宜大于40mm，石块间不得有相互接触现象。石块间较大的空隙应先填塞砂浆后用碎石块嵌实，不得采用先摆碎石块后塞砂浆或干填碎石块的方法。

在毛石和实心砖的组合墙中，毛石砌体与砖砌体应同时砌筑，并每隔 4～6 皮砖用 2～3 皮丁砖与毛石砌体拉结砌合；两种砌体间的空隙应填实砂浆。

毛石墙和砖墙相接的转角处和交接处应同时砌筑。转角处、交接处应自纵墙（或横墙）每隔 4～6 皮砖高度引出不小于 120mm 与横墙（或纵墙）相接。

砌筑毛石挡土墙应按分层高度砌筑，并应符合下列规定：每砌 3～4 皮为一个分层高度，每个分层高度应将顶层石块砌平；两个分层高度间分层处的错缝不得小于 80mm。

挡土墙的泄水孔当设计无规定时，施工应符合下列规定：泄水孔应均匀设置，在每米高度上间隔 2m 左右设置一个泄水孔；泄水孔与土体间铺设长宽各为 300mm、厚 200mm 的卵石或碎石做疏水层。

5.4.2　石砌体质量要求

石砌体质量分为合格和不合格两个等级。石砌体质量合格应符合以下规定：主控项目应全部符合规定；一般项目应有 80%及以上的抽检处符合规定，或偏差值在允许偏差范围以内。

1. *石砌体工程主控项目*

石砌体工程主控项目如表 5-10 所示。

表 5-10　石砌体工程主控项目

序号	项目	合格质量标准	检查数量	检验方法
1	石材及砂浆强度等级	符合设计要求	同一产地的同类石材抽检不应小于一组。砂浆试块抽检数量：每一检验批且不超过 250m^3 砌体的各类、各强度等级的普通砌筑砂浆，每台搅拌机应至少抽检一次	料石检查产品质量证明书，石材、砂浆检查试块试验报告
2	砌体灰缝的砂浆饱满度	不应小于 80%	每检验批抽查不应少于 5 处	观察检查

2. *石砌体工程一般项目*

石砌体工程一般项目如表 5-11 所示。

表 5-11　石砌体工程一般项目

序号	项目	合格质量标准	检查数量	检验方法
1	石砌体尺寸、位置	允许偏差及检验方法应符合表 5-12 的规定	每检验批抽查不应少于 5 处	见表 5-12
2	石砌体的组砌形式	内外搭砌，上下错缝，拉结石、丁砌石交错设置；毛石墙拉结石每 0.7m^2 墙面不应少于 1 块	每检验批抽查不应少于 5 处	观察检查

石砌体尺寸、位置的允许偏差及检验方法应符合表 5-12 的规定。

表 5-12　石砌体尺寸、位置的允许偏差及检验方法

序号	项目		允许偏差/mm							检验方法
			毛石砌体		料石砌体					
			基础	墙	毛料石		粗料石		细料石	
					基础	墙	基础	墙	墙、柱	
1	轴线位置		20	15	20	15	15	10	10	用经纬仪和尺检查，或用其他测量仪器检查
2	基础和墙砌体顶面标高		±25	±15	±25	±15	±15	±15	±10	用水准仪和尺检查
3	砌体厚度		+30	+20 −10	+30	+20 −10	+15	+10 −5	+10 −5	用尺检查
4	墙面垂直度	每层	—	20	—	20	—	10	7	用经纬仪、吊线和尺检查，或用其他测量仪器检查
		全高	—	30	—	30	—	25	10	
5	表面平整度	清水墙、柱	—	—	—	20	—	10	5	细料石用 2m 靠尺和楔形塞尺检查，其他用两个直尺垂直于灰缝拉 2m 线和尺检查
		混水墙、柱	—	—	—	30	—	15	—	
6	清水墙水平灰缝平直度		—	—	—	—	—	10	5	拉 10m 线和尺检查

5.5　配筋砌体工程

配筋砌体是由配置钢筋的砌体作为建筑物主要受力构件的结构，是网状配筋砌体柱、水平配筋砌体墙、砖砌体和钢筋混凝土面层或钢筋砂浆面层组合砌体柱（墙）、砖砌体和钢筋混凝土构造柱组合墙和配筋小砌块砌体剪力墙结构的统称。

5.5.1　网状配筋砖砌体

网状配筋砖砌体有配筋砖柱、砖墙，即在烧结普通砖砌体的水平灰缝中配置钢筋网，如图 5-8 所示。

网状配筋砖砌体构件的构造要求应符合下列规定。

1）网状配筋砖砌体的体积配筋率，不应小于 0.1%，并不应大于 1%。

2）采用钢筋网时，钢筋的直径宜采用 3～4mm；当采用连弯钢筋网时，钢筋的直

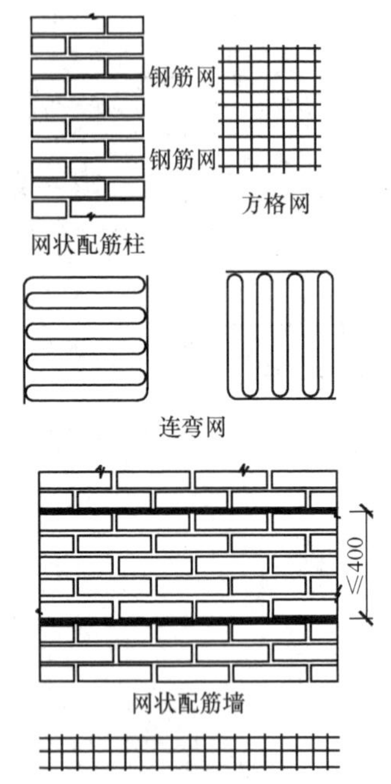

图 5-8　网状配筋砖砌体（单位：mm）

径不应大于 8mm。

3）钢筋网中钢筋的间距不应大于120mm，并不应小于 30mm。

4）钢筋网的间距，不应大于 5 皮砖，并不应大于 400mm。

5）网状配筋砖砌体所用的砂浆强度等级不应低于 M7.5；钢筋网应设置在砌体的水平灰缝中，灰缝厚度应保证钢筋上下至少各有 2mm 厚的砂浆层。

网状配筋砖砌体施工时，钢筋网应按设计规定制作成型，砖砌体部分用常规方法砌筑。在配置钢筋网的水平灰缝中，应先铺一半厚的砂浆层，放入钢筋网后再铺一半厚砂浆层，使钢筋网居于砂浆层厚度中间。钢筋网四周应有砂浆保护层。

配置钢筋网的水平灰缝厚度：当用方格网时，水平灰缝厚度为 2 倍钢筋直径加 4mm；当用连弯网时，水平灰缝厚度为钢筋直径加 4mm。网状配筋砖砌体外表面宜用 1∶1 水泥砂浆勾缝或进行抹灰。

5.5.2　组合配筋砖砌体

在砖砌体内配置纵向钢筋或设置部分钢筋混凝土或钢筋砂浆以共同工作都是组合砖砌体。它不但能显著提高砌体的抗弯能力和延性，而且也能提高其抗压能力，具有和钢筋混凝土相近的性能。组合配筋砖砌体一般分为外包式（砖和钢筋混凝土面层或钢筋砂浆面层组合砌体、柱、墙）和内嵌式（砖和钢筋混凝土构造柱组合砌体、墙）。

1. 组合配筋砖砌体构造

组合配筋砖砌体构造有以下要求。

1）面层混凝土强度等级宜采用 C15 或 C20。面层水泥砂浆强度等级不低于 M7.5。砌筑砂浆的强度等级不低于 M5，砖强度等级不低于 MU10。

2）砂浆面层的厚度，可采用 30～45mm。当面层厚度大于45mm 时，其面层宜采用混凝土。

3）受力钢筋宜采用 HPB235 级钢筋，对于混凝土面层，也可采用 HRB335 级钢筋。受压钢筋一侧配筋率，对砂浆面层，不宜小于 0.1%；对混凝土面层，不宜小于 0.2%。受拉钢筋的配筋率，不应小于 0.1%。受力钢筋的直径不应小于 8mm。钢筋的净间距，不应小于 30mm。

4）箍筋的直径，不宜小于 4mm 及 1/5 受压钢筋直径，并不宜大于 6mm。箍筋的间距，不应大于 20 倍受压钢筋的直径及 500mm，并不应小于 120mm。

5）当组合砖砌体一侧的受力钢筋多于 4 根时，应设置附加箍筋或拉结钢筋。

2. 组合配筋砖砌体施工

1）受力钢筋的保护层厚度，不应小于表 5-13 的规定。受力钢筋距砌体表面的距离不应小于 5mm。

表 5-13　受力钢筋的保护层厚度　单位：mm

环境条件		室内正常环境	露天或室内潮湿环境
墙		15	25
柱	混合砂浆	25	35
	水泥砂浆	20	30

2）受力钢筋的锚固。组合砌体的顶部及底部，以及牛腿部位，必须设置混凝土垫块，受力钢筋伸入垫块的长度，必须满足锚固的要求。

3）先按常规砌筑砌体，在砌筑时，按规定的间距在砌体的水平灰缝内放置箍筋或拉结钢筋。箍筋或拉结钢筋应埋于砂浆层中，使其砂浆保护层厚度不小于2mm，两端伸出砌体外的长度相一致。

4）面层施工前，应清除面层底部的杂物，并浇水湿润砌体表面（指面层与砌体的接触面）。

5.5.3　配筋砌块砌体

配筋砌块砌体包括配筋砌块剪力墙和配筋砌块柱。配筋砌块砌体所用砌块主要是混凝土小型空心砌块，强度等级不应低于 MU10，砌筑砂浆强度等级不应低于 M7.5，灌孔混凝土强度等级不应低于 Cb20。

1. *配筋砌块砌体构造*

配筋砌块剪力墙的构造配筋要求如下。

1）墙的转角、端部和空洞两侧应配置竖向连续钢筋，直径不宜小于 12mm。

2）洞口的底部和顶部应设置不小于 2Φ10 的水平钢筋，伸入墙内的长度不宜小于 $35d$（d 为钢筋直径）和 400mm。

3）楼（屋）盖的所有纵横墙处应设置现浇钢筋混凝土圈梁，圈梁宽度和高度宜等于墙厚和砌块高，主筋不应小于 4Φ10，混凝土强度等级不宜低于砌块强度等级的 2 倍，或灌孔混凝土的强度等级不低于 C20。

4）剪力墙其他部位的竖向和水平钢筋的间距不应大于墙长、墙高的一半，也不应大于 1.2m。局部灌孔的砌块砌体，竖向钢筋的间距不应大于 600mm。

5）竖向、水平构造配筋率均不宜低于 0.07%。

6）配筋砌块柱截面边长不宜小于 400mm，柱高与柱截面短边之比不宜大于 30。

配筋砌块柱的构造配筋要求如下。

1）柱的纵向钢筋不宜小于 4Φ12，配筋率不宜小于 0.2%。

2）当纵向受力钢筋的配筋率大于 0.25%，且柱承受的轴向力大于受压承载力设计值的 25%时，应设箍筋；否则，可不设箍筋。

3）箍筋直径不宜小于 6mm，间距不应大于 16 倍纵向钢筋直径、48 倍箍筋直径及柱截面短边尺寸较小者。

4）箍筋应设置在水平灰缝或灌孔混凝土中。

2. 配筋砌块砌体施工

配筋砌块砌体施工前，应按设计要求，将所配置钢筋加工成型，堆置于配筋部位的近旁。砌块的砌筑应与钢筋设置互相配合。砌块的砌筑应采用专用的小砌块砌筑砂浆和专用的小砌块灌孔混凝土。

5.5.4 配筋砌体工程验收

配筋砌体质量分为合格和不合格两个等级。配筋砌体质量合格应符合以下规定：主控项目应全部符合规定；一般项目应有 80%及以上的抽检处符合规定，或偏差值在允许偏差范围以内。

1. 一般规定

配筋砌体工程除应满足本节要求和规定外，还应满足相应种类砌体验收的规定。施工配筋小砌块砌体剪力墙，应采用专用的小砌块砌筑砂浆砌筑，专用小砌块灌孔混凝土浇筑芯柱。设置在灰缝内的钢筋，应居中置于灰缝内，水平灰缝厚度应大于钢筋直径 4mm 以上。

2. 配筋砌体工程主控项目

配筋砌体工程主控项目如表 5-14 所示。

表 5-14　配筋砌体工程主控项目

序号	项目	合格质量标准	检查数量	检验方法
1	钢筋的品种、规格、数量和设置部位	应符合设计要求		检查钢筋的合格证书、钢筋性能复试试验报告、隐蔽工程记录
2	构造柱、芯柱、组合砌体构件、配筋砌体剪力墙构件的混凝土及砂浆的强度等级	应符合设计要求	每检验批砌体，试块不应小于 1 组，验收批砌体试块不得小于 3 组	检查混凝土和砂浆试块试验报告
3	构造柱与墙体的连接处	墙体应砌成马牙槎，马牙槎凹凸尺寸不宜小于 60mm，高度不应超过 300mm，马牙槎应先退后进，对称砌筑；马牙槎尺寸偏差每一构造柱不应超过 2 处；预留拉结钢筋的规格、尺寸、数量及位置应正确，拉结钢筋应沿墙高每隔 500mm 设 2Φ6，伸入墙内不宜小于 600mm，钢筋的竖向移位不应超过 100mm，且竖向移位每一构造柱不得超过 2 处；施工中不得任意弯折拉结钢筋	每检验批抽查不应少于 5 处	观察检查和尺量检查
4	配筋砌体中受力钢筋的连接方式及锚固长度、搭接长度	应符合设计要求	每检验批抽查不应少于 5 处	观察检查

3. 配筋砌体工程一般项目

配筋砌体工程一般项目如表 5-15 所示。

表 5-15　配筋砌体工程一般项目

序号	项目	合格质量标准	检查数量	检验方法
1	构造柱一般尺寸	允许偏差及检验方法应符合表 5-16 的规定	每检验批抽查不应少于 5 处	见表 5-16
2	设置在砌体灰缝中钢筋的防腐保护	应符合设计要求，且钢筋保护层完好，不应有肉眼可见裂纹、剥落和擦痕等缺陷	每检验批抽查不应少于 5 处	观察检查
3	网状配筋砖砌体中，钢筋网规格及放置间距	应符合设计规定，每一构件钢筋网沿砌体高度位置超过设计规定一皮砖厚不得多于 1 处	每检验批抽查不应少于 5 处	通过钢筋网成品检查钢筋规格，钢筋网放置间距采用局部剔缝观察，或用探针刺入灰缝内检查，或用钢筋位置测定仪测定
4	钢筋安装位置	允许偏差及检验方法应符合表 5-17 的规定	每检验批抽查不应少于 5 处	见表 5-17

构造柱一般尺寸允许偏差及检验方法如表 5-16 所示。钢筋安装位置的允许偏差及检验方法如表 5-17 所示。

表 5-16　构造柱一般尺寸允许偏差及检验方法

<table>
<tr><th>序号</th><th colspan="3">项目</th><th>允许偏差/mm</th><th>检验方法</th></tr>
<tr><td>1</td><td colspan="3">中心线位置</td><td>10</td><td>用经纬仪和尺检查，或用其他测量仪器检查</td></tr>
<tr><td>2</td><td colspan="3">层间错位</td><td>8</td><td>用经纬仪和尺检查，或用其他测量仪器检查</td></tr>
<tr><td rowspan="3">3</td><td rowspan="3">垂直度</td><td colspan="2">每层</td><td>10</td><td>用 2m 托线板检查</td></tr>
<tr><td rowspan="2">全高</td><td>≤10m</td><td>15</td><td rowspan="2">用经纬仪、吊线和尺检查，或用其他测量仪器检查</td></tr>
<tr><td>>10m</td><td>20</td></tr>
</table>

表 5-17　钢筋安装位置的允许偏差及检验方法

<table>
<tr><th colspan="2">项目</th><th>允许偏差/mm</th><th>检验方法</th></tr>
<tr><td rowspan="3">受力钢筋保护层厚度</td><td>网状配筋砌体</td><td>±10</td><td>检查钢筋网成品，钢筋网放置位置局部剔缝观察，或用探针刺入灰缝内检查，或用钢筋位置测定仪测定</td></tr>
<tr><td>组合砖砌体</td><td>±5</td><td>支模前观察与尺量检查</td></tr>
<tr><td>配筋小砌块砌体</td><td>±10</td><td>浇筑灌孔混凝土前观察检查与尺量检查</td></tr>
<tr><td colspan="2">配筋小砌块砌体墙凹槽中水平钢筋间距</td><td>±10</td><td>钢尺量连续三挡，取最大值</td></tr>
</table>

5.6 填充墙砌体工程

钢筋混凝土结构和钢结构房屋中的围护墙和隔墙，在主体结构施工后，常采用轻质材料填充砌筑，称为填充墙砌体。填充墙砌体采用的轻质块材通常有蒸压加气混凝土砌块、粉煤灰砌块、轻骨料混凝土小型空心砌块和烧结空心砖等。填充墙的主要砌筑机具有瓦刀、斗车、砖笼、料斗、灰斗、灰桶、大铲、灰板、摊灰尺、溜子、抿子、刨锛、钢凿、手锤；备料工具有砖夹、筛子、锹（铲）等。

5.6.1 填充墙砌体砌筑技术要求

（1）墙体放线

砌体施工前，应将基础面或楼层结构面按标高找平，依据砌筑图放出第一皮砌块的轴线、砌体边线和洞口线。

（2）砌块排列

按砌块排列图在墙体线范围内分块定尺、划线。

（3）制配砂浆

按设计要求的砂浆品种、强度制配砂浆，配合比应由实验室确定，采用质量比，计量精度水泥为±2%，砂、灰膏控制在±5%以内，应采用机械搅拌，搅拌时间不少于1.5min。

（4）铺砂浆

将搅拌好的砂浆，通过吊斗、灰车运至砌筑地点。用大铲、灰勺进行分块铺灰，铺灰长度不得超过1500mm。

（5）砌块就位与校正

砌块砌筑前一天应浇水湿润，冲去浮尘，清除砌块表面的杂物后方可吊、运。砌筑就位应先远后近、先下后上、先外后内。每层开始时，应从转角处或定位砌块处开始，应吊砌一皮、校正一皮，皮皮拉线控制砌体标高和墙面平整度。

砌块安装时，起吊砌块应避免偏心，使砌块底面能水平下落。就位时由人手扶控制，对准位置，缓慢地下落，用小撬棒微撬，托线板挂直，直到稳定、平正为止。

（6）砌筑镶砖

用专用切割工具切割镶砖，使用无横裂砖，顶砖镶砌。

（7）竖缝灌砂浆

每砌一皮砌块，即用砂浆灌填垂直缝，并随后进行勒缝（原浆勾缝），深度一般为3～5mm。

5.6.2 填充墙砌体工程质量验收规定

1. 一般规定

1）本节适用于烧结空心砖、蒸压加气混凝土砌块、轻骨料混凝土小型空心砌块等填充墙砌体工程。

2）砌筑填充墙时，轻骨料混凝土小型空心砌块和蒸压加气混凝土砌块的产品龄期不应小于 28d，蒸压加气混凝土砌块的含水率宜小于 30%。

3）烧结空心砖、蒸压加气混凝土砌块、轻骨料混凝土小型空心砌块等在运输、装卸过程中，严禁抛掷和倾倒；进场后应按品种、规格堆放整齐，堆置高度不宜超过 2m。蒸压加气混凝土砌块在运输与堆放中应防止雨淋。

4）吸水率较小的轻骨料混凝土小型空心砌块及采用薄灰砌筑法施工的蒸压加气混凝土砌块，砌筑前不应对其浇（喷）水浸润；在气候干燥炎热的情况下，对吸水率较小的轻骨料混凝土小型空心砌块宜在砌筑前喷水湿润。

5）采用普通砌筑砂浆砌筑填充墙时，烧结空心砖、吸水率较大的轻骨料混凝土小型空心砌块应提前 1～2d 浇（喷）水湿润。蒸压加气混凝土砌块采用蒸压加气混凝土砌块砌筑砂浆或普通砌筑砂浆砌筑时，应在砌筑当天对砌块砌筑面喷水湿润。块体湿润程度宜符合下列规定：烧结空心砖的相对含水率为 60%～70%；吸水率较大的轻骨料混凝土小型空心砌块、蒸压加气混凝土砌块的相对含水率为 40%～50%。

6）在厨房、卫生间、浴室等处采用轻骨料混凝土小型空心砌块、蒸压加气混凝土砌块砌筑墙体时，墙底部宜现浇混凝土坎台等，其高度宜为 150mm。

7）填充墙拉结筋处的下皮小砌块宜采用半盲孔小砌块或用混凝土灌实孔洞的小砌块；薄灰砌筑法施工的蒸压加气混凝土砌块砌体，拉结筋应放置在砌块上表面设置的沟槽内。

8）蒸压加气混凝土砌块、轻骨料混凝土小型空心砌块不应与其他块体混砌，不同强度等级的同类砌块也不得混砌。

注：窗台处和因安装门窗需要，在门窗洞口处两侧填充墙上、中、下部可采用其他块体局部嵌砌；对与框架柱、梁不脱开的填充墙，填塞填充墙顶部与梁之间缝隙可采用其他块体。

9）填充墙砌体砌筑，应待承重主体结构检验批验收合格后进行。填充墙与承重主体结构间的空（缝）隙部位施工，应在填充墙砌筑 14d 后进行。

2. 填充墙砌体工程主控项目

填充墙砌体工程主控项目如表 5-18 所示。正常一次性抽样的判定及正常二次性抽样的判定如表 5-19 及表 5-20 所示。填充墙砌体植筋锚固力检测记录如表 5-21 所示。检验批抽检锚固钢筋样本最小容量如表 5-22 所示。

表 5-18　填充墙砌体工程主控项目

序号	项目	合格质量标准	检查数量	检验方法
1	烧结空心砖、小砌块和砌筑砂浆的强度等级	应符合设计要求	烧结空心砖每 10 万块为一验收批，小砌块每 1 万块为一验收批，不足上述数量时按一批计，抽检数量为一组； 砂浆试块的抽检数量：每一检验批且不超过 250m^3 砌体的各类、各强度等级的普通砌筑砂浆，每台搅拌机应至少抽检一次。验收批的预拌砂浆、蒸压加气混凝土砌块专用砂浆，抽检可为 3 组	检查砖、小砌块进场复验报告和砂浆试块试验报告
2	填充墙砌体	应与主体结构可靠连接，其连接构造应符合设计要求，未经设计同意，不得随意改变连接构造方法。每一填充墙与柱的拉结筋的位置超过一皮块体高度的数量不得多于一处	每检验批抽查不应少于 5 处	观察检查

续表

序号	项目	合格质量标准	检查数量	检验方法
3	填充墙与承重墙、柱、梁的连接钢筋	当采用化学植筋的连接方式时，应进行实体检测。锚固钢筋拉拔试验的轴向受拉非破坏承载力检验值应为 6kN。抽检钢筋在检验值作用下应基材无裂缝、钢筋无滑移宏观裂损现象；持荷 2min 期间荷载值降低不大于 5%。检验批验收可按表 5-19、表 5-20 通过正常检验一次、二次抽样判定。填充墙砌体植筋锚固力检测记录可按表 5-21 填写	按表 5-22 确定	原位试验检查

表 5-19　正常一次性抽样的判定

样本容量	合格判定数	不合格判定数	样本容量	合格判定数	不合格判定数
5	0	1	20	2	3
8	1	2	32	3	4
13	1	2	50	5	6

表 5-20　正常二次性抽样的判定

抽样次数与样本容量	合格判定数	不合格判定数	抽样次数与样本容量	合格判定数	不合格判定数
（1）−5 （2）−10	0 1	2 2	（1）−20 （2）−40	1 3	3 4
（1）−8 （2）−16	0 1	2 2	（1）−32 （2）−64	2 6	5 7
（1）−13 （2）−26	0 3	3 4	（1）−50 （2）−100	3 9	6 10

表 5-21　填充墙砌体植筋锚固力检测记录

<table>
<tr><td>工程名称</td><td></td><td>分项工程名称</td><td></td><td rowspan="2">植筋日期</td><td rowspan="2"></td></tr>
<tr><td>施工单位</td><td></td><td>项目经理</td><td></td></tr>
<tr><td>分包单位</td><td></td><td>施工班组组长</td><td></td><td rowspan="2">检测日期</td><td rowspan="2"></td></tr>
<tr><td>检测执行标准及编号</td><td colspan="3"></td></tr>
<tr><td rowspan="2">试件编号</td><td rowspan="2">实测荷载/kN</td><td colspan="2">检测部位</td><td colspan="2">检测结果</td></tr>
<tr><td>轴线</td><td>层</td><td>完好</td><td>不符合要求情况</td></tr>
<tr><td></td><td></td><td></td><td></td><td></td><td></td></tr>
<tr><td></td><td></td><td></td><td></td><td></td><td></td></tr>
<tr><td></td><td></td><td></td><td></td><td></td><td></td></tr>
<tr><td></td><td></td><td></td><td></td><td></td><td></td></tr>
<tr><td></td><td></td><td></td><td></td><td></td><td></td></tr>
<tr><td colspan="2">监理（建设）单位验收结论</td><td colspan="4"></td></tr>
<tr><td colspan="2">备注</td><td colspan="4">1．植筋埋置深度（设计）：
2．设备型号：
3．基材混凝土设计强度等级：
4．锚固钢筋拉拔承载力检测值：6.0kN</td></tr>
</table>

复核：　　　　检测：　　　　记录：

表 5-22　检验批抽检锚固钢筋样本最小容量

检验批的容量	样本最小容量	检验批的容量	样本最小容量
≤90	5	281～500	20
91～150	8	501～1200	32
151～280	13	1201～3200	50

3. 填充墙砌体工程一般项目

填充墙砌体工程一般项目如表 5-23 所示。

表 5-23　填充墙砌体工程一般项目

序号	项目	合格质量标准	检查数量	检验方法
1	填充墙砌体尺寸、位置	允许偏差及检验方法应符合表 5-24 的规定	每检验批抽查不应少于 5 处	见表 5-24
2	填充墙砌体的砂浆饱满度	应符合表 5-25 的规定	每检验批抽查不应少于 5 处	见表 5-25
3	填充墙留置的拉结钢筋或网片的位置	应与块体皮数相符合，拉结钢筋或网片应置于灰缝中，埋置长度应符合设计要求，竖向位置偏差不应超过一皮高度	每检验批抽查不应少于 5 处	观察和用尺量检查
4	砌筑填充墙	应错缝搭砌，蒸压加气混凝土砌块搭砌长度不应小于砌块长度的 1/3；轻骨料混凝土小型空心砌块搭砌长度不应小于 90mm；竖向通缝不应大于 2 皮	每检验批抽检不应少于 5 处	观察检查
5	填充墙的水平灰缝厚度和竖向灰缝宽度	烧结空心砖、轻骨料混凝土小型空心砌块砌体的灰缝应为 8～12mm。蒸压加气混凝土砌块砌体在采用水泥砂浆、水泥混合砂浆或蒸压加气混凝土砌块砌筑砂浆时，水平灰缝厚度及竖向灰缝宽度不应超过 15mm；当蒸压加气混凝土砌块砌体采用蒸压加气混凝土砌块黏结砂浆时，水平灰缝厚度和竖向灰缝宽度宜为 3～4mm	每检验批抽查不应少于 5 处	水平灰缝厚度用尺量 5 皮小砌块的高度折算；竖向灰缝宽度用尺量 2m 砌体长度折算

填充墙砌体尺寸、位置的允许偏差及检验方法如表 5-24 所示。填充墙砌体的砂浆饱满度及检验方法如表 5-25 所示。

表 5-24　填充墙砌体尺寸、位置的允许偏差及检验方法

序号	项目		允许偏差/mm	检验方法
1	轴线位移		10	用尺检查
2	垂直度（每层）	≤3m	5	用 2m 托线板或吊线、尺检查
		>3m	10	

续表

序号	项目	允许偏差/mm	检验方法
3	表面平整度	8	用 2m 靠尺和楔形尺检查
4	门窗洞口高、宽（后塞口）	±10	用尺检查
5	外墙上、下窗口偏移	20	用经纬仪或吊线检查

表 5-25　填充墙砌体的砂浆饱满度及检验方法

砌体分类	灰缝	饱满度及要求	检验方法
空心砖砌体	水平	≥80%	采用百格网检查块体底面或侧面砂浆的黏结痕迹面积
	垂直	填满砂浆，不得有透明缝、瞎缝、假缝	
蒸压加气混凝土砌块、轻骨料混凝土小型空心砌块砌体	水平	≥80%	
	垂直	≥80%	

5.7　砌体工程的冬期施工

当室外日平均气温连续 5 天稳定低于 5℃时或当日最低气温低于 0℃时砌体工程应采取冬期施工措施。

5.7.1　材料及质量要求

砌体工程冬期施工应有完整的冬期施工方案。冬期施工所用材料应符合下列规定。石灰膏、电石膏等应防止受冻。如遭冻结，应经融化后使用；拌制砂浆用砂，不得含有冰块和大于 10mm 的冻结块；砌体用块体不得遭水浸冻。

冬期施工砂浆试块的留置，除应按常温规定要求外，尚应增加一组与砌体同条件养护的试块，用于检验转入常温 28d 的强度。如有特殊需要，可另外增加相应龄期的同条件养护试块。

地基土有冻胀性时，应在未冻的地基上砌筑，并应防止在施工期间和回填土前地基受冻。

冬期施工中砖、小砌块浇（喷）水湿润应符合下列规定。

1）烧结普通砖、烧结多孔砖、蒸压灰砂砖、蒸压粉煤灰砖、烧结空心砖、吸水率较大的轻骨料混凝土小型空心砌块在气温高于 0℃条件下砌筑时，应浇水湿润；在气温低于等于 0℃条件下砌筑时，可不浇水，但必须增大砂浆稠度。

2）普通混凝土小型空心砌块、混凝土多孔砖、混凝土实心砖及采用薄灰砌筑法的蒸压加气混凝土砌块施工时，不应对其浇（喷）水湿润。

3）抗震设防烈度为 9 度的建筑物，当烧结普通砖、烧结多孔砖、蒸压粉煤灰砖、烧结空心砖无法浇水湿润时，如无特殊措施，不得砌筑。

拌和砂浆时水的温度不得超过 80℃，砂的温度不得超过 40℃。采用砂浆掺外加剂法、暖棚法施工时，砂浆使用温度不应低于 5℃。

采用外加剂法配制的砌筑砂浆，当设计无要求，且最低气温等于或低于－15℃时，砂浆强度等级应较常温施工提高一级。配筋砌体不得采用掺氯盐的砂浆施工。

冬期施工的砖砌体，应按“三一”砌砖法施工，灰缝不应大于 10mm。冬期施工中，每日砌筑后，应及时在砌筑表面进行保护性覆盖，砌筑表面不得留有砂浆。在继续砌筑前，应扫净砌筑表面。

砌筑工程的冬期施工应优先选用外加剂法。对绝缘、装饰等有特殊要求的工程，可采用其他方法。加气混凝土砌块承重墙体及围护外墙不宜冬期施工。

5.7.2　外加剂法

冬期砌筑采用外加剂法时，可使用氯盐或亚硝酸钠等盐类外加剂拌制砂浆。氯盐应以氯化钠为主。当气温低于－15℃时，也可与氯化钙复合使用，氯盐外加剂掺量应按表 5-26 选用。

表 5-26　氯盐外加剂掺量（占用水质量比例）

<table>
<tr><th colspan="3" rowspan="2">氯盐及砌体材料种类</th><th colspan="4">占用水质量比例/%</th></tr>
<tr><th>日最低气温
≥－10℃</th><th>日最低气温
－11～－15℃</th><th>日最低气温
－16～－20℃</th><th>日最低气温
－21～－25℃</th></tr>
<tr><td colspan="2" rowspan="2">氯化钠（单盐）</td><td>砖、砌块</td><td>3</td><td>5</td><td>7</td><td>—</td></tr>
<tr><td>砌石</td><td>4</td><td>7</td><td>10</td><td>—</td></tr>
<tr><td rowspan="2">复盐</td><td>氯化钠</td><td rowspan="2">砖、砌块</td><td>—</td><td>—</td><td>5</td><td>7</td></tr>
<tr><td>氯化钙</td><td>—</td><td>—</td><td>2</td><td>3</td></tr>
</table>

注：掺盐量以无水盐计。

在氯盐砂浆中掺加微沫剂时，应先加氯盐溶液后加微沫剂溶液。外加剂溶液应设专人配制，并应先配制成规定浓度溶液置于专用容器中，然后再按规定加入搅拌机中拌制成所需砂浆。

采用氯盐砂浆时，砌体中配置的钢筋及钢预埋件，应预先做好防腐处理。

氯盐砂浆砌体施工时，每日砌筑高度不宜超过 1.2m，墙体留置的洞口，距交接墙处不应小于 50cm。

掺用氯盐的砂浆砌体不得在下列情况下采用：对装饰工程有特殊要求的建筑物；使用湿度大于 80%的建筑物；配筋、钢预埋件无可靠的防腐处理措施的砌体；接近高压电线的建筑物（如变电所、发电站等）；经常处于地下水位变化范围内，以及在地下未设防水层的结构。

5.7.3　暖棚法

暖棚法适用于地下工程、基础工程以及量小又急需砌筑使用的砖体结构。

采用暖棚法施工，块材在砌筑时的温度不应低于 5℃，距离所砌的结构底面 0.5m 处的棚内温度也不应低于 5℃。在暖棚内的砌体养护时间，应根据暖棚内温度，按表 5-27 确定。

表 5-27 暖棚法砌体的养护时间

暖棚的温度/℃	5	10	15	20
养护时间/d	≥6	≥5	≥4	≥3

思 考 题

5-1 简述砖墙砌筑的施工工艺。

5-2 砖砌体的质量要求有哪些？

5-3 砖墙临时间断处的接槎方式有哪些？

5-4 砖墙在转角处和交接处留设临时间断时有什么构造要求？

5-5 标准砖的组砌形式有哪几种？

5-6 砌砖前为什么要对砖洒水湿润？为什么又不能过湿？

5-7 简述砌块的施工工艺。

5-8 砌块砌筑的质量要求有哪些？

5-9 简述石砌体砌筑施工工艺。

5-10 简述配筋砌块砌体构造配筋要求。

5-11 简述填充墙砌体工程质量验收规定。

5-12 冬期施工所用的材料应符合哪些要求？

5-13 砌筑工程冬期施工的方法有哪些？

第 6 章　脚手架工程

6.1　概　　述

脚手架是在施工现场为安全防护、工人操作以及解决少量上料和堆料而搭设的临时施工设施；也可作为一种临时结构，用于满足施工以外的某种使用功能的要求。

6.1.1　脚手架的主要作用与基本要求

（1）脚手架的主要作用

1）为施工人员提供了堆放部分施工材料和设备以及施工作业的平台，方便操作。

2）对高处作业人员能起到防护作用，以确保施工人员的人身安全。

3）能满足多层作业、交叉作业、流水作业和多工种之间配合作业的要求。

4）确保工程作业面的连续性施工。

5）为保证工程质量和提高工作效率创造有利条件。

6）用以满足施工以外的某种使用功能要求的临时结构。

（2）脚手架的基本要求

1）适用性。应满足施工要求，方便工人操作、材料及设备堆置和运输等需要。

2）安全性。具有足够的承载能力（强度、稳定性）和刚度，能可靠地承受各类永久荷载和可变荷载。

3）经济性。选材合理，用料经济，构造简单，装拆方便，能多次周转使用。

6.1.2　脚手架分类

1. 按脚手架用途分类

（1）操作（作业）脚手架

操作（作业）脚手架主要用于结构或装修施工。

（2）承重、支撑脚手架

支撑脚手架是主要为现浇混凝土结构或构件施工（支模架）、钢结构及其他预制装配结构安装等而搭设的承重架体。

（3）防护脚手架

防护脚手架是主要用于安全防护和遮挡的脚手架。

（4）其他临时结构

所搭设的脚手架作为一种临时结构，主要用于满足施工以外的某种使用功能要求，如体育比赛临时看台（沙滩排球、赛车等）、文娱表演临时看台、大型广告牌或指示牌临时支撑等。

2. 按脚手架搭设位置分类

（1）外脚手架

外脚手架是沿结构主体外侧搭设的脚手架，根据其在结构物立面上的设置状态分为落地式、悬挑式、吊挂式、附着升降式等基本形式（图 6-1）。

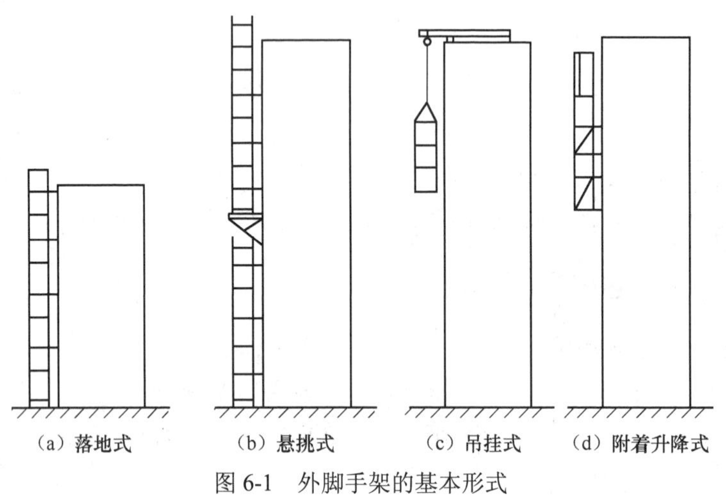

图 6-1　外脚手架的基本形式

（2）里脚手架

里脚手架（或内脚手架）是搭设在结构内部，用于砌筑、装修以及其他室内作业的脚手架。

3. 按脚手架所用材料分类

按脚手架所用材料分为木脚手架、竹脚手架、钢脚手架和铝合金脚手架。

钢脚手架目前应用最广泛，根据脚手架杆件节点连接方式，又可分为扣件式钢管脚手架、碗扣式钢管脚手架、门式钢管脚手架，以及各类新型承插型钢管脚手架体系（包括盘扣式钢管脚手架、套扣式钢管脚手架及轮扣式钢管脚手架等）。此外还包括各类附着升降脚手架等。

铝合金脚手架具有轻质、高强及耐腐蚀性能优越等特点，其杆件节点连接方式与钢脚手架类似，目前应用日趋增多。

6.2　扣件式钢管脚手架

扣件式钢管脚手架是目前我国应用最普遍的一种脚手架，具有适应性强、装拆灵活等特点。

6.2.1　扣件式钢管脚手架的搭设形式及基本构造

根据现行《建筑施工扣件式钢管脚手架安全技术规范》（JGJ 130—2011）的有关规定，扣件式钢管脚手架可用于搭设单排脚手架、双排脚手架、满堂脚手架及满堂支撑架等。这些形式的扣件式钢管脚手架主要由钢管杆件（立杆、水平杆、剪刀撑、斜撑、扫地杆等）、扣件、脚手板、连墙件、底座及其他防护和连接构配件等组成。

1. 搭设形式

（1）单排脚手架

只设置一排立杆，横向水平杆的一端搁置固定在墙体上的脚手架，简称单排架。

（2）双排脚手架

由内外两排立杆和水平杆等构成的脚手架，简称双排架。

（3）满堂脚手架

在纵、横方向，由不少于 3 排立杆并与水平杆、水平剪刀撑、竖向剪刀撑、扣件等构成的脚手架，简称满堂脚手架。该架体顶部作业层施工荷载通过水平杆传递给立杆，顶部立杆呈偏心受压状态。

（4）满堂支撑架

在纵、横方向，由不少于 3 排立杆并与水平杆、水平剪刀撑、竖向剪刀撑、扣件等构成的承力支架，简称满堂支撑架。该架体顶部的支模或钢结构安装等（同类工程）施工荷载通过可调托撑轴心传力给立杆，顶部立杆呈轴心受压状态。

2. 基本构造

不同搭设形式的扣件式钢管脚手架的基本构造总体类似，这里以最常用的双排脚手架为例（图 6-2），说明扣件式钢管脚手架的基本构造。

（1）扣件

扣件是采用螺栓紧固的扣接连接件，应采用可锻铸铁或铸钢制作。扣件按结构形式分为 3 种，即直角扣件、旋转扣件、对接扣件（图 6-3）。直角扣件是用于垂直交叉杆件间连接的扣件；旋转扣件是用于平行或斜交杆件间连接的扣件；对接扣件是用于杆件对接连接的扣件。

（2）钢管杆件

用于立杆、水平杆（纵向、横向）、剪刀撑、斜撑、扫地杆等杆件的脚手架钢管宜采用ϕ48.3×3.6 钢管（Q235 钢）。为确保施工安全和运输方便，一般情况下，横向水平杆最大长度不超过 2.2m，其他杆件最大长度不超过 6.5m。

（3）脚手板

脚手板按其适用材料可分为钢脚手板、木脚手板、竹脚手板等，单块脚手板的质量不宜大于 30kg，且表面应具有防滑、防积水构造。

冲压钢脚手板是一种应用较广的钢脚手板，一般厚度 2mm、长度 2～4m、宽度 250mm。目前钢筋格栅脚手板的应用越来越多，常采用直径 8～10mm 的钢筋焊接格栅网片，具有质量小、便于绑扎等优点。木脚手板已较少应用。竹脚手板在南方地区应用较普遍，一般用毛竹或楠竹制成竹串片脚手板或竹芭脚手板。

（4）连墙件

连墙件是将脚手架与主体结构连为一体，传递水平力的构件。其对保证脚手架刚度和稳定、承担风荷载等水平荷载，以防止架体倾斜或倾覆等具有重要作用。连墙件根据连接作用方式可分为两类。

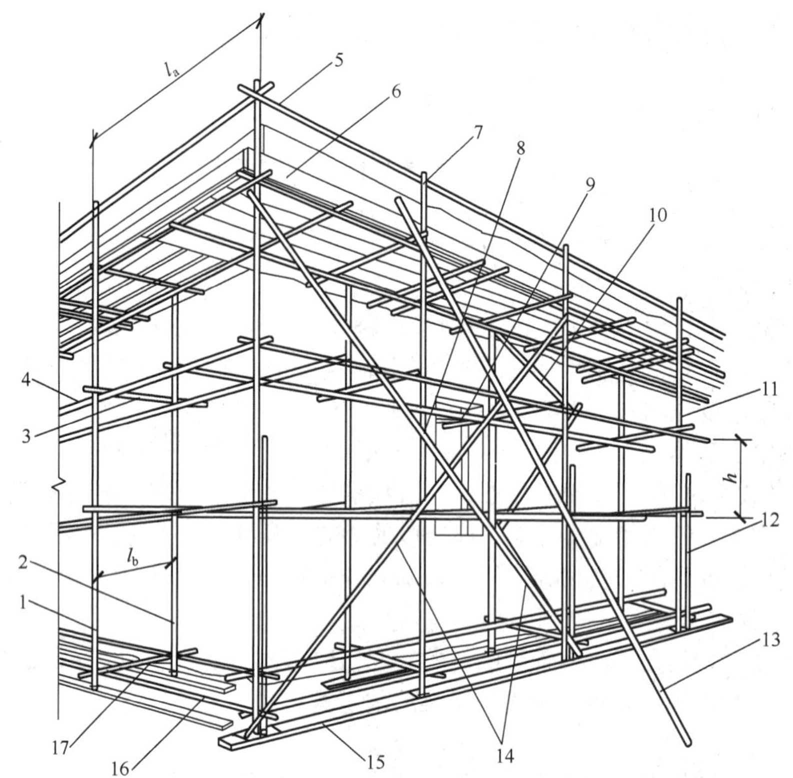

1—外立杆；2—内立杆；3—横向水平杆；4—纵向水平杆；5—栏杆；6—挡脚板；7—直角扣件；8—旋转扣件；9—连墙杆；10—横向斜撑；11—主立杆；12—副立杆；13—抛撑；14—剪刀撑；15—垫板；16—纵向扫地杆；17—横向扫地杆；h—步距；l_a—立杆纵距；l_b—立杆横距。

图 6-2　双排扣件式钢管脚手架基本构造

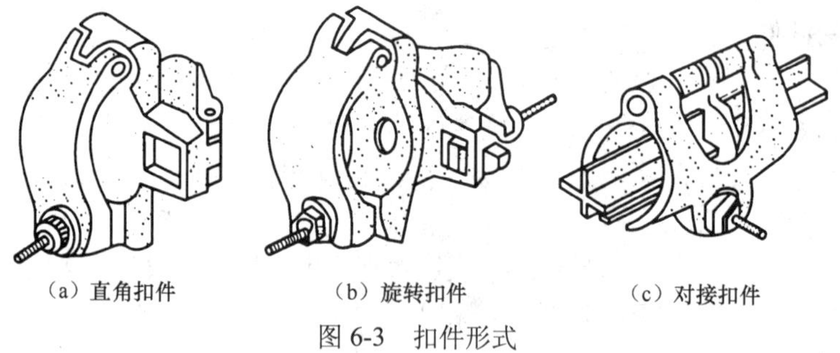

（a）直角扣件　（b）旋转扣件　（c）对接扣件

图 6-3　扣件形式

1）刚性连墙件。刚性连墙件既可承受拉力和压力的作用，又有一定的抗弯和抗扭能力。可采用钢管或其他型钢作为刚性连墙件。

2）柔性连墙件。柔性连墙件只能承受拉力和压力的作用。例如，采用钢丝绳、钢筋或拉杆拉结，并使横向水平杆顶紧主体结构时，即为只能承受拉力和压力的柔性连墙件。柔性连墙件一般只用于高度不大于 24m 的脚手架。

（5）底座

底座为设于立杆底部的垫座，包括可调底座和固定底座。可调底座能灵活调整，对脚手架搭设的适用性较强（图 6-4）。当采用固定底座时，底座一般采用厚 8mm，边长

150～200mm 的钢板做底板，上焊 150～200mm 高的钢管。底座形式有内插式和外套式两种（图 6-5），内插式的外径 D_1 比立杆内径小 2mm，外套式的内径 D_2 比立杆外径大 2mm。底座也可采用垫板代替，且以木垫板居多。

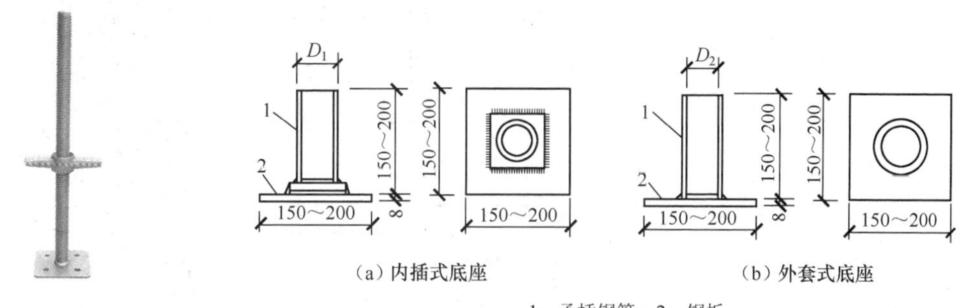

1—承插钢管；2—钢板。

图 6-4　可调底座　　　图 6-5　固定底座（单位：mm）

6.2.2　扣件式钢管脚手架的设计基本规定

1）脚手架的承载能力应按概率极限状态设计法的要求，采用分项系数设计表达式进行设计。可只进行下列设计计算。

① 纵向、横向水平杆等受弯构件的强度和连接扣件的抗滑承载力计算。

② 立杆的稳定性计算。

③ 连墙件的强度、稳定性和连接强度的计算。

④ 立杆地基承载力计算。

2）计算构件的强度、稳定性与连接强度时，应采用荷载效应基本组合的设计值。作用于脚手架的荷载可分为永久荷载（恒荷载）和可变荷载（活荷载）。

3）脚手架中的受弯构件，尚应根据正常使用极限状态的要求验算变形。验算构件变形时，应采用荷载效应标准组合设计值。

4）当纵向或横向水平杆的轴线对立杆轴线的偏心距不大于 55mm 时，立杆稳定性计算中可不考虑此偏心距的影响。

5）钢材材料属性、主要构配件（扣件、底座、可调托撑等）承载力设计值、受弯构件挠度容许值、受压及受拉构件长细比容许值等应符合《建筑施工扣件式钢管脚手架安全技术规范》（JGJ 130—2011）的有关规定。

6.2.3　扣件式钢管脚手架的搭设要求

1．单、双排脚手架

1）单排脚手架搭设高度不应超过 24m；双排脚手架搭设高度不宜超过 50m，高度超过 50m 的双排脚手架，应采取分段搭设等措施。

2）脚手架必须设置纵、横向扫地杆。纵向扫地杆应采用直角扣件固定在距钢管底端不大于 200mm 处的立杆上。横向扫地杆应采用直角扣件固定在紧靠纵向扫地杆下方的立杆上。当脚手架立杆基础不在同一高度上时，必须将高处的纵向扫地杆向低处延长两跨与立杆固定，高低差不应大于 1m。靠边坡上方的立杆轴线到边坡的距离不应小于 500mm（图 6-6）。

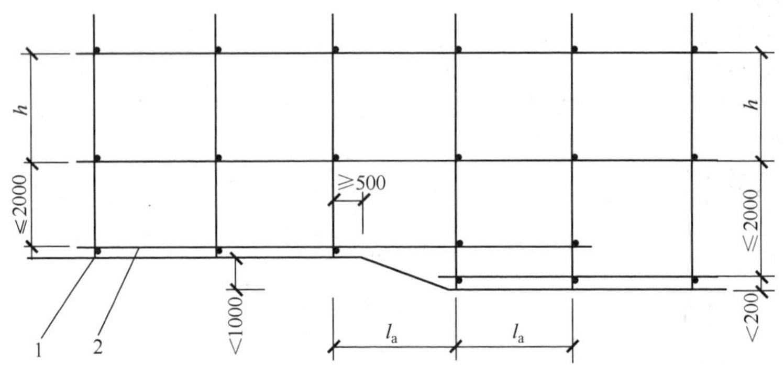

1—横向扫地杆；2—纵向扫地杆；l_a—立杆纵距；h—步距。

图 6-6　纵、横向扫地杆构造（单位：mm）

3）脚手架各立杆底部宜设置底座或垫板，且底层步距均不应大于 2m。立杆接长除顶层顶步外，其余各层各步接头必须采用对接扣件连接，具体规定如下。

① 当立杆采用对接接长时，立杆的对接扣件应交错布置，两根相邻立杆的接头不应设置在同步内，同步内隔一根立杆的两个相隔接头在高度方向错开的距离不宜小于 500mm；各接头中心至主节点的距离不宜大于步距的 1/3。

② 当立杆采用搭接接长时，搭接长度不应小于 1m，并应采用不少于 2 个旋转扣件固定。端部扣件盖板的边缘至杆端距离不应小于 100mm。

4）纵向水平杆应设置在立杆内侧，单根杆长度不应小于 3 跨。纵向水平杆接长应采用对接扣件连接或搭接，并应符合下列规定。

① 两根相邻纵向水平杆的接头不应设置在同步或同跨内；不同步或不同跨两个相邻接头在水平方向错开的距离不应小于 500mm；各接头中心至最近主节点的距离不应大于纵距的 1/3（图 6-7）。

② 搭接长度不应小于 1m，应等间距设置 3 个旋转扣件固定；端部扣件盖板边缘至搭接纵向水平杆杆端的距离不应小于 100mm。

5）横向水平杆在作业层上非主节点处时，宜根据支承脚手板的需要等间距设置，最大间距不应大于纵距的 1/2；对于主节点处必须设置一根横向水平杆，用直角扣件扣接且严禁拆除。

6）当使用冲压钢脚手板、木脚手板、竹串片脚手板时，双排脚手架的横向水平杆两端均应采用直角扣件固定在纵向水平杆上，单排脚手架的横向水平杆的一端应用直角扣件固定在纵向水平杆上，另一端应插入主体结构内，插入长度不应小于180mm；当使用竹笆脚手板时，双排脚手架的横向水平杆的两端，应用直角扣件固定在立杆上，单排脚手架的横向水平杆的一端，应用直角扣件固定在立杆上，另一端插入主体结构内，插入长度不应小于 180mm。

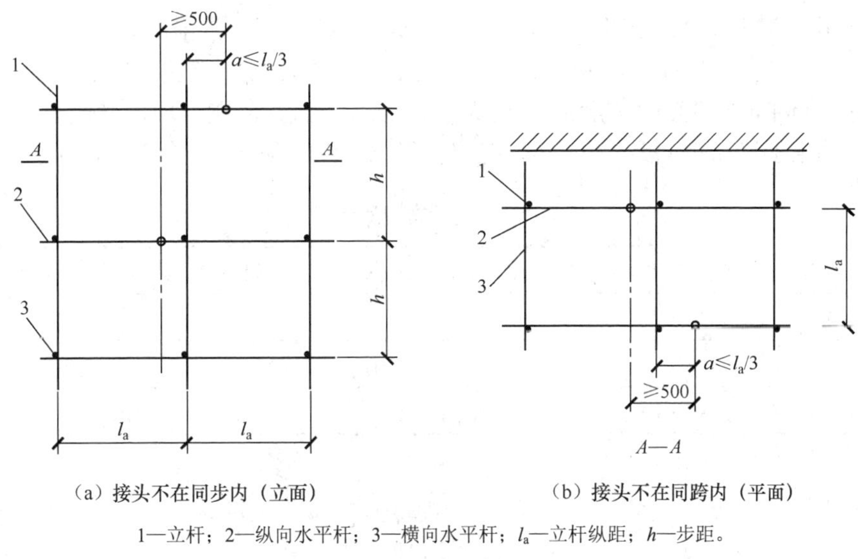

（a）接头不在同步内（立面）　（b）接头不在同跨内（平面）

1—立杆；2—纵向水平杆；3—横向水平杆；l_a—立杆纵距；h—步距。

图 6-7　纵向水平杆对接接头布置（单位：mm）

7）作业层脚手板应铺满、铺稳、铺实，作业层端部脚手板探头长度应取 150mm，其板的两端均应固定于支承杆件上。

8）对于冲压钢脚手板、木脚手板、竹串片脚手板等，应设置在三根横向水平杆上；当脚手板长度小于 2m 时，可采用两根横向水平杆支承，但应将脚手板两端与横向水平杆可靠固定，严防倾翻；脚手板的铺设应采用对接平铺或搭接铺设；脚手板对接平铺时，接头处应设两根横向水平杆，脚手板外伸长度应取 130～150mm，两块脚手板外伸长度的和不应大于 300mm［图 6-8（a）］；脚手板搭接铺设时，接头应支在横向水平杆上，搭接长度不应小于 200mm，其伸出横向水平杆的长度不应小于 100mm［图 6-8（b）］。对于竹笆脚手板，应按其主竹筋垂直于纵向水平杆方向铺设，且应对接平铺，四个角应用直径不小于 1.2mm 的镀锌钢丝固定在纵向水平杆上。

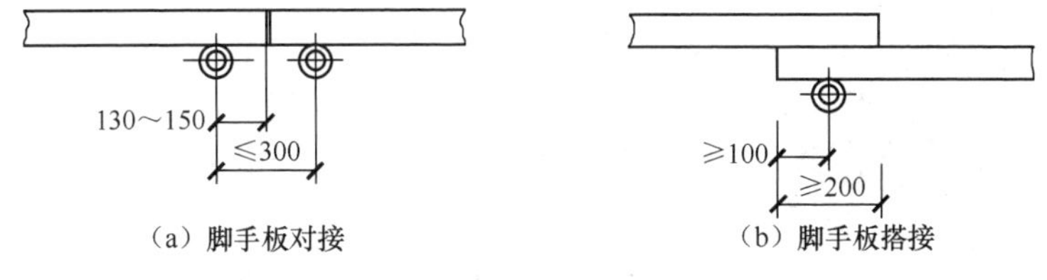

（a）脚手板对接　（b）脚手板搭接

图 6-8　脚手板对接、搭接构造（单位：mm）

9）脚手架连墙件应靠近主节点设置，偏离主节点的距离不应大于 300mm；应从底层第一步纵向水平杆处开始设置，当该处设置有困难时，应采用其他可靠措施固定；应优先采用菱形布置，或采用方形、矩形布置；开口型脚手架的两端必须设置连墙件，连墙件的垂直间距不应大于建筑物的层高，并且不应大于4m；连墙件中的连墙杆应呈水平设置，当不能水平设置时，应向脚手架一端下斜连接。

10）连墙件必须采用可承受拉力和压力的构造。对高度 24m 以上的双排脚手架，应采用刚性连墙件与结构主体连接。脚手架高度超过 40m 且有风涡流作用时，应采取抗上升翻流作用的连墙措施。当脚手架下部暂不能设连墙件时应采取防倾覆措施；当搭设抛撑时，抛撑应采用通长杆件，并用旋转扣件固定在脚手架上，与地面的倾角应为 45° ～60° ，连接点中心至主节点的距离不应大于 300mm，抛撑应在连墙件搭设后再拆除。

11）脚手架连墙件间距的布置除应满足设计计算要求外，还应符合表 6-1 的规定。

表 6-1 连墙件布置最大间距

脚手架搭设类型	脚手架高度/m	竖向间距	水平间距	每根连墙件覆盖面积/m²
双排落地	≤50	$3h$	$3l_a$	≤40
双排悬挑	>50	$2h$	$3l_a$	≤27
单排	≤24	$3h$	$3l_a$	≤40

注：h 为步距；l_a 为纵距。

12）双排脚手架应设置剪刀撑与横向斜撑，单排脚手架应设置剪刀撑。高度在 24m 及以上的双排脚手架应在外侧全立面连续设置剪刀撑；高度在 24m 以下的单、双排脚手架，均必须在外侧两端、转角及中间间隔不超过 15m 的立面上，各设置一道剪刀撑，并应由底至顶连续设置。每道剪刀撑跨越立杆的根数应按表 6-2 确定，每道剪刀撑宽度不应小于 4 跨，且不应小于 6m，斜杆与地面的倾角应在 45°～60°；剪刀撑斜杆的接长应采用搭接或对接，当搭接接长时，搭接长度不应小于 1m，并应采用不少于 2 个旋转扣件固定，且端部扣件盖板的边缘至杆端距离不应小于100mm；剪刀撑斜杆应用旋转扣件固定在与之相交的横向水平杆的伸出端或立杆上，旋转扣件中心线至主节点的距离不应大于 150mm。

表 6-2 剪刀撑跨越立杆的最多根数

剪刀撑斜杆与地面的倾角 α/（°）	45	50	60
剪刀撑跨越立杆的最多根数 n/根	7	6	5

13）高度在 24m 以下的封闭型双排脚手架可不设横向斜撑；高度在 24m 以上的封闭型脚手架，除拐角应设置横向斜撑外，中间应每隔 6 跨设置一道；开口型双排脚手架的两端均必须设置横向斜撑。横向斜撑应在同一节间，由底至顶呈“之”字形连续布置。

2. 满堂脚手架

1）满堂脚手架搭设高度不宜超过 36m，且施工层不得超过 1 层。其立杆底部宜设置底座或垫板，立杆接长接头必须采用对接扣件连接。对于立杆对接扣件布置、扫地杆的设置、水平杆的连接等要求与单双排脚手架类似，且水平杆长度不宜小于 3 跨。

2）满堂脚手架应在架体外侧四周及内部纵、横向每 6～8m 由底至顶设置连续竖向剪刀撑。当架体搭设高度在 8m 以下时，应在架顶部设置连续水平剪刀撑；当架体搭设高度在 8m 及以上时，应在架体底部、顶部及竖向间隔不超过 8m 分别设置连续水平剪刀撑。水平剪刀撑宜在竖向剪刀撑斜杆相交平面设置。剪刀撑宽度应为 6～8m。剪刀撑应用旋转扣件固定在与之相交的水平杆或立杆上，旋转扣件中心线至主节点的距离不宜大于 150mm。

3）满堂脚手架的高宽比不宜大于 3，当高宽比大于 2 时，应在架体的外侧四周和内部水平间隔 6～9m，竖向间隔 4～6m 设置连墙件与建筑结构拉结，当无法设置连墙件时，应采取设置钢丝绳张拉固定等措施。

3. 满堂支撑架

1）满堂支撑架搭设高度不宜超过 30m。其立杆伸出顶层水平杆中心线至支撑点的长度不应超过 0.5m，其中立杆、水平杆的构造要求同满堂脚手架。

2）对于剪刀撑设置，满堂支撑架分为普通型和加强型，具体要求详见《建筑施工扣件式钢管脚手架安全技术规范》（JGJ 130—2011）的有关规定。

3）满堂支撑架所采用的可调底座、可调托撑螺杆伸出长度不宜超过 300mm，插入立杆内的长度不得小于 150mm。

6.2.4 扣件式钢管脚手架的拆除

1）脚手架拆除应按专项方案施工，拆除前应做好下列准备工作。

① 应全面检查脚手架的扣件连接、连墙件、支撑体系等是否符合构造要求。

② 应根据检查结果补充完善施工脚手架专项方案中的拆除顺序和措施，经审批后方可实施。

③ 拆除前应对施工人员进行交底。

④ 应清除脚手架上杂物及地面障碍物。

2）单、双排脚手架拆除作业必须由上而下逐层进行，严禁上下同时作业；连墙件必须随脚手架逐层拆除，严禁先将连墙件整层或数层拆除后再拆脚手架；分段拆除高差大于两步时，应增设连墙件加固。

3）当脚手架拆至下部最后一根长立杆的高度（约 6.5m）时，应先在适当位置搭设临时抛撑加固后，再拆除连墙件。当单、双排脚手架采取分段、分立面拆除时，对不拆除的脚手架两端，应按规定设置连墙件和横向斜撑加固。

4）架体拆除作业应设专人指挥，当有多人同时操作时，应明确分工、统一行动，且应具有足够大的操作面。

5）卸料时各构配件严禁抛掷至地面。

6）运至地面的构配件应按规定及时检查、整修与保养，并应按品种、规格分别存放。

6.3 碗扣式钢管脚手架

碗扣式钢管脚手架是采用碗扣方式连接的一种脚手架，具有连接方便可靠、整体性好、力学性能较优等特点。

6.3.1 碗扣式钢管脚手架的基本构造

根据现行《建筑施工碗扣式钢管脚手架安全技术规范》（JGJ 166—2016）的有关规定，碗扣式钢管脚手架可用于搭设双排脚手架和模板支撑架（含其他用途支撑架）等形式。碗

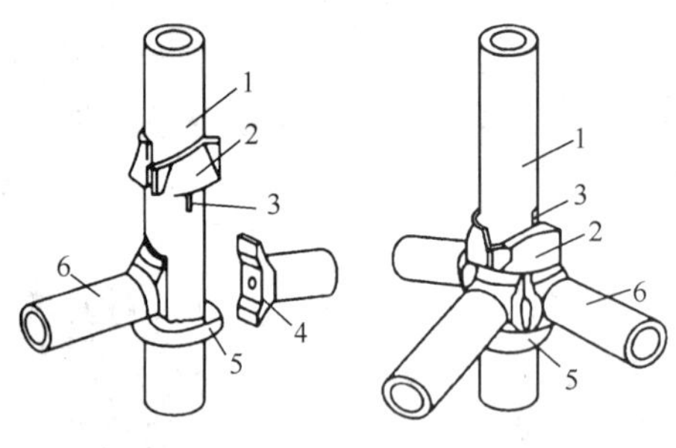

（a）连接前 （b）连接后

1—立杆；2—上碗扣；3—上碗扣的限位销；4—水平杆接头；5—下碗扣；6—水平杆。

图 6-9 碗扣节点

扣式钢管脚手架主要由钢管立杆、水平杆、碗扣节点及其他构配件等组成。

（1）碗扣节点

碗扣节点由上碗扣、下碗扣、水平杆接头和限位销等组成（图 6-9），是碗扣式钢管脚手架的核心部件。其中下碗扣焊接于立杆上，上碗扣对应地套在立杆上，其销槽对准焊接在立杆上的限位销即能上下滑动。

（2）钢管杆件

碗扣式钢管脚手架的杆件规格采用ϕ 48.3×3.5 钢管，其立杆、水平杆、专用斜杆等多为定型产品。立杆长度规格根据不同的钢管材质通常有 800mm、1000mm、1200mm、1300mm、1500mm、1800mm、2000mm、2300mm、2400mm、2500mm、2800mm 及 3000mm 等，每隔 600mm（或 500mm）设置一套上述碗扣节点；水平杆长度规格通常有 300mm、600mm、900mm、1200mm、1500mm 及 1800mm 等，两端焊接水平杆接头。

在脚手架搭设连接时，只需将水平杆接头插入下碗扣内，再将上碗扣沿限位销扣下，并顺时针旋转，通过上碗扣的螺旋面使之与限位销顶紧，从而使水平杆与立杆牢固地连为一体。斜杆则用来进一步增强脚手架的整体稳定。

6.3.2 碗扣式钢管脚手架的搭设要求

1. 双排脚手架

1）双排脚手架的搭设高度不宜超过 50m；当搭设高度超过 50m 时，应采取分段搭设等措施。

2）双排脚手架立杆横距通常为 1.2m（或 0.9m），纵距根据脚手架荷载可分为 1.2m、1.5m，步距为 1.8m（或 2.0m）。

3）立杆应配备可调底座或固定底座，搭设时立杆应采用不同型号的杆件交错布置，架体相邻立杆接头应错开设置。水平杆应按步距纵向和横向连续设置。底层水平杆作为扫地杆时距地面高度不应超过 400mm，且在施工中严禁随意拆除扫地杆。

4）双排脚手架应设置竖向斜撑杆，且采用专用外斜杆，并应设置在有纵向及横向水平杆的碗扣节点上；在架体转角处、开口型双排脚手架的端部应各设置一道竖向斜撑杆；当架体搭设高度在 24m 以下时，应每隔不大于 5 跨设置一道竖向斜撑杆，当架体搭设高度在 24m 及以上时，应每隔不大于 3 跨设置一道竖向斜撑杆，相邻斜撑杆宜对称“八”字形设置；每道竖向斜撑杆应在双排脚手架外侧相邻立杆间由底至顶按步连续设置；当斜撑杆临时拆除时，拆除前应在相邻立杆间设置相同数量的斜撑杆。当采用钢管扣件剪刀撑代替竖向斜撑杆时，应符合《建筑施工碗扣式钢管脚手架安全技术规范》（JGJ 166—2016）的有关规定。

5）当双排脚手架高度在 24m 以上时，顶部以下所有的连墙件设置层应连续设置“之”字形水平斜撑杆，水平斜撑杆应设置在纵向水平杆之下。

6）连墙件应采用能承受压力和拉力的构造，并应与建筑结构和架体连接牢固；同一层连墙件应设置在同一水平面，连墙点的水平投影间距不得超过 3 跨，竖向垂直间距不得超过三步，连墙点之上架体的悬臂高度不得超过两步；在架体的转角处、开口型双排脚手架的端部应增设连墙件，连墙件的竖向垂直间距不应大于建筑物的层高，且不应大于 4m；连墙件宜从底层第一道水平杆处开始设置，采用菱形布置，也可采用矩形布置；连墙件中的连墙杆宜呈水平设置，也可采用连墙端高于架体端的倾斜设置方式；连墙件应设置在靠近有横向水平杆的碗扣节点处，当采用钢管扣件做连墙件时，连墙件应与立杆连接，连接点距架体碗扣主节点距离不应大于 300mm；当双排脚手架下部暂不能设置连墙件时，应采取可靠的防倾覆措施，但无连墙件的最大高度不得超过 6m。

2. 模板支撑架（含其他用途支撑架）

1）模板支撑架的搭设高度不宜超过 30m；支撑架应根据所承受的荷载选择立杆的间距和步距，底层纵、横向水平杆作为扫地杆，距地面高度不应超过 400mm，立杆底部应设置固定底座或可调底座；立杆顶端可调托撑伸出顶层水平杆的长度不得大于 650mm。

2）独立的模板支撑架高宽比不宜大于 3，当大于 3 时，可采取扩大下部架体尺寸、对称设置缆风绳或采取其他防倾覆措施。当架体周边有主体结构时，应进行可靠连接。

3）对于斜撑杆或钢管扣件剪刀撑的设置，应符合《建筑施工碗扣式钢管脚手架安全技术规范》（JGJ 166—2016）的有关规定。

6.4　门式钢管脚手架

门式钢管脚手架又称门式脚手架，是一种工厂生产、现场搭设的定型化脚手架，具有装拆方便、安全可靠、经济实用等特点。

6.4.1　门式钢管脚手架的基本构造

根据现行《建筑施工门式钢管脚手架安全技术规范》（JGJ/T 128—2019）的有关规定，门式钢管脚手架可用于搭设各类作业脚手架及支撑架，还可作为工具式里脚手架，当在门架下部安放轮子时，也可以作为机电安装、油漆粉刷、设备维修、广告制作等活动工作平台。

门式钢管脚手架以门架、交叉支撑、连接棒、挂扣式脚手板、锁臂、底座等组成基本结构，再与水平加固杆、剪刀撑、扫地杆、连墙件等其他构配件形成定型化钢管脚手架体系（图 6-10）。

门架是门式钢管脚手架的基本构件，由立杆、横杆及加强杆等焊接而成（图 6-11）。它与交叉支撑、水平架、锁臂等构件连接在一起，组成门式钢管脚手架的基本单元（图 6-12）。门架宽度外部尺寸不宜小于 0.8m，高度不宜小于 1.7m。门架型号和规格种类较多，相互间的连接多采用方便可靠的自锚结构，包括制动片式、滑动片式、弹片式及偏重片式等。

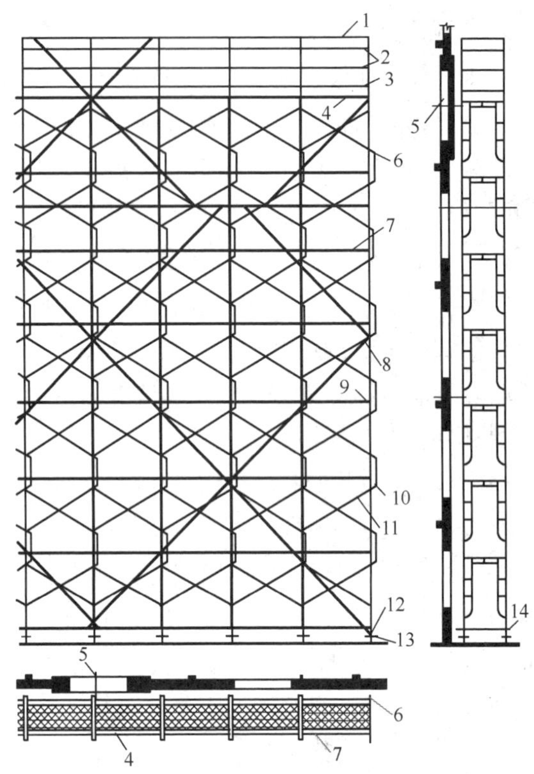

1—扶手；2—栏杆；3—挡脚板；4—挂扣式脚手板；5—连墙件；6—门架；7—水平加固杆；8—剪刀撑；9—连接棒；10—锁臂；11—交叉支撑；12—纵向扫地杆；13—底座；14—横向扫地杆。

图 6-10　门式钢管脚手架的组成

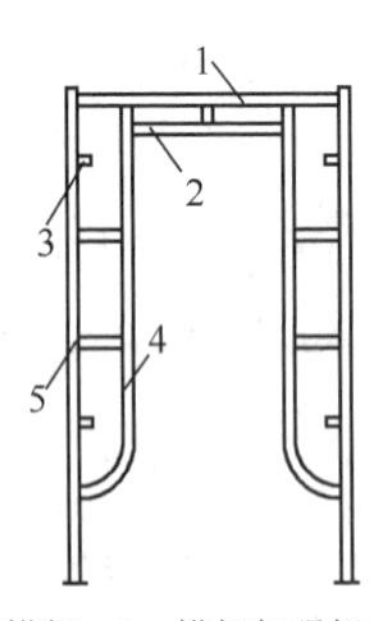

1—横杆；2—横杆加强杆；3—锁臂；4—立杆加强杆；5—立杆。

图 6-11　门架

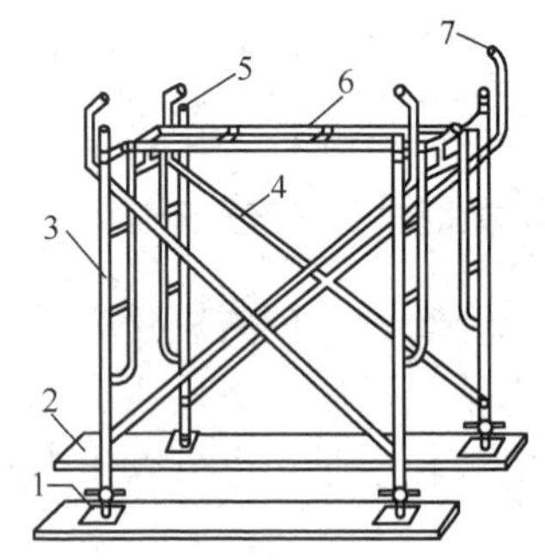

1—可调底座；2—垫木；3—门架；4—交叉支撑；5—连接棒；6—水平架；7—锁臂。

图 6-12　门式钢管脚手架的基本单元

6.4.2　门式钢管脚手架的搭设要求

1）门架均应保证连接方便可靠，且具有良好的互换性，但不同型号的门架与配件严禁混合使用；其他配件应与门架配套，并应与门架连接可靠。

2）门式钢管脚手架设置的交叉支撑应与门架立杆上的锁销锁牢，且应设置水平加固杆及剪刀撑，上下榀门架的组装必须设置连接棒及锁壁。具体设置要求按现行《建筑施工门式钢管脚手架安全技术规范》（JGJ/T 128—2019）的有关规定确定。

3）对于门式作业脚手架，其搭设高度除应满足设计计算条件外，尚应符合现行规范的相关规定。门式作业脚手架应在作业层连续满铺挂扣式脚手板，并应有防止脚手板松动或脱落的措施。在底层门架下端应设置纵横向扫地杆，纵向通长扫地杆应固定在距门架立杆底端不大于 200mm 处的门架立杆上，横向扫地杆宜固定在紧靠纵向扫地杆下方的门架立杆上。

4）在建筑物转角处，门式作业脚手架内外两侧立杆上应按步水平设置连接杆和斜撑杆，将转角处的两榀门架连成一体（图 6-13）。连接杆、斜撑杆应采用钢管扣件与门架立杆或水平加固杆扣紧。门式作业脚手架应按设计计算和构造要求设置连墙件与建筑结构拉结。

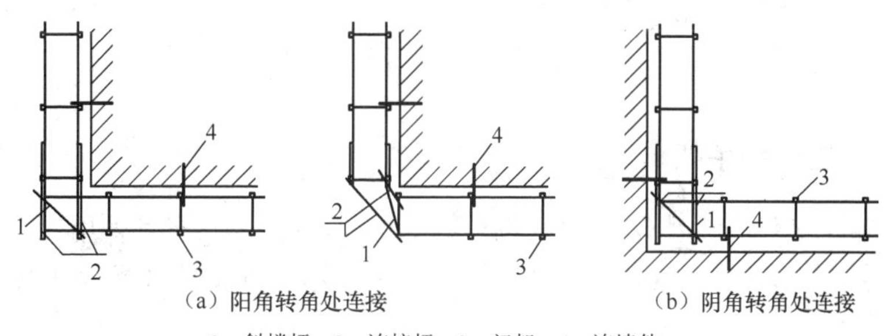

（a）阳角转角处连接　（b）阴角转角处连接

1—斜撑杆；2—连接杆；3—门架；4—连墙件。

图 6-13　转角处脚手架连接

5）对于门式支撑架，其搭设高度、门架跨距、门架列距除应根据施工现场条件等因素经计算确定外，还应符合现行规范的相关规定。

6.5　新型承插型钢管脚手架

新型承插型钢管脚手架（又称雷亚架或 Layher 架）是一种源于国外应用量较大的先进脚手架体系，为碗扣式钢管脚手架进一步创新升级的新型多功能脚手架，与传统脚手架体系相比，具有搭设效率更高、拆除更加便捷且安全可靠等特点。承插型钢管脚手架的具体节点形式多种多样，目前国内主要有盘扣节点、套扣节点及轮扣节点等。

6.5.1　盘扣式钢管脚手架

根据《建筑施工承插型盘扣式钢管支架安全技术规程》（JGJ 231—2010）的有关规定，盘扣式钢管脚手架可用于搭设双排脚手架和模板支撑架（含其他用途支撑架）等形式。盘扣式钢管脚手架主要由钢管立杆、水平杆、斜杆、盘扣节点及其他构配件等组成。

盘扣节点为盘扣式钢管脚手架的核心部件，由焊接于立杆上的连接盘、水平杆杆端扣接头、斜杆杆端扣接头及插销组成（图 6-14）。立杆上的盘扣节点间距宜按 500mm 模数设置，水平杆长度宜按 300mm 模数设置，立杆采用套管承插连接，水平杆和斜杆的杆端采用扣接头卡入连接盘，用楔形插销销紧，形成结构几何不变体系。

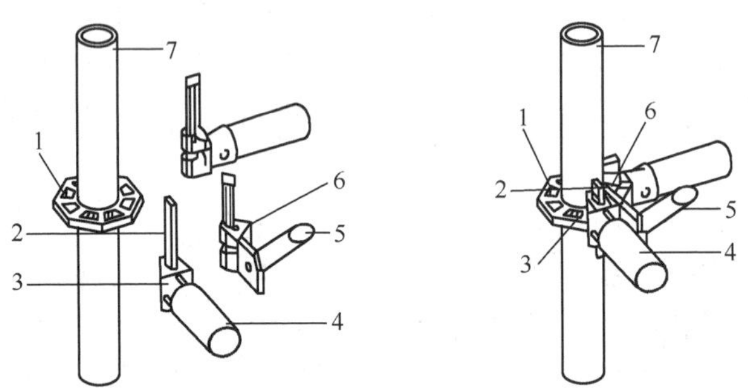

1—连接盘；2—插销；3—水平杆杆端扣接头；4—水平杆；5—斜杆；6—斜杆杆端扣接头；7—立杆。

图 6-14　盘扣节点

6.5.2　套扣式钢管脚手架

套扣式钢管脚手架可用于搭设双排脚手架和模板支撑架（含其他用途支撑架）等形式。套扣式钢管脚手架主要由钢管立杆、水平杆、套扣节点、专用可调螺杆及其他构配件等组成。

套扣节点为套扣式钢管脚手架的核心部件，由焊接于立杆上的十字套扣和水平杆端接头组成（图 6-15），其中十字套扣由钢材冲压而成，其高度不应小于 32mm，壁厚不应小于 5mm，以保证套扣节点具有足够刚度。立杆的长度宜为 600mm、900mm、1200mm、1800mm、2100mm、2400mm、3000mm、3600mm 和 4200mm 等规格，套扣在立杆上的间距宜按 600mm 的模数设置；水平杆的长度规格应与搭设的架体立杆纵距和横距相匹配，立杆纵向、横向间距可取 600mm、750mm、900mm、1000mm、1200mm 和 1500mm 等。立杆的接长应采用接长套管，可插入长度不应小于 100mm，套管内径与立杆钢管外径间隙不应大于 1.5mm。套扣式钢管脚手架与盘扣式钢管脚手架相比，不需设置专用斜杆，因此搭设拆除更加快捷。

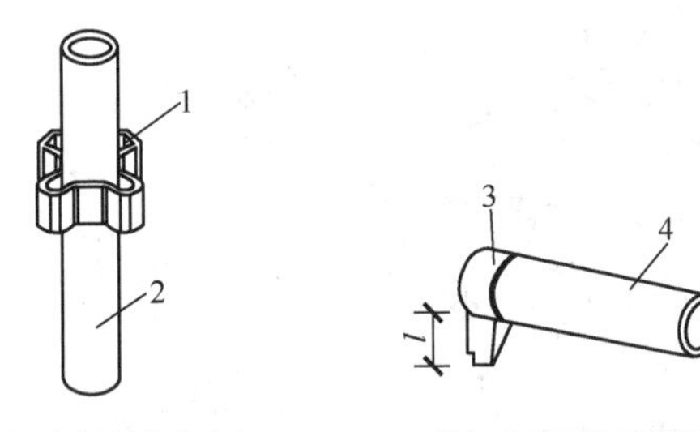

（a）立杆与十字套扣　　（b）水平杆与端接头

1—十字套扣；2—立杆；3—水平杆端接头；4—水平杆。

图 6-15　套扣节点

当用于模板支撑架搭设时，架体顶层采用适应性较强的专用可调螺杆，可解决底面标高不一的现浇主、次梁及楼板同时支模施工问题。专用可调螺杆由螺杆、螺杆调位螺母、活动十字套扣座、套扣座调位螺母和托座组成（图 6-16）。

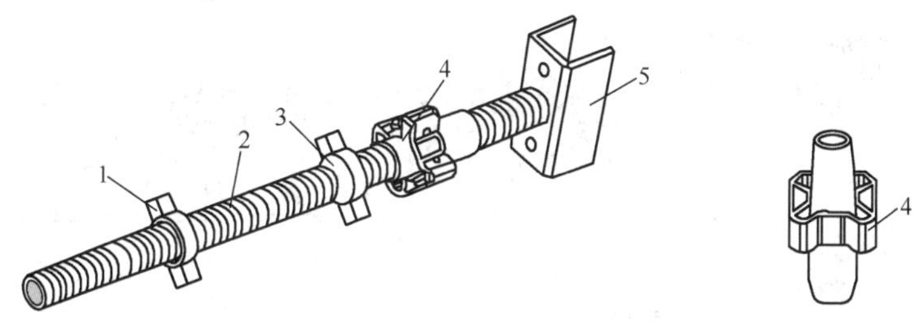

1—螺杆调位螺母；2—螺杆；3—套扣座调位螺母；4—活动十字套扣座；5—托座。

图 6-16　专用可调螺杆

6.5.3　轮扣式钢管脚手架

轮扣式钢管脚手架主要由钢管立杆、横杆（水平杆）、轮扣节点及其他构配件等组成。其中轮扣节点为其核心部件，由焊接于立杆上的轮扣盘、插头等组成（图 6-17）。立杆的长度有 300mm、600mm、900mm、1200mm、1500mm、1800mm、2100mm、2400mm 和 3000mm 等规格，轮扣盘在立杆上的间距应按 600mm 的模数设置；横杆的长度有 300mm、600mm、900mm、1200mm、1500mm 和 1800mm 等规格，立杆之间的连接应采用插套连接。

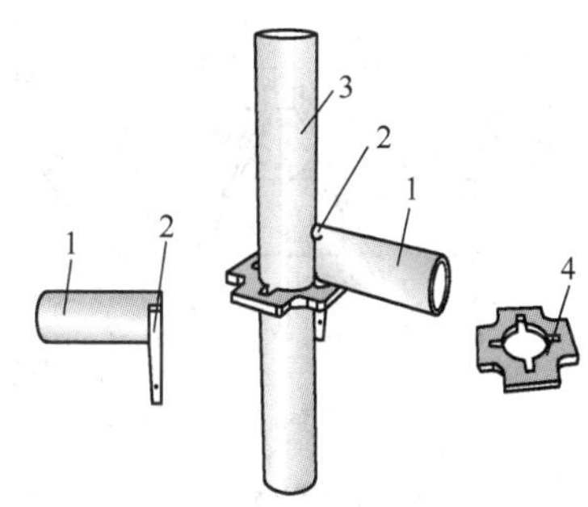

1—横杆；2—插头；3—立杆；4—轮扣盘。

图 6-17　轮扣节点

6.6　工具式里脚手架

里脚手架（又称内脚手架）搭设在结构内部，由于装拆较频繁，故要求轻便灵活、装拆方便、转移迅速。通常将其做成工具式脚手架，其结构形式有折叠式、支柱式、门架式、马凳式和移动式等。

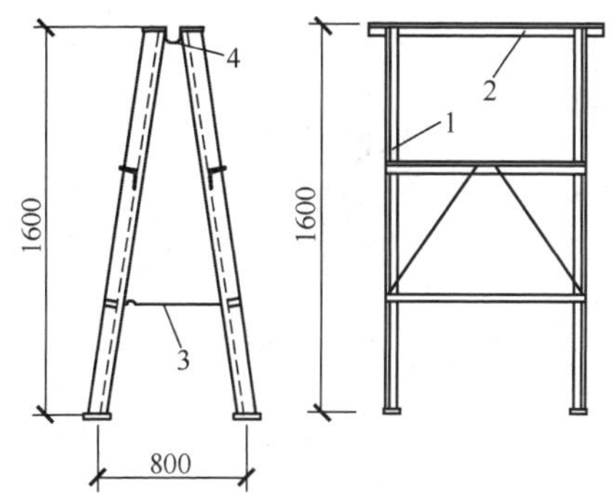

1—立柱；2—横楞；3—挂钩；4—铰链。

图 6-18　角钢折叠式里脚手架（单位：mm）

6.6.1　折叠式里脚手架

图 6-18 为角钢折叠式里脚手架，其架设间距，在砌墙时宜为 1.0～2.0m，粉刷时宜为 2.2～2.5m。根据施工层高，沿高度可以搭设两步脚手架，第一步高约 1m，第二步高约 1.65m。

6.6.2　支柱式里脚手架

支柱式里脚手架由若干根支柱和横杆组成，上铺脚手板，支柱间距不超过 2m。支柱式里脚手架的支柱又分为套管式支柱和承插式支柱。

套管式支柱（图 6-19）由立管和套管组成，插管插入立管中，以销孔间距调节脚手架的高度，在插管顶端的凹形支托内搁置方木横杆，横杆上铺设脚手板。搭设间距，砌墙时宜为 2.0m，粉刷时不超过 2.5m。

承插式支柱（图 6-20）常用架设高度有 1.2m、1.6m 和 1.9m，架设第三步时要加销钉以确保安全。

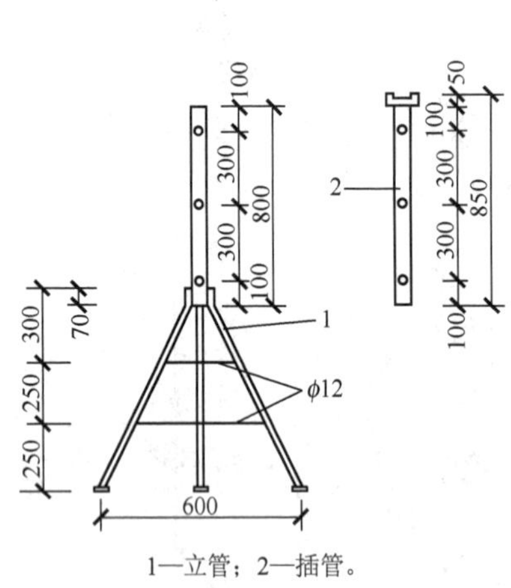

1—立管；2—插管。

图 6-19　套管式支柱（单位：mm）

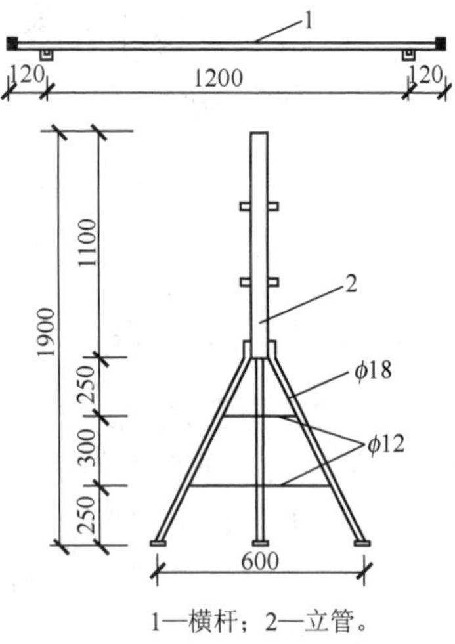

1—横杆；2—立管。

图 6-20　承插式支柱（单位：mm）

6.6.3　门架式里脚手架

门架式里脚手架由两片 A 形支架与门架组成（图 6-21）。其架设高度为 1.5～2.4m，两片 A 形支架间距为 2.2～2.5m。

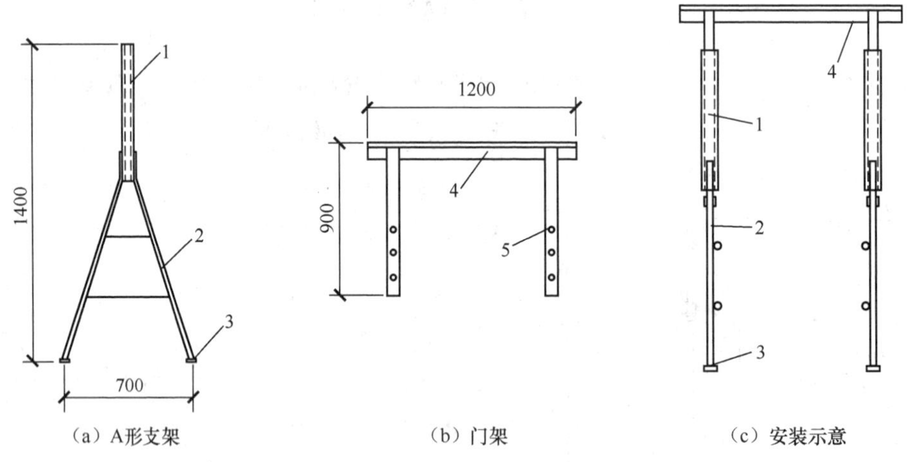

（a）A形支架　　（b）门架　　（c）安装示意

1—立管；2—支脚；3—垫板；4—门架；5—销孔。

图 6-21　门架式里脚手架（单位：mm）

6.6.4　马凳式里脚手架

根据材料不同，马凳可分为竹马凳、木马凳、钢马凳（图 6-22），其间距不大于 1.5m，上铺脚手板。

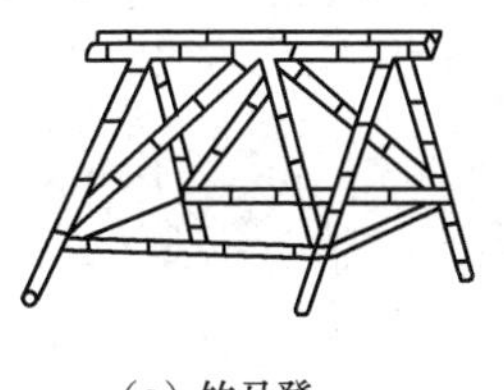
（a）竹马凳

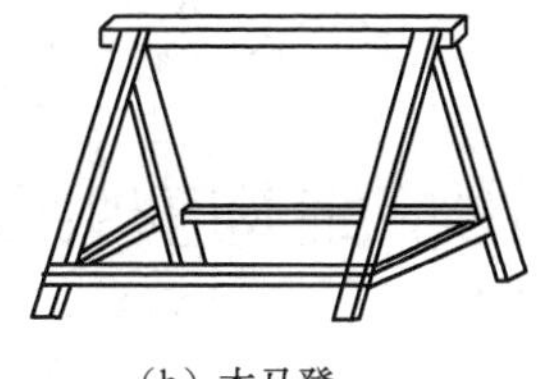
（b）木马凳

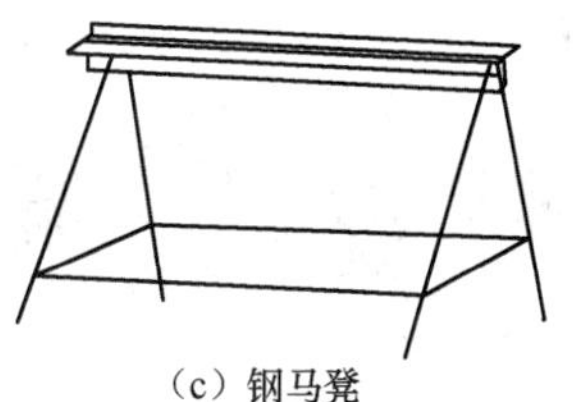
（c）钢马凳

图 6-22　马凳式里脚手架

6.6.5　移动式里脚手架

移动式里脚手架常采用门架搭设活动操作平台（图 6-23），底部设有带螺旋千斤顶的行走轮，以调节高度，并利用门架的梯步上人。

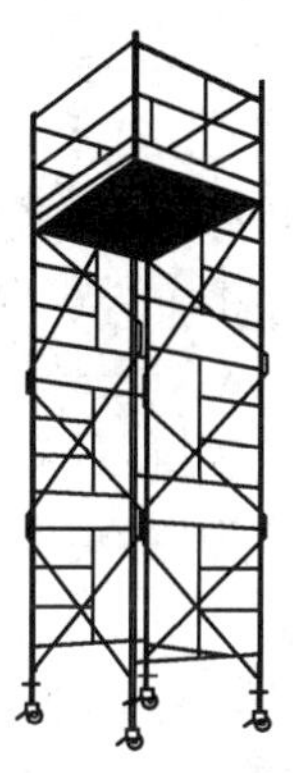

图 6-23　移动式里脚手架

思　考　题

6-1　简述脚手架的作用及基本要求。
6-2　简述扣件式钢管脚手架的基本构造与搭设要求。
6-3　简述碗扣式钢管脚手架的基本构造与搭设要求。
6-4　简述门式钢管脚手架的基本构造与搭设要求。
6-5　简述新型承插型钢管脚手架体系的常用类型及其基本构造。
6-6　里脚手架的主要形式有哪些？

第 7 章　结构安装工程

7.1　起 重 机 械

结构安装工程中常用的起重机械包括桅杆式起重机、自行杆式起重机（履带式起重机、汽车式起重机、轮胎式起重机）和塔式起重机等，其中桅杆式起重机属于非标准起重装置。

7.1.1　桅杆式起重机

桅杆式起重机具有制作简单、装拆方便、受地形限制小等特点，是一种传统的起重设备。但其服务半径小，移动较困难，并需要拉设较多的缆风绳，故一般只适用于安装工程量比较集中、施工现场狭小的情况。如超高层结构施工封顶后，大型内爬式塔式起重机最后需要利用非标准起重机协助，以进行高空拆除。

桅杆式起重机按其构造不同，可分为独脚拔杆、人字拔杆和牵缆式桅杆起重机等。

1. 独脚拔杆

独脚拔杆由拔杆、起重滑轮组、卷扬机、缆风绳和锚碇等组成（图 7-1）。其特点是只能举升重物，不能做水平移动。使用时，拔杆顶部应保持一定的倾角（$\beta \leqslant 10°$），以保证吊装构件时不碰撞拔杆，拔杆底部应设置拖子以便移动。拔杆的稳定主要依靠缆风绳，绳的一端固定在桅杆顶端，另一端固定在锚碇上，缆风绳一般设 4～8 个，与地面的夹角 α 一般取 30°～45°，角度过大对拔杆会产生较大的压力。

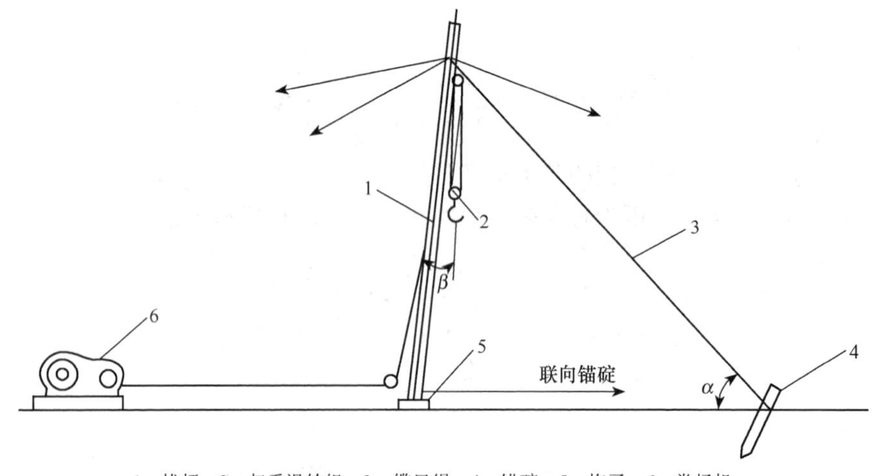

1—拔杆；2—起重滑轮组；3—缆风绳；4—锚碇；5—拖子；6—卷扬机。

图 7-1　独脚拔杆

独脚拔杆根据制作的材料不同，有木独脚拔杆、钢管独脚拔杆、金属格构式独脚拔杆等。

（1）木独脚拔杆

木独脚拔杆常用圆木做成，圆木梢径 200～320mm，起重高度一般在 15m 以内，起重量在 100kN 以下。

（2）钢管独脚拔杆

钢管独脚拔杆一般用ϕ200～400mm、壁厚 8～12mm 的无缝钢管制作，起重高度在 20m 以内，起重量不超过 300kN。

（3）金属格构式独脚拔杆

金属格构式独脚拔杆是由较大的 4 根角钢做肢杆（主肢），用若干个较小的角钢做腹杆（缀条）焊接而成。截面一般为方形，整根拔杆由多节拼成，吊装中根据安装高度及构件质量确定需要长度。金属格构式独脚拔杆起重量可达 1000kN 以上，起重高度达 70～80m，拔杆所受的轴向力很大，对地基及支座要求严格，需进行计算。

2. 人字拔杆

人字拔杆是由两根圆木或钢管、缆风绳、滑轮组及导向滑轮等组成。两根圆木或钢管在顶部相交成 20°～30°夹角，用钢丝绳绑扎或铁件铰接而成（图 7-2），顶部交叉处悬挂滑轮组，底部设有拉杆或拉绳，以平衡拔杆本身的水平推力，其中一根拔杆的底部装有导向滑轮组，起重索通过它连动卷扬机，另用一根钢丝绳连接到锚碇，以保证起重时底部的稳定。拔杆下端两脚的距离为高度的 1/2～1/3，缆风绳的数量视拔杆的起重量和起重高度而定，一般不少于 5 根。

人字拔杆的优点是侧向稳定性较好，缆风绳较少，缺点是构件起吊后活动范围小，一般仅用于安装重型柱或其他重型构件。

3. 牵缆式桅杆起重机（回转式拔杆）

牵缆式桅杆起重机是在独脚拔杆下端装设一根可以回转和起伏的起重臂（图 7-3）。整个机身可做 360° 回转，能把构件吊送到有效起重半径内的任何空间位置，具有较大的起重半径和起重量。用无缝钢管做成的牵缆式桅杆式起重机，其起重高度可达 25m，

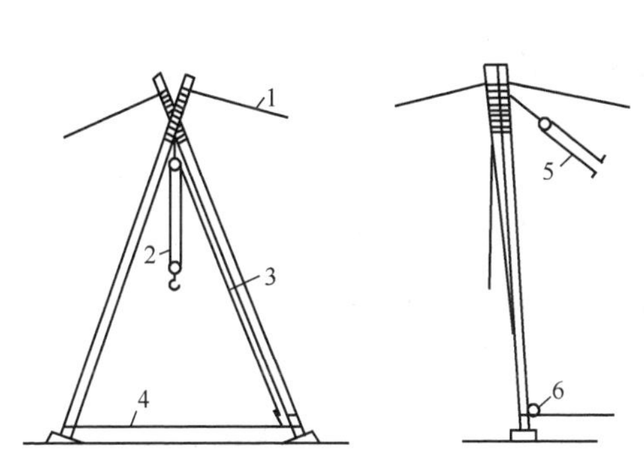

1—缆风绳；2—起重滑轮组；3—圆木或钢管；4—拉绳；5—主缆风绳；6—导向滑轮组。

图 7-2　人字拔杆

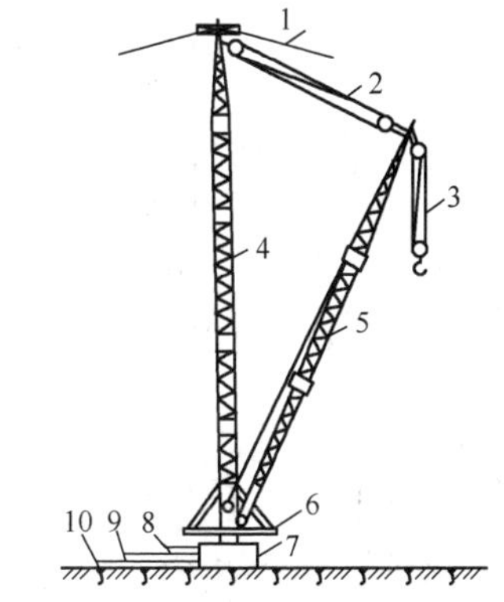

1—缆风绳；2—变幅滑轮组；3—起重滑轮组；4—桅杆；5—起重臂；6—回转盘；7—底座；8—变幅索；9—起重索；10—回转索。

图 7-3　牵缆式桅杆起重机

用于一般工业厂房构件的吊装。大型牵缆式桅杆起重机，一般做成格构式截面，起重量可达 600kN，起重高度达 80m，用于重型工业厂房吊装及高炉安装。

牵缆式桅杆起重机的缆风绳至少 6 根，根据缆风绳最大拉力选择钢丝绳和地锚，地锚必须安全可靠。

7.1.2 自行杆式起重机

自行杆式起重机包括履带式起重机、汽车式起重机和轮胎式起重机 3 种。

1. *履带式起重机*

（1）履带式起重机的构造及特点

履带式起重机主要由行走装置、回转机构、机身和起重臂 4 部分组成。为减小对地面的压力，行走装置采用链条履带，回转机构装在底盘上可使机身回转 360°，机身内部有动力装置、卷扬机和操纵系统。

起重臂为角钢组成的格构式杆件，下端铰接在机身上，随机身回转。起重臂可分节接长，设置有起重滑轮组与变幅滑轮组，钢丝绳通过起重臂顶端连到机身内的卷扬机上。

履带式起重机的特点是操纵灵活，使用方便，机身可回转 360°，可以带载行驶，并可原地回转，可在一般平整坚实的场地上行驶与工作，是结构安装中的主要起重机械。缺点是稳定性较差，不宜超负荷吊装，在需要起重臂接长或超负荷吊装时，要进行稳定性验算并采取相应的技术措施。

在结构安装工程中常用的国产履带式起重机型号有 W1-50、W1-100、W2-100、西北 78D 等。此外，还有一些进口机型。履带式起重机的构造简图如图 7-4 所示。

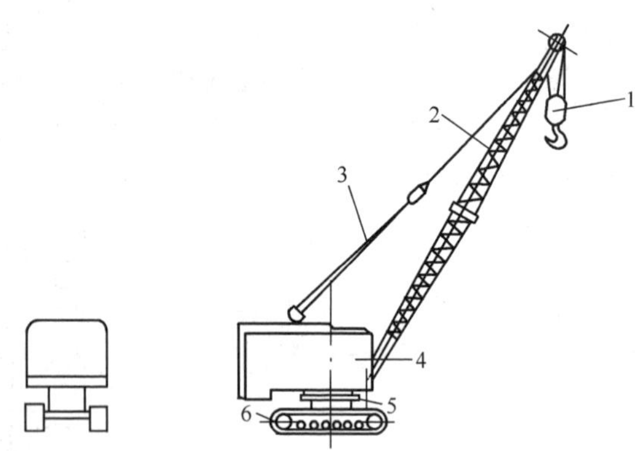

1—起重滑轮组；2—起重臂；3—变幅滑轮组；4—机身；5—回转机构；6—履带。

图 7-4 履带式起重机的构造简图

（2）履带式起重机的分类

履带式起重机按传动方式不同可分为机械式（QU）、液压式（QUR）和电动式（QUD）3 种。常用液压式，电动式不适用于需要经常转移作业场地的建筑施工。

（3）履带式起重机的主要技术性能

履带式起重机的主要技术性能包括 3 个主要参数：起重量 Q、起重半径 R 和起

重高度 H。其中，起重量 Q 是指起重机安全工作所允许的最大起重量，起重高度 H 是指起重吊钩中心至停机面的距离，起重半径 R 是指起重机回转中心至吊钩的水平距离。这 3 个参数之间存在相互制约的关系，其数值变化取决于起重臂长及其仰角的大小。当臂长一定时，随着起重臂仰角的增大，起重量和起重高度增加，而起重半径减小。当起重臂仰角不变时，随着起重臂长度的增加，起重半径和起重高度增加，而起重量减少。

履带式起重机的主要技术性能，可从起重机手册中的起重机性能表或性能曲线中查取。表 7-1、图 7-5 为 W1-100 型履带式起重机的主要技术性能、外形尺寸及工作曲线。

表 7-1　W1-100 型履带式起重机的主要技术性能及外形尺寸

<table>
<tr><th rowspan="2">名称</th><th rowspan="2">外形尺寸/mm</th><th rowspan="2">工作幅度/m</th><th colspan="2">臂长 13m</th><th colspan="2">臂长 23m</th></tr>
<tr><th>起重量/kN</th><th>起重高度/m</th><th>起重量/kN</th><th>起重高度/m</th></tr>
<tr><td>机身尾部到回转中心</td><td>3300</td><td>4.5</td><td>150</td><td>11</td><td>—</td><td>—</td></tr>
<tr><td>机身宽度</td><td>3120</td><td>5</td><td>130</td><td>11</td><td>—</td><td>—</td></tr>
<tr><td>机身顶部到地面高度</td><td>3675</td><td>6</td><td>100</td><td>11</td><td>—</td><td>—</td></tr>
<tr><td>机身底部距地面高度</td><td>1045</td><td>6.5</td><td>90</td><td>10.9</td><td>80</td><td>19</td></tr>
<tr><td>起重臂下铰点中心距地面高度</td><td>1700</td><td>7</td><td>80</td><td>10.8</td><td>72</td><td>19</td></tr>
<tr><td>起重臂下铰点中心至回转中心距离</td><td>1300</td><td>8</td><td>65</td><td>10.4</td><td>60</td><td>19</td></tr>
<tr><td>履带长度</td><td>4005</td><td>9</td><td>55</td><td>9.6</td><td>49</td><td>19</td></tr>
<tr><td>履带架宽度</td><td>3200</td><td>10</td><td>48</td><td>8.8</td><td>42</td><td>18.9</td></tr>
<tr><td>履带板宽度</td><td>675</td><td>11</td><td>40</td><td>7.8</td><td>37</td><td>18.6</td></tr>
<tr><td>行走底架距地面高度</td><td>275</td><td>12</td><td>37</td><td>6.5</td><td>32</td><td>18.2</td></tr>
<tr><td rowspan="4">机身上部支架距地面高度</td><td rowspan="4">4170</td><td>13</td><td>—</td><td>—</td><td>29</td><td>17.8</td></tr>
<tr><td>14</td><td>—</td><td>—</td><td>24</td><td>17.5</td></tr>
<tr><td>15</td><td>—</td><td>—</td><td>22</td><td>17</td></tr>
<tr><td>17</td><td>—</td><td>—</td><td>17</td><td>16</td></tr>
</table>

【例 7-1】 某单层厂房采用履带式起重机吊装，计算得到的最大起重量为 130kN，最大起重高度为 11m，根据图 7-5 的起重机工作性能曲线，试确定合适的拔杆长度，并求该机工作时的起重半径。

解：取拔杆长度为 13m，起重高度为 11m，起重量为 130kN。

根据起重高度，查该起重机工作曲线 3，得到起重半径为 6m，根据起重量，查该起重机工作曲线 4，得到起重半径为 5m。

取上述两个计算结果的最小值时，可同时满足对起重量与起重高度的要求，故该起重机工作时的起重半径应不大于 5m。

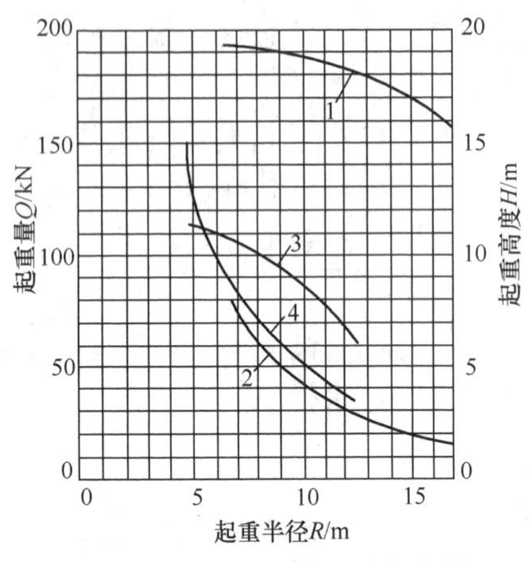

1—起重臂长 23m 时 H-R 曲线；2—起重臂长 23m 时 Q-R 曲线；3—起重臂长 13m 时 H-R 曲线；4—起重臂长 13m 时 Q-R 曲线。

图 7-5　W1-100 型履带式起重机的工作曲线

（4）履带式起重机的稳定性验算

起重机稳定性是指整个机身在起重作业时的稳定程度。起重机在正常条件下工作，一般可以保持机身稳定，但在超负荷吊装或接长起重臂时，需进行稳定性验算，以保证起重机在吊装作业中不发生倾覆事故。验算后，若不能满足要求，则应采取增加配重等措施。

2. 汽车式起重机

汽车式起重机（图 7-6）是将起重机安装在普通载重汽车或专用汽车底盘上的一种自行式全回转起重机，其行驶驾驶室与起重操纵室分开设置。优点是行驶速度快，转移迅速、灵活，对路面破坏性小；缺点是吊装作业时稳定性差，不能负荷行驶，为此，起重机装有可伸缩的支腿，作业时，支腿落地，以增加机身的稳定。

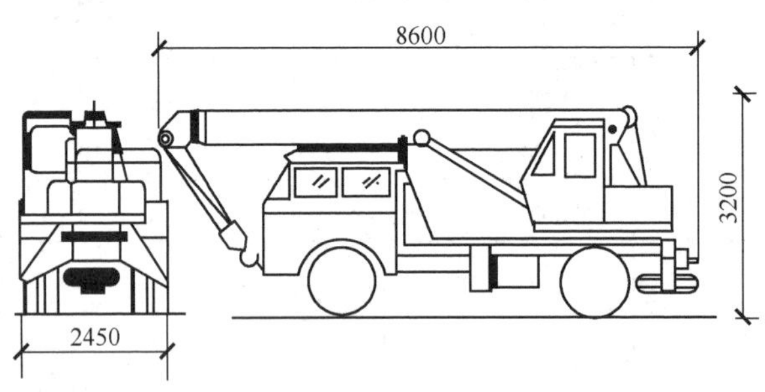

图 7-6　汽车式起重机（单位：mm）

汽车式起重机按起重量大小分为轻型、中型和重型 3 种。起重量在 200kN 以内的为轻型，500kN 以上的为重型，两者之间为中型。按起重臂形式分为伸缩箱形臂和桁架臂两种，按传动装置形式分为机械传动、电力传动、液压传动 3 种，目前使用最多的是液压式伸缩臂汽车起重机，吊臂内装有液压伸缩机构控制其伸缩。适用于中小型构件及大型构件的吊装。

3. 轮胎式起重机

轮胎式起重机的外形和上部构造与履带式起重机基本相似（图 7-7），但其行驶装置采用轮胎，起重机构与机身装在由加重型轮胎和轮轴组成的特制底盘上，能全回转。底盘下装有若干根轮轴，根据起重量的大小，配备 4～10 个

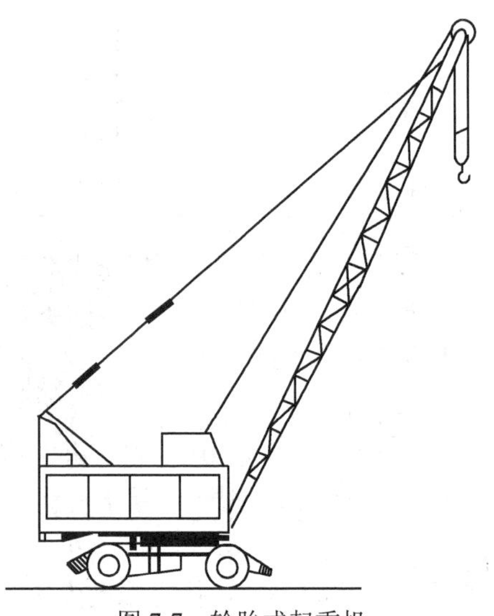

图 7-7　轮胎式起重机

或更多个轮胎，并装有 4 个可伸缩的支腿，起重时，支腿落地，以增加机身的稳定，并保护轮胎。

轮胎式起重机与汽车式起重机相比，其轮距较宽，稳定好，车身短，转弯半径小。但行驶速度比汽车慢，不适合在松软或泥泞的地面上作业。

常用的轮胎式起重机按传动方式分为机械式、电动式和液压式。近几年来，机械式已被淘汰，液压式已逐步替代了电动式。

常用的液压式轮胎起重机主要有 QLY16 和 QLY25 两种，最大起重量分别为 160kN 和 250kN，适用于构件装卸和一般工业厂房的结构安装。

7.1.3 塔式起重机

塔式起重机具有竖直的塔身，起重臂安装在塔身的顶部，能全回转，具有较大的安装空间，起重高度和工作幅度均较大，运行速度快，作业范围大、效率高，使用和装拆方便等优点，广泛应用于多层及高层民用建筑和多层工业厂房结构与设备的安装。

塔式起重机的类型较多，按架设形式可分为固定式、附着式、移动式和内爬式 4 种。按其回转形式可分为上回转和下回转两种。按变幅形式分为小车变幅、动臂变幅、伸缩式小车变幅及折臂变幅。按臂架支承形式分为平头式塔机和非平头式塔机。按其安装方式可分为自动式、整体快速拆装和拼装式 3 种。目前，应用最广泛的是下回转、快速拆装、轨道式塔式起重机和能够一机多用（轨道式、固定式、附着式和内爬式）的自升塔式起重机。拼装式塔式起重机因拆装工作量大已被淘汰。

1. 轨道式塔式起重机

轨道式塔式起重机是土木工程中应用最广泛的一种，它可带重物行走，作业面大，生产效率高。常用的有 QT1-2 型、QT1-6 型、QT-60/80 型等。轨道式塔式起重机主要性能有吊臂长度、起重幅度、起重量、起升速度及引走速度等。

图 7-8 为 QT-60/80 型塔式起重机，它是一种上回转自升塔式起重机，起重量为 30～80kN，幅度为 7.5～20m，它由塔身、底架、塔顶、塔帽、吊臂、平衡臂和起升、变幅、回转、行走机构及电气系统等组成。其特点是塔身可以按需要增减互换节而改变长度，并且可以转弯行驶。

2. 爬升式（内爬式）塔式起重机

爬升式塔式起重机又称内爬式塔式起重机，一般安装在建筑物的电梯井或特设的开间内的结构上，依靠爬升系统随着结构的升高而升高，通常每隔 1～2 层楼起重机爬升一次（图 7-9），适用于现场狭窄的高层建筑结构（框架、剪力墙）及超高层建筑的施工。

爬升机构包括液压式和机械式两种，目前多采用液压式。图 7-10（a）所示为液压爬升机构，由爬升梯架、液压缸、爬升横梁和支腿组成。爬升梯架由上、下承重梁构成，两者相隔两层楼，工作时用螺栓固定在筒形结构的墙或边梁上，梯架两侧有踏步。其承重梁对应于起重机塔身的 4 根主肢，装有 8 个导向滚子，在爬升时起导向作用。塔身套装在爬升梯架内，顶升液压缸铰接于塔身横梁上，而下端（活塞杆端）铰接于活动的下横梁中部。塔身两侧装支腿，活动横梁两侧也装支腿，依靠这两对支腿轮流支撑在爬梯踏步上，使塔身上升。

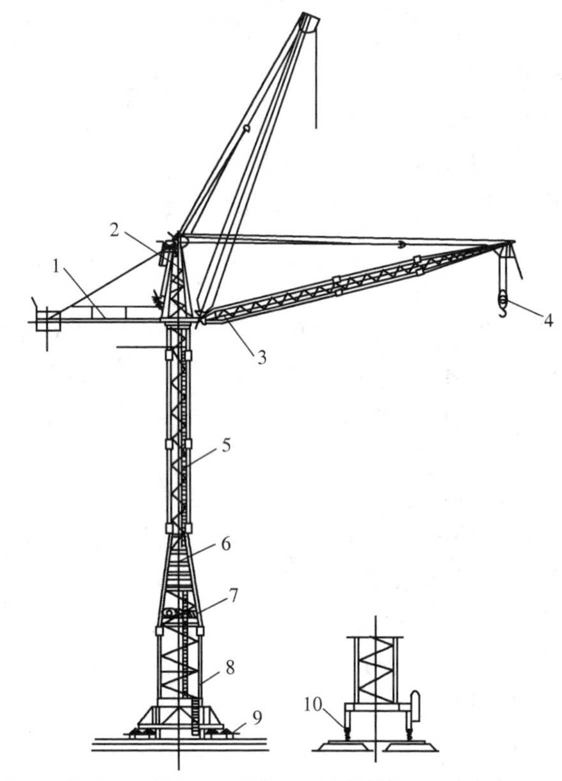

1—平衡臂；2—塔顶；3—吊臂；4—吊钩；5—上节塔身；6—操纵室；7—卷扬机构；8—下节塔身；9—从动台车；10—驱动台车。

图 7-8　QT-60/80 型塔式起重机

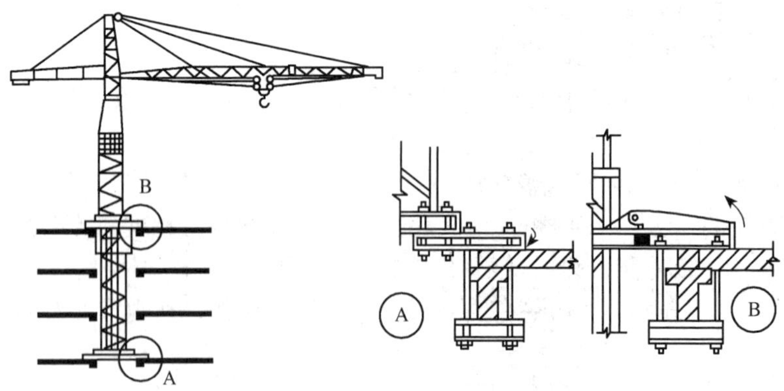

图 7-9　爬升式塔式起重机

如图 7-10（b）所示为爬升式塔式起重机的爬升过程。爬升横梁 7 的塔身支腿 3 支承在爬升梯架 6 下面的踏步上，如图 7-10（b）第（1）步所示；顶升液压缸 5 进油，将塔身 2 向上顶升，如图 7-10（b）第（2）步所示；顶到一定高度以后，塔身两侧的塔身支腿 3 支承在爬梯上面踏步上，如图 7-10（b）第（3）步所示；液压缸回缩，将爬升横梁提升到上一级踏步，并张开塔身支腿 3 支承于上一级踏步上，如图 7-10（b）第（4）步所示。如此重复，使起重机上升。

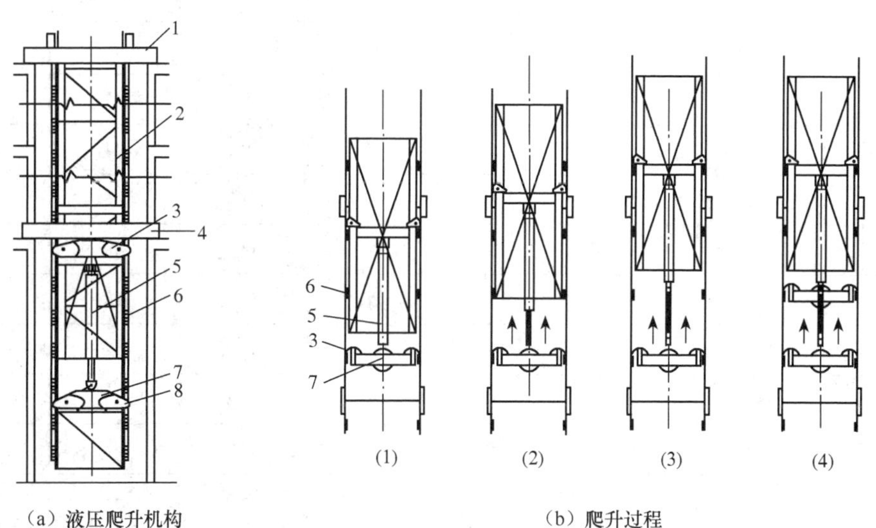

（a）液压爬升机构　（b）爬升过程

1—上承重梁；2—塔身；3—塔身支腿；4—下承重梁；5—液压缸；6—爬升梯架；7—爬升横梁；8—横梁支腿。

图 7-10　爬升式塔式起重机工作原理

爬升式起重机的特点是：起重机以建筑物作为支承，塔身短（20m 左右）、自重轻、起重高度大、安装简单，而且不占建筑物外围空间，不足是司机作业不能看到起吊全过程，需靠信号指挥，施工结束后拆卸复杂，一般需设辅助起重机拆卸。

3. 附着式（自升式）塔式起重机

附着式塔式起重机又称自升式塔式起重机，直接固定在建筑物或构筑物近旁的混凝土基础上，借助顶升系统将塔身自行向上接高，使起重高度不断增大。为了保证塔身的稳定，每隔 20m 左右设置一道锚固装置，将塔身与建筑结构连接，如图 7-11 所示。

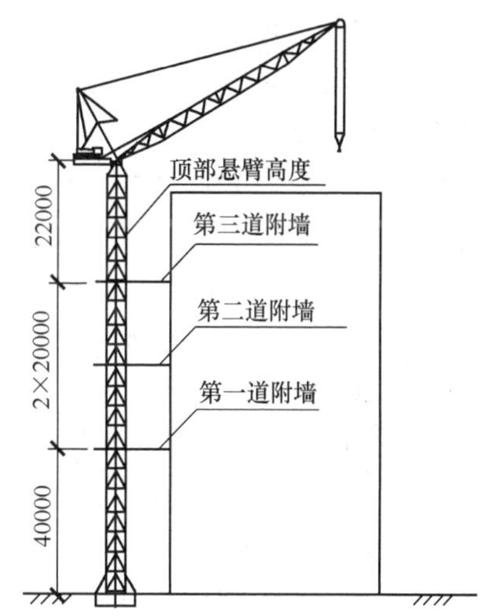

图 7-11　附着式塔式起重机（单位：mm）

附着式塔式起重机多为小车变幅，因起重机装在结构近旁，司机可以看到吊装的全过程，施工过程不受安装与拆卸的影响。这种起重机多适用于高层建筑施工。

（1）技术性能

附着式塔式起重机的主要技术性能包括吊臂长度、工作半径、最大起重量、最大起升高度、起升速度、爬升机构速度及附着间距等。表 7-2 为 QTZ100 型塔式起重机的起重性能。

表 7-2　QTZ100 型塔式起重机的起重性能

幅度/m	起重量/kN	幅度/m	起重量/kN	幅度/m	起重量/kN	幅度/m	起重量/kN
臂长 54m		36	28.5	14	74.7	38	22.5
3～15	80.0	38	26.6	16	63.9	40	21.0
16	75.0	40	25.0	18	55.7	42	19.7
18	64.6	42	23.5	20	49.2	44	18.6
20	57.2	44	22.1	22	44.0	46	17.5
22	51.2	46	20.9	24	39.7	48	16.5
24	46.3	48	19.8	26	36.0	50	15.6
26	42.1	50	18.7	28	32.9	52	14.8
28	38.6	52	17.8	30	30.2	54	14.0
30	35.6	54	16.9	32	27.9	56	13.3
32	32.9	臂长 60m		34	25.9	58	12.6
34	30.6	3～13	80.0	36	24.1	60	12.0

注：起升滑轮组倍率 $\alpha=20$，最大起重量为 40kN。

（2）顶升原理

附着式塔式起重机的自升接高主要是利用液压缸顶升，采用外套架液压缸侧顶式。其顶升过程见图 7-12，一般分 5 个步骤。

1）将标准节吊到摆渡小车上，并将过渡节与塔身标准节相连的螺栓松开，准备顶升［图 7-12（a）］。

2）开动液压千斤顶，将塔吊上部结构包括顶升套架向上顶升到超过一个标准节的高度，然后用定位销将套架固定。于是塔吊上部结构的自重就通过定位销传递到塔身［图 7-12（b）］。

3）液压千斤顶回缩，形成引进空间，此时将装有标准节的摆渡小车开到引进空间内［图 7-12（c）］。

4）利用液压千斤顶稍微提起标准节，退出摆渡小车，然后将标准节平衡地落在下面的塔身上，并用螺栓加以连接［图 7-12（d）］。

5）拔出定位销，下降过渡节，使之与已接高的塔身连成整体［图 7-12（e）］。

如需继续接高塔身，则可重复上述工序。

4. 其他形式的起重机

（1）龙门架

龙门架是土木工程施工中最常用的垂直起吊设备。在龙门架顶横梁上设置行车时，可横向运输重构件，在龙门架两腿下缘设有滚轮并置于铁轨上时，可在轨道上纵向运输；若在两腿下设能转向的滚轮，可进行任何方向的水平运输。

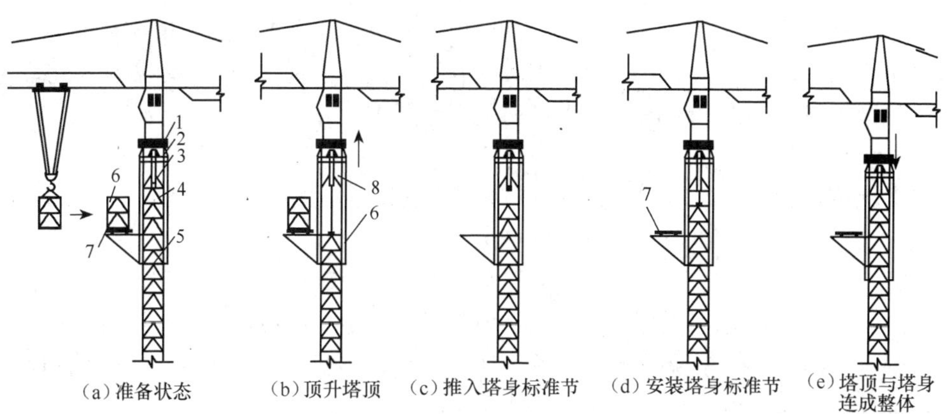

1—承座；2—液压千斤顶；3—顶升横梁；4—顶升套架；5—定位销；6—标准节；7—摆渡小车；8—过渡节。

图 7-12　附着式塔式起重机自升接高过程

龙门架通常设于预制构件厂吊移构件，或设在桥墩顶、墩旁安装桥梁构件。常用的龙门架种类有钢木混合构造龙门架、拐脚龙门架和装配式钢梁桁架拼制的龙门架。图 7-13 是装配式钢梁桁架拼制的龙门架。

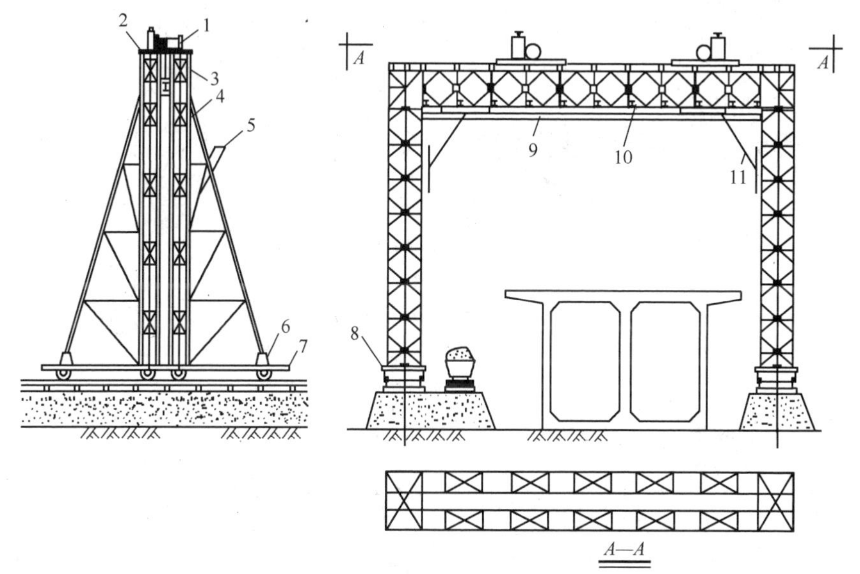

1—单筒慢速卷扬机；2—行道板；3—枕木；4—贝雷桁片；5—斜撑；6—底梁；7—轨道平车；8—端桩；9—加强吊杆；10—单轨；11—角撑。

图 7-13　装配式钢梁桁架拼制的龙门架

(2) 浮吊

在通航河流上建桥，浮吊船是浮运架桥重要的工作船。常用的浮吊有铁驳轮船浮吊和由木船、型钢、人字拔杆等拼成的简易浮吊，其起重量可达 5000kN。

一般简单的浮吊可利用两只民用木船组拼成门船，底舱用木料加固，舱面上安装型钢组成底板构架，上铺木板，其上安装人字拔杆。可使用一台双筒电动卷扬机作为起重动力，安装在门船后部中线上。人字拔杆可用钢管或圆木，由两根钢丝绳分别固定在船尾端两弦旁钢构件上，由门船移动来调节吊物平面位置，另外，还需配备电动卷扬机绞车、钢丝绳、锚链、铁锚等作为移动及固定船位用。

（3）缆索起重机

缆索起重机适用于高差较大的垂直吊装和架空纵向运输，吊运量比较大，纵向运距也比较长。

缆索起重机由主索、天线滑车、起重索、牵引索、起重及牵引绞车、主索地锚、塔架、风缆、主索平衡滑轮、电动卷扬机、手摇绞车、链滑轮及各种滑轮等部件组成。在吊装拱桥时，缆索吊装系统除了上述各部件外，还有扣索、扣索排架、扣索地锚、扣索绞车等部件。其布置方式如图 7-14 所示。

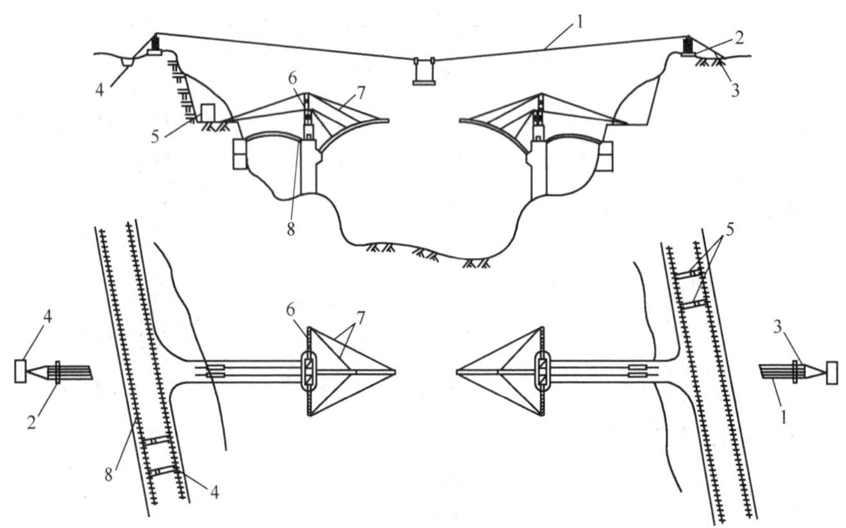

1—主索；2—主索塔架；3—主索收紧装置；4—主索地锚；
5—构件运输龙门架；6—万能杆件缆风架；7—扣索； 8—龙门架轨道。

图 7-14 缆索吊装布置示例

7.2 卷扬机及索具设备

结构吊装工程施工中除了起重机外，还要使用许多辅助工具及设备，如卷扬机、钢丝绳、滑车组及横吊梁等。

7.2.1 卷扬机

卷扬机按驱动方式可分为手动和电动，手动卷扬机因起重牵引力小，劳动强度大，结构吊装中已很少采用，多以电动卷扬机为主。电动卷扬机主要由电动机、卷筒、电磁制动器和减速机等组成，卷扬机按其速度又分为快速和慢速两种。快速卷扬机又分单向和双向，主要用于垂直运输和打桩作业；慢速卷扬机主要用于结构吊装、钢筋冷拉、预应力张拉等作业。

卷扬机的主要技术参数是卷筒牵引力、钢丝绳的速度和卷筒容量。

卷扬机与支撑面的安装定位应平整牢固，为防止起吊时产生滑动造成倾覆，必须对卷扬机加以安全固定。根据牵引力的大小，固定方法有 3 种：基础固定法、地锚固定法、平衡配重固定法，如图 7-15 所示。

1）基础固定法［图 7-15（a）］。将卷扬机安放在水泥基础上，用地脚螺栓将卷扬机底座固定，一般适用于码头、仓库、矿井等长期使用情况。

2）地锚固定法［图 7-15（b）、（c）］。利用地锚将卷扬机固定，又可分为水平地锚固定和桩式地锚固定，这是工地常用的方法。

3）平衡配重固定法［图 7-15（d）］。将卷扬机固定在木垫板上，前端设置挡桩，后端加压重物，既防滑移又防倾覆。

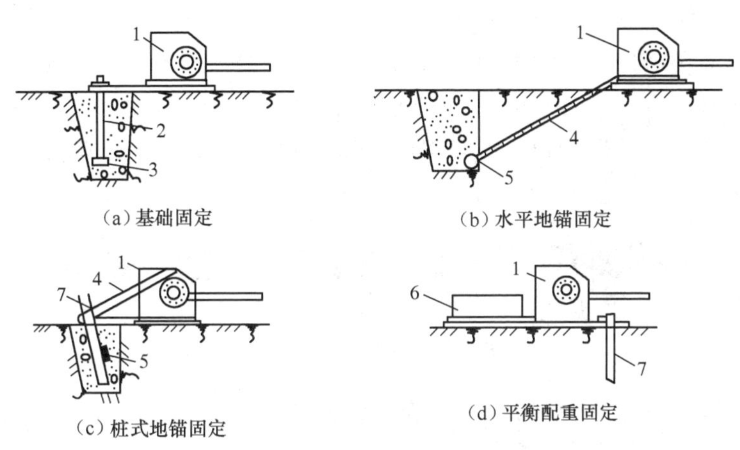

1—卷扬机；2—地脚螺栓；3—压板；4—拉索；5—横木；6—压重；7—木桩。

图 7-15 固定卷扬机的方法

卷扬机布置及使用时应注意以下事项。

1）在卷扬机正前方应设置导向滑车，导向滑车至卷筒轴线的距离 l 应不小于卷筒长度 a 的 15 倍，与卷筒中垂线的夹角不应大于 2°（图 7-16），以免钢丝绳与导向滑车槽缘产生过分摩擦。

2）缠绕在卷筒上的钢丝绳至少应保留 2 圈的安全储存长度，不可全部拉出，以防绳松脱钩发生事故。

3）钢丝绳引入卷筒时应接近水平，并应从卷筒的下面引入，以减少卷扬机的倾覆力矩。

4）为保证卷扬机安全工作，在使用前，应针对卷扬机的相关项目进行严格验收。

5）卷扬机操作时，周围严禁站人及跨越钢丝绳。

7.2.2 钢丝绳

1. 钢丝绳的构造和种类

结构吊装中常用的钢丝绳是由 6 股钢丝绳围绕一根绳芯（一般为麻芯）捻成，每股钢丝绳又由许多根直径为 0.4～2mm 的高强钢丝按一定规则捻制而成（图 7-17）。

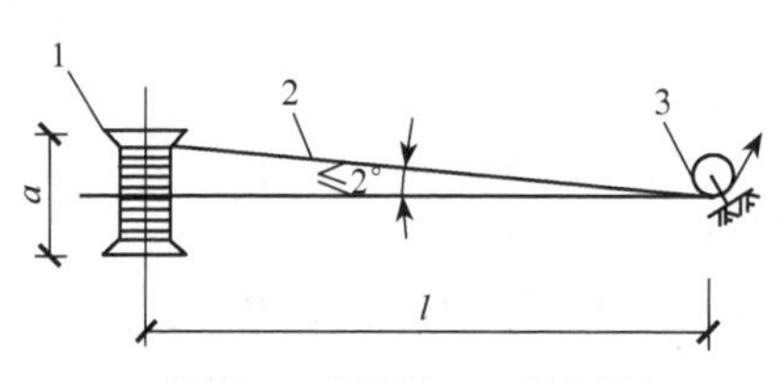

1—卷筒；2—钢丝绳；3—导向滑车。

图 7-16　卷筒与导向滑轮间的安全距离

图 7-17　普通钢丝绳截面

钢丝绳按照捻制方法不同，分为单绕、双绕和三绕，土木工程施工中常用的是双绕钢丝绳。

双绕钢丝绳按照捻制方向不同分为同向绕、交叉绕和混合绕 3 种（图 7-18）。同向绕是钢丝捻成股的方向与股捻成绳的方向相同，其绕性好、表面光滑，它与滑轮或卷筒凹槽的接触面大，磨损较轻，但易松散和扭结卷曲，吊装重物时易打转，常用于缆风绳。

（a）同向绕

（b）交叉绕

（c）混合绕

图 7-18　双绕钢丝绳绕向

交叉绕是指钢丝捻成股的方向与股捻成绳的方向相反，这种钢丝绳较硬，吊装时不宜松散扭结，广泛用于起重吊装中。

混合绕是指相邻的两股钢丝绕向相反，它同时具有前两种钢丝绳的优点，但制造复杂，用得不多。

2. 钢丝绳的规格和性能

钢丝绳按绳股数及每股中的钢丝区分，有 6 股 7 丝（6×7）、6 股 19 丝（6×19）、6 股 37 丝（6×37）及 6 股 61 丝（6×61）等，吊装中常用 6×19、6×37 两种。6×19 钢丝绳可做缆风绳和吊索，6×37 钢丝绳用于穿滑轮组和做吊索。

常用钢丝绳的技术性能见表 7-3～表 7-5。

3. 钢丝绳的允许拉力计算

钢丝绳在选用时应考虑多根钢丝的受力不均匀性及其用途，钢丝绳的允许拉力，按下式计算：

$$[F_g]=\frac{\alpha F_g}{k} \tag{7-1}$$

式中：$[F_g]$ ——钢丝绳的允许拉力，kN；

F_g——钢丝绳的钢丝破断拉力总和，kN（按表 7-3 选用）；

α——破断拉力换算系数（按表 7-4 选用）；

k——钢丝绳的安全系数（按表 7-5 选用）。

表 7-3　钢丝绳的主要数据

规格	直径/mm		钢丝总断面积/mm^2	参考质量/（N/100m）	钢丝在不同钢丝绳公称抗拉强度下的破断拉力总和/kN				
	钢丝绳	钢丝			1400/（N/mm^2）	1550/（N/mm^2）	1700/（N/mm^2）	1850/（N/mm^2）	2000/（N/mm^2）
6×19	6.2	0.4	14.32	135.3	20.0	22.1	24.3	26.4	28.6
	7.7	0.5	22.37	211.4	31.3	34.6	38.0	41.3	44.7
	9.3	0.6	32.22	304.5	45.1	49.9	54.7	59.6	64.4
	11.0	0.7	43.85	414.4	61.3	67.9	74.5	81.1	87.7
	12.5	0.8	57.27	541.2	80.1	88.7	97.3	105.5	114.5
	14.0	0.9	72.49	685.0	101.0	112.0	123.0	134.0	114.5
	15.5	1.0	89.49	845.7	125.0	138.5	152.0	165.5	178.5
	17.0	1.1	103.28	1023	151.5	167.5	184.0	200.0	216.5
	18.5	1.2	128.87	1218	180.0	199.5	219.0	238.0	257.5
	20.0	1.3	151.24	1429	211.5	234.0	257.0	279.4	302.0
	21.5	1.4	175.40	1658	245.5	271.5	298.0	324.0	350.5
	23.0	1.5	201.35	1903	281.5	312.0	342.0	372.0	402.5
	24.5	1.6	229.09	2165	320.5	355.0	389.0	423.5	458.0
	26.0	1.7	258.63	2444	362.0	400.5	439.5	478.0	517.0
	28.0	1.8	289.95	2740	405.5	449.0	492.5	526.0	579.5
	31.0	2.0	357.96	3383	501.0	554.5	608.5	662.0	715.5
	34.0	2.2	433.13	4093	306.0	671.0	736.0	801.0	
	37.0	2.4	515.46	4871	721.5	798.5	876.0	953.5	
	40.0	2.6	604.95	5717	846.5	937.5	1025.0	1115.0	
	43.0	2.8	701.60	6630	982.0	1085.0	1190.0	1295.0	
	46.0	3.0	805.41	7611	1125.0	1245.0	1365.0	1490.0	
6×37	8.7	0.4	27.88	2621	39.0	43.2	47.3	51.5	55.7
	11.0	0.5	43.57	4096	60.9	67.5	74.0	80.6	87.1
	13.0	0.6	62.74	5898	87.8	97.2	106.5	116.0	125.0
	15.0	0.7	85.39	8057	119.5	132.0	145.0	157.5	170.5
	17.5	0.8	111.53	1048	156.0	172.5	189.5	206.0	223.0
	19.5	0.9	141.16	1327	197.5	213.5	239.5	261.0	282.0
	21.5	1.0	174.27	1633	243.5	270.0	296.0	322.0	348.5
	24.0	1.1	210.87	1982	295.0	326.5	358.0	390.0	421.5
	26.0	1.2	250.95	2359	351.0	388.5	426.5	464.0	501.5
	28.0	1.3	294.52	2768	412.0	456.5	500.5	544.5	589.0
	30.0	1.4	341.57	3211	478.0	529.0	580.5	631.5	683.0
	32.5	1.5	392.11	3686	548.5	607.5	666.5	725.0	784.0
	34.5	1.6	446.13	4194	624.5	691.5	758.0	825.0	892.0
	36.5	1.7	503.64	4734	705.0	780.5	856.0	931.5	1005.0
	39.0	1.8	564.63	5308	790.0	875.0	959.5	1040.0	1125.0
	43.0	2.0	697.08	6553	975.5	1080.0	1185.0	1285.0	1390.0
	47.5	2.2	843.47	7929	1180.0	1305.0	1430.0	1560.0	
	52.0	2.4	1003.80	9436	1405.0	1555.0	1705.0	1855.0	
	56.0	2.6	1178.07	11074	1645.0	1825.0	2000.0	2175.0	
	60.5	2.8	1366.28	12343	1910.0	2115.0	2320.0	2525.0	
	65.5	3.0	1568.43	14743	2195.0	2430.0	2665.0	2900.0	

注：粗线左侧可供应光面或镀锌钢丝绳；粗线右侧只供应光面钢丝绳。

表 7-4 钢丝绳破断拉力换算系数 α

钢丝绳结构	6×19	6×37	6×61
换算系数 α	0.85	0.82	0.80

表 7-5 钢丝绳安全系数 k

用途	安全系数 k	用途	安全系数 k
做缆风绳	3.5	做吊索，无弯曲时	6～7
用于手动起重设备	4.5	做捆绑吊索	8～10
用于机动起重设备	5～6	用于载人的升降机	14

【例 7-2】 用一根全新的 6×37 型钢丝绳做捆绑吊索，其直径 D=24mm，钢丝绳公称抗拉强度为 1550N/mm^2，求钢丝绳的允许拉力。

解：由表 7-3 查得 F_g=326.5kN，由表 7-4 查得 α=0.82，由表 7-5 查得 k=8～10，取 k=8。

允许拉力为

$$\left[F_g\right]=\frac{\alpha F_g}{k}=\frac{0.82\times 326.5}{8}\approx 33.47(\text{kN})$$

实际工程中若采用旧钢丝绳，则求得的允许拉力应根据钢丝绳的新旧程度乘以系数 0.4～0.75。

7.2.3 其他机具

1. 吊索、横吊梁

（1）吊索

吊索与横吊梁都是吊装构件时的辅助工具。吊索又称千斤绳、绳套，主要用来绑扎构件以便起吊。常用的有环状吊索（又称万能吊索或闭式吊索）和 8 股头吊索（又称轻便吊索或开式吊索）两种（图 7-19）。

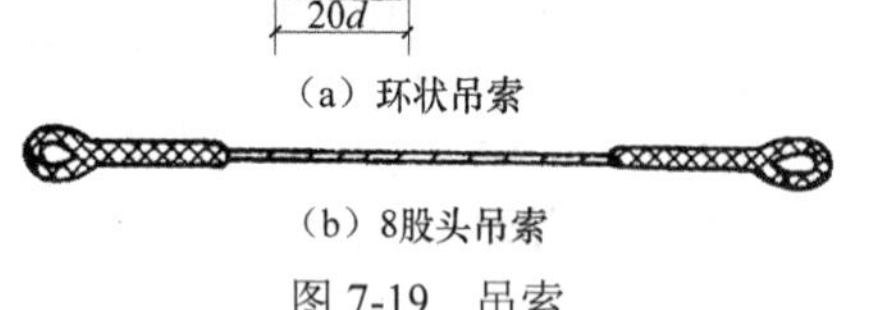

（a）环状吊索

（b）8股头吊索

图 7-19 吊索

（2）横吊梁（图 7-20）

横吊梁又称铁扁担和平衡梁。常用于起吊柱子和屋架等构件。用横吊梁吊柱时可使柱子保持垂直，便于安装；用横吊梁吊屋架时可以降低起吊高度，减少吊索的水平分力对屋架的压力。

常用的横吊梁有滑轮横吊梁、钢板横吊梁、桁架横吊梁和钢管横吊梁等形式。

滑轮横吊梁由吊环、滑轮和轮轴等部分组成［图 7-20（a）］，一般用于吊装 80kN 以下的柱。

钢板横吊梁由 Q235 钢板制成［图 7-20（b）］，一般用于 100kN 以下柱的吊装。

桁架横吊梁用于双机抬吊柱子安装［图 7-20（c）］。

钢管横吊梁的钢管长 6～12m，也可用两个槽钢焊接成方形截面来代替［图 7-20(d)］，一般用于屋架的吊装。

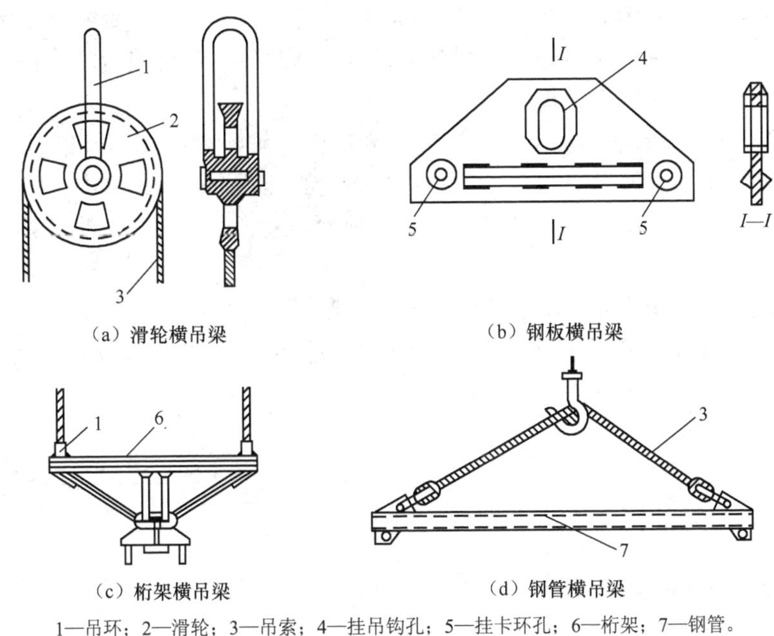

(a) 滑轮横吊梁　(b) 钢板横吊梁　(c) 桁架横吊梁　(d) 钢管横吊梁

1—吊环；2—滑轮；3—吊索；4—挂吊钩孔；5—挂卡环孔；6—桁架；7—钢管。

图 7-20　横吊梁

2. 绳夹、吊装带及卡环

(1) 绳夹

绳夹又称绳卡、卡头，用来夹紧钢丝绳末端，或将两根钢丝绳固定在一起的一种索具，如图 7-21 所示。用它来固定和夹紧钢丝绳不但牢固，而且装拆方便。绳夹通常有骑马式、压板式（U 形）、拳握式（L 形）3 种类型，其中骑马式应用较普遍。

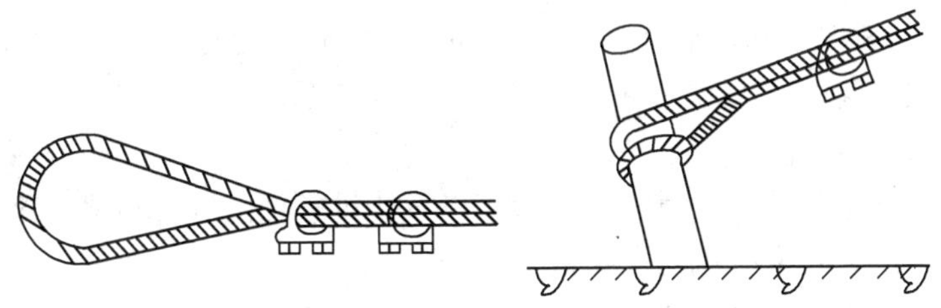

图 7-21　钢丝绳夹的使用

(2) 吊装带

吊装带为钢结构吊装常用的工具，一般在外表光滑的钢结构中使用，严禁使用于有锋利边缘的钢构件。吊装带按外形分为扁平型和圆形两种。

(3) 卡环

卡环也称卸甲或卸扣，由卸体和横销两部分组成。根据横销固定方式不同，分为普通卡环和自动卡环两种，另外还有一种半自动卡环，也属于自动卡环的一种。

1) 普通卡环。普通卡环（图 7-22）常用于吊装中连接起重滑车、吊环或固定绳索、连接绳索。当横销插入卸体，把螺纹拧紧之后，卡环便成了可靠的封闭圆环，吊索或吊环均不能滑出，在起重作业中非常安全。

2）自动卡环。自动卡环形式与普通卡环基本相同，区别在于横销上无螺纹，卸体孔中也无螺纹，使用时将横销插入卸体孔中即可，靠卸体孔和横销后段入孔部分之间的摩擦力和一些辅助措施来保证横销不滑出。

自动卡环一般在高空吊装作业中构件直立后工人够不着拆卸卡环的地方的情况下使用，如吊装柱子。拔掉横销的方法是事先在横销的耳孔上拴一根麻绳，麻绳绕过事先在起重机吊钩或横吊梁上挂的导向滑车后垂到地面，柱子就位后，拉动麻绳，横销即可拔出，索具自动拆除。

3）半自动卡环（图 7-23）。半自动卡环具有自动卡环拆卸方便的优点，也用于高空吊装中工人够不着拆卸卡环的地方，而且由于横销不容易自动滑出，所以使用安全可靠，使用方法与自动卡环相同。

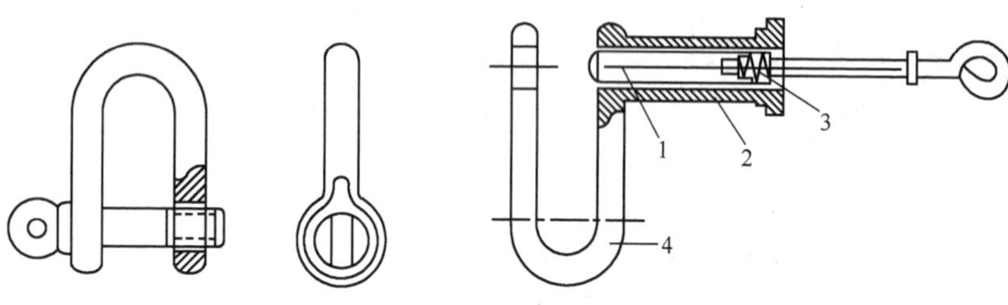

图 7-22　普通卡环

1—销子；2—销子外套；3—弹簧；4—卸体。

图 7-23　半自动卡环

3. 滑车及滑车组

在结构吊装作业中，滑车及滑车组是非常重要的起重吊装工具，滑车与卷扬机配合使用能起吊和搬运很重的物体。

（1）滑车

滑车又称“葫芦”，可以省力，也可改变力的方向。按其滑轮的多少可分为单门、双门和多门；按使用方式不同，可分为定滑车和动滑车。

（2）滑车组

滑车组是由一定数量的定滑车和动滑车以及绕过它们的绳索组成，具有省力和改变力的方向的功能，是起重机械的主要组成部分。

由滑车组引出的绳头称为“跑头”，跑头可根据需要从定滑车引出或从动滑车引出或由两台卷扬机同时牵引（图 7-24）。

滑车组钢丝绳的跑头拉力 S 的计算式为

$$S=f_0kQ \tag{7-2}$$

式中：S——跑头拉力，kN；

Q——吊装荷载（构件重与索具重之和），kN；

k——动力系数（按表 7-6 选用）；

f_0——跑头拉力计算系数（按表 7-7 选用）。

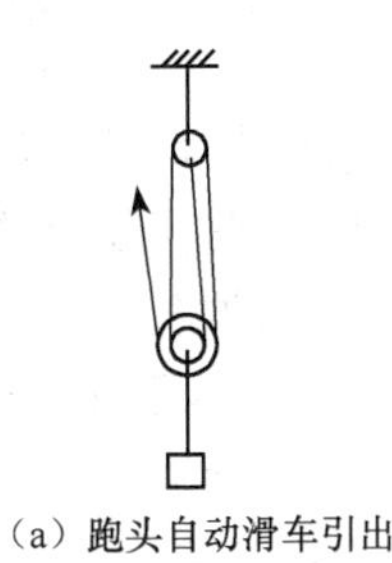
（a）跑头自动滑车引出

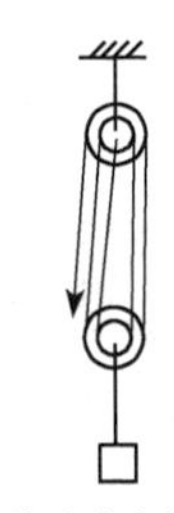
（b）跑头自定滑车引出

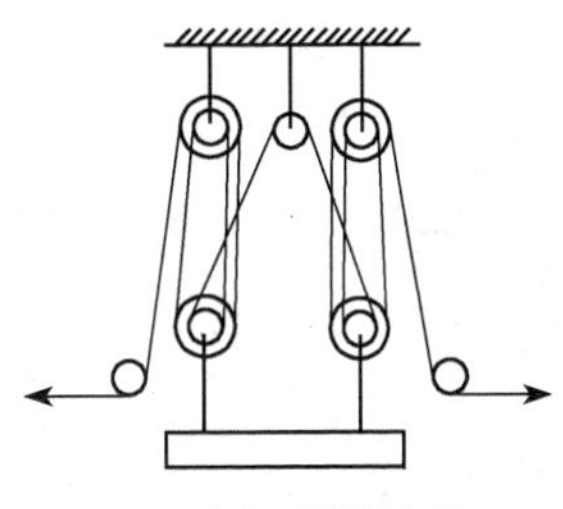
（c）双联滑车组

图 7-24　滑车组的种类

表 7-6　滑车组吊重动力系数 k

卷扬机传动性质	起重量	动力系数 k
手动	50kN 以下	1.0
	50～100kN	1.1
机动	300kN 以下	1.2
	300～500kN	1.3
	500kN 以上	1.5

表 7-7　滑车组跑头拉力计算系数 f_0 值

滑轮的轴承或衬套	滑轮阻力系数 f	在动滑轮上引出绳根数不同的情况下的 f_0 值								
		2 根	3 根	4 根	5 根	6 根	7 根	8 根	9 根	10 根
滚动轴承	1.02	0.52	0.35	0.27	0.22	0.18	0.15	0.14	0.12	0.11
青铜套轴承	1.04	0.54	0.36	0.28	0.23	0.19	0.17	0.15	0.13	0.12
无衬套轴承	1.06	0.56	0.38	0.29	0.24	0.20	0.18	0.16	0.15	0.14

7.3　单层工业厂房结构安装

对于装配式混凝土单层工业厂房结构，除基础为现场浇筑外，其他结构构件（柱、吊车梁、连系梁、屋架、天窗架、屋面板等）多采用预制方式。尺寸大、构件重的大型构件一般在施工现场就地预制，中小型构件多集中在预制厂制作，然后运输到施工现场安装。

7.3.1　构件吊装前的准备

构件吊装前的准备工作包括：场地清理与铺设道路，构件质量检查，构件的弹线与编号，基础准备，构件的运输与堆放，构件的拼装与加固。

1. 场地清理与铺设道路

起重机进场前，根据施工平面布置图，标示出起重机的开行路线，构件运输及堆放位置，清理好场地，修筑运输道路，敷设水电管线，并制定出雨季排水措施。

2. 构件质量检查

为保证工程质量，所有构件在吊装前均需进行全面质量检查，主要有以下检查内容。

1）构件强度是否满足要求。构件安装时，混凝土强度不应低于设计规定的强度，当设计无要求时，一般不低于设计强度等级的 75%，对后张法预应力混凝土构件，孔道灌浆的浆体强度等级不低于 15N/mm^2，对大型构件，混凝土强度则应达到 100%设计强度等级时方可安装。

2）构件的外形尺寸、钢筋的搭接、预埋件的位置等是否满足设计要求。

3）构件的外观有无缺陷、损伤、变形、裂缝等，不合格构件，不允许使用。

3. 构件的弹线与编号

构件经过检查，质量合格后，可在构件表面弹出安装准线，作为构件安装、对位、校正的依据。对形状复杂的构件，要标出其重心的绑扎点位置。

1）柱弹线。柱应在柱身的三面弹出安装中心线（两个小面，一个大面）。矩形截面柱，按几何中心弹线；工字形截面柱，除在矩形截面部位弹出中心线外，还应在工字形柱的两翼缘部位各弹出一条与中心线平行的线，以便于观测及避免误差。在柱顶与牛腿面上还要弹出屋架及吊车梁的安装中心线。

2）屋架弹线。屋架上弦顶面应弹出几何中心线，并从跨中向两端分别弹出天窗架、屋面板的安装中心线，在屋架的两端弹出安装准线。

3）梁弹线。梁的两端及顶面应弹出安装中心线。

4. 基础准备

装配式混凝土柱的基础一般为杯形基础，在现场浇筑时应保证基础定位轴线及杯口尺寸准确。柱子安装前需要对杯底标高进行调整（抄平），其方法是测出杯底原有标高，再测量出吊入该基础柱的柱脚至牛腿面的实际长度，根据安装后的牛腿面的设计标高计算出杯底标高调整值，并在杯口内做出标志，然后用水泥砂浆或细石混凝土将杯底垫平至标志处。为便于调整柱子牛腿面的标高，浇筑后的杯底标高应比设计标高低 50mm。

为便于柱的安装与校正，在杯形基础顶面应弹出建筑物的纵横轴线和柱子的吊装准线，作为柱在平面位置安装时对位及校正的依据。

5. 构件的运输与堆放

在构件厂制作的构件，安装前运到施工现场，运输方式的选择要根据构件的尺寸、质量、数量及运距等确定。一般多采用汽车和平板拖车。在运输过程中必须保证构件不变形、不倾倒、不损坏，要求路面平整，构件的强度应不低于设计强度等级的 75%，装卸起吊要平稳，支垫位置正确。

构件进场后应按施工平面图堆放，避免二次倒运，堆放构件的地面要平整坚实，排水良好，以防构件因地面下沉而倾倒。构件叠放的高度，一般梁可叠放 2～3 层，屋面板 6～8 层。

6. 构件的拼装与加固

天窗架及跨度较大的屋架一般制成两个半榀，在施工现场拼装成整体。

（1）天窗架拼装

混凝土天窗架采用平拼。将两个天窗架块体各用 3 根方木（断面 100mm×100mm 以上，长 1m 左右）做支垫，在上下两处找正并垫平，用木杆或角钢加固，高度在 2m 以内的天窗架加固一道，超过 2m 的加固两道，加固好后进行电焊，焊好一面扶直，校正后再焊另一面（图 7-25）。

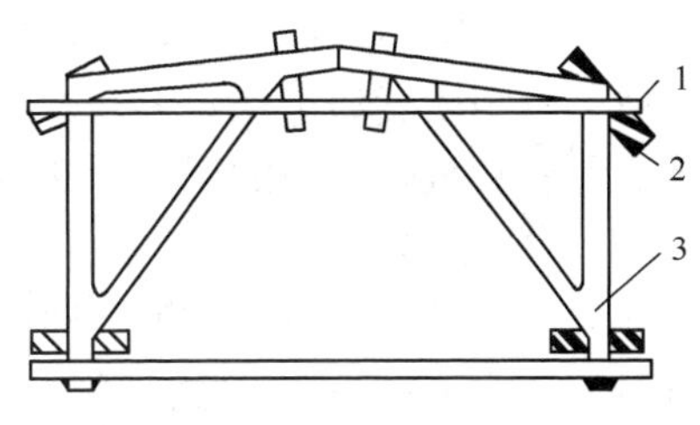

1—尺杆（测跨距用）；2—垫木；3—天窗架。

图 7-25　平拼天窗架

（2）预应力混凝土屋架拼装

预应力混凝土屋架一般用立拼法（图 7-26）。拼装的位置即构件布置图中吊装前所指定的位置，以避免二次搬运。其拼装顺序如下。

1）做好屋架支垫。每个屋架块体做两个砖砌支垫，支垫高出地面约 300mm，上部设置方木或混凝土预制块，其厚度根据屋架起拱要求确定。中间支垫距屋架跨中净距一般为 400～500mm。

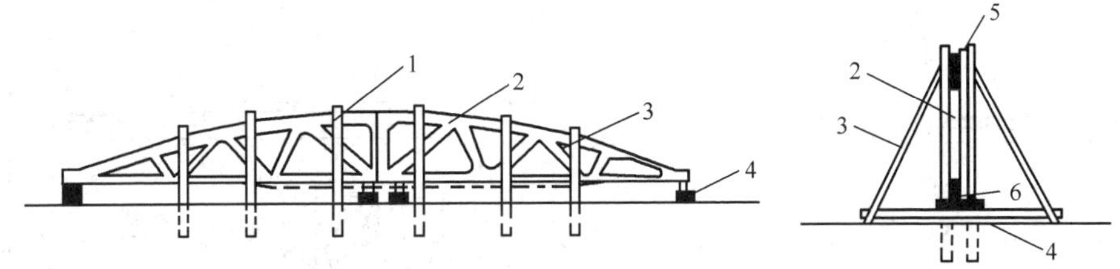

1—8 号铁丝；2—屋架块体；3—三角架；4—砖砌支座；5—木楔；6—方木或钢筋混凝土垫块。

图 7-26　预应力混凝土屋架拼装

2）竖立三角架（支架）。三角架用来稳定屋架，必须牢固可靠，三角架中的立柱可在屋架块体就位前埋入土中 1m 以上（梢径不宜小于 100mm），每榀屋架用 6～8 道三角架，其位置应与屋架的拼装节点、安装支撑、连接件的预留孔或预埋件错开。

3）块体就位。将两个半榀屋架吊到支垫上，对齐上下弦拼接点，对接好穿预应力筋的孔道，并检查孔道是否畅通，用铁皮管连接两块体孔道，然后用 8 号铁丝将屋架与支架绑牢。

4）检查并校正屋架块体是否在同一平面内，并检查垂直度。

5）穿预应力筋或钢丝束。

6）焊接上弦拼接钢板及浇灌下弦接头立缝。

7）张拉预应力筋或钢丝束，锚固及孔道灌浆，张拉须在下弦拼接立缝混凝土强度达到设计要求后进行。预应力筋全部张拉完毕后立即进行孔道灌浆。

8）焊接下弦拼接钢板并进行上弦接头灌浆。

7.3.2　构件吊装工艺

1. 柱吊装

（1）柱的绑扎

柱的绑扎方法、绑扎点数与柱的质量、形状及几何尺寸、配筋和起重机性能等因素有关。一般中小型柱（自重在 130kN 以下）多为一点绑扎，重型柱或配筋少而细长的柱多为两点或多点绑扎。一点绑扎时，绑扎点应在柱的重心以上，保持柱起吊后在空中的稳定；有牛腿的柱，绑扎点常选在牛腿以下，工字形断面的柱和双肢柱，应选在矩形断面处，否则应在绑扎点处用方木加固翼缘，防止翼缘在起吊中受损。双肢柱的绑扎点应选在平腹杆处。常用的绑扎方法有以下两种。

1）斜吊绑扎法。当柱平卧起吊的抗弯强度满足要求时，可采用此法。此法起吊柱子不需要将柱子翻身，起吊后柱呈倾斜状态，吊索在柱的一侧，起重钩可低于柱顶，需要的起重高度较小，起重机的起重臂可短些。但因起吊后柱身与杯底不垂直，就位较困难（图 7-27）。

2）直吊绑扎法。当柱平卧起吊的抗弯强度不足时，需将柱子先翻身成侧立，再绑扎起吊（图 7-28）。此法吊索从柱子两侧引出，上端通过卡环或滑轮挂在铁扁担上，柱身呈垂直状态，便于插入杯口，容易对位，但由于铁扁担高于柱顶，起重高度较高，起重臂也较长。

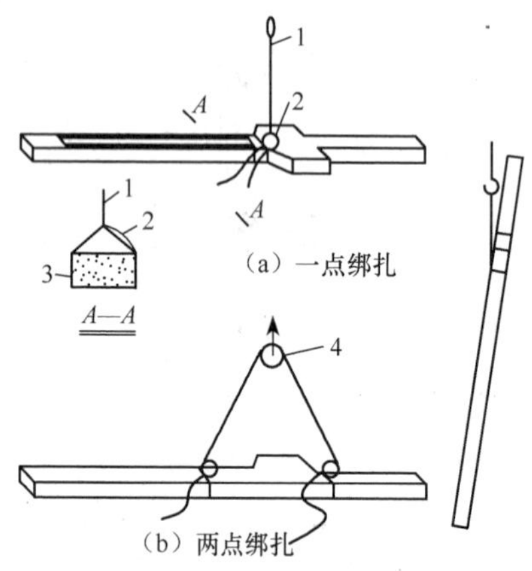

1—吊索；2—椭圆销卡环；3—柱子；4—滑车。

图 7-27　斜吊绑扎法

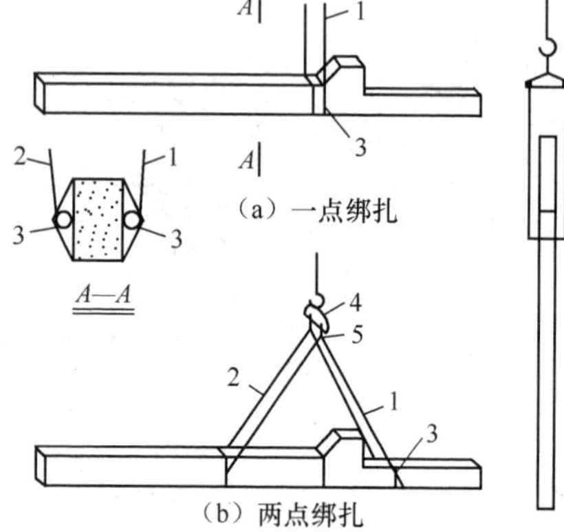

1—第一支吊索；2—第二支吊索；3—活络卡环；4—铁扁担；5—滑车。

图 7-28　直吊绑扎法

（2）柱的吊升

柱子的吊升方法，应根据柱子的质量、长度和现场条件而定，可采用单机吊装，对重型柱也可采用双机（多机）抬吊；根据在吊升过程中柱身的运动特点，柱的吊升可分为旋转法和滑行法。

1）单机旋转法吊柱（图 7-29）。采用旋转法吊柱时，柱的平面布置要做到：绑扎点、柱脚中心与基础杯口中心 3 点同弧，弧的圆心为起重机的回转中心，圆弧的半径为起重半径，为提高吊装效率，柱脚应尽量靠近基础。起吊时起重半径不变，起重臂边升钩边回转，使柱子绕柱脚旋转而竖直，然后将柱吊离地面，继续回转起重臂将柱吊至杯口上方，插入杯口。采用旋转法起吊，柱受振动小，生产效率高。

2）单机滑行法吊柱（图 7-30）。采用滑行法吊柱时，柱的平面布置要做到：绑扎点、基础杯口中心 2 点同弧，在以起重半径 R 为半径的圆弧上，绑扎点靠近基础杯口。起吊时起重臂不动，起重钩及柱顶上升，柱脚沿地面向基础滑行，直至柱竖直。然后回转起重臂，将柱子吊至杯口上方，插入杯口。为减少滑行时柱脚与地面的摩阻力，应在柱脚

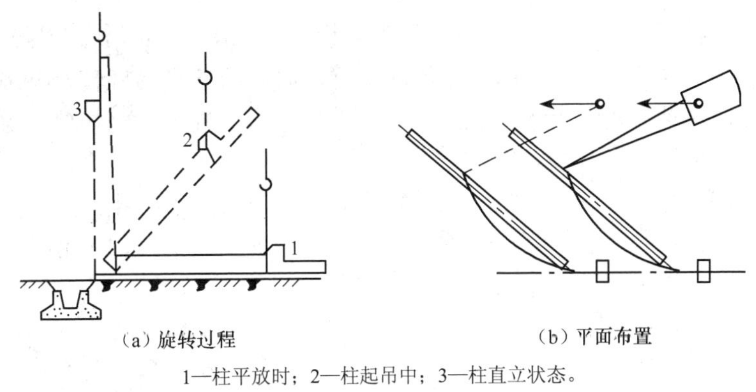

1—柱平放时；2—柱起吊中；3—柱直立状态。

图 7-29　单机旋转法吊柱

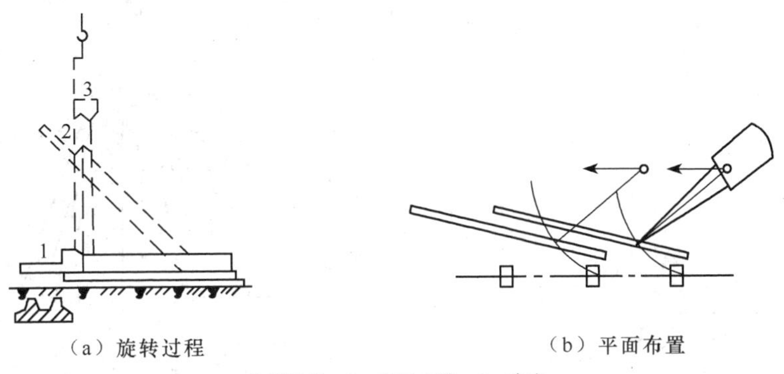

1—柱平放时；2—起吊中途；3—直立。

图 7-30　单机滑行法吊柱

下设置托木或滚筒以保护柱脚。单机滑行法对起重机械的机动性要求不高，当柱子较重、较长、起重机回转半径不够或施工场地狭窄时，常采用此法。

3）双机抬吊旋转法（递送法）（图 7-31）。当柱子的质量及尺寸较大，一台起重机不能满足要求时，可用两台起重机抬吊。柱为两点绑扎，一台起重机抬上吊点，另一台起重机抬下吊点，吊装时双机并立在杯口的同一侧。柱的平面布置要求：柱的绑扎点与

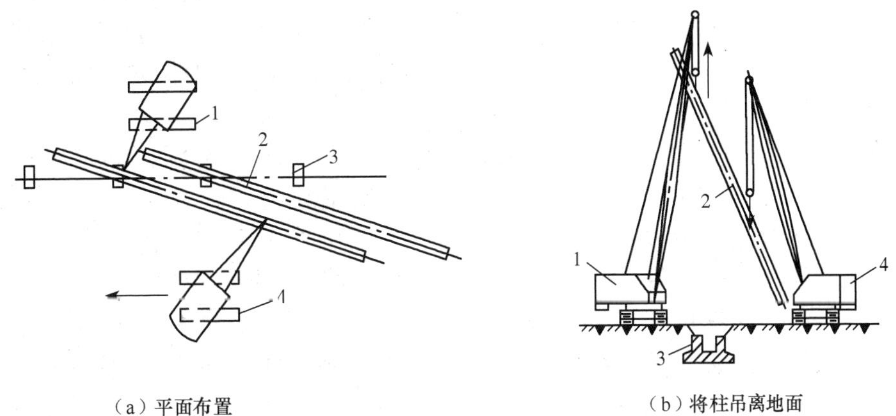

1—主机；2—柱；3—基础；4—副机。

图 7-31　双机抬吊旋转法（递送法）

基础杯口中心在以相应的起重机起重半径 R 为半径的圆弧上，起吊时，两台起重机同时升钩，柱离地面一定高度，两台起重机的起重臂同时向杯口方向旋转，下绑扎点处起重机只旋转不升钩，上绑扎点处起重机边升钩边旋转，直至柱竖直在杯口上方，最后两机同时缓慢落钩，将柱插入杯口。

4）双机抬吊滑行法（图 7-32）。此法柱应斜向布置，一点绑扎，且绑扎点靠近基础杯口，起重机在柱基的两侧，两台起重机在柱的同一绑扎点抬吊。起吊时两台起重机以相同的旋转速度升钩、降钩，故宜选择型号相同的起重机。

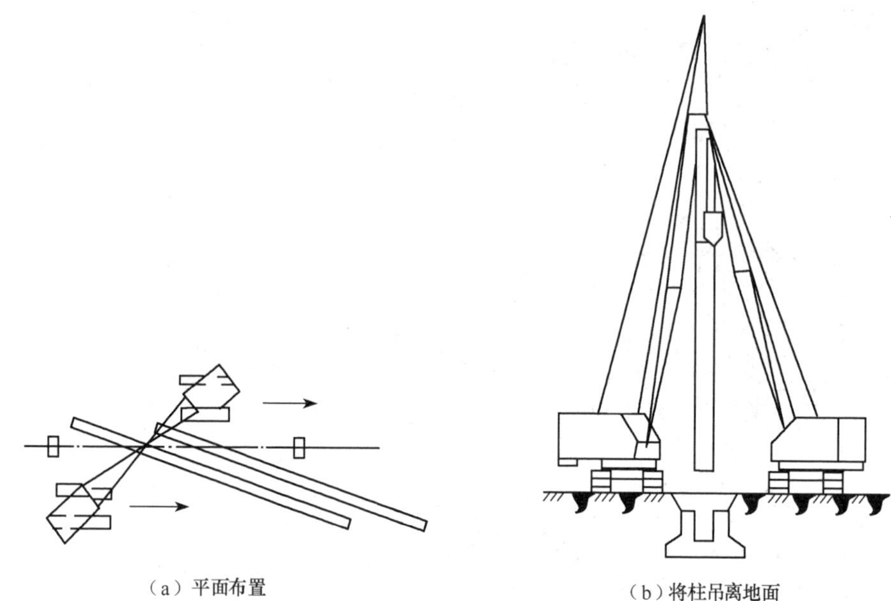

（a）平面布置　　（b）将柱吊离地面

图 7-32　双机抬吊滑行法

（3）柱的就位和临时固定

柱脚插入杯口后，柱底离杯口底 30～50mm 时先悬空对位，用 8 个楔块从柱的四边插入杯口，每边各放两块，用撬棍拨动柱脚，使柱的吊装准线对准杯口顶面的吊装准线，略打紧楔块，使柱身保持垂直，放松吊钩将柱沉至柱底，复查吊装准线，然后打紧楔块（两边对称进行，以免吊装准线偏移），将柱临时固定（图 7-33），起重机脱钩。

当柱较高或柱具有较大的牛腿仅靠柱脚处的楔块不能保证临时固定的稳定时，可采取增设缆风绳或斜撑等措施，来加强柱的临时固定的稳定性。

（4）柱的校正和最后固定

柱的校正包括平面位置、标高和垂直度的校正。标高的校正在柱基杯底抄平时已进行，平面位置的校正在柱对位时已完成，因此，在柱临时固定后，主要是垂直度的校正。

柱垂直度的检查是用两台经纬仪从柱的相邻两面观察柱的安装中心线是否垂直，其偏差应在允许范围以内，当柱高 $H \leqslant 5\text{m}$，为 5mm；当柱高 $5\text{m} < H \leqslant 10\text{m}$ 时，为 10mm；当柱高 $H > 10\text{m}$ 时，为 $1/1000H$ 且不大于 20mm。

当测出的实际偏差大于规定值时，应进行校正，其校正方法视偏差大小而定，当偏差较小时，可用打紧或稍放松楔块的方法来纠正。如偏差较大，可用螺旋千斤顶校正，当柱顶加设缆风绳时，也可用缆风绳来纠正柱的垂直度（图 7-34）。

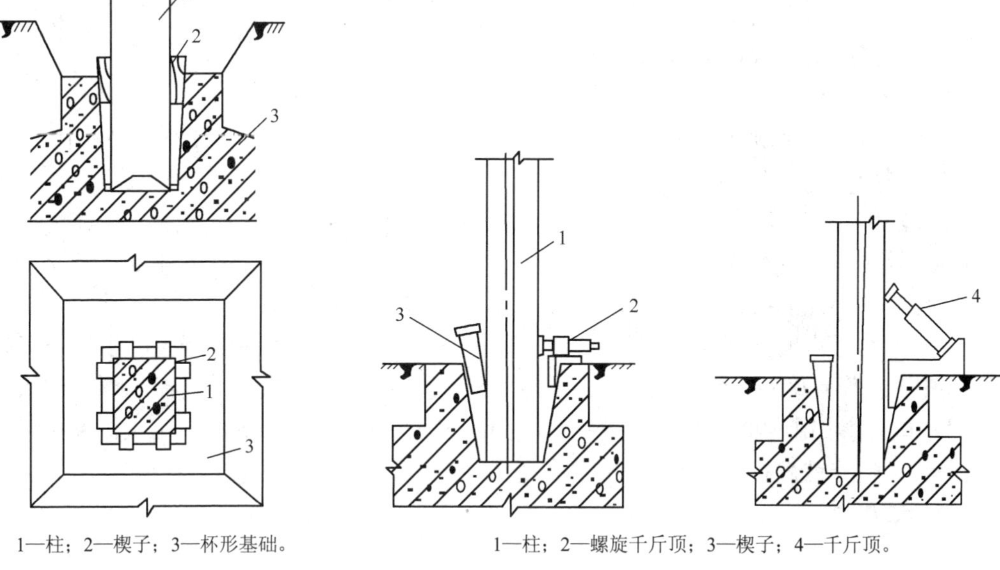

1—柱；2—楔子；3—杯形基础。

图 7-33　柱的临时固定

1—柱；2—螺旋千斤顶；3—楔子；4—千斤顶。

图 7-34　柱的垂直度校正

柱校正完毕后，应立即进行最后固定。其方法是在柱子与杯口间的空隙内灌筑细石混凝土。灌筑前，将杯口空隙内的木屑、垃圾清扫干净，并用水湿润柱脚和杯口壁。混凝土浇筑分两次进行：第一次浇筑到楔块底部；第二次在第一次浇筑的细石混凝土强度达到设计强度的 25%时，拔去楔块，将杯口混凝土灌满。

2. 吊车梁吊装

吊车梁的吊装，必须在柱基础杯口二次浇筑的混凝土强度达到设计强度的 75%以上才能进行。

（1）吊车梁的绑扎、起吊、就位、临时固定

吊车梁吊装时应两点对称绑扎，吊钩对准重心，起吊后保持水平，吊车梁就位时应缓慢落钩，争取一次对好纵轴线，避免在纵轴线方向撬动吊车梁而导致柱倾斜。一般吊车梁在就位时用垫铁垫平即可，不需采取临时固定措施，但当梁的高度与底宽之比大于 4 时，应用连接钢板与柱子点焊做临时固定。

（2）吊车梁的校正

中型吊车梁校正宜在屋盖吊装后进行，重型吊车梁由于脱钩后校正困难，宜边吊边校，即在吊装就位后同时进行校正。

吊车梁的校正主要包括垂直度和平面位置校正，两者应同时进行。

1）垂直度校正。吊车梁垂直度，用靠尺、线锤检查，若偏差超过规定值，在两端支座处用斜垫铁校正。T 型吊车梁测其两端垂直度，鱼腹式吊车梁测其跨中两侧垂直度。其允许偏差值均在 5mm 以内。

2）平面位置校正。吊车梁平面位置校正，包括直线度（使同一纵轴线上各梁的中线在一条线上）和轨距两项。一般 6m 长，50kN 以内吊车梁可用拉钢丝法和仪器放线法校正。12m 长及 50kN 以上的吊车梁常采用边吊边校法校正。

（3）最后固定

吊车梁的最后固定是在校正完毕后，将梁与柱上的预埋件用连接钢板焊牢，并在吊车梁与柱的空隙处支模，浇灌细石混凝土。

3. 屋架吊装

屋架吊装的施工顺序是绑扎、扶直、吊升、对位、临时固定、校正和最后固定。

（1）屋架的绑扎

屋架的绑扎点，应选在上弦节点处或靠近节点，左右对称。绑扎吊索与构件水平线的夹角，翻身扶直屋架时，不宜小于 60°，吊装时不宜小于 45°，绑扎中心（各支吊索内力的合力作用点）必须在屋架重心之上，防止屋架晃动和倾翻。

屋架绑扎吊点的数目及位置与屋架的形式、跨度、安装高度及起重机的吊杆长度有关，一般须经验算确定。当屋架跨度小于或等于 18m 时，两点绑扎；屋架跨度大于 18m，而小于 30m 时，用两根吊索四点绑扎；屋架跨度大于或等于 30m 时，可采用 9m 跨度的横吊梁（也称铁扁担），以减少吊索高度（图 7-35）。

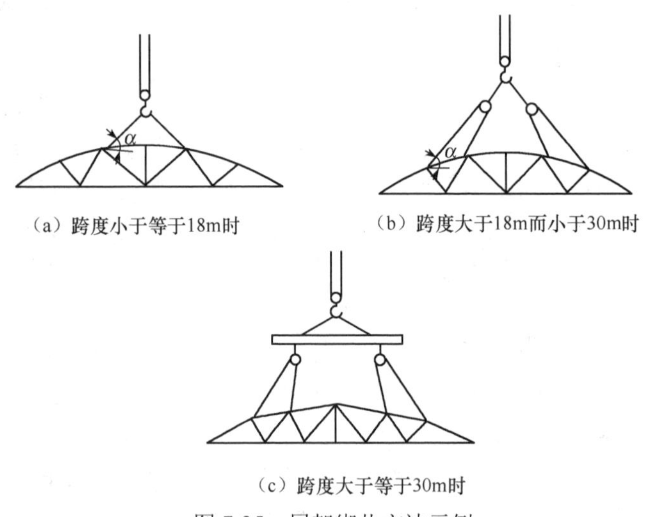

（a）跨度小于等于18m时

（b）跨度大于18m而小于30m时

（c）跨度大于等于30m时

图 7-35　屋架绑扎方法示例

钢屋架的纵向刚度差，在翻身扶直与安装时，应绑扎几道杉木杆，作为临时加固措施，防止侧向变形。

（2）屋架的扶直

混凝土屋架或预应力混凝土屋架多在施工现场平卧叠浇，吊装前先翻身扶直，然后起吊运至预定位置就位。屋架的侧向刚度较差，扶直时需要采取加固措施，以免屋架上弦挠曲开裂。屋架扶直有正向扶直和反向扶直两种方法（图 7-36）。

1）正向扶直。起重机位于屋架下弦一边，吊钩对准屋架上弦中点，收紧起重钩，起重臂稍稍抬起使屋架脱模，接着升臂并同时升钩，使屋架以下弦为轴心缓缓转为直立状态。

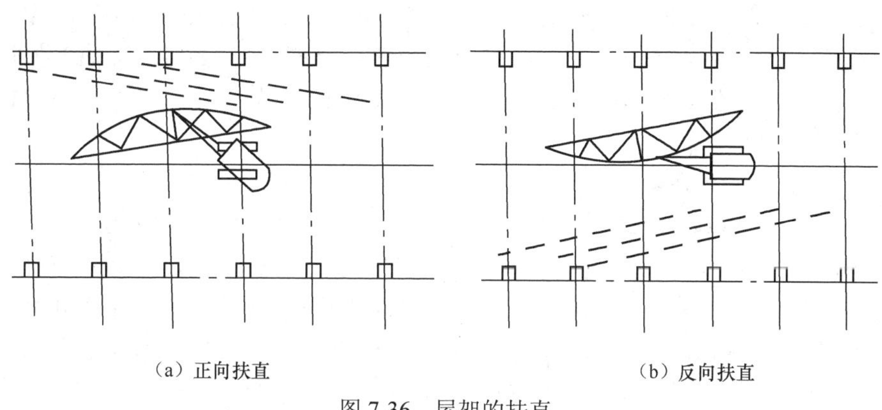

（a）正向扶直　　（b）反向扶直

图 7-36　屋架的扶直

2）反向扶直。起重机位于屋架上弦一边，吊钩对准屋架上弦中点，然后升钩、降臂、使屋架绕下弦转动而直立。

两种扶直方法的不同点在于：前者边升钩边起臂；后者则边升钩边降臂，以保证吊钩始终在上弦中点的正上方。升臂比降臂易于操作且较安全，故应尽可能采用正向扶直。

屋架扶直后，应吊往柱边就位，就位的位置与起重机的性能和安装方法有关，应少占地，便于吊装，且要考虑屋架的安装顺序、两端朝向等问题。一般靠柱边斜放或以 3～5 榀为一组，平行柱边纵向就位，为使屋架保持稳定，用 8 号铁丝、支撑等与已安装好的柱子绑牢。

（3）屋架的吊升、对位与临时固定

屋架的吊升方法有单机吊装和双机抬吊。单机吊装时，先将屋架吊离地面约 500mm，将屋架转至吊装位置下方，起重钩将屋架吊至柱顶以上，然后将屋架缓缓放至柱顶，使屋架两端的轴线与柱顶轴线重合，对位正确后，立即临时固定，固定稳妥后，起重机方可脱钩。

双机抬吊时，应将屋架立于跨中。起吊时，一机在前，一机在后，两机共同将屋架吊离地面约 1.5m，后机将屋架端头从起重臂一侧转向另一侧（调挡），然后同时升钩将屋架吊起，并送至安装位置（图 7-37）。

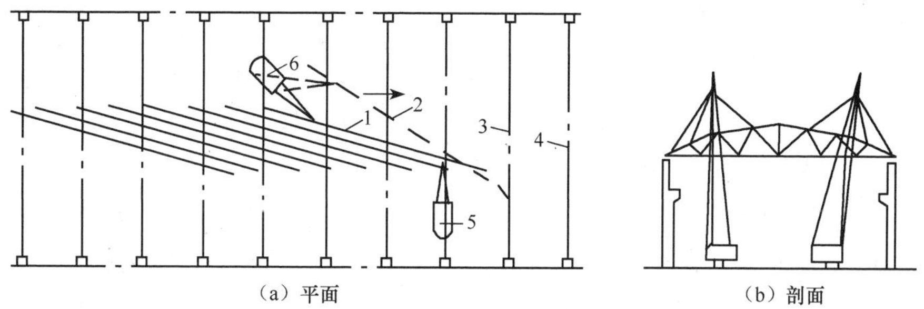

（a）平面　　（b）剖面

1—准备起吊的屋架；2—调挡后的屋架；3—准备就位的屋架；4—已安装好的屋架；5—前机；6—后机。

图 7-37　双机抬吊安装屋架

双机抬吊屋架最好用同类型起重机，若起重机类型不同，必须合理地进行负荷分配，同时注意统一指挥，两机配合协调，第一榀屋架安装就位后，用 4 根缆风绳在屋架两侧拉牢临时固定。若有抗风柱时，可与抗风柱连接固定。其他各榀屋架用屋架校正器（工具式支撑）临时固定，每榀屋架至少用两个屋架校正器与前榀屋架连接临时固定。

（4）屋架校正及最后固定

屋架经对位、临时固定后，主要检查并校正垂直度，可用经纬仪或垂球检查，用屋架校正器校正。用经纬仪检查垂直度时，在屋架上弦的中央和两端各安装一个卡尺，自上弦几何中心线量出 500mm，在卡尺上做出标志，然后距屋架中线 500mm 的跨外设一经纬仪，用经纬仪检查 3 个卡尺上的标志是否在一个垂面上（图 7-38）。用锤球检查屋架垂直度时，在两端卡尺标志间连一通线，从中央卡尺的标志处向下挂锤球，检查 3 个卡尺的标志是否在同一垂面上。屋架垂直度的偏差，不得大于屋架高度的 1/250。屋架垂直度校正后，应立即电焊，进行最后固定。要求在屋架两端的不同侧面同时施焊，以防因焊缝收缩导致屋架倾斜。

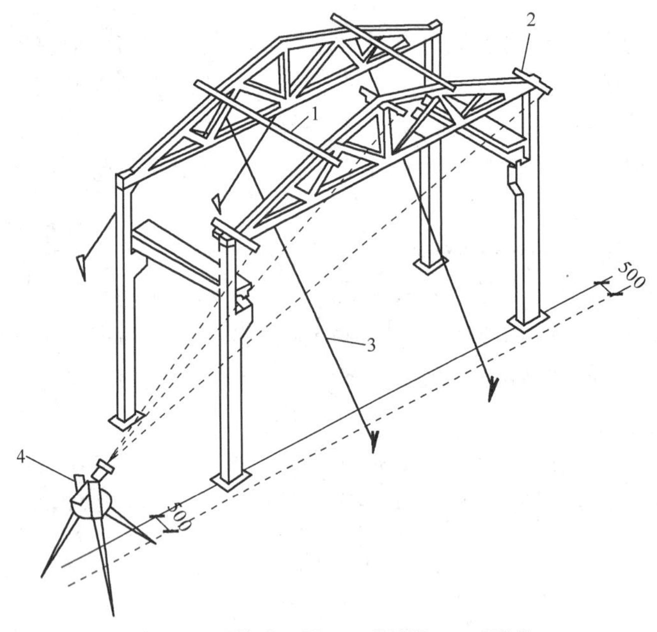

1—卡尺；2—屋架校正器；3—缆风绳；4—经纬仪。

图 7-38　屋架的校正与固定（单位：mm）

4. 天窗架及屋面板的吊装

天窗架一般单独吊装，应在天窗架两侧的屋面板吊装后进行，其吊装方法与屋架基本相同。屋面板的吊装，一般多采用一钩多块叠吊或多块平吊法，以充分发挥起重机的工作效能，应自跨边向跨中对称进行吊装。安装天窗架屋面板时，在厂房纵轴线方向一次放好位置，不可用撬杠撬动，以防天窗架发生倾斜。屋面板在屋架或天窗架上的搁置长度应符合规定，每块屋面板至少有 3 个角与屋架或天窗架焊牢，并保证焊缝质量。

7.3.3　结构安装方案

结构安装方案主要包括结构吊装方法、起重机的选择、起重机的开行路线以及构件平面布置等。吊装方案应根据厂房的结构形式、跨度、安装高度、构件质量和长度、吊装工期以及现有起重设备和现场环境等因素综合研究确定。

1. 结构吊装方法

单层工业厂房结构吊装方法有分件吊装法和综合吊装法。

（1）分件吊装法

分件吊装法是在厂房结构吊装时，起重机每开行一次，仅吊装一种或两种构件。一般分三次开行吊装完全部构件：第一次开行吊装柱子，并进行校正和固定；第二次开行吊装吊车梁、连系梁及柱间支撑；第三次开行分节间吊装屋架、天窗架、屋面板及屋面支撑等。

采用分件吊装法时，起重机每次开行均吊装同类型构件，起重机可根据构件的质量及安装高度来选择，不同构件选用不同型号起重机，能充分发挥起重机的工作性能。吊装过程中索具更换次数少，吊装速度快，效率高，可给构件校正、焊接固定、混凝土浇筑养护提供充足时间。

（2）综合吊装法

综合吊装法是指起重机在吊装过程内的一次开行中，分节间吊装完各种类型的全部构件或大部分构件。其优点是起重机行走路线短，可及时按节间为下道工序创造工作面。但要求选用起重量较大的起重机，起重机的性能不能充分发挥，索具更换频繁，安装速度慢，构件供应和平面布置复杂，构件校正及最后固定时间紧迫。混凝土结构厂房吊装一般不采用此法，仅适用于钢结构厂房及门架式结构的安装。

2. 起重机选择

起重机的选择包括起重机类型、型号和数量的选择。

（1）起重机类型的选择

起重机的类型主要根据厂房结构的特点，厂房的跨度，构件的质量、安装高度以及施工现场条件和现有起重设备、吊装方法确定。一般中小型厂房跨度不大，构件的质量与安装高度也不大，可采用自行杆式起重机，以履带式起重机应用最普遍，也可采用桅杆式起重机；重型厂房跨度大、构件重、安装高度大，根据结构特点，可选用大型自行式起重机、重型塔式起重机等。

（2）起重机型号的选择

起重机类型确定后，还要根据构件的尺寸、质量及安装高度，选择起重机的型号和验算起重量 Q、起重高度 H 和工作幅度（回转半径）R，3 个工作参数必须满足结构吊装要求。

1）起重量 Q 计算。单机吊装起重量 Q 按式（7-3）计算，双机抬吊起重量 Q 按式（7-4）计算：

$$Q \geqslant Q_1 + Q_2 \tag{7-3}$$

$$K(Q_{主} + Q_{副}) \geqslant Q_1 + Q_2 \tag{7-4}$$

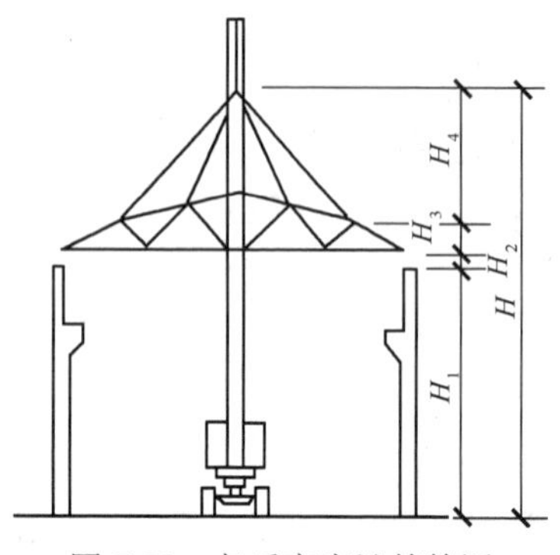

图 7-39　起重高度计算简图

式中：Q——起重机的起重量，kN；

Q_1——构件的重量，kN；

Q_2——索具的重量，kN；

$Q_{主}$——主机起重量，kN；

$Q_{副}$——副机起重量，kN；

K——起重量降低系数（一般取 0.8）。

2）起重高度 H 计算。

所选起重机的起重高度，必须满足所吊装构件的安装高度要求（图 7-39）。起重机的起重高度按下式计算：

$$H \geqslant H_1+H_2+H_3+H_4 \tag{7-5}$$

式中：H——起重机起重高度（从停机面算起至吊钩中心），m；

H_1——安装支座表面高度（从停机面算起），m；

H_2——安装间隙（视具体情况定，一般取 0.2～0.3m），m；

H_3——绑扎点至构件吊起后底面的距离，m；

H_4——索具高度（绑扎点至吊钩中心的距离，视具体情况定），m。

3）起重臂长度计算

分以下两种情况。

① 起重臂不跨越其他构件的长度计算（图 7-40）。

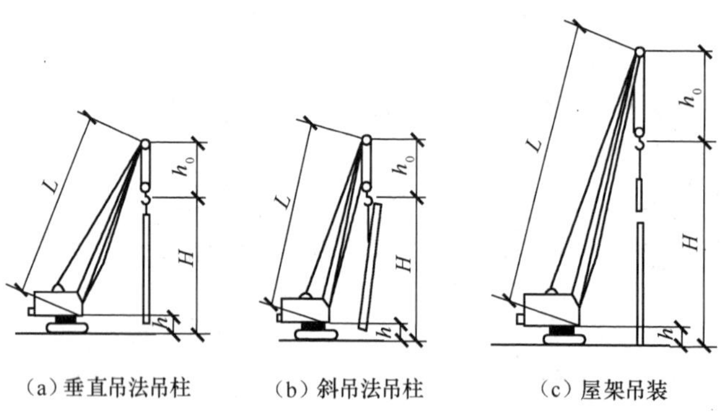

图 7-40　不跨越其他构件吊装时起重臂长度计算

起重机吊装单层厂房的柱子和屋架时，起重臂一般不跨越其他构件，此时，起重臂长度按式（7-6）计算：

$$L \geqslant \frac{H+h_0-h}{\sin\alpha} \tag{7-6}$$

式中：L——起重臂长度，m；

H——起重高度，m；

h_0——起重臂顶至吊钩底面的距离，m；

h——起重臂底铰至停机面距离，m；

α——起重臂仰角（一般取 70°～77°），(°)。

② 起重臂跨越其他构件的长度计算。

当起重机安装屋面板、屋面支撑等节间构件时，起重臂需要跨越已安装好的屋架或天窗架时，起重臂的长度计算分两种情况：吊装有天窗架的屋面时，按跨越天窗架吊装跨中屋面板计算；吊装平屋面时，按跨越屋架吊装跨中屋面板和吊装跨边屋面板两种情况计算。取两者中较大值，计算方法有数解法和图表法。

数解法：

数解法求起重臂长度按式（7-7）计算（图 7-41）：

$$L=L_1+L_2=\frac{h}{\sin\alpha}+\frac{a+g}{\cos\alpha} \tag{7-7}$$

其中

$$h=h_1+h_2-h_3$$

$$\alpha=\arctan\sqrt[3]{\frac{h}{a+g}} \tag{7-8}$$

$$h_2=\frac{\frac{b}{2}+e}{\cos\alpha} \tag{7-9}$$

式中：L——起重臂长度，m；

a——起重吊钩需跨过已安装构件的水平距离，m；

g——起重臂轴线与已吊装屋架轴间的水平距离（至少取 1m），m；

α——起重臂仰角，(°)；

h——起重臂底铰至构件吊装支座的高度，m。

h_1——构件安装高度（起重机停机点地面至安装构件的顶面距离），m；

h_2——起重臂中心线至安装构件顶面的垂直距离（图 7-42），m；

h_3——起重臂下铰点离地面高度，m；

b——起重臂厚度（一般为 0.6～1m）；

e——起重臂外边缘至安装构件边缘的垂直距离（取 0.2m），m。

求 h_2 时，起重臂仰角 α 可近似为

$$\alpha\approx\arctan\sqrt[3]{\frac{h_1}{a+g}}$$

即

$$h_2\approx\frac{\frac{b}{2}+e}{\cos\left(\arctan\sqrt[3]{\frac{h_1}{a+g}}\right)}$$

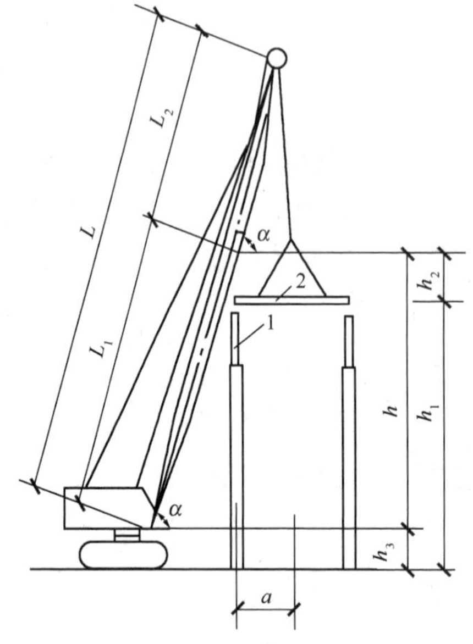

1—已安装的构件；2—正在安装的构件。

图 7-41　数解法求起重臂长度

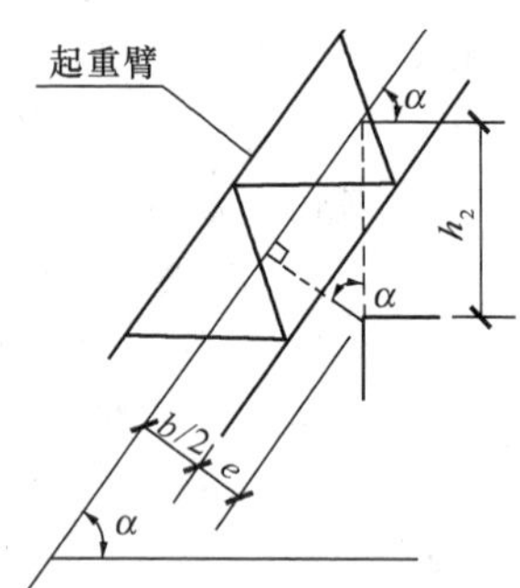

图 7-42　求起重臂中心线至安装构件顶面的垂直距离

图表法：

将式（7-7）和式（7-8）进行数学推导得

$$\sqrt[3]{L^2}=\sqrt[3]{h^2}+\sqrt[3]{a^2} \tag{7-10}$$

式中各符号含义同式（7-7）。由式（7-10）可做出 L-h-a 曲线，如图 7-43 所示，图中纵坐标 h 值按 $h=h_1+h_2-h_3$ 计算；其中 h_2 由表 7-8 查得。

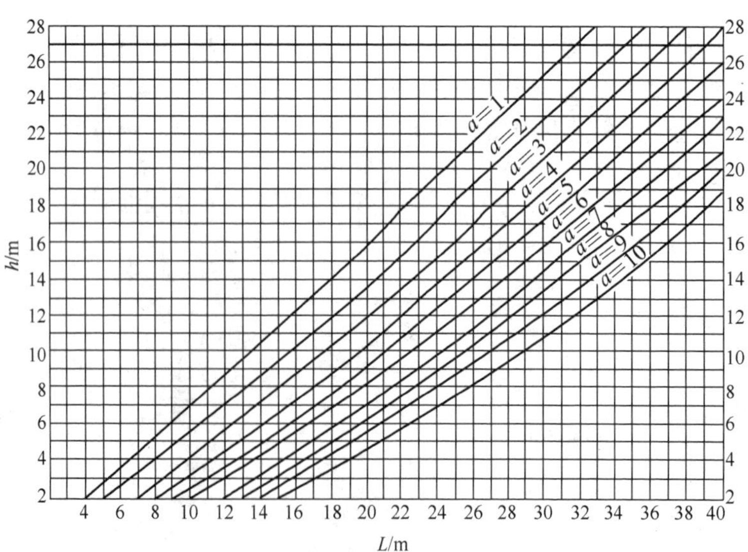

图 7-43　L-h-a 曲线

表 7-8　计算起重臂长度的 h_2 数值

$h_1:a$	$\cos\alpha$	h_2			$h_1:a$	$\cos\alpha$	h_2		
		$b=0.6$	$b=0.8$	$b=1.0$			$b=0.6$	$b=0.8$	$b=1.0$
0.5	0.783	0.64	0.77	0.89	8	0.447	1.12	1.34	1.57
0.8	0.733	0.68	0.82	0.96	9	0.433	1.15	1.38	1.62
1.0	0.707	0.71	0.85	0.99	10	0.421	1.19	1.43	1.66
1.5	0.658	0.76	0.91	1.06	11	0.410	1.22	1.46	1.71
2.0	0.622	0.80	0.97	1.12	12	0.400	1.25	1.50	1.75
2.5	0.593	0.84	1.01	1.18	13	0.361	1.28	1.53	1.79
3.0	0.570	0.88	1.05	1.23	14	0.383	1.30	1.57	1.83
3.5	0.550	0.91	1.09	1.27	15	0.376	1.33	1.60	1.86
4.0	0.533	0.94	1.13	1.31	16	0.369	1.36	1.63	1.90
4.5	0.518	0.97	1.16	1.35	17	0.362	1.38	1.66	1.93
5.0	0.505	0.99	1.19	1.39	18	0.357	1.40	1.68	1.96
5.5	0.493	1.01	1.22	1.42	19	0.351	1.43	1.71	2.00
6.0	0.482	1.04	1.24	1.45	20	0.346	1.45	1.74	2.03
6.5	0.472	1.06	1.27	1.48	25	0.324	1.55	1.85	2.16
7.0	0.463	1.08	1.30	1.51	30	0.306	1.63	1.96	2.28

注：本表按公式 $h_2=\dfrac{\dfrac{b}{2}+e}{\cos\left(\arctan\sqrt[3]{\dfrac{h_1}{a+g}}\right)}$ 求得，其中 e 取 0.2。

综上所述，用图表法求起重臂长度的步骤分以下 3 步。

第一步：由表 7-8 查得 h_2 值。

第二步：由 h_2 值求出 h 值。

第三步：由图 7-43 查得 L 值。

4）工作幅度（回转半径）R 计算。

起重机工作幅度（回转半径），按下式计算：

$$R=F+L\cos\alpha \tag{7-11}$$

式中：R——起重机的工作幅度（回转半径），m；

F——起重臂下铰点中心至起重机回转中心的水平距离（其数值由起重机技术参数表查得），m；

L——起重臂长度，m；

α——起重臂仰角，(°)。

5）检查 Q、H，最后确定起重机型号。

通过上述计算求出 R 后，按 R 及起重臂长度，查起重机的起重性能表或曲线，检查

起重量 Q 及起重高度 H，如果能满足结构构件的吊装要求，则起重机起重臂长度的确定即可完成，初选的起重机型号即可确定。

【例 7-3】 拟吊装某质量为 15kN 的构件，已知 $h_1=15\text{m}$，$a=3\text{m}$，初步选定用 W1-100 型起重机，其起重臂厚度 $b=0.8\text{m}$，$h_3=1.7\text{m}$，试计算安装此构件需要的起重臂长度。

解：1）用图表法求起重臂长度。

① 求 h_2。

$h_1 : a=15 : 3=5$

由表 7-8 查得 $h_2=1.19\text{m}$，$\cos\alpha=0.505$。

② 求 h。

$h=h_1+h_2-h_3=15+1.19-1.7=14.49$（m）

③ 求 L。

如用数解法计算，由图 7-46 查得 $L=22.73\text{m}$，故初步选择起重臂长度为 23m。

2）检查 Q、H。

查表 7-1 得臂长 23m 的 W1-100 型履带式起重机，当 $R=13\text{m}$ 时，起重量 $Q=29\text{kN}>15\text{kN}$，满足要求；起升高度 $H=17.8\text{m}>15\text{m}$。吊索与屋面板夹角一般不小于 45°，则 $17.8-15=2.8$（m），可满足吊索长度选用要求。因此，Q、H 均满足要求。

3. 起重机的开行路线

起重机的开行路线与起重机的性能、构件的尺寸与质量、构件的平面布置及安装方法等有关。

吊装柱时，根据厂房跨度大小、柱的尺寸和重量、起重机性能、构件平面布置，起重机的开行路线一般分跨中开行和跨边开行两种。

（1）跨中开行

当 $R\geqslant L/2$（L 为厂房跨度）时，起重机跨中开行，每个停机点吊两根柱子［图 7-44（a）］：停机点在以基础中心为圆心，R 为半径的圆弧与跨中开行路线的交点处；特别地，当 $R\geqslant\sqrt{\left(\frac{L}{2}\right)^2+\left(\frac{b}{2}\right)^2}$（$b$ 为厂房柱距）时，一个停机点可吊 4 根柱子，停机点在该柱网对角线交点处［图 7-44（b）］。

（2）跨边开行

当吊柱时的起重半径 $R<L/2$ 时，起重机沿跨边开行，每次开行可吊装一根柱子［图 7-44（c）］；特别地，当 $R\geqslant\sqrt{a^2+\left(\frac{b}{2}\right)^2}$ 时，一次可吊装两根柱子，起重机停机点在以杯口为圆心，以 R 为半径的圆弧与跨边开行路线的交点处［图 7-44（d）］。

4. 构件平面布置

（1）构件平面布置的原则

1）每跨构件宜布置在本跨内，如场地狭窄，也可布置在跨外便于吊装的地方。

2）应满足安装工艺的要求，尽可能布置在起重机的回转半径内，以减少起重机负

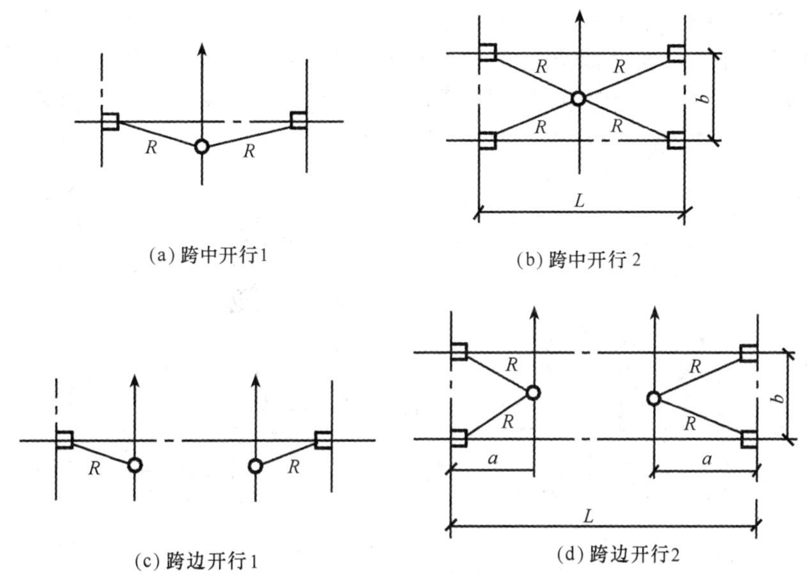

图 7-44　吊装柱时起重机开行路线及停机点位置

荷行驶。

3）构件布置应“重近轻远”，即将重构件布置在距起重机停机点较近的地方，轻构件布置在距停机点较远的地方。

4）要注意构件布置的朝向，特别是屋架，避免安装时在空中调头，影响进度及安全。

5）构件布置应便于支模与浇灌混凝土，当为预应力混凝土构件时要考虑抽芯穿筋张拉等。

6）构件布置力求占地最少，以保证起重机的行驶路线畅通和安全回转。

（2）预制阶段构件的平面布置

1）柱的布置。柱的布置方式一般有斜向布置和纵向布置两种。

① 斜向布置。柱子如采用旋转法起吊，可按三点共弧斜向布置（图 7-45）。首先确定起重机的开行路线，然后以杯口的中心为圆心，以 R 为半径，画弧交起重机开行路线于 O 点，O 点即为停机点，以 O 点为圆心，以 R 为半径画一圆弧，在圆弧靠近杯口处，选定点 K 作为柱脚的位置，再以 K 为圆心，以柱到绑扎点的距离为半径画弧，交另一弧于 S，以 KS 为中心线，画出柱的外形尺寸，即为柱子的斜向布置图。

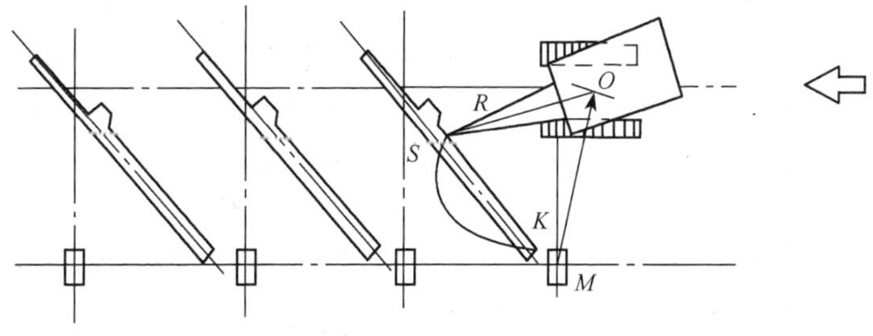

图 7-45　柱子的斜向布置（三点共弧）

当柱子较长，场地受限时，很难做到三点共弧，此时，采用滑行法起吊，柱子的布置要求为两点共弧，一是柱脚与杯口两点共弧，或是绑扎点与杯口两点共弧。

② 纵向布置。用旋转法起吊，柱子按两点共弧纵向布置，绑扎点靠近杯口，柱子可以两根叠浇，每次停机可吊两根柱子（图 7-46）。

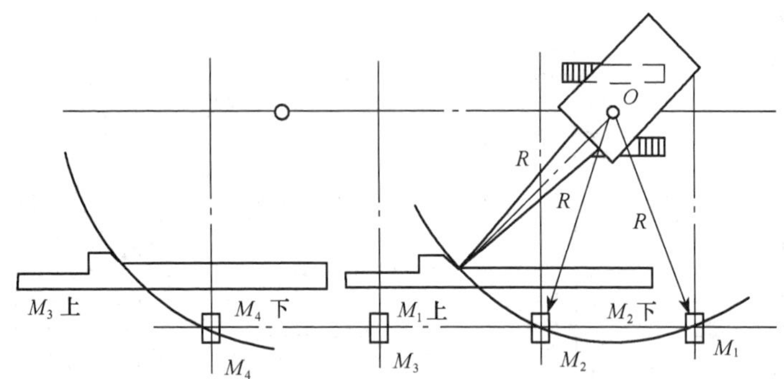

图 7-46　柱子的纵向平面布置

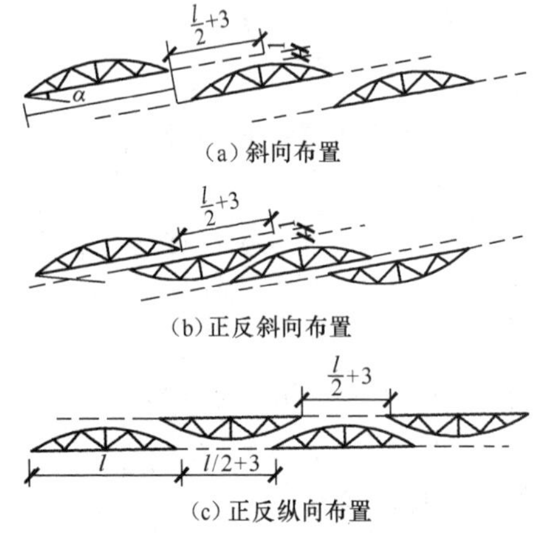

图 7-47　屋架预制时的几种平面布置（单位：m）

柱子布置时，还要注意牛腿的朝向问题，当柱布置在跨内时，牛腿应朝向起重机，若柱布置在跨外，则牛腿应背向起重机，使柱吊装后牛腿朝向符合设计要求。

2）屋架布置。屋架一般在跨内平卧叠浇预制，每叠 3～4 榀，布置的方式有斜向布置、正反斜向布置和正反纵向布置 3 种（图 7-47），其中以斜向布置较多，以便于屋架的扶直与排放。对于预应力屋架，应在屋架的一端或两端留出抽芯与穿筋的工作场地（图中虚线表示预留的距离）。

3）吊车梁布置。吊车梁可布置在柱子与屋架间的空地处，一般可靠近柱子基础，平行于纵轴线或略倾斜，也可插在柱子间混合布置。

（3）安装阶段构件的就位与堆放

安装阶段构件的就位布置，是指柱子已安装完毕其他构件的就位布置，包括屋架的扶直、就位，吊车梁、屋面板的运输就位等。

1）屋架的扶直、就位。吊装屋架前，先将屋架由平卧转为直立，并立即进行就位排放。就位方式有斜向就位和成组纵向就位两种（图 7-48）。屋架与屋架之间保持不小于 200mm 净距，并用支撑及铁丝相互撑牢拉紧，防止倾斜。

2）屋面板的就位、堆放。单层工业厂房除了柱、屋架、吊车梁在施工现场预制外，其他构件如连系梁、屋面板均在场外制作，然后运至工地堆放。

屋面板的堆放位置，跨内跨外均可，根据起重机吊装屋面板时的起重半径确定，一般布置在跨内，6～8 块叠放，若车间跨度在 18m 以内，采用纵向堆放，若跨度大于 24m，可采用横向堆放。

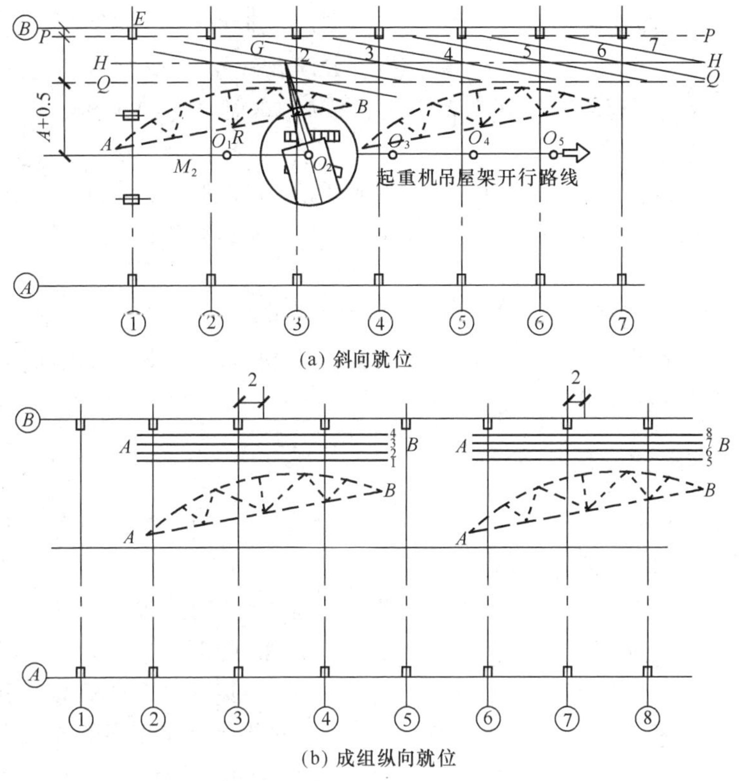

(a) 斜向就位

(b) 成组纵向就位

图 7-48　屋架的就位布置（单位：m）

7.4　多高层装配式结构安装

装配式结构的构件为全部预制或部分预制，具有施工速度快、节能减排、利于安全等优点，预制构件在施工现场采用起重机械安装，安装时主要考虑吊装机械的选择与布置、安装顺序和安装方法等问题。

7.4.1　吊装机械的选择与布置

1. 吊装机械的选择

吊装机械类型的选择要根据建筑物的结构形式、高度、平面布置、构件的尺寸及质量等条件来确定。对 5 层以下的民用建筑或高度在 18m 以下的多层工业厂房，可采用履带式、汽车式或轮胎式起重机；对 10 层以下的民用建筑可采用轨道式塔式起重机，对于 10 层以上的高层建筑可采用附着式塔式起重机，对于超高层建筑宜采用爬升式塔式起重机。选择起重机类型时，既要满足使用功能要求，同时也要考虑安全性以及经济合理性、安装与拆除的可行性等。

选择起重机型号时，首先绘出建筑结构立面图或剖面图，在图上注明最高一层主要构件的起重量 Q 及所需要的起重半径 R，根据其中最大的起重力矩 M_{max}（$M_{max}=QR$）及最大起重高度 H 来选择起重机。应保证每个构件所需的 H、R、Q 均能同时满足。

2. 吊装机械的布置

为了施工方便，起重机的位置一般布置在建筑物的外侧。

1）对固定式塔式起重机，其安装位置既要能够覆盖整个建筑物，又要注意其最小起重幅度以避免出现死角。

2）对轨道式塔式起重机，有单侧、双侧或环形布置形式。当房屋平面宽度较小，构件较轻时，塔式起重机可单侧布置；当建筑物平面宽度较大或构件较重时，可每侧各布置一台起重机或单机环形布置。

当布置两台以上塔式起重机时，为防止碰撞，应保证各塔式起重机安装及运行时，任何部位的最小间距不小于 2m。对于高层建筑，为提高吊装机械的稳定性，应采用附着式或安装于建筑内的爬升式塔式起重机。

7.4.2　结构吊装方法与吊装顺序

1. 分件吊装法

多高层装配式建筑一般采用分件吊装法。

为了使已吊装好的构件尽早形成稳定结构并为后续施工工作提供工作面，分件吊装法又分为分层分段流水吊装法和分层大流水吊装法两种。

1）分层分段流水吊装法一般是以一个楼层为一个施工层，再将每个施工层划分为若干个流水段，以便于构件的吊装、校正、焊接及接头灌浆等工序的流水作业。起重机在每一流水段内每次开行吊装一种构件，待一层各流水段构件全部吊装完毕并最后固定，形成牢固的结构体系，再吊装上一层构件。

2）分层大流水吊装法是按楼层组织各工序的流水。

2. 综合吊装法

综合吊装法以一个节间或若干个节间为一个流水段来组织流水。起重机把一个流水段的构件吊装至房屋的全高，然后转移到下一个流水段。采用此法吊装时，起重机可布置在跨内，采取边吊边退的行车路线。

该法的一般特点同单层厂房。此外若为混凝土构件，需等待接头达到 75%强度等级才能安装上层构件，导致吊装长时间间断而影响工期；吊装构件品种不断变换不利于其供应和排放；施工中工人上下频繁，劳动强度较大。因此该法较少使用。

7.4.3　构件的平面布置与排放

构件运至现场后，应按规格、品种、所用部位、吊装顺序分别设置堆场。堆场应在起重机工作范围内，避免起吊盲点，堆垛之间宜设置通道。构件布置一般应遵循以下原则。

1）尽量避免二次搬运。预制构件应尽量布置在起重机的回转半径之内。

2）主近零远。量大的主要构件应尽量布置在起重机附近，零星构件可布置在外侧或较远处。

3）方便起吊。构件布置地点及朝向应与构件吊装到建筑物上的位置相配合，以便在吊装时减少起重机的变幅及构件空中调头。

4）防止损坏和倾覆。做好场地压实排水，构件底部及层间正确支垫，控制堆放高度，避免倾覆和压裂。柱、梁构件叠堆层数不得超过 2 层，楼板不得超过 6 层。墙板应依插放架或靠放架立放，倾角不得大于 10°。

7.4.4　装配式混凝土结构的安装工艺

1. 框架结构安装

装配式框架结构的安装顺序一般为柱、主梁、次梁、楼板。柱吊装后，先安装下部纵筋位置低的梁。叠合板安装后，进行节点处柱箍筋、梁板面钢筋的绑扎安装。接头混凝土宜与梁、板叠合层连续浇筑。

（1）柱吊装

柱子常采用一点直吊绑扎，柱子较长时，可采用两点绑扎，但应对吊点位置进行强度和抗裂度验算。

柱的起吊方法有旋转法和滑行法两种。应做好柱底的保护工作，或采用双机抬吊、空中转体等方法。

柱的临时固定与校正，可用钢丝绳牵拉、可调钢管支撑或千斤顶等进行调整。其上端与套在柱上的夹箍或埋件相连，位置距柱根宜为 2/3 柱高以上，且不得低于 1/2 柱高；下端与梁板上的预埋件相连，旋转中间节钢管产生推力或拉力而校正柱的垂直度。校正时为了避免误差积累，应以最下柱的根部中心线为准。

（2）梁、板吊装

梁常预制成叠合梁，为了加强连接，做成槽形或端部带有键槽。板常用预制叠合板，分为钢筋桁架和无钢筋桁架两种，前者刚度好、不易开裂。梁、板均有预埋吊环，其位置距端部应为跨度的 1/6～1/5。安装前，先清理、检查构件并弹线，按设计要求位置搭设临时支架。吊装时，起重吊索与水平面夹角不宜大于 60°，且不应小于 45°。安放就位时，搁置长度应满足设计要求，底部可设置厚度不大于 20mm 的坐浆或垫块。校准位置并做好临时固定后方可摘钩。

（3）接头施工

1）柱、墙纵筋的连接。柱、墙接头首先应能传递轴向压力，其次是弯矩和剪力。柱、墙接头的主要形式有套筒注浆、螺栓连接和焊接连接。

2）梁、柱节点连接。梁和柱的节点连接是关系到结构强度、刚度和抗震性能的重要环节。常用现浇节点构成整体式接头。梁搭在柱上一般不少于 15mm，梁钢筋锚入节点足够的长度，连续梁的钢筋常采用焊接连接或全注浆套筒连接。柱箍筋需加密。接头所浇混凝土的强度等级，应不低于各构件的混凝土设计强度，骨料粒径不大于连接处最小尺寸的 1/4。浇筑前应清理和润湿接头，浇筑过程中应确保捣实，必要时可掺微膨胀剂及早强剂，以避免开裂，提早进行上层的施工。

2. 墙板结构安装

（1）安装前的准备

1）墙板堆放。应使用有足够刚度的插放架或靠放架，并支垫稳固，防止倾倒和下沉。外墙板的外饰面应朝外，对连接止水条、高低口、墙体转角等薄弱部位应加强保护。

2）抄平放线。首层可根据标准桩定出房屋的纵横控制轴线，据此弹出各轴线及墙体安装控制准线。各层标高线应在墙板顶面以下 100mm 处弹出，以控制楼板标高。

3）铺灰墩（灰饼）。吊装前应在墙板底两端位置铺灰墩（灰饼），以控制墙底标高。灰墩宽度与墙板厚度相同，长度应视墙板的质量而定。吊装墙板时，在相邻灰墩间铺以略高于灰墩的湿砂浆，以使墙板下部接缝密实。坐浆总厚度不得大于 20mm。

（2）安装顺序

墙板的安装顺序，应根据房屋的构造特点和现场具体情况而定。一般多采用逐间封闭法安装。为减小误差积累，从建筑物中间某一个开间开始，按先安装内墙，后安装外墙的顺序逐间封闭，适当拉结，以保证施工期间的整体稳定性。也可先安装外墙，再分段安装内墙和叠合板，但外墙应有可靠的拉结、支撑及快速固定措施。一段墙板吊装完成后，即可浇灌各墙板之间的立缝，或现浇内墙混凝土与外墙板形成整体。拆除接缝或墙体模板后，安装叠合板支架，吊装叠合板、阳台板及楼梯构件。然后进行管线安装、构造钢筋绑扎及焊接，再浇筑叠合层混凝土。

（3）吊装要求

宜采用横吊梁等专用吊具，以保护构件，满足吊索与水平面夹角要求。墙板安装就位后，采用可调式钢管支撑与楼层拉结固定，每块墙板不少于两道，墙板长于 4m 者应增加支撑。待内墙及接头处混凝土达到设计强度后方可拆除支撑。

预制叠合板、阳台板、楼梯安装时，可采用第 6 章的各类钢管脚手架支撑形式，其具体结构体系及构造应通过计算确定。支撑体系拆除时应满足底模拆除时的混凝土强度要求。

思　考　题

7-1　试述桅杆式起重机的分类、构造及性能。

7-2　自行杆式起重机有哪几种类型？各有什么特点？

7-3　试述履带式起重机的主要技术参数及相互关系。

7-4　塔式起重机有哪几种类型？试述其特点及性能。

7-5　试述自升式与爬升式塔式起重机的自升原理和爬升原理。

7-6　起重设备包括哪几类？

7-7　结构吊装中常用的钢丝绳有几种？如何计算钢丝绳的允许拉力？

7-8　构件安装前应做好哪些准备工作？

7-9　构件的质量检查内容有哪些？如何进行构件的弹线和编号？

7-10　混凝土杯型基础的准备工作包括哪些内容？如何进行？

7-11　单机吊装柱子时，旋转法和滑行法各有什么特点？

7-12　混凝土柱吊装时绑扎方法有几种？其适用范围是什么？

7-13　混凝土柱如何进行对位和临时固定？最后固定方法是什么？

7-14　如何检查和校正柱的垂直度？

7-15　试述吊车梁的绑扎、吊装、对位、临时固定、校正和最后固定方法。

7-16　单层工业厂房的结构吊装方法有哪几种？简述其优缺点及适用范围。

7-17　屋架如何绑扎、吊装、临时固定、校正和最后固定？

7-18　多高层装配式结构安装时应如何选择吊装机械？

7-19　简述多高层装配式框架结构的安装工艺。

习　题

7-1　吊装某一构件，重约 55kN，现采用 6×37 钢丝绳做捆绑吊索，其极限抗拉强度为 1700N/mm^2，求钢丝绳的直径。

7-2　某单层工业厂房为装配式混凝土结构，预应力折线型屋架重 48.2kN，屋架高 3.2m，柱重 52kN，车间跨度 24m，如图 7-49 所示。试选用安装构件时所需的履带式起重机的型号。

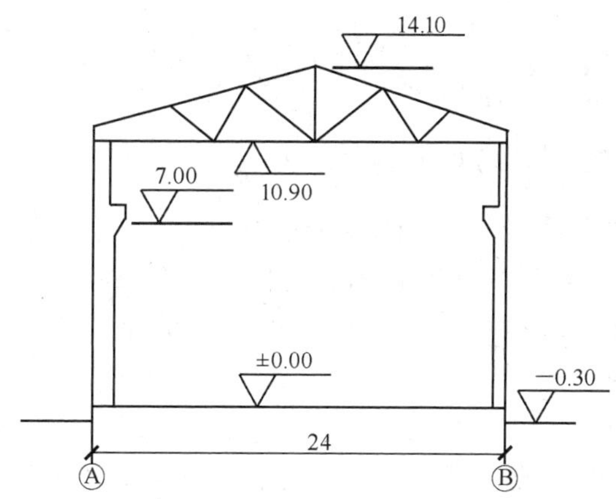

图 7-49　某单层厂房安装示意图（单位：m）

第 8 章 防 水 工 程

防水工程涉及建（构）筑物的屋面、楼地面、外墙身及地下结构等众多部位，在土木工程施工中占有重要地位，其质量的优劣直接关系到建（构）筑物的使用寿命、生产生活环境及卫生条件等。因此，防水工程的施工必须严格遵守有关操作规程，切实保证工程质量。

防水工程根据防水的部位可以分为屋面防水、地下防水、浴厕间楼地面防水、桥梁隧道防水及水池、水塔构筑物防水等。按防水的材料、构造做法又可分为混凝土结构自防水、刚性防水层防水以及卷材、涂料等柔性防水。

8.1 屋面防水工程

8.1.1 屋面防水工程方案与防水等级

屋面防水工程主要是防止雨、雪或人为因素对屋面产生间歇性浸透作用，保证建筑物的使用寿命和各项功能正常发挥。防水屋面按材料不同可以分为卷材防水屋面、涂膜防水屋面、瓦屋面、金属板材屋面等。对于一些重要的建筑物，还常采用由不同防水材料组成的复合防水屋面。

现行国家标准《屋面工程技术规范》（GB 50345—2012）根据建筑物的类别、重要程度、使用功能要求确定了防水等级，并规定了不同等级的设防要求（表 8-1）。对防水有特别要求的建筑屋面，应进行专项防水设计。

表 8-1 屋面防水等级和设防要求

防水等级	建筑类别	设防要求
Ⅰ级	重要建筑和高层建筑	两道防水设防
Ⅱ级	一般建筑	一道防水设防

8.1.2 卷材防水屋面施工

卷材防水屋面是目前屋面防水的一种主要做法，尤其在重要的工业与民用建筑工程中应用广泛，适用于屋面防水的各个等级。这种屋面防水材料具有质量小、防水性能好等优点，其防水层（卷材）的柔韧性好，能适应一定程度的结构振动和胀缩变形。卷材防水屋面构造如图 8-1 所示。

1. 防水材料

常用防水材料包括高聚物改性沥青防水卷材、合成高分子防水卷材以及相应的胶黏剂、基层处理剂、嵌缝膏等。

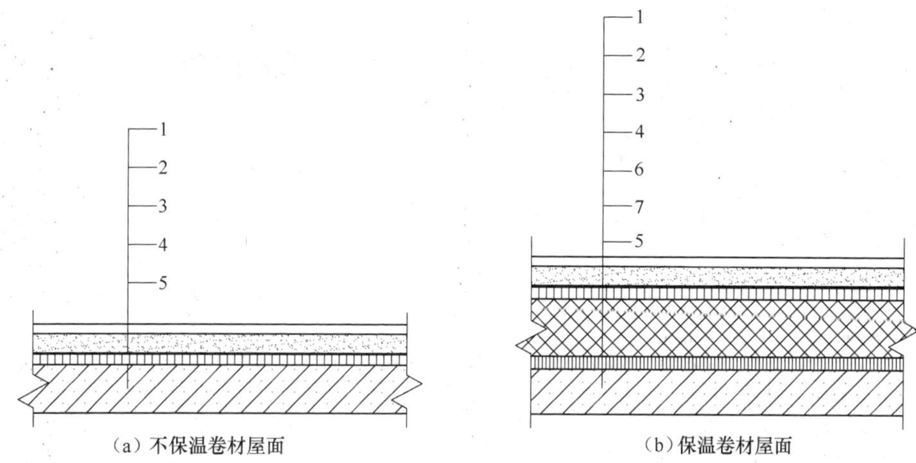

（a）不保温卷材屋面　　（b）保温卷材屋面

1—保护层；2—卷材防水层；3—冷底子油、结合层；4—找平层；5—钢筋混凝土结构层；6—保温层；7—隔汽层。

图 8-1　卷材防水屋面构造层次示意图

（1）高聚物改性沥青防水卷材

高聚物改性沥青防水卷材是以合成高分子聚合物改性沥青为涂盖层，纤维织物或纤维毡为胎体，加上粉粒状或薄膜材料做覆盖物而制成的可卷曲片状材料。它具有耐高低温、抗拉强度高、延伸率高等优点，常用的种类有 SBS 改性沥青柔性卷材、APP 改性沥青卷材、化纤胎改性沥青卷材等。

（2）合成高分子防水卷材

合成高分子防水卷材是用合成橡胶、合成树脂或塑料与橡胶共混材料为主要原料，掺入适量的稳定剂、促进剂、硫化物和改进剂等化学助剂及填料，经混炼、压延或挤出等工序加工而成的可卷曲片状防水材料。

合成高分子防水卷材有多个品种，包括三元乙丙橡胶防水卷材、丁基橡胶防水卷材、再生橡胶防水卷材、氯化聚乙烯防水卷材、聚氯乙烯防水卷材、聚乙烯防水卷材、氯磺化聚乙烯防水卷材、氯化聚乙烯-橡胶共混防水卷材、三元乙丙橡胶-聚乙烯共混防水卷材等。这些卷材的性能差异较大，堆放时要按不同品种的标号、规格、等级分别放置，避免因混乱而造成错用。

（3）基层处理剂

基层处理剂的选择应与所用卷材的材性相容。常用的基层处理剂有用于高聚物改性沥青防水卷材屋面的氯丁胶沥青乳胶、橡胶改性沥青溶液、沥青溶液（即冷底子油）和用于合成高分子防水卷材屋面的聚氨酯煤焦油系的二甲苯溶液、氯丁胶乳溶液、氯丁胶沥青乳胶等。施工前应查明产品的使用要求，合理选用。

（4）胶黏剂

高聚物改性沥青卷材可以选用橡胶或再生橡胶改性沥青的汽油溶液或水乳液作为胶黏剂；合成高分子防水卷材可选用以氯丁橡胶和丁基酚醛树脂为主要成分的胶黏剂（如 404 胶等）或以氯丁橡胶乳液制成的胶黏剂。施工前也应查明产品的使用要求，与相应的卷材配套使用。

2. 找平层施工

找平层是防水层的基层，其材料的类型及施工质量直接影响到防水层的质量和防水效果。找平层一般有水泥砂浆找平层和细石混凝土找平层。找平层的厚度和技术要求应符合表 8-2 的规定。

表 8-2　找平层厚度和技术要求

类别	基层种类	厚度/mm	技术要求
水泥砂浆找平层	整体现浇混凝土板	15～20	1∶2.5 水泥砂浆
	整体材料保温层	20～25	
细石混凝土找平层	装配式混凝土板	30～35	C20 混凝土，宜加钢筋网片
	板状材料保温层		C20 混凝土

为避免因温差及混凝土构件收缩引起防水层开裂，找平层应留设分格缝，缝宽宜为 5～20mm，缝内宜嵌填密封材料。分格缝应留设在板端缝或板的搁置部位，纵横缝间距不宜大于 6m。找平层表面应压实、平整，排水坡度符合设计要求。水泥砂浆找平层抹平收水后应 2 次压光，充分养护，不得有酥松、起砂、起皮现象及过大裂缝。

找平层在突出屋面结构（如女儿墙、天窗壁、立墙、风道口等）的连接处、管根处及基层的转角处（檐口、天沟、屋脊、水落口等），由于变形频繁、应力集中，容易导致防水层被拉裂，因此均应做成圆弧状。圆弧半径根据所铺卷材种类而定，对于高聚物改性沥青防水卷材为 50mm，合成高分子防水卷材为 20mm。

找平层应清扫干净，且要干燥后才能进行下步工序，以防卷材起鼓或粘接不牢。

3. 防水层施工

卷材防水层施工的一般工序是：检查验收基层→涂刷基层处理剂→测量放线→铺贴附加层→淋（蓄）水试验→铺设保护层。

（1）施工条件与环境要求

屋面防水层应在屋面结构层完成之后，且在找平层干燥后进行施工。其干燥程度可用干铺卷材法检验，即在找平层表面铺设 1m×1m 的防水卷材，静置 3～4h 后掀开，若找平层表面及卷材内表面均无水印，可视为含水率达到要求。

施工时需先进行基层处理，以增强卷材与基层的黏结力。基层处理剂的种类应与卷材的材性相容。基层处理剂可采用喷涂法和涂刷法施工。待前一遍喷、涂干燥后方可进行后一遍喷、涂或铺贴卷材。喷、涂基层处理剂前，应用毛刷对屋面节点、周边、拐角等处先行涂刷。

卷材铺贴应选择在好天气时进行，严禁在雨、雪天、有五级以上的大风时施工，热熔法和焊接法的施工环境温度不宜低于－10℃，冷黏法和热黏法不宜低于 5℃，自黏法不宜低于 10℃。

（2）施工顺序与搭接要求

当屋面为连续多跨或高低跨时，应按先高跨后低跨、先远后近的顺序进行。等高的屋面，先铺离上料地点远的部位，后铺较近的部位，以加强对已施工部分的保护。

屋面卷材宜平行屋脊铺贴，且应从低往高铺，上下层卷材不得相互垂直铺贴。平行于屋脊的卷材搭接缝应顺流水方向搭接，垂直于屋脊的搭接缝应顺最大频率风向搭接。檐沟、天沟卷材宜顺其长度方向铺贴，搭接缝应顺流水方向。叠层铺贴的各层卷材，在天沟与屋面的交接处，应采用叉接法搭接，搭接缝应错开；搭接缝宜留在屋面与天沟侧面，不宜留在沟底。屋面有女儿墙时，应先铺立面，再铺平面。当屋面坡度大于 25%时，卷材应采取满黏和钉压固定措施。

每一跨在大面积卷材铺贴前，应先做好节点、附加层和排水较为集中部位的处理，主要包括檐口、檐沟、水落口、泛水、变形缝、伸出屋面管道、屋面出入口、屋面转角、屋面阴阳角、板端缝等。然后再由屋面最低标高处向上施工，以保证顺水搭接。檐沟、天沟卷材应顺其长度方向铺贴，以减少搭接。特殊部位处理完后，再弹线确定卷材的位置。

卷材搭接宽度应符合表 8-3 的规定。同一层相邻两幅卷材短边搭接缝错开不应小于 500mm，上下层卷材长边搭接缝应错开，且不应小于幅宽的 1/3。

表 8-3　卷材搭接宽度　单位：mm

卷材类别	粘贴方式	搭接宽度
高聚物改性沥青防水卷材	胶黏剂	100
	自黏	80
合成高分子防水卷材	胶黏剂	80
	胶黏带	50
	单缝焊	60，有效焊接宽度不小于 25
	双缝焊	80，有效焊接宽度为 10×2＋空腔宽

（3）铺贴方法

卷材防水层的粘贴方法按其底层卷材是否与基层全部黏结，分为满粘法、空铺法、条粘法或点粘法。满粘法是指铺贴防水卷材时，卷材与基层全部黏结；空铺法是指卷材与基层仅在四周一定宽度内黏结，其余不黏结；条粘法是指卷材与基层采用条状黏结，每幅卷材与基层黏结面不少于两条，每条宽度不小于150mm；点粘法是指卷材或打孔卷材与基层采用点状黏结，每平方米黏结不小于 5 个点，每个点面积为 100mm×100mm。

立面或大坡面铺贴卷材时，应采用满粘法，并宜减少短边搭接。当卷材防水层上有重物覆盖或基层变形较大时，应优先采用空铺法、点粘法或条粘法，以避免结构变形拉裂防水层；当保温层或找平层含水率较大，且干燥有困难时，也应采用空铺法、点粘法或条粘法，并在屋脊设置排气孔而形成排气屋面，以防止水分蒸发造成卷材起鼓。采用空铺法、点粘法或条粘法时，在屋脊、檐口和屋面的转角处应满黏，其宽度不小于 800mm，卷材间的搭接处也必须满黏。卷材的收头处、水落口处、管根处、变形缝处、出入口处等均应按构造要求做好细部处理。

（4）粘贴工艺

1）冷粘法，适用于高聚物改性沥青防水卷材和合成高分子防水卷材，是利用毛刷将胶黏剂涂刷在基层或卷材上，然后直接铺贴卷材，使卷材与基层、卷材与卷材黏结。施工时，胶黏剂涂刷应均匀、不漏底、不堆积，铺贴的卷材下面的空气应排尽，并辊压黏结牢固。铺贴时应平整顺直，搭接尺寸准确，不得扭曲、皱折，溢出的胶黏剂随即刮平封口，并在接缝口处嵌填密封材料进一步封严，其宽度不小于 10mm。

2）热熔法，适用于高聚物改性沥青防水卷材，是指利用火焰加热器熔化热熔型防水卷材底层的热熔胶进行粘贴。施工时，火焰加热器的喷嘴距卷材面的距离应适中，幅宽内加热均匀，在卷材表面热熔后（以卷材表面熔融至光亮黑色为度）应立即滚铺卷材，使之平展，并辊压粘牢。

3）自粘法，适用于高聚物改性沥青防水卷材和合成高分子防水卷材，是指采用带有自粘胶的防水卷材进行黏结。铺贴前，基层表面应均匀涂刷基层处理剂，待干燥后及时铺贴卷材。铺贴时，应先将自粘胶底面隔离纸完全撕净，排除卷材下面的空气，并辊压黏结牢固。搭接部位宜采用热风焊枪加热后随即粘牢，溢出的自粘胶随即刮平封口，并在接缝口处嵌填密封材料进一步封严。立面及大坡面粘贴时，应加热后粘牢。

4）热风焊接法，适用于合成高分子防水卷材，是利用热空气焊枪进行防水卷材搭接黏合。焊接前卷材铺放应平整、顺直，搭接尺寸准确，焊接缝的结合面应清理干净，先焊长边搭接缝，后焊短边搭接缝。

5）机械固定法，适用于合成高分子防水卷材，是使用专用螺钉、垫片、压条及其他配件将合成高分子卷材固定在基层上的施工方法，具有便捷、可靠、实用，对基层无严格要求，缩短工期等优点。固定件应与结构层连接牢固；固定件间距应根据抗风揭试验和当地的使用环境与条件确定，并不宜大于 600mm；卷材防水层周边 800mm 范围内应满黏，卷材收头应采用金属压条钉固定和密封处理。

4. 保护层施工

为了减少雨水、冰雹冲刷或其他外力造成卷材机械性损伤，并且折射阳光，降低温度，减缓卷材老化，从而增加防水层的寿命，应在卷材防水层上做保护层。保护层材料应根据使用的环境及卷材种类来确定，如表 8-4 所示。

表 8-4　保护层材料的适用范围和技术要求

保护层材料	适用范围	技术要求
浅色涂料	不上人屋面	丙烯酸系反射涂料
铝箔	不上人屋面	0.05mm 厚铝箔反射膜
矿物粒料	不上人屋面	不透明的矿物粒料
水泥砂浆	不上人屋面	20mm 厚 1∶2.5 或 M15 水泥砂浆
块体材料	上人屋面	地砖或 30mm 厚 C20 细石混凝土预制块
细石混凝土	上人屋面	40mm 厚 C20 细石混凝土或 50mm 厚 C20 细石混凝土内配Φ4@100 双向钢筋网片

保护层施工应在防水层经过验收合格，并将其表面清扫干净后进行。当采用水泥砂浆、细石混凝土或块材等刚性材料做保护层时，应在保护层与防水层之间抹纸筋灰或铺细砂等隔离层，以防止其因温度变形而拉裂防水层；为防止刚性保护层开裂，施工时应设置分格缝，其要求为水泥砂浆表面分格面积宜为 $1m^2$；细石混凝土纵横间距不大于 6m，缝宽宜为 10～20mm；块材保护层纵横分格缝间距不大于 10m，缝宽 20mm；刚性保护层与女儿墙之间需预留 30mm 宽的空隙。施工时，块材应铺平铺稳，块间用水泥砂浆勾缝；所留缝隙应用防水密封膏嵌填密实。

8.1.3 涂膜防水屋面施工

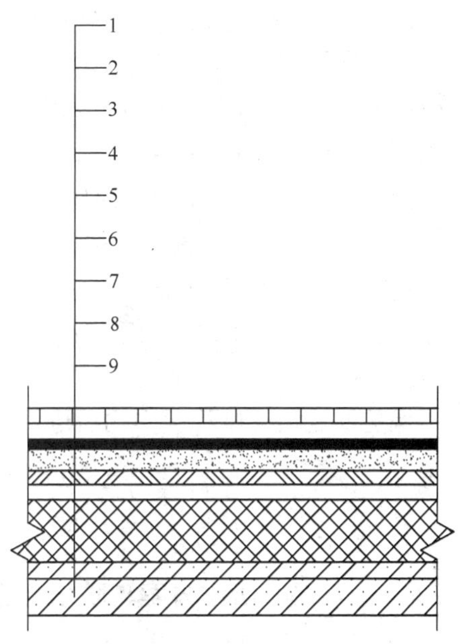

1—地砖饰面保护层；2—水泥砂浆黏结层；3—涤纶无纺布增强聚氨酯涂膜防水层；4—聚氨酯底胶；5—水泥砂浆找平层；6—保温层；7—涂膜隔气层；8—找坡找平层；9—钢筋混凝土结构层。

图 8-2 有隔气层的涂膜防水屋面构造图

涂膜防水屋面施工是在屋面基层上均匀涂布防水涂料，固化后形成一层具有防水效能的坚韧涂膜，从而达到防水目的的屋面形式，适用于屋面防水的各个等级。其构造如图 8-2 所示。

1. 防水材料

防水材料可按高聚物改性沥青防水涂料、合成高分子防水涂料选用，其外观质量和品种、型号应符合国家现行有关材料标准的规定。

2. 涂膜防水屋面施工

涂膜防水屋面的施工顺序及基层作法与要求同卷材防水屋面施工。其一般施工顺序为：特殊部位处理→涂布基层处理剂→特殊部位增强处理→涂膜防水层施工→保护层施工。

基层处理剂应与上部涂膜的材性相容，常采用防水涂料的稀释液。涂膜防水屋面基层处理方法同屋面卷材防水，但对于涂膜防水层，它是紧密地依附于基层（找平层）上，依靠形成的整体防水膜而起到防水作用的，因此与卷材防水屋面相比，找平层的平整度对涂膜防水层的质量影响更大。若平整度较差，将会影响涂膜防水层的厚度，从而造成防水可靠性和耐久性降低，所以涂膜防水屋面对平整度的要求更严格。

防水涂层在雨天、雪天、有五级风以上时或预计涂膜固化前有雨时不得施工；水乳型、反应型涂料及聚合物水泥涂料的施工环境气温宜为 5～35℃，溶剂型涂料不宜低于－10℃。

与卷材防水屋面类似，涂膜防水屋面的防水涂层施工时，应先做节点、附加层，再按照“先高后低，先远后近”的原则进行。遇高低跨屋面时，一般先涂布高跨屋面，后涂布低跨屋面；相同高度屋面，要合理安排施工段，先涂布距上料地点远的部位，后涂布近处。立面部位涂层应在平面涂布前进行。对屋面转角及立面的涂层，应采取薄涂多遍，以避免流淌和堆积现象。

涂层施工可采用抹压、涂刷或喷涂等方法，分层分遍涂布。后层涂料应待前一层涂料干燥成膜后方可进行，刮涂的方向应与前一层垂直，以提高防水层的整体性和均匀性。涂布要做到厚度均匀、不露底、无气泡、平整。涂膜厚度是影响涂膜防水层质量的一个关键，每道涂膜防水层最小厚度应该满足表 8-5 的要求。

表 8-5 每道涂膜防水层最小厚度 单位：mm

防水等级	合成高分子防水涂膜	聚合物水泥防水涂膜	高聚物改性沥青防水涂膜
Ⅰ级	1.5	1.5	2.0
Ⅱ级	2.0	2.0	3.0

在涂膜防水层中采用增强的化纤无纺布、玻璃纤维网布等材料，即采用胎体增强材料，可以提高涂膜防水层对基层开裂、房屋伸缩变形和结构沉降的抵抗能力，以及在天沟、檐口等节点细部的适应变形能力。在涂刷第二遍涂料后、在第三遍涂料涂刷前即可铺贴胎体增强材料。铺贴胎体应边涂刷边铺设，并刮平粘牢，排出气泡。胎体铺贴方向应视屋面坡度而定，当屋面坡度小于15%时可平行于屋脊铺设，否则应垂直于屋脊铺设，以防其下滑。胎体增强材料应由低向高铺设，顺流水方向搭接，长边搭接宽度不得小于 50mm，短边搭接宽度不得小于 70mm。当采用多层胎体增强材料时，胎体材料的纵、横向延伸率不一致，所以上下层不得互相垂直铺设，搭接缝位置应错开，其间距不小于 1/3 幅宽。

3. *保护层施工*

保护层施工应待涂膜固化后进行，其做法与要求同卷材的保护层施工。

8.2　地下防水工程

8.2.1　地下防水工程方案与防水等级

地下防水工程主要是防止地下水对地下建（构）筑物基础的长期浸透，保证地下室或地下构筑物使用功能正常发挥。由于地下工程常年受到潮湿和地下水的有害影响，所以对地下工程防水的处理比屋面工程要求更高更严，防水技术难度更大，故必须认真对待，确保良好的防水效果，满足使用要求。

现行国家标准《地下工程防水技术规范》（GB 50108—2008）将地下工程防水等级分为四级，并规定了不同等级的设防标准（表 8-6）。

表 8-6　地下工程防水等级标准

防水等级	防水标准
Ⅰ级	不允许渗水，结构表面无湿渍
Ⅱ级	不允许漏水，结构表面可有少量湿渍；工业与民用建筑：总湿渍面积不大于总防水面积的 1‰；任意 100m^2 防水面积不超过 2 处，单个湿渍面积不大于 0.1m^2；其他地下工程：总湿渍面积不大于总防水面积的 2‰；任意 100m^2 防水面积不超过 3 处，单个湿渍面积不大于 0.2m^2；其中，隧道工程还要求平均渗水量不大于 0.05L/（m^2·d），任意 100m^2 防水面积上的渗水量不大于 0.15L/（m^2·d）
Ⅲ级	有少量漏水点，不得有线漏和漏泥砂；任意 100m^2 防水面积上的漏水或湿渍点不超过 7 处，单个漏水点的漏水量不大于 2.5L/d，单个湿渍的最大面积不大于 0.3m^2
Ⅳ级	有漏水点，不得有线漏和漏泥砂；整个工程平均漏水量不大于 2L/（m^2·d），任意 100m^2 防水面积的平均漏水量不大于 4L/（m^2·d）

地下防水工程的方案主要有以下几种。

1）采用防水混凝土结构。

2）在地下结构表面另加防水层，如卷材防水层或涂膜防水层等。

3）采取防水加排水措施，即“防排结合”方案。排水方案通常可用盲沟排水、渗排水与内排法排水等方法将地下水排走，以达到防水的目的。

地下工程的防水方案应综合考虑“防”与“排”的关系，并根据使用要求、自然环境条件及结构形式等因素确定。对仅有上层滞水且防水要求较高的工程，应优先考虑“排水”方案；而更多的地下工程采用“防水”方案。建筑物的地下室多为Ⅰ、Ⅱ级防水，其防水构造通常采取两道或多道设防。

8.2.2　防水混凝土施工

防水混凝土是通过调整配合比或掺入外加剂等方法，来提高混凝土本身的密实度和抗渗性，使其具有一定防水能力的整体式混凝土或钢筋-混凝土结构。它兼有承重、围护和防水的功能，还可满足一定的耐冻融及耐腐蚀的要求，当掺入钢纤维或合成纤维后，其抗裂能力可以得到显著提高。

1. 防水混凝土的种类

常用的防水混凝土有普通防水混凝土和外加剂防水混凝土两大类。

1）普通防水混凝土主要通过调整混凝土的配合比获得。通过降低水灰比、增加水泥用量和砂率、采用粒径小的石子等，减少毛细孔的数量和孔径，减少混凝土内部的孔隙和缝隙，以提高混凝土的密实性和抗渗性。

2）外加剂防水混凝土根据外加剂类型可以分为减水剂、引气剂、密实剂、防水剂和膨胀剂防水混凝土。外加剂的使用，能够减少混凝土中毛细孔的数量和孔径，或堵塞混凝土中的毛细孔，或使混凝土在密实过程中更加密实，或补偿混凝土收缩、避免其开裂等，以达到防水效果。

2. 防水混凝土的抗渗等级

防水混凝土的抗渗能力可用抗渗等级表示，反映混凝土在不渗漏时的允许水压值。防水混凝土的设计抗渗等级应根据地下工程的埋置深度来确定，最低不得小于 P6（抗渗压力 0.6MPa），如表 8-7 所示。

表 8-7　防水混凝土的设计抗渗等级

工程埋置深度 H/m	$H<10$	$10\leqslant H<20$	$20\leqslant H<30$	$H\geqslant 30$
设计抗渗等级	P6	P8	P10	P12

3. 防水混凝土的施工及使用要求

1）防水混凝土的施工配合比应通过试验确定，试配混凝土的抗渗等级应比设计要求的提高 0.2MPa。

2）用于防水混凝土的材料应符合下列规定：水泥品种宜采用硅酸盐水泥、普通硅酸盐水泥，采用其他品种水泥时应经试验确定；石子应洁净、坚固耐久、粒形良好，最大粒径不宜大于 40mm，泵送时其最大粒径不应大于输送管径的 1/4，吸水率不应大于 1.5%，不得使用碱活性骨料；可掺入一定数量的矿物掺和料。

3）防水混凝土的配合比，应符合下列规定：胶凝材料用量应根据混凝土的抗渗等级和强度等级等选用，其总用量不宜小于 320kg/m^3；在满足混凝土抗渗等级、强度等级和耐久性条件下，水泥用量不宜小于 260kg/m^3；砂率宜为 35%～40%，泵送时可增至 45%；灰砂比宜为（1∶1.5）～（1∶2.5）；水胶比不得大于 0.5；防水混凝土采用预拌混凝土时，入泵坍落度宜控制在 120～160mm；预拌混凝土的初凝时间宜为 6～8h。

4）防水混凝土的环境温度不得高于 80℃；处于侵蚀性介质中防水混凝土的耐侵蚀要求应根据介质的性质按有关标准执行。

5）防水混凝土结构底板的混凝土垫层强度等级不应小于 C15；厚度不应小于 100mm，在软弱土层中不应小于 150mm。防水混凝土结构构件厚度不应小于 250mm；裂缝宽度不得大于 0.2mm，并不得贯通；钢筋保护层厚度应根据结构的耐久性和工程环境选用，迎水面钢筋保护层厚度不应小于 50mm。

4. 防水薄弱部位的处理

防水混凝土的防水薄弱部位包括混凝土施工缝、后浇带、结构变形缝、穿墙螺栓、穿墙管道、预埋铁件及预留锚孔等部位。

（1）混凝土施工缝

防水混凝土应尽量连续浇筑，减少施工缝的数量。顶板及底板防水混凝土均应连续浇筑，不宜留设施工缝。若墙体需要设置水平施工缝，要避开剪力最大处或底板与侧墙的交接处，应设置在高出底板表面 300mm 的墙身上。墙体留有孔洞时，施工缝距孔洞边缘不宜小于 300mm。如需留设垂直施工缝，其位置应避开地下水和裂隙水较多的地段。

水平施工缝的防水处理方式有很多种，较为有效的包括设置止水板（图 8-3）、止水条（图 8-4）等。

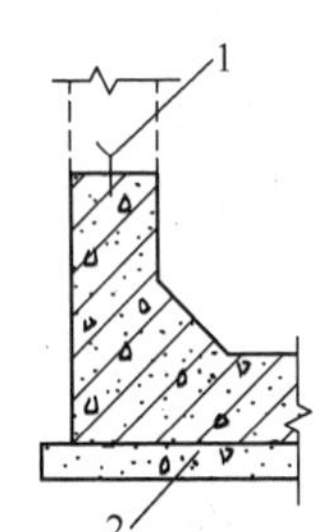

1—止水板；2—混凝土垫层。

图 8-3　平缝加止水板

（a）上一工序混凝土浇筑

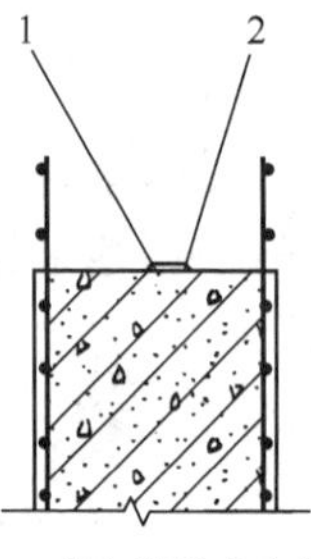

（b）粘贴止水条

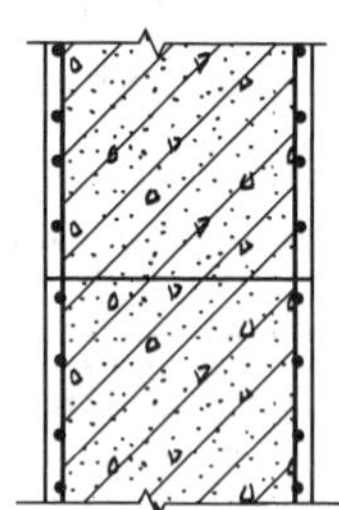

（c）下一工序混凝土浇筑

1—水泥钉；2—止水条。

图 8-4　敷设止水条

施工缝浇灌混凝土前，应清除表面浮浆和杂物，并铺设净浆或涂刷混凝土界面处理剂、水泥基渗透结晶型防水涂料等材料，对于水平施工缝需再铺设 1∶1 水泥砂浆 20～30mm。处理完毕后应及时浇筑混凝土。

（2）后浇带

后浇带的防水可在后浇缝断面中嵌填止水条（图 8-5）或在接缝的迎水面粘贴止水带（图 8-6）；对水压较大的重要工程，宜采用多道防线。

后浇带混凝土施工前，应防止杂物落入后浇带并损伤外贴式止水带。后浇带混凝土应一次浇筑成型，不得留设施工缝；混凝土浇筑后应及时养护，养护时间不得少于 28d。

（3）结构变形缝

地下结构的变形缝一般为沉降缝，其设置应满足适应沉降差、密封防水、方便施工等要求。较为常见的方法是埋入塑料或橡胶止水带。止水带的构造如图 8-7 所示。

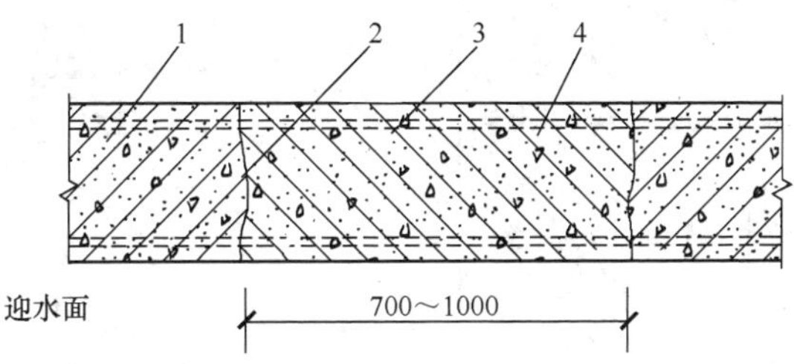

1—先浇混凝土；2—遇水膨胀止水条；3—结构主筋；4—后浇补偿收缩混凝土。

图 8-5　嵌填止水条（单位：mm）

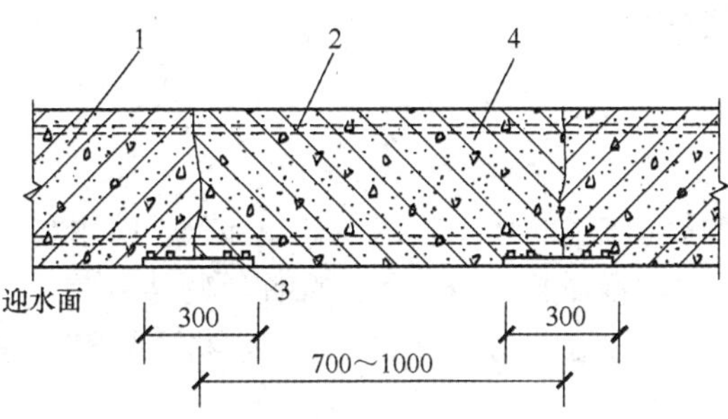

1—先浇混凝土；2—结构主筋；3—外贴式止水带；4—后浇补偿收缩混凝土。

图 8-6　外贴式止水带（单位：mm）

中埋式止水带施工应符合下列规定。

1）止水带埋设位置应准确，其中间空心圆环应与变形缝的中心线重合。

2）止水带应固定，顶、底板内止水带应成盆状安设。

3）中埋式止水带先施工一侧混凝土时，其端模应支撑牢固，并应严防漏浆。

4）止水带的接缝宜为一处，应设在边墙较高位置上，不得设在结构转角处，接头宜采用热压焊接。

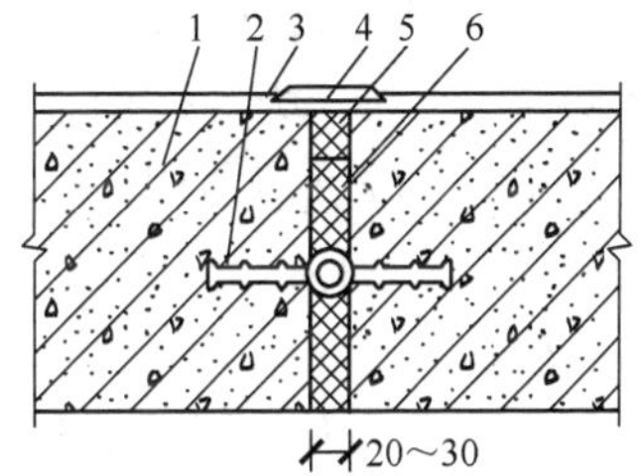

1—混凝土结构；2—中埋式止水带；3—防水层；4—隔离层；5—密封材料；6—填缝材料。

图 8-7　中埋式止水带与嵌缝材料复合使用（单位：mm）

5）中埋式止水带在转弯处应做成圆弧形，（钢边）橡胶止水带的转角半径不应小于 200mm，转角半径应随止水带的宽度增大而相应增大。

（4）穿墙螺栓

支设防水混凝土墙体模板时，对拉螺栓（图 8-8）若不采取有效的止水措施，容易形成渗水通路，可采用工具式螺栓或螺栓加堵头，螺栓上应加焊方形止水环。拆模后应将留下的凹槽用密封材料封堵密实，并用聚合物水泥砂浆抹平。

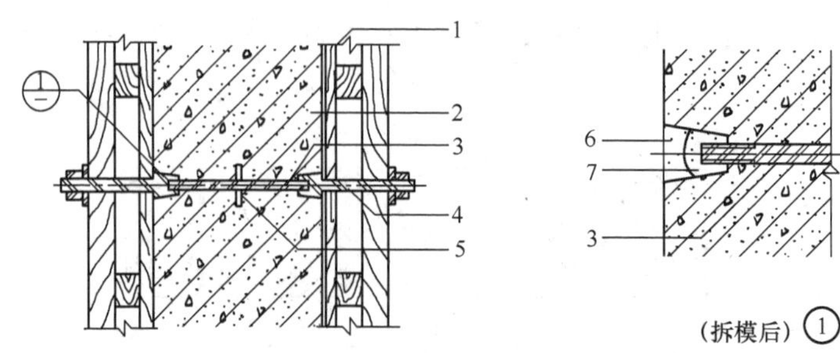

1—模板；2—结构混凝土；3—固定模板用螺栓；4—工具式螺栓；5—止水环；6—聚合物水泥砂浆；7—密封材料。

图 8-8 固定模板用对拉螺栓的防水构造

8.2.3 卷材防水层施工

1. 防水材料

卷材防水是地下防水工程的主要做法，具有较好的防水性和良好的韧性，适用于受侵蚀性介质作用，或受振动作用的地下防水结构。此外，防水材料还具有质量小、抗拉强度高、使用温度范围大、寿命长，以及施工简便等特点。

与屋面防水工程类似，适用于地下防水工程的卷材主要有高聚物改性沥青防水卷材和合成高分子防水卷材两大类。

2. 地下卷材防水方案

地下卷材防水常用全外包防水做法，即把卷材防水层设置在建筑结构的外侧（迎水面），称为外防水。它与把卷材防水层设置在建筑结构内侧的内防水比较，具有以下的优点：外防水的防水层受水压力的作用会紧压在结构上，防水效果较好。内防水的防水层在背水面，在水压力的作用下容易局部脱开，影响防水效果。

外防水做法按墙体结构与卷材施工的先后顺序又可分为外防外贴法（简称外贴法）和外防内贴法（简称内贴法）两种。

（1）外贴法

外贴法是将立面卷材防水层直接铺设在需防水结构的外墙外表面，其一般结构如图 8-9 所示。施工程序如下：浇筑基础混凝土垫层→垫层边缘干铺卷材→砌永久性保护墙和部分临时保护墙→在保护墙内侧抹水泥砂浆找平层→在垫层及墙面的找平层上分层铺贴防水卷材（应先铺平面，后铺立面，交接处应交叉搭接）→做卷材的保护层→地板与墙身结构的施工→拆除临时保护墙→结构墙外侧的水泥砂浆找平→铺设墙体防水卷材→保护层和回填土施工。

（2）内贴法

内贴法是先把永久保护墙全部砌好，将里面防水卷材粘贴在保护墙上，再进行结构外墙施工，其一般结构如图 8-10 所示。

内贴法的施工程序为：做永久性保护墙→做保护墙和垫层的水泥砂浆找平层→卷材防水层施工（宜先铺立面，后铺平面；铺贴立面时，应先铺转角，后铺大面）→做卷材保护层→结构底板和外墙的施工。

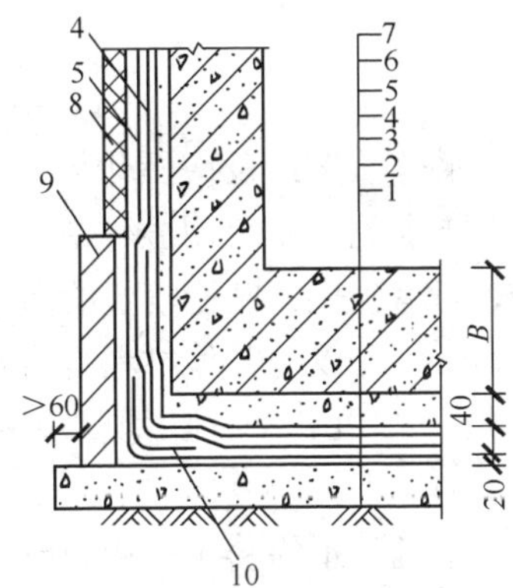

1—素土夯实；2—混凝土垫层；
3—补偿收缩水泥砂浆找平层；4—卷材防水层；
5—油毡保护层；6—细石混凝土保护层；
7—钢筋混凝土结构层；8—聚乙烯泡沫塑料保护层；
9—永久性保护墙抹防水砂浆找平层；10—附加防水层。

图 8-9　外贴法防水构造（单位：mm）

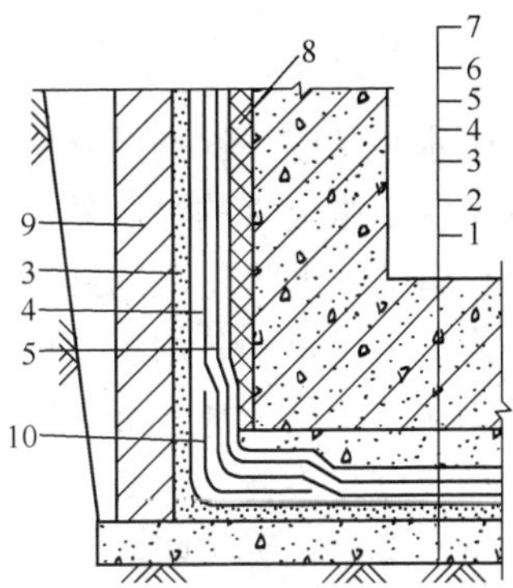

1—素土夯实；2—混凝土垫层；3—补偿收缩水泥砂浆找平层；
4—卷材防水层；5—油毡保护层；6—细石混凝土保护层；
7—钢筋混凝土结构层；8—聚乙烯泡沫塑料保护层；
9—永久性保护墙；10—附加防水层。

图 8-10　内贴法防水构造

内贴法与外贴法相比，具有施工简单、节省施工用地和模板的优点。但内贴法的可靠性较差，底板和墙体的施工容易造成卷材防水层的损坏，且难以发现；卷材防水层及混凝土结构的抗渗质量不易检验；一旦发生渗漏则难以修补。因此，只有在施工条件不允许使用外贴法的时候，才采用内贴法。

3. 卷材防水层的施工

卷材防水层的施工工艺流程：基层处理→涂布基层处理剂→特殊部位增强处理→铺设防水卷材→保护层施工。其中基层处理、涂布基层处理剂、铺设防水卷材等施工方法、工艺和注意事项与屋面卷材防水相同。

（1）卷材铺设

卷材的铺设工艺与屋面卷材施工基本相同，但在一些特殊部位，地下防水工程有特定的施工方法。

卷材接缝处是地下防水的薄弱部位，在卷材铺设结束后，还需在接缝处做增强处理。具体的方法是在接缝黏结后，其边口应嵌填密封膏，并在接缝处粘贴宽 120mm的卷材条，压实黏牢后，在卷材条两侧边口用密封膏嵌填密封。

（2）保护层施工

1）基础底板防水层。基础底板的防水层铺设后，可以采用细石混凝土保护层，厚度不小于 50mm。细石混凝土浇筑时应注意保护防水层，待其强度足够后，再进行基础底板的结构施工。防水层与保护层之间宜设置隔离层。

2）墙体防水层。使用外贴法时，可粘贴聚氯乙烯泡沫塑料片、聚苯乙烯泡沫或挤塑板，或砌筑永久保护砖墙。使用砖墙时，应用砂浆对墙与防水层之间的空隙进行填实处理，砖墙每隔 5～6m 和转角处应断开，并用卷材条填塞缝隙。

使用内贴法时，可采用 1∶2.5 水泥砂浆保护层，厚度为 20mm，施工前先在里面卷材的表面涂胶黏剂，再在其表面撒细砂，以利于砂浆黏结；或粘贴聚氯乙烯泡沫塑料片作为软保护层。

8.2.4　涂膜防水层施工

涂膜防水是常温下涂布防水涂料，经溶剂挥发或水分蒸发或反应固化后，在基层表面形成具有一定坚韧性的涂膜的防水方法。由于涂膜防水施工常采用冷作法，施工工艺较为简单，适用于形状复杂的结构，故在地下工程中应用较多。性能较好的防水涂料可以单独作为地下工程的防水层，在重要工程中，防水涂料可以与其他材料复合使用。与卷材防水相比，涂膜防水施工可以形成无接缝的连续防水膜层，工程出现渗漏后容易判断出渗漏点并进行维修。

涂膜防水层包括无机防水涂料和有机防水涂料。无机防水涂料可选用掺外加剂、掺和料的水泥基防水涂料、水泥基渗透结晶型防水涂料。有机防水涂料可选用反应型、水乳型、聚合物水泥等涂料。无机防水涂料宜用于结构主体的背水面，有机防水涂料宜用于地下工程主体结构的迎水面，用于背水面的有机防水涂料应具有较高的抗渗性，且与基层有较好的黏结性。

涂膜地下防水与卷材防水类似，宜采用外包防水做法，按地下结构与防水层的施工程序不同，分为外涂法（图 8-11）和内涂法（图 8-12），其施工顺序与卷材防水的外贴法和内贴法基本相同。

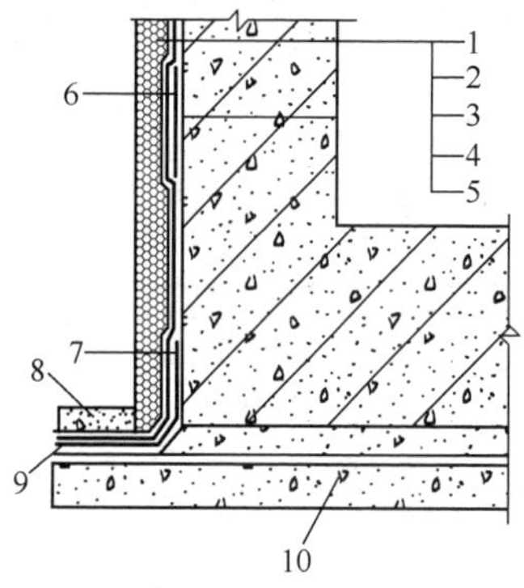

1—保护墙；2—砂浆保护层；3—涂料保护层；4—砂浆找平层；5—结构墙体；6—涂料防水层加强层；7—涂料防水加强层；8—涂料防水层搭接部位保护层；9—涂料防水层搭接部位；10. 混凝土垫层。

图 8-11　防水涂料外防外涂构造

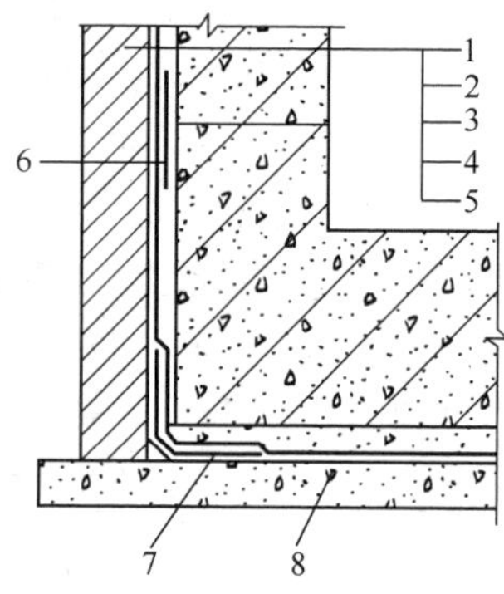

1—保护墙；2—涂料保护层；3—涂料防水层；4—找平层；5—结构墙体；6—涂料防水层加强层；7—涂料防水加强层；8—混凝土垫层。

图 8-12　防水涂料外防内涂构造

涂膜防水层施工应注意以下问题。

1）无机防水涂料基层表面应干净、平整、无浮浆和明显积水。

2）有机防水涂料基层表面应基本干燥，不应有气孔、凹凸不平、蜂窝麻面等缺陷，涂料施工前，基层阴阳角应做成圆弧形。

3）涂膜防水层严禁在雨天、雾天、五级及以上大风时施工，不得在施工环境温度低于 5℃及高于 35℃或烈日暴晒时施工。

4）涂膜固化前如有降雨可能，应及时做好已完涂层的保护工作；防水涂料的接槎宽度不应小于 100mm。

5）桶装防水涂料开盖前应滚动，使桶内涂料混匀，达到内部各部分浓度一致；或开盖后倒入开口大桶，用机械搅拌均匀后再用。未用完的涂料应加盖密封；桶内有少量结膜，应清除或过滤后再用。

6）各涂层间应按相互垂直方向涂刷，以提高防水层的整体性和均匀性。涂刷时应避免裹入气泡，如有气泡应及时消除。同层涂膜的先后搭接宽度宜为 30～50mm，甩槎处的搭接宽度应不小于 100mm。每道涂层施工前，应将前道涂层或甩槎表面上的灰尘、杂质清理干净，检查并修补前道涂层的缺陷。

涂膜防水层的保护层做法和要求可参照卷材防水层的保护层。

8.2.5　膨润土防水毯施工

膨润土防水材料是利用天然钠基膨润土或人工钠化膨润土制成的地下防水材料，具有遇水止水的特性，广泛应用于河、湖、渠道防渗及隧道、地下工程和大型建筑的地下防水。

1. 防水材料

膨润土防水材料包括膨润土防水毯及膏、粉等配套材料。目前国内的膨润土防水毯主要有 3 种产品：一是由两层土工布包裹钠基膨润土颗粒针刺而成的毯状材料，二是覆有高密度聚乙烯膜的针刺毯，三是用胶黏剂把膨润土颗粒黏结到高密度聚乙烯板上的膨润土防水毯。膨润土防水层采用机械固定法铺设，用于地下结构的迎水面。

2. 施工工艺

膨润土防水毯的施工工艺流程：基层处理→加强层设置→铺防水毯（或挂防水板）→搭接缝封闭→甩头收边、保护→破损部位修补。

（1）基层处理及加强层设置

铺设膨润土防水层的基层混凝土强度等级不应低于 C15，水泥砂浆强度等级不应低于 M7.5。基层应平整、坚实、清洁，不得有明水和积水。

阴阳角部位可采用膨润土颗粒、膨润土棒材、水泥砂浆进行倒角处理，做成直径不小于 30mm 的圆弧或坡角。

变形缝、后浇带等接缝部位应设置宽度不小于 500mm 的加强层，加强层应设置在防水层与结构外表面之间。穿墙管件部位宜采用膨润土橡胶止水带、膨润土密封膏或膨润土粉等进行加强处理。

（2）施工要点

1）膨润土防水毯的织布面或防水板的膨润土面应与结构外表面或底板垫层混凝土密贴。立面和斜面铺设膨润土防水材料时，应上层压着下层，并应贴合紧密，平整无皱折。

2）甩槎与下幅防水材料连接时，应将收口压板、临时保护膜等去掉，将搭接部位清理干净，涂抹膨润土密封膏后搭接固定。搭接宽度应大于 100mm，搭接处的固定点距搭接边缘宜为 25～30mm。平面搭接缝可干撒膨润土颗粒进行封闭，用量为 0.3～0.5kg/m。

3）膨润土防水材料应采用水泥钉加垫片固定。水泥钉的长度应不小于 40mm，立面和斜面上的固定间距为 400～500mm，呈梅花形布置。平面上应在搭接缝处固定；永久收口部位应用收口压条和水泥钉固定，并用膨润土密封膏覆盖。

4）对于需要长时间甩槎的部位应采取遮挡措施，避免阳光直射造成老化变脆。

5）破损部位应采用与防水层相同的材料进行修补，补丁边缘与破损部位边缘距离不应小于 100mm。

思 考 题

8-1 屋面防水按材料不同可以分为哪些种类？

8-2 目前常用的卷材防水材料有哪几种？

8-3 屋面防水卷材铺设的顺序是什么？

8-4 防水卷材常用的粘贴工艺有哪几种？

8-5 目前常用的涂膜防水材料有哪几种？

8-6 简述地下工程防水的设计和施工应遵循的原则。

8-7 如何提高防水混凝土的密实性和抗渗性？

8-8 简述地下卷材防水方案及其优缺点。

8-9 简述地下涂膜防水的施工顺序。

8-10 简述膨润土防水毯的施工顺序。

第9章 装 饰 工 程

建筑装饰装修工程是为保护建筑物的主体结构、完善建筑物的使用功能和美化建筑物，采用装饰装修材料或饰物，对建筑物的内外表面及空间进行的各种处理的过程。装饰装修工程是建筑物的重要组成部分，其主要作用是：保护主体，延长其使用寿命；增强和改善建筑物的保温、隔热、防潮、隔声等使用功能及卫生条件；美化建筑空间，增强艺术效果，给人们创造一个良好的生产、生活空间。

装饰装修工程具有工程量大、工期长、用工多、造价高、质量要求高、成品保护难等特点。装饰装修工程机械化施工的程度低、生产效率不高，需要耗用较多的工时，一般装饰工期占总工期的30%～40%，一些要求高的建筑物装饰工期甚至占总工期50%以上。一般装饰工程的造价占总造价的30%及以上，随着人们对居住环境的要求逐渐提高，装饰装修工程的造价也逐渐提高，高档装饰造价甚至占总造价的50%以上。

装饰工程根据所用材料和施工工艺的不同分为抹灰工程、饰面（板、砖）工程、楼地面工程、涂饰与裱糊工程、幕墙工程等。

9.1 抹 灰 工 程

将灰浆抹在建筑物的内外墙面、顶棚、楼地面等建筑物表面的装饰工程称为抹灰工程。按抹灰的材料和装饰效果的要求不同，抹灰工程可分为一般抹灰和装饰抹灰两大类；按施工部位的不同可以分为墙面抹灰、地面抹灰和天棚抹灰。

9.1.1 一般抹灰工程

一般抹灰适用于石灰砂浆、水泥砂浆、混合砂浆、聚合物水泥砂浆、膨胀珍珠岩水泥砂浆和麻刀灰、纸筋石灰、石膏灰等抹灰工程。

1. 一般抹灰的分类和组成

（1）一般抹灰的分类

一般抹灰按质量标准、使用要求和操作工序的不同，可以分为普通抹灰和高级抹灰。其适用范围和做法要求如表9-1所示。

表9-1 一般抹灰的适用范围和做法要求

级别	适用范围	做法要求
高级抹灰	适用于大型公共建筑、纪念性建筑物（如剧院、礼堂、宾馆、展览馆和高级住宅等）以及有特殊要求的高级建筑	一遍底层，数遍中层，一遍面层。阴阳角找方、设置标筋，分层涂抹、擀平、修整。要求表面光滑、洁净、颜色均匀、无抹纹、灰线平直方正、清晰美观
普通抹灰	适用于一般居住、公用和工业建筑（如住宅、宿舍、教学楼、办公楼等）以及建筑物中的附属用房（如汽车库、仓库、锅炉房、地下室、储藏室等）	一遍底层，一遍面层（或一遍底层，一遍中层，一遍面层）。要求阳角找方、设置标筋，分层擀平、修整，表面压光。要求表面洁净、线条顺直、清晰，接槎平整

（2）一般抹灰的组成

抹灰层通常由底层、中层与面层组成。

1）底层主要起黏结作用，并对基层进行初步找平，厚度一般 5～7mm。室内砖墙基层一般多用石灰砂浆，外墙面和有防潮要求的地下室多用水泥砂浆或混合砂浆，混凝土基层多用水泥砂浆或混合砂浆。对于板条和金属网基层，砂浆中还应掺有适当数量的麻刀或纸筋等以加强拉结，防止砂浆脱落。

2）中层主要起找平作用，所用材料与底层基本相同，厚度一般为 5～12mm。

3）面层起装饰作用，使表面光滑细致。所用材料根据设计要求的装饰效果而定，其厚度一般为 2～5mm。

一般抹灰的材料、砂浆种类和配合比的选用应考虑抹灰部位、基层材料、工程质量和取材方便。一般抹灰的几种常用做法如表 9-2 所示。

表 9-2　一般抹灰的几种常用做法

<table>
<tr><th>部位</th><th>要求</th><th>总厚度/mm</th><th>常用做法（体积比）</th><th>适用范围</th></tr>
<tr><td rowspan="7">内墙面</td><td rowspan="7">处于室内要求表面平整光滑</td><td rowspan="7">18～25</td><td>1：3 石灰砂浆底层</td><td rowspan="5">砖墙、砌块墙等</td></tr>
<tr><td>1：3 石灰砂浆中层</td></tr>
<tr><td>纸筋灰面层</td></tr>
<tr><td>1：2.5 石灰煤屑底层</td></tr>
<tr><td>纸筋灰面层</td></tr>
<tr><td>1：3 稻草石灰黏土底层</td><td rowspan="2">土坯墙、板条墙等</td></tr>
<tr><td>纸筋灰面层</td></tr>
<tr><td rowspan="5">外墙面</td><td rowspan="5">处于露天地，要求有一定的防水性能</td><td rowspan="5">20</td><td>1：1：6 水泥石灰砂浆底层</td><td rowspan="4">砖墙、砌块墙等</td></tr>
<tr><td>1：1：6 水泥石灰砂浆面层</td></tr>
<tr><td>1：1：6 水泥石灰砂浆底层</td></tr>
<tr><td>1：0.5：4 水泥石灰砂浆面层</td></tr>
<tr><td>1：2.5 水泥砂浆底层勾缝
（或 1：0.5：4 水泥石灰砂浆）</td><td>砖块质量较好的砖墙</td></tr>
<tr><td rowspan="2">勒脚、踢脚板、墙裙</td><td rowspan="2">处于经常潮湿或碰撞之处。要求防水坚固</td><td rowspan="2">20～25</td><td>1：3 水泥砂浆底层</td><td rowspan="2"></td></tr>
<tr><td>1：2.5 水泥砂浆面层</td></tr>
<tr><td rowspan="8">顶棚</td><td rowspan="8">处于悬挂状。要求抹灰层薄，黏结力强</td><td rowspan="8">15</td><td>1：2 纸筋灰黄沙底层</td><td rowspan="3">板条基层</td></tr>
<tr><td>1：2 纸筋灰黄沙中层</td></tr>
<tr><td>纸筋灰面层</td></tr>
<tr><td>1：2：4 水泥纸筋灰黄沙底层</td><td rowspan="3">混凝土基层</td></tr>
<tr><td>1：2 纸筋灰黄沙中层</td></tr>
<tr><td>纸筋灰面层</td></tr>
<tr><td>1：1：6 水泥石灰砂浆底层</td><td rowspan="2">机械喷涂</td></tr>
<tr><td>纸筋灰面层</td></tr>
</table>

2. 一般抹灰施工

抹灰层的总厚度应根据基层材料和抹灰部位而定，现浇混凝土顶棚、板条棚总厚度不大于15mm；预制混凝土板顶棚及金属网顶棚不大于20mm；内墙抹灰厚度不大于18mm，高级抹灰不大于25mm；外墙抹灰总厚度不大于20mm；勒脚及突出墙面部分抹灰总厚度不大于25mm；石墙抹灰总厚度不大于35mm。

当抹灰总厚度大于等于35mm时，应采取加强措施。不同材料基体交接处表面的抹灰，应采取防止开裂的加强措施，当采用加强网时，加强网与各基体的搭接宽度不应小丁100mm。

（1）施工顺序

抹灰时遵循先室外后室内，先上后下；室内先顶棚、墙面后地面，先房间、走廊，然后是楼梯和大厅的顺序。先室外抹灰，拆除脚手架，堵上脚手眼再进行室内抹灰；内外抹灰从上向下进行，以利于保护已完墙面的抹灰。

（2）施工工艺

一般抹灰施工工艺：基层处理→浇水湿润基层→找规矩、做灰饼→设置标筋→做护角→抹底层灰、中层灰→抹窗台板、踢脚线→抹面层灰、清理。

1）基层处理。基层处理的目的是使抹灰砂浆与基层牢固黏结，防止抹灰层出现空鼓、脱落。基础处理包括清理基层表面的灰尘、污垢、油渍、碱膜，填缝、堵洞、勾缝等工作。

对于砖石、混凝土基层表面凹凸的部位，用 1∶3 水泥砂浆补平，表面太光的要剔毛。表面的砂浆污垢及其他杂质应清除干净，并洒水湿润。门窗口与立墙交接处应用水泥砂浆或水泥混合砂浆嵌填密实。单排脚手架外墙面的脚手孔洞应堵塞严密。不同基层材料相接处应铺设金属网，搭接缝宽度每边不得小于100mm。预制混凝土楼板顶棚抹灰前，需用水泥石灰砂浆勾板缝。

2）设置灰饼、标筋。为了有效地控制抹灰层的厚度和垂直度，使抹灰平整，抹灰前应设置灰饼、标筋作为底层和中层抹灰的依据。

① 贴灰饼。抹灰饼前，先用拖线板和靠尺检查墙面的平整度和垂直度，以确定抹灰厚度。一般最薄处不小于7mm。

在距顶棚20cm处按抹灰厚度用砂浆做两个边长约5cm的四方形标准块，称为灰饼，灰饼厚度由墙面平整垂直的情况而定。然后根据这两个灰饼，用拖线板或线锤吊挂垂直，做出墙面下角的两个灰饼（下灰饼的位置一般在踢脚线上方200～250mm处），厚度以垂直高度为准，遇到门窗垛处应补做灰饼。随后以左右两灰饼面为准，分别拉线，每隔1.2～1.5m上下左右做若干灰饼。

② 设置标筋。待灰饼砂浆基本进入终凝，用抹底层灰的砂浆在竖向灰饼之间抹一条宽100mm左右的灰埂，称为标筋，并用刮尺刮平，厚度与灰饼一致。抹灰墙面不人时，可做两条标筋，待稍干后可进行底层抹灰。顶棚抹灰一般不设灰饼标筋，而是在靠近顶棚四周的墙面上弹一条水平线以控制抹灰厚度，并作为抹灰找平的依据。标筋位置图如图9-1所示。

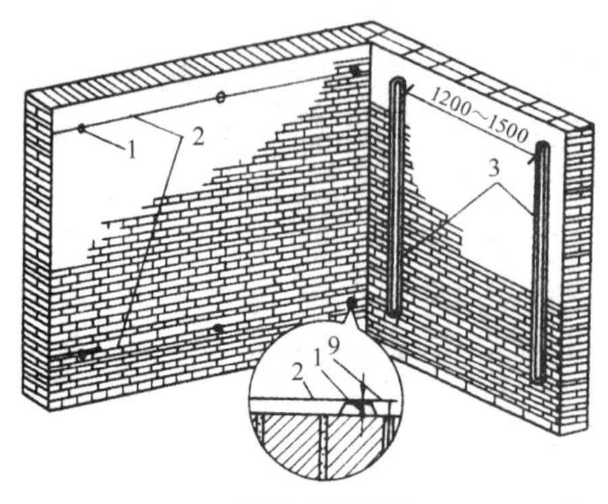

（a）灰饼标筋位置图

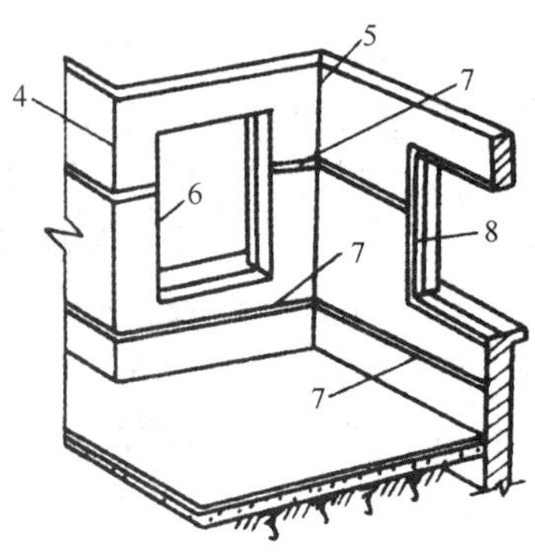

（b）水平横向标筋示意图

1—灰饼；2—引线；3—标筋；4—阳角；5—阴角；6—柜套；7—冲筋带；8—窗框（框套）；9—钉子。

图 9-1　标筋位置图（单位：mm）

3）做护角。为保护门窗洞口及墙面、柱子的转角处，使其不易被碰坏，需要做护角。一般可用水泥砂浆抹面，护角高度不低于 2m，每侧宽度不小于 50mm。

4）抹底层灰、中层灰、面层灰。为保证抹灰牢固、抹面平整、避免收缩过大造成墙面开裂，抹灰层施工采取分层涂抹，多遍成活。各抹灰层厚度根据基层材料、砂浆种类、墙面平整度、抹灰质量以及气候、温度条件而定。每遍抹灰厚度：水泥砂浆为 5～7mm，石灰砂浆和混合砂浆为 7～9mm，麻刀灰为 3mm，纸筋灰、石膏灰为 2mm。

① 抹底层灰。为防止基层过干而吸去砂浆中的水分从而使抹灰层产生空鼓和脱落，抹灰前要浇水湿润基层。基层为混凝土时，抹灰前先刮素水泥浆一道。在加气混凝土基层上抹石灰砂浆时，在湿润墙上刷 107 胶水泥浆一遍，随刷随抹水泥砂浆或水泥混合砂浆。基层为黏土砖时，一般宜浇水两遍，使砖面渗水深度达 8～10mm。

② 抹中层灰。中层灰所用砂浆配合比同底层砂浆，每层厚度一般为5～7mm，待底层灰凝结后进行。以灰筋为准满铺砂浆、用大木杠紧贴灰筋、刮平中层灰，最后用木抹子搓平。搓平后，用 2m 长的靠尺检查，检查的点数应充足，且应全部符合标准。

③ 抹面层灰。面层宜分层涂抹，每层厚度不得大于 2mm，待中层灰干后进行。墙面阳角抹灰，先用靠尺在墙角的一面用线锤找直，然后在墙角的另一面顺靠尺抹上砂浆。

室外抹灰常用水泥砂浆罩面，竖向每步架做一个灰饼，步架间做标筋。由于外墙面积大，为了不显接槎，防止抹灰面收缩开裂，一般应设有分格条，留槎应在分格缝处。

3. 一般抹灰施工应注意的问题

1）底层砂浆与中层砂浆的配合比应基本相同。中层砂浆的强度不能高于底层，底层砂浆的强度不能高于基层，以免砂浆凝结过程中产生较大的收缩应力，破坏强度较低的底层或基层，使抹灰层产生开裂、空鼓或脱落。一般混凝土基层上不能直接抹石灰砂浆，而水泥砂浆也不得抹在石灰砂浆层上，罩面石膏灰不得抹在水泥砂浆层上。

2）冬季施工，抹灰砂浆应采取保温措施。涂抹时，砂浆温度不宜低于 5℃。砂浆抹灰硬化初期不得受冻，气温低于 5℃时，室外抹灰所用的砂浆可掺入混凝土防冻剂，其掺量由试验确定。做涂料墙面的抹灰砂浆中，不得掺入含氯盐的防冻剂，以免引起涂层表面反碱、咬色。

3）外檐窗台、窗楣、雨篷、阳台压顶和突出腰线等，上面应做流水坡度，下面应做滴水线或滴水槽，其深度和宽度均应小于10mm，并整齐一致。

4. 一般抹灰的质量控制和检验方法

抹灰前基层表面的尘土、污垢、油渍等应清除干净，并应洒水润湿；一般抹灰所用材料的品种和性能应符合设计要求，水泥的凝结时间和安定性复验应合格；抹灰层与基层之间及各抹灰层之间必须黏结牢固，抹灰层应无脱层、空鼓，面层应无爆灰和裂缝。

表面应光滑、洁净、接槎平整，分格缝应清晰。护角、孔洞、槽、盒周围的抹灰表面应整齐、光滑；管道后面的抹灰表面应平整。抹灰层的总厚度应符合设计要求。抹灰分格缝的设置应符合设计要求，宽度和深度应均匀，表面光滑、棱角整齐。

一般抹灰工程质量检查可以采取观察、检查隐蔽工程验收记录和施工记录及使用工具的方法检查。一般抹灰的允许偏差和检验方法见表9-3。

表9-3 一般抹灰的允许偏差和检验方法

序号	项目	允许偏差/mm		检验方法
		普通抹灰	高级抹灰	
1	立面垂直度	4	3	用2m垂直检测尺检查
2	表面平整度	4	3	用2m靠尺和塞尺检查
3	阴阳角方正	4	3	用直角检测尺检查
4	分格条（缝）直线度	4	3	拉5m线，不足5m拉通线，用钢直尺检查
5	墙裙、勒脚上口直线度	4	3	拉5m线，不足5m拉通线，用钢直尺检查

注：1. 普通抹灰，本表第3项阴角方正可不检查；
2. 顶棚抹灰，本表第2项表面平整度可不检查，但应平顺。

9.1.2 装饰抹灰工程

装饰抹灰适用于面层为斩假石、干黏石、水刷石、假面砖、拉灰条、拉毛条、洒毛灰、喷砂、喷涂、滚涂、弹涂、仿石和彩色抹灰等的施工。装饰抹灰除具有与一般抹灰相同的功能外，还能使装饰艺术效果更加鲜明。装饰抹灰底层和中层的做法与一般抹灰基本一致，只是面层材料和做法有所不同。

1. 装饰抹灰施工工艺

根据装饰材料的不同，装饰抹灰可以分成石粒类和砂浆类抹灰。石粒类有斩假石、水刷石、干黏石等。砂浆类有拉毛、假面砖、喷涂等。

（1）斩假石

斩假石又称剁斧石，是仿制天然石料的一种建筑饰面。其造价高，工效低，一般用于面积较小的台阶、外墙面等外装饰工程。

1）施工顺序。清理基层→湿润墙面→设置标筋→抹底层砂浆→抹中层砂浆→弹线和粘贴分格条→抹水泥石子浆面层→养护→斩剁→清理。

2）做法。底层与中层抹灰表面要划毛，涂抹面层砂浆前，需浇水湿润中层抹灰，并满刮水灰比为 0.37～0.40 的纯水泥浆一道，弹线分格，黏分格条。然后抹（1∶1）～（1∶2.5）的水泥石子浆面层，搽平压实，洒水养护 2～3d，待面层强度达 60%～70%（其强度控制在 5MPa）即可试斩，若石子不脱落，即可用斧斩剁加工。

斩剁前，应先弹顺线，相距约 10mm，按线操作，以免剁纹跑斜。斩时先上后下、先左后右达到设计纹理，先剁好四周边缘及棱角，再斩中间墙面。剁纹的深度一般为 1/3 石粒为宜。加工时应先将面层斩毛，剁的方向要一致，剁纹深浅均匀，不得漏剁，一般两遍成活。斩好后应及时取出分格条，修整分格缝，清理残屑，将斩假石墙面清扫干净，即可成为似用石料砌的装饰面。

3）质量要求。斩假石表面剁纹应均匀顺直、深浅一致，应无漏剁处；阳角处应横剁并留出宽窄一致的不剁边条，棱角应无损坏。

（2）水刷石

水刷石主要用于室外的装饰抹灰，具有外观稳重、立体感强的特点。

1）施工顺序。清理基层→湿润墙面→设置标筋→抹底层砂浆→抹中层砂浆→弹线和粘贴分格条→抹水泥石子浆→洗刷→养护。

2）做法。水刷石的底层与中层抹灰砂浆与一般抹灰基本相同，区别在于水刷石中层砂浆表面压实搓平后需划毛。中层砂浆凝结后，按设计要求弹分格线，贴分格条。分格条必须位置准确，横平竖直。中层砂浆终凝之后，浇水湿润，然后薄刮一遍水灰比为 0.37～0.40 的纯水泥浆作为结合层，使面层与中层结合牢固。随后抹（1∶1.2）～（1∶2.0）的水泥石子浆，厚度 10～12mm，抹平后用铁压板压实。当面层达到用手指按无明显指印时，用刷子蘸清水自上而下刷掉面层的水泥浆，使石子露出浆面 1～2mm，然后用喷水壶自上而下将石子表面水泥浆冲洗干净。

3）质量要求。水刷石表面应石粒清晰、分布均匀、紧密平整、色泽一致，应无掉粒和接槎痕迹。

（3）干黏石

干黏石多用于建筑物外墙面、檐口、柱子、阳台、雨篷、腰线、窗楣、门窗套等处。因碰撞易掉，在离室外地坪 1m 以下，不宜用干黏石。

1）施工工序。清理基层→湿润墙面→设置标筋→抹底层砂浆→抹中层砂浆→弹线和粘贴分格条→抹面层砂浆→撒石子→修整拍平。

2）做法。底层做法和水刷石相同。中层表面刮毛，用水湿润后，按弹线镶嵌分格木条，接着按格抹入 4～6mm 厚的水泥砂浆黏结层。紧接着用人工甩或喷枪喷的方法，将配有不同颜色的粒径为 4～6mm 的石子均匀地喷甩至黏结层上，用抹子拍平压实。石子嵌入黏结层深度不小于石子粒径的 1/2，但不得拍出灰浆，以免影响美观。待水泥砂浆有一定强度后洒水养护。完工后的干黏石表面应色泽一致，不露浆，不漏黏，石粒应黏结牢固、分布均匀，阳角处应无明显黑边。

3）质量要求。干黏石表面应色泽一致、不露浆、不漏黏，石粒应黏结牢固、分布均匀，阳角处应无明显黑边。

（4）水磨石

现场制作水磨石主要用于楼地面装饰工程，其优点是表面平整光滑、外观美、不起灰，可按设计和使用要求做成各种彩色图案，整体性好，坚固耐久；缺点是现场施工湿作业工序多，周期长。水磨石地面面层应在完成顶棚和墙面抹灰后再开始施工。

1）抹水泥石子浆。施工时，先用1∶3水泥砂浆打底（厚12mm），然后按设计要求粘好分格用的铜条或玻璃条。湿润底层，刷水灰比为0.4～0.5的水泥浆一遍作为黏结层，颜色要与面层颜色相同。铺厚度为8mm左右的1∶1或1∶2.5的水泥石子浆，石子浆高出分格条1～2mm。用滚筒滚压密实，待水泥浆全部压出后用抹子抹平。如果在滚压时发现表面石子偏少，可以在水泥浆较多处补撒石粒并拍平。铺完面层1d后进行洒水养护，常温下养护5～7d，低温及冬期施工应养护10d以上。

2）开磨。开磨前应先试磨，以表面石粒不松动为准。普通水磨石面层磨光分粗磨、中磨和细磨3遍进行，采用磨石机洒水磨光。粗、中磨后用同色水泥浆擦1遍，以填补砂眼，洒水养护2～3d再磨。细磨后涂抹草酸溶液一遍，使石子表面残存的水泥浆全部分解，石子显露清晰。面层干燥后打蜡，稍干后用钉有细帆布（或麻布）的木块代替金刚石，装在磨石机的磨盘上研磨几遍，直到光滑亮洁为止。上蜡后铺锯末进行养护。

（5）假面砖

假面砖又称防釉面砖，是用掺氧化铁系颜料的水泥砂浆手工操作而成的，其质量配合比为水泥∶石灰膏∶氧化铁黄∶氧化铁红∶砂＝100∶20∶8∶12∶150，抹成模拟面砖的效果。假面砖工艺造价低、用工少、操作简单，适用于装配式墙板的外墙饰面。

1）做法。先用1∶1的水泥砂浆3mm厚打底；接着按上述配比混合砂浆抹面，抹面厚为3mm。面层稍收水后，用靠尺板使铁梳子或铁辊由上向下划纹，深度不超过1mm。然后，根据面砖的宽度用铁钩子沿靠尺板横向划沟，深度3～4mm，露出中层砂浆即成假面砖，划好后将飞边砂砾扫净。

2）质量要求。假面砖表面应平整、沟纹清晰、留缝整齐、色泽一致，应无掉角、脱皮、起砂等缺陷。

（6）拉毛灰、拉灰条

1）拉毛灰。拉毛灰是在抹灰的中层上抹上水泥砂浆或水泥石灰砂浆，然后用鬃刷子、铁刷子等拉毛工具将砂浆拉成波纹、斑点、小猫耳朵等形状而做成装饰面层。其特点是具有吸声作用，故可以用于剧场、礼堂、电影院等。

拉毛灰的基层处理与一般抹灰相同。其底层与中层抹灰要根据基体的不同和拉毛灰的不同而采取不同的底、中层砂浆。中层砂浆涂抹后，先刮平，再用木抹子搓平，待中层六七成干时，浇水湿润墙面，然后涂抹面层拉毛。其方法是一人先抹纸筋石灰，另一人紧跟在后用硬毛鬃刷往墙上垂直拍拉，拉出毛头。拉毛时应在同一个平面上，不准中断留槎，以做到色调一致不露底。

2）拉条灰。拉条灰是通过条形模具的上下拉动，使墙面抹灰呈规则的细条、粗条、半圆条、波形条等形状，具有美观大方、声波折射效果好、成本低的优点，常用于公共建筑的门厅等部位。

拉条抹灰前，根据所弹墨线，用纯水泥浆把10mm×20mm的木条子贴在墙上；拉条时，将模具沿导轨木条从上往下拉，操作时一条拉条抹灰应一气呵成，不能中途停顿。

（7）喷涂、弹涂、滚涂

喷涂、弹涂、滚涂是将聚合物砂浆装饰在外墙面上的施工方法，具有简便、经济且维修更新方便等特点，同时，建筑涂料业的快速发展，涂料质量得到不断提高，用建筑涂料作为外墙面装饰的工程越来越多。不同的施工方法会产生不同的装饰效果。

1）喷涂。先用 1∶3 水泥砂浆打底，再用 1∶3（胶∶水）的 108 胶水溶液喷刷一道，作为结合层，然后用砂浆泵、喷枪将聚合物水泥面层砂浆均匀地喷至墙面上。连续喷三遍成活，第一遍喷至底层变色，第二遍喷至出浆不流为度，第三遍喷至全部出浆，颜色均匀一致。面层干燥后，再在表面喷甲基硅醇钠或甲基酸钠憎水剂，使之形成防水薄膜。

2）弹涂。基层整平（现浇混凝土墙面）或用 1∶3 的水泥砂浆或 1∶1∶6 的混合砂浆打底（砖墙及各种砌块墙）或木抹子搓平，喷色浆一遍；将拌和好的表面弹点色浆，放在筒形弹力器内，用手动或电动弹力棒将色浆甩出，形成彩色斑点或自然流畅的线条，甩出色浆点直径 1～3mm，弹涂于底色浆上。表面色浆由 2～3 种颜色组成，颜色应均匀，相互衬托一致，干燥后表面喷甲基硅醇钠憎水剂。最后刷树脂胶作为面层保护。

3）滚涂。用厚度 10～13mm 的水泥砂浆（1∶3）打底，木抹子搓平、搓细，浇水湿润；用稀释的 107 胶黏结分格条，然后将聚合物砂浆抹在墙上，用平面或刻有花纹的橡胶、泡沫塑料滚子在墙面上滚出花纹（随抹随滚涂）。最后表面喷甲基酸钠憎水剂。

2. 装饰抹灰质量控制和检验方法

抹灰前基层表面的尘土、油污、油渍等应清除干净，并应洒水湿润。装饰抹灰工程所用材料的品种和性能应符合设计要求。水泥的凝结时间和安定性复验应合格。砂浆的配合比应符合设计要求。各抹灰层之间及抹灰层与基体之间必须粘接牢固，抹灰层应无脱层、空鼓和裂缝。

装饰抹灰分格条（缝）的设置应符合设计要求，宽度和深度应均匀，表面应平整光滑，棱角应整齐。有排水要求的部位应做滴水线（槽）。滴水线（槽）应整齐顺直，滴水线应内高外低，滴水槽的宽度和深度均不应小于 10mm。不同材料基体交接处表面的抹灰，应采取防止开裂的加强措施，当采用加强网时，加强网与各基体的搭接宽度不应小于 100mm。

装饰抹灰工程质量检查可以采取观察、检查隐蔽工程验收记录和施工记录及使用工具的方法检查。装饰抹灰质量的允许偏差和检验方法见表 9-4。

表 9-4 装饰抹灰质量的允许偏差和检验方法

序号	项目	允许偏差/mm				检验方法
		水刷石	斩假石	干黏石	假面砖	
1	立面垂直度	5	4	5	5	用 2m 靠尺和塞尺检查
2	表面平整度	3	3	5	4	用 2m 靠尺和塞尺检查
3	阳角方正	3	3	4	4	用直角检测尺检查
4	分格条（缝）直线度	3	3	3	3	拉 5m 线，不足 5m 拉通线，用钢直尺检查
5	墙裙、勒脚上口直线度	3	3	—	—	拉 5m 线，不足 5m 拉通线，用钢直尺检查

9.2　饰面（板、砖）工程

饰面工程是把饰面材料镶贴或安装到基体表面上以形成装饰层的施工工作。饰面材料的种类很多，但基本上可以分为饰面板和饰面砖两大类。就施工工艺而言，饰面板主要采用构造连接的方式安装，饰面砖主要采用直接镶贴施工工艺安装。常用的块料面层按材料品种分为大理石、花岗石、瓷砖、预制水磨石、陶瓷锦砖、面砖、缸砖等。

9.2.1　饰面板工程

饰面板工程是将天然石材、人造石材、金属饰面板等安装到基层上，以形成装饰面的一种施工方法。饰面板一般用于室内工程，或高度不大于 24m、抗震烈度不大于 7 度的外墙面饰面工程。建筑装饰用的天然石材主要有大理石和花岗石两大类，人造石材一般有人造大理石（花岗石）和预制水磨石。金属饰面板主要有铝合金板、塑铝板、彩色涂层钢板、彩色不锈钢板、镜面不锈钢板等。

1. 大理石（花岗石、预制水磨石）饰面板工程

（1）饰面板材料要求

1）天然大理石。

① 性能及规格。大理石是由石灰岩变质而成的一种变质岩，属于中硬石材，质地均匀、色彩多变、纹理美观。其优点是结构密致，强度高，吸水率低；缺点是表面硬度低，不耐磨，抗腐蚀性能差。主要用于建筑物的内墙面、墙裙、柱面、室内地面、窗台、踢脚以及电梯间、楼梯间等部位，一般不宜用于室外。

大理石饰面板的品种常以其磨抛光后的花纹、颜色及产地命名。有定型和不定型两种规格。常用规格有 400mm×400mm、600mm×600mm、600mm×900mm、600mm×1200mm，一般厚度为 20mm。新型品种有 7～10mm 的薄型板，四面倒角，背面开槽或不开槽，不仅自重轻，而且敷设方法也有所改进。不定型产品可根据用户要求加工。

② 材料要求。表面应平整、边缘整齐、棱角不得损坏；不得有损伤、风化现象；安装用的各种连接件如锚固件等应镀锌或做防锈处理；施工所用胶结材料的品种、配合比应满足设计规定。

2）天然花岗石。

① 性能及规格。装饰工程上用的花岗岩除常见的花岗岩外，还泛指各种以石英、长石为主要组成矿物，含有少量云母和暗色矿物的火成岩和与其有关的变质岩，其颜色有黑白、青麻、粉红、深青等，纹理成斑点状，属于硬石材。其特点是质地坚硬，具有良好的抗风化稳定性、耐磨性、耐酸碱性，使用年限长。天然花岗岩饰面板一般用于重要建筑物的基座、地面、墙面、柱面、台阶、勒脚等部位。常用规格有 400mm×400mm、600mm×600mm、600mm×900mm、750mm×1070mm 等，一般厚度为 20mm。

② 材料要求。棱角方正、颜色一致，不得有裂纹、风化、砂眼等缺陷。

3）人造大理石（花岗石）板材。

人造石饰面板是用天然大理石、花岗石等碎石、石屑作为填充材料，用不饱和聚

酯树脂或水泥为黏结剂，经搅拌成型、研磨、抛光等工序制成。人造大理石一般分为4种类型，有水泥型、聚酯型、复合型和烧结型。其特点是产品光泽度高、颜色可随意调配、耐腐蚀性强，具有良好的加工性能，常用于室内墙面、柱面等部位。其材料要求同天然大理石。

4）预制水磨石、水刷石饰面板。

水磨石、水刷石饰面板材的制作工艺与水磨石、水刷石相同，规格尺寸可按设计要求预制，板面尺寸较大。其特点是产品坚固耐用、美观、施工简便，广泛用于室内墙面、柱面等部位。

其材料要求是棱角方正、表面平整、光滑洁净、石粒密实均匀、无掉粒缺陷、色泽一致、几何尺寸准确等。

（2）施工方法

大理石（花岗石、预制水磨石）饰面板工程的常用施工方法有绑扎固定灌浆（湿作业法）、螺栓或金属卡具固定法（干挂法）、粘贴法等。大规格饰面板（板边长大于等于400mm）或镶贴高度超过1m时，可采用湿作业法和干挂法施工；小规格饰面板（板边长小于400mm），可采用粘贴法。

1）湿作业法。

湿作业法包括传统的湿作业法和改进的湿作业法。湿作业施工现场环境温度宜在5℃以上。

① 传统的湿作业法，即绑扎固定灌浆法（图9-2）。先在基体上焊接或绑扎钢筋骨架，然后将石材与钢筋骨架固定，最后在缝隙内灌水泥砂浆。其一般施工程序为基层处理→绑扎钢筋网片→弹基准线→预排、选板、编号→石板钻孔剔槽→安装饰面板→分层灌缝→清洁板面→抛光打蜡。

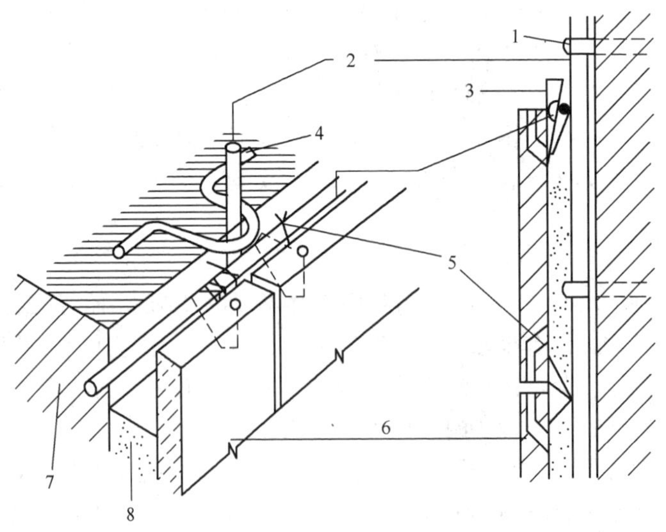

1—钢环；2—立筋；3—定位木楔；4—钢环卧于墙内横筋；5—钢丝或铅丝绑牢；6—大理石块；7—墙体；8—水泥砂浆。

图9-2 传统湿作业法示意图（大理石饰面板）

基层处理。表面清扫干净并浇水湿润。凹凸过大的应找平、表面光滑平整的应凿毛。

绑扎钢筋网。按设计要求在基层表面绑扎好钢筋网，使其与结构预埋筋绑扎牢固。其做法是先凿出墙、柱上的预埋钢筋使其裸露，按施工排版图要求在预埋钢筋处焊接或绑扎钢筋骨架。先绑扎竖向钢筋，用预埋筋将其弯压于墙面，使其牢固。然后将横向钢筋与竖筋绑扎，第一道横筋绑在第一层石板下口上面约 100mm 处，以后每道横筋均绑在比该层石板上口低 20～30mm 处，以便绑扎石板上口固定金属丝。如墙上无预埋件，需在墙上钻孔埋膨胀螺栓或短钢筋固定钢筋网。

弹基准线。在墙、柱面上吊线锤，弹出水平线和垂直线，并在地面上顺墙或柱弹出板外廓尺寸线，大理石、磨光花岗石外皮距结构面的距离一般以 50～70mm 为宜。在外廓尺寸线上再弹出每块石板的就位线，板间留 1mm 缝隙。

预排、选板、编号。为使安装好的大理石接缝严密、上下左右花纹一致，安装前必须预排、选板、编号。

石板钻孔剔槽。安装前需对石板按设计要求进行钻孔剔槽，以便穿绑金属丝，金属丝一般采用铜丝或镀锌铁丝，拉接用金属丝应具有防锈性能。大饰面板安装前须进行打眼，板宽 500mm 以内，每块板的上、下两边打眼数量均不少于 2 个。打眼位置应与钢筋网横向钢筋的位置对齐。饰面板的钻孔位置一般在板的背面算起 2/3 处，使板的横孔、竖孔相连通，孔的大小能满足穿丝即可（图 9-3 和图 9-4）。

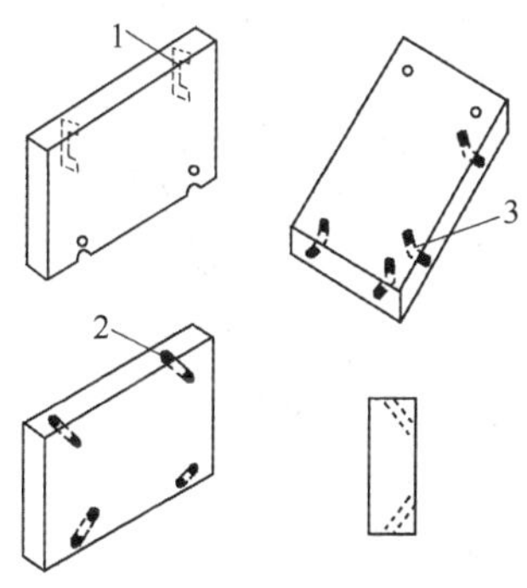

1—板面打两面牛鼻子眼；2—板面斜眼；3—打三面牛鼻子眼。

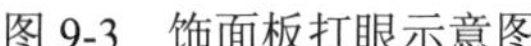
图 9-3 饰面板打眼示意图

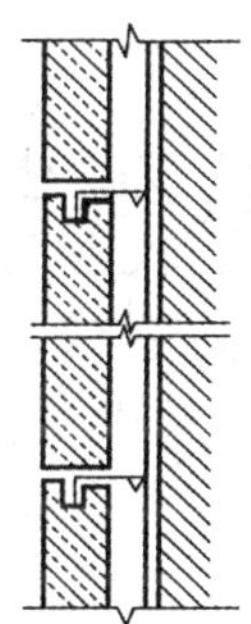
图 9-4 花岗石直角挂钩

安装饰面板。从最下一行开始，拉上水平通线，从中间或一端开始固定板材。按部位编号取石板就位，先绑扎下口金属丝于横筋上，再绑上口金属丝。用托线板靠直找平、用木楔垫稳。石板与基层间的缝隙一般为 30～50mm。安装完一层后，用靠尺找垂直、水平尺找平整、方尺找阴阳角方正。为临时固定石板，在板块横竖接缝处每隔 100～150mm 贴糊状石膏，竖向缝隙均用石膏灰或泡沫塑料条封严，待石膏凝结硬化后，清除填缝材料。

分层灌缝。灌注砂浆前应将石材背面湿润，并应用填缝材料临时封闭石材板缝，避免漏浆。分层灌注 1∶2.5 水泥砂浆，灌注时应分层进行，每层灌注高度宜为 150～200mm，且不超过板高的 1/3，均衡灌入后用铁棒轻轻捣实。块材和基层间的缝隙一般为 20～50mm，即为灌浆厚度。一层石板安装灌浆完毕，待砂浆初凝后，剔除上口临时固定的石膏，清理干净缝隙，安装另一层石材。上下层石板灌浆搭接 5～10mm，以加强上下层板材之间的连接。依次由下向上安装、固定、灌浆。

清洁板面、抛光打蜡。每天安装加固后，需清理干净饰面，光泽不够时，进行打蜡处理。

② 改进的湿作业法。改进的湿作业法即 U 形钉固定灌浆法。这种方法不用绑扎钢筋骨架，而是在基体处理完之后，直接利用 U 形钉将板材紧固在基体上，然后分层灌浆（图 9-5）。其具体施工程序：基层处理→石板钻孔→基体钻孔→板材安装→灌浆固定。

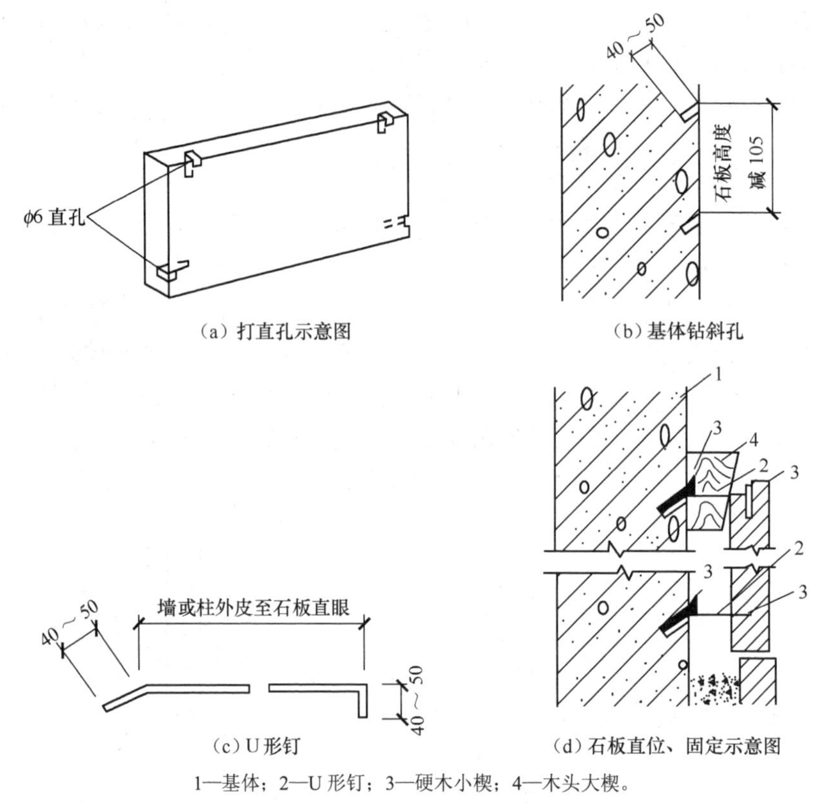

（a）打直孔示意图　（b）基体钻斜孔

（c）U 形钉　（d）石板直位、固定示意图

1—基体；2—U 形钉；3—硬木小楔；4—木头大楔。

图 9-5　改进的湿作业法示意图（单位：mm）

基层处理。在石板安装前，应清理干净基层，用水充分湿润并抹上 1∶1 的水泥砂浆。为提高石板的黏结力，其背面也要用清水洗净。

石板钻孔。将石材直立固定在木架上，用手电钻进行钻孔，钻孔位置距板两端 1/4 处居板厚中心、孔径 6mm、孔深 35～40mm。然后将板旋转 90° 固定在木架上，在距板下端 100mm 处、板两侧分别各打直孔 1 个，孔径、孔深同上孔。上下直孔都在板背面方向剔槽，槽深 7mm，以便安装 U 形钉，如图 9-5（a）所示。

基体钻孔。板材钻孔后，按基体放线分块位置临时就位，用冲击钻在对应于板材上下直孔的基体位置上，钻成与板材平面呈 45° 的斜孔，孔径 6mm，孔深 35～40mm，如图 9-5（b）所示。

板材安装。将板材按大样图就位，按板材与基体相距的孔距，用直径 5mm 的不锈钢丝制成 U 形钉，一端钩进板直孔内，随即用硬木小楔楔紧；另一端钩进基体斜孔内，校正板的位置、垂直度及平整度后，也用小楔楔紧，紧接着在板材与基体之间用木头大楔紧固U形钉，如图9-5（c）、（d）所示。

灌浆固定。上述工作完成后，就可以进行分层灌浆固定。

2）干挂法。

湿作业法存在一些缺点，比如，外墙温差较大时，饰面板容易脱落；灌浆的盐碱等色素对石材的渗透，会影响装饰质量和观感效果。干挂法工艺（图9-6）有效地解决了湿作业法工序繁杂、粘接强度低、自重大、不利于抗震等通病，具有安装精度高、黏结牢固、自重轻、工效高等特点。

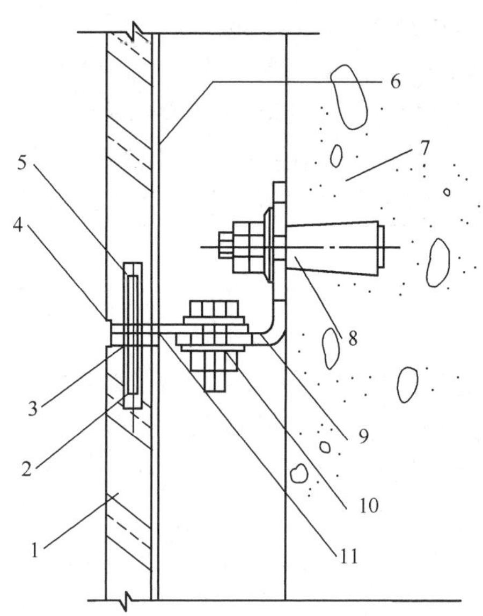

1—天然石材；2—不锈钢针；3—低密度聚乙烯条；4—中性硅硐密封膏；5—环氧树脂；6—石材增强层；7—外墙板；8—不锈钢膨胀螺栓；9—不锈钢连接角钢；10—不锈钢紧固件；11—不锈钢连接件。

图9-6　不锈钢连接杆干挂法工艺

干挂法是将石材饰面板通过螺栓和连接件固定于结构外表面的施工方法。它与板块之间形成空腔，受结构变形影响小，抗震能力强，施工速度快，提高了装饰质量，已成为大型公共建筑石材饰面安装的主要方法。其施工工艺：石材钻孔→基体处理、弹线、挂线→结构钻孔→支托架、安连接件→安装固定石材→贴防污条、嵌缝→清理表面、刷罩面剂。

① 石材钻孔。

② 基体处理、弹线、挂线。清理基层表面，弹出安装石材的位置线、分块线，并挂竖向钢丝线。

③ 结构钻孔。在结构上，定位钻孔、安膨胀螺栓。

④ 支托架、安连接杆。支底层饰面板托架、安装连接杆。

⑤ 安装固定石材。安装底层石板，把连接件上的不锈钢针插入板材的预留接孔中，调整面板位置准确无误后，紧固螺栓，再用环氧树脂或密封膏封堵连接孔。最后用1∶2.5白水泥砂浆灌于底层面板内20mm高。底层石板安装完毕后，检查是否合格。合格后，方可依次循环安装上层面板，注意上口水平、板面垂直。

⑥ 贴防污条、嵌缝。沿面板边沿贴 4mm 宽的纸带型不干胶带，边缘要贴齐、贴严。在石板之间的缝隙处嵌弹性背衬条，最后在背衬条外用嵌缝枪把中性硅胶打入缝内。胶面要用不锈钢小勺刮平，嵌底层石板缝时，要注意不要堵塞流水管。

⑦ 清理石板表面，刷罩面剂。把石板表面的防污条掀掉，用棉丝将石板擦干净，用棉丝沾丙酮擦净余胶，再刷罩面剂。要求无气泡、不漏刷，刷得要均匀、平整。

3）粘贴法。

粘贴法适用于小规格、薄板石材，其施工程序如下：清理基层表面→湿润→基层刮糙→抹底层灰、中层灰→弹线分格→选料、预排→石材粘贴→嵌缝、清理→抛光打蜡。

① 基层清理。对于粘贴法施工，基层的平整度尤其重要。基层应平整但不应压光。中层抹灰用木抹搓平后检查尺寸的偏差值。其允许偏差值平面、立面、阴阳角均为 2mm。

② 粘贴石材。粘贴石材一般用环氧树脂胶。先将胶分别涂抹在墙柱面和板块背面上，刷胶要均匀、饱满，准确地将板块粘贴于墙上，立即挤紧、找平，并进行顶、卡固定，如不平直可用木楔调整。

石材也可用灰浆粘贴，其方法与上述相似。

2. 金属饰面板工程

金属饰面板属于中高档装饰材料，以其独特的金属质感，丰富多变的图案与色彩、理想的造型被广泛运用于建筑物特别是高层建筑物的外墙饰面。金属饰面可分为单一材质板和复合材质板两类。前者如不锈钢板、铝合金板、铜板等；后者如夹心铝合金板、涂层钢板、烤漆钢板、彩色镀锌板、涂塑板等。要求表面平整光滑，无裂缝和皱折，颜色一致、边角整齐、涂膜厚度均匀。金属饰面板一般安装在承重龙骨和外墙上，节点构造复杂，施工精度要求高。

（1）铝合金饰面板

铝合金饰面板又称铝合金压型板，是以铝合金为原料经冷压或冷轧加工成型的饰面金属板材，具有结构简单、装拆方便、强度高、质量小、耐燃防火、耐腐蚀等优点，可用于内外墙装饰与吊顶等。铝合金饰面板构造示意图如 9-7 所示。其质量要求是表面平整、光滑，无裂缝和皱折，颜色一致，边角整齐，涂层厚度均匀。其施工工艺如下。

1）吊直、套方、找规矩、弹线。首先检查基本结构的几何尺寸、垂直度和平整度，

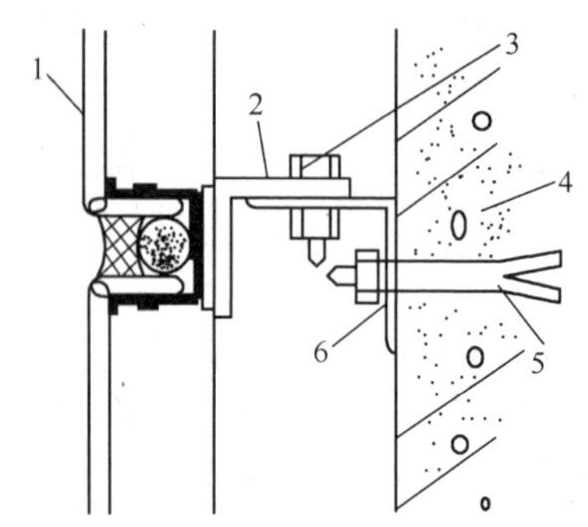

1—铝合金板；2—直角形铝型材横梁；3—调节螺栓；
4—建筑结构；5—锚固膨胀螺栓；6—角钢连接件。

图 9-7　铝合金饰面板构造示意图

满足要求后，在基层上弹骨架的安装位置线。

2）固定骨架的连接件。可采用打膨胀螺栓或与预埋铁件相焊接的方法将连接件固定到结构基体上。连接件主要作用是把骨架的横、竖杆件和结构主体连接在一起，安装时要求位置精确、连接牢固。安装完毕后还应做好隐蔽检查记录，必要时要做抗拉、抗拔测试。

3）固定骨架。一般采用铝合金型材或型钢做骨架的横、竖杆件，骨架安装前需做防腐处理。先安装竖向杆件，再将横向杆件固定于竖向杆件上，安装过程中及时校正垂直度和平整度。

4）铝合金饰面板安装。铝合金饰面板常用的安装方法有固结法和嵌卡法两种。固结法是将饰面板用螺钉直接拧固在骨架上，其优点是连接牢固、耐久性好。嵌卡法是将铝合金板做出可以嵌插的形状，卡在与之配套的龙骨上，其优点是连接简单、施工方便。固结法常用于外墙饰面工程，嵌卡法适用于受力不大的室内墙面或吊顶饰面工程。

（2）塑铝板饰面板

塑铝板饰面板是以铝合金片与聚乙烯复合材料复合加工而成的，基本上分为镜面塑铝板、镜纹塑铝板和非镜面塑铝板3类。其安装方法有无龙骨贴板法、轻钢龙骨贴板法和木龙骨贴板法。后两种方法均为在墙体表面安装龙骨后安装纸面石膏板，然后粘贴塑铝板。无龙骨贴板法施工工艺如下。

1）墙体表面处理。刷108胶素水泥浆一道，抹水泥砂浆找平。

2）粘贴纸面石膏板及石膏板表面处理。粘贴石膏板后，板缝处理，满刮腻子一遍找平表面，砂纸打平打光，涂封闭乳胶漆一道，喷涂防潮底漆一遍（酚醛清漆：汽油＝1：3）。

3）粘贴塑铝板。在纸面石膏底板表面、塑铝板背面，均匀涂布强力胶黏剂一层，将塑铝板粘贴上去，拍平压实。

（3）不锈钢板、铜板饰面安装

不锈钢板、铜板比较薄，不能直接固定于柱、墙面上。为了保证安装后表面平整、光洁无钉孔，需用木方、胶合板做好胎模，组合固定于墙、柱面上。

1）柱面不锈钢板安装（图9-8）及铜板饰面安装。

① 清理基层，按设计弹好胎膜位置边框线。胎模的尺度竖向按板材长度确定，宽度根据柱型决定，需满足以下要求：方柱每个柱面为一个胎模，圆柱一般以半圆柱面或1/3圆柱面为一个胎模。以柱外表尺寸为饰面胎模内径尺寸，胎模之间留出10mm左右的构造缝，用中密度板按柱外形裁出胎模。

② 胎模骨架。中密度板的外缘开槽固定木方尺寸为40mm×40mm或40mm×30mm，木方与中密度板形成胎模骨架，骨架的外表面要满足平整度、弧度和垂直度的要求。

③ 铺钉三夹板。外侧铺钉三夹板一层，事先打扁固定木条的钉帽，钉帽钉入板条内深度0.5～1mm，用同色腻子抹平钉眼。

④ 在三夹板表面包铜板或不锈钢板。

2）墙面不锈钢板、铜板安装（图9-9）。

① 清理基层，按设计弹好骨架位置纵横线。

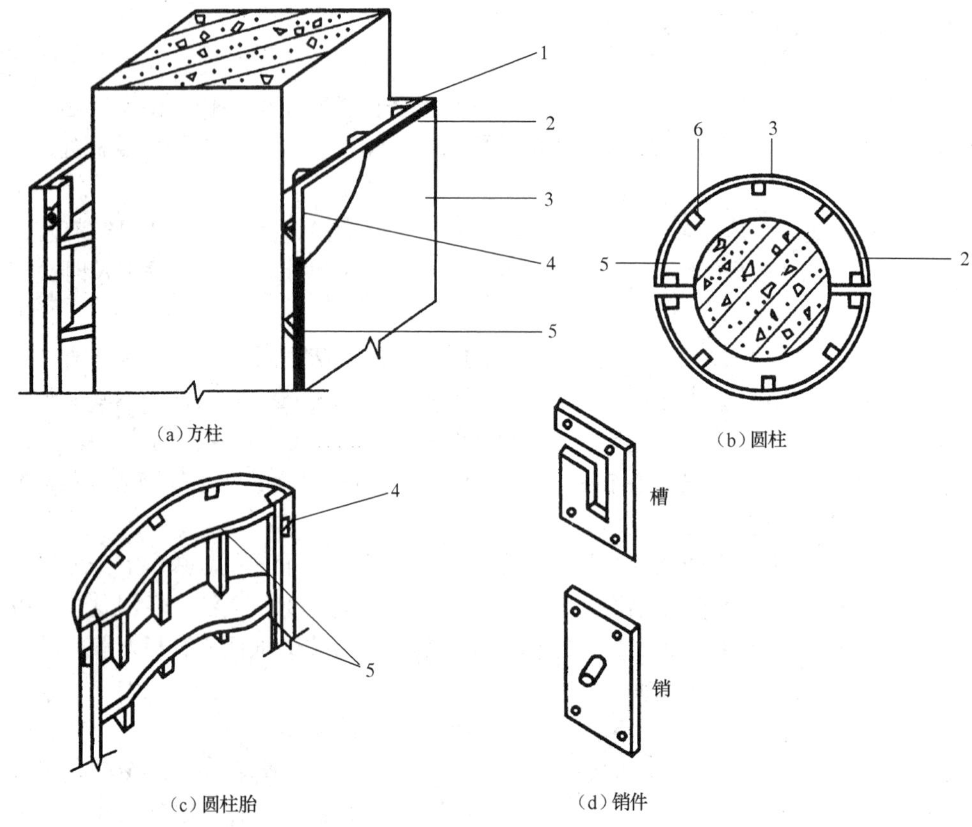

1—木骨架；2—胶合板；3—不锈钢板；4—销件；5—中密度板；6—木质竖向龙骨。

图 9-8　柱面不锈钢板安装

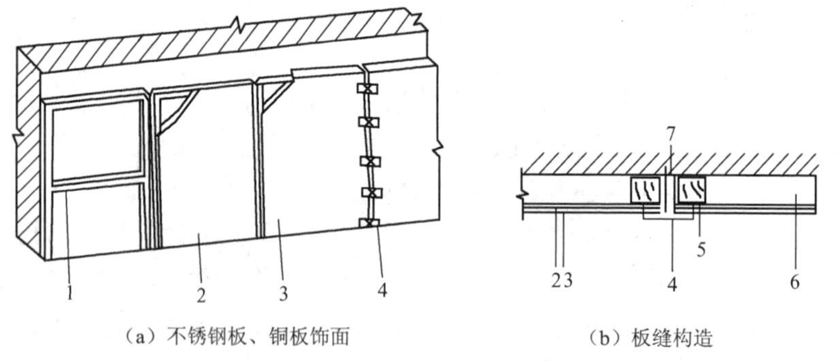

1—骨架；2—胶合板；3—饰面金属板；4—临时固定木条；5—竖筋；6—横筋；7—玻璃胶。

图 9-9　墙面不锈钢板、铜板安装

② 用膨胀螺钉将木骨架固定于墙面上，骨架大小以饰面板定基本单元。

③ 在骨架表面钉一层夹板作为贴面板衬材。骨架质量要符合要求，板边不超出骨架。

④ 按设计压好不锈钢板、铜板的四边，尺寸要准确。

⑤ 用胶密封纵横缝。

3. 饰面板的质量控制与检验

（1）材料

板的品种、规格、颜色和性能必须符合设计要求。板孔、槽的数量、位置和尺寸应符合设计要求。饰面板表面应平整、洁净、色泽一致，无裂缝和缺损等。

（2）安装

板安装工程的预埋件（或后置埋件）及连接件的数量、规格、位置、连接方法和防腐处理必须符合设计要求，后置埋件的现场拉拔强度必须符合设计要求。饰面板安装必须牢固。饰面板嵌缝密实平整、宽度和深度应符合设计要求，嵌填材料色泽应一致。采用湿作业时石材应进行防碱处理，饰面板与基体之间的灌注材料应饱满、密实。

（3）允许偏差和检验方法

饰面板工程质量检查可以采取观察、检查隐蔽工程验收记录和施工记录及使用工具的方法检查。饰面板安装的允许偏差和检验方法见表 9-5。

表 9-5　饰面板安装的允许偏差和检验方法

序号	项目	允许偏差/mm							检验方法
		石材			瓷板	木材	塑料	金属	
		光面石	剁斧石	蘑菇石					
1	立面垂直度	2.0	3	3	2.0	1.5	2	2	用 2m 垂直检测尺检查
2	表面平整度	2.0	3	—	1.5	1.0	3	3	用 2m 靠尺和塞尺检查
3	阴阳角方正	2.0	4	4	2.0	1.5	3	3	用直角检测尺检查
4	接缝直线度	2.0	4	4	2.0	1.0	1	1	拉 5m 线，不足 5m 拉通线，用钢直尺检查
5	墙裙、勒脚上口直线度	2.0	3	3	2.0	2.0	2	2	拉 5m 线，不足 5m 拉通线，用钢直尺检查
6	接缝高低差	0.5	3	—	0.5	0.5	1	1	用钢直尺和塞尺检查
7	接缝宽度	1.0	2	2	1.0	1.0	1	1	用钢直尺检查

9.2.2　饰面砖工程

饰面砖包括内墙釉面砖、外墙面砖、陶瓷锦砖、玻璃锦砖等。

1. 饰面砖材料要求

（1）内墙釉面砖

釉面砖又称瓷砖或釉面瓷砖，用陶土烧制而成，表面光滑、易于清洗、色泽多样、美观耐用。因其有一定的吸水率（不大于 12%），有可能受干湿作用而引起釉面开裂，以致剥落掉皮，适合用于室内粘贴，如墙柱面、卫生间、厨房等。使用时要求颜色均匀、表面光洁、边缘整齐、棱角不得损坏，无缺釉、脱釉、暗痕、裂缝及凹凸不平的现象。

（2）外墙面砖

外墙面砖多以优质陶土为原料经混炼成型、素烧、施釉、煅烧而成，有毛面和光面两种。光面砖又分为有釉和无釉两种，有釉面砖是在已烧成的素坯上施釉，再经煅烧而成；无釉面砖是将破碎成一定粒度的陶瓷原料，经筛分、半干压成型，放入窑内焙烧而成。颜色有米黄、深黄、淡蓝、乳白等多种。它质地坚实、吸水率较小（不大于10%）、色调美观，具有较好的耐久性、耐水性，有150mm×75mm×12mm、200mm×100mm×12mm、265mm×65mm×8mm等多种规格，多用于外墙、柱、窗间墙等饰面。

（3）陶瓷锦砖和玻璃锦砖

陶瓷锦砖旧称马赛克，是以优质瓷土烧制而成的片状小块瓷砖，形状为长方形、正方形、六角形等多种，可拼成各种图案贴于底纸板上。其质地坚硬、经久耐用、耐酸碱、耐磨，不渗水，吸水率小（不大于0.2%），是优良的室内外墙面或地面的饰面材料。每张尺寸一般为305.5mm×305.5mm，称为一联，每40联为一箱。

玻璃锦砖又称玻璃马赛克，是由各种颜色玻璃烧制而成的小块按不同图案贴于牛皮纸上的材料，其色泽有乳白色、金属透明色以及灰色、蓝色、紫色等多种花色。其背面呈凹形有材线条，四周有八字形斜角，与基层砂浆可以牢固结合。玻璃锦砖质地坚硬、性能稳定、表面光滑、耐大气腐蚀、耐热、耐冻、不龟裂。出厂前，产品按各种图案组合反贴于纸上，每张尺寸一般为325mm×325mm，称为一联，每40联为一箱。

陶瓷锦砖和玻璃锦砖常用于室内卫生间、游泳池和外墙饰面。要求质地坚硬、边棱整齐、尺寸准确，脱纸时间不得大于40min。

2. 饰面砖施工

（1）内墙面砖施工

内墙面砖施工工艺流程：选砖→清理基层→抹底子灰→排砖和弹线→贴灰饼→浸砖→垫底尺→贴面砖→擦缝和清洁面层。

1）选出棱角整齐方正、表面颜色一致、表面平整、无翘曲与变形的面砖。

2）基层处理。若基层为砖墙面，需将墙面上残余的砂浆、灰尘、油污等杂物清除干净，并提前一天浇水湿润。若基层为混凝土墙面，首先将凸出墙面的混凝土剔平，墙面比较光滑时，可以采用“毛化处理”，即先将基层清理干净，用10%火碱水将墙面的油污刷掉，随即用净水将墙面冲洗干净、晾干，然后用1∶1水泥细砂浆内掺水重20%的107胶，喷或甩在混凝土墙面上，终凝后浇水养护。当采用大模板施工时，混凝土墙面应凿毛，再用钢丝刷满刷一遍，浇水湿润。

3）抹底子灰。若基层为砖墙面，需将墙面浇水湿润后分层抹1∶3水泥砂浆底灰，水泥砂浆厚度控制在12mm，然后吊直、刮平。若基层为混凝土墙面，需先刷一道掺水重10%的107胶素水泥浆；再抹第一遍灰，并用木抹子搓平；养护3d后，分层抹1∶3水泥砂浆底灰，每层厚度宜为5～7mm。底子灰要求表面平整，立面垂直，阴阳角方正与基层黏结牢固，并扫毛或划出纹道，24h后浇水养护。

4）排砖和弹线。待基层达六七成干时，即可按实测尺寸进行排砖。一般排砖从阳角开始，把不成整块的砖排在阴角部位或次要部位。自上向下，从左向右进行瓷砖预排。饰面接缝无设计规定时，按1～1.5mm安排，计算纵横两个方向的皮数，画出皮数杆，定出水平标准，或在底子灰上弹竖向和水平控制线，一般竖向间距为1m左右，横向一般根据面砖尺寸按每5～10块弹一条水平控制线，有墙裙的应弹在墙裙上口。瓷砖墙面排砖如图9-10所示。

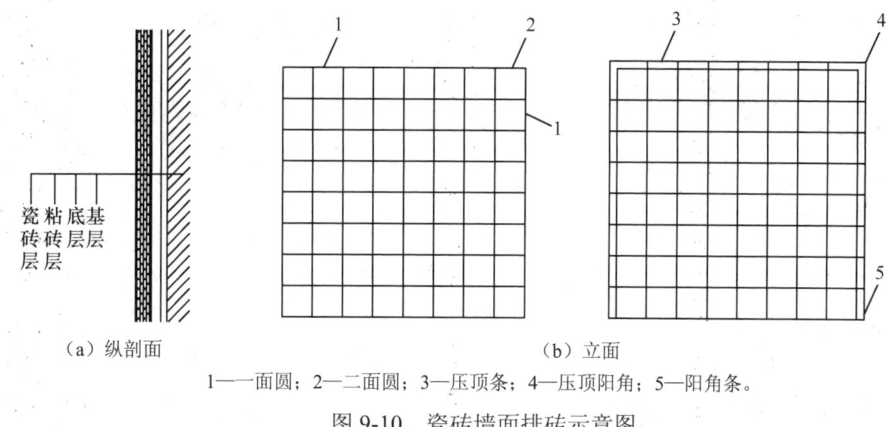

（a）纵剖面　（b）立面

1——面圆；2—二面圆；3—压顶条；4—压顶阳角；5—阳角条。

图 9-10　瓷砖墙面排砖示意图

5）贴灰饼。用 1∶0.1∶3 的水泥混合砂浆将废面砖粘贴在底层砂浆上作为灰饼，灰饼的间距一般为 1.0～1.6m，上、下灰饼用靠尺找好垂直，横向灰饼拉线或用靠尺板找平，在灰饼面砖的棱角处拉立线，再于立线上拴活动的水平线，来控制水平面的平整。

6）浸砖。在铺贴的前一天将面砖放在清水中浸泡 2～3h，阴干备用。

7）垫平尺板。垫平尺板应注意地漏的标高和位置。平尺板的上皮一般要比地面低 1cm 左右，以便地面压住墙面砖。平尺板安放必须水平，摆实摆稳，平尺板的垫点间距应在 40cm 以内。按照计算好的下一皮砖的下口标高，垫放好平尺板作为第一皮砖下口的标准。

8）镶贴面砖。用 1∶0.1∶2.5 的混合砂浆抹于浸泡过的面砖背面，紧靠平尺板上皮将面砖贴在墙上，用小铲的木把轻轻敲击，使灰浆饱满，上口应以水平线为标准。贴好一层后，用靠尺板横向靠水平，竖向靠垂直。铺贴时，应先在门口、阳角以及长墙每隔 2m 左右均先竖向贴一排砖，作为墙面垂直、平整和砖层的标准，然后以此为标准向两侧挂线，由下往上铺贴。

9）擦缝和清洁面层。面砖铺贴完毕，用清水、棉纱将面砖擦洗干净，用与瓷砖颜色相同的水泥浆均匀擦缝，最后用棉纱将缝隙内素水泥浆擦实擦匀。全部工程完后应彻底清理表面污垢。

如墙面留有洞口，应对准孔洞画好位置，然后用刀、钳子将瓷砖切割成所需要的形状。

（2）外墙面砖施工

外墙面砖施工工艺流程：选砖→处理基层→吊垂直、找方、找规矩→抹底灰→弹线分格→排砖→浸砖→镶贴面砖→做滴水线和勾缝。

1）选砖。按设计要求、砖的大小和颜色进行选砖。选出的砖应平整方正，无缺棱掉角，颜色均匀，无脱釉现象。

2）处理基层。将基层表面的灰砂、污垢和油渍清除干净；将门窗洞口框和墙体间的缝隙用水泥砂浆嵌填密实；对光滑墙体应进行凿毛处理，凿毛深度应为 0.5～1.5mm，间距 30mm 左右。基层若为砖墙基体，先将墙面清扫干净，并提前一天浇水湿润。基层若为混凝土墙面，对明显凹凸不平部位用 1∶3 水泥砂浆进行补平或剔平。基层于铺贴前要使用钢丝刷先刷一遍，并浇水湿润。为使基体与找平层黏结牢固，可以先刷一道水泥浆，内掺水重3%～5%的107胶，随刷随抹一道1∶3水泥砂浆，为增强砂浆的和易性也可以采用水泥混合砂浆，体积比为水泥∶石灰膏∶砂＝1∶0.5∶3，厚度为5mm左右。砂浆抹完后，应用扫帚扫毛，并浇水湿润，防止干燥脱水。

3）吊垂直、找方、找规矩。每次打底时以灰饼作为基准点进行标筋，并使底层灰做到横平竖直。若建筑物为多层，可以从顶层开始用特制的大线锤，崩铁丝吊垂直；若建筑物为高层，应在四周大角和门、窗洞口边用经纬仪打垂直线找直，然后根据面砖的规格尺寸分层设点，做灰饼。

4）抹底灰。先刷一道掺水重10%的107胶素水泥浆，随即用1∶3水泥砂浆，或用1∶0.5∶3的水泥白灰膏混合砂浆分层逐遍抹底层砂浆。每次抹灰时厚度不宜太厚，第一遍宜为5mm，抹后用扫帚扫毛，待第一层达六七成干时，抹第二遍，厚度控制在5～10mm，抹完随即用木杆刮平，用木抹子搓毛，终凝后浇水养护。底灰做完后，进行自检，应做到表面平整，立面垂直，阴阳角方正和垂直，若误差过大，应立即纠正。

5）弹线分格。待底灰达六七成干时，即可按图纸要求分段分格弹线，同时进行面层贴标准点的工作，以控制面层的出墙尺寸及垂直、平整度。弹线时，纵向和横向每隔3～5块的距离弹水平线和垂直线，以控制线条垂直。设计复杂时，也可以从上到下画出皮数杆和接缝，在墙上每隔1.5～2.0mm的距离做出标记，以控制表面平整和灰缝的厚度。

6）排砖。根据大样图及墙面尺寸进行横竖预排砖，以保证面砖缝隙均匀。排砖时在同一墙面上不得有一行以上的非整砖，非整砖应排在次要部位，如窗间墙或阴角处。一般要求横缝与碹脸或与窗台取平，窗台阳角一般要用整砖，并在底子灰上弹上垂直线。当横向不是整块的面砖时，要用合金钢錾子按所需尺寸划痕，折断后用砂轮磨平，若按整块分格，可以采取调整砖缝大小的办法予以解决。外墙贴面砖的几种排法如图9-11所示。

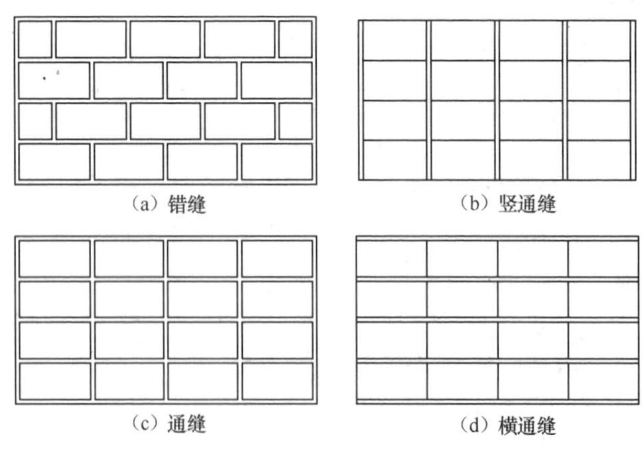

图9-11　外墙贴面砖排法示意图

7）浸砖。外墙面砖镶贴前，首先应将面砖清扫干净，在清水中浸泡2～3h，表面晾干和擦净后，方可使用。若采用黏结剂镶贴，是否浸砖，应由黏结剂的性能决定。

8）镶贴面砖。镶贴面砖可以用水泥砂浆、水泥混合砂浆、聚合物水泥砂浆或专用的胶黏剂等。使用水泥砂浆配合比宜为水泥∶砂＝（1∶2）～（1∶1.5）；使用水泥混合砂浆配合比宜为水泥∶石灰膏∶砂＝1∶0.3∶3。粘贴时，首先在砖背面满刮一层砂浆，厚度为 5～6mm，砖的四角刮成斜面，放在垫尺上口贴在墙面上，用灰铲把轻轻敲击，使砂浆饱满和附线，再用钢片开刀调整竖缝，并用小杆通过标准点调整平面的平整度和垂直度。

面砖之间的水平缝宽度用米厘条控制，米厘条贴在已镶贴好的面砖上口，为保证其平整，可以临时加垫小木楔。

9）做滴水线。镶贴室外凸出的檐口、腰线、窗台、雨篷和女儿墙压顶等外墙面砖时，应按设计要求做出流水坡度，下面再做流水线或滴水槽，以免向内渗水。如女儿墙压顶的水应流向屋面，顶面的面砖应压住立面的面砖等。

10）勾缝。勾缝前应检查面砖的质量，逐块敲试，若发现空鼓和黏结不牢，必须重贴。勾缝时可以采用 1∶1 水泥砂浆进行勾缝，先勾横缝，后勾竖缝，缝宽一般在 8mm 以上，严禁使用水泥砂浆进行刮抹填缝，否则勾缝不严，容易产生渗水现象。勾缝材料硬化后，清除面砖上的残余砂浆，并用布蘸 10%的稀盐酸擦洗表面，最后用清水由上往下将墙面冲洗干净。

3. 饰面砖的质量控制与检验

（1）材料

饰面砖的品种、规格、图案颜色和性能应符合设计要求。饰面砖表面应平整、洁净、色泽一致，无裂痕和缺损。

（2）安装

饰面砖粘贴工程的找平、防水、黏结和勾缝材料及施工方法应符合设计要求及国家现行产品标准和工程技术标准的规定；饰面砖粘贴必须牢固；满粘法施工的饰面砖工程应无空鼓、裂缝。阴阳角处搭接方式、非整砖使用部位应符合设计要求；墙面凸出物周围的饰面砖应整砖套割吻合，边缘应整齐；墙裙、贴脸凸出墙面的厚度应一致；饰面砖接缝应平直、光滑，填嵌应连续、密实；宽度和深度应符合设计要求；有排水要求的部位应做滴水线（槽）。滴水线（槽）应顺直，流水坡向应正确，坡度应符合设计要求。

（3）允许偏差和检验方法

饰面砖工程质量检查可以采取观察、检查隐蔽工程验收记录和施工记录及使用工具的方法检查。饰面砖粘贴的允许偏差和检验方法见表 9-6。

表 9-6　饰面砖粘贴的允许偏差和检验方法

序号	项目	允许偏差/mm		检验方法
		外墙面砖	内墙面砖	
1	立面垂直度	3	2	用 2m 垂直检测尺检查
2	表面平整度	4	3	用 2m 靠尺和塞尺检查
3	阴阳角方正	3	3	用直角检测尺检查
4	接缝直线度	3	2	拉 5m 线，不足 5m 拉通线，用钢直尺检查
5	接缝高低差	1	0.5	用钢直尺和塞尺检查
6	接缝宽度	1	1	用钢直尺检查

9.3　楼地面工程

楼地面工程是底层地面和楼板地面的总称，包括室外散水、台阶、踏步、坡道、明沟等附属工程。

9.3.1　楼地面的组成和分类

1. 楼地面的组成

楼地面一般由面层、构造层和基层组成。其构造层和作用分别如下。

（1）面层

面层是直接承受各种物理化学作用的表面层，起美化和改善环境及保护结构层的作用。

（2）构造层

构造层包括结合层、找平层、填充层和隔离层。

1）结合层，指面层与下一构造层相连接的中间层，也可以作为多个面层的弹性基层。结合层的做法依据面层材料需要而定。

2）找平层，起整平、找坡或加强作用，是在垫层、楼板或填充层上的构造层。找平层的施工质量是影响楼地面质量的重要因素。

3）填充层，在建筑地面上起隔声、保温、找坡或敷设管线的作用，是当构造上需要或面层、垫层、基土和结构层不能满足使用要求，而增设的构造层。

4）隔离层，又称防水（潮）层，是防止地面上各种液体或地下水、潮气渗透地面的构造层。

（3）基层

基层包括垫层和基土。垫层是承受并传递地面荷载于基土上的构造层。基土是指地面垫层下的土层。

2. 楼地面分类

按面层施工方法不同可将楼地面分为整体面层、块料面层和木竹面层。整体面层又分为水泥砂浆地面、混凝土地面、水磨石地面等；块料面层又分为预制板材、大理石和花岗石、地面砖等。

9.3.2　楼地面施工

1. 垫层施工

（1）垫层施工前的准备工作

1）抄平弹线统一标高。检查墙、楼地面的标高，并在各房间内弹离楼地面高 50cm 的水平控制线（简称 50 线），房间内的装饰以 50 线为准。

2）板缝处理。对于预制板楼板，应做好板缝灌浆、堵塞和板面清理工作。

3）房心土回填。地面基层为土质时，应原土夯实回填土。房心回填土夯实的要求同基坑回填土。

（2）垫层的种类

垫层的施工一般在地面而非楼面，通常是在房心回填土之上的工程作法，有灰土垫层、三合土垫层、碎（卵）石垫层、砂（石）垫层、碎砖垫层、炉渣垫层、混凝土垫层等。各类垫层的要求如表9-7所示。

表9-7 各类垫层的要求

垫层类别	材料要求	铺设厚度	备注
灰土垫层	熟石灰粒径≤5mm；黏土粒径≤15mm	虚铺每层厚度150～250mm，夯实后每层厚度100～150mm	熟化石灰：黏土=2：8或3：7（体积比）
砂（石）垫层	石子粒径≤2/3垫层厚度	虚铺厚度：振动器振实200～250mm；夯实 150～200mm；碾压实 250～350mm 砂垫层实铺厚度不应小于60mm；砂石垫层实铺厚度不应小于100mm	
碎（卵）石垫层	石子粒径≤2/3垫层厚度	实铺厚度不应小于100mm	
碎砖垫层	粒径≤60mm	虚铺每层厚度≤200mm 实铺厚度不应小于100mm	
三合土垫层	碎砖粒径≤60mm，熟化石灰颗粒粒径不得大于5mm，砂为中砂	虚铺每层厚度150mm，夯实后每层厚度120mm	
炉渣垫层	炉渣粒径≤40mm，且粒径在5mm以下的颗粒不得超过总体积的40%；熟化石灰颗粒粒径不得大于5mm	实铺厚度不应小于80mm	水泥：炉渣=1：6，水泥：石灰：炉渣=1：1：8（体积比） 水泥炉渣使用前浇水闷透；水泥石灰炉渣使用前应用石灰浆或熟石灰浇水拌和闷透；闷透时间均不得少于5d
混凝土垫层	强度级别≥C15	厚度≥60mm	室内地面垫层应设置纵向伸缩缝（间距不大于6m），横向伸缩缝（间距不大于12m）

1）灰土垫层。灰土垫层是用熟石灰和黏土拌和均匀，分层铺设夯实而成。熟石灰粒径不大于5mm，黏土粒径不大于15mm。灰土的土料，宜使用就地开挖的土，不得含有有机杂质。灰土体积比一般为3∶7或2∶8，常采用3∶7（俗称“三七灰土垫层”）。虚铺每层厚度150～250mm，夯实后每层厚度100～150mm。

2）三合土垫层。三合土垫层是用石灰、砂和砾石的拌和料铺设而成。使用的熟石灰、拌和物中不得含有有机杂质。三合土的配合比（体积比）一般采用1∶2∶4或1∶3∶6（石灰∶砂∶砾石）。拌和均匀后，分层铺平后夯实，夯实厚度一般为虚铺厚度的3/4，夯实后厚度一般不小于100mm。可用人工或机械夯实，夯打应密实，表面平整。最后一遍夯打时，宜浇浓石灰浆，待表面灰浆晾干后进行下一道工序施工。

3）碎砖垫层。碎砖粒径不大于60mm，不得采用风化、酥松的砖，并不得夹有瓦片及有机杂质。要分层铺均匀，每层虚铺厚度不大于200mm、夯实后每层不小于100mm，适当洒水后夯实至表面平整。

4）混凝土垫层。混凝土垫层由强度等级不低于C15、厚度不小于60mm的混凝土铺设而成。混凝土浇筑时，应分区段进行，采用平板振动器捣实；浇捣后用木抹子搓平、在12h内覆盖浇水养护不少于7d。混凝土强度达到1.2MPa以后，才能进行下道工序施工。

2. 找平层及防水（潮）层施工

（1）找平层

在铺设找平层前，应将基层表面清理干净。找平层采用水泥砂浆或混凝土铺设而成。水泥砂浆体积比不宜小于 1∶3，混凝土强度等级不宜小于 C15。

（2）防水（潮）层

有防水（潮）要求的楼地面必须铺设防水（潮）层，如卫生间、厨房等。在防水（潮）层施工前，基层表面要平整、干燥。防水材料的铺设应平整、黏实，不得有空鼓、翘边、和封口不严等。铺设完毕后，应做蓄水试验，蓄水深度 20～30mm，蓄水时间 24h，若无渗漏则为合格。

3. 整体面层

在室内装饰工程基本完成后，进行面层的铺设。整体面层包括水泥砂浆面层、水磨石面层。

（1）水泥砂浆面层

水泥砂浆面层广泛运用于房屋建筑工程，其厚度不应小于 20mm。水泥砂浆面层构造如图 9-12 和图 9-13 所示。

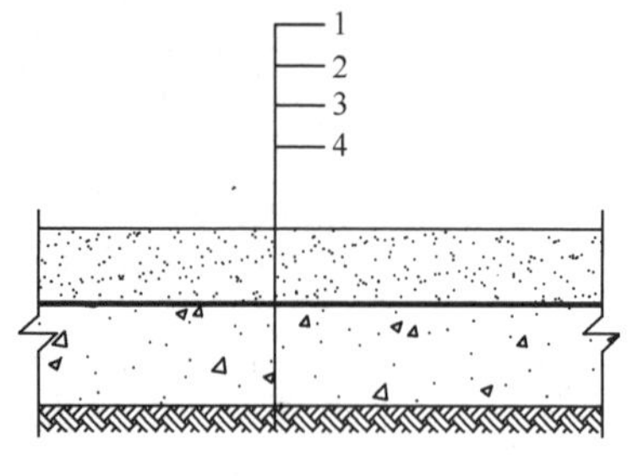

1—水泥砂浆面层；2—刷水泥浆；
3—混凝土垫层；4—地基土。

图 9-12　水泥砂浆面层构造示意图（地面）

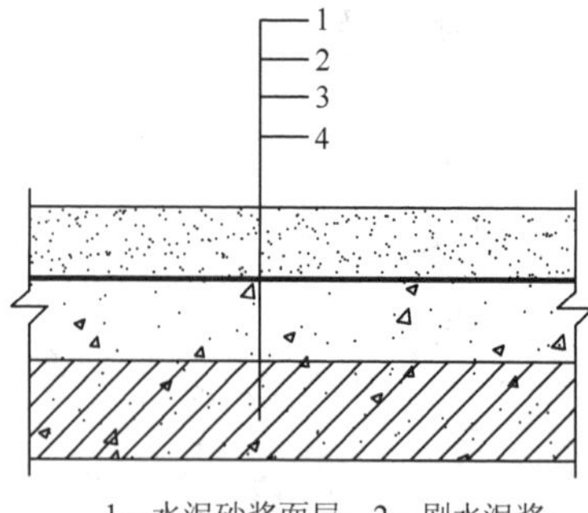

1—水泥砂浆面层；2—刷水泥浆；
3—混凝土找平层；4—楼层结构层。

图 9-13　水泥砂浆面层构造示意图（楼面）

1）材料应满足的要求。水泥砂浆的强度等级不应低于 M15；水泥强度等级不应低于 32.5MPa，不同强度等级的水泥严禁混用；一般应采用中砂或粗砂，含泥量不应大于 3%；水泥砂浆的水泥∶砂宜为 1∶2 或 1∶2.5（体积比）。

2）水泥砂浆面层施工。施工时，应先清理、湿润基层。待表面无明水后，弹准线、做标筋。铺设面层时，先刷一道素水泥浆做黏结层，然后铺设水泥砂浆。以标筋为准，用木杠刮平、木抹子搓平，再用钢抹子分三遍压光，为确保施工质量，每遍抹压的时间要掌握得当。在木抹子搓平后进行第一遍压光；水泥砂浆开始初凝时进行第二遍压光；水泥砂浆终凝前进行第三遍压光。

（2）水磨石面层

水磨石面层具有表面平整、光滑、不起灰等特点，适用于有一定防潮（水）要求的地段和较高防尘、清洁等要求的楼地面工程，是由水泥与石粒的混合料在 1∶3 水泥砂浆基层上铺设而成的，厚度一般为 12～18mm。其施工工艺见 9.1.2 节。

4. 块料面层

块料面层包括地砖面层和木板面层。

(1) 地砖面层

地砖面层具有平整光洁、抗腐耐磨、种类繁多，施工方便等特点，广泛用于工业厂房和民用建筑的楼地面工程。地砖面层采用陶瓷地砖、陶瓷锦砖、缸砖、水泥花砖或耐磨抛光砖等板块材在结合层上铺贴而成。地砖面层构造示意图如图9-14和图9-15所示。

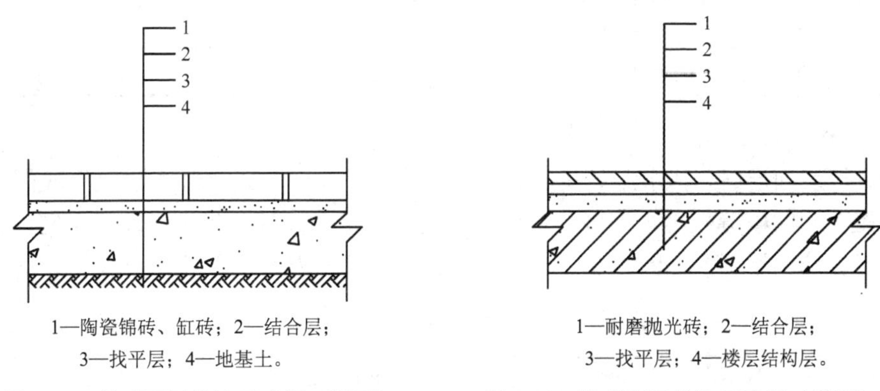

1—陶瓷锦砖、缸砖；2—结合层；3—找平层；4—地基土。

图9-14 地砖面层构造示意图（地面）

1—耐磨抛光砖；2—结合层；3—找平层；4—楼层结构层。

图9-15 地砖面层构造示意图（楼面）

铺贴地砖前需先把地砖浸水湿润后晾干；铺贴前先清理基层，浇水湿润，抄平放线；然后扫素水泥浆，用1∶3水泥砂浆打底找平。地砖铺贴从门口开始，出现非整块砖时进行切割。地砖应紧密、结实，砂浆应饱满，地砖缝隙宽度应符合设计要求。面层铺贴应在24h内用素水泥浆进行擦缝、勾缝和压缝工作。养护时间3～4d，养护期间不得上人。

地砖面层的质量要求：图案清晰、色泽一致、表面洁净、接缝平整、周边顺直等。

(2) 木板面层

木板面层具有弹性好、不起尘、耐磨性好、保温隔热性能好、不易老化等特点，多用于室内高级装修，如室内体育训练、练习、比赛用房和舞厅、舞台等，以及有特殊要求的硬木楼地面工程等。

木板面层有单层、双层两种面层做法。单层是在木搁栅上直接钉企口板；双层是在木搁栅上先钉一层毛地板，再钉一层企口板。木搁栅有空铺和实铺两种形式。木地板拼缝用得较多的是企口缝、平头接缝、截口缝等，其中以企口缝最为普遍。

木板面层质量要求表面应刨平、磨光，无明显刨痕、毛刺等缺陷，此外，还应图案清晰、颜色均匀一致等。

9.3.3 楼地面工程质量控制与检验

1. 整体面层

铺设整体面层时，其水泥类基层的抗压强度不得小于1.2MPa；表面应粗糙、洁净、湿润，不得有积水。整体面层施工后，养护时间不应少于7d；抗压强度应达到5MPa后，方准上人行走；达到设计要求后，方可正常使用。整体面层的允许偏差及检查方法如表9-8所示。

表 9-8　整体面层的允许偏差及检查方法

序号	项目	允许偏差/mm						检查方法
		水泥混凝土面层	水泥砂浆面层	普通水磨石面层	高级水磨石面层	水泥钢屑面层	防油混凝土和不发火（防爆）面层	
1	表面平整度	5	4	3	2	4	5	用 2m 靠尺和楔形塞尺检查
2	踢脚线上口平直	4	4	3	3	4	4	拉 5m 线和用钢尺检查
3	缝格平直	3	3	3	2	3	3	

2. 块料面层

铺设板块面层时，其水泥类基层的抗压强度不得小于1.2MPa。石板类板块面层的结合层和板块间的填缝采用水泥砂浆。板块的铺砌应符合设计要求，当设计无要求时，宜避免出现板块小于 1/4 边长的角料。块料面层的允许偏差及检查方法见表 9-9。

表 9-9　块料面层的允许偏差及检查方法

序号	项目	允许偏差/mm						
		陶瓷锦砖、高级水磨石板、陶瓷地砖面层	水磨石板块面层	大理石和花岗石面层	塑料板面层	水泥混凝土板面层	碎拼大理石、花岗石面层	检查方法
1	表面平整度	2.0	3.0	1.0	2.0	4.0	3.0	2m 靠尺和楔形塞尺
2	缝格平直	3.0	3.0	2.0	3.0	3.0	—	5m 尺和用钢尺
3	接缝高低差	0.5	1.0	0.5	0.5	1.5	—	钢尺和楔形塞尺
4	踢脚线上口平直	3.0	4.0	1.0	2.0	4.0	1.0	5m 线和用钢尺
5	板块间隙宽度	2.0	2.0	1.0	—	6.0	—	钢尺

9.4　涂饰与裱糊工程

涂饰工程是将水溶性涂料、溶剂型涂料等施涂于基层表面，形成与基层牢固结合的连续、完整固体膜层，具有色彩丰富、工效高、工期短、自重轻、造价低等优点，起到保护、防水、防腐蚀、防霉、防静电等作用。

裱糊工程是指将壁纸或墙布粘贴在室内的墙面、柱面、天棚面的装饰工程。它具有装饰性好，图案花纹丰富多彩，材料质感自然，功能多样，有的还具有吸声、隔热、防潮、防霉、防水、防火等功能。

9.4.1　涂饰工程

涂饰工程所用涂料的品种、型号和性能，应根据具体材料、涂饰的部位及功能特征按设计要求选用，且需符合相应质量标准及国家环保的有关规定。施工中对环境温度、湿度、清洁度及基体的含水率要严格控制，并采取有效的防火、防中毒措施。

1. 涂饰材料

（1）涂料分类

1）按涂料的性质分类，包括水溶性涂料（如聚乙烯醇水玻璃内墙涂料）、溶剂型涂料（如氧化橡胶外墙涂料）、乳液型涂料（如苯丙乳胶液）、粉末型涂料（如粉末内墙涂料）等。

2）按成膜物质的性质分类，包括有机涂料（如丙烯酸酯外墙涂料）、无机涂料（如硅酸钾水玻璃外墙涂料）、有机无机负荷涂料（如聚乙烯醇玻璃内墙涂料106 涂料、聚合物改性水泥厚浆涂料、硅溶胶-苯丙外墙涂料）。

3）按使用部位分类，包括外墙涂料、内墙涂料、地面涂料等。

4）按涂料的膜层厚度分类，包括薄质涂料（厚度 50～100μm）、厚质涂料（1～6mm）。

5）按涂料的特殊功能分类，包括防水涂料、防火涂料、防霉涂料等。

（2）配套材料

1）腻子。在涂刷涂料前，用腻子将基层或基体表面的缺陷和坑洼不平之处嵌实填平，并用砂纸打磨平整光滑。腻子的塑性和易涂性应能满足施工要求，能与基层、底涂料和面涂料的性能配套使用。基层腻子应平整、坚实、牢固，无粉化、起皮和裂缝。厨房、卫生间墙面必须使用耐水腻子。

2）稀释剂。稀释剂应根据涂料中所含的成膜物质的性质和各种溶剂的溶解力、挥发速度和对漆膜的影响等选择和配制。

2. 涂饰工程施工

（1）基层处理

基层处理的好坏直接影响涂料的附着力、使用寿命和装饰效果。不同基层材料，表面处理的方法和要求也有所不同。旧墙面在涂饰涂料前应清除疏松的旧装饰层，并涂刷界面剂。潮湿的表面不得涂刷涂料。

1）混凝土及抹灰基层。对混凝土及抹灰（水泥砂浆、混合砂浆、石灰砂浆、石灰纸筋灰浆）基层的要求：油污、灰尘、砂浆等杂物彻底清除干净，表面平整、光滑，阴阳角密实，基层的 pH 不大于10、含水率控制在一定的限值以下（溶剂型涂料不大于 8%、水溶型涂料不大于 10%）。

基层的处理方法：空鼓、酥裂、起皮、起砂等用铲刀、钢丝刷等清理后，用清水清洗，再进行修补，表面泛碱可用 3%草酸溶液进行处理，再用清水冲洗干净，旧浆皮可刷清水以溶解旧浆料，然后用铲刀刮去，砂浆溅物、流痕及其他杂物可用铲刀、钢丝刷、凿子等工具清除，灰尘和其他附着物可用扫帚、毛刷等扫除。

2）金属基层。金属表面的要求是表面平整，无尘土、油污、锈面、鳞皮、焊渣、毛刺和旧涂层。基层的处理方法：用人工打磨、机械喷砂或化学除锈法进行除锈，用砂轮机可去除焊渣和毛刺。

3）木质基层。木质基层的要求：表面应平整，无尘土、油污等污物，木材表面的缝隙、毛刺和脂囊等修整后用与木材同色腻子填补，并用砂纸磨光，木质基层含水率不得大于 12%。在涂饰前，基层应刮腻子数遍找补，并在每遍腻子干燥后，用砂纸打磨。通常情况下，第一遍涂料涂刷后仍要用腻子找补。基层的处理方法：树脂可用丙酮、酒精、苯类或四氯化碳等去除，或用 4%～5%氢氧化钠溶液洗去。为防止木材内的树脂继续渗出，宜在清除树脂后的部位用一层虫胶漆封闭。油脂和胶渍可用温水、肥皂水、碱水等清洗，也可用酒精、汽油或其他溶剂擦拭掉，再用清水冲洗。

（2）刷涂料

涂刷于同一表面的涂料，颜色应一致。涂料使用前，需搅拌均匀；涂料黏度要合适，如需稀释，要用专用材料进行稀释。涂料的涂刷遍数根据其要求的质量等级而定，后一遍施涂必须在前一遍干燥成膜后才能进行。涂料的涂刷方法一般包括刷涂、喷涂、滚涂、弹涂等。

水性涂料工程施工的环境温度应在 5～35℃；溶剂型涂料工程施工的环境温度不宜低于 10℃，相对湿度不宜大于 60%，大雨、有雾天气不宜施工。

1）刷涂法。刷涂法简单易学、工具设备简单、适用性广，是在基层表面用毛刷、排笔等进行涂料施工的一种方法。刷涂的顺序一般为先左后右、先上后下、先难后易、先边后面。刷涂一般不少于两遍，高中级装饰再加 1～2 遍。前一遍涂层表面干后才能进行后一遍刷涂，前后两遍的时间间隔与施工现场的温度、湿度有密切关系，一般不少于 2～4h。要求刷涂的颜色一致，薄厚均匀，无漏刷、流淌及刷纹。

2）喷涂法、滚涂法、弹涂法。其施工工艺见 9.1.2 节。

3. 涂饰工程质量控制与检查

（1）一般要求

验收时要检查涂饰工程的施工图、设计说明等设计文件及所用材料的产品合格证书、性能检测报告和进场记录及施工记录。检查的数量应符合相关要求，室外工程每 100m^2 应至少检查一处，每处不得少于 10m^2；室内每 50 间至少抽查 10%，并不得少于 3 间，不足 3 间时应全数检查。

（2）质量要求与检验方法

根据涂料的不同品种、规格、型号和性能，其质量要求分别如下。

1）水性涂料装饰工程。对于乳液型涂料、无机涂料、水溶性涂料等水性涂料涂饰工程的质量验收要求：水性涂料工程所用涂料的品种、型号和性能符合设计要求，通过检查产品合格证书、性能检测报告和进场验收记录等方法进行检验；所用涂料的颜色、图案符合设计要求，用观察法检验；涂饰均匀，黏结牢固，不得漏涂、透底、起皮掉粉，用观察法、手摸检查法进行检验；基层处理应符合一般要求，用观察法、手摸检查法进行检验。薄涂料、厚涂料的涂饰质量和检验方法分别如表 9-10 和表 9-11 所示。

表 9-10　薄涂料的涂饰质量和检验方法

序号	项目	普通涂饰	高级涂饰	检验方法
1	颜色	均匀一致	均匀一致	观察
2	泛碱、咬色	允许少量轻微	不允许	
3	流坠、疙瘩	允许少量轻微	不允许	
4	砂眼、刷纹	允许少量轻微砂眼，刷纹通顺	无砂眼，无刷纹	
5	装饰线、分色线直线度允许偏差	2mm	1mm	拉 5m 线，不足 5m 拉通线，用钢直尺检查

表 9-11　厚涂料的涂饰质量和检验方法

序号	项目	普通涂饰	高级涂饰	检验方法
1	颜色	均匀一致	均匀一致	观察
2	泛碱、咬色	允许少量轻微	不允许	
3	点状分布	—	疏密均匀	

2）溶剂型涂料。对丙烯酸涂料、聚氨酯丙烯酸涂料、有机硅丙烯酸涂料等溶剂型涂料装饰工程的质量验收要求：溶剂型涂饰工程所用涂料的品种、型号和性能应符合设计要求，用检查产品合格证书、性能检测报告和进场验收记录等方法进行检验；涂饰的颜色、光泽、图案应符合设计要求，用观察法进行检验；涂饰均匀、黏结牢固，不得有漏涂、透底、起皮和反锈，用观察法、手摸检查法进行检验。色漆、清漆的涂饰质量和检验方法分别如表 9-12 和表 9-13 所示。

表 9-12　色漆的涂饰质量和检验方法

序号	项目	普通涂饰	高级涂饰	检验方法
1	颜色	均匀一致	均匀一致	观察
2	光泽、光滑	光泽基本均匀 光滑无挡手感	光泽均匀 一致光滑	观察、手摸检查
3	刷纹	刷纹通顺	无刷纹	观察
4	裹棱、流坠、皱皮	明显处不允许	不允许	观察
5	装饰线、分色线直线度允许偏差	2mm	1mm	拉 5m 线，不足 5m 拉通线，用钢尺检查

表 9-13　清漆的涂饰质量和检验方法

序号	项目	普通涂饰	高级涂饰	检验方法
1	颜色	基本一致	均匀一致	观察
2	木纹	棕眼刮平、木纹清楚	棕眼刮平、木纹清楚	观察
3	光泽、光滑	光泽基本均匀	光泽基本均匀	观察、手摸检查
4	刷纹	无刷纹	无刷纹	观察
5	裹棱、流坠、皱皮	明显处不允许	不允许	观察

（3）涂料的安全技术

涂料装饰工程所用的材料及设备必须设专人保管，储存原料桶必须封盖。料房与建筑物必须保持一定的安全距离；要有严格的管理制度，专人负责；料房内严禁烟火，并有明显的标志；配备足够的消防器材。操作者必须穿戴安全防护具，做好自身保护工作，使用溶剂时应防护好眼睛及皮肤。熬胶和烧油应清除周围的易燃物和火源，并应配备相应的消防设施。

9.4.2 裱糊工程

1. 材料

裱糊工程就是用胶黏剂把壁纸或墙布裱糊到内墙基表面上，常用的裱糊材料有聚氯乙烯塑料壁纸、复合纸质壁纸或墙布等。

2. 裱糊工程施工

（1）基层处理

清除基层表面的污垢、尘土；基层表面不得有泛碱、局部麻点、缝隙等现象。为防止基层吸水过快，裱糊前用 1∶2 的 108 胶水溶液等作为底胶涂刷基层。裱糊前，混凝土和抹灰层的含水率不大于 8%，木材制品含水率不大于 12%。

（2）裁切壁纸或墙布

裱糊前，按照壁纸、墙布的品种、图案、颜色、规格等进行选配分类，拼花剪切，编号待用，以便于整幅墙面对花一致，取得良好的装饰效果。

（3）涂刷胶黏剂

裱糊 PVC 壁纸时，应先将壁纸用水湿润数分钟，裱糊基层涂刷胶黏剂。裱糊顶棚时，应在基层和壁纸背面均涂刷胶黏剂，以增加其黏结强度。

裱糊上下两层均为纸质的复合壁纸，严禁浸水。先将壁纸背面涂刷胶黏剂，放置数分钟，然后在基层表面也涂刷胶黏剂。

裱糊墙布时，先清理干净墙布背面，然后在基层表面涂刷胶黏剂。

（4）裱糊

裱糊壁纸和墙布时，需要重叠对花的，先裱糊对花，然后用钢尺对齐裁下余边；对直接对花的，可直接裱糊。裱糊时，要赶压气泡，对于压延壁纸可用钢板刮刀刮平；对于发泡及复合壁纸，用毛巾、海绵或毛刷赶平。壁纸或墙布裱糊后，要压实，及时擦去挤出的胶黏剂，表面不得有气泡、斑污等。

3. 裱糊工程的质量控制与检查

（1）主控项目

1）壁纸、墙布的种类、规格、图案、颜色和燃烧性能等级必须符合设计要求及国家现行标准的有关规定。

2）裱糊后各幅拼接应横平竖直，拼接处花纹、图案应吻合，不离缝、不搭接、不显拼缝。

3）壁纸、墙布应粘贴牢固，不得有漏贴、补贴、脱层、空鼓和翘边。

（2）一般项目

1）裱糊后的壁纸、墙布表面应平整，色泽一致，不得有波纹起伏、气泡、裂缝、皱折及斑污，斜视时应无胶痕。

2）裱糊时，胶液极易从拼缝中挤出，如不及时擦去，胶液干后壁纸表面会产生亮带，影响装饰效果。

3）复合压花壁纸的压痕及发泡壁纸的发泡层应无损坏。壁纸、墙布与各种装饰线、设备线盒应交接严密。

4）壁纸、墙布边缘应平直整齐，不得有纸毛、飞刺。壁纸、墙布阴角处搭接应顺光，阳角处应无接缝。

5）裱糊时，阴阳角均不能有对接缝，如有对接缝极易开胶、破裂，且接缝明显，影响装饰效果。阳角处应包角压实，阴角处应顺光搭接，这样可使拼缝看起来不明显。

9.5 幕 墙 工 程

建筑幕墙是由金属构件与各种板材组成的悬挂在主体结构上、不承担主体结构荷载与作用的建筑外围护墙或装饰性结构。按建筑幕墙的面板可将其分为玻璃幕墙、金属幕墙、石材幕墙、混凝土幕墙及组合幕墙等。按建筑幕墙的安装形式又可将其分为散装建筑幕墙、半单元建筑幕墙、单元建筑幕墙、小单元建筑幕墙等。

9.5.1 玻璃幕墙

玻璃幕墙用玻璃装饰于建筑物的外立面，具有光亮、洁净、明快、挺拔的装饰效果。玻璃幕墙按围护结构设计，应具有足够的承载能力、刚度、稳定性和相对于主体结构的位移能力。采用螺栓连接的幕墙构件，应有可靠的防松、防滑措施；采用挂接或插接的幕墙构件应有可靠的防脱、防滑措施。

1. 玻璃幕墙的分类

按玻璃幕墙的主要结构形式分为框支承玻璃幕墙、点支承玻璃幕墙和全玻幕墙。其中，框支承玻璃幕墙，按照金属框架是否外露，又分为明框玻璃幕墙、全隐框玻璃幕墙、半隐框玻璃幕墙。

框支承玻璃幕墙是由金属框架作为玻璃幕墙结构的支承，玻璃作为装饰面板，玻璃与金属框架周边相连接的幕墙。其中，明框玻璃幕墙是指金属框架的构件显露于面板外表面的框支承玻璃幕墙；全隐框玻璃幕墙是指金属框架的构件完全不显露于面板外表面的框支承玻璃幕墙；半隐框玻璃幕墙是指金属框架的竖向或横向构件显露于面板外表面的框架玻璃支承幕墙。

点支承玻璃幕墙是由玻璃面板、点支承装置及支承结构构成，玻璃与支承结构间通过点支承装置相连的幕墙，玻璃与支承结构呈点状连接形式。

全玻幕墙由玻璃肋与玻璃面板组成，玻璃本身承受自重及风荷载。

2. 玻璃幕墙的构造

（1）明框玻璃幕墙

明框玻璃幕墙包括型钢骨架体系和铝合金型材骨架体系。前者是以型钢做玻璃幕墙的骨架，玻璃装嵌在铝合金框内，再将铝合金框与骨架固定在一起的框支撑玻璃幕墙；后者是以特殊断面的铝合金型材作为玻璃幕墙的骨架，将玻璃嵌于骨架的凹槽内的框支撑玻璃幕墙。铝合金型材骨架体系安装方法简便，是应用比较广泛的幕墙形式。明框玻璃幕墙构造如图 9-16 所示。

（2）隐框玻璃幕墙

隐框玻璃幕墙包括全隐框和半隐框玻璃幕墙。按其常用的构造形式有两种：一种是用结构胶将玻璃粘贴在铝合金框上，再用连接件将铝合金框固定在铝合金骨架上（图 9-17）；另一种是在玻璃上打孔，再用专用连接件（图 9-18）穿过玻璃孔将玻璃与钢骨架相连。

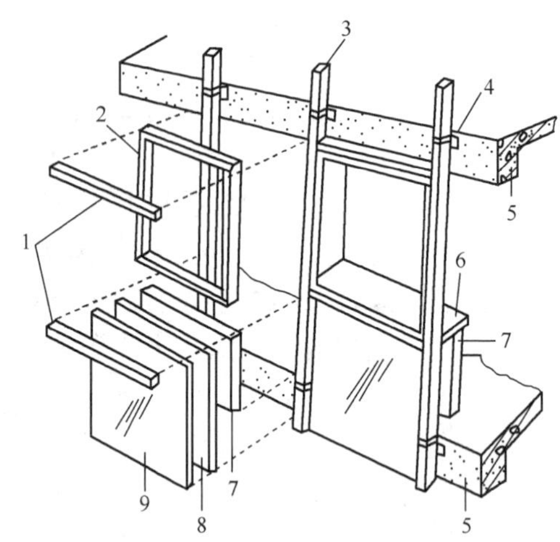

1—横挡；2—窗框；3—竖梃；4—连接件；5—楼板；6—窗台板；7—衬墙；8—填充层；9—玻璃。

图 9-16　明框玻璃幕墙构造示意图

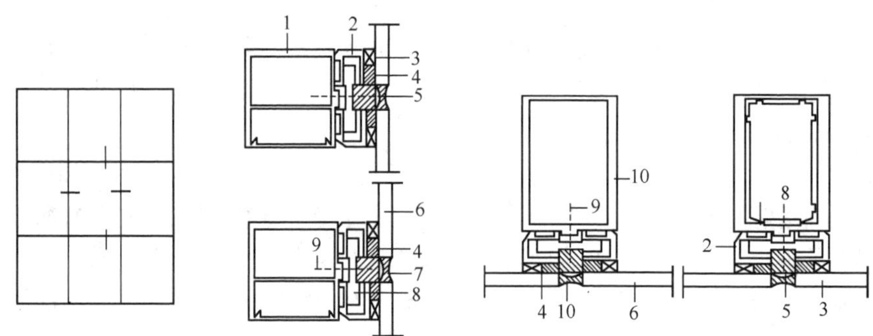

1—横梁；2—铝合金框；3—垫条；4—结构胶；5—泡沫棒；6—玻璃；7—耐候胶；8—固定件；9—紧固螺栓；10—立柱。

图 9-17　隐框玻璃幕墙构造示意图

图 9-18　点支式玻璃幕墙连接件示意图

3. 玻璃幕墙的材料

玻璃幕墙工程所使用的各种材料、构件和组件的质量，应符合设计要求及国家现行产品标准和工程技术规范的规定。玻璃幕墙应选用耐候性的材料。玻璃幕墙材料宜采用不燃性材料或难燃性材料，防火密封构造应采用防火密封材料。

（1）骨架材料

骨架材料所用的方钢管、角钢、槽钢、涂色镀锌钢板及不锈钢等金属型材，必须符合设计要求，并与铝合金框相配合。金属材料及金属零配件除不锈钢及耐候钢之外，钢材应进行表面热浸镀锌处理、无机富锌涂料处理或采取其他有效的防腐措施，铝合金材料应进行表面阳极氧化、电泳涂漆、粉末喷涂或氟碳漆喷涂处理。铝合金及钢材的化学成分、机械性能、尺寸允许偏差、精度等级、表面处理等，均应符合现行国家规定。

（2）幕墙玻璃

幕墙玻璃根据功能要求，可选用安全玻璃、热反射镀膜玻璃、浮法玻璃、夹丝玻璃、中空玻璃、吸热玻璃和防火玻璃等。玻璃的品种、规格、颜色、光学性能、机械性能、热工性能均应符合设计要求。幕墙玻璃的厚度不应小于6mm，全玻幕墙的肋玻璃厚度不应小于12mm。钢化玻璃表面不得有损伤，8mm以下的钢化玻璃应进行引爆处理。

（3）密封胶

幕墙工程所使用的结构密封胶，应选用法定检测机构检测的合格产品，在使用前对幕墙工程选用的铝合金型材、玻璃、双面胶带、硅酮耐候密封胶、塑料泡沫棒等与硅酮结构密封胶接触的材料做相容性试验和黏结剥离性试验，试验合格后方可进行打胶。

1）全隐框和半隐框玻璃幕墙。其玻璃与铝型材的黏结必须采用中性结构密封胶，其性能必须符合《建筑用硅酮结构密封胶》（GB 16776—2005）的规定。中性硅酮结构密封胶是保证隐框或半隐框玻璃幕墙安全的关键材料。

2）全玻幕墙和点支承玻璃幕墙采用镀膜玻璃时，不应采用酸性硅酮结构密封胶黏结。硅酮结构密封胶和硅酮建筑密封胶必须在有效期内使用。中性硅酮结构密封胶有单组分与双组分之分。单组分硅酮结构密封胶是靠吸收空气中的水分而固化，固化时间较长，一般为14～21d；双组分固化时间较短，一般为7～10d。硅酮结构密封胶在固化前黏结拉伸强度很弱，玻璃幕墙构件在打注结构胶后，应在温度15～30℃、湿度50%以上的干净室内养护，待完全固化后才能进行下道工序。

3）中空玻璃应采用双道密封。明框玻璃幕墙的中空玻璃应采用聚硫密封胶及丁基密封胶。全隐框和半隐框玻璃幕墙的中空玻璃应采用硅酮结构密封胶及丁基密封胶。

4. 玻璃幕墙的制作与安装

玻璃幕墙在加工制作前应与土建设计施工图进行核对，对已建主体结构进行复测，并应按实测结果对幕墙设计进行必要调整。加工幕墙构件所采用的设备、机具应满足幕墙构件加工精度要求，其量具应定期进行计量认证。

1）幕墙玻璃的尺寸偏差及安装方法应符合设计要求，所有幕墙玻璃均应进行边缘处理。

2）幕墙金属构件的加工精度。幕墙金属构件的加工精度应符合以下要求：结构杆件截料长度尺寸允许偏差，立柱±1.0mm，横杆±0.5mm；截料端头不应有明显变形，毛刺不大于0.2mm；孔位允许偏差±0.5mm、孔距允许偏差±0.5mm、累计偏差不大于±1.0mm；螺纹孔的加工符合设计要求。

3）密封胶的施工。幕墙工程使用的硅酮结构密封胶，应选用法定检测机构检测合格的产品，在使用前必须对幕墙工程选用的铝合金型材、玻璃、双面胶带、硅酮耐候密封胶、塑料泡沫棒等与硅酮结构密封胶接触的材料做相容性试验和黏结剥离性试验，试验合格后才能进行打胶。采用硅酮结构密封胶黏结固定隐框玻璃幕墙构件时，应在洁净、通风的室内进行注胶，且环境温度、湿度条件应符合结构胶产品的规定。注胶宽度和厚度应符合设计要求。除全玻幕墙外，不应在现场打注硅酮结构密封胶。

4）安装施工机具在使用前，应进行严格检查。电动工具应进行绝缘电压试验；手持玻璃吸盘及玻璃吸盘机应进行吸附质量和吸附持续时间试验。

5）采用外脚手架施工时，脚手架应经过设计，并应与主体结构可靠连接。采用落地式钢管脚手架时，应双排布置。

6）当高层建筑的玻璃幕墙安装与主体结构施工交叉作业时，在主体结构的施工层下方应设置防护网；在距离地面约 3m 高度处，应设置挑出宽度不小于 6m 的水平防护网。

7）采用吊篮施工时，对吊篮应进行设计，使用前应进行安全检查；吊篮不应作为竖向运输工具，并不得超载；不应在空中进行吊篮检修；吊篮上的施工人员必须配系安全带。现场焊接作业时，应采取防火措施。

8）玻璃幕墙的安装施工应单独编制施工组织设计。包括：工程进度计划，与主体结构施工、设备安装、装饰装修的协调配合方案，搬运、吊装方法，测量方法，安装方法，安装顺序，构件、组件和成品的现场保护方法，检查验收，安全措施。

点支承玻璃幕墙的安装施工组织设计还应包括：支承钢结构的运输、现场拼装和吊装方案；拉杆、拉索体系预拉力的施加、测量、调整方案以及索杆的定位、固定方法；玻璃的运输、就位、调整和固定方法；胶缝的充填及质量保证措施。

单元式玻璃幕墙的安装施工组织设计还应包括：吊具的类型和吊具的移动方法及单元组件起吊地点、垂直运输与楼层上水平运输方法和机具；收口单元位置、收口闭合工艺及操作方法；单元组件吊装顺序以及吊装、调整、定位固定等方法和措施。幕墙施工组织设计应与主体工程施工组织设计衔接，单元幕墙收口部位应与总施工平面图中施工机具的布置协调，如果采用吊车直接吊装单元组件，应使吊车臂覆盖全部安装位置。

5. 玻璃幕墙的安装质量检验要求

1）玻璃幕墙与主体结构连接的各种预埋件、连接件、紧固件必须安装牢固，其数量、规格、位置、连接方法和防腐处理应符合设计要求。玻璃幕墙四周、玻璃幕墙内表面与主体结构之间的连接节点、各种变形缝、墙角的连接节点应符合设计要求和技术标准的规定。

2）各种连接件、紧固件的螺栓应有防松动措施，焊接连接应符合设计要求和焊接规范的规定。

3）全隐框或半隐框幕墙，每块玻璃下端应设置两个铝合金或不锈钢托条，其长度不应小于 100mm，厚度不应小于 2mm，托条外端应低于玻璃表面 2mm。

4）超过 4mm 的全玻幕墙应吊挂在主体结构上，吊夹具应符合设计要求，玻璃之间的缝隙用密封胶嵌填严实。

5）点支撑玻璃幕墙应采用带万向头的活动不锈钢爪，钢爪间的中心距离应大于 250mm。

6）幕墙结构胶和密封胶的打注应饱满、密实、连续、均匀、无气泡。

明框玻璃幕墙安装的允许偏差和检验方法如表 9-14 所示。全隐框、半隐框玻璃幕墙安装的允许偏差和检验方法如表 9-15 所示。

表 9-14 明框玻璃幕墙安装的允许偏差和检验方法

序号	项目		允许偏差/mm	检验方法
1	幕墙垂直度	幕墙高度≤30m	10	用经纬仪检查
		30m<幕墙高度≤60m	15	
		60m<幕墙高度≤90m	20	
		幕墙高度>90m	25	
2	幕墙水平度	幕墙幅度≤35m	5	用水平仪检查
		幕墙幅度>35m	7	
3	构件直线度		2	用 2m 靠尺和塞尺检查
4	构件水平度	构件长度≤2m	2	用水平仪检查
		构件长度>2m	3	
5	相邻构件错位		1	用钢直尺检查
6	分格框对角线长度差	对角线长度≤2m	3	用钢直尺检查
		对角线长度>2m	4	

表 9-15 全隐框、半隐框玻璃幕墙安装的允许偏差和检验方法

序号	项目		允许偏差/mm	检验方法
1	幕墙垂直度	幕墙高度≤30m	10	用经纬仪检查
		30m<幕墙高度≤60m	15	
		60m<幕墙高度≤90m	20	
		幕墙高度>90m	25	
2	幕墙水平度	层高≤3m	3	用水平仪检查
		层高>3m	5	
3	幕墙表面平整度		2	用 2m 靠尺和塞尺检查
4	板材立面垂直度		2	用垂直检测尺检查
5	板材上沿水平度		2	用 1m 水平尺和钢直尺检查
6	相邻板材板角错位		1	用钢直尺检查
7	阳角方正		2	用直角检测尺检查
8	接缝直线度		3	拉 5m 线，不足 5m 拉通线，用钢直尺检查
9	接缝高低差		1	用钢直尺和塞尺检查
10	接缝宽度		1	用钢直尺检查

9.5.2 金属幕墙

金属幕墙的面板材料为金属板。与玻璃幕墙和石材幕墙相比，金属幕墙的强度高、

质量小，防火性能好、施工周期短，可用于各类建筑物上。金属幕墙主要由金属饰面板、固定支座、骨架结构、各种连接件及固定件、密封材料等构成，金属饰面板悬挂或固定在承重骨架或墙面上。

1. 金属幕墙的分类

（1）按材料

可分为单一材料板（如钢板、铝板、铜板、不锈钢板等）和复合材料板（如铝合金板、搪瓷板、烤漆板、镀锌板、金属夹芯板等）。

（2）按板面形状

可分为光面板、纹面板、压型板、波纹板。

（3）按构造形式

可分为附着型、构架型金属幕墙。附着型金属幕墙是用螺帽锁紧螺栓连接L形角钢与主体结构基层，再将轻钢型材焊接在L形角钢上的构造方法。构架型金属幕墙是将抗风受力骨架固定在框架结构的楼板、梁或柱上，再将轻钢型材固定在受力骨架上，然后将金属板固定在轻钢型材上的构造方法。

2. 金属幕墙的材料

金属幕墙工程所使用的各种材料和配件，应符合设计要求及国家现行产品标准和工程技术规范的规定。

（1）饰面材料

彩色涂层复合钢板、铝合金板、蜂窝铝合金复合板和塑铝板等都是金属幕墙常用的饰面材料。金属面板的品种、规格、颜色、光泽及安装方法应符合设计要求。

（2）骨架材料

型钢骨架或铝合金骨架是金属幕墙通常使用的骨架材料。型钢骨架具有结构强度高、造价低、锚固间距大的特点，常用于低层建筑或者对安装精度要求不高的金属幕墙中。但型钢骨架易生锈，使用维护的要求较高，金属幕墙的骨架多采用铝型材骨架。在施工前必须进行相应的防腐处理。

（3）连接件

金属幕墙的骨架结构需通过连接件与建筑的主体结构相连。连接件需进行防锈、防腐处理。金属面板的金属框架立柱与主体结构预埋件的连接、立柱与横梁的连接、金属面板的安装必须符合设计要求。

（4）辅助材料

辅助材料包括填充材料、保温隔热材料、密封材料和黏结材料等。

1）填充材料主要是聚乙烯发泡材料。

2）保温隔热材料主要用岩棉、矿棉及玻璃棉等。

3）密封材料及黏结材料有中性的耐候硅酮胶、双面胶及结构胶。金属幕墙的板缝注胶应饱满、密实、连续、均匀、无气泡，宽度和厚度应符合设计要求和技术标准的规定。密封胶的性能应满足设计要求，且宜采用中性耐候硅酮胶，不得将过期的密封胶用于幕墙工程中。双面胶在选用时应考虑到金属幕墙所承受的风荷载的大小。当风荷载大于1.8kN/m^{2}时，则选用中等硬度的聚氨基乙酯低发泡间隔双面胶带；当风荷载小于或等于 1.8kN/m^2 时，宜选用聚乙烯低发泡间隔双面胶带。结构胶采用高模数中性胶，并不得使用过期的结构胶，结构胶的性能应满足国家规范的有关规定。

3. 金属幕墙的施工工艺

金属幕墙的施工流程：安装预埋件→测量放样→安装骨架→安装保温隔热、防火材料→防雷处理→安装饰面板→处理节点。

1）安装预埋件。预埋件由厚钢板制成，表面需做防腐、防锈处理。

2）测量放样。复测预埋件和建筑物轴线的位置后，定出竖向骨架和横向骨架的位置，用经纬仪定出幕墙的转角位置。

3）安装骨架。骨架在安装前应检查铝合金骨架的规格尺寸、连接件加工处理的情况等是否符合图纸和规范的要求。

4）安装保温隔热、防火材料。金属幕墙与楼板结构之间的缝隙处，用厚度不小于1.5mm、经过防腐处理的耐热钢板和岩棉或矿棉进行防火密封处理。幕墙有保温隔热要求时，在铝合金骨架的空当内用阻燃型聚苯乙烯泡沫板等材料进行填充。

5）防雷处理。幕墙的防雷体系应与建筑结构的防雷体系有可靠的连接，防雷系统与供电系统不得共用接地装置。

6）安装饰面板。饰面板在安装时应做好保护工作，避免板面被硬物撞击或划伤。

7）处理节点。金属幕墙的节点主要是指幕墙的转角处、不同材料的交接处、女儿墙的压顶、墙面边缘的收口，墙面下端部位和幕墙的变形缝等部位。

4. 金属幕墙的安装质量检验要求

金属幕墙安装的允许偏差和检验方法如表 9-16 所示。

表 9-16 金属幕墙安装的允许偏差和检验方法

序号	项目		允许偏差/mm	检验方法
1	幕墙垂直度	幕墙高度≤30m	10	用经纬仪检查
		30m＜幕墙高度≤60m	15	
		60m＜幕墙高度≤90m	20	
		幕墙高度＞90m	25	
2	幕墙水平度	层高≤3m	3	用水平仪检查
		层高＞3m	5	
3	幕墙表面平整度		2	用 2m 靠尺和塞尺检查
4	板材立面垂直度		3	用垂直检测尺检查
5	板材上沿水平度		2	用 1m 水平尺和钢直尺检查
6	相邻板材板角错位		1	用钢直尺检查
7	阳角方正		2	用直角检测尺检查
8	接缝直线度		3	拉 5m 线，不足 5m 拉通线，用钢直尺检查
9	接缝高低差		1	用钢直尺和塞尺检查
10	接缝宽度		1	用钢直尺检查

9.5.3 石材幕墙

石材幕墙是利用金属挂件将石板材饰面板悬挂在主体结构上的幕墙。石材幕墙不仅需要承受自重、风荷载和温度应力的作用，还要满足保温隔热、防火、防水和隔声等方面的要求，因此石材幕墙应进行承载力和刚度方面的计算。石材幕墙主要由石材面板、固定支座、骨架结构、各种连接件及固定件、密封材料等组成。

1. 石材幕墙的分类

石材幕墙根据干挂方式可分为直接干挂式、骨架干挂式、单元体干挂式和预制复合板干挂式。

2. 石材幕墙的材料

石材幕墙工程所用材料的品种、规格、性能和等级，应符合设计要求及国家现行产品标准和工程技术规范的要求。

（1）石材面板

花岗岩因具有强度高、耐久性好等优点，是常用的石材幕墙的面板材料。花岗岩板材的色泽应基本一致，不应有明显缝隙，毛面板的正反面和镜面板的背面应刷涂透明隔离剂。板材的厚度一般在 30mm 以上，板材的规格公差不能超过规定的范围。石材的吸水率应小于 0.8%，弯曲强度不应小于 8.0MPa。石材的放射性应符合《建筑材料放射性核素限量》（GB 6566—2010）的规定。

（2）骨架结构材料

骨架结构材料包括铝合金型材和碳素钢型材。碳素钢构件应采用热镀锌防腐处理、焊接部位处必须刷富锌防锈漆，碳素钢型材的质量应满足《钢结构设计标准》（GB 50017—2017）的要求。铝合金型材的质量应符合石材幕墙规范的规定。

（3）连接件和固定件

石材幕墙的连接件和固定件有挂件和螺栓。挂件一般用不锈钢和铝合金，不锈钢挂件用于无骨架体系和钢骨架体系，铝合金挂件与铝合金骨架配套使用。铝合金挂件厚度不应小于 4.0mm，不锈钢挂件的厚度不应小于 3.0mm。螺栓有热镀锌钢螺栓或不锈钢螺栓。固定支座用螺栓固定时须做现场拉拔实验，以确定螺栓的承载力。

3. 石材幕墙的施工工艺

石材幕墙的施工工艺：安装预埋件→测量放样→安装石材面板→处理接缝→清洗扫尾。

（1）直接干挂式

直接干挂式是目前石材幕墙常用的做法，是将石材饰面板通过金属挂件直接安装固定在主体结构上，如图 9-19 所示。

（2）骨架干挂式

骨架式干挂式石材幕墙主要用于主体为框架结构，因为轻质填充墙不能作为承重结构，是通过金属骨架与主体结构梁、柱（或圈梁）连接，通过干挂石材将石材饰面板悬挂，如图 9-20 所示。

（3）单元体干挂式

单元体干挂式是利用特殊强化的组合框架，将石材饰面板、铝合金窗、保温层全部在工厂中组装在框架上，然后将整片墙面运至工地安装，如图9-21所示。

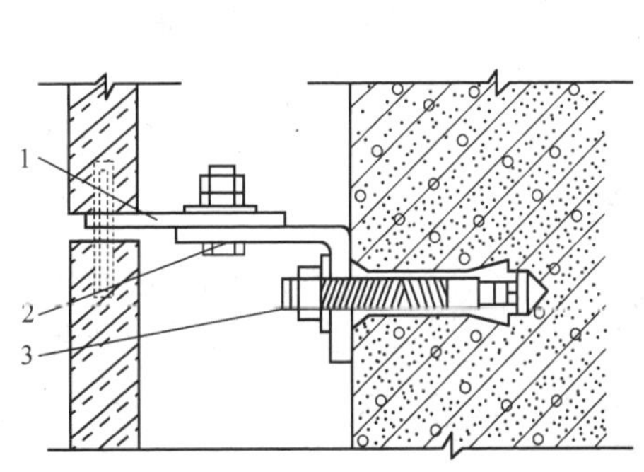

1—舌板；2—不锈钢螺栓；3—敲击式重荷锚栓。

图9-19 直接干挂式示意图

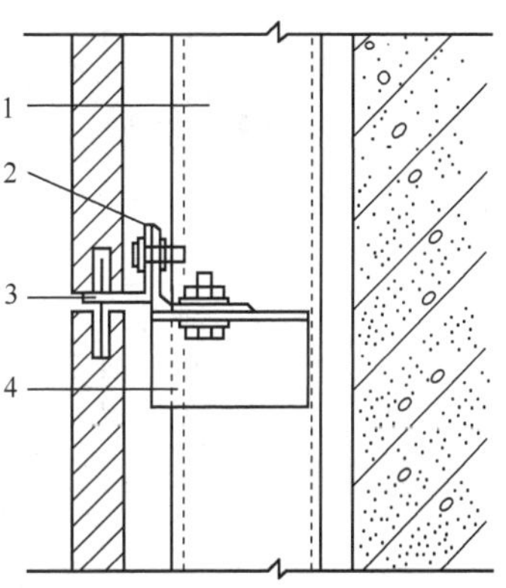

1—钢主柱L8；2—钢横梁L50×50×5；3—不锈钢销钉式挂件；4—钢角码。

图9-20 骨架干挂式示意图

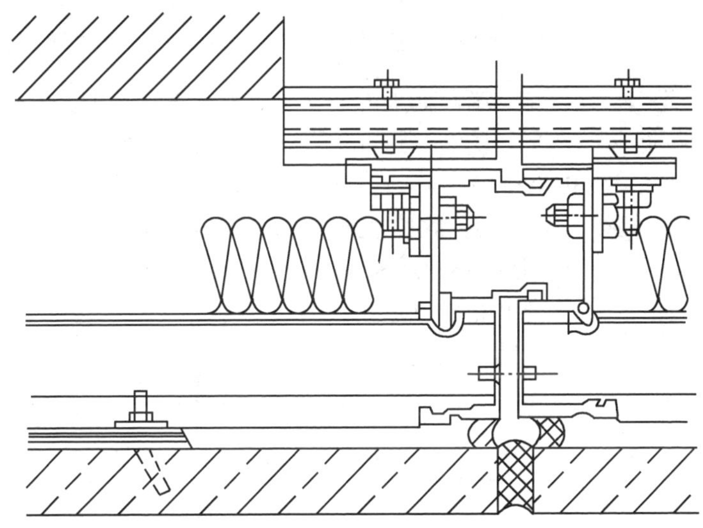

图9-21 单元体干挂式示意图

（4）预制复合板干挂式

预制复合板干挂式是以石材薄板为饰面板，钢筋细石混凝土为衬模，用不锈钢连接件连接，经浇注预制成饰面复合板，用连接件与结构连成一体的施工方法。可用于钢筋混凝土结构或钢结构的高层和超高层建筑。其优点是安装方便、速度快、可节约天然石材；缺点是对连接件的质量要求较高（图9-22）。

4. 石材幕墙的安装质量检验要求

1）石材幕墙的造型、立面分格、颜色、光泽、花纹和图案应符合设计要求。

2）石材幕墙主体结构上的预埋件和后埋件的位置、数量及后埋件的拉拔力必须符合设计要求。金属框架和连接件的防腐处理应符合设计要求。

3）石材幕墙的金属框架立柱与主体结构预埋件的连接、立柱与横梁的连接、连接

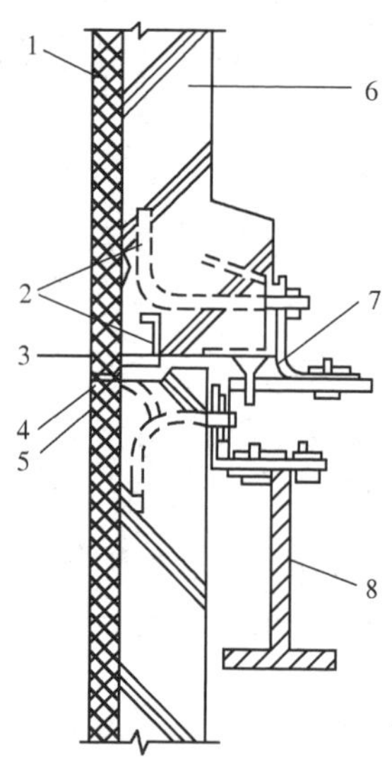

1—花岗岩；2—不锈钢连接环；3—环状二次封水；4—一次封水；5—支承材料；
6—预制钢筋混凝土板；7—连接器具；8—钢大梁。

图 9-22　预制复合板干挂式示意图

件与金属框架的连接、连接件与石材面板的连接必须符合设计要求，安装必须牢固。

4）石材幕墙的防火、保温、防潮材料的设置应符合设计要求，填充应密实、均匀、一致；各种结构变形缝、墙角的连接节点应符合设计要求和技术标准的规定；石材幕墙的板缝注胶要饱满、密实、连续、均匀、无气泡，宽度和厚度应符合设计要求和技术标准的规定。

5）幕墙的防雷装置与主体结构的防雷体系要可靠连接。

石材幕墙安装的允许偏差和检验方法如表 9-17 所示。

表 9-17　石材幕墙安装的允许偏差和检验方法

序号	项目		允许偏差/mm		检验方法
			光面	麻面	
1	幕墙垂直度	幕墙高度≤30m	10		用经纬仪检查
		30m<幕墙高度≤60m	15		
		60m<幕墙高度≤90m	20		
		幕墙高度>90m	25		
2	幕墙水平度		3		用水平仪检查
3	板材立面垂直度		3		用水平仪检查
4	板材上沿水平度		2		用 1m 水平尺和钢直尺检查
5	相邻板材板角错位		1		用钢直尺检查
6	幕墙表面平整度		2	3	用垂直检测尺检查
7	阳角方正		2	4	用直角检测尺检查
8	接缝直线度		3	4	拉 5m 线，不足 5m 拉通线，用钢直尺检查
9	接缝高低差		1	—	用钢直尺和塞尺检查
10	接缝宽度		1	2	用钢直尺检查

9.5.4　幕墙工程的质量验收

幕墙工程的质量验收按《建筑装饰装修工程质量验收标准》（GB 50210—2018）的规定进行。各分项工程的检验批应按下列规定划分：相同设计、材料、工艺和施工条件的幕墙工程每 1000m^2 应划分为一个检验批，不足 1000m^2 也应划分为一个检验批；同一单位工程不连续的幕墙工程应单独划分检验批；对于异形或有特殊要求的幕墙，检验批的划分应根据幕墙的结构、工艺特点及幕墙工程规模，由监理单位（或建设单位）和施工单位协商确定。

幕墙工程主控项目和一般项目的验收内容、检验方法、检查数量应符合现行行业标准《玻璃幕墙工程技术规范》（JGJ 102—2003）、《金属与石材幕墙工程技术规范》（JGJ 133—2001）和《人造板材幕墙工程技术规范》（JGJ 336—2016）的规定。

幕墙及其连接件应具有足够的承载力、刚度和相对于主体结构的位移能力。当幕墙构架立柱的连接金属角码与其他连接件采用螺栓连接时，应有防松动措施。

思　考　题

9-1　装饰工程的作用与特点是什么？

9-2　试述装饰工程的合理施工顺序。

9-3　简述一般抹灰的分类和工艺及装饰抹灰的分类和工艺。

9-4　普通抹灰的基层、中层、面层各有什么作用？

9-5　外墙面砖的施工工艺是什么？

9-6　大理石干挂法和湿作业法的施工工艺是什么？

9-7　简述水刷石的施工特点。

9-8　简述饰面板安装方法、工艺流程和技术要点。

9-9　简述涂饰工程的施工工艺。

9-10　简述水磨石地面的施工方法和保证质量的措施。

9-11　简述涂料工程的施工工艺。

9-12　简述幕墙工程的施工要点。

第10章 路桥工程

10.1 路基工程

路基是支承路面的土工构筑物，路基是开挖天然地层后形成的路堑，在填方地段，则是用土石填筑、压实后形成的路堤。由于路基在使用过程中要承受由路面传递而来的行车荷载作用并抵御各种环境因素的影响，因此要求路基必须具有足够的强度、良好的水稳定性、温度稳定性和耐久性。所谓路基施工，就是以设计文件和技术规范为依据，以工程质量为中心，有组织、有计划地将路基设计文件转化为工程实体的建筑活动，如图 10-1 和图 10-2 所示。

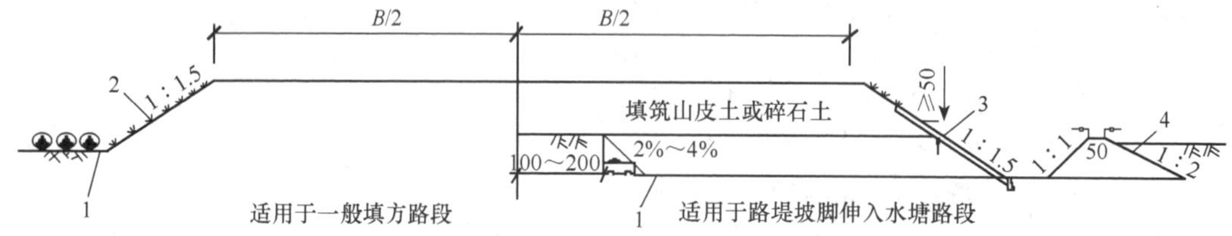

1—地面线；2—坡面防护；3—浆砌片石护坡；4—围堰。

图 10-1 某市政道路路基设计断面（单位：mm）

图 10-2 路基施工

路基施工主要有开挖、运输、填筑、压实等工序，工序都相对简单，但由于路基施工中存在施工条件变化大、工程数量大、施工难度大、施工方法多样，再加上工程地质不良地基、结构物或隐蔽工程较多等特点，使得工程施工经常遇到各种复杂的技术问题，保证工程质量的难度较大。

路基工程主要为土石方工程，施工方法有人工施工、简易机械化施工、机械化施工及爆破施工等，施工时应根据工程性质、岩土类别、工程规模、施工期限、施工条件等选择其中一种或几种方法。

10.1.1 土质路堤施工

1. 填料选择

填筑路堤所用的大量填料，通常是就近取用的当地土石。为保证路堤的强度和稳定性，应选择强度高、稳定性好、易于开挖的土石作为填料，如碎石、砾石、卵石、粗砂等透水性好的材料。因为它们具有强度高、水稳性好，填筑时受含水量影响较小等特点，经分层压实后较易达到规定的施工质量，此类材料应优先选用。用透水性不良或不透水的土（如黏土）做路堤填料时，必须在最佳含水量下分层填筑并充分压实。粉质土的水稳性和温度稳定性较差，不宜作为路堤填料，在季节性冻土地区更应慎用。黏性土和高液限黏土可用来填筑高度小于5m的路堤，且要水平分层填筑并压实到规定的密实度。

高速公路和一、二级公路路堤填料应到实地采取土样进行土工试验，相关技术指标应符合表10-1要求，二级以下公路填料也宜按此表采用。

表10-1 路基填方材料最小强度和最大粒径要求

项目分类（路面底面以下深度/m）		填料最小强度（CBR值）/%		填料最大粒径/cm
		高速公路及一级公路	其他等级公路	
路堤	上路床（0～30）	8	6	10
	下路床（30～80）	5	4	10
	上路堤（80～150）	4	3	15
	下路堤（＞150）	3	2	15
零填及路堑路床		8	6	10

注：CBR值即加州承载比，美国加利福尼亚州提出的一种评定基层材料承载能力的实验方法，根据该方法测定的评定路基及路面材料承载能力的指标。承载能力以材料抵抗局部荷载压入变形的能力表征，并以标准碎石的承载能力为标准，以相对值的百分数表示CBR值。

2. 填筑方式

路堤填筑应尽可能采用水平分层填筑方式，即将路堤划分为若干水平层次，逐层向上填筑，如原地面不平，则从地势最低处开始填筑，每填一层，经检测压实度达到要求后再填筑下一层；当原地面纵向坡度大于12%、路线跨越深谷或局部地面横坡较陡的地段，地面高差大无法采取水平填筑时，可以采用竖向填筑方式，即施工时将填料沿路线纵向在坡度较大的原地面上倾填，形成倾斜的土层，然后碾压密实，如此逐层向前推进，由于这种填筑方式形成的填土过厚且不易压实，必须采取一定的技术措施，如采用沉降量较小的砂石或开挖路堑的废弃石方，路堤全宽应一次填筑并选用高效能压路机压实；混合填筑方式是路堤下部采用竖向填筑而上部采用水平分层填筑方式，这样可使上部填土获得足够的密实度。

3. 路基压实

为了使路基具有足够的强度和良好的稳定性，必须将路基碾压密实。使用压实机械压实土质路基，就是利用压实功能使三相土体中团块和粗颗粒重新排列，互相靠近挤密，使小颗粒土填充大颗粒土之间的间隙，排出土中空气，使空隙减小，密实度提高，内摩擦力和黏聚力增加，从而使路基的强度和稳定性提高。

影响路基压实效果的因素包括内因（如含水量、土的性质）和外因（包括压实功能、压实机械和压实方法）两部分。研究和实践表明，土的含水量是影响压实效果的决定性因素，在最佳含水量条件下，容易获得最佳的压实效果，压实后可接近土的最大干密度，此时土体强度最高，水稳性和温度稳定性最好。土质不同压实效果也不同，一般是在同一压实功能作用下，粗颗粒含量多的土，最大干密度较大，最佳含水量较小，比较容易压实；压实功能包括压实机械质量、碾压遍数等，是影响压实效果的另一重要因素。对同一类型的土，最佳含水量随压实功能的增加而降低，而最大干密度则随压实功能的增加而增大，只有达到一定的压实功能才能将土碾压密实，但当压实功能增加到一定程度后，最佳含水量的减小和最大干密度的提高并不明显，因此单纯依靠增大压实功能提高压实效果并不经济。

一般路基压实机械有夯击式、振动式和静碾压式 3 种，夯击式压实效果好于振动式，而振动式压实效果好于静碾式。

在工程实践中，一般用土的压实度指标来检验压实质量。压实度，即某种土经过压实后现场测得干密度与实验室内在规定压实功能下获得的最大干密度之比，以百分数表示。各种土的最大干密度按照实验规程通过击实实验来确定，是检测压实度的基准值。土质路基的各层位填土的压实度质量标准不应低于表 10-2 的要求。

表 10-2　土质路基压实度质量标准

填挖类型	路床表面以下深度/m	高速公路及一级公路压实度/%	二级公路压实度/%	三、四级公路压实度/ %
零填及挖方	0～0.30	—	—	94
	0～0.80	≥96	≥95	—
填方	0～0.80	≥96	≥95	≥94
	0～1.50	≥94	≥94	≥93
	＞1.50	≥93	≥92	≥90

土质路基的压实度检测可采用灌砂法、环刀法、蜡封法、灌水法（水袋法）或核子密度湿度仪等方法测定。施工时各压实层均应进行压实度检测，检测频率为每 $2000m^2$ 检测 8 个点，不足 $2000m^2$ 至少检测 2 个点，检测合格后方可进行下一层土的填筑，若检测不合格，则应查明原因，进行补压，直到符合要求为止。

土质路基顶面压实完成后应进行弯沉测试，以检查路基刚度是否符合设计要求，一般采用标准轴载汽车测试路基顶面的回弹弯沉值，检验频率为每幅双车道 50m 长度测 4 点，左右轮隙下各一点。

10.1.2　填石路堤施工

填石路堤是指用挖方路段的石方弃渣或其他来源的石料修筑路堤，它的填料性质、填筑方法、压实标准及边坡的防护与土质路堤有很大的差异。

用于修筑的石料强度不应小于 15MPa，用于护坡的石料强度不应小于 20MPa，填料最大粒径不宜超过分层压实厚度的 2/3，当石料性质差异较大时，不同性质的石料应分层或分段填筑，若利用路堑挖方或隧道弃渣岩石为不同岩石种类互层时，允许使用不同种类的混合岩石填筑，但石料强度和粒径应符合要求，暴露在大气中风化速度较快的石块不应作为填石路堤的填料，必须使用这种石料时，应先检验其填料最小强度是否符合土质路堤的填筑要求，不符合不得使用。高速公路和一级公路填石路堤顶面以下 50cm 范围内用符合路床要求的土填筑，土的最大粒径不得超过10cm，分层压实，其他公路填石路堤路床顶面以下 30cm 范围内用符合路床要求的土填筑，填料粒径不得大于 15cm。

填石路堤的基底处理方式与土质路堤相同。高速公路和一级公路、铺设高级路面的其他公路的填石路堤应分层填筑、分层压实，在陡峭的山坡路段，当施工难度较大或大量爆破移挖回填时，二级及二级以下公路和铺设中、低级路面的公路路堤下部可采用倾填方式填筑，但路床底面以下不小于 100cm 范围内应改为水平分层填筑、分层压实。为保证路堤边坡的稳定性，倾填前应先用粒径不小于 30cm 的硬质石料码砌路堤边坡，路堤高度在 6m 以下的，码砌宽度不小于 100cm，高度超过 6m 时，码砌宽度不小于 200cm。

高速公路和一级公路的填石路堤填料分层松铺厚度不大于 50cm，其他等级公路不大于 100cm。当填料石块粒径级配较差、粒径较大、填层较厚、石块间空隙较大时，为保证路堤的强度和稳定性，在水源丰富的条件下可采用水沉积法将石渣、石屑、中粗砂等扫入石块空隙中，用压力水将这些填料冲入该层下部，反复数次，可使路堤空隙填满。

填石路堤应使用工作质量 12t 以上的振动压路机压实，当缺乏振动压路机时，可采用重型静载光轮压路机碾压并减薄分层厚度、减小石料粒径。适宜的压实厚度应通过试压确定，但最大厚度不超过 50cm，若采用重型振动压路机，压实厚度可增大至 100cm，压路机碾压时先压路堤两侧，后压中间，压实路线沿纵向保持平行，轮迹重叠 40～50cm，前后相邻工段重叠100～150cm，用夯锤夯实时应呈弧状布点，达到密实度后向后移动一个夯锤位置。

填石路堤压实到要求的密实度所需要的碾压遍数应通过试压确定，石料的紧密程度用 12t 以上的振动压路机进行压实检验，若压实层顶面稳定，不再下沉，表面无轮迹，可判定已碾压密实。用重型夯锤夯实时，以重锤下落不下沉而发生弹跳现象为达到密实度要求。

10.1.3 土质路堑开挖

土质路堑开挖是将路基范围内设计高程之上的天然土体挖除并运输到填方地段或其他指定地点的施工活动。开挖路堑时将破坏原有土体的平衡状态，因此保证开挖边坡的稳定性是一个非常重要的问题，深长路堑往往工程量巨大，开挖作业面狭窄，常常是一段路基施工的控制工程。一般根据路堑深度和纵向长度，开挖时可按横挖法、纵挖法或混合式开挖方法进行。

横挖法是从路堑的一端或两端在横断面全宽范围内向前开挖，主要适用于短而浅的路堑，路堑深度不大时，一次挖到设计高程的开挖方式称为单层横挖法，若路堑较深，为增加作业面，以便容纳较多的作业机械，形成多层出土以加快工程进度，在不同高度上分成几个台阶同时开挖的方式称为多层横挖法，此时各施工面具有独立的出土通道和临时排水设施。人工开挖时的分层台阶高度可为 1.5～2.0m，机械开挖时每层台阶高度可为 3～4m。

纵挖法是开挖时沿路堑纵向将开挖深度内的土体分成厚度较小的土层一次开挖，分为分层纵挖法和通道纵挖法。分层纵挖法适用于路堑深度和宽度均不大的情况，在路堑纵断面全宽范围内纵向分层挖掘；通道纵挖法适用于路堑较长、较深、较宽而两端地面坡度较小的情况，开挖时先沿纵向分层，每层先挖出一条通道，然后开挖通道两旁，通道作为机械运行和出土的路线。如果开挖的路堑很长，可在一侧适当位置将路堑横向挖穿，把路堑分成几段，各段再采用纵向开挖的方式作业，这种挖掘路堑的方法称为分段纵挖法，这种挖掘方式可以增加施工作业面，减少作业面之间的干扰并增加出料口，提高工效，适用于傍山的深长路堑的开挖。

10.1.4 石质路堑开挖

由于岩石坚硬，石质路堑的开挖往往比较困难，这对路基的施工进度影响很大，尤其是工程量大而集中的山区石质路堑更是如此。通常情况下，应根据岩石路堑的岩石类别、风化程度、节理发育程度、施工条件及工程量大小选择爆破法、松土法或破碎法进行开挖。

爆破法是利用炸药爆炸的能量将土石炸碎以利于挖运或借助爆炸能量将土石移动到预定位置。这种方法开挖石质路基具有工效高、速度快、劳动力消耗少、施工成本低等优点。对于岩质坚硬，不可能用人工或机械开挖的石质路堑，通常要采用爆破法开挖。爆破后用机械清方，是非常有效的路堑开挖方法。

根据炸药用量的多少，爆破法分为中小型爆破和大爆破，其中使用频率最高的是中小型爆破，大爆破的应用受到多种因素的限制，当开挖山岭地带的石方路堑，岩层整体性好，路堑较深且路线经过凸出的山嘴时，采用大爆破开挖可提高施工效率，但当路堑位于页岩、片岩、砂岩、砾岩等非整体性岩石时，则不应采用大爆破开挖，尤其是路堑位于岩石倾斜朝向路线且有夹砂层、黏土层的软弱地段及易坍塌的堆积层时，禁止采用大爆破开挖，以免对路基稳定性造成影响。

爆破法施工对山体破坏较大，对周围环境也有较大影响，因此必须按照现有施工规范和安全规程进行作业，严格按照设计文件实施，通常应做试爆分析，以其结果作为指导施工的依据。

松土法开挖是充分利用岩体的各种裂缝和结构面，利用推土机牵引松土器将岩体翻松，再用推土机或装载机与自卸汽车配合将翻松的岩块运输到指定的位置。松土法开挖避免了爆破作业的危险性，而且有利于挖方边坡的稳定和附近建筑设施的安全，凡能用松土法开挖的石方路堑，应尽量不采用爆破法施工。

松土法开挖的效率与岩体破裂面情况及其风化程度有关，岩体被破碎岩石分割成较大块体时，松开效率较高，当岩体已裂成小石块或呈粒状时，松土只能劈成沟槽，效率较低，砂岩、石灰岩、页岩等沉积岩有沉积层面，是比较容易松开的岩石，沉积层越薄越容易松开，片麻岩、石英岩等变质岩，松开的难易程度要视其破裂面的发育程度而定。

花岗岩、玄武岩、安山岩等岩浆岩不呈层状或带状，松开比较困难。

多齿松土器适用于松动较破碎的薄层岩体，单齿松土器则适用于松动较坚硬的厚层岩体。对于坚硬完整的岩石难以翻松，可进行适当的浅孔松动爆破，再进行松土作业。

破碎法开挖是利用破碎机凿碎岩块，然后进行装、运作业，这种方法是将凿子安装在推土机或挖土机上，利用活塞的冲击作用使凿子产生的冲击力凿碎岩石，其凿碎岩石的能力取决于活塞功率的大小，破碎法主要适用于岩体裂隙较多、岩块体积小、抗压强度低于100MPa的岩石，由于开挖效率不高，一般只用于局部场合，作为爆破法和松土法的辅助作业方法。

10.1.5 基层施工

基层是指位于公路路面和路基之间的过渡层，它起到传递、扩散路面层荷载到路基层的作用，是十分重要的缓冲层。基层可分为无机结合料稳定类和粒料类。无机结合料稳定类又称为半刚性基层，常包括石灰稳定类、水泥稳定类和综合稳定类，粒料类常分嵌锁型和级配型，我国大部分高等级公路均采用半刚性基层。

石灰稳定类基层包括石灰土、石灰砾砂土、石灰碎石土等，其强度形成主要是靠石灰与细粒土的相互作用；水泥稳定类基层包括水泥稳定砾砂、沙砾土、碎石土、粉土等，其强度形成主要是靠水泥与细粒土的相互作用；综合稳定类基层是以水泥或石灰为主要结合剂，外掺少量活性物质或其他材料，以提高和改善土的技术性质，常用综合稳定类有石灰粉煤灰稳定、水泥石灰稳定。

半刚性基层的显著特点是：整体性强、承载力高、刚度大、水稳性好，而且较为经济，半刚性基层材料的显著缺点是抵抗变形能力差，在温度和湿度变化时容易产生开裂，当面层沥青较薄，容易形成反射裂纹，从而影响路面的使用性能，因此施工前必须清楚半刚性基层材料的裂缝规律。

我国高等级公路半刚性基层施工中，混合料的拌和方式有路拌法和厂拌法，其摊铺方式有人工和机械两种，从施工程序来看，一般先通过修筑实验路段，指定标准施工方法后再进行大面积施工。

修筑实验路段的任务是：检验拌和、运输、摊铺、碾压、养生等计划投入使用设备的可靠性；检验混合料的组成设计是否符合质量要求及各道工序的质量控制措施；提出用于大面积施工的材料配合比及松铺系数；确定每一作业段的合适长度和一次铺筑的合理厚度；提出标准施工方法。标准施工方法的主要内容包含：集料与结合料数量的控制；摊铺方法；合适的拌和方法、拌和速度、拌和深度及拌和遍数；混合料的最佳含水量控制方法；整平与整型的合适机具与方法；压实机械的组合、压实顺序、速度和遍数；压实度检查方法以及每一作业段的最少检查数量。若采用集中厂拌和摊铺机摊铺，则应解决好机械的选型与配套问题。

半刚性基层大面积施工的路拌法施工主要工序：准备路基、路堑层→施工测量→备料→摊铺→拌和→整平与碾压成型→初期养护。

厂拌法的主要工作是拌和设备的调试，找出各料斗的闸门开启刻度（简称开度）和设计配合比之间的关系，并试拌一两次以达到设计要求。目前我国高等级公路的半刚性基层施工多采用集中厂拌和摊铺机摊铺，修筑的基层平整度、高程、路拱、纵坡和厚度都达到了规范或合同的要求，从而避免了人工或平地机施工中配料不准、拌和不均、反复找平、厚度难以控制的问题，不仅提高了施工质量，还加快了工程进度，因此适用于大面积机械化施工。

粒料类基层按其强度构成原理可分为嵌锁型和级配型。嵌锁型包括泥结碎石、泥灰结碎石、填隙碎石等；级配型包括级配碎石、级配砾石，符合级配的天然砂砾、部分砾石经轧制掺配而成的级配砾、碎石等。

10.2 路 面 工 程

我国公路路面主要有沥青路面和钢筋混凝土路面两种，如图 10-3 所示。沥青路面具有表面平整、无接缝、行车舒适、耐磨、噪声低、施工期短、养护维修简便，且适宜于分期修建等优点，因此得到广泛应用。在我国，高等级公路路面的常见类型是沥青混凝土和沥青碎石路面。钢筋混凝土路面具有刚度大、强度高、稳定性好、养护维修费用低等优点，在高等级、重交通的道路中有很大的发展。

（a）沥青路面

（b）钢筋混凝土路面

图 10-3　公路路面

10.2.1　沥青路面施工

通常把未经摊铺、碾压的沥青路面材料称为沥青混合料，分为沥青混凝土混合料和沥青碎石混合料。根据最大粒径的不同，沥青混凝土混合料分为粗粒式、中粒式、细粒式和砂粒式；按标准压实后的孔隙率还可将其分为Ⅰ型（剩余孔隙率为 3%～6%，城市道路为 2%～6%）和Ⅱ型（剩余孔隙率为 6%～10%）。沥青碎石混凝土分为粗粒式、中粒式和细粒式。沥青混合料的强度由两部分组成：一是矿料之间的嵌挤力和内摩阻力；二是沥青和矿料之间的黏结力。沥青路面施工的主要工序有：沥青混合料的拌和与运输、沥青混合料摊铺、碾压。

沥青混合料宜在拌和厂制备，在拌制一种新配合比的混合料之前，或生产中断一段时间之后，应根据室内配合比进行试拌，通过试拌的抽样实验确定施工质量控制指标。沥青混合料正式拌制时应根据配料单进行，严格控制各种材料用量及其加热温度，拌和后的沥青混合料应均匀一致，无花白、无离析和结团成块现象。每班抽样做沥青混合料性能、矿料级配组成和沥青用量检验。每班拌和结束时，清洁拌和设备，放空管道中的沥青，做好检查记录，不符合要求的沥青混合料禁止出厂。

沥青混合料用自卸汽车运至工地，车厢底板及周壁应涂抹一薄层油水（柴油∶水为1∶3）混合液。运输车辆应加以覆盖，运输至摊铺地点的沥青混合料温度不宜低于130℃，运输中尽量避免急刹车，以减少混合料离析。混合料运输至工地应及时，工前应查明具体位置、施工条件、摊铺能力、运输路线、运距和运输时间，以及所需要的混合料的种类和数量等。要组织好车辆在拌和设备处装料和卸料的顺序，尤其要计划好车辆在工地卸料时的停置地点，装料时按其运载质量装足，安全检查后再启运。

摊铺作业是沥青路面施工的关键工序，常包括下承层（路基及半刚性基层）准备、施工放样、摊铺机各种参数调整与选择、摊铺机作业等内容，摊铺施工作业如图10-4所示。

图10-4　摊铺机、自卸汽车联合作业

摊铺时应先检查摊铺机的熨平板宽度和高度是否适当，并调整好自动调平装置，有条件时，应尽可能采用全路幅摊铺，如果采用分路幅摊铺，接茬应紧密、拉直，并应设置样桩控制厚度，双层式沥青混凝土路面的上下层铺筑宜在当天内完成，如间隔时间较长，在铺筑上层前应对下层受到污染的路段进行清扫，并浇洒黏层沥青，摊铺时，沥青混合料温度不应低于100℃，摊铺厚度应为设计厚度乘以松铺系数，沥青混合料的松铺系数通过试铺碾压确定，也可按沥青混合料为1.15～1.35，沥青碎石混合料为1.15～1.30取值，细粒式取上限，粗粒式取下限，摊铺后应检查平整度及路拱。

施工气温在10℃以下或冬季温度虽在10℃以上，但有大风时，摊铺时间宜在上午9时至下午4时进行，做到快卸料、快摊铺、快整平、快碾压，摊铺机的熨平板及其他接触热沥青的机具要经常加热。在摊铺前，应对接茬处已经被压实的沥青层进行预热，摊铺后，在接茬处用热夯夯实，热烙铁熨平，并使压路机沿接茬处碾压。雨季施工时，要做好防雨排水工作，下承层潮湿时，不得进行摊铺工作，对经雨淋的沥青混合料，要全部清除，更换新料。

压实是沥青路面施工的最后一道工序，其目的是提高沥青混合料的强度、稳定性及疲劳性能。压实不足将减少路面的疲劳寿命和加速其老化。压实工作的主要内容包括压实机具选型与组合、压实温度、速度、遍数、压实方式的确定及特殊路段的压实（弯道与陡坡等）。

常用压实机具有静作用光轮压路机、轮胎压路机和振动压路机，压实作业程序分为初压、复压和终压 3 道工序。初压的目的是整平与稳定混合料，同时为复压创造有利条件，是压实的基础，因此要注意压实的平整性；复压的目的是使混合料密实、稳定、成型，混合料的密实程度取决于这一道工序，因此必须与初压紧密衔接，且一般采用重型压路机；终压的目的是消除轮迹，最后形成平整的压实面，因此这道工序不宜采用重型压路机在高温下完成，否则会影响平整度。碾压时压路机应由路边压向路中，三轮式压路机每次重叠宽度宜为后轮宽的 1/2，双轮压路机每次重叠宽度宜为 30cm，压路机碾压沥青路面的压实速度可参考表 10-3。

表 10-3　压路机碾压沥青路面的压实速度

最大碾压速度压路机类型	初压/（km/h）	复压/（km/h）	终压/（km/h）
钢轮压路机	1.5～2.0	2.5～3.5	2.5～3.5
轮胎压路机	—	3.5～4.5	—
振动压路机	静压 1.5～2.0	振动 5～6	静压 2～3

注：静压是指关闭振动装置的无振动碾压。

提高碾压压实质量的关键在于控制碾压温度（一般来说，沥青混合料的最佳压实温度为 110～120℃，最高不超过 160℃），选择合理的压实速度和压实遍数，选择合理的振动压路机的振频和振幅，严格把控混合料的出厂质量。

10.2.2　钢筋混凝土路面施工

国内外大量实践证明，钢筋混凝土路面的使用性能在很大程度上取决于施工质量，而施工质量又依赖于先进的施工机具，钢筋混凝土路面施工的先进工具有轨道式摊铺机施工和滑模式摊铺机施工，目前全国的高等级公路基本已实现机械化施工。

轨道式摊铺机施工各工序可选用的机械见表 10-4。

表 10-4　轨道式摊铺机施工各工序可选用的机械

工序	可考虑选用的机械
混凝土拌和	拌和机、装载机、称量设备
混凝土运输	自卸汽车、搅拌车
卸料	侧面卸料机、纵向卸料机
摊铺	刮板式匀料机、箱式摊铺机、螺旋式摊铺机
振捣	振捣机、内部振动式振捣机
接缝施工	钢筋（传力杆、拉杆）插入机、切缝机
表面修理	修整机、纵向表面修整机、斜向表面修整机
修整粗糙面	拉毛机、压（刻）槽机

各施工工序可以采用不同类型的机械，而不同类型的机械具有不同的工艺要求和生产率，因此整个机械化施工需要考虑机械的选型和配套。通常把混凝土摊铺机械作为第一主导机械，而把混凝土拌和机械作为第二主导机械，在选用机械时，应首先选定主导机械，然后根据主导机械的技术性能和生产率，选用配套机械。

轨道式摊铺机施工的整套机械，在轨道上移动推进，也以轨道为基准控制路面表面的高程，由于轨道和模板同步安装，统一协调定位，将轨道固定在模板上，既是混凝土路面的侧模板，也是每节轨道的固定基座。轨道高程控制是否精准，铺轨是否平直，接头是否平顺，将直接影响路面表面的质量和行驶性能，模板不仅要承受从轨道传递下来的机组质量，还要具有一定的横向刚度，轨道数量应根据施工进度配备，并要有拆模周期内的周转数量。

摊铺施工是将倾泻在基层上或摊铺机箱内的混凝土按照摊铺厚度均匀的充满模板范围之类的过程，摊铺机械可以选用刮板式、箱式或螺旋式。刮板式摊铺机本身能在模板上自由地前后移动，在导管上左右移动，刮板本身也可以旋转，所以可以将卸在基层上的混凝土堆，向任意方向摊铺，这种摊铺机比其他类型摊铺机自重小，容易操作，易于掌握，故使用普遍，但其摊铺能力较小。箱式摊铺机的混凝土通过卸料机（纵向或横向）卸在钢制的箱子里，箱子在机械前进行驶时横向移动，同时箱子的下端按松铺厚度刮平混凝土。混凝土一次全部放在箱子里，质量较大，但摊铺均匀而准确，故摊铺能力大，故障较少。螺旋式摊铺机具有可以正反向旋转的螺旋杆（直径约50cm）将混凝土摊开，螺旋后面有刮板，可以准确调整高度，这种摊铺机的摊铺能力大，其松铺系数一般在 1.15～1.30，它与混凝土的配合比、集料粒径和坍落度等因素有关，施工阶段主要取决于坍落度。

摊铺完成后可采用振捣机或内部振动式振捣机振捣密实混凝土，振捣后路面还应进行整平、精光、纹理制作等工序。混凝土表面修整完毕，应进行养生，使混凝土路面在开放交通前具有足够的强度。

滑模式摊铺机的特点是不需要轨道模板，整个摊铺机的机架支撑在4个液压油缸上，它可以实现控制机械上下移动，以调整摊铺机铺层厚度，在摊铺机的两侧设置能随机移动的固定滑模板，因此不需要另设轨模，这种摊铺机一次通过就可以完成摊铺、振捣、整平等多道工序。

滑模式摊铺机的施工工艺过程与轨道式基本相同，但轨道式摊铺机预制配套施工的机械较复杂，程序多，特别是拆装固定式轨模，不仅费工，而且施工成本也大大增加，操作也比较复杂，而滑模式摊铺机则不同，整机性能好，操作方便，生产率高。

10.3 桥 梁 工 程

桥梁工程包括上部结构和下部结构。桥梁工程下部结构基础形式大多采用桩基础，其成孔施工方法常根据桥位处场地地质、水文情况采用人工挖孔、正反循环钻进、旋挖钻进、冲抓钻进等。位于深水中的桥梁基础可采用双壁钢围堰、钢吊箱、沉井、钢板桩等工法配合以上成孔方法施工。桥梁上部结构形式多样，按照所采用的材料可分为钢筋混凝土桥、预应力混凝土桥、钢桥和钢混组合梁桥；按受力情况可分为梁式桥、拱式桥和悬索桥三大体系；所用材料和受力体系的组合又使得桥梁上部结构形式丰富多样，施工方法千差万别，相应的工艺流程和规范要求也不尽相同。

近几十年，我国的桥梁建设事业不论是从建设规模还是技术水平，都处于世界的领先地位。在混凝土桥梁建设领域，我国在 1997 年建成的昆明南过境干道高架简支梁桥跨度达到 63m，同年建成的广东虎门辅航道连续刚构桥跨度为 150m＋270m＋150m，位于同类型桥世界第四；在拱桥建设领域，2003 年建成的上海卢浦大桥主跨 550m，为世界最大的钢箱拱桥，2009 年建成的重庆朝天门大桥为中承式钢桁架拱桥，主跨为 552m，为世界最大跨度的拱桥；在悬索、斜拉索桥建设领域，我国的建设成就世界瞩目。2007 年建成的浙江西堠门大桥主跨 1650m，为世界跨度第二大的悬索桥，2008 年建成的江苏苏通大桥主跨达到 1088m，为当时世界跨度最大的斜拉桥，而 2020 年建成通车的沪苏通长江公铁大桥主航道跨度更是达到 1092m，且为公铁两用桥，已刷新这一纪录，如图 10-5 所示。

图 10-5　沪苏通长江公铁大桥效果图

在我国道路工程建设中，桥梁工程建设占总造价的 10%～20%；在我国快速发展的高速铁路建设中，桥梁工程所占比例更高，比如京沪高速铁路中桥梁工程里程占到总里程的 80%，所以桥梁工程施工对我国交通、经济建设具有重要意义。

10.3.1　简支及连续梁桥施工

1. 简支梁桥

在我国高速铁路快速发展的今天，小跨度（20～64m）简支梁桥得到了广泛的应用，而中小跨度简支梁的架设方法以预制架设法为主，该法梁体制造采用现场设置梁场，从预制场到桥位采用无轨运输，改变了原来在桥梁工厂预制、铁路运输的模式，大大方便了梁体的制造与运输。港珠澳大桥就是梁场预制，浮吊运输架梁，其钢箱梁跨度已经达到了85m，技术非常先进，其标准梁跨及断面如图 10-6 所示。

现以 32m 双线整孔简支梁为例，介绍其梁场预制方法。每片 32m 双线整孔箱梁重

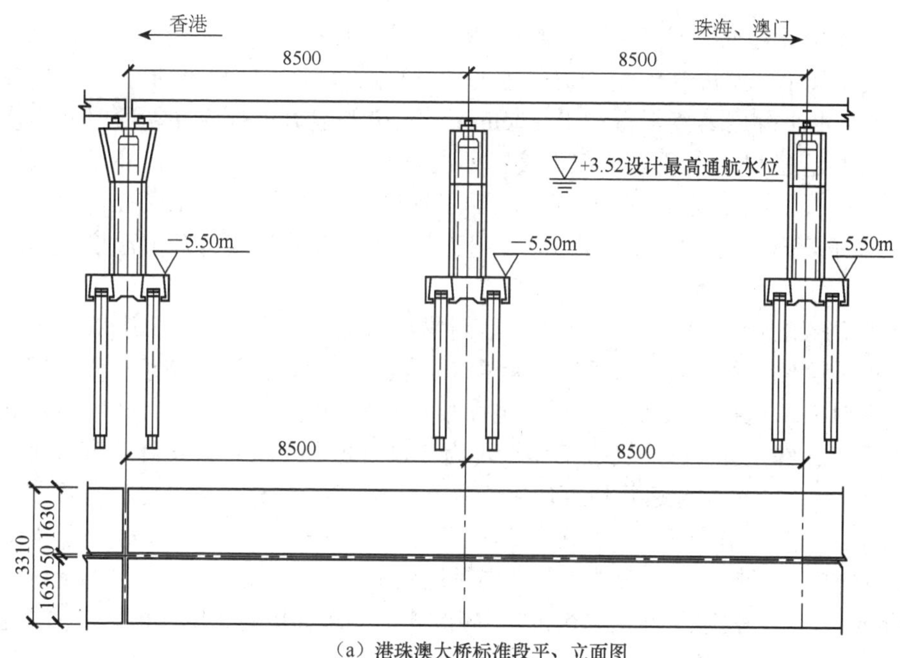

（a）港珠澳大桥标准段平、立面图

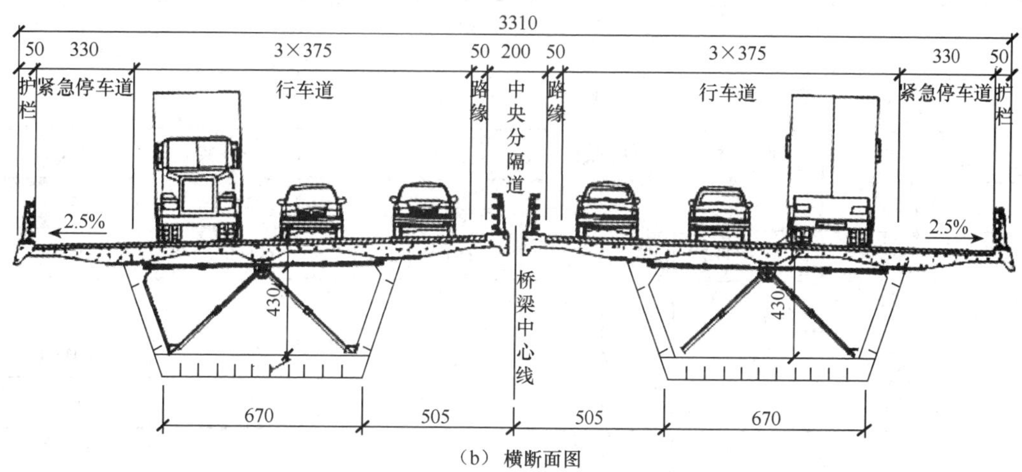

（b）横断面图

图 10-6　港珠澳大桥设计图纸（单位：cm）

近 900t，自重较大，因此对预制台座基础和地基变形要求较高，一般要求地基基础承载力在 200kPa 以上，预制场地若存在软弱土层，应先进行地基加固处理。

箱梁预制模板一般采用钢模，由外模、内模、底模和端模组成。底模面板一般采用 16mm 厚钢板加肋后制成，内模一般采用液压式，底模拼装时按设计要求预设反拱，预制过程中定期对台座进行沉降观测。安装时，端模包住外模，夹在底模、内模之间，端模、底模间均设置 M 胶条密封，外模和底模间用螺栓连接，同时每一片外模桁架下方均设置ϕ25mm 精轧螺纹钢筋作为拉杆，以抵消混凝土侧压力，内模支撑在底模上，靠自身重力抵抗腹板、底板混凝土产生的上浮力。

混凝土配合比应考虑强度、弹模、初凝时间、工作度等因素并通过试验来确定。

混凝土运输应采用泵送或混凝土运输车运送，浇筑时应连续浇筑、斜向分段、水平分层浇筑。其工艺斜度视混凝土坍落度而定，当坍落度大于 12cm 时，工艺斜度宜不大于 5°。水平分层厚度不得大于 30cm，一孔梁的混凝土也应在初凝时间内浇筑完成，一般不超过 6h。混凝土入模温度，不得低于 5℃，也不宜高于 28℃。采取蒸汽养护时，混凝土在浇筑 4～6h 后开始加温，升温速度不得大于 10℃/h。恒温应控制在 45℃以下，降温速度不得大于 5℃/h，拆模时梁体表面温度与环境温度之差不得大于 15℃。

预制箱梁经预应力张拉、孔道灌浆、封锚后可进行架设工作，重达 900t 的预应力混凝土箱梁运架设备主要有架桥机和运梁车。我国《京沪高速铁路运架设备研制技术条件》中对架桥机技术条件有以下规定：架桥机利用等级为 U_0；架桥机载荷状态为 Q_3；整机工作级别为 A3，机构工作级别为 M4；起重小车重载升降速度应小于等于 0.5m/min；起重小车重载运行速度应小于等于 3m/min；架桥机过孔运行速度应小于等于 3m/min；正常工作情况下，当不受运梁车供梁条件限制时，架桥机从过孔开始至落梁完成的时间应不超过 4h。该技术条件中对运梁车有以下规定：运梁车重载行驶速度为 0～5km/h，空载行驶速度为 0～10km/h；轮胎式运梁车的接地比压应根据京沪高速铁路路基基床表层地基系数 K30 确定。目前我国使用较普遍的架桥机规格参数如表 10-5 所示。

表 10-5　我国架桥机主要参数

架桥机型号	TLJ900	JQ900A	SPJ900	JQ900 下导梁	JQ900B
架桥机重/t	520	420＋	490	382.3	455
运梁车型号	TLY900	JQ900	TLY900B	YL900	YL900B
运梁车重/t	280	242	280	260	242
轮胎数量	64	64	64	68	64
轮胎规格	26.5	26.5	26.5	23.5	26.5
轴距/m	2.1	1.9	2.1	2.3	1.9

注：表中数据源自会议资料，可能有修改，仅供参考。

2. 连续梁桥

（1）支架现浇连续梁桥

支架现浇连续梁桥在中小跨度连续梁中应用较多，在架设的支架上铺设模板，然后现场浇筑桥梁混凝土，常用的支架结构形式有两种，即墩梁式支架和满堂支架。

墩梁式支架常用于跨越既有线路施工，为车辆、行人预留通道，或者跨越地基承载力较低的区域，其结构形式多样，支架柱可以采用钢管、碗扣式钢管支架、军用墩等，支架梁可采用贝雷梁、型钢、军用梁等。当支架柱之间的跨度超过 4m 时，一般采用贝雷梁或军用梁做支架梁。

贝雷梁是一种制式器材，我国目前常用的两种型号是 321 型和 HD200 型标准贝雷梁，其中 321 型贝雷梁桁架高度为 1.4m，HD200 型贝雷梁桁架高度为 2.134m，其变形更小，承载力更高，支撑连接体系做了较大的改进，提高了整体抗弯能力和刚度，可节约 30%的钢材，因此应用更加广泛，如图 10-7 所示。

图 10-7 贝雷梁支架

满堂支架立杆常用碗扣式立杆，称之为碗扣支架，由立杆、横杆、顶托、底托、斜撑、剪刀撑组成。在实际工程中常根据荷载大小设置不同的立杆间距，立杆间距按照 0.3m 模数设置，满堂支架搭设前应进行地基处理，雨季施工时应先浇筑一层 20cm 厚 C15 混凝土垫层，并做排水横坡，消除雨水渗漏造成的地基不均匀沉降。满堂支架立杆接长时接头应相互错开，由于其碗扣节点间长度为制式，因此架设前因进行配杆设计，安装时按图施工。满堂支架的形式如图 10-8 所示。

（2）悬臂现浇连续梁桥

对于跨越峡谷、江河、既有线路等情况下的中、大跨连续梁，常用悬臂浇筑连续梁施工。悬臂浇筑施工工法在连续梁、连续刚构、斜拉桥、拱桥中均有应用。悬臂浇筑连续梁中将连续梁沿桥纵向分若干节段，每个节段长度 3～8m，利用挂篮悬臂浇筑工法施工。

悬臂浇筑施工工法，分为墩顶 0 号块箱梁支架浇筑、跨中挂篮悬臂浇筑和边跨支架浇注 3 部分。由于墩顶 0 号块箱梁体积都比较大，一般采用重力式支架，大多采用各种

图 10-8　满堂支架的形式

型钢支架和万能杆件支架。墩顶 0 号块梁段浇筑完成后，再在 0 号块梁段上组装挂篮。0 号块梁段主要是为挂篮组装提供拼装、出发平台，每个 0 号块梁段长为 12～14m，一次浇筑成型。

悬臂浇筑顺序由 0 号块梁段两端的 1 号块梁段开始，逐节段向两端延伸、分节对称浇筑。以 0 号块梁段为中心形成简支“T”构，再逐跨把简支“T”构与邻近边跨支架浇注梁段合龙成一跨简支“Π”构，最后把两个简支“Π”构合龙成一个三跨超静定“ΠΠ”连续梁。合龙段施工顺序是先合龙边跨、后合龙中跨。边跨合龙为小合龙，中跨合龙为大合龙。合龙段浇筑可采用挂篮法和支架法。

现以三跨悬臂浇筑连续梁施工为例，说明悬臂对称建筑连续梁的施工工序，如图 10-9 所示。

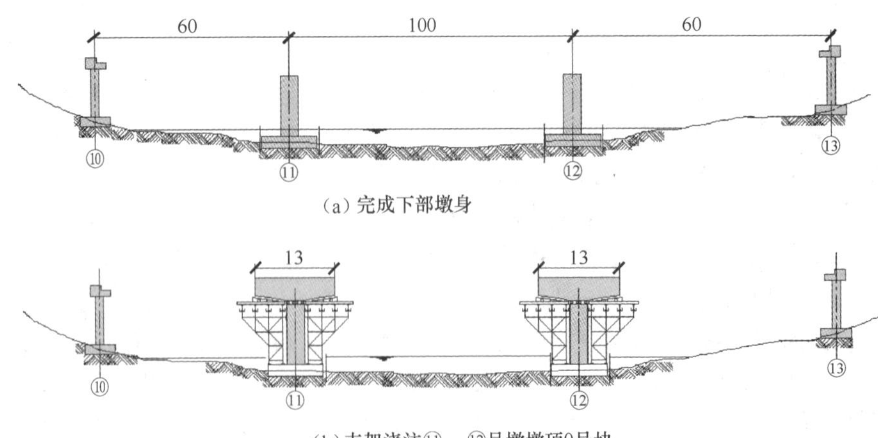

(a) 完成下部墩身

(b) 支架浇注⑪、⑫号墩墩顶0号块

图 10-9　挂篮施工工序图（单位：m）

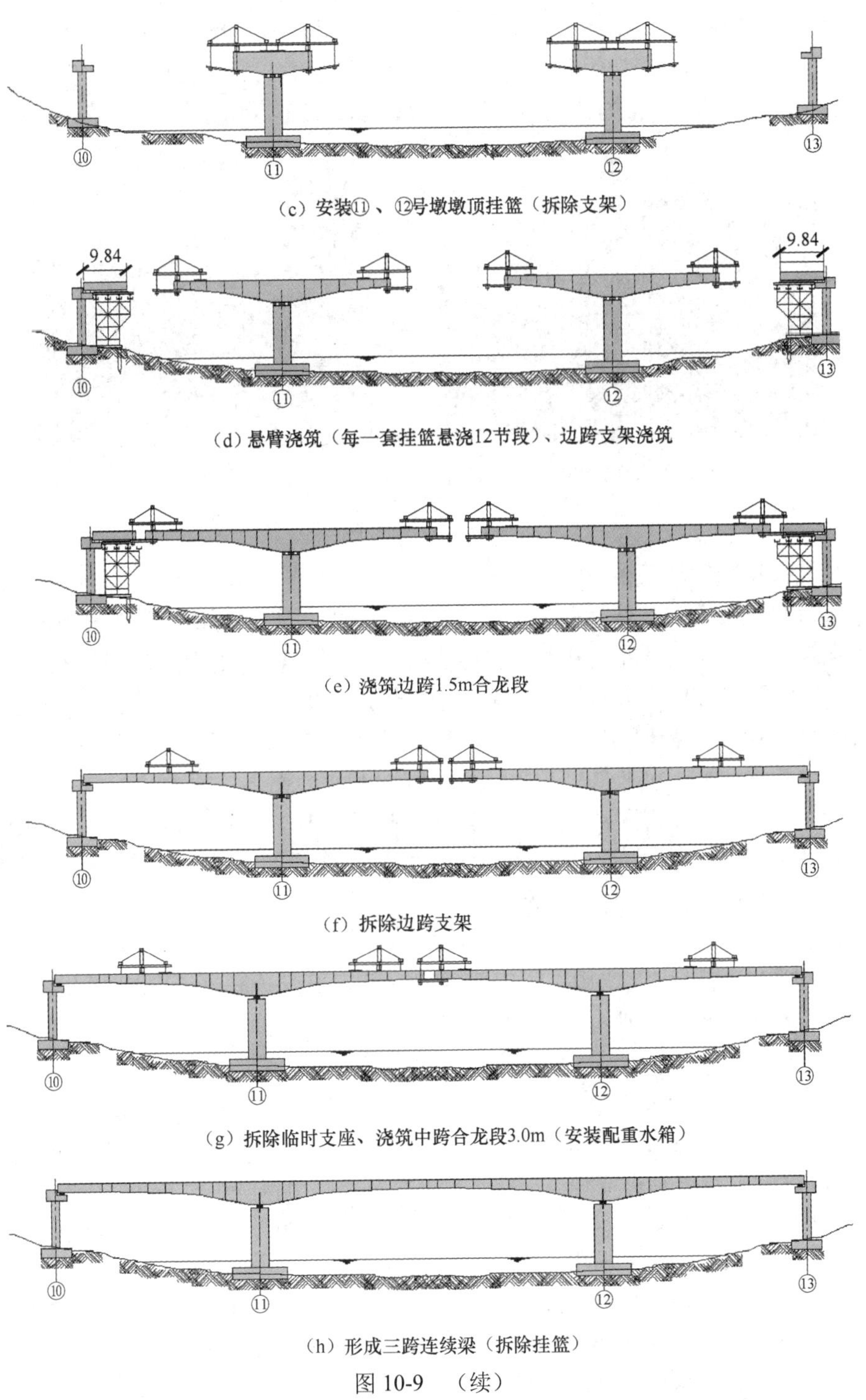

（c）安装⑪、⑫号墩墩顶挂篮（拆除支架）

（d）悬臂浇筑（每一套挂篮悬浇12节段）、边跨支架浇筑

（e）浇筑边跨1.5m合龙段

（f）拆除边跨支架

（g）拆除临时支座、浇筑中跨合龙段3.0m（安装配重水箱）

（h）形成三跨连续梁（拆除挂篮）

图 10-9 （续）

悬臂浇筑施工工法的主要施工机具是钢结构挂篮，或称为吊架、吊篮，在国外通称为移动式起重车。我国常用的挂篮形式有三角形挂篮和菱形挂篮。三角形挂篮的主桁架结构为三角形，一副挂篮由两片三角形主桁架组成，两主桁架之间采用横梁连接在一起，

立柱与主梁连接为固结，斜拉杆和立柱、主梁间采用销结；菱形挂篮的主桁架为菱形，一副挂篮由两片菱形主桁架组成，菱形桁架各杆件之间可采用焊接连接，也可采用销结或栓结。三角形挂篮和菱形挂篮如图 10-10 所示。

（a）三角形挂篮　（b）菱形挂篮

图 10-10　挂篮形式

（3）悬臂拼装连续梁桥

悬臂拼装连续梁和悬臂对称浇筑连续梁施工均将主梁沿梁纵轴分为若干节段，与悬臂对称浇筑连续梁不同的是，悬臂拼装连续梁是将节段先在预制场采用长线法或短线法预制，然后将预制完成的节段运至桥位，采用悬拼吊机将节段安装到位，节段之间可以采用湿接缝、胶接缝或干湿交替接缝，然后通过纵向预应力钢束将节段连接为整体。各节段之间设置剪力键，节段间剪力通过剪力键和预应力钢束传递。

由于悬臂拼装施工对节段预制精度要求较高，节段拼装时线形调整余量有限，因此，悬臂拼装施工方法宜在跨度为 60～80m 的中等跨径连续梁中应用，在采用悬臂拼装施工的斜拉桥中主跨跨度可达到 200～350m。

悬臂拼装预应力混凝土连续梁施工包含节段预制、节段运输、节段拼装（基准块安装）、纵向钢束张拉、合龙段施工等主要步骤，其中节段预制可采用长线法、短线法施工，运输可采用汽车或轮渡，0 号块可以现浇或预制，节段拼装可干拼或胶拼，合龙段可预制或现浇。

长线法预制节段是指将一跨或至少半跨悬臂节段在预制台座上相互匹配预制，先期施工节段与后期施工节段相邻的端面作为后期施工节段的一侧端模。在预制若干节段时，先期浇筑的节段达到设计强度后，可采用大型龙门吊将其吊出台座，移至存梁台座。长线法预制节段台座根据节段形状及预制场地地质情况确定。对于纵向变截面节段、台座周转不多的情况，台座可采用土夯或石砌的方式；对于等截面节段、台座周转次数较多的工程，由于需要多次调整台座顶面高程、线形，以适应不同跨考虑预拱度的线形，一般应采用混凝土支墩支撑、钢底模板。混凝土支墩和钢底模板间设置竖向调节螺栓，以便调整钢底模板的顶面高程及线形。

短线法预制节段是一种在有限场地上进行桥梁节段预制的有效方法，该方法只采用一套模板（有一端为固定端模）进行节段预制。预制从第 1 个节段开始，第 1 个节段在固定端模和浮动端模之间建筑，此节段称为起始节段，然后将该节段前移作为匹配节段，并作为端模进行第 2 节段的浇筑，以保证相邻节段之间的匹配质量，重复以上过程，将第 i 节段前移，作为第 $i+1$ 节段的端模，进行第 $i+1$ 节段的浇筑，逐次循环完成各节段的预制。采用短线法预制节段时，只有相邻两个节段相互匹配，容易产生几何形状、空间位置的偏差，由于悬臂拼装时调整余量很小，因此，短线法预制节段施工过程中节段几何形状、空间位置的控制特别重要。

长线法、短线法预制节段在悬臂拼装桥梁施工中均有应用实例，两种方法各有优缺点，从场地、台座、起梁、节段安装难易程度几个方面的比较见表 10-6。

表 10-6 长线、短线法预制节段比较

项目	长线法	短线法
场地	需要至少一个“T”构半边或全长场地	最少 3 个节段长度
台座	专门设计、施工台座	无须台座
起梁	需要考虑剪力键影响配合龙门吊	可不考虑剪力键的影响
节段安装难易程度	因是一个或半个“T”构顺序预制，节段间更易安装	需考虑节段误差积累，节段预制精度要求更高

10.3.2 钢管混凝土拱桥施工

1. 钢管混凝土拱桥分类

根据钢管混凝土两种材料在受力和施工中的作用，应用钢管混凝土修建的拱桥分为两大类。第一类为钢管内填混凝土，即成桥时钢管表皮外露，与钢管内填核心混凝土共同作为结构的主要受力部分。施工时先安装空钢管（裸拱），钢管合龙后，再向钢管内浇筑混凝土，钢管在浇筑混凝土施工时的劲性骨架参与后期受力，2005 年建成的四川巫山长江大桥属于此类型，跨度达到 492m。第二类钢管混凝土拱桥是钢管表皮不外露，钢管主要作为施工劲性骨架，先内灌混凝土形成钢管混凝土，再在此外挂设模板，在钢管外浇筑混凝土，此类钢管混凝土拱桥也称为钢管混凝土劲性骨架拱桥，1997 年竣工、跨度达到 420m 的重庆万州长江大桥就属于此类桥型。

钢管混凝土拱桥可按行车道相对拱肋位置分为 3 种类型，即上承式、中承式、下承式，如图 10-11 所示。上承式是指行车道在拱肋以上，主要用于跨越峡谷和桥面高程较高的桥梁，其上部结构包括拱肋、拱上立柱、盖梁及桥面系；下承式是指行车道在拱肋以下，一般在两个拱脚之间，由拱肋、吊杆、横梁、纵梁、桥面铺装等组成；中承式是指行车道在拱肋中部，行车道中间部分由吊杆挂在拱肋上，两侧通过立柱支撑在拱肋或地基上。中承式、下承式钢管混凝土拱桥主要在地势平坦、桥梁建筑高度受限制时使用。

钢管混凝土拱桥按结构体系可分为简单体系拱桥、组合体系（拱、梁组合体系）拱桥。

简单体系拱桥是出现最早、应用最广泛的拱桥，简单体系拱桥有推力拱，拱的水平推力直接由桥墩或基础承受，在此类桥梁中，桥面系为局部受力与传力，不考虑与主拱联合受力。

拱、梁组合体系按行车道与主拱的组合方式不同，分为无推力和有推力两种。无推

(a) 上承式

(b) 中承式

(c) 下承式

图 10-11　拱桥类型

力拱、梁组合桥中，拱和梁在两端固结，中间用吊杆连接，简支在墩台上，为外部静定、内部超静定结构，拱的水平推力由系梁承担。根据拱肋和系梁的相对刚度大小及吊杆的布置形式可分为吊杆垂直布置，柔性系杆刚性拱（$I_{系杆}/I_{拱肋}<0.1$）——系杆拱；刚性系杆柔性拱（$I_{系杆}/I_{拱肋}>10$）——朗格尔拱；刚性系杆刚性拱（$I_{系杆}/I_{拱肋}<10$）——洛泽拱。当用斜吊杆代替垂直吊杆（单组交叉）时，称其为尼尔森拱；当吊杆为多组交叉斜向布置时，称其为网拱。拱、梁组合体系钢管混凝土拱桥主要采用刚性系杆刚性拱。

2. 钢管混凝土拱桥施工步骤

上承式、中承式、下承式钢管混凝土拱桥的主要施工步骤如下。

（1）确定钢管加工拱轴线

在加工拱肋前，应根据设计拱轴、后续施工顺序等，确定拱肋预拱度。根据预拱度及设计拱轴线，确定钢管加工拱轴线，并在加工场地按此加工轴线进行 1∶1 放样。

（2）卷制钢管

对于跨度较小、采用成品管作为拱肋的钢管混凝土拱桥，可直接从市场购买成品管加工拱肋；目前多数钢管混凝土拱桥拱肋均需采用钢板自行卷制钢管，自行卷制方法有直焊缝焊管和螺旋焊管两种。直焊缝焊管是将长 2m 左右的钢板卷成桶形，将直缝焊接后形成管节；螺旋焊管是将带钢或钢板经开卷、整板、带钢接头焊接、卷管、螺旋焊缝焊接、焊缝超声检测等过程形成的螺旋形焊缝焊管。螺旋焊管在生产过程中会产生很大的残余应力。实验结果表明，焊缝区及附近的残余应力均在屈服点左右，这对承受疲劳荷载的桥梁结构来说，如果处理不当，将产生严重后果。

（3）吊装拱段加工

为便于施工，钢管混凝土拱桥在设计时会将单个拱肋划分成单数吊装拱段，中间段为合龙段。对于直缝焊接的钢管，可以采用以直代曲或煨弯两种方式形成拱肋曲线单钢管；对于采用螺旋焊缝的钢管，可以采用煨弯方式形成拱肋单钢管；如果拱肋结构为桁架结构，在吊装拱段单钢管成型后，可在地面按 1∶1 组拼、施焊后，形成单个哑铃及吊装段桁架。

（4）拱肋组拼

为减少空中作业，确保拱肋制作精度，在吊装拱段加工完成后，需要在地面按 1∶1 将至少半跨吊装拱段组拼，检查拱肋线形、吊装拱段焊缝接口等是否符合要求。

（5）拱段吊装

拱段吊装施工是将各吊装拱段按顺序安装到设计位置。吊装拱段是否全桥对应拱段一起吊装要根据实际情况而定。可能是单侧拱段吊装，然后焊接横向连接，也可能是两侧拱肋在地面上先将横向连接焊接，然后将两侧拱肋带横向连接一起吊装；拱肋吊装方法要根据桥位场地情况确定，一般在设计图中会明确。常用吊装方法有缆索吊装、少支架、转体施工等。由于空钢管拱肋线形受温差影响变化较大，设计图中会明确裸拱合龙温度，合龙段应在设计给定的合龙温度下施工。

（6）钢管内混凝土灌注

裸拱合龙后，向钢管内压注混凝土。管内混凝土的硬化会改变拱肋刚度，不同压注顺序会影响拱肋变形，因此混凝土压注顺序在设计图中应明确给出，施工时应严格按照设计给定顺序进行。

（7）桥面系安装

对于上承式钢管混凝土拱桥，在钢管内混凝土灌注完成并达到设计强度后，可安装拱肋上立柱、盖梁，安装桥面系；对于中承式、下承式钢管混凝土拱桥，在钢管内混凝土灌注完成并达到设计强度后，可安装吊杆、横梁、纵梁、桥面铺装等。

3. 钢管混凝土拱桥施工注意事项

目前国内对钢管拱拱肋煨弯主要采用氧气、乙炔火焰加热弯制，中频弯管机弯制及远红外线-全液压自动弯管机弯制几种方法，其注意事项如下。

（1）钢管超弯量确定

钢管加热受外力作用会弯曲，温度降低、外力撤出后，会发生一定量的反弹，如果不设置钢管超弯量，可能会造成钢管弧线线形偏离靠模或定型托架的预设线形，因此，在设计靠模、定型托架线形时，应设置超弯量，超弯量的大小应根据工艺措施等试弯之后确定。

（2）煨弯顺序

钢管煨弯顺序一般从中间向管端逐个环带进行，可采用从中间开始向两侧对称加热或先从管中向一端煨弯，完成后再将加热箱移至另一侧，从中间向另一端煨弯。

（3）加热温度控制

加热温度宜控制在700～800℃，不宜超过900℃，钢材在加热到250℃左右时，性能变脆，称为蓝脆，在此温度下不能对钢管进行弯制加工，以防钢管出现裂纹。火工弯曲矫正后不得用冷水方法降温，宜在空气中缓慢冷却，因为骤冷会使普通低合金钢变脆。钢材温度低于600℃时，应停止对钢管施加应力，降至室温前，不得锤击钢材。

钢管混凝土拱桥钢管内混凝土灌注一般采用两端对称顶升压注工艺，跨度很小的钢管混凝土拱桥也可以采用常规浇筑施工。对称顶升压注工艺即在靠近拱脚弦管、缀板内腹板顶部开孔，在此焊接设有阀门的进料口，连接混凝土输送泵，在拱顶钢管、腹板内设置隔板和排气孔，从两端同时向弦管钢管内部压注混凝土。如果拱桥跨度较大，往往需要设置多级混凝土泵站，即在拱肋上设置多个混凝土压入口，此时应在相应位置设置多个隔板和排气孔。

在灌注混凝土时，应连续灌注，不能停顿，以防堵管；两端应对称进行，以防止钢管出现不对称变形，拱顶应设置分隔板，以便两侧均能灌满，拱顶分别设置出浆口，以使管内混凝土更加密实。

在灌注过程中，拱肋断面在呈流态的混凝土作用下，将承受较大的水平力，对于拱脚处的区域更是如此，因此应在拱肋钢管内部按设计要求设置加劲钢箍和横向拉筋，并应在拱脚处适当加密拉筋，为防止截面腹板出现过大的水平变形，可设置对拉螺杆，但如果螺帽和拱肋接触处密封不好，将大大降低压注混凝土时的压力，为避免此现象，可在螺帽下设置橡胶垫圈。

在中、下承式拱桥施工中，常需要对吊杆进行张拉，但设计图纸一般只会给出成桥后吊杆的内力，因此，在施工过程中应考虑后续张拉的吊杆对先期张拉的吊杆的内力影响，需要按照张拉顺序逐次校核每根吊杆的内力，并满足所有吊杆张拉完成后，吊杆内力符合设计要求。

10.3.3 悬索桥施工

悬索桥是以悬吊支撑于索塔、锚固于锚碇或边跨加劲梁的受拉缆索为主要承重构件的桥梁结构形式。缆索锚固于锚碇的悬索桥称为地锚式悬索桥，其主缆的拉力由桥梁端部的重力式锚固体或岩洞式锚固体传递给地基，其主跨跨度可超过 1000m，我国浙江舟山西堠门跨海大桥主跨达到 1650m，为世界第三长的悬索桥，如图 10-12 所示；锚固于边跨加劲梁的悬索桥称为自锚式悬索桥，其主缆的拉力直接传递给加劲梁，主缆水平分力以轴向压力方式传递给加劲梁，因此自锚式悬索桥一般跨度不大，否则为抵抗巨大的主缆水平分力，加劲梁截面将非常巨大。

图 10-12　浙江舟山西堠门跨海大桥

悬索桥上部结构主要包括主塔、主缆、加劲梁、吊索、索鞍、索夹等。主塔顶部设有索鞍，供主缆固定，主塔是支撑主缆的重要构件，可采用钢结构或混凝土结构；主缆是悬索桥中重要的承重结构，大部分悬索桥布置两根主缆，一般由高强度镀锌平行钢丝组成；加劲梁通过吊索悬挂在主缆上，其结构形式主要有桁架式、扁平钢箱梁式及混凝土箱梁；吊索上、下端分别连接在主缆和加劲梁上，将加劲梁上的荷载传递给主缆，一般以竖直方式布置；索鞍设置于主塔顶部，通过它可以将主缆的拉力分解为垂直力和不平衡水平力，并传递给主塔，索鞍的运输和安装如图 10-13 所示；索夹位于每根吊索和主缆的连接节点上，是主缆和吊索的连接件，以套箍的方式紧固在主缆上，通过夹紧主缆后产生的摩擦力抵抗滑移，同时固定主缆的外形。

图 10-13 索鞍的运输和安装

一般地锚式悬索桥的施工步骤包括：主塔施工→索鞍安装→引导索、牵引索架设→猫道架设→基准索股架设→基准索股线形调整→其他索股架设、线形调整→主缆紧缆→索夹、吊索安装→加劲梁吊装→主缆缠丝→桥面系施工。

自锚式悬索桥施工步骤包括：加劲梁支撑架施工→加劲梁施工→索鞍吊装→引导索、牵引索架设→猫道架设→基准索股架设→基准索股线形调整→其他索股架设、线形调整→索夹、吊索安装→吊索张拉→体系转换→桥面系施工。

1. 引导索、牵引索架设

在悬索桥主塔施工完毕，索鞍吊装之后可进行引导索、牵引索的安装施工，引导索、牵引索一般采用钢丝绳，引导索主要用于牵引索的牵引，在河底平坦无障碍的情况下，为减少封航次数，缩短工期，可取消引导索，直接架设牵引索，牵引索架设可采取以下几种方法：①使用牵引船将导索引向对岸；②在导索上隔一定间距安装浮子，避免导索下沉，同时用牵引船导向对岸；③用浮吊牵引导索过海，不接触水面；④发射火箭将导索抛向对面，适用于峡谷或深沟场地；⑤直升机牵引，适用于空旷、平整场地。

2. 猫道架设

猫道是主缆下临时的简易缆索桥，是悬索桥重要的施工临时结构之一，可作为主缆牵引过程中的支撑平台、施工人员的通道，完成主缆的牵引就位、测量、调索、吊杆安装、主缆防腐等工作，与主缆轴线呈对称布置，猫道面一般位于主缆中心线以下 1.5m 左右，以便于工人在猫道上进行相关工作，如图 10-14（a）所示。

猫道横桥与主缆轴线呈对称布置，在两根主缆下各设置一幅猫道，每个猫道宽度一般为 3～5m，两个猫道间按一定横向距离设置横向通道，猫道按承重索在塔顶的跨越形式可分为分离式和连续式，分离式猫道以主塔为界两边断开，分别锚固于主塔上，而连续式在塔顶设置支撑鞍，主塔两边保持连接。

猫道的施工流程主要有：猫道承重索制作→中跨托架承重索制作→托架安装→猫道承重索架设及调整→拆除托架及托架承重索→安装变位刚架及下压装置→猫道面铺设及横向通道安装→制振系统安装→猫道系统门架安装→系统调试运行。

3. 主缆架设

主缆架设方法主要有空中纺线和预制丝股两种方法。空中纺线法是用纺轮在两端锚碇的锚靴间将钢丝反复绽放成环状的一束，然后再将数十束捆扎成一根主缆，纺轮每次可带一根钢丝，也可带几根，最多可带 4 根钢丝，送丝小车的最高速度为 4m/s，按照预定次数送丝后，再进行捆扎作业。采用预制丝股法的主缆分为若干股，每股由若干钢丝组成，常用每股钢丝根数有61、91、127、169，每股钢丝根数越多、跨度越大，对架设主缆时的吊装、拉拽等设备的要求越高。预制丝股法是在工厂将钢丝制成束，用拽拉器将钢束拉向对岸，每束钢丝均要进行张拉、移动就位、固定和调整作业，最后用紧缆机将钢丝束挤紧形成主缆。在我国和日本常用预制丝股法架设主缆，如图10-14（b）所示。需要注意的是，钢丝束的调整应按先中跨，后边跨的顺序进行，且需要在温度稳定的夜间以垂度法进行调整。

（a）猫道施工

（b）主缆架设

图10-14　猫道架设

主缆架设及线形调整完毕后需要进行紧缆工作，采用紧缆机挤紧主缆，使主缆成为孔隙率为18%～20%的圆形断面，并用软钢带将主缆捆紧。此后可在主缆上安装索夹，索夹是一种夹具，只需要在设计位置上紧螺栓即可。但随着加劲梁的架设、恒载的增加，主缆的直径会减小，索夹会发生松动，因此在加劲梁架设前后、主缆缠丝前要进行数次索夹的上紧工作，此后将吊索安装到索夹上。

4. 加劲梁安装

悬索桥加劲梁主要有钢桁梁、钢箱梁、混凝土箱梁，在设计中多将加劲梁划分成若干节段，在预制厂将节段加工完成后，将节段吊装到设计位置。加劲梁的制造长度一般与钢桁梁的节间长度或纵向的吊索间距以及钢箱梁的纵向吊索间距相同，但架设节段一般由2个制造节段组拼而成，这样每个架设节段可由4个吊点的吊索来承吊，比较安全、方便，如图10-15所示。

加劲梁的吊装顺序可以采用先从主孔跨中及两侧桥台分别向桥塔的两侧推进，也可采用从桥塔两侧分别向两侧桥台及主孔跨中推进，无论采用哪种顺序，均需要考虑主缆变形对加劲梁线形的影响（加劲梁有一定预拱度），应在施工前尽可能先做模型试验与必要的计算分析进行研究比较后，再结合桥自身特点加以解决。

将预制节段安装到设计位置的主要方法有大型浮吊浮运、缆载起重机吊装以及我国矮寨大桥中创造性提出并实施的轨索滑移法架设主梁。

缆载起重机是可以在主缆上纵向移动的滑车，架设在两根主缆上，如图10-15所示。轨索滑移法架设加劲梁在我国矮寨大桥中提出并实施，其原理是利用大桥的永久吊索，在其下端安装临时吊鞍，然后在吊鞍上安装水平轨索，再将轨索张紧作为加劲梁的水平运输轨道，整体梁段经水平运输再提升到位与吊索进行连接，实现跨中分别向两岸对称架设，相当于把高空拼装改为地面拼装，减少了高空作业，提高了拼装质量和架设进度。

图 10-15 加劲梁吊装

5. 主缆缠丝施工

主缆缠丝施工是在主缆上缠绕镀锌钢丝，目的是将主缆表面完全封闭起来，在主缆外表面构成一个具有足够压力的套箍，将两个索夹之间的主缆钢丝夹紧，使主缆孔隙率最小，同时通过缠丝内外防护层隔绝大气环境，保证主缆不受有害大气成分的腐蚀。缠丝施工可用两种钢丝，一种为圆形钢丝，另一种为 S 形钢丝。应根据缠丝后主缆缆径变化合理确定缠丝张力，国内外已经施工的悬索桥缠丝张力为 2～2.8kN，要求确保钢丝能紧紧缠绕，和主缆密贴，可在所缠钢丝上贴应变片观察张力值。缠丝可采用缠丝机进行，西堠门大桥采用 ZLC1000 型缠丝机，线速度可达 0.09～1.1m/s。

由于自锚式悬索桥主缆锚固在边跨加劲梁的端部，因此自锚式悬索桥的加劲梁安装顺序有所不同，应先安装加劲梁，对于现浇混凝土加劲梁，可在支架上进行现场浇筑，施工方法和现浇支架连续梁相同，对于分段预制的钢箱、钢桁、钢箱组合加劲梁，应先在工厂预制，然后将节段运输到桥位的拼装支架上，各节段拼装完成后形成加劲梁，此后进行主缆架设和吊索安装，对吊索进行张拉，使加劲梁达到设计的线形要求后可拆除加劲梁支架，实现结构的体系转换。

10.3.4 斜拉桥施工

斜拉桥由加劲梁、吊索和支持吊索的主塔 3 部分构成。它是一种桥面体系受压、支承体系受拉的桥梁。其桥面体系由加劲梁构成，支承体系由吊索组成。斜拉桥的主要特点是利用主塔引出的斜吊索作为梁跨的弹性中间支承，借以降低加劲梁的截面弯矩，减轻梁重，提高主梁的跨越能力。

斜拉桥是在众多的桥梁结构中，在造型、构造上最富于变化的体系。按照立面布置的不同，斜拉桥可分为独塔结构、双塔结构或多塔结构。斜拉桥主梁常用的断面，有箱型梁、双主肋梁及板梁等结构形式。斜拉索的布置灵活多变，塔柱的建筑造型更是丰富多彩，往往形成江河上面的美丽风景。与多变的结构体系相对应，斜拉桥的施工方法也是多种多样的。对于中小跨度的斜拉桥，根据桥址所处的地形条件和结构本身的特点，加劲梁采用支架法、顶推法或平转法等施工方法，而大跨度斜拉桥则主要采用悬臂浇筑和悬臂拼装的施工方法。悬臂浇筑法即前所述挂篮施工法，悬臂拼装法是用已制造好的桥梁节段，用悬拼吊机悬吊于上部结构上，将节段逐一拼装，同时施工斜拉索，施加一定张力，一个节段拼装牢固后，再拼装下一个节段，形成向桥跨中部逐渐增大的悬臂，直至跨中合龙，桥梁合龙后斜拉索索力往往需要重新张拉调整，张拉一般在主塔塔顶进行，控制拉索张力一般为索极限承载力的 40%左右。

与悬索桥不同的是，斜拉桥索力直接传递给主塔，不需要经过主缆分解，但随着桥梁跨度的增加，主塔的高度也随之增加。

思　考　题

10-1　土质路基如何施工？怎样检测压实质量？

10-2　填石路堤对石料有什么要求？

10-3　土质和石质路堑开挖有哪些方法？

10-4　基层的作用是什么？半刚性基层有哪些种类，优点是什么？

10-5　沥青路面和钢筋混凝土路面施工有哪些工序？

10-6　桥梁上部结构有哪些分类？

10-7　连续梁桥有哪几种施工方法？什么是挂篮浇筑法？

10-8　悬臂拼装施工桥梁如何预制？施工方法是什么？

10-9　简述钢管混凝土拱桥的分类。

10-10　钢管混凝土拱桥施工应注意什么？

10-11　悬索桥施工和斜拉桥施工有什么异同？

第 11 章　流水施工原理

11.1　流水施工的基本概念

11.1.1　流水施工的概念

流水作业是工业生产过程的一种组织方式，生产实践证明，流水作业是合理组织产品生产的有效手段，它建立在分工合作和大批量生产的基础上，其实质就是连续作业。流水作业原理同样适用于工程项目的施工过程，即流水施工。

流水施工将拟建工程项目的施工对象划分为若干施工段，将施工作业活动划分为若干施工过程，并按照施工过程组建相应的专业队，各专业队按照施工顺序依次完成各个施工段的施工过程，同时保证施工在时间和空间上连续、均衡、有节奏地进行，并使相邻的专业队能最大限度地搭接施工。流水施工能有效地控制工程施工进度，取得较好的经济效益，因此在建筑工程施工组织中被广泛采用。

流水施工是搭接施工的一种特定形式，它最主要的组织特点是每个施工过程的作业均能连续进行，前后施工过程的最后一个施工段都能紧密衔接，使得整个工程的资源供应呈现一定规律的均匀性。流水施工与建筑设计标准化、施工机械化等现代施工内容紧密联系，相互促进，是组织施工的一种科学方法，也是施工管理科学化的重要组成内容。

11.1.2　流水施工的组织条件

1. 划分施工段

根据组织流水施工的需要，将拟建工程项目在平面上和空间上尽可能地划分为工程量大致相等的若干施工段，各施工段前后工艺类似。流水施工的前提是批量生产，而工程项目具有单件性特征，因此，要组织流水施工，应将工作量巨大的工程项目划分成能“批量”生产的“假定产品”，这是组织流水施工的前提，没有“批量”就不可能也没有必要组织流水施工。

2. 划分施工过程

根据拟建工程项目的特点和施工要求，将其整个建造过程分解为若干个施工过程，每个施工过程分别由固定的专业队负责实施完成，即逐一开展局部对象的施工作业，从而使施工对象整体得以建造完成。只有经过这种合理的分解，才能组织专业化施工并实现各专业间的有效协作。

3. 组织独立的施工班组

在流水施工的过程中，每个施工过程尽可能组织独立的施工班组，这样可使每个施工班组按施工顺序，依次地、连续地、均衡地从一个施工段转移到另一个施工段，重复地完成同类任务，从而使流水施工成为可能。

4. 主要施工过程必须连续、均衡地施工

主要施工过程是指工程量较大、作业时间较长的施工过程。对于主要施工过程必须连续、均衡地施工；对其他次要施工过程，可考虑与相邻的施工过程合并或安排间断施工，以便缩短施工工期。

5. 不同施工过程尽可能组织平行搭接施工

不同的专业施工队之间的关系的关键是工作时间上有搭接和工作空间上有搭接，即平行搭接施工。在有工作面的条件下，除必要的技术和组织间歇时间外，应尽可能组织平行搭接施工。工作时间上搭接的目的是缩短建设工期，这是流水施工最显著的一个特点，但搭接的时间应当适当、合理，经过计算确定，并保持施工工艺上的可行性。

11.1.3 流水施工的表达方式

流水施工的表达方式主要有横道图和网络图两种，如图 11-1 所示。横道图根据绘制方法又分为水平指示图表和垂直指示图表。

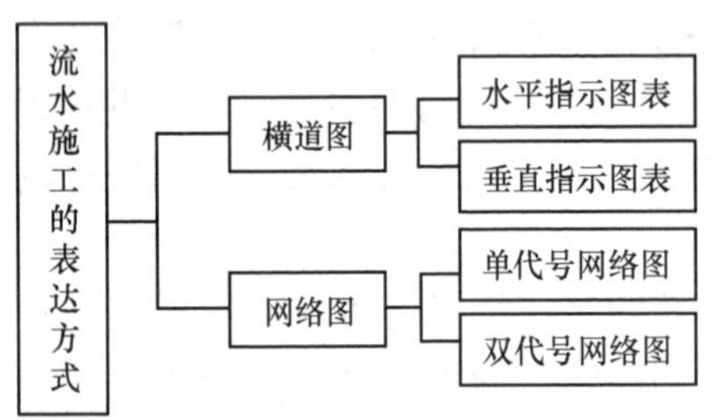

图 11-1　流水施工的表达方式

1. 水平指示图表

在流水施工水平指示的表达方式中，横坐标表示持续时间，纵坐标表示施工过程或专业工作队的名称或编号，带有圆圈的编号表示施工段的编号。它是利用时间坐标上横线条的长度和位置来反映工程中各施工过程的相互关系和施工进度。图的下方，还可以画出单位时间所需要的资源动态曲线，它是根据横道图各施工过程中的单位时间某资源的需要量叠加而成的，用以表示某资源需要量在时间上的动态变化。水平指示图表如图 11-2 所示。

施工过程	施工进度 /d				
	1	2	3	4	5
A	①	②	③		
B		①	②	③	
C			①	②	③

图 11-2　水平指示图表

2. 垂直指示图表

在流水施工垂直指示图表的表达方式中，横坐标表示流水施工的持续时间，纵坐标表示开展流水施工所划分的施工段的编号，斜向指示线段的代号表示施工过程或专业工作队分别投入各个施工段的时间和顺序。

垂直指示图表能直观地反映在一个施工段或工程对象中各施工过程的先后顺序和配合关系。斜线的斜率能形象地反映各施工过程的快慢程度。垂直指示图表如图 11-3 所示。

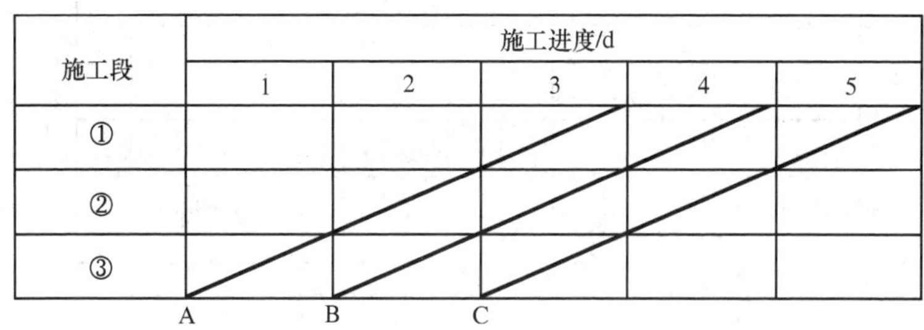

图 11-3　垂直指示图表

3. 网络图

有关流水施工网络图的表达方式，详见本书第 12 章。

11.1.4　流水施工的技术经济效果

组织施工时，除了流水施工这种方式外还可采用依次施工或平行施工。为了进一步说明流水施工的优越性，可将流水施工同其他施工方式进行比较。现以 3 幢同类型建筑工程为例，将 3 种施工方式的效果进行分析比较。

1. 依次施工

依次施工是各施工段或施工过程依次开工、依次完成的一种施工组织方式。将 3 幢房屋的建筑工程组织依次施工，其施工进度安排如图 11-4（a）所示。

依次施工的优点是单位时间内投入的劳动力和物资较少，施工现场管理简单，但专业工作队的工作有间歇性，工地物资的消耗也有间断性，工期拉得很长。它适用于工作面有限、规模小的工程。

2. 平行施工

平行施工是全部工程任务的各施工段同时开工，同时完成的一种施工组织方式。将 3 幢房屋的建筑工程组织平行施工，其施工进度安排如图 11-4（b）所示，从图中可以看出，完成 3 幢房屋的建筑工程所需时间等于完成一幢房屋建筑工程的时间。

平行施工的优点是能充分利用工作面因而工期短。但专业工作队数目成倍增加，现场临时设施增加，劳动力及物资资源消耗相对集中，因而会给施工经济效果带来负面影响。这种方法一般适用于工期要求紧和大规模的建筑群。

3. 流水施工

流水施工是若干幢房屋建筑陆续开工，陆续竣工，也就是进行搭接施工。将 3 幢房屋的建筑工程组织流水施工，其施工进度安排如图 11-4（c）所示。

从图 11-4 中可以看出，流水施工综合了依次施工和平行施工的优点，消除了它们的缺点，流水意即连续。用流水施工的方法组织施工，一是同一工作队在各施工段上依次连续地工作，即时间连续；二是同一施工对象上不同工作队依次连续地工作，即空间连续。流水施工的实质是充分利用时间和空间，从而缩短了工期，增强了劳动力和物资需要量供应的均衡性，提高了劳动生产率，降低了工程成本。

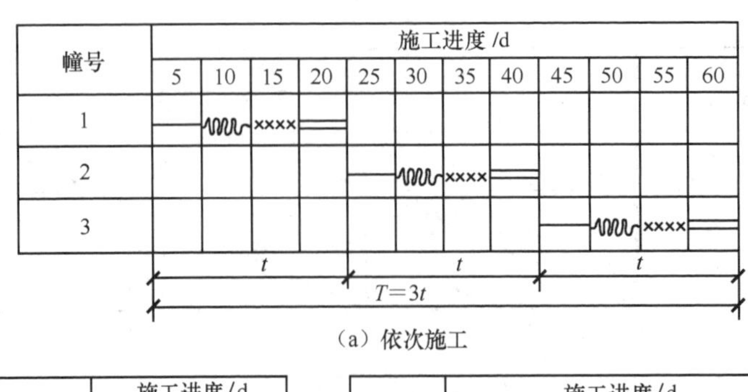

（a）依次施工

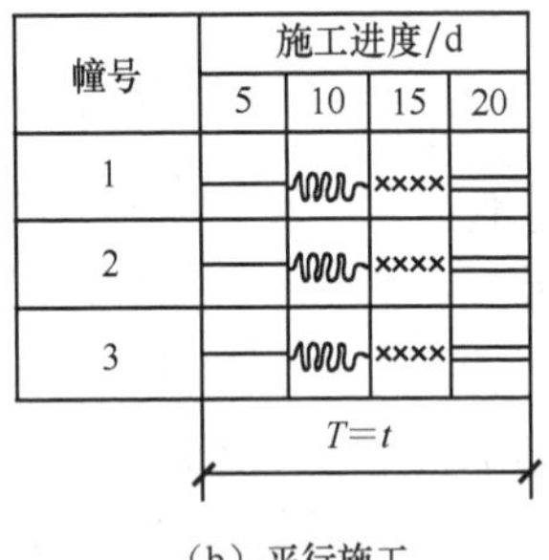

（b）平行施工

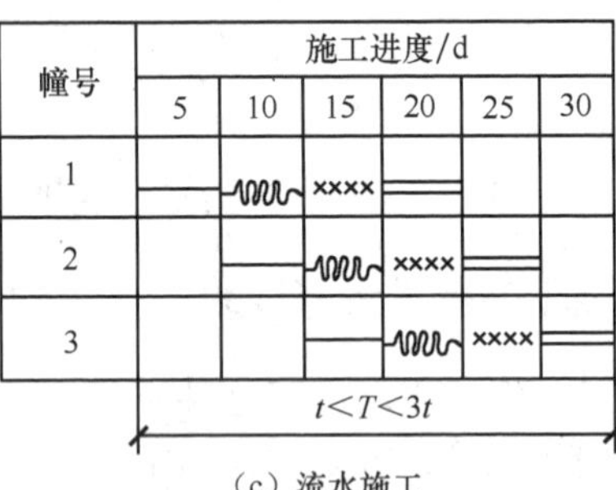

（c）流水施工

图 11-4　依次、平行和流水施工方法的比较

由此可见，流水施工是组织施工的一种行之有效的科学方法。它的最大优点是施工生产的连续性和均衡性。流水施工的技术经济效果主要表现在以下几个方面。

（1）节省时间，缩短施工工期

流水施工科学地利用了工作面进行施工，使专业队能够连续施工、相邻专业队之间能够最大限度地搭接施工从而减少了因等待前一施工过程的完成而造成的停工、窝工，合理地利用了施工的时间和空间，有效缩短了施工工期，可以尽早发挥投资效益。相对于依次施工而言，流水施工可以缩短 1/3～1/2 工期。

（2）实现均衡、有节奏地施工

相对于平行施工而言，流水施工单位时间内投入的劳动力、施工机具、材料等资源量较为均衡，有利于资源供应的组织。

（3）提高劳动生产率

各工作队实现了专业化施工，为工人提高技术熟练程度及改进操作方法和生产工具创造了有利的条件，大大地提高了劳动生产率（一般可提高30%～50%），相应地降低了成本，节省了资金，同时也有利于提高工程质量和实现安全生产。

总之，流水施工在不需要增加任何费用的前提下可取得良好的施工效果，是实现施工管理科学化的重要手段，同时也为施工现场的文明施工创造了有利条件。

11.2　流水施工的主要参数

流水施工参数是指组织流水施工时，为了表示各施工过程在时间和空间上的相互依存关系，引入一些描述施工进度计划的特征和各种数量关系的参数。

流水施工参数，按其性质的不同，一般可分为工艺参数、空间参数和时间参数 3 种，如图 11-5 所示。

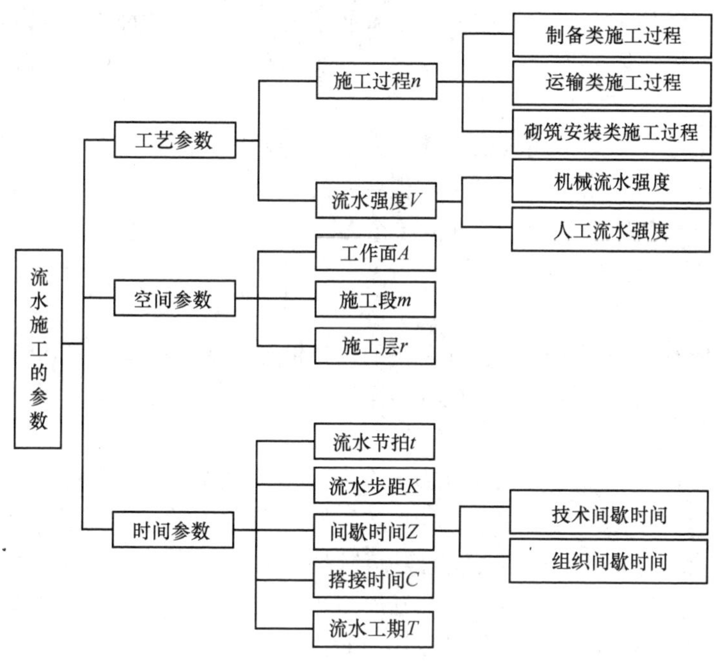

图 11-5　流水施工的参数

只有对流水施工的主要参数进行认真的、有针对性的、有预见性的研究与分析计算，才能较好地组织流水施工作业。

11.2.1　工艺参数

工艺参数是指组织流水施工时用以表达其在施工工艺上开展的顺序及其特征的参数，包括施工过程数和流水强度。

1. *施工过程数 n*

如前所述，组织流水施工时，首先将工程对象建造过程划分为若干个施工过程。施工过程是指参与流水施工的施工过程数目，以 n 表示。

施工过程划分的数目多少和粗细程度一般与下列因素有关。

（1）施工计划的性质和作用

对于长期计划及建筑群体规模大、工期长的工程施工控制性进度计划，组织流水施工的施工过程划分可以粗一些，施工过程可以是单位工程，也可以是分部工程。如基础工程、主体结构吊装工程等；对于中小型单位工程及工期不长的工程施工实施进度计划，其施工过程划分可以细一些、具体一些，一般可划分至分项工程，甚至还可将分项工程再按专业工种不同分解成施工工序，如刮腻子、油漆等。

（2）施工方案

不同的施工方案，其施工顺序和方法也不相同，如框架主体结构采用的模板不同，其施工过程划分数目就不相同。

（3）工程量的大小与劳动力的组织

施工过程的划分与施工班组及施工习惯有一定的关系。例如，安装玻璃、油漆的施工，可以将它们合并为一个施工过程即玻璃油漆施工过程，它的施工班组就作为一个混合班组，也可以将它们分为两个施工过程，即玻璃安装施工过程和油漆施工过程，这时它们的施工班组为单一工种的施工班组。

同时，施工过程的划分还与工程量的大小有关。对于工程量小的施工过程，当组织流水施工有困难时，可以与其他施工过程合并。例如，地面工程，如果垫层的工程量较小，可以与混凝土面层相结合，合并为一个施工过程，这样就可以使各个施工过程的工程量大致相等，便于组织流水施工。

（4）施工的内容和范围

施工过程的划分与其工作内容和范围有关。例如，直接在施工现场与工程对象上进行的施工过程，可以划入流水施工过程，而场外的施工内容（如零配件的加工）可以不划入流水施工过程。

流水施工的每一施工过程如果各由一个专业施工班组施工，则施工过程数 n 与专业施工班组数相等；否则，两者不相等。

施工过程可以分为 3 类，即为制造建筑制品或提高建筑制品的加工程度而进行的制备类施工过程、把材料和制品运到工地仓库或再转运到施工场地的运输类施工过程，以及在施工中占主要地位的安装砌筑类施工过程。

2. 流水强度 V

每一施工过程在单位时间内所能完成的工程量（如浇捣混凝土施工过程，每工作班能浇筑多少立方米混凝土）称为流水强度。根据施工过程的主导因素不同，可以将施工过程分为机械施工过程和手工操作施工过程两种。

（1）机械施工过程的流水强度的计算公式

$$V_{\mathrm{a}}=\sum_{i=1}^{x}R_iS_i \tag{11-1}$$

式中：V_{a}——某施工过程机械操作流水强度；

R_i——投入施工过程的某种施工机械台数；

S_i——该种施工机械台班生产率，即该种施工机械产量定额；

x——用于同一施工过程的主导施工机械的种类数。

（2）手工操作施工过程的流水强度的计算公式

$$V=RS \tag{11-2}$$

式中：V——某施工过程的人工操作流水强度；

R——每一工作队工人人数（R 应小于工作面上允许容纳的最多人数）；

S——每一工人的平均产量定额。

11.2.2 空间参数

在组织流水施工时，用以表达流水施工在空间布置上所处状态的参数，称为空间参数。空间参数一般包括工作面、施工段数和施工层数。

1. 工作面 A

某专业工种的工人在从事建筑产品生产加工的过程中，必须具备一定的活动空间，这个活动空间称为工作面。工作面根据专业工种的计划产量定额和安全施工技术规程确定。在施工作业时，无论是人工还是机械都需要一个最佳的工作面去达到最佳的效率。在确定一个施工过程必要的工作面时，不但要考虑前一施工过程为这一施工过程可能提供的工作面的大小，还必须要遵守施工规范和安全技术的有关规定，工作面确定的合理与否，直接影响到专业工种工人的劳动生产效率。

2. 施工段数 m

在组织流水施工时，通常把施工对象在平面上划分为若干个劳动量大致相等的施工区段，这些施工区段的数目称为施工段数，用 m 表示。

划分施工段的目的是为组织流水施工提供足够数量的空间，其作用在于保证不同的施工班组能在不同的施工段上同时进行施工，从而使各施工班组按照一定的时间间隔从一个施工段转移到另一个施工段进行连续施工。这样既能消除等待、停歇现象，又互不干扰，同时又缩短了工期。

施工段的划分有两种情况：一种是固定的；一种是不固定的。在施工段固定的情况下，所有施工过程都采用同样的施工段；同样，施工段的分界对所有施工过程都是固定不变的。在施工段不固定的情况下，对不同的施工过程要分别规定出一种施工段划分方法，施工段的分界对于不同的施工过程是不同的。在通常情况下，固定的施工段便于组织流水施工，应用较广，而不固定的施工段则较少采用。

划分施工段时应遵循以下原则。

1）施工段的数目要合理。施工段数目划分过少，会导致劳动力、机械、材料供应的过分集中，有时会造成供应不足的现象，从而降低施工速度，使工期延长；若划分过多，则会使工作面不能充分利用，可能造成窝工。

2）要有利于建筑结构的整体性。施工段的划分界限应尽可能与施工对象的结构界限（温度缝、沉降缝和建筑单元等）一致，或设在对建筑结构整体性影响较小的部位，以保证建筑结构不受施工缝的影响。

3）同一专业工作在各施工段上所消耗的劳动量相等或大致相等（相差宜在 15%之内），以保证各施工班组施工的连续性和均衡性。

4）划分的施工段必须为后续的施工提供足够的工作面。各施工过程均应有足够的工作面，以保证相应数量的工人、主导施工机械的生产效率，满足合理劳动组织及安全生产的要求。

5）尽量使主导施工过程的工作队能连续施工。由于各施工过程的工程量不同，所需最小工作面不同，以及施工工艺上的要求不同等原因，如要求所有工作队都连续工作，所有施工段上都连续有工作队在工作，有时往往是不可能的，应组织主导施工过程能连续施工。例如，在锅炉和附属设备及管道安装过程中，应以锅炉安装为主导施工过程来划分施工段，组织施工。

6）当组织流水施工对象有层间关系时，应使各工作队能够连续施工。即各施工过程的工作队做完第一段，能立即转入第二段；做完第一层的最后一段，能立即转入第二层的第一段。因此每层最少施工段数目 m 应大于或等于其施工过程数 n，即 $m \geqslant n$。

当 $m=n$ 时，工作队连续施工，施工段上始终有施工班组，工作面能充分利用，无停歇现象，也不会产生工人窝工现象，比较理想。

当 $m>n$ 时，工作队仍能连续施工，虽然有停歇的工作面，但不一定是不利的，有时还是必要的，利用停歇的时间弥补技术间歇、组织间歇，如做养护、备料、弹线等工作。

当 $m<n$ 时，施工段无停歇现象，但工作队不能连续施工，会出现窝工，这对一个建筑物的装饰施工组织流水施工是不适宜的。

3. 施工层数 r

为了满足专业工作队对操作高度和施工工艺的要求，组织多层建筑物竖向流水施工时，在拟建工程项目垂直方向划分的操作层称为施工层，用 r 表示。

如在墙体的砌筑工作中，较高的墙体需要分层砌筑，其施工层的划分应以可砌筑高度为依据，即一个可砌筑高度为一个施工层。

11.2.3 时间参数

1. 流水节拍 t

在组织流水施工时，每个专业工作队在各个施工段上完成相应的施工任务所需的工作持续时间，称为流水节拍，用 t 表示。它是流水施工的基本参数之一。

流水节拍与投入该施工过程的劳动力、机械设备和材料供应的集中程度有关。流水节拍决定着施工速度和施工的节奏性，有两种确定方法，一种是根据现场投入的资源来确定，另一种是根据工期要求来确定。

当按可能投入的资源确定流水节拍时，用下式计算，但必须满足最小工作面要求，即

$$t=\frac{Q}{RSN}=\frac{P}{RN} \tag{11-3}$$

式中：t——某施工过程在某施工段上的流水节拍；

Q——某施工过程在某施工段上的工程量；

R——专业班组的人数或机械台班数；

S——某专业工种或机械产量定额；

N——某专业班组或机械的工作班次；

P——某施工过程在某施工段上的劳动量或机械台班量。

当按工期要求确定流水节拍时，首先根据工期要求确定出流水节拍，再按式（11-3）计算所需要的专业人数（或机械台班）。然后检查劳动力、机械是否满足需要。

当施工段数确定之后，流水节拍的长短对总工期有一定的影响，流水节拍长则相应的工期也长。因此，流水节拍越短越好，但实际上由于工作面的限制，流水节拍也有一定的限制，流水节拍的确定应充分考虑劳动力、材料和施工机械供应的可能性，以及劳动组织和工作面使用的合理性。

确定流水节拍应考虑以下因素。

1）施工班组人数既要符合该施工过程最小劳动组合人数，又要符合最小工作面的要求。所谓最小劳动组合，是指某一施工过程进行正常施工所必需的最低限度的班组人数

及其合理组合。如模板安装就要按技工和普工的最少人数及合理比例组成施工班组，人数过少或比例不当都将引起劳动生产率的下降。

最小工作面是指施工班组为保证安全生产和有效地操作所必需的工作面。它决定了最高限度可安排多少工人。不能为了缩短工期而无限地增加人数，否则将造成工作面的不足而产生窝工。

2）工作班制要恰当。工作班制的确定要视工期的要求而定。当工期不紧迫，工艺上又无连续施工要求时，可采用一班制；当组织流水施工时为了给第二天连续施工创造条件，某些施工过程可考虑在夜班进行，即采用二班制；当工期较紧或工艺上要求连续施工，或为了提高施工中机械的使用率时，某些项目可考虑三班制施工。

3）确定一个分部工程各施工过程的流水节拍时，首先应考虑主要的、工程量大的施工过程的节拍值，其次确定其他施工过程的节拍值。主导施工过程的流水节拍应是各施工过程流水节拍的最大值，应尽可能地有节奏，以便组织节奏流水。

4）流水节拍的确定，应考虑到机械设备的实际负荷能力和可能提供的机械设备的数量；要考虑各种材料、构配件等施工现场堆放量、供应能力及其他有关条件的制约；也要考虑机械设备操作安全和质量要求。

5）节拍取值必须考虑到专业队组织方面的限制和要求，尽可能不过多地改变原来的劳动组织状况，以便于对专业队进行领导。

6）流水节拍一般取整数，必要时可保留 0.5d（台班）的小数值。

2. 流水步距 K

流水步距是指流水施工过程中，两个相邻的施工过程的施工队组，在保持其工艺先后顺序、满足连续施工要求和时间上最大搭接的条件下，相继投入流水施工的时间差，即时间间隔，用 K 表示，记作 $K_{i,\ i+1}$。

流水步距的大小，反映着流水作业的紧凑程度，对工期起着很大的影响。在流水段不变的条件下，流水步距越大，工期越长；流水步距越小，则工期越短。

流水步距的数目取决于参加流水施工的施工过程数或专业工作队数。如果施工过程为 n 个，则流水步距的总数为 $n-1$ 个。

确定流水步距的原则如下。

1）各施工过程按各自的流水速度施工，始终保持各施工过程的工艺先后顺序。

2）各施工过程的专业队投入施工后尽可能保持连续作业。应妥善处理好间歇时间，保持主要施工过程的连续、均衡。

3）在保证技术可行，又不影响均衡施工的前提下，做到前后两个施工过程施工时间的最大搭接。

3. 技术间歇时间与组织间歇时间 Z

在流水施工过程中，由于施工工艺的要求，某施工过程在某施工段上必须停歇的时间间隔称为技术间歇时间。例如，混凝土浇筑后，必须经过必要的养护时间，才能进行下一道工序；门窗底漆涂刷后，必须经过必要的干燥时间，才能涂刷面漆等，这些都是施工工艺要求的等待时间，都属技术间歇时间。

组织间歇时间指流水施工中某些施工过程完成后必要的检查验收或施工过程准备

时间，如一些隐蔽工程的检查、焊缝检验等。

技术与组织间歇时间用 Z 表示。

4. 工期 T

如上所述，流水施工的主要参数说明了流水施工过程的工艺关系，反映了它们在时间和空间的开展情况。它们的相互关系可集中反映在施工工期的计算式中。某一个工程项目的流水施工工期等于各流水步距之和加上最后投入施工的施工班组的流水节拍之和，即

$$T=\sum K_{i,i+1}+\sum Z+T_n \tag{11-4}$$

式中：$\sum K_{i,i+1}$ ——所有流水步距之和，d；

T_n——最后一个施工过程在各施工段上的流水节拍之和，d；

$\sum Z$ ——所有技术与组织间歇时间之和，d。

式（11-4）适用于任何节奏专业流水（等节奏流水、异节奏流水及非节奏流水）施工的工期计算。式中既包含了主要流水施工参数，也充分反映了这些参数之间的联系和制约关系，熟练地掌握这些关系是组织流水施工的基础。

根据以上流水施工参数的概念，可以把流水施工的组织要点归纳如下。

1）将拟建工程（如一个单位工程，或分部分项工程）的全部施工活动，划分组合为若干施工过程，每一施工过程交给按专业分工组成的施工班组或混合施工班组来完成。施工班组的人数要考虑每个工人所需要的最小工作面和流水施工组织的需要。

2）将拟建工程每层的平面上划分为若干施工段，每个施工段在同一时间内，只供一个施工班组开展作业。

3）确定各施工班组在每个施工段的作业时间，并使其连续均衡。

4）按照各施工过程的先后排列顺序，确定相邻施工过程之间的流水步距，并使其在连续作业的条件下，最大限度地搭接起来，形成分部工程的流水组，即专业流水组。

5）搭接各分部工程的流水组，组成单位工程流水施工。

6）绘制流水施工进度计划。

11.3 流水施工的组织方式

建设工程的流水施工要求有一定的节奏，才能步调和谐，配合得当。如 11.2.3 节所述，流水施工的节奏是由流水节拍所决定的。由于建设工程的多样性，各分部分项的工程量差异较大，要使所有的流水施工都组织成统一的流水节拍是很困难的。在大多数情况下，各施工过程的流水节拍不一定相等，甚至一个施工过程本身在各施工段上的流水节拍也不相等，因此形成了不同节奏特征的流水施工。

根据各施工过程流水节拍、流水步距等流水参数的特征的不同，流水施工分为等节奏流水、异节奏流水和非节奏流水方式。应根据拟建工程项目各施工过程时间参数的不同特点，采用相应的流水施工的组织方式，以取得更好的效果。

11.3.1　等节奏流水施工的组织方式

等节奏流水是指各个施工过程的流水节拍均为常数的一种流水施工方式，故也称为全等节拍流水或固定节拍流水，即同一施工过程在各施工段上的流水节拍都相等，相邻两个施工过程的流水步距相等，且 $t=K$。等节奏流水是最理想的流水施工组织方式。

等节奏流水施工组织方式能保证专业班组的工作连续、有节奏，施工段没有空闲，专业工作队数等于施工过程数（n），可以实现均衡施工，能最理想地达到组织流水施工作业的目的。

1. 等节奏流水施工的建立步骤

（1）确定流水节拍

同一施工过程流水节拍相等，不同施工过程流水节拍也相等，即 $t_1=t_2=t_3=\cdots=t_{n-1}=t_n=t=$ 常数，要做到这一点必须使各施工段上的工程量基本相等。

（2）确定流水步距

各施工过程之间的流水步距相等，且等于流水节拍，即 $K=t$。

（3）当无技术间歇时间 Z 和搭接时间 C 的情况下，确定流水工期

由式（11-4）计算：$T=\sum K_{i,i+1}+T_n$

因为

$$\sum K_{i,i+1}=(n-1)k，T_n=mt$$

所以

$$T=(n-1)k+mt=(n-1)t+mt=(m+n-1)t \tag{11-5}$$

式中：T——某工程流水施工工期；

$K_{i,i+1}$——第 i 个施工过程和第 $i+1$ 个施工过程的流水步距；

$\sum K_{i,i+1}$——所有流水步距之和；

T_n——最后一个施工过程在各施工段上的流水节拍之和；

m——施工段数；

n——施工过程数；

t——流水节拍。

（4）当有技术间歇时间 Z 和搭接时间 C 的情况下，等节奏流水施工的工期计算

等节奏流水施工的工期计算公式为

$$T=(m+n-1)t-\sum C+\sum Z \tag{11-6}$$

式中：$\sum C$——所有搭接时间之和；

$\sum Z$——所有间歇时间之和。

（5）有层间关系时，等节奏流水施工的工期计算

等节奏流水施工的工期计算式为

$$T=(mr+n-1)t-\sum C+\sum Z \tag{11-7}$$

式中：r——施工层。

其他符号含义同前。

【例 11-1】 某分部工程有 A、B、C、D 4 个施工过程，每个施工过程分为 5 个施工段，流水节拍均为 3d，试组织全等节拍流水施工。

解：（1）计算工期

因为

$$m=5,\ n=4,\ t=3\text{d}$$

所以

$$T=(m+n-1)t=(5+4-1)\times 3=24\ (\text{d})$$

（2）用横道图绘制流水进度计划

某分部工程无间歇流水施工进度计划如图 11-6 所示。

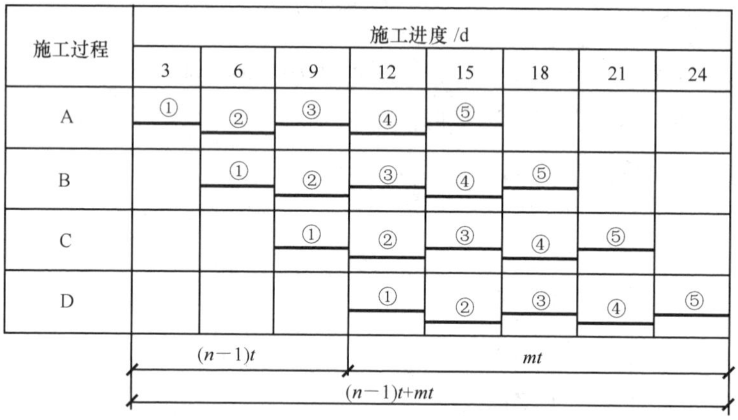

施工过程	施工进度 /d							
	3	6	9	12	15	18	21	24
A	①	②	③	④	⑤			
B		①	②	③	④	⑤		
C			①	②	③	④	⑤	
D				①	②	③	④	⑤
	$(n-1)t$			mt				
	$(n-1)t+mt$							

图 11-6　某分部工程无间歇流水施工进度计划

由横道图所得计算工期与（1）中的 24d 相等。

【例 11-2】 某分部工程划分为 A、B、C、D、E 5 个施工过程，4 个施工段，流水节拍均为 4d，其中 A 和 D 施工过程各有 2d 的技术间歇，C 和 B，D 和 C 施工过程各有 2d 的搭接，试组织全等节拍流水施工。

解：（1）计算工期

因为

$$m=4,\ n=5,\ t=4\text{d},\ \sum C=4\text{d},\ \sum Z=4\text{d}$$

所以

$$T=(m+n-1)t+\sum Z-\sum C=(4+5-1)\times 4+4-4=32\ (\text{d})$$

（2）用横道图绘制流水进度计划

某分部工程有间歇流水施工进度计划如图 11-7 所示。

等节奏流水施工的组织方法是：首先确定项目施工起点流向，分解施工过程，确定施工顺序，划分施工段，将劳动量小的施工过程合并到相邻施工过程中去，以使各流水节拍相等；然后根据等节拍专业流水要求，计算流水节拍数值，并确定流水步距，$K=t$。

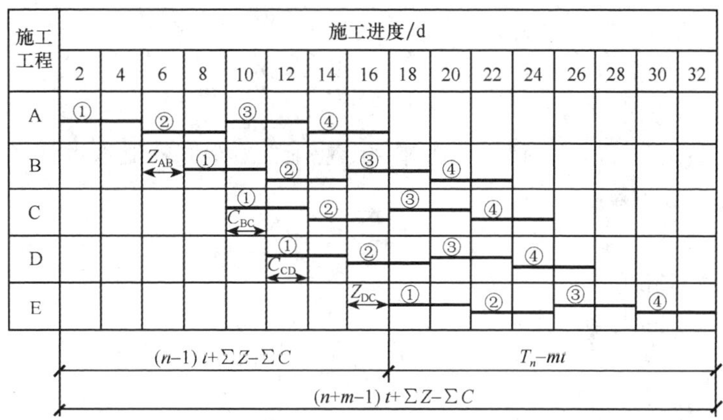

图 11-7　某分部工程有间歇流水施工进度计划

2. 等节奏流水施工方式的适用范围

等节奏流水施工的主要特征就是所有流水节拍都相等，因此组织流水施工比较简单，一般适用于工程规模较小、建筑结构比较简单、施工过程不多的房屋或某些构筑物。常用于分部工程的流水施工，不适用于单位工程，特别是大型的建筑群。

11.3.2　异节奏流水施工的组织方式

异节奏流水施工是指同一施工过程在各个施工段上的流水节拍相等，不同施工过程之间的流水节拍不一定相等的流水施工方式。根据各个施工过程的流水节拍是否为其中最小流水节拍的整数倍又分为成倍节拍流水施工和一般异节奏流水施工。

1. 成倍节拍流水施工

在组织流水施工时，如果同一施工过程在其各施工段上的流水节拍彼此相等，不同施工过程在同一施工段上的流水节拍彼此不等但其值互为倍数的流水施工方式称为成倍节拍流水。为了加快流水施工速度，可按倍数关系确定相应的专业施工队数目，即构成了成倍节拍流水施工。

成倍节拍流水施工的特点是所有专业施工队都能连续施工，施工段没有空闲，实现了最大限度地合理搭接，大大缩短了工期。

成倍节拍流水施工的建立步骤如下。

（1）确定专业施工队数目 N

每个施工过程所需专业施工队数目 b_i 确定为

$$b_i=\frac{t_i}{t_{\min}} \tag{11-8}$$

式中：t_i——某施工过程的流水节拍；

$t_{\min}$——所有施工过程的流水节拍的最小值，即所有施工过程的流水节拍的最大公约数。

成倍节拍流水施工的专业施工队总数 N 为

$$N=\sum_{i=1}^{n} b_i \tag{11-9}$$

式中：b_i——某施工过程所需的专业施工队数目；

N——施工班组总数。

（2）确定流水步距 K_b

对于成倍节拍流水施工，任何两个相邻专业施工班组间的流水步距，均等于最小流水节拍，即

$$K_b = t_{min} \tag{11-10}$$

（3）确定流水施工工期

成倍节拍流水的工期可按下式计算：

$$T = (m+N-1)K_b - \sum C + \sum Z \tag{11-11}$$

【例 11-3】 某分部工程有 A、B、C、D 4 个施工过程，施工段数为 6 个，流水节拍分别为 $t_A = 2d$，$t_B = 6d$，$t_C = 4d$，$t_D = 2d$，试组织成倍节拍流水施工。

解：（1）计算工期

因为 $t_{min} = 2d$

所以 $K_b = t_{min} = 2d$

$$b_A = \frac{t_A}{t_{min}} = \frac{2}{2} = 1(\text{个}) \qquad b_B = \frac{t_B}{t_{min}} = \frac{6}{2} = 3(\text{个})$$

$$b_C = \frac{t_C}{t_{min}} = \frac{4}{2} = 2(\text{个}) \qquad b_D = \frac{t_D}{t_{min}} = \frac{2}{2} = 1(\text{个})$$

专业施工队总数 $N = \sum_{i=1}^{4} b_i = 1+3+2+1 = 7(\text{个})$

$$T = (m+N-1)K_b - \sum C + \sum Z = (6+7-1)\times 2 - 0 + 0 = 24\ (d)$$

（2）绘制流水施工进度计划

成倍节拍流水施工进度计划如图 11-8 所示。

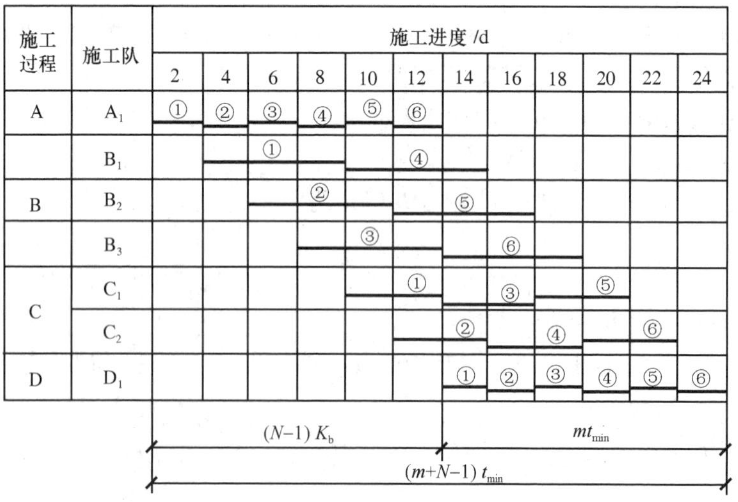

图 11-8 成倍节拍流水施工进度计划

2. 一般异节奏流水施工

在异节奏流水施工中，如果各施工过程之间的流水节拍没有成倍的规律，称为一般异节奏流水施工，其计算方法可参照非节奏流水施工的计算方法。

3. 异节奏流水施工方式的适用范围

成倍节拍流水通常在一个分部或分项工程中比较容易做到，即比较适用于组织专业流水或细部流水。成倍节拍流水施工方式也比较适用于线型工程（如道路、管道等）的施工。一般异节奏流水施工方式适用于分部和单位工程流水施工，它允许不同施工过程采用不同的流水节拍，因此，在进度安排上比等节奏流水灵活，实际应用范围较广泛。

11.3.3 非节奏流水施工的组织方式

在组织流水施工时，由于工程结构形式、施工条件等原因，各施工过程在各施工段上的工程量有较大差异，或因专业工作队的生产效率相差较大，导致各施工过程的流水节拍随施工段的不同而不同，且不同施工过程之间的流水节拍又有很大差异。这时，流水节拍虽无任何规律，但仍可利用流水施工原理组织流水施工，使各专业工作队在满足连续施工的条件下实现最大搭接，即非节奏流水施工。非节奏流水施工也称分别流水法施工，是指同一施工过程流水节拍不完全相等，不同施工过程流水节拍也不完全相等的流水施工方式。

非节奏流水施工方式是建设工程流水施工的普遍方式。其特点是：每个施工过程在各个施工段上的流水节拍不尽相等；在多数情况下流水步距彼此不相等；各专业工作队都能连续施工，个别施工段可能有空闲，各施工段上并不经常都有施工班组工作，因为非节奏流水施工中，各工序之间不像组织节拍流水那样有一定的时间约束，所以在进度安排上比较灵活。

非节奏流水作业的实质是：各专业施工班组连续流水作业，流水步距经计算确定，使工作班组之间在一个施工段内互不干扰（不超前，可能滞后），或前后工作班组之间工作紧密衔接。因此，组织非节奏流水作业的关键在于计算流水步距。

1. 非节奏流水施工的建立步骤

（1）确定流水步距 $K_{i,i+1}$

在非节奏流水施工中，通常采用累加数列错位相减取大差法计算流水步距。由于这种方法是由潘特考夫斯基首先提出的，故又称为潘特考夫斯基法。这种方法简捷、准确，便于掌握。

累加数列错位相减取大差法的基本步骤如下。

第一步，将每个施工过程在各施工段上的流水节拍依次累加，求得各施工过程流水节拍的累加数列。

第二步，将相邻施工过程流水节拍累加数列中的后者错后一位，相减后求得一个差数列。

第三步，找出上一步差数列中的最大值，即为该相邻两个施工过程之间的流水步距。

（2）确定流水施工工期

非节奏流水施工工期 T 的计算公式

$$T=\sum K_{i,i+1}+T_n-\sum C+\sum Z \tag{11-12}$$

式中：$\sum K_{i,i+1}$——流水步距之和，d；

T_n——最后一个施工过程在各施工段上的流水节拍之和，d。

【例 11-4】 某工程由 A、B、C 3 个施工过程组成，施工顺序为 A→B→C。$\sum C=0$，各施工段的流水节拍如表 11-1 所示。试组织非节奏流水施工。

表 11-1　各施工段流水节拍

施工过程	不同施工段的流水节拍/d					
	①	②	③	④	⑤	⑥
A	3	3	2	2	2	2
B	4	2	3	2	2	3
C	2	2	3	3	3	2

解：（1）确定流水步距

按“累加数列错位相减取大差”的方法，A 施工过程的累加数列为 3、6、8、10、12、14；B 施工过程的累加数列为 4、6、9、11、13、16。将 A、B 两组数列错位相减得第三组数列

$$\begin{array}{lccccccc} & 3 & 6 & 8 & 10 & 12 & 14 & \\ (-) & & 4 & 6 & 9 & 11 & 13 & 16 \\ \hline & \boxed{3} & 2 & 2 & 1 & 1 & 1 & -16 \end{array}$$

第三组数列中的最大值即为 A、B 两个施工过程间的流水步距，即 $K_{A-B}=3$，同理求得 $K_{B-C}=5$。

（2）确定流水施工工期

$$T=\sum K_{i,i+1}+T_n=(3+5)+(2+2+3+3+3+2)=23\ (\mathrm{d})$$

（3）绘制流水施工进度计划

非节奏流水施工进度计划如图 11-9 所示。

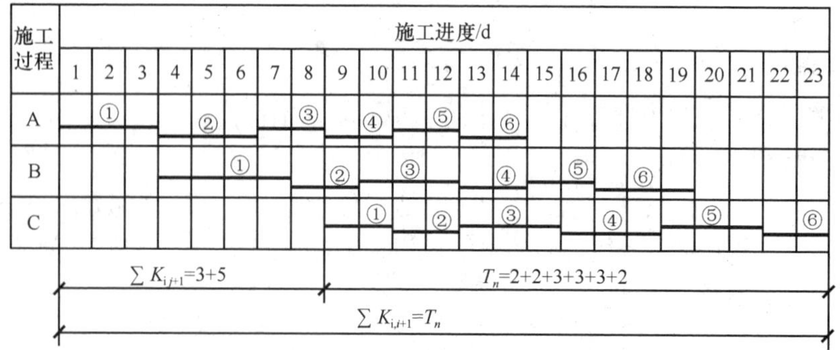

图 11-9　非节奏流水施工进度计划

【例 11-5】 某工程由 A、B、C、D 4 个施工过程组成。施工顺序依次为 A→B→C→D，各施工过程本身在各段的流水节拍依次为 $t_A=1d$，$t_B=2d$，$t_C=2d$，$t_D=1d$。在劳动力相对固定的条件下，试组织流水施工。

解：本例从流水节拍特征分析，可组织成倍节拍流水。只是无劳动力可增加，因此无法做到等步距。为了使施工队组连续作业，按非节奏流水作业组织流水步距。

这里取施工段数等于施工过程数：$m=n=4$。

A 数列：	1	2	3	4	
B 数列：（−）		2	4	6	8
第三数列：	1	0	−1	−2	−8

取最大差值为 1，即 $k_{A,B}=1$。

同理可求得 $k_{B,C}=2$，$k_{C,D}=5$。

$$T=\sum K_{i,i+1}+T_n=(1+2+5)+(1+1+1+1)=12(d)$$

成倍节拍组织非节奏专业流水施工进度计划如图 11-10 所示。

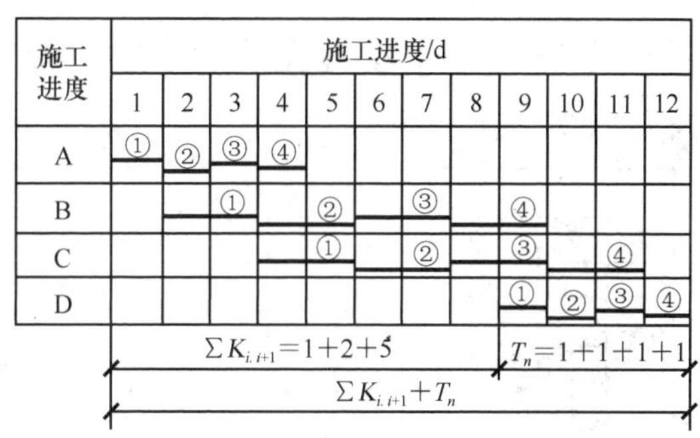

图 11-10　成倍节拍组织非节奏专业流水施工进度计划

由图 11-10 可知，虽然在同一施工段上不同施工过程的时间不尽相同，但有互为整倍数关系。如果不组织多个同工种施工队完成同一施工过程任务，必然是用非节奏专业流水的组织形式，流水步距不等。如果以缩短作业时间长的施工过程达到等步距要求，就要检查工作面是否满足要求；如果延长作业时间短的施工过程，工期则延长。因此，确定流水施工的组织形式时，既要分析流水节拍的特征，又要考虑工期要求和项目本身的具体施工条件。任何流水施工组织形式只是一种组织手段，最终目的是实现安全生产，确保工程质量，最大限度缩短工期，降低成本，提高经济效益。

2. 非节奏流水施工方式的适用范围

非节奏流水施工在进度安排上比较灵活、自由，不像有节奏流水施工那样有定的时间规律约束，因此，非节奏流水施工适用于各种不同结构性质和规模的工程，适用于分部工程、单位工程及大型建筑群的流水施工，是流水施工中应用最多的一种方式。

思　考　题

11-1　什么是流水施工？其特点是什么？

11-2　流水施工的技术经济效果有哪些？

11-3　组织流水施工的条件有哪些？

11-4　施工段的划分要考虑哪些因素？

11-5　流水施工的主要参数有哪些？如何确定这些参数？

11-6　流水施工按节奏特征不同可分为哪几种方式？试述它们的组织方法和步骤。

习　　题

11-1　某工程有 A、B、C、D 4 个施工过程，每个施工过程划分 4 个施工段。设 $t_A=2d$，$t_B=4d$，$t_C=2d$，$t_D=1d$。试分别计算依次施工、平行施工及流水施工的工期，并绘出施工进度计划。

提示：若组织成倍流水，则如图 11-11 所示，B 段成倍流水不合理，因此组织无节奏流水。

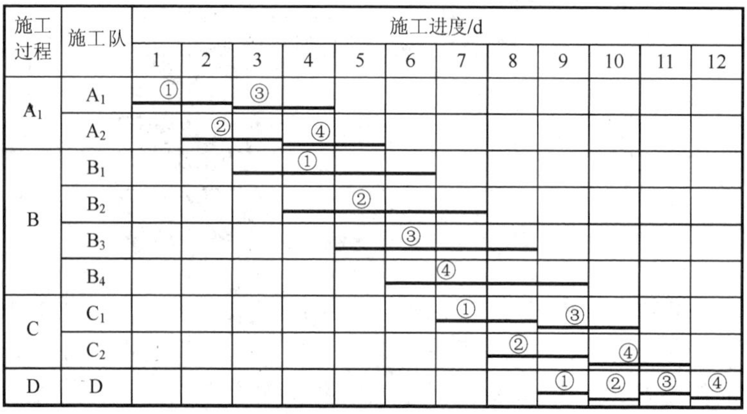

施工过程	施工队	施工进度/d											
		1	2	3	4	5	6	7	8	9	10	11	12
A_1	A_1	①		③									
	A_2		②		④								
B	B_1				①								
	B_2					②							
	B_3						③						
	B_4							④					
C	C_1							①		③			
	C_2								②		④		
D	D									①	②	③	④

图 11-11　组织成倍流水施工进度计划

11-2　已知某工程分为 5 个施工过程，分 5 段组织施工，流水节拍均为 2d，在第二个施工过程结束后有 1d 的技术间歇。试组织流水施工。

11-3　某分部工程，已知施工过程数 $n=4$，施工段数 $m=4$，各施工过程在各施工段上的流水节拍如表 11-2 所示，并且在施工过程 C 和 D 之间有技术间歇 2d。试组织流水施工。

表 11-2　各施工过程的流水节拍　　单位：d

施工过程	流水节拍			
	施工段①	施工段②	施工段③	施工段④
A	3	3	3	3

续表

施工过程	流水节拍			
	施工段①	施工段②	施工段③	施工段④
B	2	2	2	2
C	4	4	4	4
D	2	2	2	2

11-4　试根据表 11-3 的数据，组织流水施工。

表 11-3　各施工过程的流水节拍　　单位：d

施工过程	流水节拍					
	施工段①	施工段②	施工段③	施工段④	施工段⑤	施工段⑥
A	2	1	3	4	5	5
B	2	2	4	3	4	4
C	3	2	4	3	4	4
D	4	3	3	2	5	4

第 12 章　网络计划技术

12.1　基 本 概 念

12.1.1　网络计划的产生与发展

自 20 世纪 50 年代中期以来，为适应生产发展和科技进步的需要，国外陆续采用一些用网络图形表达的计划管理新方法，由于这些方法都是建立在网络图的基础上，所以国际上把这种方法统称为网络计划技术。

网络计划技术可以明确表示各项工作的先后顺序和相互关系，具有严密的逻辑性，主要矛盾突出，有利于计划的调整、优化、控制和计算机的应用。因此，网络计划技术在工业、国防、邮电、运输、建筑工程等计划研究中都得到了广泛的应用。

在建筑施工中，应用网络计划主要编制建筑安装企业的生产计划和施工进度计划，并对其进行优化调整和控制，以达到缩短工期、提高工效、降低成本、增加经济效益的目的。其基本原理是：第一，确定施工工序组成，掌握各施工工序的先后顺序及搭接关系；第二，确定每道工序所需时间，绘制成网络图，以此来表达施工进度计划中各施工过程先后顺序的逻辑关系；第三，分析各施工过程在网络图中的地位，通过计算找出关键线路；第四，按选定的目标不断改善进度计划，选择优化方案并付诸实施；第五，在执行过程中进行有效控制、监督和调整。

我国自 1965 年开始应用网络计划技术，经过多年的实践和应用，至今网络计划技术已得到不断的推广和发展。为了使网络计划技术在工程计划编制与控制的实际应用中遵循统一的技术规定，做到概念正确、计算原则一致和表达方式统一，以保证计划管理的科学性、规范性，建设部于 1992 年颁发了行业标准《工程网络计划技术规程》（JGJ/T 1001—1991），并于 2015 年颁发了重新修订的行业标准《工程网络计划技术规程》（JGJ/T 121—2015）。现在网络计划多用电脑软件进行编制。

12.1.2　网络计划技术的性质和特点

网络计划技术是使计划安排合理化的科学手段。网络计划应在确定技术方案与组织方案、按需要粗细划分工作、确定工作之间的逻辑关系及各工作的持续时间的基础上进行编制。计划的先进性、现实性和有效性最终取决于计划安排方案是否合理。网络计划技术只能对计划安排起条理化的作用，并不能从根本上决定计划的质量和效果，也就是说，在计划的技术、组织方案先进合理的前提下，应用网络计划技术可促进计划目标的实现，不用则可能造成计划编制和执行过程的混乱而达不到计划目标。反之，若计划的技术、组织方案失当，即使应用网络计划技术，也会由于缺乏良好的前提，对计划目标的实现也无能为力，所以如果网络计划初步方案不能满足预定的计划目标，应从原技术、组织方案的修正着手，在新的基础上方能对计划做出有效的调整。

进度计划既可用横道图表示，也可用网络图表示，横道图与网络图在性质上是一致的。横道图是在第一次世界大战期间美国人亨利·甘特创造的，国外称作甘特图。这种计划图表是竖向列出项目的名称，在横向用水平线条在时间坐标上表示各项工作的起止时间和延续时间，从而表达出一项工作的全面计划安排，这种图形叫横道图，利用这种图形表示计划安排的方法叫横道计划法。其优点是：直观清晰、形象、易懂、使用方便。其缺点是：不能全面反映整个施工活动中各工序之间的联系和相互依赖与制约的关系，不能明确地反映出计划中哪些是关键工序和可以灵活使用的时间，从而使管理人员抓不住工作重点，发现不了计划中的潜力，不能有效缩短工期。网络计划是用网络图表达任务构成、工作顺序并加注工作时间参数的进度计划。网络计划技术的最大特点正好克服了横道计划法的缺点。它从工程的整体出发，统筹安排，明确反映了施工过程中所有工序之间的逻辑关系，把计划变成一个有机的整体；同时突出了应抓住的关键工序，显示了其他各工序可以灵活机动安排的时间，从而使管理人员胸有全局，知道如何去安排使用人力、材料和机械，知道缩短工期的关键所在。网络计划技术的缺点是：流水作业情况不能在计划上全部反映出来，不能直接在网络图上计算劳动力、材料和施工机具等资源需要量。

12.1.3　网络计划的分类

网络图是由箭线和节点组成的，用来表示工作流程的有向、有序网状图形。网络计划是用网络图表达任务构成、工作顺序并加注工作时间参数的进度计划。

1. 按绘制网络图的代号不同分类

1）双代号网络计划，是以双代号网络图表示的计划。双代号网络图是以箭线及其两端节点的编号表示工作的网络图。

2）单代号网络计划，是以单代号网络图表示的计划。单代号网络图是以节点及其编号表示工作，以箭线表示工作之间逻辑关系的网络图。

2. 按肯定与非肯定不同分类

1）肯定型网络计划，是指各工作数量、各工作之间的逻辑关系及各工作的持续时间都肯定的网络计划。

2）非肯定型网络计划，是指各工作数量、各工作之间的逻辑关系及各工作的持续时间 3 者之中有一项及以上不肯定的网络计划。

3. 按目标的多少不同分类

1）单目标网络计划，是指只有一个终点节点的网络计划。

2）多目标网络计划，是指有两个及以上终点节点的网络计划。

4. 按网络计划所包含的范围分类

1）局部网络计划，是指以一个建筑物或构筑物中的一部分，或以一个分部工程为对象编制的网络计划。

2）单位工程网络计划，是指以一个单位或单体工程为对象编制的网络计划。

3）综合网络计划，是指以一个单项工程或一个建设项目为对象编制的网络计划。

5. 其他网络计划

1）时标网络计划，是指以时间坐标为尺度编制的网络计划。它的最主要特点是计划时间直观，直接显示时差。

2）搭接网络计划，是指前后工作之间有多种逻辑关系的肯定型网络计划。其主要特点是可以表示各种搭接关系。

12.2 双代号网络图

12.2.1 双代号网络图的构成

双代号网络图由工作、节点和线路 3 个基本要素构成。

1. 工作

工作也称工序、活动或过程，是指计划任务按需要粗细程度划分而成的、消耗时间或同时也消耗资源的一个子项目或子任务。它用一条箭线和两端节点来表示，箭线表示工作，工作的名称标在箭线的上方，完成该工作所需的时间标在箭线的下方，箭尾表示工作的开始，箭头表示工作的结束，节点中的两个号码代表这项工作。由于是两个节点号码表示一项工作，故称为双代号表示法（图 12-1）。由双代号表示法绘制的网络图称为双代号网络图（图12-2）。

图 12-1　双代号表示法　　　图 12-2　双代号网络图

工作通常分为 3 种：既消耗时间又消耗资源的工作（如铺地砖），只消耗时间而不消耗资源的工作（如油漆干燥），既不消耗时间也不消耗资源的工作。在工程实际中，前两种工作是实际存在的，称为实工作，用实箭杆表示；后一种是人为虚设的，只表示相邻工作之间的逻辑关系，称为虚工作，一般不标注名称，持续时间为零，或用虚箭杆表示（图 12-3）。

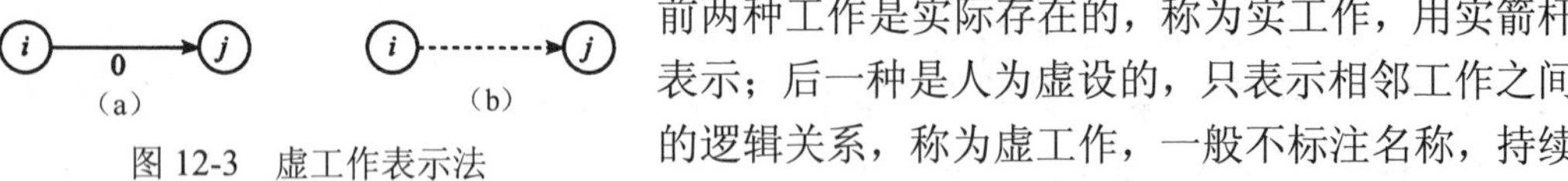

图 12-3　虚工作表示法

双代号网络图中的某一工作和其他工作的相互关系可分为 3 类：紧前工作、紧后工作和平行工作。紧排在本工作之前的工作称为本工作的紧前工作，紧排在本工作之后的工作称为本工作的紧后工作。

2. 节点

节点是网络图中箭线端部的圆圈或其他形状的封闭图形。在双代号网络图中，它表示工作之间的逻辑关系，反映前后工作交接过程的出现，表示前面工作的结束和后面工作的开始瞬间。

网络图中的节点有起点节点、中间节点和终点节点。网络图中的第一个节点为起点节点，表示一项工作的开始；最后一个节点是终点节点，表示一项工作的结束；其余节点都为中间节点，既是前面工作的结束节点，又是后面工作的开始节点（图 12-4）。在网络图中，指向某个节点的箭线称为内向箭线，从某个节点引出的箭线称为外向箭线。

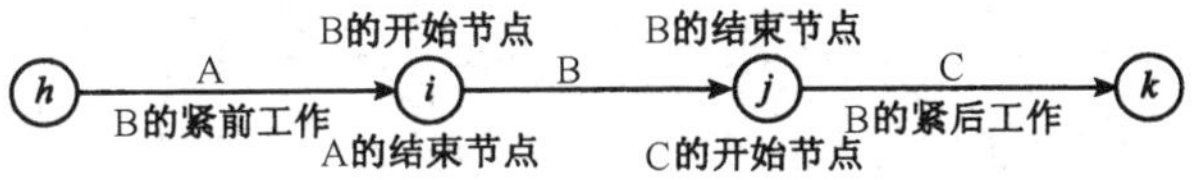

图 12-4　节点示意图

双代号网络图中节点的重要特点在于它的瞬时性。它只表示工作开始或结束的瞬间，节点本身既不占用时间也不消耗资源。一个节点的表现时刻，就是以该节点为结束节点的所有工作结束的时刻，也意味着以该节点为开始节点的所有工作开始的时刻。节点的这一特性使节点具有控制工作进度的作用。

3. 线路

网络图中从起点节点开始，沿箭头方向顺序通过一系列箭线与节点，最后到达终点节点的通路称为线路。线路上各工作持续时间之和称为该线路的长度，网络图中最长的线路称为关键线路，位于线路上的工作称为关键工作。关键工作没有机动时间，这些工作完成的快慢直接影响整个工程项目的计划工期。关键工作常用粗箭线或双线表示，以突出其重要性。

关键线路不是一成不变的，在一定的条件下，关键线路和非关键线路可以互相转化。关键线路在网络图中不止一条，可能会有几条关键线路，即这几条关键线路的工作持续时间相等。

12.2.2　双代号网络图的绘制

正确绘制双代号网络图是网络计划技术应用的关键，绘制时必须正确表示各种逻辑关系，遵守绘图的基本原则且要选择适当的网络图排列方式。

1. 网络图的逻辑关系

网络图的逻辑关系是指网络图中工作之间相互制约或依赖的关系。逻辑关系包括工艺逻辑关系和组织逻辑关系。工艺逻辑关系是由施工工艺决定的，各个施工过程之间客观存在先后顺序关系。例如，建筑工程施工时，先做基础，后做主体；先做结构，后做装修。对于一个具体的工程项目来说，当确定了施工方法以后，各个施工过程的先后顺序一般是固定的，有的是绝对不能颠倒的。组织逻辑关系是施工组织安排中，考虑劳动力、机具、材料及工期等的影响，在各施工过程之间主观上安排的施工顺序关系。例如，建筑群中各个建筑物的开工顺序、施工对象的分段流水作业等。这种逻辑关系不受施工工艺的限制，不是由工程性质本身决定的，而是在保证工作质量、安全和工期等前提下，可以人为安排的顺序关系。

在网络图中，各施工过程之间有多种逻辑关系，在绘制网络图时必须正确反映各施工过程之间的逻辑关系。表 12-1 列举了几种常见的逻辑关系表示方法。

表 12-1　网络图中各工作逻辑关系表示方法

序号	工作间的逻辑关系	双代号表示	单代号表示
1	A、B 两项工作依次进行		
2	A、B、C 3 项工作同时开始施工	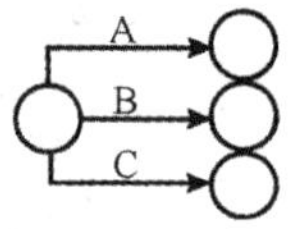	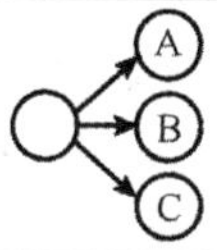
3	A、B、C 3 项工作同时结束施工	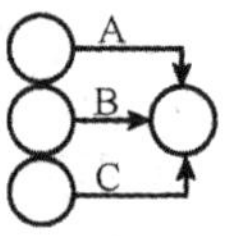	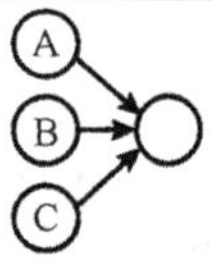
4	A、B、C 3 项工作，只有 A 完成后，B、C 才能开始	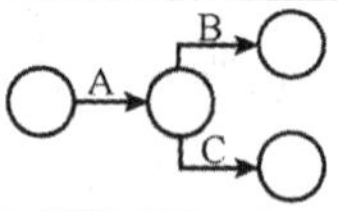	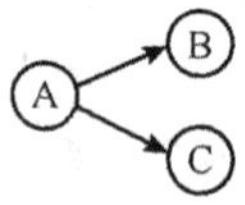
5	A、B、C 3 项工作，C 工作只能在 A、B 完成之后开始	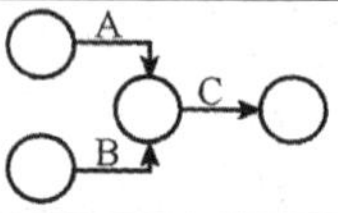	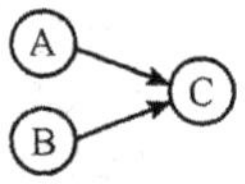
6	A、B、C、D 4 项工作，当 A、B 完成之后，C、D 才能开始	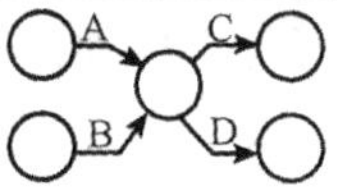	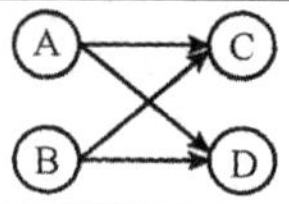
7	A、B、C、D 4 项工作，A 完成之后，C 才能开始；A、B 完成之后，D 才能开始	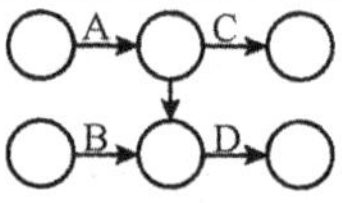	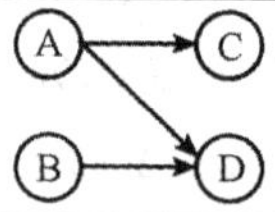
8	A、B、C、D、E 5 项工作，A、B 完成之后，D 才能开始；B、C 完成之后，E 才能开始	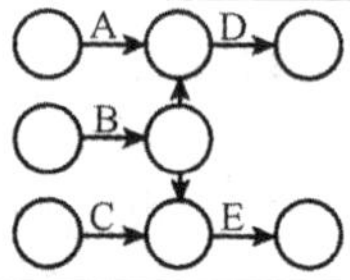	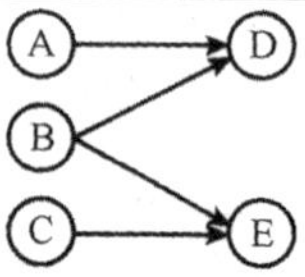
9	A、B、C、D、E 5 项工作，A、B、C 完成之后，D 才能开始；B、C 完成之后，E 才能开始	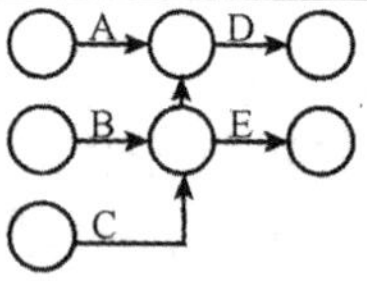	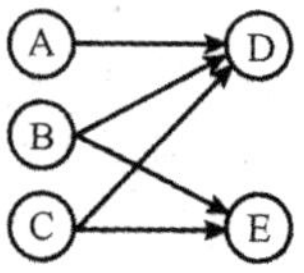
10	A、B 2 项工作，按 3 个施工段进行流水施工	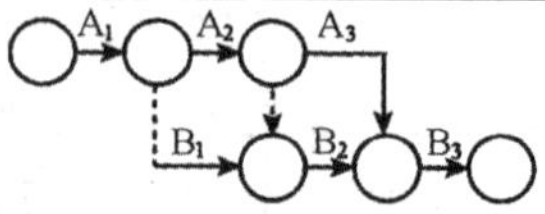	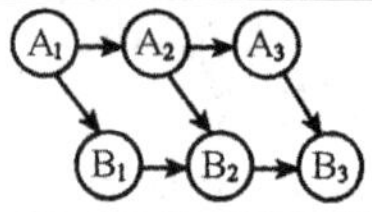

2. 双代号网络图的绘制原则

网络图除了正确反映工作之间的各种逻辑关系外还须遵循以下原则。

1）一项工作只能用唯一的一条箭杆表示，任何箭杆必须从一个节点开始到另一个节点结束；一项工作全部完成后，紧接它后面的工作才能开始，不得从一条箭杆的中间引出另一条箭杆。如图 12-5（a）所示，工作 A 与 B 的表达是错误的，正确的表达应如图 12-5（b）中所示。

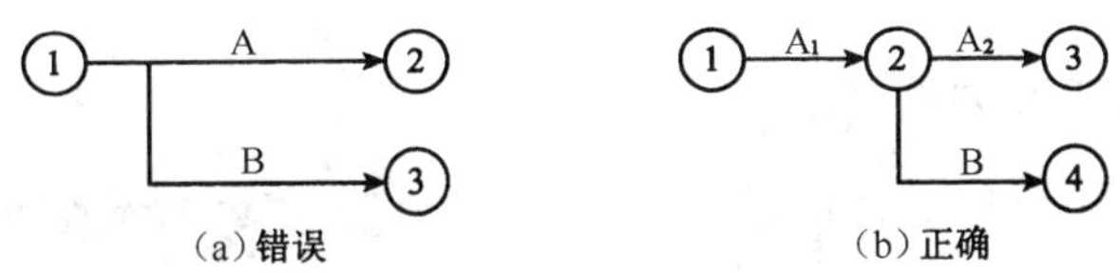

图 12-5　箭杆表示方法

2）一个网络图中，只允许有一个起点节点和一个终点节点。如图 12-6（a）所示，出现了①、③两个起点节点，出现⑥、⑦两个终点节点都是错误的。

3）网络图中不允许出现循环回路。如图 12-6（b）所示，工作②→④→⑤→③→②形成循环回路，它所表达的逻辑关系是错误的。

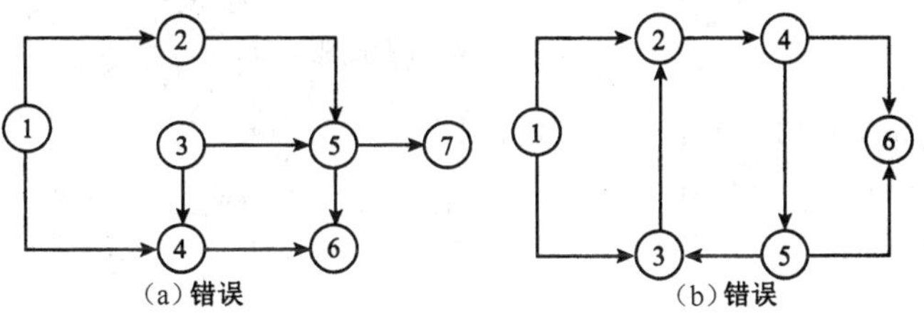

图 12-6　错误的网络图表示 1

4）网络图中不允许出现有双向箭头或无箭头的工作。如图 12-7（a）中的箭线是错误的，因为施工网络图是一种有向图，沿箭头的方向循序渐进，所以一根箭线只能有一个箭头。另外，网络图中应尽量避免使用反向箭线，如图 12-7（b）所示的②→③，因为反向箭线容易发生错误，造成循环回路。

图 12-7　错误的网络图表示 2

5）一个网络图中，不允许出现同样编号的节点或箭线。在图 12-8（a）中，两个工作 A、B 均用①→②代号表示是错误的，正确的表达如图 12-8（b）所示。此外，箭尾的编号要小于箭头的编号，编号不可重复，可连续编号或跳号。

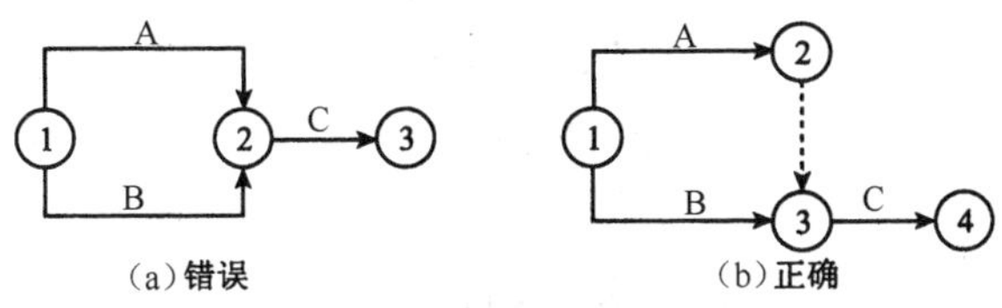

图 12-8　两个节点有多个工作的表示方法

6）同一个网络图中，同一项工作不能出现两次。图 12-9（a）中工作 C 出现了两次是不允许的，故应引进虚工作，表达成如图 12-9（b）所示的形式。

7）网络图中，不允许出现没有箭尾节点的箭线和没有箭头节点的箭线。如图 12-10

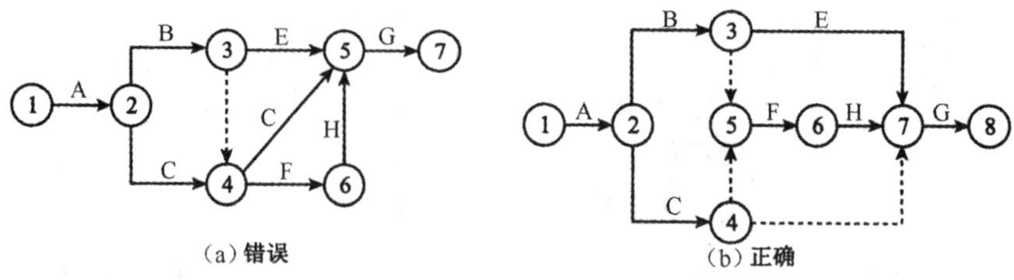

图 12-9 虚工作的应用方法

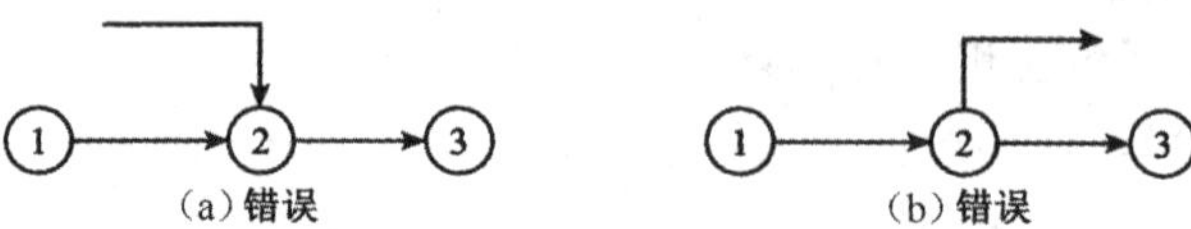

图 12-10 错误的网络图表示

中（a）和（b）所示的网络图均是错误的。

8）网络图中应尽量避免交叉箭线，当无法避免时，应采用过桥法、断线法或指向法表示，如图 12-11 所示。

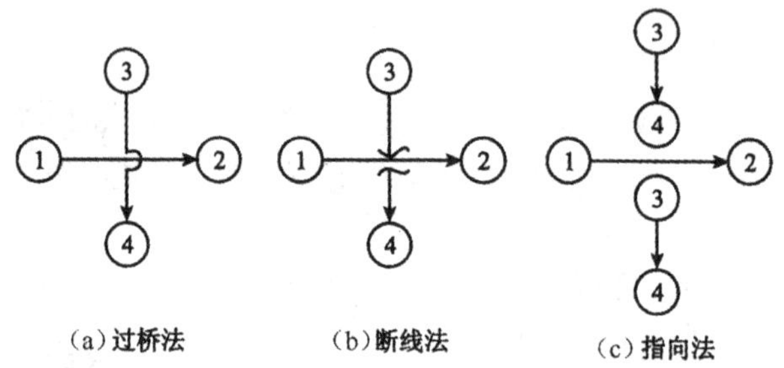

图 12-11 箭线交叉的表示方法

9）当网络图的起点节点有多条外向箭线或终点节点有多条内向箭线时，为使图形简洁，可应用母线法绘制（图 12-12）。

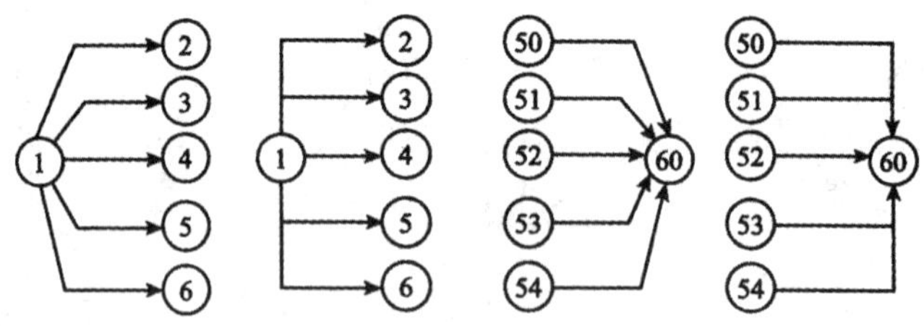

图 12-12 母线法绘制

3. 网络图的排列方式

在网络图的实际应用中，我们要求网络图按一定的次序组织排列，使其条理清晰、形象直观。网络图的排列方式主要有以下几种。

（1）按施工过程排列

按施工过程排列是根据施工顺序把各施工过程按垂直方向排列，把施工段按水平方向排列。例如，某水磨石地面工程分为水泥砂浆找平层、镶玻璃分格条、铺抹水泥石子浆面层、磨平磨光浆面等 4 个施工过程，若按 3 个施工段组织流水施工，其网络图的排列形式如图 12-13 所示。

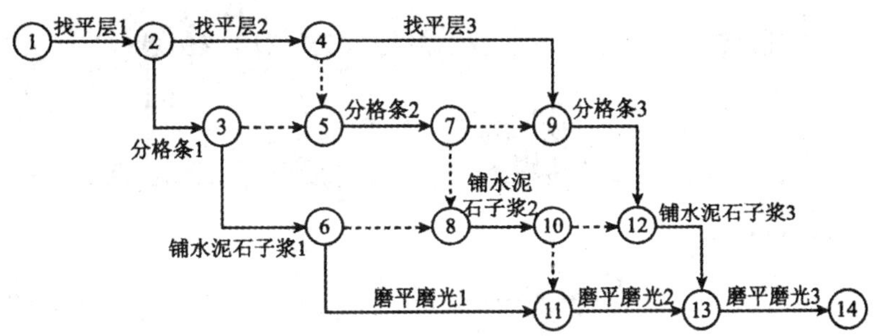

图 12-13　按施工过程排列的网络图

（2）按施工段排列

按施工段排列正好与按施工过程排列相反，它是把同一施工段上的各施工过程按水平方向排列，而施工段则按垂直方向排列（图 12-14）。

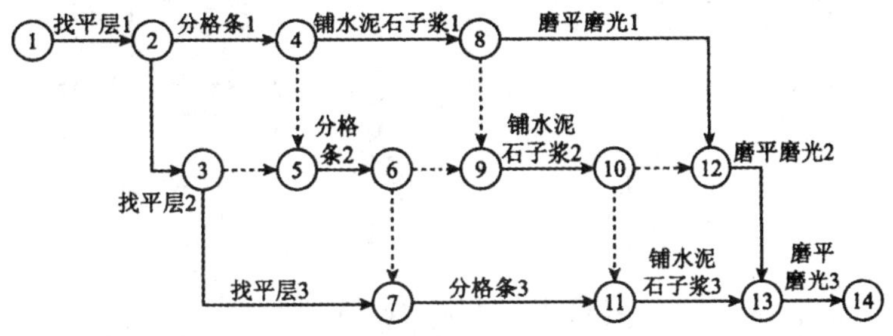

图 12-14　按施工段排列的网络图

（3）按楼层排列

如图 12-15 所示是一个 5 层内装饰工程的施工组织网络图，整个施工分 4 个施工过程，这四个施工过程是按自上而下的顺序组织施工的。

（4）按工程幢号排列

如图 12-16 所示的施工网络计划的排列方式，它的主要特点是沿水平方向是同一幢号的各个施工过程，一般用于群体工程的施工网络图的绘制。

总之，网络计划的排列方式有多种，以上所列 4 种是常采用的形式。在实际工作中，可以根据工程特点和施工组织安排采取多种多样的有条理、有层次的排列方式。

4. 绘制网络图应注意的问题

（1）层次分明，重点突出

绘制网络图时，首先遵循网络图的绘制原则，绘出一张符合工艺和组织逻辑关系的网络草图，然后检查、整理出一幅条理清楚、层次分明、重点突出的网络计划图。

（2）构图形式要简洁、易懂

绘制网络图时，箭线应以水平线为主，竖线为辅，如图 12-17（a）所示，应尽量避免用曲线。图 12-17（b）中②→⑥应避免使用。

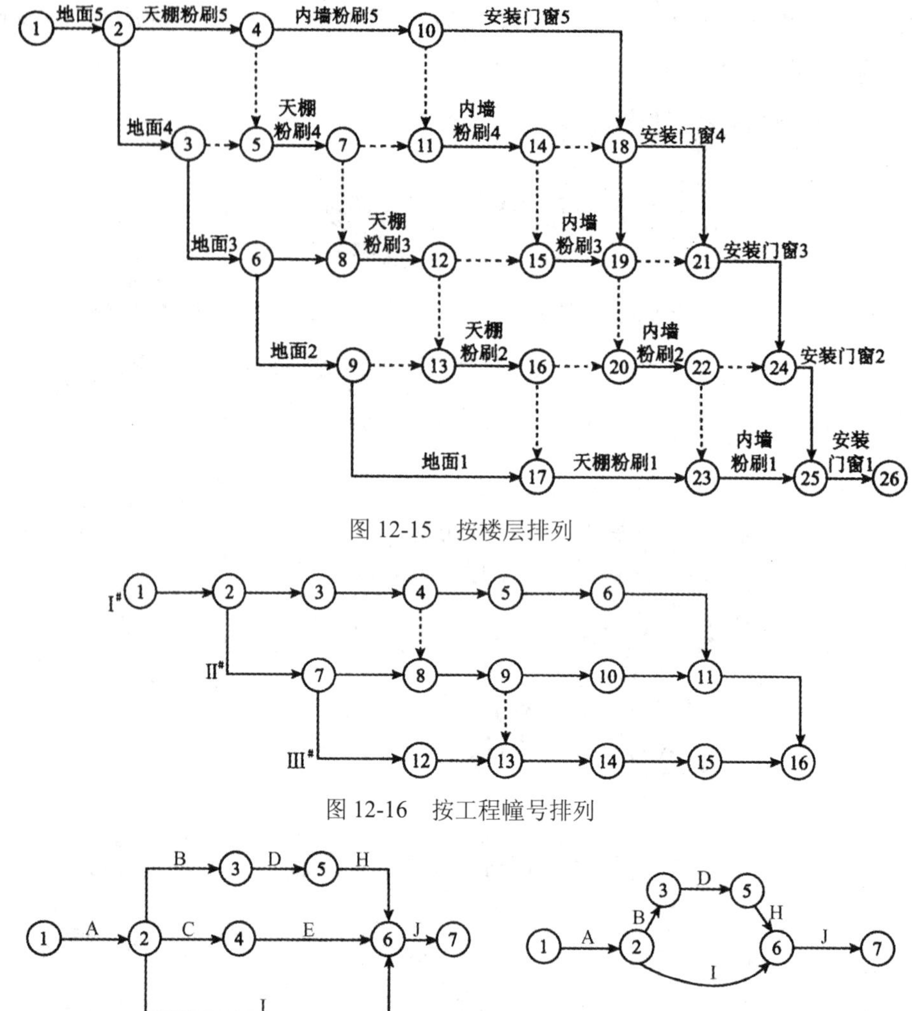

图 12-15　按楼层排列

图 12-16　按工程幢号排列

图 12-17　构图形式

（3）正确应用虚箭线

绘制网络图时，正确应用虚箭线可以使网络中逻辑关系更加明确、清楚，它起到“断”和“连”的作用。

用虚箭线切断逻辑关系如图 12-18（a）所示，A、B 工作的紧后工作是 C、D 工作，如果要切断 A 工作与 D 工作的关系，就需增加虚箭线，增加节点，如图 12-18（b）所示。

用虚箭线连接逻辑关系如图 12-19（a）所示，B 工作的紧前工作是 A 工作，D 工作的紧前工作是 C 工作。若 D 工作的紧前工作不仅有 C 工作，而且还有 A 工作，那么连接 A 与 D 的关系就要使用虚箭线，如图 12-19（b）所示。

网络图中应避免使用不必要的虚箭线，图 12-19（a）中⑤→⑥、④→⑥是多余虚箭线，正确的画法应如图 12-19（b）所示。

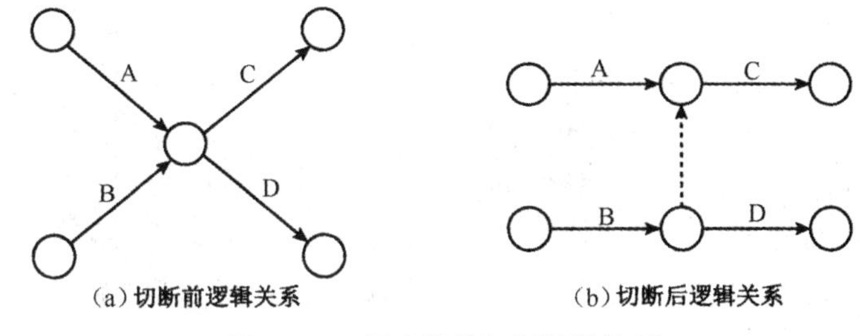

图 12-18　用虚箭线切断逻辑关系

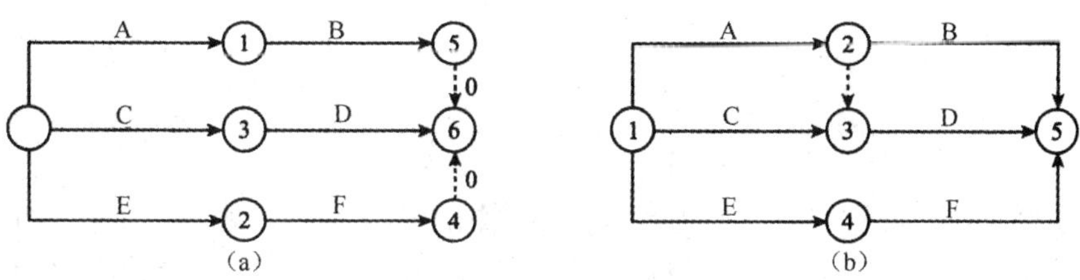

图 12-19　用虚箭线连接逻辑关系

【例 12-1】 根据表 12-2 中某分部工程各工作的逻辑关系绘制双代号网络图，如图 12-20 所示。

表 12-2　某分部工程各工作的逻辑关系

工作名称	A	B	C	D	E	F	G	H
紧前工作	—	A	B	B	B	C、D	C、E	F、G
紧后工作	B	C、D、E	F、G	F	G	H	H	—

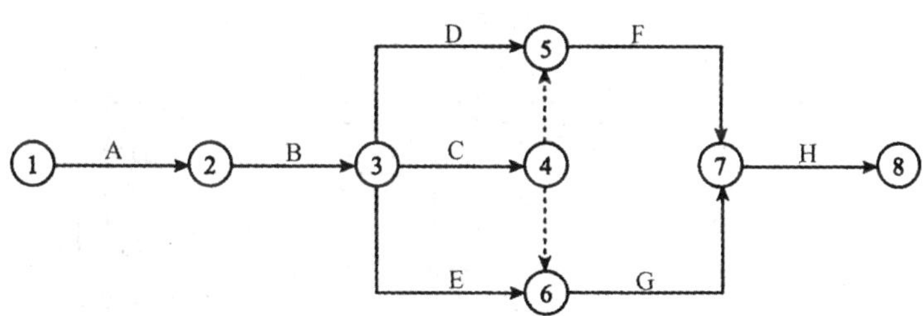

图 12-20　某分部工程双代号网络图

12.2.3　双代号网络图时间参数的计算

网络计划的时间参数是确定工程项目计划工期和关键工作的基础，也是确定非关键工作机动时间和进行网络计划优化、科学合理对工程进行计划管理的依据。

双代号网络图时间参数计算的内容主要包括：各项工作的最早开始时间、最迟开始时间、最早完成时间、最迟完成时间，节点的最早时间，节点的最迟时间，工作的总时差及工作的自由时差。网络图时间参数的计算有许多方法，一般常用的有分析计算法、图上计算法、表上计算法、矩阵计算法和电算法等。

1. 常用符号

D_{i-j}——工作 $i—j$ 的持续时间；

EF_{i-j}——工作 $i—j$ 的最早完成时间；

ES_{i-j}——工作 $i—j$ 的最早开始时间；

LF_{i-j}——在总工期已确定的情况下，工作 $i—j$ 的最迟完成时间；

LS_{i-j}——在总工期已确定的情况下，工作 $i—j$ 的最迟开始时间；

ET_i——节点 i 的最早时间；

LT_i——节点 i 的最迟时间；

TF_{i-j}——工作 $i—j$ 的总时差；

FF_{i-j}——工作 $i—j$ 的自由时差。

2. 按工作计算法计算时间参数

在计算各种时间参数时，为了与数字坐标轴的规定一致，规定无论是工作的开始时间，还是完成时间，都一律以时间单位的终了时刻为准。例如，坐标上某工作的开始时间为第 6 天，指的是第 6 个工作日的下班时间，也是第 7 个工作日的上班时间。计算中均规定网络计划的起始工作从第 0 天开始，实际上指的是在第一个工作日的上班时间开始。

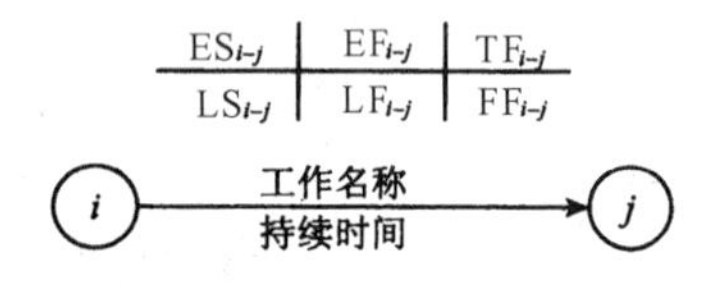

图 12-21 按工作计算法的标注内容

注：当为虚工作时，图中的箭线为虚箭线。

按工作计算法计算时间参数应在确定各项工作的持续时间之后进行。虚工作必须视同实工作进行计算，其持续时间为零。按工作计算法计算时间参数，其计算结果应标注在箭线之上（图 12-21）。现以图 12-22 所示的网络图为例进行时间参数的计算。

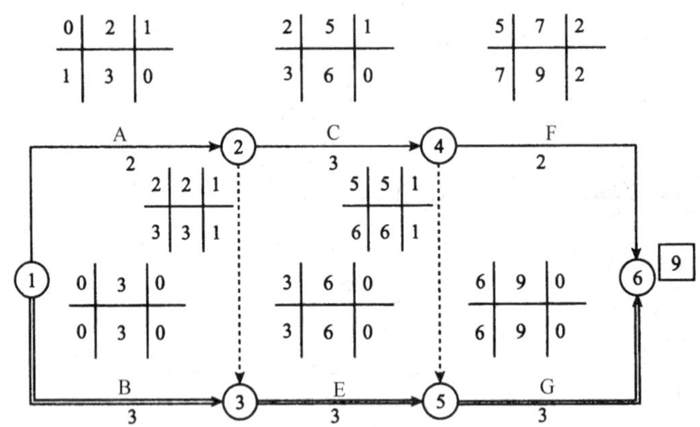

图 12-22 双代号网络图工作计算法示例

（1）工作最早开始时间的计算

一项工作的最早开始时间指各紧前工作全部完成后，本工作有可能开始的最早时刻，以缩写字母 ES_{i-j} 表示，$i—j$ 为工作的节点代号。工作 $i—j$ 的最早开始时间的计算应符合下列规定。

1）工作 $i—j$ 的最早开始时间 ES_{i-j} 应从网络计划的起点节点开始顺着箭线方向依次逐项计算。

2）以起点节点为箭尾节点的工作 i—j，当未规定其最早开始时间 ES_{i-j} 时，其值应等于零，即

$$ES_{i-j}=0 \quad (i=1) \tag{12-1}$$

3）当工作 i—j 只有一项紧前工作 h—i 时，其最早开始时间 ES_{i-j} 应为

$$ES_{i-j}=ES_{h-i}+D_{h-i} \tag{12-2}$$

4）当工作 i—j 有多个紧前工作时，其最早开始时间 ES_{i-j} 应为

$$ES_{i-j}=\max\{ES_{h-i}+D_{h-i}\} \tag{12-3}$$

式中：ES_{h-i}——工作 i—j 的各项紧前工作 h—i 的最早开始时间；

D_{h-i}——工作 i—j 的各项紧前工作 h—i 的持续时间。

按式（12-1）～式（12-3）计算图 12-22 所示网络图中各项工作的最早开始时间，计算结果如下：

$$ES_{1-2}=0$$
$$ES_{1-3}=0$$
$$ES_{2-3}=ES_{1-2}+D_{1-2}=0+2=2$$
$$ES_{2-4}=ES_{1-2}+D_{1-2}=0+2=2$$
$$ES_{3-5}=\max\{ES_{1-3}+D_{1-3}，ES_{2-3}+D_{2-3}\}=\max\{0+3，2+0\}=3$$
$$ES_{4-5}=ES_{2-4}+D_{2-4}=2+3=5$$
$$ES_{4-6}=ES_{2-4}+D_{2-4}=2+3=5$$
$$ES_{5-6}=\max\{ES_{3-5}+D_{3-5}，ES_{4-5}+D_{4-5}\}=\max\{3+3，5+0\}=6$$

（2）工作最早完成时间的计算

一项工作最早完成时间指各紧前工作全部完成后，本工作有可能完成的最早时刻，以缩写字母 EF_{i-j} 表示，i—j 为工作的节点代号。工作 i—j 的最早完成时间 EF_{i-j} 应按下式计算：

$$EF_{i-j}=ES_{i-j}+D_{i-j} \tag{12-4}$$

按式（12-4）计算图 12-22 所示网络图中各项工作的最早完成时间，计算结果如下：

$$EF_{1-2}=ES_{1-2}+D_{1-2}=0+2=2$$
$$EF_{1-3}=ES_{1-3}+D_{1-3}=0+3=3$$
$$EF_{2-3}=ES_{2-3}+D_{2-3}=2+0=2$$
$$EF_{2-4}=ES_{2-4}+D_{2-4}=2+3=5$$
$$EF_{3-5}=ES_{3-5}+D_{3-5}=3+3=6$$
$$EF_{4-5}=ES_{4-5}+D_{4-5}=5+0=5$$
$$EF_{4-6}=ES_{4-6}+D_{4-6}=5+2=7$$
$$EF_{5-6}=ES_{5-6}+D_{5-6}=6+3=9$$

（3）网络计划的计算工期和计划工期的计算

网络计划的计算工期是根据时间参数计算所得到的工期，等于网络计划中以终点节点为结束节点的各工作最早完成时间的最大值，用 T_c 表示，应按下式计算：

$$T_c=\max\{EF_{i-n}\} \tag{12-5}$$

式中：EF_{i-n}——以终点节点（$j=n$）为箭头节点的工作 i—n 的最早完成时间。

按式（12-5）计算图 12-22 所示网络图的计算工期为

$$T_c = \max\{EF_{4-6}, EF_{5-6}\} = \max\{7, 9\} = 9$$

此数用方框标注于图 12-22 的终点节点 6 的右侧。

网络计划的计划工期是根据要求工期和计算工期所确定的作为实施目标的工期，用 T_p 表示。网络计划的计划工期 T_p 的计算应按下列情况分别确定：

1）当已规定了要求工期 T_r 时

$$T_p \leqslant T_r \tag{12-6}$$

2）当未规定要求工期时

$$T_p = T_c \tag{12-7}$$

由于图 12-22 未规定要求工期，故其计划工期取计算工期，即

$$T_p = T_c = 9$$

（4）工作最迟完成时间的计算

工作最迟完成时间是指在不影响整个任务按期完成的前提下，本工作必须完成的最迟时间，以缩写字母 LF_{i-j} 表示，$i—j$ 为工作的节点代号。工作最迟完成时间的计算应符合下列规定。

1）工作 $i—j$ 的最迟完成时间 LF_{i-j} 应从网络计划的终点节点开始，逆着箭线方向依次逐项计算。

2）以终点节点（$j=n$）为箭头节点的工作的最迟完成时间 LF_{i-n} 应按网络计划的计划工期 T_p 确定，即

$$LF_{i-n} = T_p \tag{12-8}$$

3）其他工作 $i—j$ 的最迟完成时间 LF_{i-j} 应为

$$LF_{i-j} = \min\{LF_{j-k} - D_{j-k}\} \tag{12-9}$$

式中：LF_{j-k}——工作 $i—j$ 的各项紧后工作 $j—k$ 的最迟完成时间；

D_{j-k}——工作 $i—j$ 的各项紧后工作 $j—k$ 的持续时间。

按式（12-8）和式（12-9）计算图 12-22 所示网络图中各项工作的最迟完成时间，计算结果如下：

$$LF_{4-6} = T_p = 9$$
$$LF_{5-6} = T_p = 9$$
$$LF_{4-5} = LF_{5-6} - D_{5-6} = 9 - 3 = 6$$
$$LF_{3-5} = LF_{5-6} - D_{5-6} = 9 - 3 = 6$$
$$LF_{2-4} = \min\{LF_{4-6} - D_{4-6}, LF_{4-5} - D_{4-5}\} = \min\{9-2, 6-0\} = 6$$
$$LF_{2-3} = LF_{3-5} - D_{3-5} = 6 - 3 = 3$$
$$LF_{1-3} = LF_{3-5} - D_{3-5} = 6 - 3 = 3$$
$$LF_{1-2} = \min\{LF_{2-4} - D_{2-4}, LF_{2-3} - D_{2-3}\} = \min\{6-3, 3-0\} = 3$$

（5）工作最迟开始时间的计算

工作最迟开始时间是指在不影响整个任务按期完成的前提下，工作必须开始的最迟时刻，以缩写字母 LS_{i-j} 表示，$i—j$ 为工作的节点代号。工作 $i—j$ 的最迟开始时间按下式计算：

$$LS_{i-j} = LF_{i-j} - D_{i-j} \tag{12-10}$$

按式（12-10）计算图 12-22 所示网络图中各项工作的最迟开始时间，计算结果如下：

$$LS_{1-2}=LF_{1-2}-D_{1-2}=3-2=1$$
$$LS_{1-3}=LF_{1-3}-D_{1-3}=3-3=0$$
$$LS_{2-3}=LF_{2-3}-D_{2-3}=3-0=3$$
$$LS_{2-4}=LF_{2-4}-D_{2-4}=6-3=3$$
$$LS_{3-5}=LF_{3-5}-D_{3-5}=6-3=3$$
$$LS_{4-5}=LF_{4-5}-D_{4-5}=6-0=6$$
$$LS_{4-6}=LF_{4-6}-D_{4-6}=9-2=7$$
$$LS_{5-6}=LF_{5-6}-D_{5-6}=9-3=6$$

（6）工作总时差的计算

工作总时差是指在不影响工期的前提下，本工作可以利用的机动时间，以缩写字母 TF_{i-j} 表示，$i—j$ 为工作的节点代号。

根据工作总时差的定义可知，一项工作 $i—j$ 的工作总时差等于该工作的最迟开始时间与其最早开始时间之差，或等于该工作的最迟完成时间与其最早完成时间之差，即

$$TF_{i-j}=LS_{i-j}-ES_{i-j} \tag{12-11}$$

或

$$TF_{i-j}=LF_{i-j}-EF_{i-j} \tag{12-12}$$

根据以上两个公式，图 12-22 所示网络图中各项工作的总时差计算如下：

$$TF_{1-2}=LS_{1-2}-ES_{1-2}=1-0=1$$
$$TF_{1-3}=LS_{1-3}-ES_{1-3}=0-0=0$$
$$TF_{2-3}=LS_{2-3}-ES_{2-3}=3-2=1$$
$$TF_{2-4}=LS_{2-4}-ES_{2-4}=3-2=1$$
$$TF_{3-5}=LS_{3-5}-ES_{3-5}=3-3=0$$
$$TF_{4-5}=LS_{4-5}-ES_{4-5}=6-5=1$$
$$TF_{4-6}=LS_{4-6}-ES_{4-6}=7-5=2$$
$$TF_{5-6}=LS_{5-6}-ES_{5-6}=6-6=0$$

工作总时差具有以下性质。

1）总时差为零的工作为关键工作。

2）如果总时差等于零，自由时差一定等于零。

3）总时差不但属于本项工作，且与前后工作均有联系，它为一条线路所共有。

（7）工作自由时差的计算

一项工作的自由时差是指在不影响其紧后工作最早开始时间的前提下，本工作可以利用的机动时间，用缩写字母 FF_{i-j} 表示，$i—j$ 为工作的节点编号。

工作 $i—j$ 的自由时差 FF_{i-j} 的计算应符合下列规定。

1）当工作 $i—j$ 有紧后工作 $j—k$ 时，其自由时差应为

$$FF_{i-j}=ES_{j-k}-ES_{i-j}-D_{i-j}=ES_{j-k}-EF_{i-j} \tag{12-13}$$

式中：ES_{j-k}——工作 $i—j$ 的紧后工作 $j—k$ 的最早开始时间。

2）以终点节点（$j=n$）为箭头节点的工作，其自由时差 FF_{i-j} 应按网络计划的计划工期 T_p 确定，即

$$FF_{i-n}=T_p-ES_{i-n}-D_{i-n}=T_p-EF_{i-n} \quad (12\text{-}14)$$

按式（12-13）和式（12-14）计算图 12-22 所示网络图中各项工作的自由时差，计算结果如下：

$$FF_{1-2}=ES_{2-4}-EF_{1-2}=2-2=0$$
$$FF_{1-3}=ES_{3-5}-EF_{1-3}=3-3=0$$
$$EF_{2-3}=ES_{3-5}-EF_{2-3}=3-2=1$$
$$FF_{2-4}=ES_{4-6}-EF_{2-4}=5-5=0$$
$$FF_{3-5}=ES_{5-6}-EF_{3-5}=6-6=0$$
$$FF_{4-5}=ES_{5-6}-EF_{4-5}=6-5=1$$
$$FF_{4-6}=T_p-EF_{4-6}=9-7=2$$
$$FF_{5-6}=T_p-EF_{5-6}=9-9=0$$

从图 12-22 中网络图时间参数的计算可以看出，一个网络计划中，工作总时差与自由时差存在如下关系，即

$$TF_{i-j}=\min\{TF_{j-k}\}+FF_{i-j} \quad (12\text{-}15)$$

式中：TF_{j-k}——工作 i—j 的紧后工作 j—k 的总时差。

工作自由时差的特点如下。

1）自由时差小于或等于总时差。

2）以关键线路上的节点为结束节点的工作，其自由时差与总时差相等。

3）使用自由时差对后续工作没有影响，后续工作仍可按其最早开始时间开始。

3. 按节点计算法计算时间参数

双代号网络图的节点计算法是以节点为研究对象，节点时间参数只有节点最早时间和节点最迟时间两个参数。在工程实际进度控制中，节点作为工作之间的连接点非常重要，所以有时要计算节点时间参数。

按节点计算法计算时间参数，其计算结果应标注在节点之上（图 12-23）。

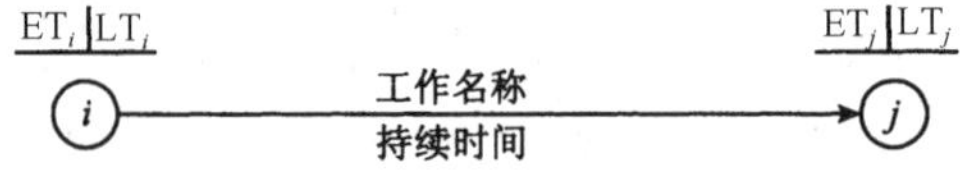

图 12-23　按节点计算法的标注内容

现以图 12-22 所示的网络图为例进行节点时间参数的计算，计算结果如图 12-24 所示。

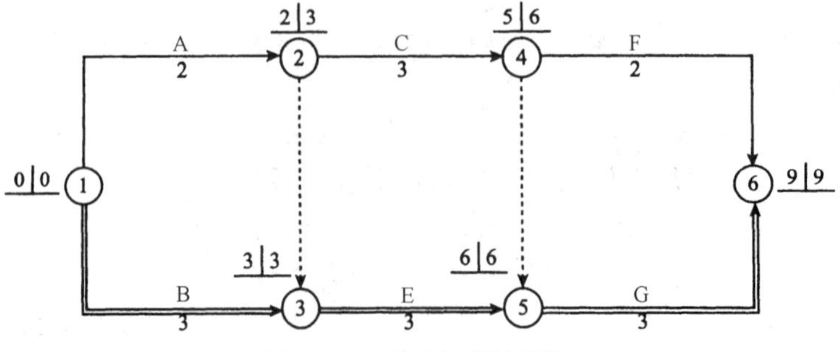

图 12-24　节点计算法示例

（1）节点最早时间计算

节点最早时间是指双代号网络计划中，以该节点为开始节点的各项工作的最早开始时间。

节点最早时间的计算应符合下列规定。

1）节点 i 的最早时间 ET_i 应从网络计划的起点节点开始，顺着箭线方向依次逐项计算。

2）起点节点 i 未规定最早时间 ET_i 时，其值应等于 0，即

$$ET_i=0 \quad (i=1) \tag{12-16}$$

3）当节点 j 只有一条内向箭线时，最早时间 ET_j 应为

$$ET_j=ET_i+D_{i-j} \tag{12-17}$$

4）当节点 j 有多条内向箭线时，其最早时间 ET_j 应为

$$ET_j=\max\{ET_i+D_{i-j}\} \tag{12-18}$$

按式（12-16）～式（12-18）计算图 12-24 所示网络图中节点的最早时间，计算结果如下：

$$ET_1=0$$
$$ET_2=ET_1+D_{1-2}=0+2=2$$
$$ET_3=\max\{ET_1+D_{1-3}，ET_2+D_{2-3}\}=\max\{0+3，2+0\}=3$$
$$ET_4=ET_2+D_{2-4}=2+3=5$$
$$ET_5=\max\{ET_3+D_{3-5}，ET_4+D_{4-5}\}=\max\{3+3，5+0\}=6$$
$$ET_6=\max\{ET_4+D_{4-6}，ET_5+D_{5-6}\}=\max\{5+2，6+3\}=9$$

（2）网络计划的计算工期和计划工期

网络计划的计算工期 T_c 按下式计算：

$$T_c=ET_n \tag{12-19}$$

式中：ET_n——终点节点 n 的最早时间。

本例中，$T_c=ET_n=9$。

网络计划的计划工期 T_p 的确定与工作计算法相同。本例中的计划工期为

$$T_p=T_c=9$$

（3）节点最迟时间的计算

节点最迟时间指双代号网络计划中，以该节点为完成节点的各项工作的最迟完成时间。

节点最迟时间的计算应符合下列规定。

1）节点 i 的最迟时间 LT_i 应从网络计划的终点节点开始，逆着箭线的方向依次逐项计算。

2）终点节点 n 的最迟时间 LT_n 应按网络计划的计划工期 T_p 确定，即

$$LT_n=T_p \tag{12-20}$$

3）其他节点的最迟时间 LT_i 应为

$$LT_i=\min\{LT_j-D_{i-j}\} \tag{12-21}$$

式中：LT_j——工作 i—j 箭头节点 j 的最迟时间。

按式（12-20）～式（12-21）计算图 12-24 所示网络图中节点的最迟时间，计算结果如下：

$$\mathrm{LT}_6 = T_\mathrm{p} = 9$$
$$\mathrm{LT}_5 = \mathrm{LT}_6 - \mathrm{D}_{5-6} = 9 - 3 = 6$$
$$\mathrm{LT}_4 = \min\{\mathrm{LT}_6 - \mathrm{D}_{4-6},\ \mathrm{LT}_5 - \mathrm{D}_{4-5}\} = \min\{9-2,\ 6-0\} = 6$$
$$\mathrm{LT}_3 = \mathrm{LT}_5 - \mathrm{D}_{3-5} = 6 - 3 = 3$$
$$\mathrm{LT}_2 = \min\{\mathrm{LT}_4 - \mathrm{D}_{2-4},\ \mathrm{LT}_3 - \mathrm{D}_{2-3}\} = \min\{6-3,\ 3-0\} = 3$$
$$\mathrm{LT}_1 = \min\{\mathrm{LT}_2 - \mathrm{D}_{1-2},\ \mathrm{LT}_3 - \mathrm{D}_{1-3}\} = \min\{3-2,\ 3-3\} = 0$$

4. 工作时间参数与节点时间参数的换算

工作时间参数与节点时间参数可以进行互相换算，换算公式如下：

$$\mathrm{ES}_{i-j} = \mathrm{ET}_i$$
$$\mathrm{EF}_{i-j} = \mathrm{ES}_{i-j} + \mathrm{D}_{i-j}$$
$$\mathrm{LF}_{i-j} = \mathrm{LT}_j$$
$$\mathrm{LS}_{i-j} = \mathrm{LF}_{i-j} - \mathrm{D}_{i-j}$$
$$\mathrm{TF}_{i-j} = \mathrm{LT}_j - \mathrm{ET}_i - \mathrm{D}_{i-j}$$
$$\mathrm{FF}_{i-j} = \mathrm{ET}_j - \mathrm{ET}_i - \mathrm{D}_{i-j}$$

5. 双代号网络计划关键工作和关键线路的确定

（1）关键工作的确定

关键工作是指网络计划中总时差为最小的工作。

根据关键工作的定义，图 12-22 所示网络计划中的最小总时差为 0，故关键工作为 1—3、3—5、5—6。

关键工作的时间参数具有下列特征。

$$\mathrm{ES}_{i-j} = \mathrm{LS}_{i-j}$$
$$\mathrm{EF}_{i-j} = \mathrm{LF}_{i-j}$$
$$\mathrm{TF}_{i-j} = \mathrm{FF}_{i-j} = 0$$

（2）关键线路确定

自始至终全部由关键工作组成的线路或线路上总的工作持续时间最长的线路应为关键线路。该线路在网络图上应用粗线、双线或彩色线标注。图 12-22 所示网络计划中的关键线路是①—③—⑤—⑥。

关键线路的特点。

1）关键线路上的工作总时差和自由时差均等于 0。

2）关键线路是从网络计划开始节点至结束节点之间持续时间最长的线路。

3）关键线路在网络计划中不止一条，有时存在两条以上。

4）关键线路以外的工作称为非关键工作，非关键工作如果使用了总时差就转化为关键工作。

5）若非关键线路延长的时间超过它的总时差，非关键线路就转化为关键线路，关键线路就变成了非关键线路。

12.3　单代号网络图

单代号网络图是网络计划的另一种表示方法，它是一种用节点表示工作、用箭线表示工作之间的逻辑关系的网络图。

12.3.1　单代号网络图的构成

单代号网络图由节点、箭线、线路 3 个基本要素构成（图 12-25）。

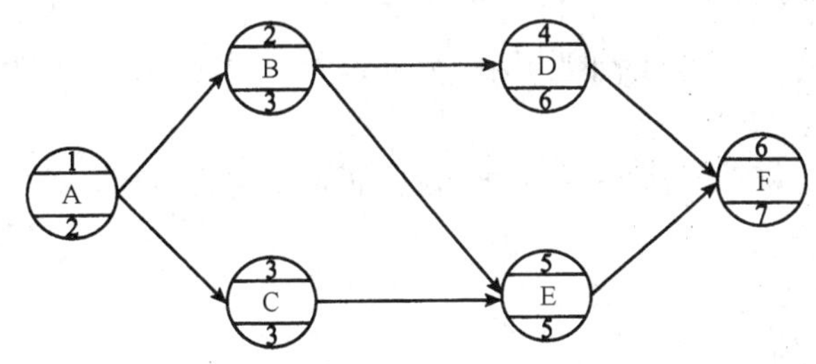

图 12-25　单代号网络图

1. 节点

单代号网络图中每一个节点表示一项工作，宜用圆圈或矩形表示，节点所表示的工作名称、持续时间和工作代号等应标注在节点内（图 12-26）。

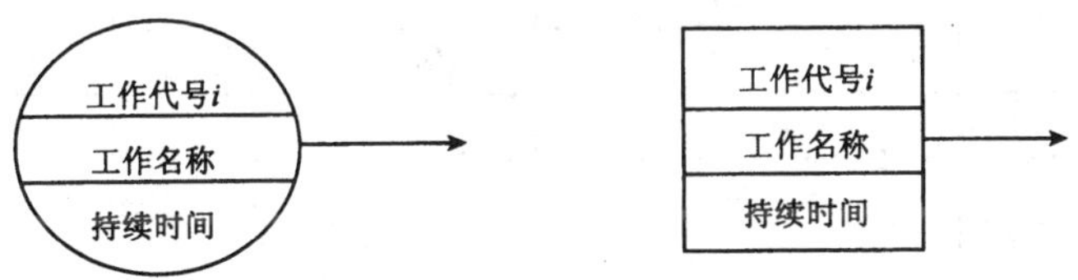

图 12-26　单代号网络图工作的表示方法

单代号网络图中的节点必须编号。编号标注在节点内，其号码可间断，但严禁重复，箭线的箭尾节点编号应小于箭头节点编号。一项工作必须由唯一的一个节点及相应的一个编号表示，这就是单代号网络图的由来。

2. 箭线

单代号网络图中，箭线表示紧邻工作之间的逻辑关系。箭线应画成水平直线、折线或斜线。箭线水平投影的方向应自左向右，表示工作的进行方向。在单代号网络图中只有实箭线而无虚箭线。

3. 线路

单代号网络图线路的含义同双代号网络图线路的含义。单代号网络图中，各条线路应用该线路上的节点编号自小到大依次表述。

12.3.2　单代号网络图的绘制

1. 单代号网络图的绘图规则

1）单代号网络图必须正确表达已定的逻辑关系。

2）单代号网络图中，严禁出现循环回路。

3）单代号网络图中，严禁出现双向箭头或无箭头的连线。

4）单代号网络图中，严禁出现没有箭尾节点的箭线和没有箭头节点的箭线。

5）绘制网络图时，箭线不宜交叉。当交叉不可避免时，可采用过桥法或指向法绘制。

6）单代号网络图只应有一个起点节点和一个终点节点；当网络图中有多个起点节点或多个终点节点时，应在网络图的两端分别设置一项虚工作，作为该网络图的起点节点（S_t）和终点节点（F_n）。

以上都是以单目标单代号网络图的情况来说明其绘图规则。单代号网络图工作逻辑关系的表示方法见表 12-1。

2. 单代号网络图的绘制步骤

1）分析各工作的先后顺序。

2）确定各工作的节点编号及其位置。

3）根据各工作的先后顺序、节点编号及节点位置绘制成网络图。

【例 12-2】 根据表 12-3 中各工作的逻辑关系绘制单代号网络图，如图 12-27 所示。

表 12-3　某分部工程各工作的逻辑关系

工作名称	持续时间/d	紧前工作	紧后工作
A	2	—	B、C
B	3	A	D
C	2	A	D、E
D	1	B、C	F
E	2	C	F
F	1	D、E	—

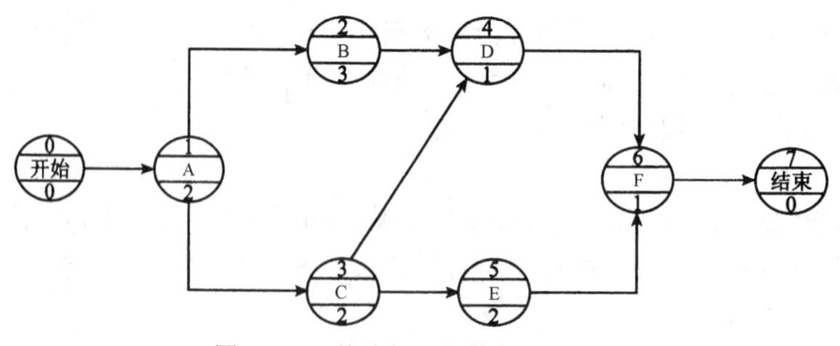

图 12-27　某分部工程单代号网络图

12.3.3　单代号网络图时间参数的计算

单代号网络图时间参数的计算内容包括各项工作的最早开始时间、最迟开始时间、最早结束时间、最迟结束时间，工作的总时差及工作的自由时差。

1. 常用符号

D_i——工作 i 的持续时间；

EF_i——工作 i 的最早完成时间；

ES_i——工作 i 的最早开始时间；

LF_i——在总工期已确定的情况下，工作 i 的最迟完成时间；

LS_i——在总工期已确定的情况下，工作 i 的最迟开始时间；

TF_i——工作 i 的总时差；

FF_i——工作 i 的自由时差；

$LAG_{i,j}$——工作 i 和工作 j 之间的时间间隔。

以上参数在单代号网络图中的标注形式如图 12-28 所示。

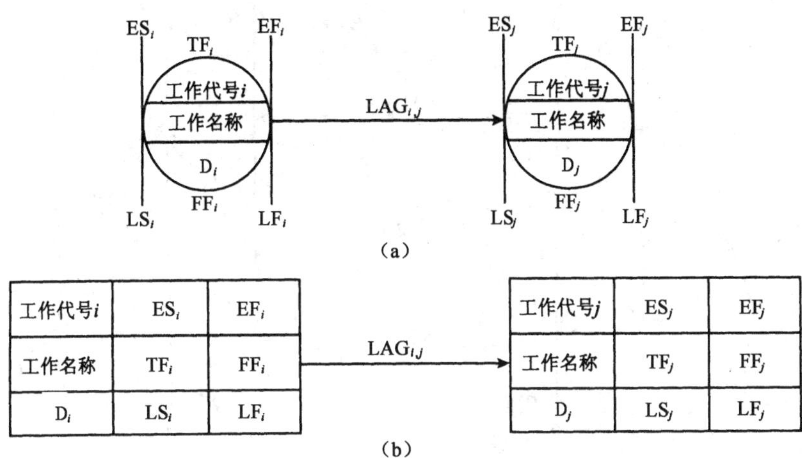

图 12-28　单代号网络计划时间参数的标注形式

2. 各种时间参数的计算

（1）工作最早时间的计算

工作最早时间包括最早开始时间和最早完成时间，其计算应符合下列规定。

1）工作 i 的最早开始时间 ES_i 应从网络图的起点节点开始，顺着箭线方向依次逐项计算。

2）当起点节点 i 的最早开始时间 ES_i 无规定时，其值应等于 0，即

$$ES_i=0 \quad (i=1) \tag{12-22}$$

3）工作 i 最早完成时间等于工作的最早开始时间加该工作的持续时间，即

$$EF_i=ES_i+D_i \tag{12-23}$$

4）其他工作最早开始时间应等于其紧前工作最早完成时间的最大值，即

$$ES_i=\max\{EF_h\} \tag{12-24}$$

式中：EF_h——工作 i 的紧前工作 h 的最早完成时间。

应用上述公式计算图 12-25 所示单代号网络图的最早时间，计算结果标注在图 12-29 上。

$$ES_1=0$$

$$EF_1=ES_1+D_1=0+2=2$$
$$ES_2=EF_1=2$$
$$EF_2=ES_2+D_2=2+3=5$$
$$ES_3=EF_1=2$$
$$EF_3=ES_3+D_3=2+3=5$$
$$ES_4=EF_3=5$$
$$EF_4=ES_4+D_4=5+6=11$$
$$ES_5=\max\{EF_2，EF_3\}=\max\{5，5\}=5$$
$$EF_5=ES_5+D_5=5+5=10$$
$$ES_6=\max\{EF_4，EF_5\}\max\{11，10\}=11$$
$$EF_6=ES_6+D_6=11+7=18$$

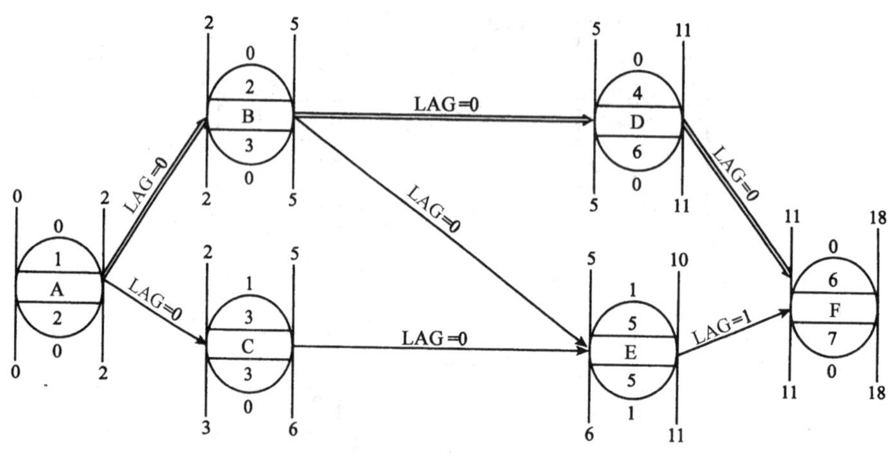

图 12-29　单代号网络图计算示例

（2）网络计划计算工期和计划工期的计算

网络计划计算工期应按下式计算：

$$T_c=EF_n \tag{12-25}$$

式中：EF_n——终点节点 n 的最早完成时间。

网络计划的计划工期 T_p 的计算与双代号网络图相同，即

当规定了要求工期 T_r 时

$$T_p \leqslant T_r \tag{12-26}$$

当未规定要求工期时

$$T_p=T_c \tag{12-27}$$

本例中 $T_c=EF_6=18$，则 $T_p=T_c=18$。

（3）时间间隔的计算

在单代号网络图中，相邻两工作之间存在时间间隔，常用 $LAG_{i,j}$ 表示，它表示工作 i 的最早完成时间 EF_i 与其紧后工作 j 的最早开始时间 ES_j 之间的时间间隔。其计算应符合下列规定。

1）当终点节点为虚拟节点时，其时间间隔应为

$$LAG_{i,n}=T_p-EF_i \tag{12-28}$$

2）其他节点之间的时间间隔应为

$$LAG_{i,j}=ES_j-EF_i \tag{12-29}$$

本例中：

$$LAG_{1,2}=ES_2-EF_1=2-2=0 \quad LAG_{1,3}=ES_3-EF_1=2-2=0$$
$$LAG_{2,4}=ES_4-EF_2=5-5=0 \quad LAG_{2,5}=ES_5-EF_2=5-5=0$$
$$LAG_{3,5}=ES_5-EF_3=5-5=0 \quad LAG_{4,6}=ES_6-EF_4=11-11=0$$
$$LAG_{5,6}=ES_6-EF_5=11-10=1$$

（4）工作最迟时间的计算

工作最迟时间包括最迟开始时间和最迟完成时间，其计算应符合下列规定。

1）工作 i 的最迟完成时间 LF_i 应从网络计划的终点节点开始，逆着箭线方向依次逐项计算。

2）终点节点所代表的工作 n 的最迟完成时间 LF_n 应按网络计划的计划工期 T_p 确定，即

$$LF_n=T_p \tag{12-30}$$

3）其他工作 i 的最迟完成时间 LF_i 应为

$$LF_i=\min\{LS_j\} \tag{12-31}$$

4）工作 i 的最迟开始时间 LS_i 应按下式计算，即

$$LS_i=LF_i-D_i \tag{12-32}$$

本例中：

$$LF_6=LF_n=T_p=18$$
$$LS_6=LF_6-D_6=18-7=11$$
$$LF_4=LS_6=11$$
$$LS_4=LF_4-D_4=11-6=5$$
$$LF_5=LS_6=11$$
$$LS_6=LF_5-D_5=11-5=6$$
$$LF_3=LS_5=6$$
$$LS_3=LF_3-D_3=6-3=3$$
$$LF_2=\min\{LS_4，LS_5\}=\min\{5，6\}=5$$
$$LS_2=LF_2-D_2=5-3=2$$
$$LF_1=\min\{LS_2，LS_3\}=\min\{2，3\}=2$$
$$LS_1=LF_1-D_1=2-2=0$$

（5）工作总时差的计算

工作总时差的计算方法有以下两种。

1）根据工作总时差的定义，类似于双代号网络图的计算，其计算公式为

$$TF_i=LS_i-ES_i=LF_i-EF_i \tag{12-33}$$

本例中：

$$TF_1=LS_1-ES_1=0-0=0$$
$$TF_2=LS_2-ES_2=2-2=0$$
$$TF_3=LS_3-ES_3=3-2=1$$
$$TF_4=LS_4-ES_4=5-5=0$$
$$TF_5=LS_5-ES_5=6-5=1$$
$$TF_6=LS_6-ES_6=11-11=0$$

2）从网络计划的终点节点开始，逆着箭线方向依次逐项计算。计算应符合下列规定。

① 终点节点所代表工作 n 的总时差 TF_n 值应为

$$TF_n=T_p-EF_n \tag{12-34}$$

② 其他工作 i 的总时差 TF_i 应为

$$TF_i=\min\{TF_j+LAG_{i,j}\} \tag{12-35}$$

本例中：

$$TF_6=T_p-EF_n=18-18=0$$
$$TF_5=TF_6+LAG_{5,6}=0+1=1$$
$$TF_4=TF_6+LAG_{4,6}=0+0=0$$
$$TF_3=TF_5+LAG_{3,5}=1+0=1$$
$$TF_2=\min\{TF_4+LAG_{2,4},\ TF_5+LAG_{2,5}\}=\min\{0+0,\ 1+0\}=0$$
$$TF_1=\min\{TF_2+LAG_{1,2},\ TF_3+LAG_{1,3}\}=\min\{0+0,\ 1+0\}=0$$

（6）工作自由时差的计算

工作 i 的自由时差 FF_i 的计算应符合下列规定。

1）终点节点所代表工作 n 的自由时差 FF_n 应为

$$FF_n=T_p-EF_n \tag{12-36}$$

2）其他工作 i 的自由时差 FF_i 应为

$$FF_i=\min\{LAG_{i,j}\} \tag{12-37}$$

本例中：

$$FF_6=T_p-EF_6=18-18=0$$
$$FF_1=\min\{LAG_{1,2},\ LAG_{1,3}\}=\min\{0,\ 0\}=0$$
$$FF_2=\min\{LAG_{2,4},\ LAG_{2,5}\}=\min\{0,\ 0\}=0$$
$$FF_3=LAG_{3,5}=0$$
$$FF_4=LAG_{4,6}=0$$
$$FF_5=LAG_{5,6}=1$$

3. 单代号网络计划关键工作和关键线路的确定

同双代号网络图一样，在单代号网络图中，总时差为最小的工作就是关键工作。从起点节点开始到终点均为关键工作，且所有工作的时间间隔均为零的线路为关键线路。关键线路在网络图上应用粗线、双线或彩色线标注。

图 12-29 所示单代号网络图中，关键工作为 A、B、D、F，关键线路为 A—B—D —F，也可用节点编号 1—2—4—6 表示。

12.4　双代号时标网络计划

12.4.1　一般规定

时标网络计划是以水平时间坐标为尺度表示工作时间的网络计划，这种网络计划图简称为时标图，它的时间单位是根据网络计划的需要而确定的。由于时标网络计划兼有横道图的直观性和网络图的逻辑性，在工程实践中应用比较普遍。在编制实施网络计划时，其应用面甚至大于无时标网络计划，因此，其编制方法和使用方法受到应用者的普遍重视。在实践中，由于使用双代号法编制时标网络计划为数较多，故时标网络计划通常指双代号时标网络计划。

时标网络计划的一般规定如下。

1）时标网络计划必须以水平时间坐标为尺度表示工作时间。时标的时间单位应根据需要在编制网络计划之前确定，可为时、天、周、月或季。

2）时标网络计划应以实箭线表示实工作，以虚箭线表示虚工作，以波形线表示工作的自由时差。

3）时标网络计划中所有符号在时间坐标上的水平投影位置都必须与其时间参数相对应。节点中心必须对准相应的时标位置。虚工作必须以垂直方向的虚箭线表示，由自由时差时加波形线表示。

12.4.2　时标网络计划的绘制

时标网络计划宜按各项工作的最早开始时间编制。为此，在编制时标网络计划时应使每一个节点和每一项工作（包括虚工作）尽量向左靠，直至不出现从右向左的逆向箭线为止。

在编制时标网络计划之前，应先按已经确定的时间单位绘制时标网络计划表。时标可标注在时标网络计划表的顶部或底部。必要时，还可以在顶部时标之上或底部时标之下加注日历的对应时间。时标网络计划表应符合表 12-4 的规定。时标网络计划表中部的刻度线宜为细线，为使图面清楚，此线也可以不画或少画。

表 12-4　时标网络计划表

日历																
时间单位	1	2	3	4	5	6	7	8	9	10	11	12	13	14	15	16
网络计划																
时间单位	1	2	3	4	5	6	7	8	9	10	11	12	13	14	15	16

编制时标网络计划应先绘制无时标网络计划草图，然后按间接绘制法或直接绘制法进行绘制。

1. 间接绘制法

间接绘制法是先计算网络计划时间参数，再根据时间参数在时间坐标上进行绘制的方法。其绘制的步骤和方法如下。

1）绘制无时标网络计划草图，计算时间参数，确定关键工作及关键线路。

2）根据需要确定时间单位并绘制时标网络计划表。

3）根据网络图中各节点的最早时间，从起点节点开始将各节点逐个定位在时标网络计划表中的相应位置上。

4）依次在各节点间用规定线型绘出工作及自由时差，形成时标网络计划图。

绘图时宜先画关键工作、关键线路，再画非关键工作。箭线最好画成水平或由水平线和竖直线组成的折线箭线。如箭线长度不够与该工作的结束节点直接相连，则用波形线从箭线尾部画至结束节点处。波形线的水平投影长度即为该工作的自由时差。

5）把时差为零的箭线从起点节点到终点节点连接起来，并用粗箭线或双箭线表示，即形成时标网络计划的关键线路。

2. *直接绘制法*

直接绘制法是指不计算网络计划的时间参数，直接按无时标的网络计划草图在时标网络计划表上绘制。下面以图 12-30 所示双代号时标网络计划为例来加以说明。

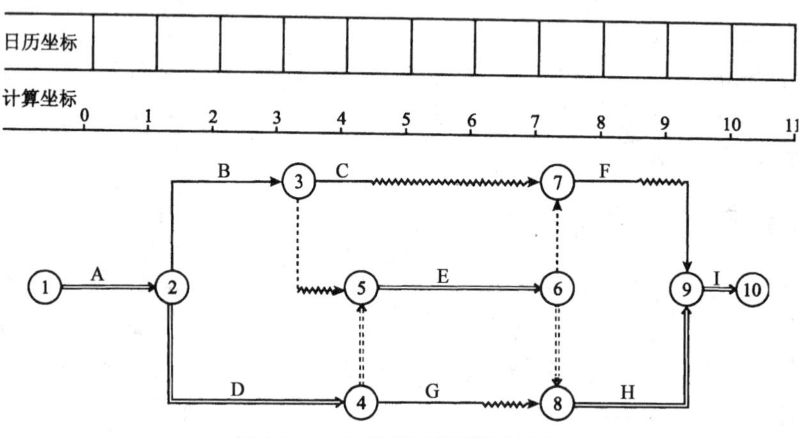

图 12-30　双代号时标网络计划

1）将网络计划的起点节点定位在时标网络计划表的起始刻度线上。如图 12-30 所示节点①就是定位在时标网络计划表的起始刻度线“0”位置上。

2）按工作持续时间在时标网络计划表上绘制起点节点的外向箭线，即绘出图中工作 A 的箭线。

3）除起点节点以外的其他节点必须在其所有内向箭线均绘出以后定位在这些内向箭线中最早完成时间最迟的箭线末端。其他内向箭线长度不足以达到该节点时，用波形线补足。在图 12-30 中，节点②直接定位在内向箭线 A 的末端，节点③定位在内向箭线 B 的末端，节点④定位在内向箭线 D 的末端，节点⑤的位置需要绘出虚箭线③—⑤之后定位在内向箭线 D 和虚箭线④—⑤中最迟的箭线末端，即坐标“5”的位置上。

4）当某个节点的位置确定之后，即可绘制以该节点为开始节点的工作箭线。在图 12-30 中，可以分别以节点③、④和⑤为开始节点绘制箭线 C、箭线 G 和箭线 E。

5）利用上述方法从左至右依次确定其他各个节点的位置。在图 12-30 中，可以分别确定节点⑥、⑦、⑧和⑨，并在它们之后分别绘制箭线 F、箭线 H 和箭线 I。

6）最后根据箭线 I 确定出终点节点⑩的位置。图中双箭线表示的线路为关键线路。

在绘制时标网络计划时，特别需要注意的问题是处理好虚箭线。首先，应将虚箭线与实箭线等同看待，只是虚箭线对应工作的持续时间为零；其次，尽管它本身没有持续时间，但可能存在波形线，因此要按规定画出波形线。在画波形线时，其垂直部分应画虚线（如图 12-30 所示时标网络计划中的虚箭线③—⑤）。

12.4.3　关键线路和时间参数的确定

1. 关键线路的确定

时标网络计划关键线路的确定，应自终点节点开始逆箭线方向朝起点节点观察，自始至终不出现波形线的线路即为关键线路。因为不出现波形线，就说明在这条线路上相邻两项工作之间的时间间隔全部为零，也就是在计算工期等于计划工期的前提下，这些工作的总时差和自由时差全部为零。如图 12-30 所示的时标网络计划中，线路①—②—④—⑤—⑥—⑧—⑨—⑩为关键线路。

2. 计算工期的确定

时标网络计划的计算工期，应是其终点节点与起点节点所在位置的时标值之差。如图 12-30 所示时标网络计划的计算工期为

$$T_c = 11 - 0 = 11\text{（d）}$$

3. 时间参数的确定

（1）工作最早开始时间和最早完成时间的确定

按最早开始时间绘制的时标网络计划，每条箭线箭尾和箭头所对应的时标值应为该工作的最早开始时间和最早完成时间。当工作箭线中存在波形线时，箭线实线部分右端点所对应的时标值为该工作的最早完成时间。如在图 12-30 所示的时标网络计划中，工作 A 和工作 H 之间的最早开始时间分别为 0 和 8，而它们的最早完成时间分别为 2 和 10。

（2）自由时差的确定

时标网络计划中工作的自由时差值应为表示该工作的箭线中波形线部分在坐标轴上的水平投影长度。但当工作之后只紧接虚工作时，该工作箭线上一定不存在波形线，而其紧接的虚箭线中波形线水平投影长度的最短者为该工作的自由时差。

在如图 12-30 所示的时标网络计划中，工作 A、B、D、E 和 H 的自由时差均为零，而工作 C 的自由时差为 3，工作 G 和 F 的自由时差均为 1。

（3）总时差的确定

时标网络计划中工作的总时差的计算应从网络计划的终点节点开始，逆着箭线方向自右向左依次进行，且符合下列规定。

1）以终点节点（$j=n$）为箭头节点的工作的总时差 TF_{i-j} 应按网络计划的计划工期 T_p 计算确定，即

$$TF_{i-n} = T_p - EF_{i-n} \tag{12-38}$$

式中：TF_{i-n}——以网络计划终点节点 n 为完成节点的工作的总时差；

T_p——网络计划的计划工期；

EF_{i-n}——以网络计划终点节点 n 为完成节点的工作的最早完成时间。

在如图 12-30 所示的时标网络计划中，假设计划工期为 11d，则工作 I 的总时差为

$$TF_{9-10}=T_p-EF_{9-10}=11-11=0$$

2）其他工作的总时差等于其紧后工作的总时差加本工作的自由时差所得之和的最小值，即

$$TF_{i-j}=\min\{TF_{j-k}+FF_{i-j}\} \tag{12-39}$$

式中：TF_{i-j}——工作 i—j 的总时差；

TF_{j-k}——i—j 的紧后工作 j—k（非虚工作）的总时差；

FF_{i-j}——工作 i—j 的自由时差。

在如图 12-30 所示的时标网络计划中，工作 C、工作 E 和工作 G 的总时差分别为

$$TF_{3-7}=TF_{7-9}+FF_{3-7}=1+3=4$$

$$TF_{5-6}=\min\{TF_{7-9}+FF_{5-6},\ TF_{8-9}+FF_{5-6}\}=\min\{1+0,\ 0+0\}=0$$

$$TF_{4-8}=TF_{8-9}+FF_{4-8}=0+1=1$$

（4）工作最迟开始时间和最迟完成时间的确定

1）工作最迟开始时间等于本工作的最早开始时间与其总时差之和，即

$$LS_{i-j}=ES_{i-j}+TF_{i-j} \tag{12-40}$$

式中：LS_{i-j}——工作 i—j 的最迟开始时间；

ES_{i-j}——工作 i—j 的最早开始时间；

TF_{i-j}——工作 i—j 的总时差。

在如图 12-30 所示的时标网络计划中，工作 B、工作 C、工作 G 和工作 F 的最迟开始时间分别为

$$LS_{2-3}=ES_{2-3}+TF_{2-3}=2+1=3$$

$$LS_{3-7}=ES_{3-7}+TF_{3-7}=4+4=8$$

$$LS_{4-8}=ES_{4-8}+TF_{4-8}=5+1=6$$

$$LS_{7-9}=ES_{7-9}+TF_{7-9}=8+1=9$$

2）工作最迟完成时间等于本工作的最早完成时间与其总时差之和，即

$$LF_{i-j}=EF_{i-j}+TF_{i-j} \tag{12-41}$$

式中：LF_{i-j}——工作 i—j 的最迟完成时间；

EF_{i-j}——工作 i—j 的最早完成时间；

TF_{i-j}——工作 i—j 的总时差。

在如图 12-30 所示的时标网络计划中，工作 B、工作 C、工作 G 和工作 F 的最迟完成时间分别为

$$LF_{2-3}=EF_{2-3}+TF_{2-3}=4+1=5$$

$$LF_{3-7}=EF_{3-7}+TF_{3-7}=5+4=9$$

$$LF_{4-8}=EF_{4-8}+TF_{4-8}=7+1=8$$

$$LF_{7-9}=EF_{7-9}+TF_{7-9}=9+1=10$$

12.4.4　时标网络计划的坐标体系

时标网络计划的坐标体系有计算坐标体系、工作日坐标体系和日历坐标体系 3 种，如图 12-31 所示。

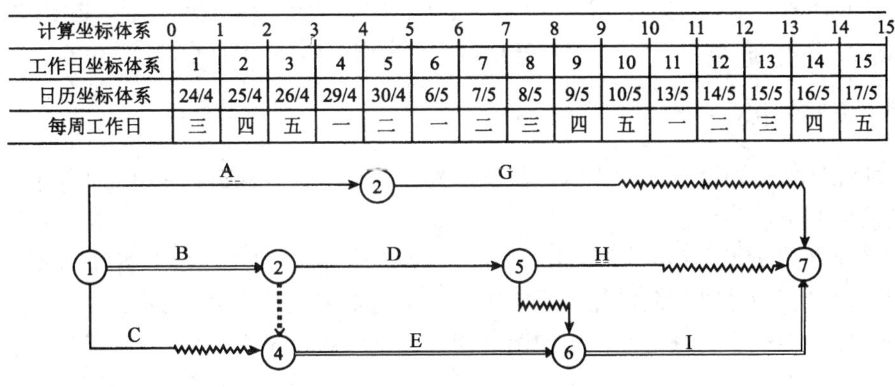

计算坐标体系	0	1	2	3	4	5	6	7	8	9	10	11	12	13	14	15
工作日坐标体系	1	2	3	4	5	6	7	8	9	10	11	12	13	14	15	
日历坐标体系	24/4	25/4	26/4	29/4	30/4	6/5	7/5	8/5	9/5	10/5	13/5	14/5	15/5	16/5	17/5	
每周工作日	三	四	五	一	二	一	二	三	四	五	一	二	三	四	五	

图 12-31　时标网络计划坐标体系

1．计算坐标体系

计算坐标体系主要用于网络计划时间参数的计算。该坐标体系便于时间参数的计算，但不够明确。如按照计算坐标体系，网络计划所表示的计划任务从第 0 天开始，不容易理解。实际上应为第 1 天开始或明确显示开始日期。

2．工作日坐标体系

工作日坐标体系可明确显示各项工作在整个工程开工后第几天（上班时刻）开始和第几天（下班时刻）完成，但不能显示出整个工程的开工日期和完工日期以及各项工作的开始日期和完成日期。

在工作日坐标体系中，整个工程的开工日期和各项工作的开始日期分别等于计算坐标体系中整个工程的开工日期和各项工作的开始日期加 1；而整个工程的完工日期和各项工作的完成日期就等于计算坐标体系中整个工程的完工日期和各项工作的完成日期。

3．日历坐标体系

日历坐标体系可以明确显示出整个工程的开工日期和完工日期以及各项工作的开始日期和完成日期，同时还可以考虑扣除节假日休息时间。

图 12-31 同时标出了 3 种坐标体系。其中上面为计算坐标体系，中间为工作日坐标体系，下面为日历坐标体系。这里假定 4 月 24 日（星期三）开工，星期六、星期日和“五一”国际劳动节休息。

12.5　网络计划的优化

网络计划的优化即在满足既定约束条件下，按选定目标，通过不断改进网络计划寻求满意方案。其目的是通过依次改善网络计划，使工程按期完工，并在现有资源的限制条件下，均衡合理地使用各种资源，以较小的消耗取得最大的经济效益。

网络计划的优化目标应按计划任务的需要和条件选定，包括工期目标、费用目标和资源目标。优化只是相对的，不可能做到绝对优化。在一定优化原理的指导下，优化的方法可以是多种多样的。

网络计划一般用于大中型工程的计划，其施工过程和节点较多，要优化时，需进行大量烦琐的计算，因此要真正实现网络计划的优化，有效地指导实际工程，必须借助计算机和相关网络计划编制软件。下面简单介绍几种常用的网络计划优化原理和方法。

12.5.1　工期优化

工期优化就是当计算工期不满足要求工期时，通过压缩或延长关键工作的持续时间来满足工期要求。

网络计划的初步方案的总工期，即网络计划的计算工期（计划工期），也就是关键线路的持续时间。计算工期可能小于或等于要求工期，也可能大于要求工期。

当计算工期小于要求工期不多或两者相等时，一般可不必调整。

当计算工期小于要求工期较多时，必须进行调整。调整的方法：首先延长个别关键工作的持续时间（相应地减小这些工作的资源供应速度），相应变化非关键工作时差，然后重新计算各工作的时间参数，如此重复进行直到满足要求工期为止。

【例 12-3】　某双代号网络计划如图 12-32 所示，若要求工期为 28d，试对该网络计划进行调整优化。

解：通过计算可知，该网络计划的关键线路为①—②—③—④—⑤，总工期为 23d，比要求工期少 5d，故可增加关键线路时间 5d，将工作③—④的时间由 8d 调整为 10d，工作④—⑤的时间由 3d 调整为 6d，绘制调整后的网络计划，重新计算各工作的时间参数（图 12-33），关键线路仍为①—②—③—④—⑤，计算工期 $T_c=28d=T_r$，满足要求。

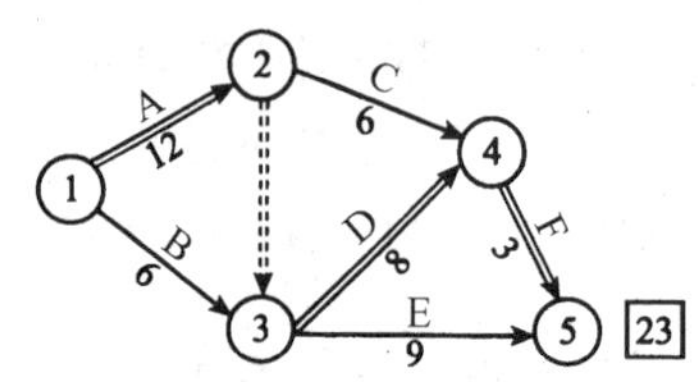

图 12-32　调整前的双代号网络计划

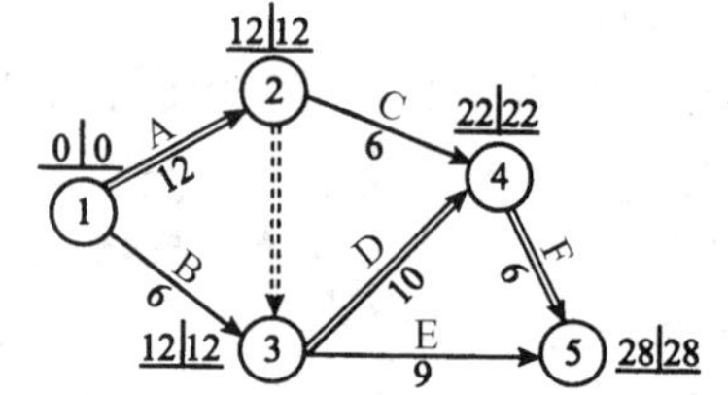

图 12-33　调整后的双代号网络计划

当计算工期大于要求工期时，应通过压缩关键工作的持续时间使之满足工期要求。优化步骤如下。

1）计算并找出初始网络计划的计算工期、关键工作及关键线路。

2）按要求工期计算应缩短的工期 ΔT。

$$\Delta T=T_c-T_r \tag{12-42}$$

3）确定各关键工作能缩短的持续时间。

选择应缩短持续时间的关键工作宜考虑下列因素。

① 缩短持续时间对质量和安全影响不大的工作。

② 有充足备用资源的工作。

③ 缩短持续时间所需增加的费用最少的工作。

4）将应优先缩短的关键工作压缩至最短时间，并找出关键线路。若被压缩的工作变成非关键工作，则应将其持续时间延长，使之仍为关键工作。

5）若计算工期满足工期要求，则优化完成；否则，应重复以上步骤，直到满足工期的要求，或工期已不能再缩短为止。

6）当所有关键工作的持续时间都已达到其能缩短的极限，而工期仍不能满足要求时，则应对计划的原技术方案、组织方案进行修改，对计划做出调整。经反复修改方案和调整计划均不能达到要求工期时，应对要求工期重新审定。

【例 12-4】　已知初始网络计划如图 12-34 所示，图中箭线上面括号外数字为工作正常持续时间，括号内数字为工作最短持续时间。假定上级指令性工期为 100d，试对其进行工期优化。

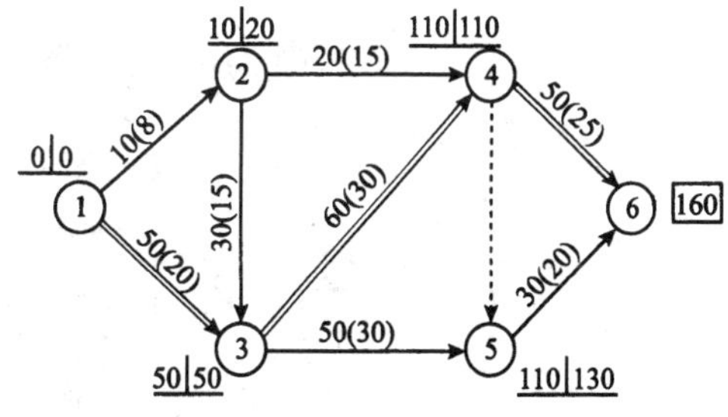

图 12-34　初始网络计划

解：优化步骤如下。

1）确定关键线路和计算工期。

用工作正常持续时间计算节点的最早时间和最迟时间。其中关键线路为①—③—④—⑥，用双箭线表示，计算工期为 160d。

2）计算需缩短的工期 ΔT。

$$\Delta T = T_c - T_r = 160 - 100 = 60\text{（d）}$$

3）选择关键工作，进行工期优化。

如图 12-34 所示，关键工作①—③可缩短 30d，③—④可缩短 30d，④—⑥可缩短 25d，共计可缩短 85d，由于缩短④—⑥工作，增加劳动力较多，所以只考虑缩短①—③和③—④工作，用最短持续时间代替正常工作时间重新计算网络计算工期（图 12-35）。经计算确定关键线路为①—②—③—④—⑥和①—②—③—⑤—⑥两条，计算工期为 120d，与要求工期相比，尚需要压缩 20d；与初始网络计划相比，工作①—③变成了非关键工作。将工作①—③的持续时间由 20d 松弛至 40d，使之仍为关键工作（图 12-36），其关键线路为①—③—④—⑥、①—③—⑤—⑥、①—②—③—④—⑥、①—②—③—⑤—⑥ 4 条，计算工期为 120d。

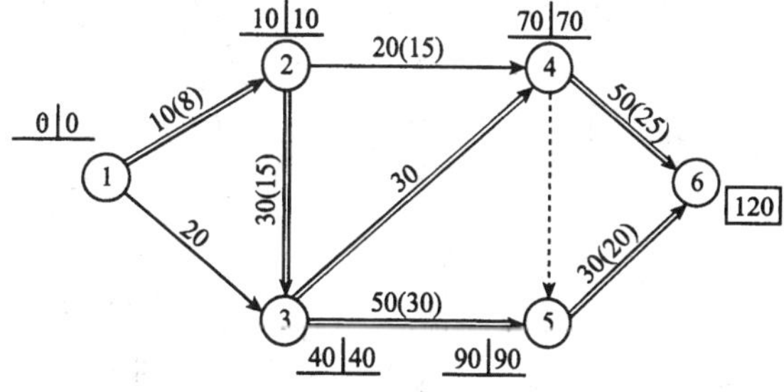

图 12-35　将①—③、③—④工作压缩后的网络计划

4）选择关键工作，再次进行工期优化。

根据缩短持续时间的顺序，选择工作③—⑤和④—⑥两项关键工作各压缩 20d，重

新进行计算（图 12-37），计算工期为 100d，符合上级指令性工期的要求。如图 12-37 所示便是满足规定工期要求的网络计划。

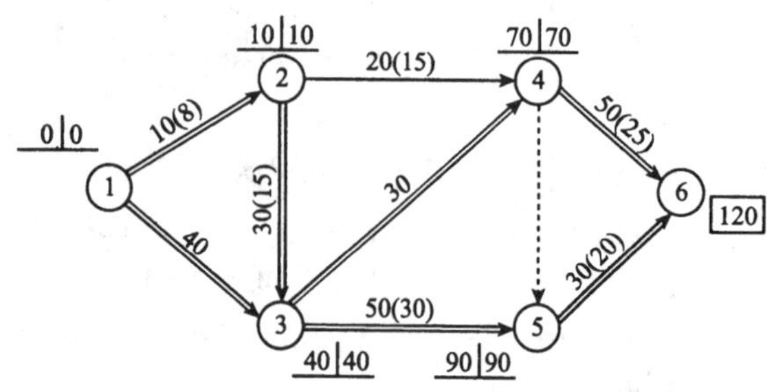

图 12-36　将①—③工作持续时间松弛至 40d 后的网络计划

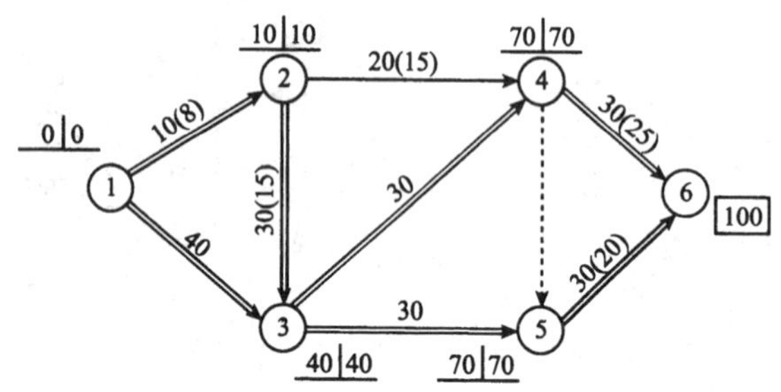

图 12-37　优化后的网络计划

12.5.2　费用优化

费用优化又称工期-成本优化，是寻求最低成本时的最短工期安排。

1. 工程费用与工期的关系

工程费用通常指工程成本，由直接费和间接费组成。直接费是指工程施工过程中直接消耗在工程项目上的活劳动和物化劳动，包括人工费、材料费、机械使用费以及冬雨季施工增加费、特殊地区施工费、夜间费等。直接费一般情况下是随着工期的缩短而增加的。间接费是与整个工程有关的、不能或不宜直接分摊给每道工序的费用，它包括与工程有关的管理费用、全工地性设施的租赁费、现场临时办公设施费、公用和福利事业费及占用资金应付的利息等。间接费一般与工程工期成正比，即工期越长，间接费用越多；工期越短，间接费用越低。如果把直接费和间接费加在一起，必有一个总费用最少所对应的工期，这就是费用优化所寻求的目标。

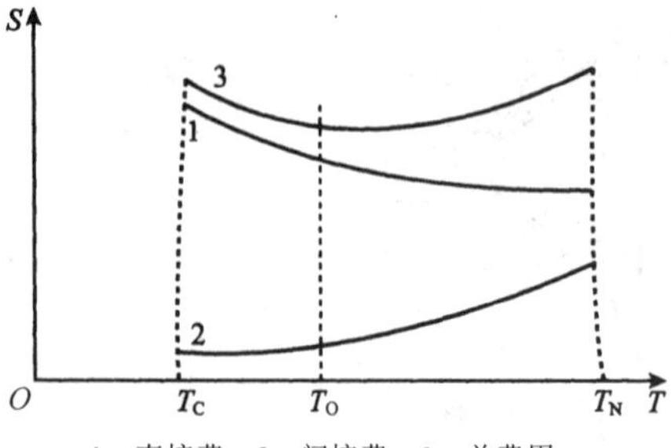

1—直接费；2—间接费；3—总费用；
T_C—最短工期；T_N—正常工期；T_O—优化工期。

图 12-38　工期与费用关系曲线

上述关系可由图 12-38 所示工期与费用关系曲线表示。为了简化起见，通常可将工期-费用的关系用直线表示，容易得出各工作的费用率 ΔC_{i-j}（双代号网络图）或 ΔC_i（单代号网络图），并根据它进行费用优化。

2. 费用优化的步骤

进行费用优化，应首先求出不同工期下最低直接费用，然后考虑相应的间接费的影响和工期变化带来的其他损益（包括效益增量和资金的时间价值等），最后再通过叠加求出最低工程总成本。

费用优化应按下列步骤进行。

1）按工作正常持续时间找出关键工作及关键线路。

2）按下列公式计算各项工作费用率。

① 对双代号网络计划：

$$\Delta C_{i-j}=\frac{\mathrm{CC}_{i-j}-\mathrm{CN}_{i-j}}{\mathrm{DN}_{i-j}-\mathrm{DC}_{i-j}} \tag{12-43}$$

式中：ΔC_{i-j}——工作 $i—j$ 的费用率，元/d；

CC_{i-j}——将工作 $i—j$ 持续时间缩短为最短持续时间后完成该工作所需的直接费用，元；

CN_{i-j}——在正常条件下完成工作 $i—j$ 所需的直接费用，元；

DN_{i-j}——工作 $i—j$ 的正常持续时间，d；

DC_{i-j}——工作 $i—j$ 的最短持续时间，d。

② 对单代号网络计划：

$$\Delta C_{i}=\frac{\mathrm{CC}_{i}-\mathrm{CN}_{i}}{\mathrm{DN}_{i}-\mathrm{DC}_{i}} \tag{12-44}$$

式中：ΔC_i——工作 i 的费用率，元/d；

CC_i——将工作 i 持续时间缩短为最短持续时间后完成该工作所需的直接费用，元；

CN_i——在正常条件下完成工作 i 所需的直接费用，元；

DN_i——工作 i 的正常持续时间，d；

DC_i——工作 i 的最短持续时间，d。

3）在网络计划中找出费用率（或组合费用率）最低的一项关键工作或一组关键工作，作为缩短持续时间的对象。

4）缩短找出的关键工作或一组关键工作的持续时间，其缩短值必须符合不能压缩成非关键工作和缩短后其持续时间不小于最短持续时间的原则。

5）计算相应增加的总费用 C_i。

6）考虑工期变化带来的间接费及其他损益，在此基础上计算总费用。

7）重复步骤 3）～步骤 6），一直计算到总费用最低为止。

当费用率或组合费用率小于间接费率时，总费用呈下降趋势；当费用率或组合费用率大于间接费率时，总费用呈上升趋势，故当费用率或组合费用率等于或小于间接费率时，总费用最低。

下面举例说明费用优化的计算方法及步骤。

【例 12-5】 已知网络计划如图 12-39 所示，试求出费用最少的工期。图中箭线上方为工作的正常费用和最短时间的费用（以千元为单位），箭线下方为工作的正常持续时间和最短的持续时间。已知间接费率为 120 元/d。

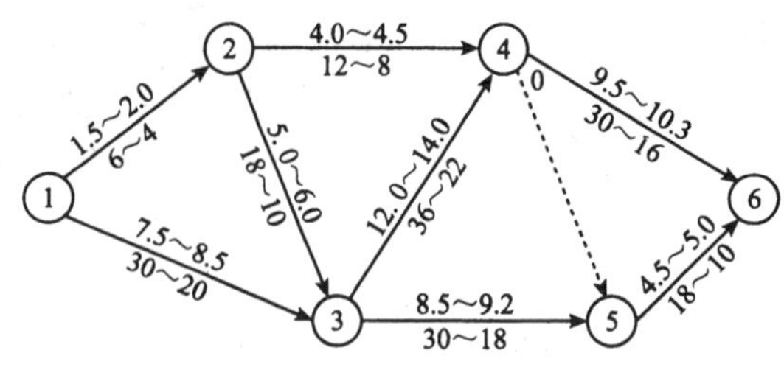

图 12-39　初始网络计划

解：1）简化网络图。

简化网络图的目的是在缩短工期过程中，删去那些不能变成关键工作的非关键工作，使网络图简化，减少计算工作量。

首先按正常持续时间计算，找出关键工作及关键线路，如图 12-40 所示。

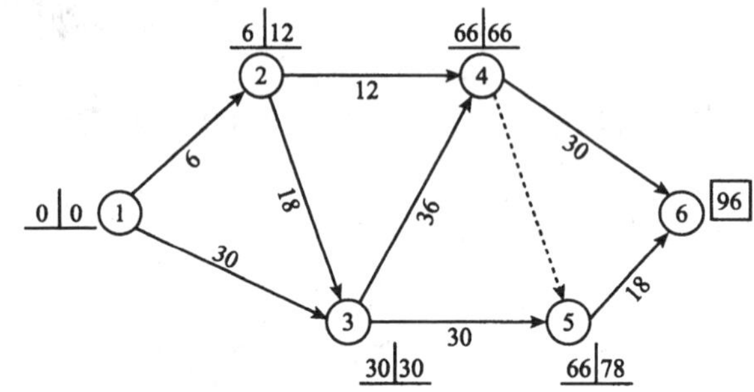

图 12-40　按正常持续时间计算的网络计划

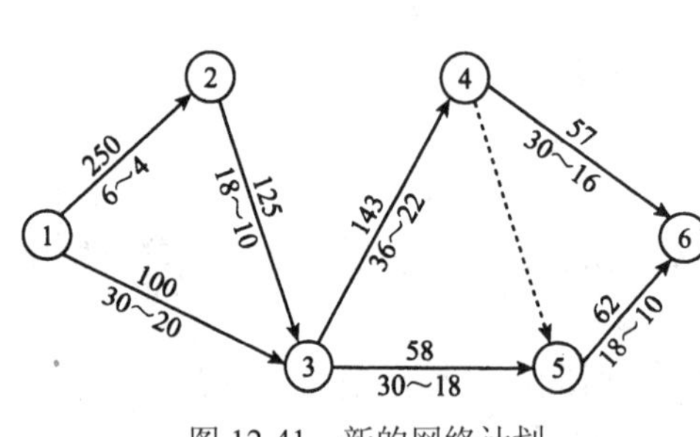

图 12-41　新的网络计划

由图 12-40 可知关键线路为①—③—④—⑥，关键工作为①—③、③—④、④—⑥。用最短的持续时间置换那些关键工作的正常持续时间，重新计算，找出关键线路及关键工作。重复本步骤，直至不能增加新的关键线路为止。

经计算，图 12-40 中的工作②—④不能转变为关键工作，故删去它，重新整理成新的网络计划（图 12-41）。

2）计算各工作费用率。

按式（12-43）计算工作①—②的费用率 ΔC_{1-2} 为

$$\Delta C_{1-2}=\frac{\mathrm{CC}_{1-2}-\mathrm{CN}_{1-2}}{\mathrm{DN}_{1-2}-\mathrm{DC}_{1-2}}=\frac{2000-1500}{6-4}=250（元/d）$$

其他工作费用率均按式（12-43）计算，并把结果标注在图 12-41 中的箭线上方。

3）找出关键线路上工作费用率最低的关键工作。

在图 12-42 中，关键线路为①—③—④—⑥，工作费用率最低的关键工作是④—⑥。

4）按原关键线路不能变为非关键线路的原则确定缩短时间的长短。

已知关键工作④—⑥的持续时间可缩短 14d，由于工作⑤—⑥的总时差只有 12d（96－18－66＝12），因此，第一次缩短只能是 12d，工作④—⑥的持续时间应改为 18d，见图 12-43。计算第一次缩短工期后增加的费用 C_1 为

$$C_1=57\times 12=684\text{（元）}$$

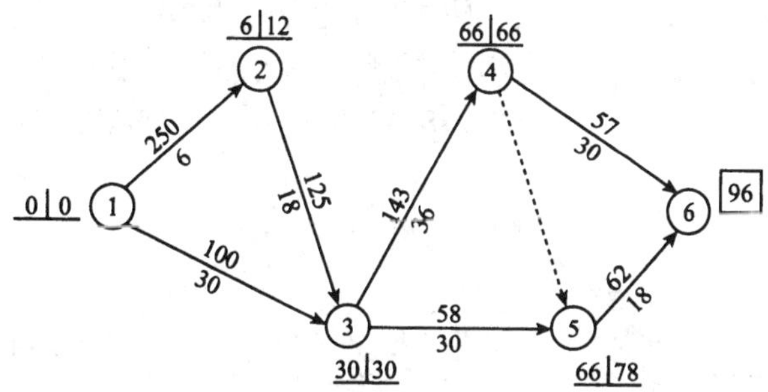

图 12-42　按新的网络计划确定关键线路

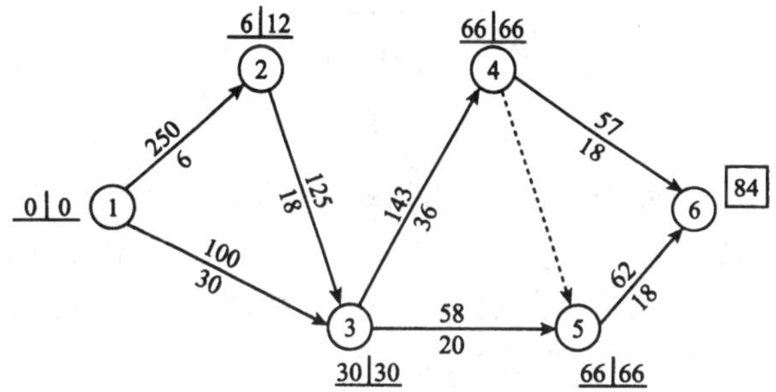

图 12-43　第一次工期缩短的网络计划

第一次缩短工期后，图 12-43 中关键线路变成两条，即①—③—④—⑥和①—③—④—⑤—⑥。如果使该图的工期再缩短，必须同时缩短两条关键线路上的时间。为了减少计算次数，关键工作①—③、④—⑥及⑤—⑥都缩短时间，工作④—⑥持续时间只能允许再缩短 2d，故该工作的持续时间缩短 2d。工作①—③持续时间可允许缩短 10d，但考虑工作①—②和②—③的总时差有 6d（12－0－6＝6 或 30－18－6＝6），因此工作①—③持续时间缩短 6d，工作⑤—⑥持续时间缩短 2d，共计缩短 8d（图 12-44）。计算第二次缩短工期后增加的费用 C_2 为

$$C_2=C_1+100\times 6+(57+62)\times 2=684+600+238=1522\text{（元）}$$

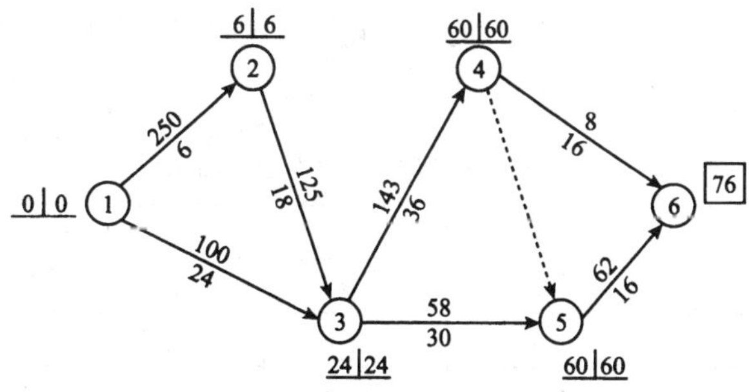

图 12-44　第二次工期缩短的网络计划

第三次缩短：从图 12-44 中可知，工作④—⑥不能再缩，工作费用率用∞表示，关键工作③—④的持续时间缩短 6d。因工作③—⑤的总时差为 6d（60－30－24＝6），计算第三次缩短工期后增加的费用 C_3 为

$$C_3=C_2+143\times6=1522+858=2380\text{（元）}$$

第四次缩短：从图 12-45 上看，缩短工作③—④和③—⑤持续时间 8d。因为工作③—④的最短持续时间为 22d，第四次缩短工期后增加的费用 C_4 为

$$C_4=C_3+(143+58)\times8=2380+1608=3988\text{（元）}$$

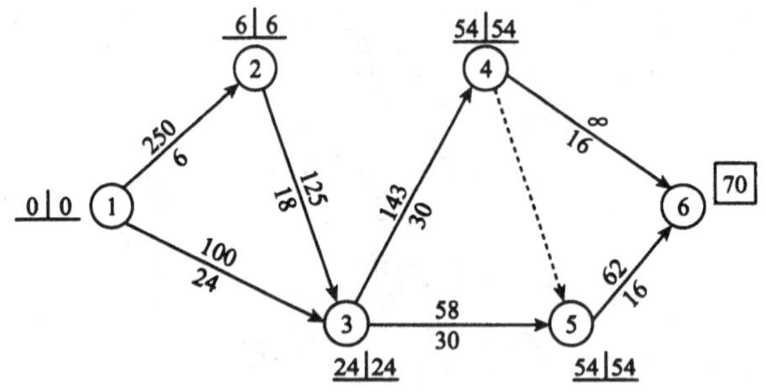

图 12-45　第三次工期缩短的网络计划

第五次缩短：从图 12-46 中可知，关键线路有 6 条，只能在关键工作①—②、①—③、②—③中选择，只有缩短工作①—③和②—③（工作费用率为 125＋100）持续时间 4d。工作①—③的持续时间已达到最短，不能再缩短。经过第五次缩短工期，不能再缩短了。第五次缩短工期后共增加费用 C_5 为

$$C_5=C_4+(125+100)\times4=3988+900=4888\text{（元）}$$

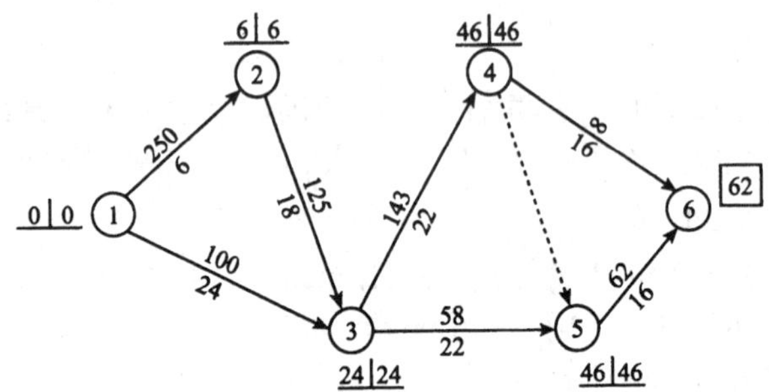

图 12-46　第四次工期缩短的网络计划

考虑不同工期增加费用及间接费用的影响，列表 12-5，选择其中组合费用最低的工期作为最佳方案。

表 12-5　不同工期组合费用

不同工期/d	96	84	76	70	62	58
增加直接费用/元	0	684	1522	2380	3988	4888
间接费用/元	11520	10080	9120	8400	7440	6960
合计费用/元	11520	10764	10642	10780	11428	11748

从表 12-5 中可以看出，工期 76d 所增加费用最少。费用最低网络计划如图 12-47 所示。

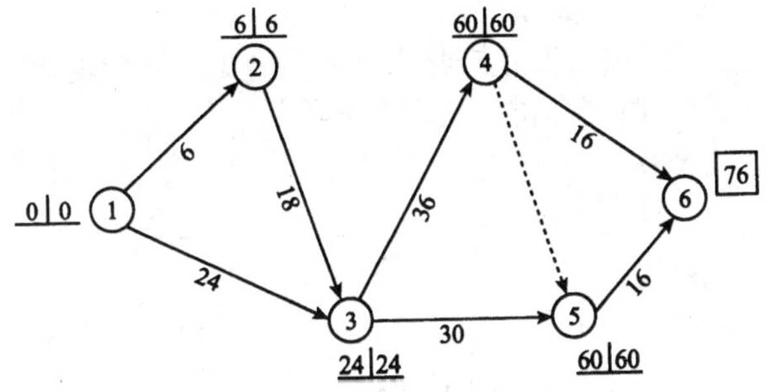

图 12-47　费用最低网络计划

单代号网络计划进行费用优化计算时，除各工作费用率按式（12-44）计算外，其他步骤与双代号网络计划一样。

12.5.3　资源优化

资源是为完成某项工程任务所需要的人力、材料、机械设备及资金的统称。完成一项工程任务所需的资源量基本是不变的，不可能通过资源优化而使其减小，更不可能通过资源优化将其减至最少。资源优化是通过改变各工作的开始时间，使资源按时间的分布符合优化目标。

资源优化主要有“资源有限-工期最短”和“工期固定-资源均衡”两种优化。

1. “资源有限-工期最短”的优化

“资源有限-工期最短”的优化是通过计划安排，满足资源限制的条件，并使工期拖延最少的过程。对资源进行优化时，宜逐“时间单位”做资源检查，当出现第 t 个“时间单位”资源需用量 R_t 大于资源限量 R_a 时，应进行计划调整。

资源需用量是网络计划中各项工作在某一单位时间内所需某种资源总的数量。

资源限量是单位时间内可供使用的某种资源的最大数量。

调整计划时，应对资源冲突的诸工作做新的顺序安排。顺序安排的选择标准是工期延长时间最短，其值应按下列公式计算。

（1）对双代号网络计划

$$\Delta D_{m'-n',\ i'-j'}=\min\{\Delta D_{m-n,\ i-j}\} \tag{12-45}$$

$$\Delta D_{m-n,\ i-j}=EF_{m-n}-LS_{i-j} \tag{12-46}$$

式中：$\Delta D_{m'-n',\ i'-j'}$——在各种顺序安排中，最佳顺序安排所对应的工期延长时间的最小值；

$\Delta D_{m-n,\ i-j}$——在资源冲突的诸工作中，工作 $i-j$ 安排在工作 $m-n$ 之后进行，工期所延长的时间。

（2）对单代号网络计划

$$\Delta D_{m',\ i'}=\min\{\Delta D_{m,\ i}\} \tag{12-47}$$

$$\Delta D_{m,\ i}=EF_m-LS_i \tag{12-48}$$

式中：$\Delta D_{m',\ i'}$——在各种顺序安排中，最佳顺序安排所对应的工期延长时间的最小值；

$\Delta D_{m,i}$——在资源冲突的诸工作中，工作 i 安排在工作 m 之后进行，工期所延长的时间。

“资源有限-工期最短”优化的计划调整应按下列步骤调整工作的最早开始时间。

1）计算网络计划每“时间单位”的资源需用量。

2）从计划开始日期起，逐个检查每个“时间单位”资源需用量是否超过资源限量。如果在整个工期内每个“时间单位”均能满足资源限量的要求，可行优化方案就能编制完成，否则必须进行计划调整。

3）分析超过资源限量的时段（每“时间单位”资源需用量相同的时间区段），按式（12-45）计算 $\Delta D_{m'-n',i'-j'}$或按式（12-47）计算 $\Delta D_{m',n'}$ 值，依据它确定新的安排顺序。

4）当最早完成时间 $EF_{m'-n'}$ 或 $EF_{m'}$ 最小值和最迟开始时间 $LS_{i'-j'}$ 或 $LS_{i'}$ 最大值同属一个工作时，应找出最早完成时间 $EF_{m'-n'}$ 或 $EF_{m'}$ 值为次小，最迟开始时间 $LS_{i'-j'}$ 或 $LS_{i'}$ 为次大的工作，分别组成两个顺序方案，再从中选择较小者进行调整。

5）绘制调整后的网络计划，重复步骤 1）～步骤 4)，直到满足要求。

下面结合示例说明“资源有限-工期最短”优化的工作最早开始时间调整的方法与步骤。

【例 12-6】 某网络计划如图 12-48 所示，图中箭线上的数字为工作持续时间，箭线下的数字为工作资源强度。假定每天只有 9 个工人可供使用，如何安排各工作最早开始时间以使工期达到最短？

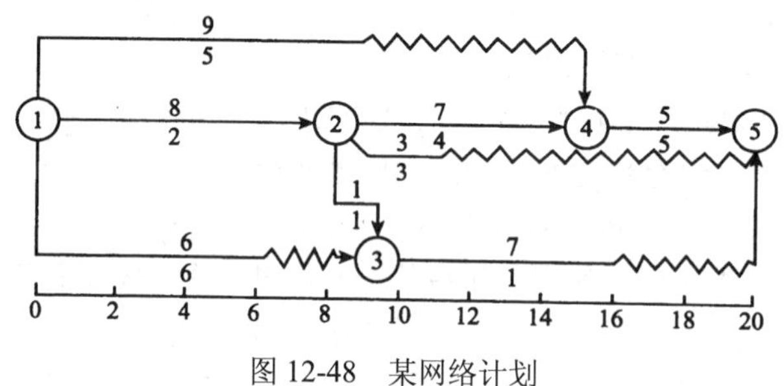

图 12-48　某网络计划

解：计算方法与步骤如下。

1）计算每日资源数量，如表 12-6 所示。

表 12-6　每日资源数量

工作日	1	2	3	4	5	6	7	8	9	10
资源数量	13	13	13	13	13	13	7	7	13	8
工作日	11	12	13	14	15	16	17	18	19	20
资源数量	8	5	5	5	5	6	5	5	5	5

2）逐日检查是否满足要求。在表 12-6 中看到第一天资源需用量就超过可供资源量（9 人）要求，必须进行工作最早开始时间调整。

3）分析资源超限的时段。在第 1～6 天，有工作①—④、①—②、①—③，分别计

算 EF_{i-j}、LS_{i-j}，确定调整工作最早开始时间方案，如表 12-7 所示。

表 12-7　超过资源限量的时段的工作时间参数

工作代号 $i-j$	EF_{i-j}	LS_{i-j}
①—④	9	6
①—②	8	0
①—③	6	7

根据式（12-45）及式（12-47）确定 $\Delta D_{m'-n',\ i'-j'}$ 最小值。$\min\{EF_{m-n}\}$和 $\max\{LS_{i-j}\}$ 属于同一工作①—③，找出 EF_{m-n} 的次小值及 LS_{i-j} 的次大值是 8 和 6，组成两组方案。

$$\Delta D_{1-3,\ 1-4}=6-6=0$$

$$\Delta D_{1-2,\ 1-3}=8-7=1$$

选择工作①—④安排在工作①—③之后进行，工期不增加，每天资源需用量从 13 人减少到 8 人，满足要求。如果有多个平行作业工作，当调整一项工作的最早开始时间后仍不能满足要求，就应继续调整。

重复以上计算方法与步骤。可行优化方案如表 12-8 和图 12-49 所示。

表 12-8　可行优化方案的每日资源数量

工作日	1	2	3	4	5	6	7	8	9	10	11
资源数量	8	8	8	8	8	8	7	7	6	9	9
工作日	12	13	14	15	16	17	18	19	20	21	22
资源数量	9	9	9	9	8	4	9	6	6	6	6

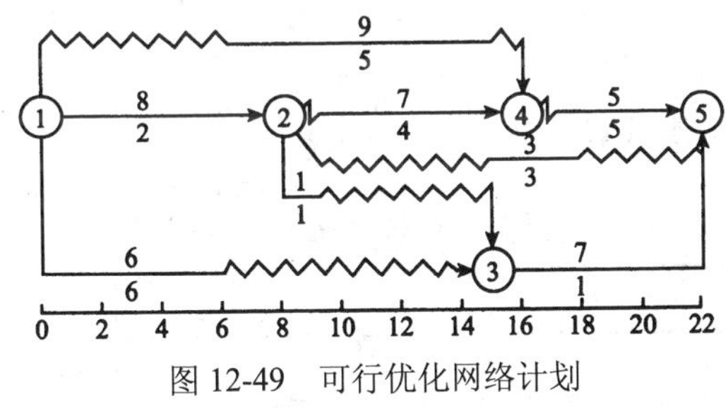

图 12-49　可行优化网络计划

单代号网络计划计算方法及步骤与双代号网络计划的计算方法与步骤一样。

2. “工期固定-资源均衡”的优化

“工期固定-资源均衡”的优化过程是调整计划安排，在工期保持不变的条件下使资源需用量尽可能均衡的过程，也就是在资源需用量动态曲线上尽可能不出现短期高峰或长期低谷的情况，力求使每天的资源需用量接近于平均值。优化方法一般采用削高峰法（利用时差降低资源高峰值）。其步骤如下。

1）计算网络计划每“时间单位”资源需用量。

2）确定削峰目标，其值等于每“时间单位”资源需用量的最大值减一个单位量。

3）找出高峰时段的最后时间 T_h、有关工作的最早开始时间 ES_{i-j}（或 ES_i）和总时差 TF_{i-j}（或 TF_i）。

4）按下列公式计算有关工作的时间差值 ΔT_{i-j} 或 ΔT_i。

① 对双代号网络计划

$$\Delta T_{i-j}=TF_{i-j}-(T_h-ES_{i-j}) \tag{12-49}$$

② 对单代号网络计划

$$\Delta T_i=TF_i-(T_h-ES_i) \tag{12-50}$$

优先以时间差值最大的工作 $i'-j'$ 或工作 i' 为调整对象，令

$$ES_{i'-j'}=T_h \tag{12-51}$$

或

$$ES_{i'}=T_h \tag{12-52}$$

5）当峰值不能再减少时即得到优化方案。否则，重复以上步骤。

下面结合示例说明削高峰法的优化步骤。

【例 12-7】 某时标网络计划如图 12-50 所示，箭线上的数字表示工作持续时间，箭线下的数字则表示工作资源强度。试进行“工期固定-资源均衡”优化。

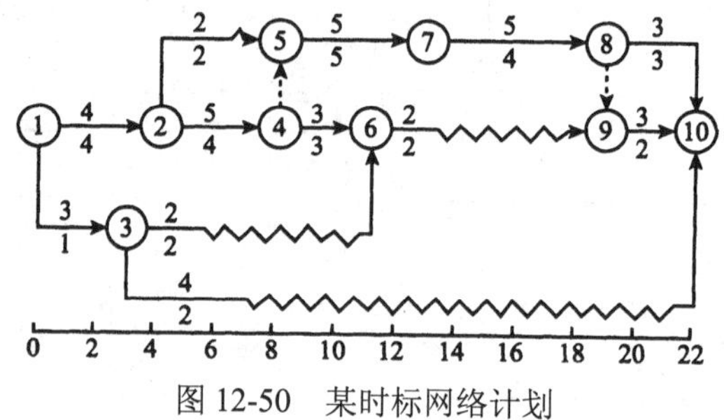

图 12-50　某时标网络计划

解：计算方法及步骤如下。

1）计算每日所需资源数量，如表 12-9 所示。

表 12-9　每日资源数量 1

工作日	1	2	3	4	5	6	7	8	9	10	11
资源数量	5	5	5	9	11	8	8	4	4	8	8
工作日	12	13	14	15	16	17	18	19	20	21	22
资源数量	8	7	7	4	4	4	4	4	5	5	5

2）确定削峰目标。

削峰目标就是表 12-9 中最大值减去它的一个单位量。削峰目标定为 10（11－1）。

3）找出下界时间点 T_h 及有关工作 $i—j$ 的 ES_{i-j}、TF_{i-j}。

$$T_h=5$$

在第 5 天有②—⑤、②—④、③—⑥、③—⑩ 4 个工作，相应的 TF_{i-j} 和 ES_{i-j} 分别为 2、4、0、4，12、3、15、3。

4）按式（12-49）计算 ΔT_{i-j}:

$$\Delta T_{2-5}=2-(5-4)=1 \quad \Delta T_{2-4}=0-(5-4)=-1$$

$$\Delta T_{3-6}=12-(5-3)=10 \quad \Delta T_{3-10}=15-(5-3)=13$$

5）由上可知，工作③—⑩的 ΔT_{3-10} 值最大，故优先将该工作向右移动 2d（即第 5 天以后开始），然后计算每日资源数量，看峰值是否小于或等于削峰目标 10。

当由于工作③—⑩最早开始时间改变，在其他时段中出现超过削峰目标的情况时，则重复步骤 3）～步骤 5），直至不超过削峰目标为止。本例工作③—⑩调整后，其他时间里没有再出现超过削峰目标的现象，如表 12-10 和图 12-51 所示。

表 12-10　每日资源数量 2

工作日	1	2	3	4	5	6	7	8	9	10	11
资源数量	5	5	5	7	9	8	8	6	6	8	8
工作日	12	13	14	15	16	17	18	19	20	21	22
资源数量	8	7	7	4	4	4	4	4	5	5	5

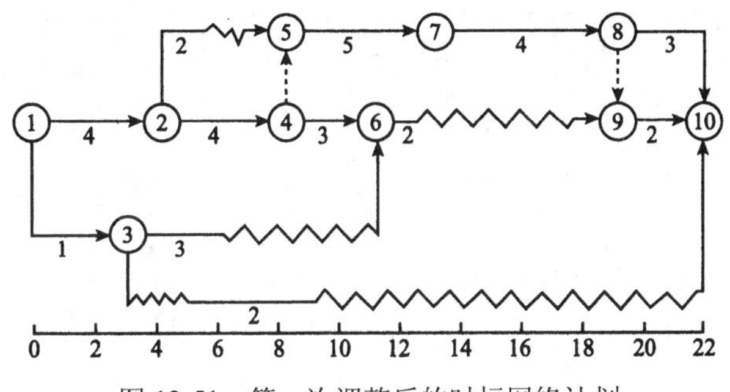

图 12-51　第一次调整后的时标网络计划

从表 12-10 中可知，经第一次调整后，资源数量最大值为 9，故削峰目标定为 8。逐日检查至第 5 天，资源数量超过削峰目标值，在第 5 天中有工作②—④、③—⑥、②—⑤，计算各 ΔT_{i-j} 值

$$\Delta T_{2-4}=0-(5-4)=-1$$

$$\Delta T_{3-6}=12-(5-3)=10$$

$$\Delta T_{2-5}=2-(5-4)=1$$

其中工作 ΔT_{3-6} 值为最大，故优先调整工作③—⑥，将其向右移动 2d，资源数量变化如表 12-11 所示。

表 12-11　每日资源数量 3

工作日	1	2	3	4	5	6	7	8	9	10	11
资源数量	5	5	5	4	6	11	11	6	6	8	8
工作日	12	13	14	15	16	17	18	19	20	21	22
资源数量	8	7	7	4	4	4	4	4	5	5	5

由表可知在第 6、7 两天资源数量又超过 8。在这一时段中有工作②—⑤、②—④、③—⑥、③—⑩，再计算 ΔT_{i-j} 值：

$$\Delta T_{2-5}=2-(7-4)=-1$$
$$\Delta T_{2-4}=0-(7-4)=-3$$
$$\Delta T_{3-6}=10-(7-5)=8$$
$$\Delta T_{3-10}=12-(7-5)=10$$

按理应选择 ΔT_{i-j} 值最大的工作③—⑩，但因为它的资源强度为 2，调整它仍然不能达到削峰目标，故选择工作③—⑥（它的资源强度为 3），满足削峰目标，将使之向右移动 2d。

通过重复上述计算步骤，最后削峰目标定为 7，不能再减少了。优化计算结果如表 12-12 和图 12-52 所示。

表 12-12　每日资源数量 4

工作日	1	2	3	4	5	6	7	8	9	10	11
资源数量	5	5	5	4	6	6	6	7	7	5	7
工作日	12	13	14	15	16	17	18	19	20	21	22
资源数量	7	7	7	7	7	7	7	6	5	5	5

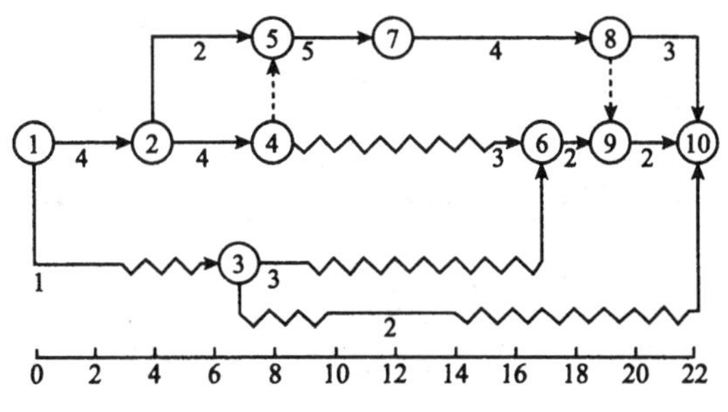

图 12-52　资源调整完成的时标网络计划

削高峰法的单代号网络计划的计算方法和步骤参看本例方法与步骤。ΔT_{i-j} 值的含义相当于工作总时差，当 $\Delta T_{i-j}<0$ 时，表示调整该工作最早开始时间后延长工期，因此只能选择 $\Delta T_{i-j}>0$ 的工作进行最早开始时间调整。

思　考　题

12-1　什么是网络图？试比较网络图和横道图的异同。

12-2　什么是双代号网络图？其绘制原则是什么？

12-3　什么是网络图的逻辑关系？

12-4　什么是虚工作？其作用是什么？在绘制双代号网络图时如何运用虚工作？

12-5　网络计划有哪些时间参数？各参数的含义是什么？

12-6　什么是关键线路？其特点是什么？

12-7　工作总时差与自由时差有什么区别和联系？

12-8　什么是单代号网络图？它与双代号网络图有什么区别？

12-9　什么是时标网络图？绘制原则是什么？

12-10　什么是网络计划优化？网络计划优化有哪几种？

12-11　工期优化的基本思路是什么？

12-12　工程费用与工期有什么关系？如何进行费用优化？

12-13　资源优化有哪两类问题？各自的意义是什么？

习　　题

12-1　根据表 12-13 和表 12-14 的逻辑关系，试绘制双代号网络图。

表 12-13　工作间的逻辑关系 1

工作名称	A	B	C	D	E	F	G
紧前工作	—	A	B	A	B、D	E、C	F

表 12-14　工作间的逻辑关系 2

工作名称	A	B	C	D	E	F	G	H	I	J	K
紧前工作	—	A	A	B	B	E	A	D、C	E	F、G、H	I、J

12-2　试指出图 12-53 所示网络图的错误。

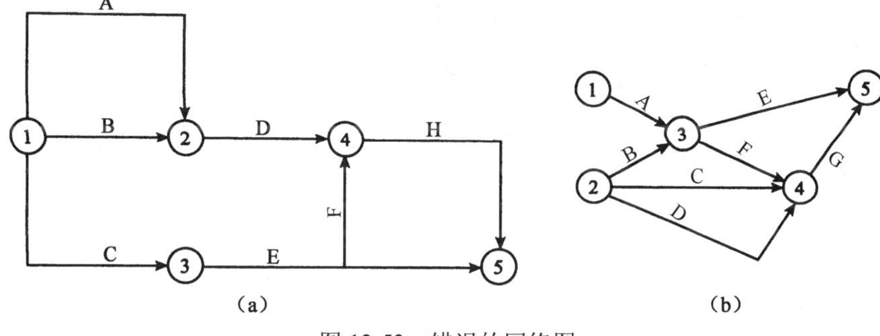

图 12-53　错误的网络图

12-3　用图上计算法计算图 12-54 所示双代号网络图的工作时间参数，并标出关键线路。

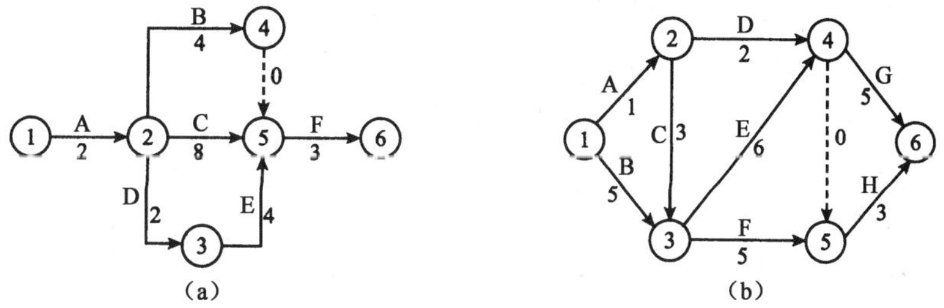

图 12-54　双代号网络图

12-4　将图 12-54 所示的双代号网络图改为单代号网络图，用图上计算法计算其时间参数并标出关键线路。

12-5　将图 12-54 所示的双代号网络图绘制为双代号时标网络图。

12-6　某网络计划图如图 12-55 所示，假定要求工期为 100d，根据实际情况考虑选择应缩短持续时间的关键工作的顺序为 B、C、D、E、G、H、I、A。要求对该网络计划进行优化（图中箭线下面括号外数字为工作正常持续时间，括号内数字为工作最短持续时间）。

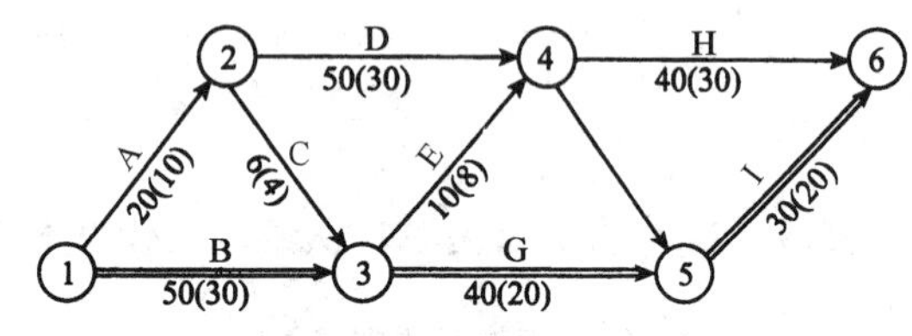

图 12-55　双代号网络计划图

第 13 章　施工组织总设计

13.1　概　　述

施工组织总设计是以若干个单位工程或建筑群为对象，根据初步设计或扩大初步设计图纸及其他有关资料和现场施工条件编制，用以指导整个施工现场各项施工准备和组织施工活动的技术经济文件。

13.1.1　施工组织总设计的作用

施工组织总设计的主要作用有以下几方面。

1）从全局出发，为建设项目或群体工程的施工做出全面的战略部署。

2）为全场的各种施工准备、资源供应提供依据。

3）为组织全工地性施工提供科学方案和实施步骤。

4）为单位工程施工组织设计提供依据。

5）为确定设计方案的施工可行性和经济合理性提供依据。

13.1.2　施工组织总设计的编制依据

施工组织总设计一般以下列资料为编制依据。

1. 计划文件及相关合同

计划文件及相关合同包括可行性研究报告、国家批准的固定投资计划、工程项目一览表、分期分批施工项目和投资计划、主管部门的批件、招投标文件及签订的工程承包合同、工程材料和设备的订货合同等。

2. 设计文件及相关资料

设计文件及相关资料包括初步设计、扩大初步设计或技术设计的有关图纸、设计说明书、总概算或修正概算、建筑总平面图、建设地区区域平面图、建筑竖向设计等。

3. 工程勘察和技术经济资料

工程勘察和技术经济资料包括地形、地貌、工程地质、水文、气象等自然条件；交通运输、能源、预制构件、建筑材料、水电供应及机械设备等技术经济条件；建设地区政治、经济文化、生活、环境等社会生活条件。

4. 相关的规范、规程及有关技术规定

相关的规范、规程及有关技术规定包括国家现行的施工及验收规范、操作规程、定额、技术规定和技术经济指标。

5. 类似工程的施工组织总设计和有关参考资料

类似工程的施工组织总设计和有关参考资料指与拟建项目类似的已建工程的施工

组织总设计和其他参考资料。

13.1.3 施工组织总设计的原则

1）严格遵守工期定额和合同规定的工程竣工及交付使用期限。

2）合理安排施工程序与顺序。

3）贯彻多层次技术结构的技术政策，因时因地制宜地促进技术进步和建筑工业化、标准化的发展。

4）从实际出发，做好人力、物力的综合平衡，组织均衡施工。

5）尽量利用永久性工程、原有或就近的已有设施，以减少各种暂设工程；尽量利用当地资源，合理安排运输、装卸与储存作业，减少物资运输量，避免二次搬运；精心进行场地规划布置，节约施工用地，不占或少占农田，防止施工事故发生，做到文明施工。

6）实施目标管理。

7）与施工项目管理相结合。

13.1.4 施工组织总设计编制内容

施工组织总设计编制内容根据工程性质、规模、工期、结构特点及施工条件的不同而有所不同，一般包括以下内容。

1）项目工程概况：包括项目名称、项目性质、建设地点、建设规模；项目的建设、勘察、设计和监理等相关单位的情况；项目设计概况；总工期、分期分批投入使用的项目和工期、总占地面积、建筑面积、主要工种工程量、设备安装工程量、总投资、建筑安装工程量、工厂区和生活区工作量、生产流程和工艺特点、建筑结构类型、新技术及新材料的复杂程度和应用情况；项目承包范围及主要分包工程范围；施工合同或招标文件对项目施工的重点要求；建设地区的自然条件和技术经济条件，如气象、水文、地质、地形、地貌；项目施工区域地上、地下管线及相邻的地上、地下建（构）筑物情况；当地建筑材料、设备供应和交通运输等服务能力状况；与项目相关的有关道路、河流等状况；当地供电、供水、供热和通信能力状况；其他与施工有关的主要因素等。

2）施工部署及主要单项工程的施工方案。

3）全场性施工准备工作计划。

4）施工总进度计划。

5）各项资源需要量计划。

6）全场性施工总平面图设计。

7）技术经济指标。

其中，施工部署及主要单项工程的施工方案、施工总进度计划、全场性施工总平面图设计是施工组织总设计的核心部分。

13.1.5 施工组织总设计的编制程序

施工组织总设计的编制程序如图 13-1 所示。

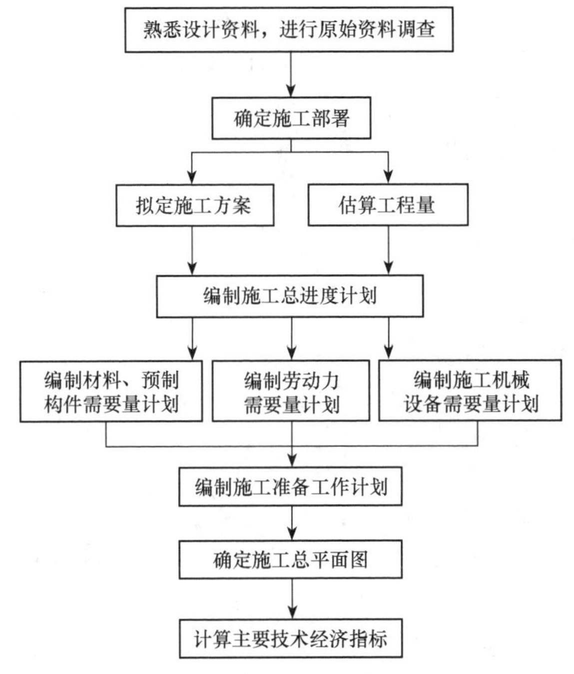

图 13-1　施工组织总设计的编制程序

13.2　施工部署与施工方案

施工部署是对项目实施过程做出的统筹规划和全面安排，并对影响全局的重大问题进行战略决策，包括确定项目施工总目标、项目分阶段（期）交付计划、项目分阶段（期）施工的合理顺序及空间组织等施工方面的事项。施工部署所包括的内容因建设项目的性质、规模和施工条件的不同而不同，一般应包括的内容有确定工程开展程序、明确施工任务划分与组织安排、编制现场施工准备工作计划、拟定主要工程项目的施工方案、规划现场临时设施等。

1. *确定工程开展程序*

确定建设项目中各项工程合理的开展程序是关系到整个建设项目能否尽快投产使用的重点问题。确定工程开展程序，要注意以下几点。

1）在保证工期要求的前提下，分期分批施工。

对于一些大中型工业建设项目，一般要根据建设项目总目标的要求，分期分批建设，既可使各具体项目尽快建成，尽早投入使用，又可在全局上实现施工的连续性和均衡性，减少暂设工程数量，降低工程成本。至于施工的期数、各期工程包含哪些项目，则要根据生产工艺要求、建设部门要求、工程规模大小和施工难易程度、资金、技术等情况，由建设单位和施工单位共同研究确定。

对于大中型民用建设项目（如居民小区），一般也应分期分批建设。除考虑住宅以外，还应考虑幼儿园、学校、商店和其他公共设施的建设，以便交付后能及早发挥经济效益、社会效益和环保效益。

对于小型工业与民用建筑或大型建设项目的某一系统，由于工期较短或生产工艺的要求，也可不必分期分批建设，可一次性建成投产。

2）划分分期分批施工的项目时，应优先安排以下工程。

① 按生产工艺要求，须先期投入生产或起主导作用的工程项目。

② 工程量大、施工难度大或工期长的项目。

③ 运输系统、动力系统。

④ 生产上需要先期使用的机修、车库、办公楼及部分家属宿舍等。

⑤ 供施工、生活使用的项目及临时设施。

3）在安排工程顺序时，应按先地下后地上；先深后浅；先干线后支线的原则进行安排。

4）考虑施工季节的影响。

2. 明确施工任务划分与组织安排

在明确施工项目管理体制、机构的条件下，划分各参与施工单位的施工任务，明确总包与分包单位的关系，建立施工现场统一的组织领导机构及职能部门，确定综合的和专业化的施工组织，明确各施工单位之间分工与协作的关系，划分施工阶段，确定各施工单位分期分批的主导施工项目和穿插施工项目。

3. 编制现场施工准备工作计划

在建设工程的范围内做好“五通一平”，这是现场施工准备工作中的重要内容之一，也是搞好施工所必须具备的基本条件。此外，尚需按照总平面图做好现场测量控制网。在充分掌握地区基本情况和施工单位实际情况的基础上，尽可能利用本系统、本地区的永久性工厂、基地、道路等为施工服务，然后按施工需要做出临时设施项目、数量的规划。

4. 拟定主要工程项目的施工方案

在施工组织总设计中应对主要工程项目的单位工程、分部工程或特种结构工程的施工工艺流程及施工工段的划分提出原则性的意见。这些项目通常是整个建设项目中工程量大、施工难度大、工期长，对整个建设项目的完成起关键作用的建筑物或构筑物，以及全场范围内工程量大、影响全局的特殊分项工程。其目的是进行技术和资源的准备工作，同时也为了施工顺利进行和现场的合理布局。它的内容包括施工方法、施工机械选择、施工工艺流程等。

1）对施工方法的确定要考虑技术工艺的先进性和经济上的合理性。

2）对施工机械的选择，应使主导机械的性能既能满足工程的需要，又能发挥其效能，在各个工程上能够实现综合流水作业，减少其拆、装、运的次数；对于辅助机械，其性能应与主导施工机械相适应，以充分发挥主导施工机械的工作效率。

3）施工工艺流程要兼顾各工种、各施工段的合理搭接。

5. 规划现场临时设施

根据工程开展程序和施工项目施工方案的要求，对施工现场临时设施进行规划，主要内容包括：安排生产和生活性临时设施的建设；安排材料、成品、半成品、构件的运输和储存方式；安排场地平整方案和全场性排水设施；安排场内外道路、水、电、气引入方案；安排场区内的测量标志等。

13.3　施工总进度计划与资源需要量计划

13.3.1　施工总进度计划

施工总进度计划是施工现场各项施工活动在时间和空间上的体现，是施工组织总设计的核心内容之一，并以此来协调各项目的施工时间，组织协调各种生产资源进场时间和数量等。施工总进度计划是根据施工部署中的施工方案和施工项目开展的程序，确定各主要项目的施工期限和相互间的平行搭接施工的时间，对整个工地的施工项目做出时间和空间上的安排，用进度表的形式来表达并用以控制施工的实际进度。

施工总进度计划的作用在于确定各个建筑物及其主要工种、工程、准备工作和全工地性工程的施工期限及开工和竣工的日期，从而确定建筑施工现场上劳动力、材料、成品、半成品、施工机械的需要数量和调配情况，以及现场临时设施的数量、水电供应数量和能源、交通的需要数量等。因此，正确地编制施工总进度计划是保证各项目以及整个建设工程按期交付使用，充分发挥投资效益，降低建筑工程成本的重要条件。

1. 编制施工总进度计划的基本要求

编制施工总进度计划的基本要求为保证拟建工程在规定的期限内完成、发挥投资效益、保证施工的连续性和均衡性、节约施工费用等。

2. 施工总进度计划的编制步骤

施工总进度计划通常以表格的形式表示，目前表格形式并不统一，一般可根据各单位的实际需要而定，其常用的形式如表 13-1 所示。

表 13-1　施工总进度计划表

项次	工程名称	建筑面积/m^2	结构形式	总劳动量/工日	工作日	施工进度			
						××××年	××××年	××××年	××××年
						一季度	二季度	三季度	四季度
1	炼钢车间								
2	连铸车间								
3	公共建筑								
4	民用建筑								
⋮	⋮								

（1）列出工程项目

施工总进度计划的主要作用是控制总工期，因此在列工程项目一览表时，项目划分不宜过细。通常按照分期分批投产顺序和工程开展顺序列出工程项目，并突出每个交工系统中的主要工程项目。一些附属项目及一些临时设施可以合并列出。

（2）计算工程项目及全工地性工程的工程量

根据批准的工程项目一览表，按工程开展程序和单位工程计算主要实物工程量。此时计算工程量的目的是选择施工方案和主要的施工、运输机械；初步规划主要施工过程和流水施工；估算各项目的完成时间；计算劳动力及技术物资的需要量。因此，工程量只需粗略地计算即可。计算工程量，可按初步设计（或扩大初步设计）图纸并根据各种定额手册进行计算。常用的定额、资料如下。

1）万元和十万元投资工程量、劳动力及材料消耗扩大指标。这种定额规定了某一种结构类型建筑，每万元或每十万元投资中劳动力消耗数量、主要材料消耗量。根据图纸中的结构类型，即可估算出拟建工程分项需要的劳动力和主要材料消耗量。

2）概算指标和扩大结构定额。这两种定额都是预算定额的进一步扩大，可根据工程项目的结构类型、跨度、高度等分类查得每 100m^3 建筑体积和每 100m^2 建筑面积的劳动力和材料消耗指标。

3）已建房屋、构筑物的资料。在缺少定额手册的情况下，可采用已建类似工程实际材料、劳动力消耗量，按比例估算。但是，由于和拟建工程完全相同的已建工程是比较少见的，因此在利用已建工程的资料时，一般都应进行必要的调整。

除建设项目本身外，还必须计算主要的全工地性工程的工程量，例如铁路及道路长度、地下管线长度、场地平整面积。这些数据可以从建筑总平面图上求得。按上述方法将计算出的工程量填入统一的工程量汇总表（表 13-2）。

表 13-2　工程项目工程量汇总表

工程项目分类	工程项目名称	结构类型	建筑面积/（1000m^2）	幢（跨）数/个	概算投资/万元	主要实物工程量								
						场地平整/（1000m^2）	土方工程/（1000m^3）	桩基工程/（1000m^2）	…	砖石工程/（1000m^3）	钢筋混凝土工程/（1000m^3）	…	装饰工程/（1000m^2）	…
全工地性工程														
主体项目														
辅助项目														
永久住宅														
临时建筑														
合计														

（3）确定各单位工程的施工期限

影响单位工程施工期限的因素很多，如工程项目类型、结构特征、施工单位的施工技术、施工方法、施工管理水平、机械化程度、劳动力和材料供应情况，以及现场地形、地质条件、气候条件等。

由于施工条件不同，应根据具体情况对各影响因素进行综合考虑来确定工期。此外，也可参考有关的工期定额确定各单位工程的施工期限。

（4）确定各单位工程的竣工时间和相互搭接关系

在确定了施工期限、施工程序和各系统的控制期限后，就需要对每一个单位工程的开竣工时间和各单位工程间的搭接关系进行具体确定。通常应考虑以下几个因素。

1）分期分批建设，发挥最大效益。在工厂第一期工程投产的同时，安排好第二期及后期工程的施工，在有限条件下，保证第一期工程早投产，促进后期工程的施工进度。

2）在同一时期进行的项目不宜过多，以避免人力、物力的分散。

3）满足连续性、均衡性施工的要求。应使土建施工中的主要分部分项工程（如土方、混凝土、构件预制、结构安装等）实行流水作业，尽量保证各施工段能同时进行作业，达到施工的连续性。均衡施工可以使施工过程中的劳力、施工机械和主要材料供应取得均衡，以避免出现使用高峰或低谷。同时，为实现施工的连续性和均衡性，需留出一部分附属工程或零星项目作为后备项目，如宿舍、附属或辅助项目、临时设施等，作为调节项目，穿插在主要项目的流水中。

4）考虑施工总平面图的空间关系。建设项目的各单位工程的分布，一般在满足规范的要求下，为了节省用地，布置比较紧凑，从而也导致了施工场地狭小，使场内运输、材料堆放、设备拼装、机械布置等产生困难。故应考虑施工总平面的空间关系，对相邻工程的开工时间和施工顺序进行调整，以免互相干扰。

5）考虑各种条件限制。在考虑各单位工程开工、竣工时间和相互搭接关系时，还应考虑现场条件、施工力量、物资供应、机械化程度以及设计单位提供图纸等资料的时间、投资等情况，同时还应考虑季节、环境的影响。总之，全面考虑各种因素，对各单位工程的开工时间和施工顺序进行合理调整。

（5）施工总进度计划的安排

施工总进度计划可以用横道图或网络图表达，可根据各单位的经验确定。由于施工总进度计划只起控制作用，因此不必制定得过细，对于跨年度的工程，通常第一年进度按月安排，第二年及以后各年按月或季安排。

施工总进度计划完成后，把各项工程的工作量加在一起，即可确定某时间建设项目总工作量的大小，工作量大的高峰期，资源需求就多，可根据情况，调整一些单位工程的施工速度或开工、竣工时间，以避免高峰时的资源紧张，也保证整个工程建设时期工作量达到均衡。

13.3.2　资源需要量计划

资源需要量计划的编制需要依据施工部署和施工总进度计划，重点确定劳动力、材料、构配件、加工品及施工机具等主要资源的需要量和时间。各项资源需要量计划可以作为材料供应、规划临时设施、组织劳动力进场和调集施工机具的依据，用以做好劳动力及物资的供应、平衡、调度和落实，其内容一般包括以下几个方面。

1. *劳动力需要量计划*

劳动力需要量计划是确定暂设工程规模和组织劳动力进场的依据。编制时根据各单位工程各工种的工程量，套用预算定额或有关资料求出各单位工程各工种的劳动力需要量。将各单位工程所需的主要劳动力汇总，即可得出整个建筑工程项目劳动力需要量计划（表 13-3）。

表 13-3 建设项目劳动力需要量计划

序号	工程名称	施工高峰人数/人	××××年施工人数/人				××××年施工人数/人				现有人数/人	多余或不足人数/人
			一季度	二季度	三季度	四季度	一季度	二季度	三季度	四季度		

2. *主要材料和预制品需要量计划*

主要材料和预制品需要量计划是组织材料和预制品加工、订货、运输、确定堆场和仓库面积的依据。根据工程量汇总表和总进度计划的要求，套用概算指标或类似工程经验资料可得出各单位工程所需的物资需要量，从而编制出物资需要量计划（表 13-4）。

表 13-4 建设项目各种物资需要量计划

序号	类别	材料名称	单位	全工地性工程						生活设施		其他暂设工程	需要量计划													
													××××年								××××年					
				主厂房	辅助车间	道路	铁路	给排水管道工程	电气工程	永久性住宅	临时性住宅		5月	6月	7月	8月	9月	10月	11月	12月	1月	2月	3月	4月	5月	6月
1	构件类	预制桩																								
		预制梁																								
		⋮																								
2	主要材料	钢筋																								
		水泥砖																								
		⋮																								
3	半成品类	砂浆																								
		混凝土																								
		门窗																								
		⋮																								

3. *施工机具需要量计划*

施工机具需要量计划是供应、计算配电线路及选择变压器、进行场地布置的依据。主要施工机械的需要量，根据施工进度计划、主要建筑物施工方案和工程量，套用机械产量定额，即可得到主要机械需要量，辅助机械可根据安装工程概算指标求得，从而编制出机械需要量计划（表 13-5）。

表 13-5　施工机械需要量计划

序号	机械名称		型号	生产效率	数量	需要量计划															
						××××年								××××年							
						5 月	6 月	7 月	8 月	9 月	10 月	11 月	12 月	1 月	2 月	3 月	4 月	5 月	6 月	7 月	8 月
1	土方机械	挖土机																			
		铲运机																			
		⋮																			

4. 大型临时设施计划

大型临时设施计划应本着尽量利用已有或拟建工程的原则，按安装施工部署、施工方案、各种资源需要量计划等进行编制（表 13-6）。

表 13-6　大型临时设施一览表

序号	项目	名称	需要量		利用现有建筑	利用拟建永久工程	新建	单价/（元/m^2）	造价/万元	占地/m^2	修建时间
			单位	数量							

13.4　全场性暂设工程

在工程项目正式开工之前，为满足工程项目施工需要，要按照施工准备工作总计划的要求，建造相应的暂设工程，为施工项目创造良好的施工条件。暂设工程类型和规模因工程而异，主要内容有工地加工厂、工地仓库、工地运输、办公及福利设施、工地供水和工地供电等。

13.4.1　工地加工厂

1. 工地加工厂类型及结构

通常工地加工厂类型主要有钢筋混凝土预制构件加工厂、木材加工厂、钢筋加工厂、金属结构构件加工厂和机械修理厂等。各种加工厂的结构形式，应根据使用期限而定，使用期限较短者采用简易结构，如一般油毡、铁皮或草木屋的竹木结构；使用期限较长者宜采用瓦屋面的砖木结构、砖石结构或装拆式活动房屋等。

2. 工地加工厂面积确定

加工厂的面积主要取决于设备尺寸、工艺过程、设计和安全防火要求，通常可参考有关经验指标等资料确定。

对于钢筋混凝土构件预制厂、锯木车间、钢筋加工棚等，其建筑面积可计算为

$$F=\frac{KQ}{TS\alpha} \tag{13-1}$$

式中：F——所需建筑面积，m^2；

K——材料需求不均衡系数（取 1.3～1.5）；

Q——所需材料加工总量；

T——加工总时间，月；

S——每平方米场地月平均加工量定额；

α——场地或建筑面积利用系数（取 0.6～0.7）。

13.4.2　工地仓库

1．工地仓库类型与结构

（1）常用的仓库类型

1）转运仓库：设在车站、码头等地用于转运货物的仓库。

2）中心仓库：专用来储存整个施工工地（或区域型施工企业）所需的材料、贵重材料及需要整理配套的材料仓库。

3）现场仓库：专为某项工程服务的仓库。

4）加工厂仓库：专供某加工厂储存原材料和加工半成品、构件的仓库。

（2）工地仓库结构

工地仓库按保管材料的方法不同，可分为以下几种。

1）露天仓库。用于堆放不因自然条件而影响性能、质量的材料，如砖、砂石、装配式混凝土构件等堆场。

2）库棚。用于堆放防止阳光雨雪直接侵蚀的材料，如细木作零件、珍珠岩、沥青等的半封闭式仓库。

3）封闭库房。用于储存防止风霜雨雪直接侵蚀变质的物品、贵重材料、五金器具以及细小容易散失或损坏的材料。

2．仓库面积的确定

确定仓库面积主要依据工程材料的储备量。在确定仓库面积时应选择既能满足连续施工的需要，又能使仓库面积最小的最经济的储备量。

（1）按材料储备期计算

$$F=\frac{q}{k'B} \tag{13-2}$$

（2）按系数计算

$$F=\varphi m \tag{13-3}$$

式中：F——仓库或堆场面积，m^2（包括通道面积）；

q——材料储备量；

k'——仓库的面积利用系数；

B——每平方米能存放的材料、半成品或制品的数量；

φ——系数；

m——计算基数。

13.4.3　工地运输道路

工地运输道路应尽可能利用永久性道路，或先修永久性道路路基并铺设简易路面。

主要道路应布置成环形，次要道路可布置成单行线，但应有回车场。要尽量避免与铁路交叉。

工地运输方式有铁路运输、水路运输和汽车运输等，目前汽车运输应用最为广泛。

13.4.4　办公及福利设施

1. 办公及福利设施类型

1）行政管理和生产用房：包括项目建设管理机构办公室、传达室、车库及各类材料仓库和辅助性修理车间等。

2）居住生活用房，包括家属宿舍、职工单身宿舍、招待所、商店、浴室等。

3）文化生活用房，包括俱乐部、学校、托儿所、图书馆、邮局、广播室等。

临时建筑修建时，应遵循经济、适用、装拆方便的原则，按照当地的气候条件、工期长短、本单位的现有条件以及现场暂时的有关规定确定结构形式。

2. 确定施工工地人数

1）直接参加施工生产的工人，包括机械维修工人、运输及仓库管理人员、动力设施管理工人、冬季施工的附加工人等。

2）行政及技术管理人员。

3）为施工工地上工人生活服务的人员。

4）以上各项人员的家属。

3. 确定办公及福利设施建筑面积

施工工地人数确定后，就可按实际使用人数确定建筑面积，计算公式如下：

$$S=NP_a \tag{13-4}$$

式中：S——建筑面积，m^2；

N——人数，人；

P_a——建筑面积指标，m^2/人；

计算所需要的各种生活办公用房面积。应尽量利用施工现场及其附近的永久性建筑物，或者提前修建能够利用的永久性建筑物，不足部分修建临时建筑物。临时建筑物修建时，遵循经济适用、装拆方便的原则，按照当地的气候条件，工期长短确定结构类型。通常有帐篷、装拆式房屋或利用地方材料修建的简易房屋等。

13.4.5　工地供水

施工工地临时供水主要包括生产用水、生活用水和消防用水 3 类。

1. 确定用水量

生产用水包括工程施工用水、施工机械用水。生活用水包括施工现场生活用水和生活区生活用水。

（1）工程施工用水量

$$q_1=K_1\sum\frac{Q_1N_1}{T_1b}\times\frac{K_2}{8\times3600} \tag{13-5}$$

式中：q_1——施工工程用水量，L/s；

K_1——未预见的施工用水系数（取 1.05～1.15）；

Q_1——年（季）度工程量（以实物计量单位表示）；

N_1——施工用水定额（查有关手册）；

T_1——年（季）度有效工作日，d；

b——每天工作班次，班；

K_2——用水不均衡系数。

（2）施工机械用水量

$$q_2 = K_1 \sum Q_2 N_2 \frac{K_3}{8 \times 3600} \tag{13-6}$$

式中：q_2——施工机械用水量，L/s；

Q_2——同种机械台数，台；

N_2——施工机械用水定额；

K_3——施工机械用水不均衡系数。

（3）施工现场生活用水

$$q_3 = \frac{P_1 N_3 K_4}{b \times 8 \times 3600} \tag{13-7}$$

式中：q_3——施工现场生活用水量，L/s；

P_1——施工现场高峰期生活人数，人；

N_3——施工生活用水定额；

K_4——施工现场生活用水不均衡系数。

（4）生活区生活用水

$$q_4 = \frac{P_2 N_4 K_5}{24 \times 3600} \tag{13-8}$$

式中：q_4——生活区生活用水量，L/s；

P_2——生活区居民人数，人；

N_4——生活区日夜全部用水定额；

K_5——生活区生活用水不均衡系数。

（5）消防用水量

消防用水量 q_5 见表 13-7。

表 13-7　消防用水量

<table>
<tr><th>序号</th><th colspan="2">用水名称</th><th>火灾同时发生次数</th><th>单位</th><th>用水量</th></tr>
<tr><td rowspan="3">1</td><td rowspan="3">居民区
消防用水</td><td>5000 人以内</td><td>一次</td><td>L/s</td><td>10</td></tr>
<tr><td>10000 人以内</td><td>二次</td><td>L/s</td><td>10～15</td></tr>
<tr><td>25000 人以内</td><td>三次</td><td>L/s</td><td>15～20</td></tr>
<tr><td rowspan="2">2</td><td rowspan="2">施工现场
消耗用水</td><td>施工现场在 25ha（公顷）以内</td><td rowspan="2">一次</td><td rowspan="2">L/s</td><td>10～15</td></tr>
<tr><td>每增加 25ha（公顷）递增</td><td>5</td></tr>
</table>

（6）总用水量 Q_w

1）当 $q_1+q_2+q_3+q_4 \leqslant q_5$ 时，

$$Q_w=q_5+\frac{1}{2}(q_1+q_2+q_3+q_4) \tag{13-9}$$

2）当 $q_1+q_2+q_3+q_4>q_5$ 时，

$$Q_w=q_1+q_2+q_3+q_4 \tag{13-10}$$

3）当工地面积小于 5 万 m^2，并且 $q_1+q_2+q_3+q_4<q_5$ 时，

$$Q_w=q_5 \tag{13-11}$$

最后计算的总用水量还应增加 10%，以补偿不可避免的水管渗漏损失。

2. 选择水源

施工工地的临时供水水源，有供水管道和天然水源两种。应尽可能利用现场附近已有的供水管道，只有在工地附近没有现成的供水管道或现成的供水管道无法使用以及给水管道供水量难以满足使用要求时，才使用江河、水库、泉水、井水等天然水源。选择天然水源时应注意下列因素。

1）水量充足可靠。

2）生活饮用水、生产用水的水质符合要求。

3）与农业、水利综合利用。

4）取水、输水、净水设施要安全、可靠、经济。

5）施工、运转、管理和维护方便。

3. 确定供水系统

临时供水系统由取水设施、净水设施、储水构筑物（水塔及蓄水池）输水管和配水管线综合而成。

（1）确定取水设施

取水设施一般由进水装置、进水管和水泵组成。取水口距河底（或井底）一般 0.25～0.9m。给水工程所用水泵有离心泵、隔膜泵及活塞泵 3 种。所选用的水泵应具有足够的抽水能力和扬程。

1）将水送至水塔时的扬程为

$$H_p=\left(Z_t-Z_p\right)+H_t+a+\sum h'+h_s \tag{13-12}$$

式中：H_p——水泵所需扬程，m；

Z_t——水塔处的地面标高，m；

Z_p——泵轴中线的标高，m；

H_t——水塔高度，m；

a——水塔的水箱高度，m；

$\sum h'$——从泵站到水塔间的水头损失，m；

h_s——水泵的吸水高度，m。

2）将水直接送到用户时的扬程为

$$H_p=\left(Z_y-Z_p\right)+H_y+\sum h'+h_s \tag{13-13}$$

式中：H_y——供水对象最大标高处必须具有的自由水头（一般为 8～10m），m；

Z_y——供水对象的最大标高，m。

（2）确定储水构筑物

储水构筑物一般有水池、水塔或水箱。在临时供水时，如水泵房不能连续抽水，则需设置储水构筑物。其容量以每小时消防用水决定，但不得少于 10～20m^3。储水构筑物（水塔）高度与供水范围、供水对象位置及水塔本身的位置有关，可用下式确定：

$$H_t=(Z_y-Z_t)+H_y+h_s \tag{13-14}$$

（3）确定供水管径

在计算出工地的总需水量后，可计算出供水管径，公式如下：

$$D=\sqrt{\frac{4Q_a\times1000}{\pi v}} \tag{13-15}$$

式中：D——配水管内径，mm；

Q_a——用水量，L/s；

v——管网中水的流速，m/s。

（4）选择管材

临时给水管道，根据管道尺寸和压力的大小进行选择，一般干管为钢管或铸铁管，支管为钢管。

13.4.6　工地用电

1．工地总用电量计算

施工现场用电量大体上可分为动力用电量和照明用电量两类。在计算用电量时，应考虑以下几点。

1）全工地使用的电力机械设备、工具和照明的用电功率。

2）施工总进度计划中，施工高峰期同时用电量。

3）各种电力机械的利用情况。

总用电量可按下式计算：

$$P_e=c\left(K_1\frac{\sum P_1}{\cos\varphi}+K_2\sum P_2+K_3\sum P_3+K_4\sum P_4\right) \tag{13-16}$$

式中：P_e——供电设备总需要容量，kW；

P_1——电动机额定功率；

P_2——电焊机额定容量；

P_3——室内照明容量；

P_4——室外照明容量；

$\cos\varphi$——电动机的平均功率因数（施工现场最高为 0.75～0.78，一般为 0.65～0.75）；

c——取 1.05～1.10；

K_1、K_2、K_3、K_4——机械需要系数（表 13-8）。

单班施工时，最大用电负荷量以动力用电量为准，不考虑照明用电。各种机械设备以及室外照明用电可参考有关定额。

表 13-8　需要系数

<table>
<tr><th rowspan="2">用电名称</th><th rowspan="2">数量</th><th colspan="2">需要系数</th><th rowspan="2">备注</th></tr>
<tr><th>K</th><th>数值</th></tr>
<tr><td rowspan="3">电动机</td><td>3～10 台</td><td rowspan="4">K_1</td><td>0.7</td><td rowspan="8">如施工中需要用电时，应将其用电量计算进去。为使计算接近实际，式中各项用电根据不同性质分别计算</td></tr>
<tr><td>11～30 台</td><td>0.6</td></tr>
<tr><td>30 台以上</td><td>0.5</td></tr>
<tr><td>加工厂动力设备</td><td></td><td>0.5</td></tr>
<tr><td rowspan="2">电焊机</td><td>3～10 台</td><td rowspan="2">K_2</td><td>0.6</td></tr>
<tr><td>10 台以上</td><td>0.5</td></tr>
<tr><td>室内照明</td><td></td><td>K_3</td><td>0.8</td></tr>
<tr><td>室外照明</td><td></td><td>K_4</td><td>1.0</td></tr>
</table>

2. 选择电源

选择临时供电电源，通常有以下几种方案。

1）完全由工地附近的电力系统供电，包括在全面开工之前把永久性供电外线工程做好，设置变电站。

2）由工地附近的电力系统供应一部分，不足部分由工地增设临时电站补充。

3）利用附近的高压电网，申请临时加设配电变压器。

4）工地处于新开发地区，没有电力系统时，完全由自备临时电站供给。

采取何种方案，须根据工程实际，经过分析比较后确定。通常将附近的高压电，经设在工地的变压器降压后，引入工地。

3. 确定变压器

变压器功率可由下式计算:

$$P_b=K\left(\frac{\sum P_{max}}{\cos\varphi}\right) \tag{13-17}$$

式中：P_b——变压器输出功率，kV・A；

K——功率损失系数（取 1.05）；

$\sum P_{max}$——各施工区最大计算负荷，kW；

$\cos\varphi$——电动机的平均功率因数。

根据计算所得容量，从变压器产品目录中选用略大于该功率的变压器。

4. 确定配电导线截面积

配电导线要正常工作，必须具有足够的力学强度以及耐受电流通过所产生的高温能力，并且能使电压损失在允许范围内，因此，选择配电导线有以下 3 种方法。

（1）按机械强度确定

导线必须具有足够的机械强度以防止因受拉或机械损伤而折断。在各种不同敷设方式下，导线按机械强度要求所需的最小截面可参考有关资料。

（2）按允许电流强度选择

导线必须能承受负荷电流长时间通过所引起的温升。

三相四线制线路上的电流强度可按下式计算：

$$I=\frac{P_{\mathrm{d}}}{\sqrt{3}V\cos\varphi} \tag{13-18}$$

式中：I——电流强度，A；

P_{d}——功率，W；

V——电压，V；

$\cos\varphi$——功率因数（临时电网取 0.7～0.75）。

二线制线路的电流强度可按下式计算：

$$I=\frac{P_{\mathrm{d}}}{V\cos\varphi} \tag{13-19}$$

式中符号含义同前。

制造厂家根据导线的容许温升，制定了各类导线在不同的敷设条件下的持续容许电流值，选择导线时，导线中的电流不能超过此值。

（3）按容许电压降确定

导线上引起的电压降必须限制在一定限度内。配电导线的截面可用下式确定：

$$H=\frac{\sum P_{\mathrm{f}}L}{C\varepsilon} \tag{13-20}$$

式中：H——导线断面积，m^2；

P_{f}——负荷电功率或线路输送的电功率，kW；

L——送电路的距离，m；

C——系数（视导线材料、送电电压及配电方式而定）；

ε——容许的相对电压降（即线路的电压损失百分比）（照明电路中容许电压降不应超过 2.5%～5%）。

所选用导线截面应同时满足以上 3 项要求，即以求得的 3 个截面积中最大者为准，从导线的产品目录中选作线芯。通常先根据负荷电流大小选择导线截面，然后再以机械强度和允许电压降进行复核。

13.5 施工总平面图设计

施工总平面图是拟建项目施工场地的总布置图，是指导现场文明施工的重要依据。它是按照施工方案和施工总进度计划的要求，将施工现场的交通道路、材料仓库或堆场、现场加工厂、临时房屋、临时水电管线等做出合理的规划布置，从而正确处理全工地施工期间所需各项临时设施和永久建筑以及拟建项目之间的空间关系，指导现场进行有组织、有秩序地进行文明施工。

13.5.1　施工总平面图的设计依据

1）建筑总平面图是确定临时建筑、临时道路和工地排水等问题的依据。

2）地形图、区域规划图等。

3）一切与工程建设有关的已建和拟建的地下管道、构筑物的位置。

4）建设地区的自然条件和技术经济条件。

5）建设项目的概况、施工部署、施工总进度计划。

6）各种建筑材料、构件、半成品、施工机械需要量计划、供应情况及运输方式。

7）各构件加工厂、仓库及其他临时设施情况。

13.5.2　施工总平面图的设计原则

1）在保证施工顺利进行的前提下，尽量减少施工用地，少占农田，使平面布置紧凑合理。

2）充分利用各种永久性建筑物、构筑物和原有设施为施工服务，降低临时设施费用。

3）一切临时性建筑设施尽量不占用拟建工程项目和设施的位置，以避免拆迁。

4）施工区域的划分和场地的确定，应符合施工流程要求，尽量减少专业工种和各工程之间的干扰。

5）合理组织运输、减少二次搬运，保证运输方便通畅。

6）各种临时设施应便于生产和生活需要。

7）满足安全防火、劳动保护、环境保护等要求。

13.5.3　施工总平面图的内容

施工总平面图设计需考虑的内容很多，但总的来说，是将施工部署进一步细化，用图的形式表达出来。施工总平面图一般应考虑下列内容。

1）建筑总平面图上一切地上地下建筑物、构筑物以及其他设施的位置和尺寸。

2）一切为全工地施工服务的临时设施的布置。

① 施工用地范围，施工用的各种道路。

② 加工厂、搅拌站及有关机械的位置。

③ 各种建筑材料、构件、半成品的仓库和堆场，取土、弃土位置。

④ 行政管理用房、宿舍、文化生活和福利设施等。

⑤ 水源、电源、变压器位置，临时给排水管线和供电、动力设施。

⑥ 机械站、车库位置。

⑦ 安全、消防设施等。

3）永久性测量放线标桩位置。

4）必要的图例、方向标志、比例尺等。

许多规模巨大的建设项目，其建设工期往往很长。随着工程的进展，施工现场的面貌将不断改变。在这种情况下，应按不同阶段分别绘制若干张施工总平面图，或根据工地的实际变化情况，及时对施工总平面图进行调整和修正，以便适应不同时期的需要。

13.5.4　施工总平面图的设计步骤

1. 场外运输道路的布置

运输道路的布置主要取决于大批材料、半成品、设备进入工地的运输方式。

当大批材料是由铁路运入工地时，首先要解决铁路的引入问题；当大批材料是由水路运入工地时，应首先考虑原有码头的运输能力和是否增设专用码头的问题；当大批材料是由公路运入工地时，由于汽车线路可以灵活布置，因此，一般先布置场内仓库和加工厂，然后再布置场外交通的引入。

2. 仓库与材料堆场的布置

仓库与材料堆场通常考虑设置在运输方便、位置适中、运距较短及安全防火的地方，并应根据不同材料、设备和运输方式来设置。

（1）铁路运输

一般大型工业企业（如钢铁厂）都设有永久性铁路专用线，通常提前修建。

当采用铁路运输时，仓库应沿铁路线布置，并且要有足够的装卸前线。如果没有足够的装卸前线，必须在附近设置转运仓库。布置铁路沿线仓库时，应将仓库设置在靠近工地一侧，避免场内运输线路跨越铁路。同时仓库不宜设置在弯道或坡道上。

（2）水路运输

当大量物资由水路运输时，应充分利用原有码头的运输能力。原有码头运输能力不足时，应考虑增设码头。当采用水路运输时，一般应在码头附近设置转运仓库，以缩短船只在码头上的停留时间。

（3）公路运输

当采用公路运输时，仓库的布置较灵活。一般中心仓库布置在工地中央或靠近使用的地方，也可以布置在靠近外部交通连接处。水泥、砂、石、木材等的仓库或堆场宜布置在搅拌站、预制场和加工厂附近；砖、预制构件等应该直接布置在施工对象附近，避免二次搬运。工业项目建筑工地还应考虑主要设备的仓库或堆场，一般应将较重设备尽量放在车间附近，其他设备可布置在外围空地上。

3. 加工厂和搅拌站的布置

各种加工厂布置，应以方便使用、安全防火、运输费用少、不影响建筑安装工程施工的正常进行为原则。一般应将加工厂集中布置在同一个地区，且多位于工地边缘。同时，各种加工厂与相应的仓库或材料堆场布置在同一地区为宜。

（1）混凝土搅拌站

根据工程具体情况可采用集中、分散或集中与分散相结合的 3 种方式设置搅拌站。当现浇混凝土量大时，宜在工地设置搅拌站；当运输条件好时，采用集中搅拌为宜；当运输条件较差时，宜采用分散搅拌。

（2）砂浆搅拌站

砂浆搅拌站宜分散就近布置。

（3）预制加工厂

尽量利用建设地区永久性加工厂，只有在运输困难时，才考虑现场设置预制加工厂，一般设置在建设场地空闲地带。

（4）钢筋加工厂

钢筋加工厂一般分散或集中布置。对于需要进行冷加工、对焊、点焊的钢筋或大片钢筋网，宜集中布置在中心加工厂；对于小型加工件，利用简单机具成型的钢筋加工，宜分散在钢筋加工棚中进行。

（5）木材加工厂

木材加工厂应视木材加工的工作量、加工性质和种类决定是集中设置还是分散设置。

（6）金属结构、锻工、电焊和机修等车间

金属结构、锻工、电焊和机修等车间在生产上联系密切，应尽可能布置在一起。

4. 场内道路的布置

根据各加工厂、仓库及各施工对象的相对位置，考虑货物运转情况，区分主要道路和次要道路，进行道路的规划，以保证运输畅通。

1）合理规划临时道路与地下管网的施工程序。在修建永久性道路时，应考虑永久性道路下的地下管网，避免重复开挖，节约投资。

2）充分利用拟建的永久性道路，提前修建永久性道路或先修路基和简易路面，作为施工所需的临时道路，项目完成后再铺路面。

3）保证运输畅通。应采用环形布置，主要道路宜采用双车道，宽度不小于 6m，次要道路宜采用单车道，宽度不小于 3.5m。

4）选择合理的路面结构。根据运输情况和运输工具的不同类型而定。一般场外与省、市公路相连的干线，宜建成混凝土路面；场区内的干线，宜采用碎石级配路面；场内支线一般为土路或砂石路。

5. 行政与生活临时设施布置

行政与生活临时设施包括办公室、休息室、浴室、开水房、食堂、俱乐部、车库等。根据工地施工人数，可计算临时设施的建筑面积。应尽量利用原有建筑物，不足部分另行建造。临时设施的设计，应以经济、适用、拆装方便为原则，并根据当地的气候条件、工期长短确定其结构形式。

1）一般全工地性行政管理用房宜设在工地入口处，以便对外联系；也可设在工地中间，便于工地管理。

2）工人用的福利设施应设置在工人较集中的地方，或工人必经之处。

3）生活区应设在场外，距工地 500～700m 为宜。

4）食堂可布置在工地内部或工地与生活区之间。

6. 临时水电管网及其他动力设施的布置

（1）有可以利用的水源、电源时

当有可以利用的水源、电源时，可以将水电直接接入工地。临时总变电站应设置在高压电引入处，不应放在工地中心。临时水池应放在地势较高处。

（2）无法利用现有水电时

当无法利用现有水电时，为获得电源，可在工地中心或附近设置临时发电设备；

为获得水源，可利用地下水或地表水设置临时供水设备（水塔、水池）。施工现场供水管网有环状、枝状和混合式 3 种形式。过冬的临时水管须埋在冰冻线以下或采取保温措施。

临时配电线路布置与供水管网相似。工地电力网，一般 3～10kV 的高压线采用环状布置，沿主干道布置；380/220V 低压线采用枝状布置。通常采用架空布置，距路面或建筑物不小于 6m。

7. 安全防火设施布置

易燃建筑物附近应设置消防栓，并有通畅的出口和车道，其宽度不小于 6m。消防栓与拟建房屋的距离不得大于 25m，也不得小于 5m，消防栓间距不应大于 100m，到路边的距离不应大于 2m。

上述布置应采用标准图例绘制在总平面图上，图幅可选用 1～2 号图纸，比例为 1∶1000 或 1∶2000。在进行各项布置后，经分析比较，调整修改，形成施工总平面图，并做必要的文字说明，标上图例、比例、指北针等。完成的施工总平面图比例要正确，图例要规范，线条粗细分明，字体端正，图面整洁美观。

上述各设计步骤不是完全独立的，而是相互联系、相互制约的，需要综合考虑、反复修正才能确定下来。当有几种方案时，应进行方案比较。

13.5.5 施工总平面图的科学管理

加强施工总平面图的管理，对科学组织文明施工，合理使用场地，保证现场道路、给排水系统的畅通，降低成本，避免安全事故等都具有重大意义。因此，现场对总平面图的科学管理是非常重要的。

1）建立统一的施工总平面图管理制度。划分总平面图的使用管理范围，实行场内、场外，分区、分片管理，做到责任到人。严格控制各项临时设施的拟建数量、标准、修建的位置、标高等。

2）总包单位应负责管理临时房屋、水电管网和道路的位置，挖沟、取土、弃土地点，机具、材料、构件的堆放场地。

3）严格按照施工总平面图控制材料堆放、机具设备的位置、占用时间和占用面积。施工中做到余料退库，废料入堆，现场无垃圾、无坑洼积水，工完场清。

4）对水源、电源、交通等公共项目实行统一管理。不得擅自拆迁临时房屋或水电线路、任意变动总图；不得随意挖路断道、堵塞排水沟渠。当需要断水、断电、堵路时，须事先提出申请，经相关部门批准后方可实施。

5）对各项临时设施应经常性维护检修，加强防火、保安和交通运输的管理。

13.6 主要技术经济指标分析

施工组织总设计经济合理与否决定了整个建设项目能否顺利进行以及项目的经济效益。因此，对施工组织总设计进行技术经济评价的目的，在于对施工组织总设计通过定性及定量的计算分析，论证其技术上是否可行、经济上是否合理。

13.6.1　指标体系

施工组织总设计（单位工程施工组织设计）中的技术经济指标常用的有施工工期、工程质量、劳动生产率、材料使用指标、机械化施工程度、工厂化施工程度、成本降低等。其体系如图 13-2 所示。

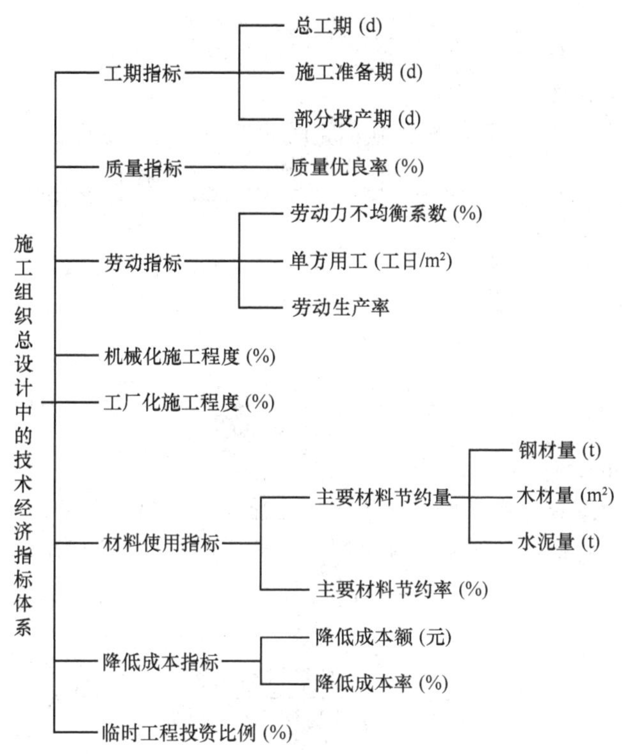

图 13-2　施工组织总设计中的技术经济指标体系

1. 工期指标

1）总工期（d）：从工程破土动工到竣工的全部日历天数。

2）施工准备期（d）：从施工准备开始到主要项目开工日止。

3）部分投产期（d）：从主要项目开工到第一批项目投产使用日止。

2. 质量指标

质量指标是施工组织设计中确定的控制目标。质量优良率为

$$质量优良率=\frac{优良工程个数（或面积）}{施工项目总个数（或总面积）}\times 100\%$$

3. 劳动指标

1）劳动力不均衡系数（%）：表示整个施工期间使用劳动力的不均衡程度，且劳动力不均衡系数在 1.55 左右较好。其计算式为

$$劳动力不均衡系数=\frac{施工高峰人数}{施工平均人数}\times 100\%$$

2）单方用工（工日/m^2）：反映劳动力的使用和消耗水平。其计算式为

$$单方用工=\frac{总工日}{总建筑面积}$$

3）劳动生产率：表示每个生产工人或建筑安装工人每工日所完成的工作量。其计算式为

$$劳动生产率=\frac{总工作量}{总工日数}$$

4. 机械化施工程度

机械化施工程度（%）：指机械化施工完成的工作量与总工作量之比。其计算式为

$$机械化施工程度=\frac{机械化施工完成的工作量}{总工作量}\times 100\%$$

5. 工厂化施工程度

工厂化施工程度（%）：指在预制加工厂里施工完成的工作量与总工作量之比。其计算式为

$$工厂化施工程度=\frac{预制加工厂里完成的工作量}{总工作量}\times 100\%$$

6. 材料使用指标

1）主要材料节约量：指靠施工技术组织措施实现的材料节约量。其计算式为

$$主要材料节约量=预算用量-施工组织设计计划用量$$

2）主要材料节约率（%）：指主要材料节约量与主要材料预算用量之比。其计算式为

$$主要材料节约率=\frac{主要材料节约量}{主要材料预算用量}\times 100\%$$

7. 降低成本指标

1）降低成本额（元）：指靠施工技术组织措施实现的降低成本金额。

2）降低成本率（%）：指降低成本额与预算成本之比。其计算式为

$$降低成本率=\frac{降低成本额}{预算成本}\times 100\%$$

8. 临时工程投资比例

临时工程投资比例（%）：指全部临时工程投资额与总工作量投资额之比，表示临时设施费用支出情况。其计算式为

$$临时工程投资比例=\frac{全部临时工程投资额}{总工作量投资额}\times 100\%$$

13.6.2 施工组织设计的技术经济分析

每一项施工活动可以运用多种不同的施工方法和施工机械完成，但不同的施工方法及施工机械会对工程的工期、质量和成本产生不同的影响。因此，在编制施工组织设计时，应根据现有的及可能获得的技术和机械情况，拟定几个不同的施工方案，然后从技

术上、经济上进行分析比较，选出技术上可行、经济上合理的方案，以最少的资源消耗获得最佳的经济效果。

对施工组织设计（施工方案）进行技术经济分析，有定性分析法和定量分析法两种方法。

1. 定性分析法

定性分析法是根据实际施工经验对不同施工方案的优劣进行分析比较，例如：对垂直运输设备，是采用井字架适当，还是采用塔吊适当？划分流水作业时，是二段流水有利于加快施工进度，还是三段流水有利于加快施工进度？钢筋混凝土烟囱是采用滑模施工，还是采用提模施工？冬季混凝土施工是采用保温法冬季施工方案，还是采用电热法冬季施工方案？

定性分析法主要凭经验进行分析、评价，虽比较方便，但精确度不高，也不能优化，决策易受主观因素的制约，一般常在施工实践经验比较丰富的情况下采用。

2. 定量分析法

定量分析法是对不同的施工方案进行一定的数学计算，将计算结果进行优劣比较。如有多个计算指标的，为便于分析、评价，常常对多个计算指标进行加工，形成单一（综合）指标，然后进行优劣比较。定量分析法一般有综合评分法和价值工程法两种方法。

1）综合评分法。综合评分法是通过综合打分来分析评价施工方案的优劣而择优选用。

【例 13-1】 某钢筋混凝土圆筒库主体工程施工时，曾提出滑模施工（第一方案）和翻模施工（第二方案）两种施工方法，在对两种方案进行技术经济分析时，采用了综合评分法：根据企业的实际情况和工程具体要求（工期较急、质量要求较高），从工期长短、质量可靠、安全性、施工费用 4 个方面进行打分，并确定 4 个方面的权重比例。打分结果如表 13-9 所示。

表 13-9　某主体工程两种施工方案的比较

指标	权重	滑模方案评分	翻模方案评分
工期长短	0.35	95	80
质量可靠	0.30	95	95
安全性	0.20	90	80
施工费用	0.15	80	95

滑模方案总分：

$$m_1=95\times0.35+95\times0.30+90\times0.2+80\times0.15=91.75$$

翻模方案总分：

$$m_2=80\times0.35+95\times0.30+80\times0.2+95\times0.15=86.75$$

通过打分计算，滑模方案明显优于翻模方案。从权重分配情况来看，该工程工期上要求较急，采用滑模方案可有效缩短施工周期，故选用滑模方案是合理的。

2）价值工程法。价值工程法是对各方案计算出的最终价值，用价值量的大小来评定方案的优劣。

【例 13-2】 某市高新技术开发区拟开发建设集科研和办公于一体的综合办公大楼，其设计方案的主体土建工程结构形式对比如下。

A 方案：结构为大柱网框架剪力墙轻墙体系，采用预应力大跨度叠合楼板，墙体材料采用多孔砖及可拆装式分室隔墙，窗户采用中空玻璃断桥铝合金窗，面积利用系数为 93%，单方造价为 1438 元/m^2；

B 方案：结构同 A 方案，墙体采用内浇外砌，窗户采用双玻塑钢窗，面积利用系数为 87%，单方造价为 1108 元/m^2；

C 方案：结构采用框架结构，采用全现浇楼板，墙体材料采用加气混凝土砌块，窗户采用双玻铝合金窗，面积利用系数为 79%，单方造价为 1082 元/m^2。

方案各功能的权重及各方案的功能得分如表 13-10 所示。

表 13-10　各方案功能的权重及得分

功能项目	功能权重	各方案功能得分		
		A	B	C
结构体系	0.25	10	10	8
楼板类型	0.05	10	10	9
墙体材料	0.25	8	9	7
面积系数	0.35	9	8	7
窗户类型	0.1	9	7	8

试用价值工程法选择最优方案。

解：分别计算各方案的功能指数、成本指数、价值指数。

① 计算功能指数：

$$W_A=10\times0.25+10\times0.05+8\times0.25+9\times0.35+9\times0.1=9.05$$

$$W_B=10\times0.25+10\times0.05+9\times0.25+8\times0.35+7\times0.1=8.75$$

$$W_C=8\times0.25+9\times0.05+7\times0.25+7\times0.35+8\times0.1=7.45$$

各方案功能的总计得分为

$$W=W_A+W_B+W_C=9.05+8.75+7.45=25.25$$

因此各方案的功能指数为

$$F_A=9.05/25.25\approx0.358$$

$$F_B=8.75/25.25\approx0.347$$

$$F_C=7.45/25.25\approx0.295$$

② 计算各方案的成本指数：

各方案的成本指数为

$$C_A=1438/（1438+1108+1082）=1438/3628\approx0.396$$

$$C_B=1108/3628\approx0.305$$

$$C_C=1082/3628\approx0.298$$

③ 计算各方案的价值指数：

各方安案的价值指数为

$V_A = 0.358/0.396 \approx 0.904$

$V_B = 0.347/0.305 \approx 1.138$

$V_C = 0.295/0.298 \approx 0.990$

由于 B 方案的价值指数最高，故 B 方案为最优方案。

思 考 题

13-1 施工组织总设计包括哪些内容？编制的原则和程序是什么？

13-2 施工部署包括哪些内容？

13-3 简述施工总进度计划的编制步骤。

13-4 全场性暂设工程包括哪些内容？

13-5 施工总平面图的设计原则和内容是什么？

13-6 试述施工总平面图设计的步骤。

13-7 对施工组织设计进行技术经济分析的方法有哪些？

第 14 章　单位工程施工组织设计

14.1　概　　述

单位工程施工组织设计是以单位（子单位）工程为主要对象编制的，用以指导土木工程施工的技术经济文件，对施工过程起指导和制约作用。

14.1.1　单位工程施工组织设计的作用

单位工程施工组织设计的作用主要体现在以下几个方面。

1）全面考虑拟建工程的各种具体施工条件，拟定合理的施工方案，确定施工顺序、施工方法和劳动组织，合理地统筹安排拟定施工进度计划。

2）为设计方案的经济合理性、技术可行性论证提供依据，为施工企业编制施工工作计划及实施施工准备工作计划提供依据。

3）把拟建工程的设计与施工、技术与经济、施工企业的全部施工安排与具体工程的施工组织工作更紧密结合起来。

4）把直接参加的施工单位与协作单位、部门与部门、阶段与阶段、过程与过程之间的关系更好地协调起来。

14.1.2　单位工程施工组织设计的编制依据

根据建设工程的类型和性质、建设地区的各种自然条件和经济条件、工程项目的施工条件，以及本施工单位的施工力量，向各有关部门调查和收集设计资料，以及通过实地勘察或调查取得作为编制单位工程施工组织设计的依据。主要包括以下几项。

1）上级部门对该项工程有关的批示和要求、建设单位对施工的要求、项目招标文件的要求等。

2）工程施工合同。特别是施工合同中的有关工期、施工技术限制条件、工程质量标准要求等，对施工方案的选择和进度计划的安排有重要影响。

3）经过会审的施工图、会审记录、图纸修改核定单及有关标准图纸。复杂的工业厂房，还要知道设备、电器和管道等设计内容。如果单位工程是整个建设项目中的一个工程，还要了解建设项目的总平面设计图等。

4）施工组织总设计。施工组织总设计中对该工程施工的有关规定和要求，以及施工组织总设计中有关总的施工规划和部署安排。当单位工程为建筑群的一个组成部分时，则该建筑物的施工组织设计必须按照施工组织总设计的各项指标和任务要求进行编制。

5）施工企业年度施工计划对该工程的安排和规定的各项指标。

6）建设单位对工程施工可能提供的条件，如水、电供应以及可借用作为临时办公、仓库的施工用房等。

7）工程施工时能配备的劳动力情况。施工期间能提供的劳动力总量和各专业工种的劳动人数。

8）各种材料、预制构件、加工品来源、供应方式、运距与运输条件，施工主要机械的配备条件及其生产能力。

9）施工现场的自然条件和技术经济条件。如工程地质、水文情况，包括地形、高程、地质、水文，地上地下的障碍物，以及地下水及暴雨后场地积水情况和排水方向等；气象情况，包括施工期间最低、最高气温，延续时间，雨季时间和雨量等；技术经济条件，包括交通运输及原材料、劳动力、施工设备和机具等的市场价格情况。

10）预算文件，有关定额以及规范、规程等。工程的预算文件等提供了工程量和预算成本。国家的施工验收规范、质量标准、操作规程和有关定额是确定施工方案，编制进度计划等的主要依据。

11）其他有关参考资料及类似工程施工组织设计等。

14.1.3 单位工程施工组织设计的编制内容

根据工程性质、规模的不同，其内容和深度一般也不同。通常单位工程施工组织设计的内容包括工程概况，施工准备工作，施工管理组织机构，施工部署、施工方法，施工现场平面布置与管理，施工进度计划及资源需求计划，质量、安全生产保证措施，文明施工、环境保护保证措施，季节施工保证措施。其最主要的内容包括施工平面图、施工进度计划（表）和施工方案，被简称为“一图一表一案”。

1. 工程概况

工程概况需说明拟建工程的建设单位、工程性质、用途和规模；投资额、工期要求；施工单位、设计单位、监理单位；上级有关要求；工程项目的现场条件、施工图纸情况、施工合同签订等内容。

2. 施工准备工作

施工准备工作需说明需要业主单位、施工单位完成的各项准备工作。

3. 施工管理组织机构

施工管理组织机构需说明施工管理组织机构设置、项目经理部决策层岗位职责和各管理部门职责。

4. 施工部署

施工部署包括工程总体目标、总体施工方案等。前者说明工程质量、安全、工期、文明施工、环保目标等；后者说明施工区段（阶段）的划分、大型机械设备及精密测量装置的配备、拟投入的各工种劳动力数量、计划分包项目名称及具体进场与出场时间等。

5. 施工方法

分部分项工程施工方法应涵盖工程项目的各个专业，应包括施工准备、材料构件、机具设备、工艺流程、操作要点、检验检测、质量控制、安全环保及成品保护等。工程施工的重点和难点应根据下列因素综合考虑：企业和项目经理部自身的施工经验，场地和气候的特点，机械设备和人员素质能力，工程的复杂程度和技术要求等。

6. 施工现场平面布置与管理

施工现场平面布置与管理包括起重运输机械位置的确定，搅拌站、加工棚、仓库及材料堆放场地的布置，道路的布置，临时设施及供水、供电管线的布置等。

7. 施工进度计划及资源需求计划

施工进度计划包括各分部（分项）工程的工程量、工期控制目标、施工进度计划（附施工进度计划图）、工期保证措施等。

资源需求计划包括劳动力需求计划，主要材料和预制品需求计划，机械设备、大型工具、器具需求计划，施工设施需求计划等。

8. 质量、安全生产保证措施

质量保证措施包括建立质量管理组织机构、保证质量的技术管理措施、工程质量管理措施、材料检验制度、工程技术档案管理措施、工程质量的保修计划等。

安全保证措施包括建立安全生产管理组织机构、保证安全生产的技术管理措施等。

9. 文明施工、环境保护保证措施

文明施工、环境保护保证措施包括建立文明施工及环境保护管理组织机构、文明施工及环境保护措施等。

10. 季节施工保证措施

季节施工保证措施主要指冬季、雨季、台风及夏季高温季节的施工保证措施，应根据下列因素综合考虑：工程所在地的气候特点，场地位置，现场条件，冬季、雨季、台风及夏季高温时的施工特点等。

14.1.4 单位工程施工组织设计的编制程序

单位工程施工组织设计的编制程序，是指单位工程施工组织设计的内容及其各个组成部分形成的先后顺序及相互之间的制约关系的处理（图 14-1）。由于单位工程施工组织设计是基层施工单位控制和指导施工的文件，编制必须切合实际。在编制前，应会同各有关部门共同讨论和研究其主要的技术措施和组织措施。

1）编制前熟悉编制依据和图纸内容并进行现场踏勘。

在编制施工组织设计前，进行现场实地考察、知悉施工现场的具体情况是编制合理的、实用的施工组织设计的关键环节。主要调查的内容包括：现场供电情况（线路、容量等）、供水、排水情况（线路、容量等）；现场道路畅通情况、现场已有地下管线情况；现场可供利用的建筑物情况；现场周围城市测量控制点情况；当地施工期间的气温、降雨量、风力、风向以及地震烈度、地方资源、地方交通运输、地方施工协作单位以及当地建设行政主管部门的有关建筑市场的管理文件等。

2）熟悉图纸及图纸会审纪要。

3）计算工程量进行工料分析统计。

4）确定施工方案和各分部分项工程的施工方法。

5）编制施工进度计划及资源需求计划。

6）设计、绘制施工平面布置图。

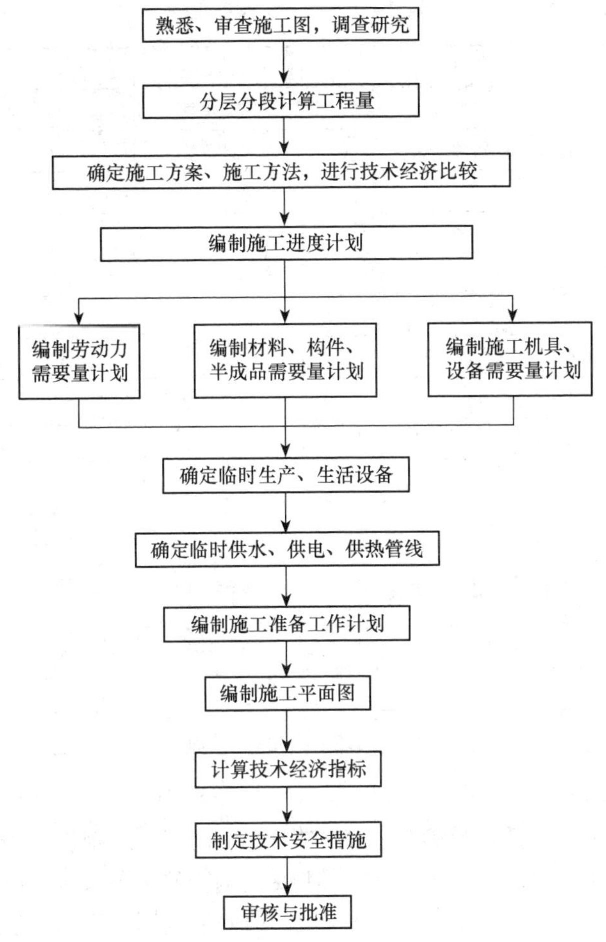

图 14-1　单位工程施工组织设计编制程序

14.2　工 程 概 况

工程概况应包括工程主要情况、各专业设计简介和工程施工条件等。对工程结构不复杂、规模不大的拟建工程，其工程概况的介绍可采用表格式（表 14-1）。

1. 工程主要情况

工程主要情况应包括下列内容：工程名称、性质和地理位置；工程的建设、勘察、设计、监理和总承包等相关单位的情况；工程承包范围和分包工程范围；施工合同、招标文件或总承包单位对工程施工的重点要求；其他应说明的情况。

2. 建筑设计简介

建筑设计简介应依据建设单位提供的建筑设计文件进行描述，包括建筑规模、建筑功能、建筑特点、建筑耐火、防水及节能要求等，并应简单描述工程的主要装修做法。对建筑施工中工程量大、施工要求高、难度大的项目也要重点突出说明。

表 14-1　××工程概况

<table>
<tr><td colspan="2">工程名称</td><td></td><td colspan="2">建设单位</td><td></td></tr>
<tr><td colspan="2">投资额</td><td></td><td colspan="2">施工单位</td><td></td></tr>
<tr><td colspan="2">开工日期</td><td></td><td colspan="2">设计单位</td><td></td></tr>
<tr><td colspan="2">竣工日期</td><td></td><td colspan="2">监理单位</td><td></td></tr>
<tr><td rowspan="13">工程概况</td><td>建筑面积</td><td></td><td rowspan="13">现场综合情况</td><td rowspan="2">地下水位情况</td><td rowspan="2"></td></tr>
<tr><td>建筑总高</td><td></td></tr>
<tr><td>层数</td><td></td><td rowspan="2">气温情况</td><td rowspan="2"></td></tr>
<tr><td>建筑长宽</td><td></td></tr>
<tr><td>结构形式</td><td></td><td rowspan="2">雨量情况</td><td rowspan="2"></td></tr>
<tr><td>基础类型及埋深</td><td></td></tr>
<tr><td>屋面防水</td><td></td><td rowspan="2">施工用水</td><td rowspan="2"></td></tr>
<tr><td>外墙装饰</td><td></td></tr>
<tr><td>内墙装饰</td><td></td><td rowspan="2">施工用电</td><td rowspan="2"></td></tr>
<tr><td>楼地面</td><td></td></tr>
<tr><td>门窗</td><td></td><td rowspan="2">施工道路</td><td rowspan="2"></td></tr>
<tr><td>吊装件最大质量</td><td></td></tr>
<tr><td>⋮</td><td></td><td>⋮</td><td></td></tr>
</table>

3. 结构设计简介

结构设计简介应依据建设单位提供的结构设计文件进行描述，包括结构形式、地基基础形式、结构安全等级、抗震设防类别、主要结构构件类型及要求等。其中对新结构、新材料、新工艺及结构施工的难点、重点以及其他结构特征应突出说明。

4. 机电及设备安装专业设计简介

机电及设备安装专业设计简介应依据建设单位提供的各相关专业设计文件进行描述，包括给水、排水及采暖系统，通风与空调系统，电气系统，智能化系统，电梯等各个专业系统的做法要求。

5. 施工条件

施工条件概述是对工程特点及现场施工单位的具体情况进行的说明。其包括以下内容。

1）工程地质、地形、地貌、土壤类别、地下水位、水质等情况，施工期间当地的气象条件。

2）当地的交通条件、工地“三通一平”情况。

3）材料、成品、半成品及各种预制构件加工、供应条件。

4）施工单位内部机械及机具供应、运输，各种建筑材料，特别是“三材”供应条件、运输能力和方式。

5）劳动力，特别是主要施工项目的技术工种、数量平衡情况。

6）企业管理条件及内部承包方式，劳动班组的组织形式、技术水平；现场暂设工程的解决办法等。

14.3　施 工 方 案

施工方案是以分部（分项）工程或专项工程为主要对象编制的施工技术与组织方案，用以具体指导其施工过程。选择施工方案是单位工程施工组织设计的核心内容。确定施工方案必须从施工项目的特点和施工条件出发，拟定几种可行的施工方案，然后进行技术经济分析，选择技术可行、工艺先进、经济合理的施工方案。

施工方案的制定和选择一般包括确定施工的起点流向和施工程序、主要分部分项工程的施工方法和施工机械，安排施工顺序以及进行施工方案的技术经济比较等内容。

14.3.1　单位工程的施工程序

施工程序是单位工程中各分部工程施工的先后顺序。

1. 施工阶段，单位工程应遵循的一般程序原则

（1）先地下后地上

先地下后地上是指地上工程开始之前，尽量把管道、线路等地下设施、土方工程和基础工程完成或基本完成，以免对地上部分施工产生干扰，提供良好的施工场地。

（2）先主体后围护

先主体后围护是指框架结构、排架结构等先主体结构、后围护结构的总的程序和安排。

（3）先结构后装修

先结构后装修是指先进行主体结构，后进行装饰装修。有时为了缩短工期，也可以部分搭接施工。

（4）先土建后设备

先土建后设备是指土建施工应先于水、暖、煤、电、卫等建筑设备的施工。但它们之间更多的是穿插配合的关系，尤其在装修阶段，应处理好各工种之间协作配合的关系。

2. 做好土建与设备安装的程序安排

工业厂房施工，还存在设备基础与厂房主体结构施工的顺序问题。为了早日竣工投产，在考虑施工方案时应合理安排土建施工与设备安装之间的施工程序。一般来说，土建与设备安装有以下 3 种施工程序。

（1）封闭式施工

封闭式施工是指土建主体结构完成之后，再进行设备基础的施工，如一般机械工业厂房、精密仪表厂房、要求恒温恒湿的车间等，应在土建工程完成后才能进行设备安装。

封闭式施工的优点：有利于预制构件的现场预制、拼装和安装前的就位布置，适合选择各种类型的起重机械的吊装和开行，从而能加快主体结构的施工进度；围护结构能及早完成，从而使设备基础施工能在室内进行，可以不受气候变化和风雨的影响，减少设备基础施工时的防雨、防寒等设施费用，可以利用厂房内桥式吊车为设备基础服务。

封闭式施工的缺点：设备基础施工条件较差，场地拥挤，其基坑开挖不便于采用机械化施工；出现一些重复性的工作，如部分柱基础回填土的重复挖填和运输道路的重新

铺设等工作；不能提前为设备安装提供工作面，因此工期较长。

当设备基础较浅或其基底标高不低于柱基时，宜采用封闭式施工方案。

（2）敞开式施工

敞开式施工是指先安装工艺设备，后建厂房的施工程序，适用于某些重型工业厂房，如冶金车间、发电厂等。

当设备基础尺寸较大、埋置较深，采用封闭式施工对主体结构的稳定性有影响时，宜采用敞开式施工。

（3）设备安装与土建施工同时进行

设备安装与土建施工同时进行是指当土建施工为设备安装创造了必要的条件，又采取了能够防止被砂浆、垃圾等污染的措施时，设备安装与土建施工可同时进行。

土建与设备安装的施工程序应根据具体情况进行分析、选择。

14.3.2　单位工程的施工起点流向

施工起点流向是指确定单位工程在平面或竖向上施工开始的部位和进展的方向。在单位工程施工组织设计中，结合具体工程的建筑结构特征、施工条件和建设要求，合理确定建筑物的施工开展顺序，包括确定各建筑物、各标段、各楼层、各单元（跨）的施工顺序、施工段的划分，各主要施工过程的施工流向。

对单层建筑物，如厂房按其车间、工段等分区分段地确定出在平面上的施工流向。对于多层建筑物，除了确定每层平面上的施工流向外，还须确定其在竖向上的施工流向。

确定单位工程施工起点流向时，一般应考虑如下因素。

1. 建设单位生产及使用的要求

为发挥基本建设的投资效益，一般应先投产、先使用，先施工、先交工，建设单位对生产或使用急切的工段或部位考虑先施工。

2. 车间的生产工艺流程

生产性房屋应首先注意车间生产工艺流程，车间的生产工艺流程往往是确定施工流向的关键因素，因此，从生产工艺上考虑，凡将影响其他工段试车投产的工段应该先施工。

3. 工程现场条件和施工方案

施工场地的大小、道路布置和施工方案中采用的施工方法和机械也是确定施工起点和流向的主要因素。如土方工程边开挖边余土外运，则施工起点应确定在离道路远的部位，应按由远及近的方向进展。

4. 施工组织的要求

当基础有深浅之分时，应按先深后浅的顺序进行施工；柱子的吊装应从高低跨交界处开始；屋面防水层施工应按先高后低的方向施工，同一屋面则由檐口到屋脊方向施工。

5. 施工技术的复杂程度及施工过程之间的相互关系

技术复杂、施工进度较慢及工期较长的区段和部位应先施工。密切相关的分部分项工程的流水施工，一旦前导施工过程的起点流向确定了，则后续施工过程也就随其而定了。如单层工业厂房的土方工程的起点流向决定柱基础施工过程和某些预制、吊装施工过程的起点流向。

6. 分部分项工程的特点及其相互关系

根据装饰工程的工期、质量、安全和使用要求以及施工条件，其施工起点流向一般分为自上而下、自下而上和自中而下再自上而中 3 种。例如多层建筑的室内装饰工程除平面上的起点和流向以外，在竖向上还要决定其流向。

1）室内装饰工程自上而下的施工起点流向（图 14-2），通常是指主体结构工程封顶、做好屋面防水层后，从顶层开始，逐层往下进行装饰工程，有水平向下和垂直向下两种情况，通常采用图 14-2（a）水平向下的流向较多。这种起点流向的优点是主体结构完成后，有一定的沉降时间，能保证装饰工程的质量；做好屋面防水层后，可防止雨季施工时雨水渗漏而影响装饰装修工程的质量；并且自上而下的流水施工，各工序之间交叉少，便于组织施工，保证施工安全。同时，从上往下清理垃圾也方便。该方法的缺点是不能与主体施工搭接，总工期较长。

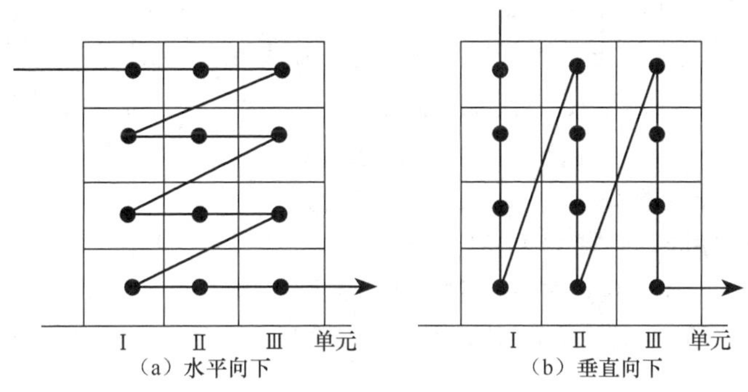

图 14-2　室内装饰工程自上而下的流向

2）室内装饰工程自下而上的施工起点流向，是指当主体结构工程的砖墙砌到 2～3 层以上时，装饰工程从一层开始、逐层向上进行，其施工流向如图 14-3 所示，有水平向上和垂直向上两种情况。这种起点流向的优点是可以和主体砌墙工程进行交叉施工，使工期缩短。其缺点是工序之间交叉多，需要合理地组织施工并采取安全措施；该方法对于成品保护也不利。室内也有流向，如先卧室后客厅、走廊、楼梯等。

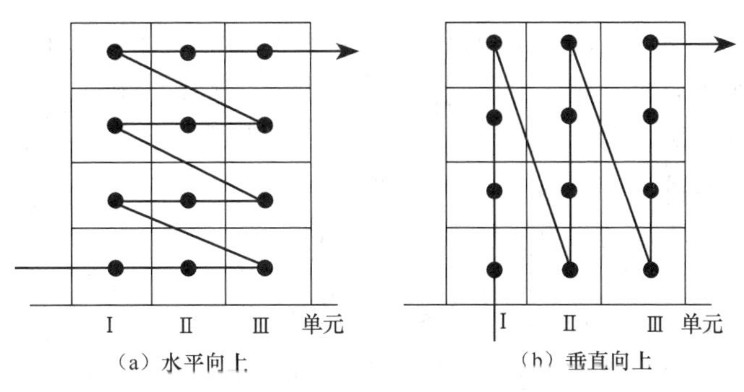

图 14-3　室内装饰工程自下而上的流向

3）自中而下再自上而中的施工起点流向，综合了上述两者的优点，适用于中、高层建筑的装饰工程。

另外，室外装饰工程一般采用自上而下的施工起点流向。

在流水施工中，施工起点流向决定了各施工段的施工顺序，因此确定施工起点流向的同时，应当确定施工段的划分和顺序编号。

14.3.3 分部分项工程的施工顺序

施工顺序是指分项工程或工序之间的施工先后次序，确定施工顺序既是为了按照施工的客观规律来组织施工，也是为了解决工种之间在时间和空间上的衔接。在保证质量和施工安全的前提下，达到充分利用空间、争取时间，实现工期目标的目的。

1. *确定施工顺序的基本原则*

（1）考虑当地的气候条件

在安排施工顺序时，必须考虑当地的气候条件。在中南、华东地区施工时，应当考虑雨季施工影响，在东北、华北、西北地区施工时，应当考虑冬季施工影响。土方、砌墙、屋面等工程，应尽量安排在雨季或冬季到来之前施工，而室内工程则可以适当推后。

（2）考虑施工安全的要求

在确定施工顺序时，必须力求各施工过程的搭接不至于导致不安全因素，以避免引起安全事故。例如，不能为了加快施工进度而在同一施工段上一面吊屋面板，一面又进行其他作业。对于不可避免的垂直交叉作业，必须采取可靠的安全措施才允许进行施工。

（3）考虑施工质量的要求

在安排施工顺序时，要以能确保工程质量为前提条件。例如基坑回填土，特别是从一侧进行室内回填土，必须在砌体达到必要的强度后才能开始，否则砌体的质量会受到影响。又如工业厂房的卷材屋面，应在天窗嵌好玻璃以后铺设，否则卷材容易受到损坏；顶层天棚的粉刷应安排在屋面防水层完成后进行，以防屋面板渗水而损坏天棚粉刷层。

（4）满足施工工艺的要求

所谓工艺关系，就是在施工过程之间相互依赖和相互制约的关系，如现浇圈梁必须依赖于墙体的完成，圈梁完成后其混凝土必须达到一定强度后才能吊装楼板，即圈梁的施工过程既依赖于墙体的完成，又制约了吊装楼板的进行，这种前期施工过程为后续施工过程提供工作条件是确定施工顺序的主要依据之一。各个施工过程之间客观上存在一定的工艺顺序关系，随着房屋的结构和构造的不同而不同。在确定顺序时，应注意分析施工对象各施工过程的工艺关系，必须服从这种关系。

（5）施工顺序应满足施工方法和施工机械的要求

确定施工顺序时，要注意与该工程的施工方法和所选择的施工机械协调一致。例如在安装装配式多层多跨工业厂房时，如果采用塔式起重机，则可以自下而上地逐层吊装；如果采用桅杆式起重机，则可能把整个房屋在平面上划分成若干单元，由下向上地吊装完一个单元构件，再吊下一个单元构件。又如单层装配式工业厂房的构件吊装，如果采用分件吊装法，施工顺序应该是先吊柱，后吊吊车梁，最后吊屋架和屋面板；如果采用综合吊装法，则施工顺序应该是吊完一个节间的柱、吊车梁、屋架和屋面板之后，再吊装另一节间的构件。

（6）考虑施工组织的要求

有些施工过程的施工顺序，在满足施工工艺的条件下，可能会有多种施工方案，尽可能选择最经济合理的施工顺序。在相同条件下，优先选用能为后续施工过程创造较好施工条件的施工顺序。例如，地下室的混凝土地坪，可以在地下室的上层楼板铺设以前施工，也可以在上层楼板铺设以后施工。但是从施工组织的角度来看，前一种施工顺序比较合理，因为它便于利用安装楼板的起重机向地下室运输浇筑地坪所需的混凝土。又如多层框架结构工程完成后，由于框架承受围护墙的荷载，砌筑框架间各层墙体时，可以选择自下层开始向上逐层先砌内墙后砌外墙，也可以自上先砌女儿墙，然后逐层向下先砌内墙后砌外墙的施工顺序。如果内装饰工程采用自顶层开始自上而下进行流水施工，则应相应地采取自上而下的砌筑顺序，不仅使砌墙工程与装饰工程在流水方向保持一致，而且也为屋面防水工程提早进行创造了条件。

2. *多层砖混结构的施工顺序*

多层砖混结构的施工，按照房屋各部位的特点，可以分为基础工程、主体结构工程、屋面及装饰工程 3 个施工阶段。水、电、暖、卫、气等管道与设备安装工程和土建工程中有关分部分项工程密切配合，交叉施工。各施工阶段及其主要施工过程的施工顺序如图 14-4 所示。

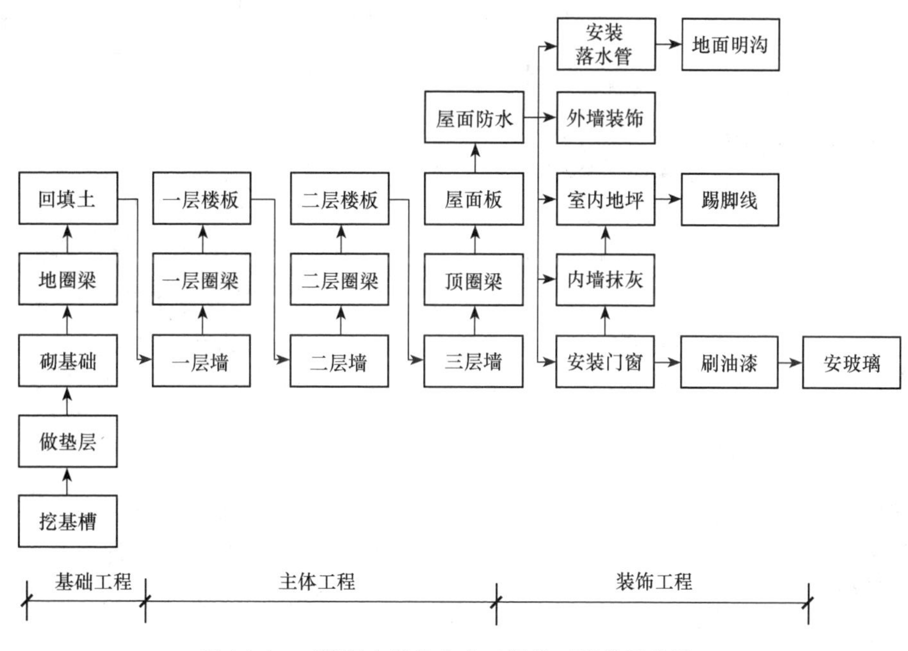

图 14-4　三层混合结构住宅工程施工顺序示意图

（1）基础工程阶段的施工顺序

基础工程一般以房屋底层地面±0.00 标高为界。一般多层民用混合结构建筑，如办公楼、住宅等，其基础工程的施工内容有基槽挖土、垫层、砖基础、地圈梁、回填土等。如有地下室，则应包括地下室结构、防水、装饰等内容。如设计有桩基础，则可单独划分桩基础工程施工阶段。基础工程的施工顺序一般是：挖土→垫层→基础→防潮层→回填土。

基础工程施工阶段还应包括地面以下各种上下水管道、暖气管沟、煤气管道等的施工。这些管沟工程施工应与基础工程紧密配合，合理安排施工顺序，尽可能避免二次开挖，造成人、材、机的浪费。

（2）主体结构的施工顺序

主体结构的工作内容包括搭脚手架、砌筑墙体、安装门窗框、安装门窗过梁、安预制板、现浇卫生间楼板、雨篷和圈梁、安装预制楼梯或现浇楼梯、安装屋面板、浇筑檐口等。其中，砌筑墙体和楼板安装是主导工程，应使其在主体结构施工期间保持不间断地连续施工，其他各项工作则应在此期间内完成，这是利用空间、争取时间、保证工期的关键。

组织主体结构施工时，为使砌砖连续施工，通常采用划分流水施工段的方法，就是将拟建工程在平面上划分为几个施工段，组织流水施工。

例如在组织砌墙工程流水施工时，可以采用不同的作业流向。

1）不仅要在平面上划分施工段，还要在垂直方向上划分施工层，以一个可砌高度为一个施工层，每完成一个施工层的一个施工段的砌筑，再转到同一施工层下一个施工段砌筑，即按水平流向在同一施工层逐段流水作业。

2）也可以在同一结构层内，由下向上依次完成各砌筑施工层后再流入下一施工段，这就是在一个结构层内采用垂直向上的流水方向的砌墙组织方法。

3）还可以在同一结构层内各施工段间，采用对角线流向的阶段式的砌墙组织方法。砌墙组织的流水方向不同，安装楼板投入施工的时间间隔也不同。

可根据现场条件，组织不同流向的砌墙作业。

（3）屋面工程的施工顺序

屋面工程的施工顺序一般为找平层→隔气层→保温层→防水层。屋面工程应在主体工程结构完工后紧接着进行，可以和装修工程同时施工，以便尽快为房屋内、外装饰工程创造条件。对于刚性防水屋面的现浇混凝土防水层，分隔缝施工应在主体结构完成后开始并尽快完成；整体柔性防水屋面施工还必须考虑天气情况，基层必须干燥才能做防水施工。

（4）装饰工程的施工顺序

装饰阶段特点是施工内容多，繁而杂；有的工程量大，有的小而分散；劳动消耗量大，手工操作多，工期长。装饰工程可分为室外装饰工程和室内装饰工程。室外装修工程与室内装修工程的施工顺序通常互相干扰很小，哪个先施工，哪个后施工，或者室内外同时进行都可以，应视施工条件而定。

1）室外装饰工程包括外墙抹灰、勒脚、散水、台阶、明沟、落水管等。室外装饰工程可采用自上而下的流水施工顺序，即从檐口开始，逐层往下进行，当由上往下每层所有工序都完成时，开始拆除该层的脚手架。散水及台阶等在外架子拆除后进行施工。

2）室内装饰工程包括天棚、墙面、地面、楼梯抹灰、门窗安装玻璃、墙裙、踢脚线等。室内抹灰工程在同一层内的顺序一般是地面和踢脚线→天棚→墙面。这样的顺序清晰简便，地面质量易于保证，且便于收集墙面和天棚落地灰，节约材料。但由于地面需要技术间歇，墙和天棚抹灰时间推迟，影响后续工序，会使工期拉长。有时为了缩短抹灰工期，也可以按天棚→墙面→地面的施工顺序进行，此时做地面之前必须把楼面上落地灰和渣子扫清洗净后再做地面面层，否则会影响面层与预制楼板的黏结。底层地面多是在各层墙面、楼地面做好以后进行。

3）楼梯间和踏步，因为在施工期间容易受到损坏，通常在整个抹灰工程完成以后，自上而下统一施工。

4）门窗扇的安装安排在抹灰之前或抹灰之后进行，视气候和施工条件而定。一般是先抹灰后安装门窗扇。若室内抹灰在冬季施工，为防止抹灰层冻结和加速干燥，则门窗扇和玻璃应在抹灰前安装好。门窗油漆后再安装玻璃。

（5）水、暖、电、卫等工程施工顺序

水、暖、电、卫等工程不同于土建工程，可以分成几个明显的施工阶段，它一般与土建工程中有关分部分项工程之间交叉施工，紧密配合，配合顺序和完成的工作内容如下。

1）在基础工程施工时，应将相应的上下水管沟的垫层、管沟墙做好，然后回填土。

2）主体工程施工中，在砌墙或浇注混凝土时，应按设计图预留管道孔、电线孔槽和预埋木砖、暗管、暗盒或其他预埋件。

3）在装饰工程施工时，安设相应的各种管道和电气照明用的附墙暗管、接线盒等。水、暖、电、卫安装一般在楼地面和墙面抹灰前或后穿插进行施工。若电线采用明线，则应在室内粉刷后进行。

3. *多层现浇钢筋混凝土框架结构房屋的施工顺序*

钢筋混凝土框架结构房屋施工过程一般可以分为基础工程、主体结构工程、围护工程和装饰装修工程 4 个阶段。某七层现浇钢筋混凝土框架结构柱下独立基础房屋施工顺序如图 14-5 所示。

（1）基础工程的施工顺序

多层全现浇钢筋混凝土框架结构房屋的基础一般可以分为有地下室和无地下室基础工程。

1）有地下室，且房屋建造在软土地基上，基础工程的施工顺序一般为桩基→支护结构→土方开挖→垫层→地下室底板→地下室墙、柱（防水处理）→地下室顶板→回填土。

2）无地下室，且房屋建造在土质较好的地区，柱下独立基础工程的施工顺序为挖基槽（基坑）→做垫层→基础（绑扎钢筋→支模→浇筑混凝土→养护→拆模）→回填土。

在多层框架结构房屋的基础工程施工之前，与混合结构施工一样，也要先处理好基础下部的松软土、洞穴等，然后分段进行平面流水施工。施工时，应根据当地的气候条件，加强对垫层和基础混凝土的养护，在基础混凝土达到拆模要求时及时拆模，并提早回填土，从而为上部结构施工创造条件。

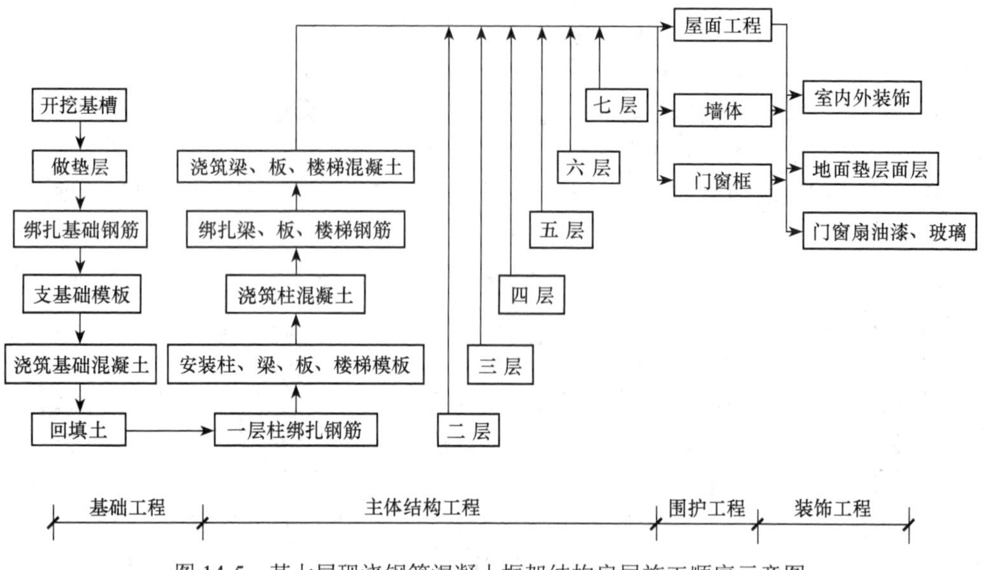

图 14-5　某七层现浇钢筋混凝土框架结构房屋施工顺序示意图

（2）主体结构工程的施工顺序

全现浇钢筋混凝土框架主体结构工程的施工顺序一般为绑扎柱钢筋→安装柱、梁、板模板→浇筑柱混凝土→绑扎梁、板钢筋→浇筑梁、板混凝土，或者为绑扎柱钢筋→安装柱、梁、板模板→绑扎梁、板钢筋→浇筑柱、梁、板混凝土。柱、梁、板的支模、绑扎钢筋、浇筑混凝土等施工过程的工程量大，耗用的劳动力和材料多，而且对工程质量和工期也起决定性作用，为主导施工工序。通常尽可能将多层框架结构的房屋分成若干个施工段，组织平面上和竖向上的流水施工。

（3）围护工程的施工顺序

围护工程的施工包括墙体工程、安装门窗框和屋面工程。墙体工程包括砌筑用的脚手架的搭设，内、外墙砌筑等分项工程。不同的分项工程之间可以组织平行、搭接、立体交叉等流水施工。屋面工程、墙体工程应密切配合，如在主体结构工程结束之后，先进行屋面保温层、找平层施工，待外墙砌筑到顶后，再进行屋面防水层施工。脚手架应配合砌筑工程搭设，在室外装饰之后、做散水坡之前拆除。屋面工程的施工顺序与混合结构房屋的屋面工程的施工顺序相同。

（4）装饰装修工程的施工顺序

装饰装修工程的施工分为室内装饰和室外装饰。室内装饰包括天棚、墙面、楼地面、楼梯等抹灰，门窗扇安装，门窗油漆，安装玻璃等，室外装饰包括外墙抹灰、勒脚、散水、台阶、明沟等施工。

其施工顺序与混合结构房屋的施工顺序基本相同。

4. 单层装配式工业厂房的施工顺序

单层工业厂房虽无层间关系，但在确定其空间的施工顺序方面却比多层混合结构建筑要复杂。它不但要考虑土建施工的要求，而且还必须考虑生产工艺的要求以及与结构、设备安装的配合。

钢筋混凝土单层装配式工业厂房的施工一般可分为基础、预制、结构安装工程，以及围护、装饰工程 5 个阶段。各个阶段及其主要施工过程的施工顺序如图 14-6 所示。

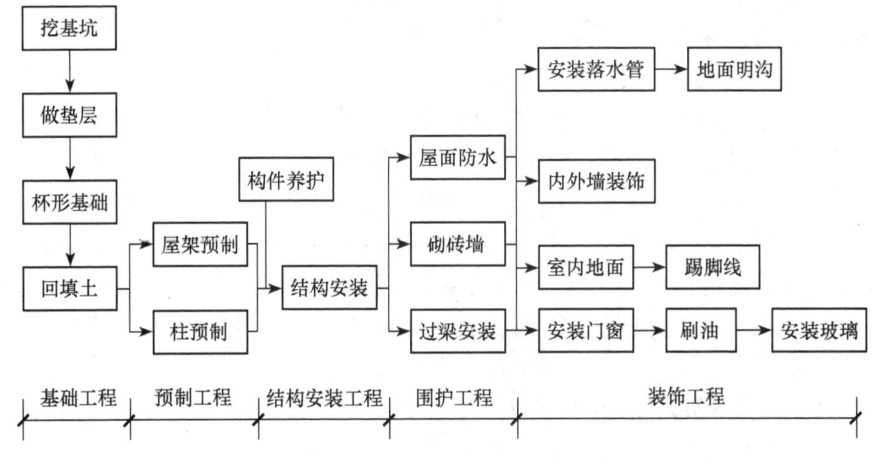

图 14-6　钢筋混凝土单层装配式工业厂房施工顺序示意图

有的单层工业厂房，面积、规模较大，生产工艺要求复杂。这种工业厂房的施工顺序的确定，不仅要考虑土建施工及组织的要求，而且要研究生产工艺的要求，一般要先生产的工段先施工，从而先交付使用，以尽早能发挥投资的经济效益，这是施工要遵循的基本原则之一。所以规模大、生产工艺复杂的工业厂房建筑的施工，要分期分批进行，分期分批交付试生产，这是确定其施工顺序的总要求。下面叙述的是中、小型工业厂房的施工内容及施工顺序。

（1）基础阶段

单层工业厂房不但有柱基础，一般还有设备基础。中、小型工业厂房没有大型设备基础，设备基础埋置不深，柱基础的埋置深度大于设备基础的埋置深度，故采取厂房柱基础先施工，待主体结构施工完毕后，再进行设备基础施工的封闭式施工顺序。

柱基础或设备基础在组织施工时其主要施工过程和施工顺序是基坑挖土→垫层→杯形基础（扎筋→支模→浇筑混凝土等）→回填土。柱基施工从基坑开挖到柱基回填土应分段进行流水施工，与现场预制工程、结构吊装工程相结合。

（2）预制阶段

单层工业厂房预制构件较多，通常采用加工厂预制和现场预制相结合的方法。一般来说，对质量较大、运输不便的大型构件，可在现场就地预制，如柱、托架梁、屋架以及吊车梁等；中、小型构件可在加工厂预制，如大型屋面板等标准构件。种类及规格繁多的异形构件，可在现场集中预制，如门窗过梁等构件。现场预制钢筋混凝土柱和屋架，其施工过程和施工顺序是地胎模施工→支模板→扎钢筋（有时先扎筋后支模）→屋架预应力张拉（先张法）或屋架预应力钢筋孔预埋钢管或加压橡皮管（后张法）→浇捣混凝土→养护→拆模；屋架预应力钢筋张拉（后张法）→锚固→灌浆→养护等。柱与屋架预制时，先柱后屋架（分件吊装法）或柱、屋架依次分批预制（节间吊装法），先吊先预制。

钢筋混凝土构件预制后，要进行养护，必须达到一定强度要求，才可以进行后续工作。其养护的技术间歇时间长短取决于当地气温、混凝土拌制时的技术措施（加减水剂或早强剂等）、养护条件等因素。

（3）结构安装阶段

1）结构安装工程是单层工业厂房施工中的主导工程，其施工内容有柱、吊车梁、连系梁、地基梁、托架、屋架、天窗架、大型屋面板等构件吊装、校正及固定。

2）安装前准备工作包括检查混凝土构件强度、杯底抄平、柱基杯口弹线、吊装验算和加固及起重机械安装等。一般来说，钢筋混凝土柱和屋架的强度应分别达到70%和100%设计强度后才可以进行吊装。预应力屋架、托架梁等构件在混凝土的强度达到100%设计强度时才能张拉预应力筋，而灌浆后的砂浆强度达到15kN/m^2时才能进行就位和吊装。

3）安装流向和顺序主要由后续工程要求来确定。安装流向通常应与预制构件制作的流向一致。如果车间为多跨且有高低跨时，安装流向应从高低跨柱列开始，以适应吊装工艺的要求。安装的顺序取决于安装的方法。

（4）围护及装饰工程阶段的施工顺序

围护及装饰工程阶段包括3个分部工程，其总的施工顺序是先围护结构，再屋面，最后做装修工程，但有时也可相互交叉平行搭接施工。

1）围护结构施工过程及施工顺序。搭设垂直运输设施、砌墙、搭脚手架（与砌砖配合）、现浇大门框、雨篷、圈梁等。砌墙时，木门窗框可以同时安装。屋面工程施工顺序与多层砖混结构屋面工程施工顺序相同。

2）装修工程，包括室内装修（地面、门窗扇、油漆、玻璃安装、刷白等）和室外装修（勾缝、抹灰、勒脚、散水等），两者可平行施工，并可与其他施工过程穿插进行。

室外抹灰一般自上而下；室内地面工程必须在地面以下的各施工内容做完后进行；刷白应在墙面干燥和大型屋面板灌缝之后进行，并在油漆开始之前结束。

（5）设备安装阶段的施工顺序

水、暖、电、卫安装与砖混结构相同。生产设备的安装，一般由专业公司承担。

上述施工过程和顺序，仅适用于一般情况。建设工程施工是一个复杂的过程。工程结构、现场条件、施工环境不同，对施工过程和顺序的安排产生的影响不同。因此，对每一个单位工程，必须根据其特点和具体情况，合理确定其施工顺序。

14.3.4 选择施工方法

施工过程可以采用几种不同的施工方法，选用不同的施工机械完成，每一种施工方法都有其优缺点。合理地拟定施工方法和选择施工机械是施工组织设计的关键，它直接影响施工进度、质量、成本和安全。

1. 确定施工方法应遵循的基本原则

施工方法的选择已在施工技术中阐述，现从施工组织的角度提出几点基本原则。

1）施工方法的技术先进性与经济合理性相统一。

2）兼顾施工机械的适用性和多用性，尽可能充分发挥施工机械的使用效率。

3）充分考虑施工单位的技术特点、技术水平、劳动组织形式、施工习惯以及可利用的现有条件等。

例如，选择土方工程的施工方法和施工机械时，就必须考虑土壤的特性、工程量的大小、挖土机械、运输设备和现场的运输条件等。所选择的施工方法既要能满足现有的施工条件，又要能达到施工速度快、生产效率高、成本低的最佳效果。

2. 拟定施工方法的重点

拟定施工方法应着重考虑影响整个单位工程施工的分部分项工程的施工方法。对于那些按常规做法和生产人员比较熟悉的分项工程可适当简单些，只要提出应该注意的特殊要点和解决措施即可。对于下列项目，在拟定施工方法时则应详细、具体，必要时还应编制单项作业设计。

1）工程量大，在单位工程中占重要地位的，对工程质量起关键作用的分部分项工程，如基础工程、钢筋混凝土等隐蔽工程。

2）施工技术比较复杂，施工难度比较大或采用新技术、新工艺、新结构、新材料的分部分项工程，如采用钢结构预应力、软土地基等。

3）施工人员不太熟悉的特殊结构或专业性很强的特殊专业工程，如仿古建筑、灯塔及大型钢结构整体提升等。

3. 拟定施工方法的要求

1）拟定主要的操作过程和方法，包括施工机械的选择。

2）提出质量要求和达到质量要求的技术措施，指出可能产生的问题和防治措施。

3）提出季节性施工和降低成本的措施。

4）提出切实可行的安全施工措施和环境保护措施。

4. 选择施工方法的要点

（1）土石方工程

土石方工程选择施工方法的要点：选择所采用的施工机械、开挖方法、施工流向、放坡或护坡方法、地面水和地下水的处理方法及有关配套设备，平衡调配土方。如有石方时还需确定爆破方法和爆破所需的机械设备、材料，还要确定施工过程中的安全措施等。

（2）混凝土结构工程

混凝土结构工程选择施工方法的要点：选择模板类型和支模方法。高层建筑中应确定需配置的最少模板数量、每层的施工时间、拆模时间和有关要求。此外还包括钢筋加工、运输和安装方法，对梁柱节点等钢筋密集处的处理方法，混凝土搅拌和运输（包括垂直运输），混凝土浇筑顺序，施工缝留设的位置和处理方法，混凝土的振捣方法、养护制度和混凝土的质量评定等要点。

在选择施工方法时，应特别注意大体积混凝土、高性能混凝土和混凝土冬期施工问题。同时也应加强模板工具化，早拆模，做好钢筋、混凝土施工机械化的推广应用工作。

此外，还应确定预应力钢筋、锚夹具、张拉设备的选用和验收，成孔材料及成孔方法（包括灌浆孔、泌水孔），端部和梁柱节点处的处理方法，预应力筋的位置，张拉力、张拉程序、张拉顺序以及灌浆方法、灌浆要求等。对于现浇预应力结构还应确定模板和支架安装与拆除的顺序和有关要求，必要时应通过计算确定并绘出有关施工方案图。

（3）结构安装工程

结构安装工程选择施工方法的要点：选择吊装机械，确定安装方法，安排吊装顺序、机械开行路线和停机位置，绘出构件平面布置图，工厂预制构件的运输、装卸、堆放场地和堆放方法。现场预制构件的就位、摆放，固定支撑件的制作、安装。吊装前的各项准备工作，吊装主要工程量和吊装进度等。

（4）现场垂直和水平运输

确定垂直运输量，选择垂直运输方式、脚手架的搭设方式、水平运输方式、运输设备的型号和数量及配套使用的专用器具设备（如混凝土输送泵车等）。确定地面和楼面水平运输的行驶线路，确定垂直运输机械的停机位置。综合安排各种垂直运输设施的工作任务和服务范围。确定现场混凝土原材料的运输和上料方法等。

（5）装饰工程

围绕室内装饰、室外装饰、门窗安装、木装修、油漆、玻璃等确定所采用的施工方法，提出所需的各种设备型号和数量，确定工艺流程和劳动组织进行流水施工，确定装饰材料逐层配套进场的数量和堆放位置。

（6）特殊项目

对于采用新结构、新技术、新材料、新工艺的工程，以及高耸、大跨、深基础、软弱地基、水下结构等项目，应单独专项选择和确定施工方法。详细阐明该项目的技术关键所在，绘出主要的平面、剖面图，以及有关施工工艺流程和施工构造图。制定施工方法、劳动组织、技术要求、质量安全措施、施工进度，以及材料、构件和机械设备的需要量计划等。

14.3.5 选择施工机械

施工工艺、施工方法是和所用施工机械密切相关的，发展和推广机械化施工，已成为实现建筑工业化的一个重要指标，也是作为衡量一个施工企业生产能力的标准之一。因此，施工机械的选择也就成为确定施工方案的一个重要环节。

1. 选择主导施工机械

选择施工机械应根据工程的特点确定适用的主要施工机械的类型。例如，选择单层工业厂房结构安装用的起重机械类型时，当吊装工程量大而集中，工期也较紧时，可选用生产效率较高的塔式起重机；但当工程量不大或工程量虽大，但构件布置又相当分散时，则选择机动性较好的自行杆式起重机较为经济；当工程量不大但布置集中，在工期允许的前提下选用桅杆式起重机也是合理的。选择打桩机械时则应根据土质、桩的类型、长度、承载能力、动力供应条件等因素综合进行考虑。

一般多层民用建筑和多高层现浇混凝土结构的主导机械为垂直运输机械，常采用塔式起重机，多层民用建筑也可采用井架。塔式起重机的生产效率高，但其机械台班费也较高，因此，必须合理选择适用的类型和型号，同时应优化施工组织使塔式起重机的利用效率达到最高。在住宅小区建设中同时施工多幢建筑时，采用塔式起重机进行主体结构施工是较合理的方案；幢数较少时常用井架带悬臂把杆解决垂直运输问题。

2. 施工机械之间的生产能力应协调

为了充分发挥主导机械的生产效率，选择与主导机械直接配套使用的其他各种机械时，必须考虑各种机械之间的生产能力相互协调一致，避免出现“瓶颈”现象而影响主导机械的利用率。同时应根据最大生产能力来配备足够的生产人员和供应足够的生产材料。例如，当选用塔式起重机承担混凝土的垂直运输时，则应根据塔式起重机的生产能力，配备与之相应的混凝土搅拌机、混凝土水平运输机械的数量，配备足够的砂、石子和水泥，并根据所完成的工程量来配备各工作岗位上的生产人员。在实际工作中，各时期的工程量不可能是均衡的，这时可根据流水施工的组织原理组织其他施工过程进行平行施工，以完成其他施工项目的工程量来满足主导机械的生产能力。如组织浇筑混凝土、安装模板和绑扎钢筋 3 个施工过程同时在不同的工作面上进行流水施工，协调起重机械同时完成 3 个施工过程所需的垂直运输工作，以充分发挥主导机械的生产能力。

14.4　施工进度计划与资源需要量计划

施工进度计划是为实现项目设定的工期目标，对各项施工过程的施工顺序、起止时间和相互衔接关系所做的统筹策划和安排。单位工程施工进度计划和资源需要量计划是在确定了施工方案的基础上，根据规定的工期和各种资源供应条件，按照施工过程的合理施工顺序及组织施工的原则，确定单位工程的各个施工过程的施工顺序、施工持续时间、相互配合衔接关系及反映各种资源需求情况的技术经济文件。施工进度计划通常用图表的形式来表达，有横道图和网络图两种形式。

14.4.1　施工进度计划的作用与分类

1. 施工进度计划的作用

单位工程施工进度计划的作用如下。

1）控制单位工程的施工进度，保证在规定工期内完成符合质量要求的工程任务。

2）确定单位工程的各个施工过程顺序、施工持续时间、互相之间的衔接、穿插、平行搭接、协作配合等关系。

3）为编制月度、季度生产作业计划提供依据。

4）制定劳动力、材料、机械等各种资源需要量计划和编制施工准备工作计划的依据。

2. 施工进度计划的分类

单位工程施工进度计划根据工程的规模、结构复杂程度、施工工期的长短等情况，一般分为两类，分别为控制性施工进度计划和指导性施工进度计划。

（1）单位工程控制性施工进度计划

控制性施工进度计划是以分部工程作为施工项目划分对象，控制各分部工程的施工时间及它们之间互相配合、搭接的一种进度计划。

控制性施工进度计划一般适用于规模较大、工期较长、工程结构比较复杂的工程，如大型工业厂房、大型公共建筑，还适用于规模不是很大或者结构不算复杂，但由于施工各种资源（劳动力、材料、机械等）不能全部落实的工程；或者由于建筑、结构等可能发生变化以及其他情况的工程。以上情况不可能也没必要编制较详细的施工进度计划，往往就编制以分部工程项目为对象的施工进度计划（表 14-2），以便于控制各分部工程的施工进度。在进行分部工程施工前应按分部工程编制详细的施工进度计划，以便具体指导分部工程的现场施工。

表 14-2 某单层工业厂房控制性施工进度计划

序号	分部工程	工程进度/月															
		1	2	3	4	5	6	7	8	9	10	11	12	13	14	15	16
1	准备工程																
2	基础工程																
3	预制工程																
4	吊装工程																
5	屋面工程																
6	地面工程																
7	装饰工程																
8	水电工程																
9	其他工程																

（2）单位工程指导性施工进度计划

指导性施工进度计划是以分项工程或施工过程为施工项目划分对象，具体确定各个主要施工过程施工所需要时间以及相互之间搭接、配合的关系（表 14-3）。

表 14-3 某混合结构基础施工指导性施工进度计划

序号	分部工程	工程量/m^3	劳动量/工日	工作人数/人	施工进度/d																				
					1	2	3	4	5	6	7	8	9	10	11	12	13	14	15	16	17	18	19	20	21
1	基础挖土	414	149	13																					
2	混凝土垫层	68.8	94.3	12																					
3	砖砌大放脚	142.3	172.2	14																					
4	地圈梁	23.16	92.6	12																					
5	回填土	328	71.2	9																					

指导性施工进度计划适用于任务具体而明确、施工条件落实、各项资源供应正常，施工工期不太长的工程。编制控制性施工进度计划的单位工程，当各分部工程或施工条件基本落实，在施工之前也应编制指导性施工计划。这时，可按各施工阶段分别具体、详细地进行编制。对于比较简单的单位工程，可直接编制出单位工程施工进度计划。

上述两种施工进度计划是相互联系、互为依据的，编制方法和编制原理也基本相同，在实际编制过程中需要相互补充和修正。

14.4.2　施工进度计划编制的依据和程序

1. 施工进度计划的编制依据

单位工程施工进度计划主要根据下列资料进行编制。

1）经过审批的各种图纸及资料，如建设总平面图、单位工程全套施工图、地质地形图以及工艺设计图、设备基础图，采用的各种标准图集等。

2）现场水文、地貌、气象等调查资料，施工条件。

3）施工组织总设计中有关对本单位工程规定的内容及要求。

4）单位工程开工、竣工日期，即施工工期要求。

5）选择确定的各主要分部分项施工方案，包括分部分项、施工过程或工序的划分、施工顺序、施工方法、施工机械、质量与安全措施等。

6）预算文件中有关工程量，或者按施工方案的要求，计算出各分项工程的工程量（或分层分段的工程量）。

7）劳动定额或机械台班定额。

8）其他相关资料和要求。

2. 施工进度计划编制的程序

单位工程施工进度计划编制程序如图 14-7 所示。

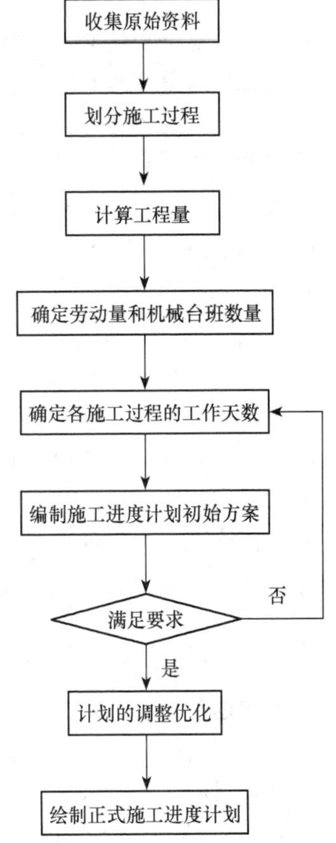

图 14-7　单位工程施工进度计划编制程序

14.4.3　施工进度计划的编制

1. 施工进度计划的组成

单位工程施工进度计划通常用横道图的形式表示。一般包括分部分项工程名称、工程量、劳动量、每天工作人数和施工进度等。表 14-4 是常用的施工进度计划表的形式。表格左边是工程项目和有关施工参数，右边是时间图表部分。

表 14-4　施工进度计划表

序号	分部分项工程名称	工程量		劳动量	机械		每天工作人数/人	工作日	施工进度											
									×月						×月					
		单位	数量		名称	台班数			5	10	15	20	25	30	5	10	15	20	25	30

2. 施工进度计划的编制

根据施工进度计划编制程序，施工进度计划编制的一般步骤如下。

（1）确定施工项目

编制施工进度计划时，首先必须进行项目分解。施工进度计划表中所列的施工项目（分部分项工程名称）一般包括直接在建筑物上进行现场施工的分部分项工程，如一般的土建项目可以划分为土石方工程、基础工程、砌体工程、钢筋混凝土工程、脚手架工程、屋面工程、装饰工程等分部工程，每一个分部工程又可分为若干分项工程；不包括预制加工厂构件的制作和运输工作，如门窗的制作、工厂制作的钢筋混凝土构件和运输工作；也不包括现场制备的混凝土拌和料和砂浆及其运输工作。但是现场就地预制的构件及构件拼装等工作，当它们单独占有工期，而且对其他分部分项工程的施工有影响，或运输需与其分部分项工程密切配合（如构件的随运随吊装）时，也需将这些项目列入进度计划。

施工项目的划分主要考虑下列要求。

1）施工项目划分粗细要求。施工项目划分的粗细程度，应根据进度计划的需要来决定。

一般来说，编制控制性施工进度计划时，项目可以划分得粗一些，一般只列出施工阶段及各施工阶段的分部工程名称，如混合结构的控制性施工进度计划只列出基础工程、主体工程、屋面工程和装饰工程 4 个施工过程。

编制指导性施工进度计划时，项目则要求划分得细一些，特别是其中主导工程和主要分部工程，应尽量做到详细具体不漏项，这样便于掌握施工进度，指导施工。如框架结构工程施工，除要列出各分部工程外，还应列出分项工程。如现浇混凝土工程，可以先分为柱的现浇、梁的现浇等项目，然后再将其细分为（柱、梁、板）支模板、绑扎钢筋、浇筑混凝土、养护、拆模等项目。

2）结合所选择的施工方案，划分施工项目。施工方案中所确定的施工开展程序、施工阶段划分、施工阶段各项主要施工工作及其施工方法，不仅关系到施工项目的名称、数量和内容的确定，而且也影响到施工顺序的安排，因为施工进度表中的项目顺序，基本上是按照施工先后顺序列出的。

3）适当简化施工进度内容，合并施工项目。施工项目划分太细，重点不突出，反而失去指导施工的意义，同时增加编制施工进度计划的困难。因此，可考虑将某些分项工程或施工过程合并到主要分部分项工程中去。例如基础工程中的防潮层项目就可以合并到砌砖基础项目中去；在砌墙工程中，可将门窗框的安装、过梁安装合并到砌墙项目中去。

对于次要的施工过程，或在同一时间内，由同一施工班组施工的过程可以合并在一起。例如工业厂房中的钢门窗油漆、钢支撑油漆、钢屋架油漆、钢楼梯油漆等可以合并为钢构件油漆一个施工过程，不必一一列出，以简化进度计划内容。

对于次要的、零星的分项工程，可以合并为“其他工程”，在计算劳动量时给予适当的考虑即可。

4）设备安装等应单独列项。在施工进度计划表的施工项目栏里，对一些与土建工程有关的水、暖、电、卫和工艺设备的安装等专业工程项目也应列上，由各专业队单独安排各自的施工进度计划，但只需列出项目名称，不需细分。

5）抹灰工程“分、合结合”。多层结构的内、外抹灰应根据情况列出施工项目，内外有别，分合结合。室内的各种抹灰，一般来说，要分别列项，如楼地面（包括踢脚线）抹灰、天棚及墙面抹灰、楼梯间及踏步抹灰等，以便组织安排，指导施工开展的先后顺序；外墙抹灰工程，可能有若干种装饰抹灰的做法，但一般情况下合并为一项，如有瓷砖贴面等装饰，可分别列项。

6）现浇钢筋混凝土的列项要求。根据施工组织和结构特点，一般可分为支模、扎筋、浇筑混凝土等施工项目。在砖混结构中，现浇工程量不大的钢筋混凝土工程一般不再细分，可合并为一项，由施工班组各工种互相配合施工。现浇框架结构分项可细一些，如分为绑扎柱钢筋、安装柱模板、浇筑柱混凝土、安装梁模板、绑扎梁钢筋、浇筑梁混凝土、养护、拆模等施工项目。

7）施工项目排列顺序的要求。按拟建工程总的施工工艺顺序的要求排列，即先施工的排前面，后施工的排后面。以便在编制单位工程施工进度计划时，做到施工先后有序，在横道进度表编排时，做到图面清晰。

（2）计算工程量

工程量计算应严格按照施工图纸和工程量计算规则进行。若有工程预算文件，并且它采用的定额和项目的划分与施工进度计划一致时，可以直接利用预算的工程量。若某些项目有出入，但出入不大时，要结合工程项目的实际划分的需要做某些必要的变更、调整和补充。

计算工程量应注意以下几个问题。

1）各分部分项工程的计量单位要与现行的相应定额手册中所规定的单位一致，便于计算人、材、机数量时直接套用定额，不再进行换算。

2）计算工程量要结合各分部分项工程的施工方法、安全技术的要求，使计算所得的工程量与施工实际情况相符合。例如，土方开挖，应考虑基础挖土的施工方法和保证边坡稳定的放坡要求。

3）结合施工组织的要求，分区、分段、分层计算工程量，以便于组织流水作业。

（3）确定劳动量和机械台班量

根据各分部分项工程的工程量、施工方法和有关主管部门颁发的定额，并参照施工单位的实际情况，计算各施工项目所需要的劳动量和机械台班量。

1）劳动量和机械台班量的确定。劳动量和机械台班量按式（14-1）或式（14-2）计算确定。

$$P_i=\frac{Q_i}{S_i} \tag{14-1}$$

或

$$P_i=Q_i H_i \tag{14-2}$$

式中：P_i——某施工项目所需的劳动量或台班量，工日、台班；

Q_i——该施工项目的工程量，m^2、m^3等；

S_i——该施工项目采用的产量定额，m^2/（工日、台班）、m^3/（工日、台班）；

H_i——该施工项目采用的时间定额，工日/（m^2、m^3）、台班/（m^2、m^3）。

【例 14-1】 某工程一砖外墙砌筑（塔吊配合），其工程量为 923m^3，外墙砌筑的时间定额为 0.83 工日/m^3。试计算完成砌墙任务所需的劳动量。

解：根据式（14-2）得

$$P_{外}=Q_{外}H_{外}=923\times0.83=766.09\text{（工日）}$$

【例 14-2】 某工程人工开挖基槽土方，工程量为 169m^3，人工挖土方产量定额为 4m^3/工日，试计算完成该挖土任务所需的劳动量。

解：根据式（14-1）得

$$P_i=Q_i/S_i=169/4=42.25\text{（工日）}$$

劳动工日数计算出来后，往往出现小数位，可取为整数。

2）劳动量和机械台班量确定应注意的问题。

① 施工班组人数的确定：在确定施工班组人数时，应考虑最小劳动组合人数、最小工作面和可能安排的施工人数等因素。

② 机械台班量的确定：与施工班组人数确定情况相似，也应考虑机械生产效率、施工工作面、可能安排台数及维修保养时间等因素。

③ 对于其他工程项目所需要的劳动量，可以根据其内容和数量，并结合施工现场的具体情况，以占总劳动量的百分比（一般为 10%～20%）计算。

④ 水、暖、电、卫设备安装等工程项目，一般不计算劳动量和机械台班量，进度与一般土建单位相配合。

3）工作班制的确定。

一般情况下，当工期容许、劳动力和机械周转使用不紧迫、施工工艺上无连续施工要求时，可采用一班制施工。当工期较紧或为了提高施工机械的使用率及加速机械的周转，或工艺上要求连续施工时，某些项目可考虑两班甚至三班制施工。

（4）确定各工作项目的持续时间

各工作项目的持续时间实际上就是流水节拍和持续时间的计算。

（5）编制施工进度计划的初步方案

在编制进度计划时，首先分析施工对象的主导工程（采用主要的机械，耗费劳动力及工时最多的工程），尽量采用分层分段流水作业组织施工，以保证连续施工，缩短工期。其余施工过程予以配合，服从主导施工过程的进度要求。此外，每个施工阶段也有其本阶段内的主导工程，均应在本阶段控制工期内优先安排好。

编制进度时，可先做出各施工阶段的控制性计划，在控制性计划的基础上，再按施工程序，分别安排各个施工阶段内各分部分项工程的施工组织和施工顺序及其进度，并将相邻施工阶段内最后一个分项工程和接着进行的下一施工阶段的最先开始的分项工程，使其相互之间最大限度地搭接，最后汇总成整个单位工程进度计划的初步方案。

（6）施工进度计划的检查和调整

编制进度计划需要考虑众多因素，初步编制可能会顾此失彼，难以统筹全局。因此，在初步编制后，应进行检查、平衡和调整。一般应检查和调整的内容如下。

1）施工顺序。施工进度计划安排的施工顺序应符合建设工程施工的客观规律。从技术上、工艺上、组织上检查各个施工项目的安排是否正确合理，如有不当之处，应予以修改或调整。

2）施工工期。施工工期首先应满足上级要求或施工合同的要求，其次应具有较好的经济效果。必要时，可进行工期调整。

3）资源消耗均衡性。检查所安排的劳动力、材料、机械供应能否满足，资源使用是否均衡。资源消耗的均衡程度常用资源动态图或资源不均衡系数 K 来表示。资源动态图是把单位时间内各施工过程消耗某一资源（如劳动力、砂石等）的数量进行累计，然后把单位时间内所消耗的总量按统一的比例绘制而成的图形。资源不均衡系数表示整个施工期间使用劳动力的不均衡程度，且劳动力不均衡系数在 1.5 左右较好。资源不均衡系数为

$$K=\frac{R_{\max}}{\overline{R}} \tag{14-3}$$

式中：$R_{\max}$——单位时间内消耗资源的最大值；

$\overline{R}$——该施工期内资源消耗的平均值。

建设工程施工本身是一个复杂的生产过程，受到周围许多客观条件变化的影响，如资源供应条件变化、气候的变化等，都会影响施工进度。因此，在执行中应随时掌握施工动态，并经常不断地检查和调整施工进度计划。

14.4.4 资源需要量计划

资源需要量计划是单位工程施工进度计划编制的劳动力、材料、施工机械、构配件、器具等的需要量计划，用于确定建设工程工地的临时设施，并按照施工的先后顺序，组织材料采购、运输、现场的堆放，调配劳动力和大型设备的进出场，以确保施工按计划顺利进行。

1. 劳动力需要量计划

劳动力需要量计划是调配劳动力、安排生活福利设施、调配和衡量劳动力消耗指标的依据。其编制方法是根据施工方案、施工进度和施工预算，依次确定专业工种、进场时间、劳动量和工人数，然后汇集成表格形式。其表格形式如表 14-5 所示。

表 14-5 劳动力需要量计划表

序号	工种名称	劳动量/工日	1 月	2 月	3 月	4 月	5 月	6 月	7 月	8 月	9 月	10 月	11 月	12 月

2. 主要材料、构配件需要量计划

主要材料、构配件需要量计划主要为组织备料，确定现场仓库、堆场面积、组织运

输之用。其编制方法是根据施工预算工料分析和施工进度，依次确定材料及构配件的名称、数量、规格和进场时间，并汇集成表格。其表格形式如表 14-6所示。某些分项工程是由多种材料组成的，应按各种材料分类计算，如混凝土工程应计算出水泥、砂、石、外加剂和水的数量，列入表格。

表 14-6　主要材料需要量计划表

序号	材料及构配件名称	单位	数量	规格	1 月	2 月	3 月	4 月	5 月	6 月	7 月	8 月	9 月	10 月	11 月	12 月

3. 半成品需要量计划

半成品需要量计划主要用于落实加工订货单位，并按照所需规格、数量、时间组织加工、运输和确定仓库或堆场。它是根据施工图和施工进度计划编制的，其表格形式如表 14-7 所示。

表 14-7　半成品需要量计划表

序号	品名	规格	图号	需要量		使用部位	加工单位	供应日期	备注
				单位	数量				

4. 施工机械、设备需要量计划

根据所采用的施工方案和施工进度计划，确定施工机械和设备的型号、数量、进场时间和退场时间，落实施工机械、设备的来源。其格式如表 14-8所示。在安排施工机械进场时间时，应考虑某些机械需要铺设轨道、拼装和安装的时间，如塔式起重机、桅杆式起重机等。

表 14-8　施工机械需要量计划表

序号	机械名称	型号	单位	数量	1 月	2 月	3 月	4 月	5 月	6 月	7 月	8 月	9 月	10 月	11 月	12 月

14.5　施工平面图设计

施工平面图是根据工程规模、特点和施工现场的条件，按照一定的设计原则，绘制出的施工期间所需要的各种临时设施与永久性工程以及拟建工程之间的合理位置关系图。

单位工程施工平面图是用以指导单位工程施工的现场平面布置图，是对一个工程项目的施工现场的平面规划和空间布置图，是施工准备工作的一项重要内容，是实现施工现场有组织、有计划进行文明施工的先决条件。贯彻和执行合理的施工平面布置图，会使施工现场井然有序，施工顺利进行，保证进度，提高效率和经济效果；反之，则会造成不良后果。单位工程施工平面图的绘制比例一般为（1∶100）～（1∶500）。

14.5.1　单位工程施工平面图的设计内容

施工平面图设计主要包括以下内容。

1）施工现场内已建和拟建的地上地下的一切建筑物、构筑物以及道路和各种管线等其他设施。

2）起重机轨道和开行路线、轨道布置，垂直运输设施（如井架）和其他施工机械的位置。

3）测量放线标桩位置、地形等高线和土方取弃地点。

4）各种加工厂、搅拌站的位置，材料、半成品、构件及工业设备等的仓库和堆场。

5）工地内外运输道路的布置。

6）生产和生活用临时设施的布置。

7）临时给排水管线、供电线路等各种管线布置。

8）一切安全及消防设施的位置布置，如高压线、消防栓的布置位置等。

14.5.2　单位工程施工平面图的设计原则

1）在满足现场施工的条件下，尽量减少施工用地。

2）在保证工程顺利进行的前提下，尽量减少临时设施的数量，降低临时设施费用。

3）临时设施的布置，尽量便利工人的生产和生活，使工人到施工区的距离最近，往返时间最少。

4）最大限度地缩短在场内的运输距离，尽量合理布置施工现场的运输道路及各种材料堆场、加工厂、仓库位置、各种机具的位置，使运输距离最短，从而减少或避免二次搬运。

5）符合劳动保护、技术安全、环境保护、消防和文明施工的要求。

施工平面图除需要遵循以上基本原则外，还必须结合施工现场的具体情况，考虑总平面图的要求和所采用的施工方法、安排的施工进度，通过技术经济比较，从多种可能的平面布置方案中选择最优方案。方案比较的技术经济指标一般有施工用地面积、施工场地利用率、场内运输道路总长度、各种临时管线总长度、临时房屋的面积、是否符合国家规定的技术安全和防火要求等。

14.5.3 单位工程施工平面图的设计依据

单位工程施工平面图应该在对现场进行踏勘、取得施工环境第一手资料的基础上，根据施工方案和施工进度计划的要求进行设计。设计时依据的资料有以下几类。

1. 建筑、结构设计和施工组织设计时所依据的有关拟建工程的当地原始资料

1）自然条件调查资料：气象、地形、水文地质及工程地质资料。此资料主要用于布置地表水和地下水的排水沟，确定易燃、易爆及有害人体健康的设施的布置，冬雨季施工期间所需设施的布置。

2）技术经济调查资料：交通运输、水源、电源、物资资源，生产和生活基地情况。这些对布置水、电管线及道路等具有重要作用。

2. 建设工程设计资料

1）建设工程总平面图：图上包括一切地上、地下拟建和已建的房屋和构筑物。它是正确确定临时房屋和其他设施位置，以及修建工地运输道路和解决排水等所需的资料。

2）一切已有和拟建的地下、地上管道位置：在施工平面图设计时，可考虑利用这些管道，不得在拟建的管道位置上面建临时建筑物。

3）建设工程区域的竖向设计和土方平衡图：是布置水、电管线和安排土方的挖填、取土或弃土地点的依据。

4）拟建工程的有关施工图和设计资料。

3. 施工资料

1）单位工程施工进度计划：从中可了解各个施工阶段的情况，以便分阶段布置施工现场。

2）施工方案：可确定垂直运输机械和其他施工机具的位置、数量和规划场地。

3）各种材料、构件、半成品等需要量计划：确定仓库和堆场的面积、形式和位置。

14.5.4 单位工程施工平面图的设计步骤

单位工程施工平面图设计的一般步骤如图 14-8 所示。

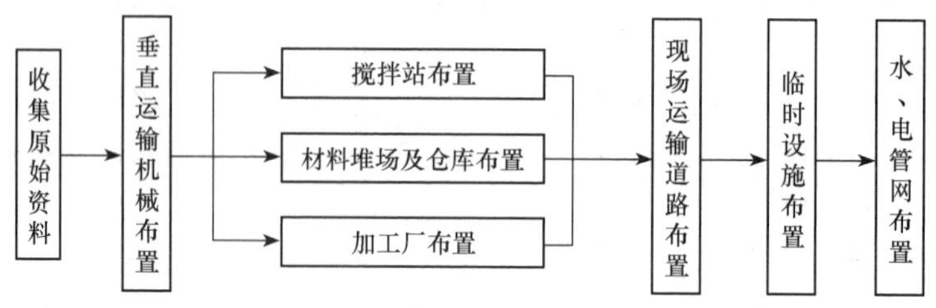

图 14-8 单位工程施工平面图设计的一般步骤

1. 确定垂直运输机械的位置

垂直运输机械的位置直接影响搅拌机械、材料堆场、现场道路，以及水、电管线的

布置。因此，它的布置是施工现场全局的中心环节，必须首先确定。

由于各种起重机械的性能不同，其机械的布置位置也不相同。

（1）固定式起重机械

布置固定式垂直运输机械（如井架、龙门架），主要根据机械的运输能力、最大起升荷载、建筑物的平面形状和尺寸、建筑物高度、施工段划分、材料及构件的质量、运输道路等情况来确定。其目的是充分发挥起重机械的工作能力，并使地面和楼面的运输量最小且施工方便。

布置时应考虑以下问题。

1）当建筑物各部位的高度相同时，应布置在施工段的分界线附近。

2）当建筑物各部位的高度不同时，应布置在高低分界线较高部位一侧。

3）当建筑物为点式高层时，采用内爬式塔式起重机布置在建筑物中间或转角处。

4）井架、龙门架的位置以布置在窗口处为宜，以避免砌墙留槎，以及减少井架拆除后的修补工作。

5）井架、龙门架的数量要根据施工进度、垂直提升的构件和材料数量、台班工作效率等因素计算确定，其服务范围一般为 50～60m。

6）卷扬机的位置不应距离起重架太近，以便司机的视线能够看到整个升降过程，一般要求此距离大于等于建筑物的高度，水平距离外脚手架 3m 以上。

7）井架应立在外脚手架之外，并有一定距离为宜，一般为 5～6m。

（2）轨道式起重机（塔吊）的布置

轨道式起重机，一般沿建筑物长向布置，布置时主要取决于建筑物的平面形状、尺寸、构件质量、起重机的性能及四周施工场地的条件等。应尽量使起重机在工作幅度范围内能将建筑材料和构件直接运到建筑物的任何施工地点，避免运输死角。

轨道式起重机是集起重、垂直提升和水平输送 3 种功能于一身的机械设备。通常轨道布置方式有 4 种布置方案（图 14-9）。

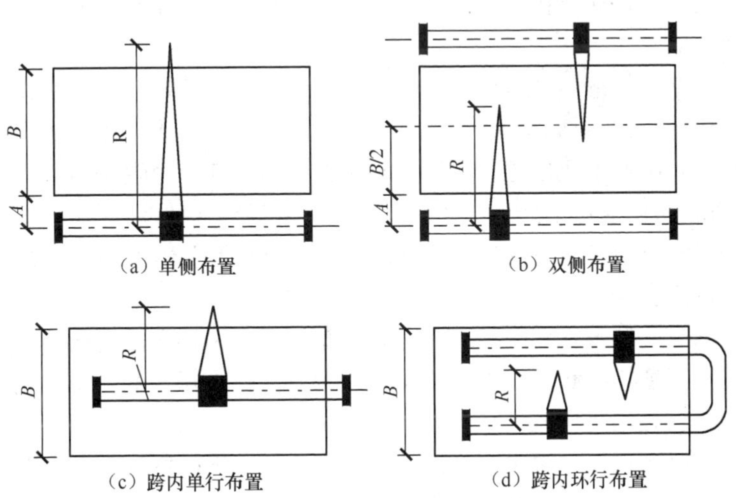

图 14-9　塔式起重机布置方案图

1）单侧布置。当建筑物宽度较小、构件质量不大、选择起重力矩在 45kN · m 以下的塔式起重机时，可采用单侧布置方式。其优点是轨道长度较短，并有较宽敞的场地堆放构件和材料。当采用单侧布置时，其起重半径 R 应满足式（14-4）要求，即

$$R \geqslant B + A \tag{14-4}$$

式中：R——塔式起重机的最大回转半径，m；

B——建筑物平面的最大宽度，m；

A——建筑物外墙皮至塔轨中心线的距离，m（一般无阳台时，A＝安全网宽度＋安全网外侧至轨道中心线距离；当有阳台时，A＝阳台宽度＋安全网宽度＋安全网外侧至轨道中心线距离）。

2）双侧布置或环形布置。当建筑物宽度较大、构件质量较重时，应采用双侧布置或环形布置，此时起重半径应满足式（14-5）要求，即

$$R \geqslant \frac{B}{2} + A \tag{14-5}$$

3）跨内单行布置。由于建筑物周围场地狭窄，不能在建筑物外侧布置轨道，同时，塔式起重机应采用跨内单行布置，才能满足技术要求，构件的最大起重半径应满足式（14-6）要求，即

$$R \geqslant \frac{B}{2} \tag{14-6}$$

4）跨内环行布置。当建筑物较宽、构件较重、塔式起重机跨内单行布置不能满足构件吊装要求，且塔吊不可能在跨外布置时，则选择这种布置方案。

5）应考虑的技术安全因素。塔式起重机的位置及尺寸确定之后，应当复核起重量、回转半径、起重高度 3 项工作参数是否能满足建筑物吊装技术要求。若复核不能满足要求，则调整上述各公式中 A 的距离。若 A 已是最小安全距离，则必须采取其他技术措施，最后绘制出塔式起重机服务范围。它是以塔轨两端有效端点的轨道中点为圆心，以最大回转半径为半径画出两个半圆，两个半圆和它们平行轨道的切线包容面积，即为塔式起重机服务范围。

在确定塔式起重机服务范围时，最好将建筑物平面尺寸均包括在塔式起重机服务范围内，以保证各种构件与材料直接吊运到建筑物的设计部位上，尽可能不出现死角。如果实在无法避免，则要求死角越小越好，同时在死角上应不出现吊装最重、最高的预制构件。在确定吊装方案时，提出具体的技术和安全措施，以保证这部分死角的构件顺利安装。有时塔吊和龙门架同时使用，以解决这一问题，但要确保塔吊回转时不能有碰撞的可能，确保施工安全。

此外，在确定塔吊服务范围时应考虑有较宽的施工用地，以便安排构件堆放，搅拌设备出料斗能直接挂钩后起吊，主要施工道路也宜安排在塔吊服务范围内。

（3）自行无轨式起重机械

自行无轨式起重机械分履带式、轮胎式和汽车式 3 种起重机。它一般不做垂直提升运输和水平运输之用，专做构件装卸和起吊各种构件之用，适用于单层装配式工业厂房主体结构的吊装，也适用于混合结构如大梁等较重构件的吊装方案等。

2. 确定搅拌站、仓库、材料和构件堆场及加工厂的位置

搅拌站、仓库、材料和构件的布置应尽量靠近使用地点或在起重机服务范围以内，并考虑到运输和装卸料方便。

根据起重机械的类型，材料、构件堆场位置的布置有以下几种情况。

1）当采用固定式垂直运输机械时，首层、基础和地下室所有的砖、石等材料宜沿建筑物四周布置，并距坑、槽边不小于 0.5m，以免造成坑、槽土壁的塌方事故。二层以上的材料、构件布置时，对大量的、重的和先期使用的材料，应尽可能靠近使用地点或起重机附近布置，而少量的、轻的和后期使用的材料，则可布置稍远一点。混凝土、砂浆搅拌站、仓库应尽量靠近垂直运输机械。

2）当采用轨道式起重机械时，材料和构件堆场位置以及搅拌站出料口的位置，应布置在塔式起重机有效服务范围内。

3）当采用自行无轨式起重机械时，材料、构件堆场、仓库及搅拌站的位置，应沿着起重机开行路线布置，且其位置应在起重臂的最大起重半径范围内。

4）任何情况下，搅拌机应有后台上料的场地，所有搅拌站所用材料：水泥、砂、石以及水泥罐等都应布置在搅拌机后台附近。当混凝土基础的体积较大时，混凝土搅拌站可以直接布置在基坑边缘附近，待混凝土浇筑完后再转移，以减少混凝土的运输距离。

5）混凝土搅拌机每台需有 25m^2 左右面积，冬期施工时，应有 50m^2 左右面积。砂浆搅拌机每台需有 15m^2 左右面积，冬期施工时应有 30m^2 左右面积。

3. 临时设施的布置

临时设施分为生产性临时设施，如工棚、钢筋加工棚、水泵房等，以及非生产性临时设施，如办公室、工人宿舍、开水房、食堂、厕所等，布置时应考虑使用方便、有利施工、符合安全的原则。一般情况如下。

1）生产设施（木工棚、钢筋加工棚）的位置，宜布置在建筑物四周稍远位置，且应有一定的材料、成品的堆放场地。

2）石灰仓库、淋灰池的位置应靠近搅拌站，并设在下风向。

3）沥青堆放场及熬制锅的位置应离开易燃仓库或堆放场，并宜布置在下风向。

4）办公室应靠近施工现场，设在工地入口处；工人休息室应设在工人作业区；宿舍应布置在安全的上风向；收发室宜布置在入口处等。

4. 现场运输道路的布置

现场主要道路应尽可能利用永久性道路，或先修好永久性道路的路基，在土建工程结束之前再铺路面。现场道路布置时，应保证行驶畅通，使运输道路有回转的可能性。因此，运输路线最好围绕建筑物布置成一条环形道路。道路宽度一般不小于 3.5m，主干道路宽度不小于 6m。道路两侧一般应结合地形设排水沟，沟深不小于 0.4m，底宽不小于 0.3m。

5. 水电管网布置

1）给水管布置。一般将建设单位的干管或自行布置的干管接到用水点，布置时应力求管网总长度最短。管径的大小和水龙头数目的设置需视工程规模大小通过计算确

定，管道可埋置于地下，也可铺设在地面上，由当时的气温条件和使用期限的长短而定。工地内要设置消防栓，消防栓距离建筑物不应小于 5m，也不应大于 25m，距离路边不大于 2m。条件允许时，可利用城市或建设单位的永久消防设施。有时，为了防止水的意外中断，可在建筑物附近设置简单蓄水池，储存一定数量的生产用水和消防用水。当水压不足时，还应设置高压水泵。

2）排水管布置。为了便于排除地表水和地下水，要及时修通永久性下水道，并结合现场地形在建筑物周围设置排泄地表水和地下水的沟渠。

3）供电布置。单位工程施工用电应在全工地性施工总平面图中一并考虑。若属于扩建的单位工程，一般计算出在施工期间的用电总数，提供给建设单位解决，不另设变压器。只有在独立的单位工程施工时，才根据计算出的现场用电量选用变压器。变压器站应布置在现场边缘高压线接入处，四周用铁丝网围住，但不宜布置在交通要道口处。

14.5.5 施工平面图绘制要求

单位工程施工平面图是施工的重要技术文件之一，是施工组织设计的重要组成部分。因此要求精心设计，认真绘制。比例要准确；要标明主要位置尺寸；要按图例或编号注明布置的内容、名称；线条粗细分明；字迹工整、清晰；图面清楚、美观。施工平面布置如图 14-10 所示。

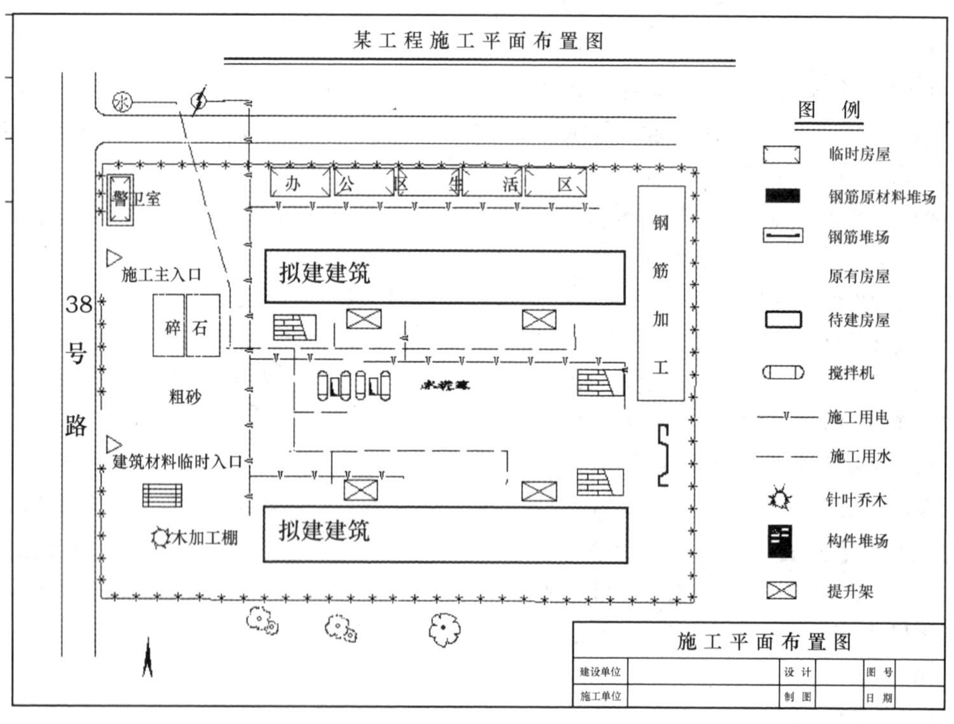

图 14-10　施工平面布置图示例

14.5.6　施工现场的动态特性

建设工程施工是一个复杂多变的生产过程，各种资源随着工程的进展而逐渐进场、逐渐消耗，因此，在整个施工过程中，它们在工地上的实际布置情况是随时间而变化的，在布置施工平面图时要考虑到以下变化。

1）对于大型建设工程、施工期限较长或建设工程工地较为狭小的工程，就需要按施工阶段来布置几张施工平面图，以便能有针对性地把不同施工阶段工地上的合理布置具体地反映出来。在布置各阶段的施工平面图时，对整个施工期间使用的一些主要道路、水电管线和临时房屋等，不要轻易变动，以节省费用。

2）对较小的建筑物，一般按主要施工阶段的要求布置施工平面图，但同时考虑其他施工阶段对场地的周转使用。

3）在布置重型工业厂房的施工平面图时，应该考虑到一般土建工程同其他专业工程的配合问题，应先以一般土建施工单位为主，会同各专业施工单位，通过协商制定综合施工平面图。

4）在综合施工平面图上，则根据各专业工程在各施工阶段中的要求，将现场平面合理划分，使各专业工程各得其所，具备良好的施工条件，以便各单位根据综合平面图布置现场。

14.6　主要施工管理计划

施工管理计划应包括进度管理计划、质量管理计划、安全管理计划、环境管理计划、成本管理计划以及其他管理计划等内容。各项管理计划的制定，应根据项目的特点有所侧重。

14.6.1　进度管理计划

项目施工进度管理应按照项目施工的技术规律和合理的施工顺序，保证各工序在时间上和空间上的顺利衔接。进度管理计划应包括下列内容。

1）对项目施工进度计划进行逐级分解，通过阶段性目标的实现保证最终工期目标的完成。

2）建立施工进度管理组织机构并明确职责，制定相应管理制度。

3）针对不同施工阶段的特点，制定进度管理的相应措施，包括施工组织措施、技术措施和合同措施等。

4）建立施工进度动态管理机制，及时纠正施工过程中的进度偏差，并制定特殊情况下的赶工措施。

5）根据项目周边环境特点，制定相应的协调措施，减少外部因素对施工进度的影响。

14.6.2　质量管理计划

质量管理计划可参照《质量管理体系　要求》（GB/T 19001—2016），在施工单位质量管理体系的框架内编制。质量管理计划应包括下列内容。

1）按照项目具体要求确定质量目标并进行目标分解，质量目标应具有可测量性；

质量目标应不低于工程合同明示的要求；质量目标应尽可能地量化和层层分解到最基层，建立阶段性目标。

2）建立项目质量管理的组织机构；明确质量管理组织机构中各重要岗位的职责，与质量有关的各岗位人员应具备与职责要求匹配的相应知识、能力和经验。

3）制定符合项目特点的技术保障和资源保障措施，通过可靠的预防控制措施，保证质量目标的实现。这些措施包含但不局限于：原材料、构配件、机具的要求和检验，主要的施工工艺、主要的质量标准和检验方法，夏期、冬期和雨季施工的技术措施，关键过程、特殊过程、重点工序的质量保证措施，成品、半成品的保护措施，工作场所环境以及劳动力和资金保障措施等。

4）建立质量过程检查制度，并对质量事故的处理做出相应规定。按质量管理八项原则中的过程方法要求，将各项活动和相关资源作为过程进行管理，建立质量过程检查、验收及质量责任制等相关制度，对质量检查和验收标准做出规定，采取有效的纠正和预防措施，保障各工序有序进行并保证过程的质量。

14.6.3 安全管理计划

安全管理计划可参照《职业健康安全管理体系　要求及使用指南》（GB/T 45001—2020），在施工单位安全管理体系的框架内编制。安全管理计划应包括下列内容。

1）确定项目重要危险源，制定项目职业健康安全管理目标。

2）建立有管理层次的项目安全管理组织机构并明确职责。

3）根据项目特点，进行职业健康安全方面的资源配置。

4）建立具有针对性的安全生产管理制度和职工安全教育培训制度。

5）针对项目重要危险源，制定相应的安全技术措施；对达到一定规模的危险性较大的分部（分项）工程和特殊工种的作业应制定专项安全技术措施的编制计划。

6）根据季节、气候的变化制定相应的季节性安全施工措施。

7）建立现场安全检查制度，并对安全事故的处理做出相应规定。

建筑施工安全事故（危害）通常分为七大类：高处坠落、机械伤害、物体打击、坍塌倒塌、火灾爆炸、触电、窒息中毒。安全管理计划应针对项目具体情况，建立安全管理组织，制定相应的管理目标、管理制度、管理控制措施和应急预案等。现场安全管理应符合国家和地方主管部门的要求。

14.6.4 环境管理计划

环境管理计划可参照《环境管理体系　要求及使用指南》（GB/T 24001—2016），在施工单位环境管理体系的框架内编制。环境管理计划应包括下列内容。

1）确定项目重要环境因素，制定项目环境管理目标。

2）建立项目环境管理的组织机构并明确职责。

3）根据项目特点进行环境保护方面的资源配置。

4）制定现场环境保护的控制措施。

5）建立现场环境检查制度，并对环境事故的处理做出相应的规定。

一般来讲，建筑工程常见的环境因素包括大气污染，垃圾污染，建筑施工中建筑机械发出的噪声和强烈的振动，光污染，放射性污染，生产、生活污水排放。

应根据建筑工程各阶段的特点，依据分部（分项）工程进行环境因素的识别和评价，并制定相应的管理目标、控制措施和应急预案等。现场环境管理应符合国家和地方主管部门的要求。

14.6.5　成本管理计划

成本管理计划应以项目施工预算和施工进度计划为依据编制。成本管理计划应包括下列内容。

1）根据项目施工预算，制定项目施工成本目标。

2）根据施工进度计划，对项目施工成本目标进行阶段分解。

3）建立施工成本管理的组织机构并明确职责，制定相应管理制度。

4）采取合理的技术、组织和合同等措施，控制施工成本。

5）确定科学的成本分析方法，制定必要的纠偏措施和风险控制措施。

成本管理是与进度管理、质量管理、安全管理和环境管理等同时进行的，是针对整体施工目标系统所实施的管理活动的一个组成部分。在成本管理中，要协调好进度、质量、安全和环境等的关系，不能片面强调成本节约。

14.6.6　其他管理计划

其他管理计划包括绿色施工管理计划、防火保安管理计划、合同管理计划、组织协调管理计划、创优质工程管理计划、质量保修管理计划及对施工现场人力资源、施工机具、材料设备等生产要素的管理计划等。其他管理计划可根据项目的特点和复杂程度加以取舍。各项管理计划的内容应有目标、有组织机构、有资源配置、有管理制度和技术、组织措施等。

思　考　题

14-1　单位工程施工组织设计的内容有哪些？

14-2　施工方案的内容包括哪些？

14-3　确定施工顺序应考虑哪些原则？

14-4　砖混结构、现浇框架结构的施工顺序如何？

14-5　内外装饰的流向及各工序间的施工顺序如何安排？

14-6　施工机械选择的内容及原则包括哪些？

14-7　砖混结构、单层厂房、现浇框架结构的施工方法与机械选择应着重考虑哪些内容？

14-8　试述单位工程施工进度计划的编制程序。

14-9　编制施工进度计划的原则有哪些？

14-10　施工平面图设计的原则有哪些？设计的内容、步骤及要求如何？

14-11　主要施工管理计划包括哪些内容？

第 15 章 绿 色 施 工

15.1 绿色施工的相关术语和总体框架

15.1.1 绿色施工的相关术语

（1）绿色施工

绿色施工指在保证质量、安全等基本要求的前提下，通过科学管理和技术进步，最大限度地节约资源，减少对环境的负面影响，实现节能、节材、节水、节地和环境保护（“四节一环保”）的建筑工程施工活动。

（2）施工现场

施工现场指进行建筑工程施工活动时，经批准临时占用的施工场地。

（3）绿色施工评价

绿色施工评价指对工程建设项目绿色施工水平及效果所进行的评估活动。可依据国家标准及各省市相关主管部门制定的标准进行组织与评价。

（4）控制项

控制项为绿色施工过程中必须达到的基本要求条款。

（5）一般项

一般项指绿色施工过程中根据实施情况进行评价，难度和要求适中的条款。

（6）优选项

优选项指绿色施工过程中实施难度较大、要求较高的条款。

（7）建筑垃圾

建筑垃圾指新建、扩建、改建和拆除各类建筑物、构筑物、管网等，以及装饰装修房屋过程中产生的废物料。

（8）建筑废弃物

建筑废弃物指建筑垃圾分类后，丧失施工现场再利用价值的部分。

（9）回收利用率

回收利用率指施工现场可再利用的建筑垃圾占施工现场所有建筑垃圾的比重。

施工现场建筑垃圾的回收利用包括两部分：一是将建筑垃圾进行收集或简单处理后，在满足质量、安全的条件下，直接用于工程施工的部分；二是将收集的建筑垃圾，交付相关回收企业实现再生利用，但不包括填埋的部分。

（10）施工禁令时间

施工禁令时间指国家和地方政府规定的禁止施工的时间段。

（11）基坑封闭降水

基坑封闭降水指在基底和基坑侧壁采取截水措施，对基坑以外地下水位不产生影响的降水方法。

（12）非传统水源

非传统水源指不同于传统地表水供水和地下水供水的水源，包括再生水、雨水等。

（13）信息化施工

信息化施工指利用计算机、网络和数据库等信息化手段，对工程项目实施过程的信息进行有序存储、处理、传输和反馈的施工模式。

（14）建筑工业化

建筑工业化指以现代化工业生产方式，在工厂完成建筑构配件制造，在施工现场进行安装的建造模式。

建筑工业化的基本要求为建筑设计标准化，构配件生产工厂化，现场施工机械化及组织管理科学化。

15.1.2　绿色施工原则

1）实施绿色施工，应依据因地制宜的原则，贯彻执行国家、行业和地方相关的技术政策，符合国家的法律、法规及相关的标准规范，实现经济效益、社会效益和环境效益的统一。

2）施工企业应运用 ISO14000 环境管理体系和 ISO18000 职业健康安全管理体系，将绿色施工有关内容分解到管理体系目标中去，使绿色施工规范化、标准化。

3）绿色施工是建筑全寿命周期中的一个重要阶段。实施绿色施工，应进行总体方案优化。在规划、设计阶段，应充分考虑绿色施工的总体要求，为绿色施工提供基础条件。

4）实施绿色施工，应对施工策划、材料采购、现场施工、工程验收等各阶段进行控制，加强对整个施工过程的管理和监督。

15.1.3　绿色施工总体框架

绿色施工总体框架由施工管理、环境保护、节材与材料资源利用、节水与水资源利用、节能与能源利用、节地与土地资源保护 6 个方面组成（图 15-1）。这 6 个方面涵盖了绿色施工的基本指标，同时包含了施工策划、材料采购、现场施工、工程验收等各阶段的指标的子集。

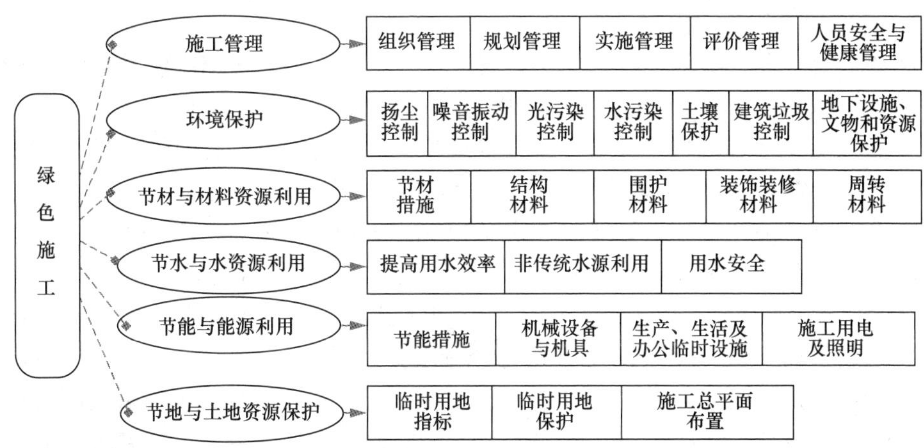

图 15-1　绿色施工总体框架

15.2 建筑工程绿色施工规范

15.2.1 基本规定

1. 组织与管理

（1）建设单位应履行的职责

1）在编制工程概预算和招标文件时，应明确绿色施工的要求，并提供包括场地、环境、工期、资金等方面的条件保障。

2）应向施工单位提供建设工程绿色施工的设计文件、产品要求等相关资料，保证资料的真实性和完整性。

3）应建立工程项目绿色施工的协调机制。

（2）设计单位应履行的职责

1）应按国家现行有关标准和建设单位的要求进行工程的绿色设计。

2）应协助、支持、配合施工单位做好建筑工程绿色施工的有关设计工作。

（3）监理单位应履行的职责

1）应对建筑工程绿色施工承担监理责任。

2）应审查绿色施工组织设计、绿色施工方案或绿色施工专项方案，并在实施过程中做好监督检查工作。

（4）施工单位应履行的职责

1）施工单位是建筑工程绿色施工的实施主体，应保证绿色施工的全面实施。

2）实行总承包管理的建设工程，总承包单位应对绿色施工负总责。

3）总承包单位应对专业承包单位的绿色施工实施管理，专业承包单位应对工程承包范围的绿色施工负责。

4）施工单位应建立以项目经理为第一责任人的绿色施工管理体系，制定绿色施工管理制度，负责绿色施工的组织实施，进行绿色施工教育培训，定期开展自检、联检和评价工作。

5）绿色施工组织设计、绿色施工方案或绿色施工专项方案编制前，应进行绿色施工影响因素分析，并据此制定实施对策和绿色施工评价方案。

6）施工现场应建立机械设备保养、限额领料、建筑垃圾再利用的台账和清单。工程材料和机械设备的存放、运输应制定保护措施。

7）施工单位应强化技术管理，绿色施工过程技术资料应收集和归档。

8）施工单位应根据绿色施工要求，对传统施工工艺进行改进。

9）施工单位应建立不符合绿色施工要求的施工工艺、设备和材料的限制、淘汰等制度。

10）应按现行国家标准《建筑工程绿色施工评价标准》（GB/ T 50640—2010）的规定对施工现场绿色施工实施情况进行评价，并根据绿色施工评价情况，采取改进措施。

11）施工单位应按照国家法律、法规的有关要求，制定施工现场环境保护和人员安全等突发事件的应急预案。

（5）参建各方的组织协调

1）参建各方应积极推进建筑工业化和信息化施工。建筑工业化宜重点推进结构构件预制化和建筑配件整体装配化。

2）应做好施工协同，加强施工管理，协商确定工期。

2. 资源节约

（1）节材与材料资源利用应符合的规定

1）应根据施工进度、材料使用时间、库存情况等制订材料的采购和使用计划。

2）现场材料应堆放有序，并满足材料储存及质量保持的要求。

3）工程施工使用的材料宜选用距施工现场 500km 以内生产的建筑材料。

（2）节水与水资源利用应符合的规定

1）现场应结合给排水点位置进行管线线路和阀门预设位置的设计，并采取管网和用水器具防渗漏的措施。

2）施工现场办公区、生活区的生活用水应采用节水器具。

3）宜建立雨水、中水或其他可利用水资源的收集利用系统。

4）施工现场用水应按生活用水与工程用水的定额指标进行控制。

5）施工现场喷洒路面、绿化浇灌不宜使用自来水。

（3）节能与能源利用应符合的规定

1）应合理安排施工顺序及施工区域，减少作业区机械设备数量。

2）应选择功率与负荷相匹配的施工机械设备，机械设备不宜低负荷运行，不宜采用自备电源。

3）应制定施工能耗指标，明确节能措施。

4）应建立施工机械设备档案和管理制度，机械设备应定期保养维修。施工机械设备档案包括产地、型号、大小、功率、耗油量或耗电量、使用寿命和已使用时间等内容。合理选择和使用施工机械，避免造成不必要的损耗和浪费。

5）生产、生活、办公区域及主要机械设备宜分别进行耗能、耗水及排污计量，并做好相应记录。

6）应合理布置临时用电线路，做到线路最短，变压器、配电室（总配电箱）与用电负荷中心尽可能靠近；选用节能器具，采用声控、光控和节能灯具；照明照度宜按最低照度设计。

7）宜利用太阳能、地热能、风能等可再生能源。

8）施工现场宜错峰用电。

（4）节地与土地资源保护应符合的规定

1）应根据工程规模及施工要求布置施工临时设施。

2）施工临时设施不宜占用绿地、耕地及规划红线以外场地。

3）施工现场应避让保护场区及周边的古树名木。

3. 环境保护

（1）施工现场扬尘控制应符合的规定

1）施工现场宜搭设封闭式垃圾站。

2）细散颗粒材料、易扬尘材料应封闭堆放、存储和运输。施工现场易扬尘材料运输、存储方式常见的有封闭式货车运输、袋装运输、库房存储、袋装存储、封闭式料池存储、封闭式料斗存储、封闭式料仓存储、封闭覆盖等，具有防尘、防变质、防遗撒等作用，降低材料损耗。

3）施工现场出口应设冲洗池，施工场地、道路应采取定期洒水抑尘措施。

4）土石方作业区内扬尘目测高度应小于 1.5m，结构施工、安装、装饰装修阶段目测扬尘高度应小于 0.5m，不得扩散到工作区域外。

5）施工现场使用的热水锅炉等宜使用清洁燃料。不得在施工现场熔化沥青或焚烧油毡、油漆及其他能产生有毒、有害烟尘和恶臭气体的物质。

（2）噪声控制应符合的规定

1）施工现场宜对噪声进行实时监测；施工场界环境噪声排放昼间不应超过 70dB（A），夜间不应超过 55dB（A）。噪声测量方法应符合现行国家标准《建筑施工场界环境噪声排放标准》（GB 12523—2011）的规定。

2）施工过程宜使用低噪声、低振动的施工机械设备，对噪声控制要求较高的区域应采取隔声措施。

3）施工车辆进出现场，不宜鸣笛。

（3）光污染控制应符合的规定

1）应根据现场和周边环境采取限时施工、遮光和全封闭等避免或减少施工过程中光污染的措施。

2）夜间室外照明灯应加设灯罩，光照方向应集中在施工范围内。

3）在光线作用敏感区域施工时，电焊作业和大型照明灯具应采取防光外泄措施。

（4）水污染控制应符合的规定

1）污水排放应符合现行行业标准《污水排入城镇下水道水质标准》（GB/T 31962—2015）的有关要求。

2）使用非传统水源和现场循环水时，宜根据实际情况对水质进行检测。

3）施工现场存放的油料和化学溶剂等物品应设专门库房，地面应做防渗漏处理。废弃的油料和化学溶剂应集中处理，不得随意倾倒。

4）易挥发、易污染的液态材料，应使用密闭容器存放。

5）施工机械设备使用和检修时，应控制油料污染；清洗机具的废水和废油不得直接排放。

6）食堂、盥洗室、淋浴间的下水管线应设置过滤网，食堂应另设隔油池。

7）施工现场宜采用移动式厕所，并应定期清理；固定厕所应设化粪池。

8）隔油池和化粪池应做防渗处理，并应进行定期清运和消毒。

（5）施工现场垃圾处理应符合的规定

1）垃圾应分类存放、按时处置。

2）应制定建筑垃圾减量计划，建筑垃圾的回收利用应符合现行国家标准《工程施工废弃物再生利用技术规范》（GB/T 50743—2012）的规定。

3）有毒有害废弃物的分类率应达到 100%；对有可能造成二次污染的废弃物应单独

储存，并设置醒目标识。

4）现场清理时，应采用封闭式运输，不得将施工垃圾从窗口、洞口、阳台等处抛撒。

（6）危险品、化学品的运输和储存应符合的规定

施工使用的乙炔、氧气、油漆、防腐剂等危险品、化学品的运输和储存应采取隔离措施。

15.2.2　施工准备

1）施工单位应根据设计文件、场地条件、周边环境和绿色施工总体要求，明确绿色施工的目标、材料、方法和实施内容，并在图纸会审时提出需设计单位配合的建议和意见。

2）施工单位应编制包含绿色施工管理和技术要求的工程绿色施工组织设计、绿色施工方案或绿色施工专项方案，并经审批通过后实施。

编制工程项目绿色施工组织设计、绿色施工方案时，应在各个章节中，通篇体现绿色施工管理和技术要求，如绿色施工组织管理体系、管理目标设定、岗位职责分解、监督管理机制、施工部署、分部分项工程施工要求、保证措施和绿色施工评价方案等内容要求。编制工程项目绿色施工专项方案时，也应体现以上相应要求，并与传统施工组织设计、施工方案配套使用。

3）绿色施工组织设计、绿色施工方案或绿色施工专项方案编制应符合下列规定。

① 应考虑施工现场的自然与人文环境特点。

② 应有减少资源浪费和环境污染的措施。

③ 应明确绿色施工组织的管理体系、技术要求和措施。

④ 应选用先进的产品、技术、设备、施工工艺和方法，利用规划区域内设施。

⑤ 应包含改善作业条件、降低劳动强度、节约人力资源等内容。

4）施工现场宜实行电子文档管理。

5）施工单位宜建立建筑材料数据库，应采用绿色性能相对优良的建筑材料。

6）施工单位宜建立施工机械设备数据库。应根据现场和周边环境情况，对施工机械和设备进行节能、减排和降耗指标分析、比较，采用高性能、低噪声和低能耗的机械设备。

7）在绿色施工评价前，依据工程项目环境影响因素分析情况，应对绿色施工评价要素中一般项和优选项的条目数进行相应调整，并经工程项目建设和监理方确认后，作为绿色施工的相应评价依据。

8）在工程开工前，施工单位应完成绿色施工的各项准备工作。

15.2.3　施工场地

1. 一般规定

1）在施工总平面设计时，应针对施工场地、环境和条件进行分析，内容包括施工现场的作业时间和作业空间、具有的能源和设施、自然环境、社会环境、工程施工所选

用的料具性能等；制定具体实施方案。

2）施工总平面布置宜利用场地及周边现有和拟建建筑物、构筑物、道路和管线等。

3）施工前应制定合理的场地使用计划；施工中应减少场地干扰，保护环境。

4）临时设施的占地面积可按最低面积指标设计，有效使用临时设施用地。

5）塔吊等垂直运输设施基座宜采用可重复利用的装配式基座或利用在建工程的结构。

2. 施工总平面布置

1）施工现场平面布置应符合下列规定。

① 在满足施工需要前提下，应减少施工用地。

② 应合理布置起重机械和各项施工设施，统筹规划施工道路。

③ 应合理划分施工分区和流水段，减少专业工种之间交叉作业。

2）施工现场平面布置应根据施工各阶段的特点和要求，实行动态管理。

3）施工现场生产区、办公区和生活区应实现相对隔离。

4）施工现场作业棚、库房、材料堆场等布置宜靠近交通线路和主要用料部位。

5）施工现场的强噪声机械设备宜远离噪声敏感区。噪声敏感区包括医院、学校、机关、科研单位、住宅和工人生活区等需要保持安静的建筑物区域。

3. 场区围护及道路

1）施工现场大门、围挡和围墙宜采用可重复利用的材料和部件，并应工具化、标准化。

2）施工现场入口应设置绿色施工制度图牌。

3）施工现场道路布置应遵循永久道路和临时道路相结合的原则。

4）施工现场主要道路的硬化处理宜采用可周转使用的材料和构件。

5）施工现场围墙、大门和施工道路周边宜设绿化隔离带。

4. 临时设施

1）临时设施的设计、布置和使用，应采取有效的节能降耗措施，并应符合下列规定。

① 应利用场地自然条件，临时建筑的体形宜规整，应有自然通风和采光，并应满足节能要求。

② 临时设施宜选用由高效保温、隔热、防火材料制成的复合墙体和屋面，以及密封保温隔热性能好的门窗。

③ 临时设施建设不宜使用一次性墙体材料。

2）办公和生活临时用房应采用可重复利用的房屋，如多层轻钢活动板房、钢骨架多层水泥活动板房、集装箱式用房等。

3）严寒和寒冷地区外门应采取防寒措施；夏季炎热地区的外窗宜设置外遮阳。

15.2.4 地基与基础工程

1. 一般规定

1）桩基施工应选用低噪、环保、节能、高效的机械设备和工艺（螺旋、静压、喷注式等成桩工艺）。

2）地基与基础工程施工时，应识别场地内及周边现有的自然、文化和建（构）筑物特征，并采取相应保护措施。场内发现文物时，应立即停止施工，派专人看管，并通知当地文物主管部门。

3）应根据气候特征选择施工方法、施工机械，安排施工顺序，布置施工场地。

4）地基与基础工程施工应符合下列规定。

① 现场土、料存放应采取加盖或植被覆盖措施。

② 土方、渣土装卸车和运输车应有防止遗撒和扬尘的措施。

③ 对施工过程产生的泥浆应设置专门的泥浆池或泥浆罐车存储。

5）基础工程涉及的混凝土结构、钢结构、砌体结构工程应按 15.2.5 节的有关要求执行。

2. 土石方工程

1）土石方工程开挖前应进行挖、填方的平衡计算，在土石方场内应运距最短，工序衔接紧密。

2）工程渣土应分类堆放和运输，其再生利用应符合现行国家标准《工程施工废弃物再生利用技术规范》（GB/T 50743—2012）的规定。

3）土石方工程开挖宜采用逆作法或半逆作法进行施工，施工中应采取通风和降温等改善地下工程作业条件的措施。

4）在受污染的场地进行施工时，应对土质进行专项检测和治理。

5）土石方工程爆破施工前，应进行爆破方案的编制和评审；应采取防尘和飞石控制措施，包括清理积尘、淋湿地面、外设高压喷雾状水系统、设置防尘排栅和直升机投水弹等。

6）4 级风以上天气，严禁土石方工程爆破施工作业。

3. 桩基工程

1）成桩工艺应根据桩的类型、使用功能、土层特性、地下水位、施工机械、施工环境、施工经验、制桩材料供应条件等，按安全适用、经济合理的原则选择。

2）混凝土灌注桩施工应符合下列规定。

① 灌注桩采用泥浆护壁成孔时，应采取导流沟和泥浆池等排浆及储浆措施。

② 施工现场应设置专用泥浆池，并及时清理沉淀的废渣。

3）工程桩不宜采用人工挖孔成桩。当特殊情况采用时，应采取护壁、通风和防坠落措施。

4）在城区或人口密集地区施工混凝土预制桩和钢桩时，宜采用静压沉桩工艺。静力压桩宜选择液压式和绳索式压桩工艺。

5）工程桩桩顶剔除部分的再生利用应符合现行国家标准《工程施工废弃物再生利用技术规范》（GB/T 50743—2012）的规定。

4. 地基处理工程

1）换填法施工应符合下列规定。

① 回填土施工应采取防止扬尘的措施，4 级风以上天气严禁回填土施工。施工间歇

时应对回填土进行覆盖。

② 当采用砂石料作为回填材料时，宜采用振动碾压。

③ 灰土过筛施工应采取避风措施。

④ 开挖原土的土质不适宜回填时，应采取土质改良措施后加以利用。对具有膨胀性土质地区的土方回填，可在膨胀土中掺入石灰、水泥或其他固化材料，令其满足回填土土质要求，从而减少土方外运，保护土地资源。

2）在城区或人口密集地区，不宜使用强夯法施工。

3）高压喷射注浆法施工的浆液应由专用容器存放，置换出的废浆应被收集清理。

4）采用砂石回填时，砂石填充料应保持湿润。

5）基坑支护结构采用锚杆（锚索）时，宜采用可拆式锚杆。

6）喷射混凝土施工宜采用湿喷或水泥裹砂喷射工艺，并采取防尘措施。喷射混凝土作业区的粉尘浓度不应大于 $10mg/m^3$，喷射混凝土作业人员应佩戴防尘用具。

5. 地下水控制

1）基坑降水宜采用基坑封闭降水方法。施工降水应遵循保护优先、合理抽取、抽水有偿、综合利用的原则，宜采用连续墙、“护坡桩＋桩间旋喷桩”、“水泥土桩＋型钢”等全封闭帷幕隔水施工方法，隔断地下水进入基坑施工区域。

2）基坑施工排出的地下水可用于冲洗、降尘、绿化、养护混凝土等。

3）采用井点降水施工时，地下水位与作业面高差宜控制在 250mm 以内，并应根据施工进度进行水位自动控制。

4）当无法采用基坑封闭降水，且基坑抽水对周围环境可能造成不良影响时，应采用对地下水无污染的回灌方法。

15.2.5 主体结构工程

1. 一般规定

1）预制装配式结构构件，宜采取工厂化加工；构件的存放和运输应采取防止变形和损坏的措施；构件的加工和进场顺序应与现场安装顺序一致，不宜二次倒运。

2）基础和主体结构施工应统筹安排垂直和水平运输机械。

3）施工现场宜采用预拌混凝土和预拌砂浆。现场搅拌混凝土和砂浆时，应使用散装水泥；搅拌机棚应有封闭降噪和防尘措施。

2. 混凝土结构工程

（1）钢筋工程

1）钢筋宜采用专用软件优化放样下料，根据优化配料结果确定进场钢筋的定尺长度。

2）钢筋工程宜采用专业化生产的成型钢筋。钢筋现场加工时，宜采取集中加工方式。

3）钢筋连接宜采用机械连接方式。

4）进场钢筋原材料和加工半成品应存放有序、标识清晰、储存环境适宜，并应制定保管制度，采取防潮、防污染等措施。

5）钢筋除锈时，应采取避免扬尘和防止土壤污染的措施。

6）钢筋加工中使用的冷却液体，应过滤后循环使用，不得随意排放。

7）钢筋加工产生的粉末状废料，应收集和处理，不得随意掩埋或丢弃。

8）钢筋安装时，绑扎丝、焊剂等材料应妥善保管和使用，散落的余废料应收集利用。

9）箍筋宜采用一笔箍（为连续钢筋制作的螺旋箍或多支箍）或焊接封闭箍。

（2）模板工程

1）应选用周转率高的模板和支撑体系。模板宜选用可回收利用的塑料、铝合金等材料。

2）宜使用大模板、定型模板、爬升模板和早拆模板等工业化模板及支撑体系。

3）当采用木或竹制模板时，宜采取工厂化定型加工、现场安装的方式，不得在工作面上直接加工拼装。在现场加工时，应设封闭场所集中加工，并采取隔声和防粉尘污染措施。

4）模板安装精度应符合现行国家标准《混凝土结构工程施工质量验收规范》（GB 50204—2015）的要求。

5）脚手架和模板支撑宜选用承插式、碗扣式、盘扣式等管件合一的脚手架材料搭设。

6）高层建筑结构施工，应采用整体或分片提升的工具式脚手架和分段悬挑式脚手架。

7）模板及脚手架施工应回收散落的铁钉、铁丝、扣件、螺栓等材料。

8）短木方应叉接接长，木、竹胶合板的边角余料应拼接并利用。

9）模板脱模剂应选用环保型产品，并派专人保管和涂刷，剩余部分应加以利用。

10）模板拆除宜按支设的逆向顺序进行，不得硬撬或重砸。拆除平台楼层的底模，应采取临时支撑、支垫等防止模板坠落和损坏的措施，并应建立维护维修制度。

（3）混凝土工程

1）在混凝土配合比设计时，应减少水泥用量，增加工业废料、矿山废渣的掺量；当混凝土中添加粉煤灰时，宜利用其后期强度（60d、90d 的龄期强度）。

2）混凝土宜采用泵送、布料机布料浇筑；地下大体积混凝土宜采用溜槽或串筒浇筑。

3）超长无缝混凝土结构宜采用滑动支座法、跳仓法和综合治理法施工；当裂缝控制要求较高时，可采用低温补仓法施工。

滑动支座法是利用滑动支座减少约束，释放混凝土内力的施工方法；跳仓法是将超长、超宽混凝土结构划分成若干个区块，按照相隔区块与相邻区块两大部分，依据一定时间间隔要求，对混凝土进行分期施工的方法；低温补仓法是在跳仓法的基础上，创造一种补仓低于跳仓混凝土浇筑温度的施工方法；综合治理法是全部或部分采用滑动支座法、跳仓法、低温补仓法及其他方法控制复杂混凝土结构早期裂缝的施工方法。

4）混凝土振捣应采用低噪声振捣设备，也可采取围挡等降噪措施；在噪声敏感环境或钢筋密集时，宜采用自密实混凝土。

5）混凝土宜采用塑料薄膜加保温材料覆盖保湿、保温养护；当采用洒水或喷雾养护时，养护用水宜使用回收的基坑降水或雨水；混凝土竖向构件宜采用养护剂进行养护。

6）混凝土结构宜采用清水混凝土，其表面应涂刷保护剂。

7）混凝土浇筑余料应制成小型预制件，或采取其他措施加以利用，不得随意倾倒。

8）清洗泵送设备和管道的污水应经沉淀后回收利用，浆料分离后可做室外道路、地面等垫层的回填材料。

3. 砌体结构工程

1）砌体结构宜采用工业废料或废渣制作的砌块及其他节能环保的砌块。

2）砌块运输宜采用托板整体包装，现场应减少二次搬运。

3）砌块湿润和砌体养护宜使用检验合格的非自来水源。

4）混合砂浆掺和料可使用粉煤灰等工业废料。

5）砌筑施工时，落地灰应随即清理、收集和再利用。

6）砌块应按组砌图砌筑；非标准砌块应在工厂加工按计划进场，现场切割时应集中加工，并采取防尘降噪措施。

7）毛石砌体砌筑时产生的碎石块，应加以回收利用。

4. 钢结构工程

1）钢结构深化设计时，应结合加工、运输、安装方案和焊接工艺要求，确定分段、分节数量和位置，优化节点构造，减少钢材用量。

2）钢结构安装连接宜选用高强螺栓连接，钢结构宜采用金属涂层进行防腐处理。

3）大跨度钢结构安装宜采用起重机吊装、整体提升、顶升和滑移等机械化程度高、劳动强度低的方法。

4）钢结构加工应制定废料减量计划，优化下料，综合利用余料，废料应分类收集、集中堆放、定期回收处理。

5）钢材、零（部）件、成品、半成品件和标准件等应堆放在平整、干燥场地或仓库内。

6）复杂空间钢结构制作和安装，应预先采用仿真技术模拟施工过程和状态。

7）钢结构现场涂料应采用无污染、耐候性好的材料。防火涂料喷涂施工时，应采取防止涂料外泄的专项措施。

5. 其他

1）装配式混凝土结构安装所需的埋件和连接件及室内外装饰装修所需的连接件，应在工厂制作时准确预留、预埋。

2）钢混组合结构中的钢结构构件，应结合配筋情况，在深化设计时确定与钢筋的连接方式（穿孔法、连接件法和混合法等）。钢筋连接、套筒焊接、钢筋连接板焊接及预留孔应在工厂加工时完成，严禁安装时随意割孔或后焊接。

3）索膜结构施工时，索和膜均应在工厂按照计算机模拟张拉后的尺寸下料，制作和安装连接件，运至现场安装张拉。

15.2.6　装饰装修工程

1. 一般规定

1）施工前，块材、板材和卷材（地砖、石材、石膏板、壁纸、地毯及木质、金属、塑料类等材料）应进行排版优化设计。

2）门窗、幕墙、块材、板材宜采用工厂化加工。

3）装饰用砂浆宜采用预拌砂浆；落地灰应回收使用。

4）装饰装修成品、半成品应采取保护措施。

5）材料的包装物应分类回收。

6）不得采用沥青类、煤焦油类等材料作为室内防腐、防潮处理剂。

7）应制定材料使用的减量计划，材料损耗宜比额定损耗率降低 30%。

8）室内装饰装修材料应按现行国家标准《民用建筑工程室内环境污染控制标准》（GB 50325—2020）的要求进行甲醛、氨、挥发性有机化合物和放射性等有害指标的检测。

9）民用建筑工程验收时，必须进行室内环境污染物浓度检测，其限量应符合表 15-1 的规定。

表 15-1　民用建筑工程室内环境污染物浓度限量

污染物	单位	Ⅰ类民用建筑工程	Ⅱ类民用建筑工程
氡	Bq/m^3	≤200	≤400
甲醛	mg/m^3	≤0.08	≤0.1
苯	mg/m^3	≤0.09	≤0.09
氨	mg/m^3	≤0.2	≤0.2
TVOC	mg/m^3	≤0.5	≤0.6

注：Ⅰ类民用建筑工程是指住宅、医院、老年人建筑、幼儿园、学校教室等。Ⅱ类民用建筑工程指办公楼、商场、旅店、文化娱乐场所、书店、图书馆、博物馆、美术馆、展览馆、体育馆、公共交通等候室等。表中污染物浓度限量，除氡外均指室内测量值扣除同步测定的室外上风向空气测量值（本底值）后的测量值。污染物浓度测量值的极限值判定，采用全数值比较法。

2. 地面工程

1）地面基层处理应符合下列规定。

① 基层粉尘清理宜采用吸尘器；没有防潮要求的，可采取洒水降尘等措施。

② 基层需剔凿的，应采用低噪声的剔凿机具和剔凿方式。

2）地面找平层、隔汽层、隔声层施工应符合下列规定。

① 找平层、隔汽层、隔声层厚度应控制在允许偏差的负值范围内。

② 干作业应有防尘措施。

③ 湿作业应采用喷洒方式保湿养护。

3）水磨石地面施工应符合下列规定。

① 应对地面洞口、管线口进行封堵，墙面应采取防污染措施。

② 应采取水泥浆收集处理措施。

③ 其他饰面层的施工宜在水磨石地面完成后进行。

④ 现制水磨石地面应采取控制污水和噪声的措施。

4）施工现场切割地面块材时，应采取降噪措施；污水应集中收集处理。

5）地面养护期内不得上人或堆物，地面养护用水，应采用喷洒方式，严禁养护用水溢流。

3. 门窗及幕墙工程

1）木制、塑钢、金属门窗应采取成品保护措施。

2）外门窗安装应与外墙面装修同步进行。

3）门窗框周围的缝隙填充应采用憎水保温材料。

4）幕墙与主体结构的预埋件应在结构施工时埋设。

5）连接件应采用耐腐蚀材料或采取可靠的防腐措施。

6）硅胶使用前应进行相容性和耐候性复试。

4. 吊顶工程

1）吊顶施工应减少板材、型材的切割。

2）应避免采用温湿度敏感材料进行大面积吊顶施工。温湿度敏感材料是指变形、强度等受温度、湿度变化影响较大的装饰材料，如纸面石膏板、木工板等。使用温湿度敏感材料进行大面积吊顶施工时，应采取防止变形和裂缝的措施。

3）高大空间的整体顶棚施工，宜采用地面拼装、整体提升就位的方式。

4）高大空间吊顶施工时，宜采用可移动式操作平台等节能、节材设施。

5. 隔墙及内墙面工程

1）隔墙材料宜采用轻质砌块砌体或轻质墙板，严禁采用实心烧结黏土砖。

2）预制板或轻质隔板间的填塞材料应采用弹性或微膨胀的材料。

3）抹灰墙面宜采用喷雾方法进行养护。

4）涂料施工对基层含水率要求很高，应严格控制基层含水率，以避免引起起鼓等质量缺陷，提高耐久性。使用溶剂型腻子找平或直接涂刷溶剂型涂料时，混凝土或抹灰基层含水率不得大于 8%；使用乳液型腻子找平或直接涂刷乳液型涂料时，混凝土或抹灰基层含水率不得大于 10%。木材基层的含水率不得大于 12%。

5）涂料施工应采取遮挡、防止挥发和劳动保护等措施。

15.2.7　保温和防水工程

1. 一般规定

1）保温和防水工程施工时，应分别满足建筑节能和防水设计的要求。

2）保温和防水材料及辅助用材，应根据材料特性进行有害物质（挥发性有机化合物（VOC）、苯、甲苯、乙苯、二甲苯、苯酚、蒽、萘、游离甲醛、游离甲苯二异氰酸酯（TDI）、氨、可溶性重金属等）限量的现场复检。

3）板材、块材和卷材施工应结合保温和防水的工艺要求，进行预先排版。

4）保温和防水材料在运输、存放和使用时应根据其性能采取防水、防潮和防火措施。

2. 保温工程

1）保温施工宜选用结构自保温、保温与装饰一体化、保温板兼作模板、全现浇混凝土外墙与保温一体化和管道保温一体化等方案。

结构自保温是指保温性能及承载能力同时满足设计标准要求，不需要另外增加保温层的墙体；保温与装饰一体化是指装饰层同时兼作保温层的做法；保温板兼作模板是将保温板辅以特制骨架形成的模板，可使结构层和保温层连接更为可靠；全现浇混凝土外墙与保温一体化是指墙体钢筋绑扎完毕，混凝土浇筑之前将保温板置于外模内侧，混凝土浇筑后保温层与墙体有机地结合在一起的方法；管道保温一体化是指在生产过程中保温层与管道同时制作生产，无须现场再进行保温层施工的方法。

2）采用外保温材料的墙面和屋顶，不宜进行焊接、钻孔等施工作业。确需施工作业时，应采取防火保护措施，并应在施工完成后，及时对裸露的外保温材料进行防护处理。

3）应在外门窗安装，水暖及装饰工程需要的管卡、挂件，电气工程的暗管、接线盒及穿线等施工完成后，进行内保温施工。

4）现浇泡沫混凝土保温层施工应符合下列规定。

① 水泥、集料、掺和料等宜工厂干拌、封闭运输。

② 泡沫混凝土宜泵送浇筑。

③ 搅拌和泵送设备及管道等冲洗水应收集处理。

④ 养护应采用覆盖、喷洒等节水方式。

5）保温砂浆施工应符合下列规定。

① 保温砂浆材料宜采用预拌砂浆。

② 现场拌和应随用随拌。

③ 落地灰应收集利用。

6）玻璃棉、岩棉保温层施工应符合下列规定。

① 玻璃棉、岩棉类保温材料，应封闭存放。

② 玻璃棉、岩棉类保温材料裁切后的剩余材料应封闭包装、回收利用。

③ 雨天、4级以上大风天气不得进行室外作业。

玻璃棉、岩棉等纤维类保温材料施工时应做好劳动保护，以防矿物纤维刺伤皮肤、眼睛或吸入肺部。

7）泡沫塑料类保温层施工应符合下列规定。

① 聚苯乙烯泡沫塑料板余料应全部回收。

② 现场喷涂硬泡聚氨酯时，应对作业面采取遮挡、防风和防护措施。

③ 现场喷涂硬泡聚氨酯时，环境温度宜为10～40℃，空气相对湿度宜小于80%，风力不宜大于3级。

④ 硬泡聚氨酯现场作业应预先计算使用量，随配随用。

3. 防水工程

1）基层清理应采取控制扬尘的措施。

2）卷材防水层施工应符合下列规定。

① 宜采用自粘型防水卷材。

② 采用热熔法施工时，应避免燃料泄漏，并控制易燃材料储存地点与作业点的间距。高温环境或封闭条件施工时，应采取措施加强通风。

③ 防水层不宜采用热粘法施工。

④ 采用的基层处理剂和胶黏剂应选用环保型材料，并封闭存放。

⑤ 防水卷材余料应回收处理。

3）涂膜防水层施工应符合下列规定。

① 液态防水涂料和粉末状涂料应采用封闭容器存放，余料应及时回收。

② 涂膜防水宜采用滚涂或涂刷工艺，当采用喷涂工艺时，应采取遮挡等防止污染的措施。

③ 涂膜固化期内应采取保护措施。

4）块瓦屋面宜采用干挂法施工。

5）蓄水、淋水试验宜采用非自来水源。

6）防水层应采取成品保护措施。

15.2.8 机电安装工程

1. 一般规定

1）机电安装工程施工应采用工厂化制作、整体化安装的方法。

2）机电安装工程施工前应对通风空调、给水排水、强弱电、末端设施布置及装修等进行综合分析，并绘制综合管线图。

3）机电安装工程的临时设施安排应与工程总体部署相协调。工作平台、脚手架、施工配电箱、用水点、消防设施、施工通道、临时房屋设施和垂直运输设备等应综合利用，以免重复设置，浪费资源。

4）管线的预埋、预留应与土建及装修工程同步进行，不得现场临时剔凿。

5）除锈、防腐宜在工厂内完成，现场涂装时应采用无污染、耐候性好的材料。

6）机电安装工程应采用低能耗的施工机械。低能耗的施工机械包括采用变频控制的机电设备、变风量空调设备，通过认证的能效等级高的空调、制冷设备等。

2. 管道工程

1）管道连接宜采用机械连接方式（丝接、沟槽连接、卡压连接、法兰连接、承插连接等）。

2）采暖散热片组装应在工厂完成。

3）设备安装产生的油污应随即清理。

4）管道试验及冲洗用水应有组织排放，处理后重复利用。

5）污水管道、雨水管道试验及冲洗用水宜利用非自来水源。

3. 通风工程

1）预制风管下料宜按先大管料，后小管料，先长料，后短料的顺序进行。

2）预制风管安装前应将内壁清扫干净。

3）预制风管连接宜采用机械连接方式。

4）冷媒储存应采用压力密闭容器。

4. 电气工程

1）电线导管暗敷应做到线路最短。

2）应选用节能型电线、电缆和灯具等，并应进行节能测试。节能型电线和灯具是指使用寿命长、损耗率低、传导损耗小的新型节能产品。节能型电线包括节能型低蠕变导线、节能型增容导线和节能型扩容电线。节能型灯具包括卤钨灯、高低压钠灯、荧光高压汞灯、金属卤化物灯、高频无极灯、细管荧光灯、紧凑型荧光灯和 LED 灯等。

3）预埋管线口应采取临时封堵措施。

4）线路连接宜采用免焊接头和机械压接方式。

5）不间断电源柜试运行时应进行噪声监测。

6）不间断电源安装应采取防止电池液泄漏的措施，废旧电池应回收。

7）电气设备的试运行不得低于规定时间，且不应超过规定时间的 1.5 倍。

15.2.9 拆除工程

1. 一般规定

1）拆除工程应制定专项方案。拆除方案应明确拆除的对象及其结构特点、拆除方法、安全措施、拆除物的回收利用方法等。

2）建筑物拆除过程应控制废水、废弃物、粉尘的产生和排放。

3）建筑物拆除应按规定进行公示。拆除工程相关信息的公示是保证拆除工程作业安全的手段，拆除前张贴告示通知拆除工程附近的单位及路过的人，提醒相关人员注意安全。大型拆除工程可通过电台等告知人们注意安全。

4）4 级风以上、大雨或冰雪天气，不得进行露天拆除施工。

5）建筑拆除物处理应符合充分利用、就近消纳的原则。

6）拆除物应根据材料性质进行分类，并加以利用；剩余的废弃物应做无害化处理。

2. 拆除施工准备

1）拆除施工前，拆除方案应得到相关方批准；应对周边环境进行调查和记录，界定影响区域。

2）拆除工程应按建筑构配件的情况，确定保护性拆除或破坏性拆除。保护性拆除是指拆除过程有计划、按合理顺序，使结构构件或配件不产生破坏的拆除方式。破坏性拆除是指拆除过程中，对拆除物中的构件或配件不进行保护的拆除方式。

3）拆除施工应依据实际情况，分别采用人工拆除、机械拆除、爆破拆除和静力破碎的方法。

4）拆除施工前，应制定应急预案。

5）拆除施工前，应制定防尘措施；采取水淋法降尘时，应采取控制用水量和污水流淌的措施。

3. 拆除施工

1）人工拆除前应制定安全防护和降尘措施。拆除管道及容器时，应查清残留物性质并采取相应安全措施后，方可进行拆除施工。

2）机械拆除宜选用低能耗、低排放、低噪声的机械；并应合理确定机械作业位置和拆除顺序，采取保护机械和人员安全的措施。

3）在爆破拆除前，应进行试爆，并根据试爆结果，对拆除方案进行完善。

4）爆破拆除时防尘和飞石控制应符合下列规定。

① 钻机成孔时，应设置粉尘收集装置，或采取钻杆带水作业等降尘措施。

② 爆破拆除时，可采用在爆点位置设置水袋的方法或多孔微量爆破方法。

③ 爆破完成后，宜采用高压水枪进行水雾消尘。

④ 对重点防护的范围，应在其附近架设防护排架，并挂金属网防护。

5）对烟囱、水塔等高大建（构）筑物进行爆破拆除时，应根据建筑物的体量计算倒塌时的触地振动力，应在倒塌范围内采取铺设缓冲垫层或开挖减振沟等触地防震措施。

6）在城镇或人员密集区域，爆破拆除宜采用对环境影响小的静力爆破，并应符合下列规定。

① 采用具有腐蚀性的静力破碎剂作业时，灌浆人员必须戴防护手套和防护眼镜。

② 静力破碎剂不得与其他材料混放。

③ 爆破成孔与破碎剂注入不宜同步进行。

④ 破碎剂注入时，不得进行相邻区域的钻孔施工。

⑤ 孔内注入破碎剂后，作业人员应保持安全距离，不得在注孔区域行走。

⑥ 当使用静力破碎剂发生异常情况时，必须停止作业；待查清原因采取安全措施后，方可继续施工。

4. 拆除物的综合利用

1）建筑拆除物分类和处理应符合现行国家标准《工程施工废弃物再生利用技术规范》（GB/T 50743—2012）的规定；剩余的废弃物应做无害化处理。

2）不得将建筑拆除物混入生活垃圾，不得将危险废弃物混入建筑拆除物。

3）拆除的门窗、管材、电线、设备等材料应回收利用。

4）拆除的钢筋和型材应经分拣后再生利用。

15.3 建筑工程绿色施工评价标准

15.3.1 基本规定

1）绿色施工评价应以建筑工程施工过程为对象进行评价。绿色施工的评价贯穿整个施工过程，评价的对象可以是施工的任何阶段或分部分项工程。

2）绿色施工项目应符合以下规定。

① 建立绿色施工管理体系和管理制度，实施目标管理。

② 根据绿色施工要求进行图纸会审和深化设计。

③ 施工组织设计及施工方案应有专门的绿色施工章节，绿色施工目标明确，内容应涵盖“四节一环保”。

④ 工程技术交底应包含绿色施工内容。

⑤ 采用符合绿色施工要求的新材料、新技术、新工艺、新机具进行施工。

⑥ 建立绿色施工培训制度，并有实施记录。

⑦ 根据检查情况，制定持续改进措施。

⑧ 采集和保存过程管理资料、见证资料和自检评价记录等绿色施工资料。

⑨ 在评价过程中，应采集反映绿色施工水平的典型图片或影像资料。

3）发生下列事故之一，不得评为绿色施工合格项目。

① 发生安全生产死亡责任事故。

② 发生重大质量事故，并造成严重影响。

③ 发生群体传染病、食物中毒等责任事故。

④ 施工中因“四节一环保”问题被政府管理部门处罚。

⑤ 违反国家有关“四节一环保”的法律法规，造成严重社会影响。

⑥ 施工扰民造成严重社会影响。（严重社会影响是指施工活动对附近居民的正常生活产生很大的影响的情况，如造成相邻房屋出现不可修复的损坏、交通道路破坏、光污染和噪声污染等，并引起群众性抵触的活动。）

4）绿色施工评价框架体系内容如下。

① 评价阶段宜按地基与基础工程、结构工程、装饰装修与机电安装工程进行。

② 建筑工程绿色施工应依据环境保护、节材与材料资源利用、节水与水资源利用、节能与能源利用和节地与土地资源保护 5 个要素进行评价。

③ 评价要素均包含控制项、一般项、优选项 3 类评价指标。针对不同地区或工程应进行环境因素分析，对评价指标进行增减，并列入相应要素进行评价。

④ 评价等级应分为不合格、合格和优良。

⑤ 绿色施工评价框架体系（图 15-2）应由评价阶段、评价要素、评价指标、评价等级构成。

15.3.2 环境保护评价指标

1. 控制项

1）现场施工标牌应包括环境保护内容。

现场施工标牌是指工程概况牌、施工现场管理人员组织机构牌、入场须知牌、安全警示牌、安全生产牌、文明施工牌、消防保卫制度牌、施工现场总平面图、消防平面布置图等。其中应有保障绿色施工的相关内容。

2）施工现场应在醒目位置设环境保护标识。施工现场醒目位置是指主入口、主要临街面、有毒有害物品堆放地等。

3）施工现场的文物古迹和古树名木应采取有效保护措施，并有应急预案。

4）现场食堂应有卫生许可证，炊事员应持有效健康证明。

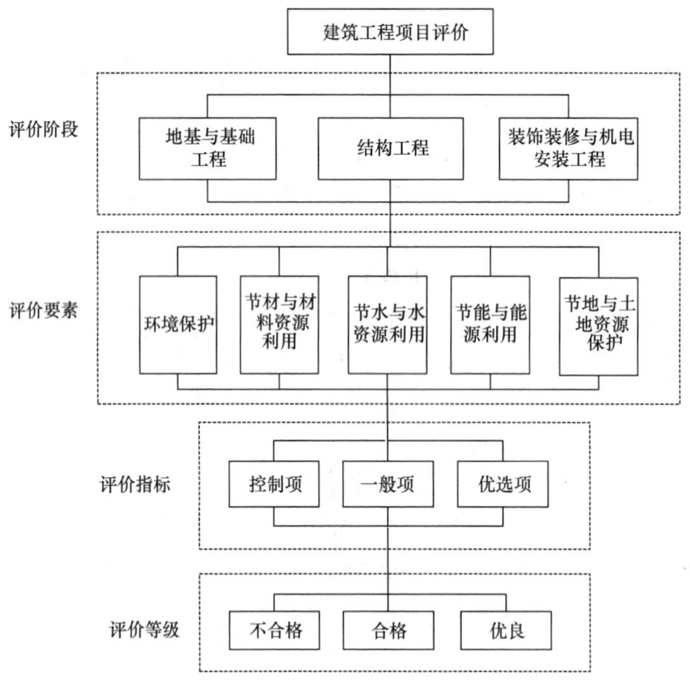

图 15-2　绿色施工评价框架体系

2. 一般项

1）资源保护应符合下列规定。

① 应保护场地四周原有地下水形态，减少抽取地下水。

② 危险品、化学品存放处及污染物排放应采取隔离措施。

2）人员健康应符合下列规定。

① 施工作业区和生活办公区应分开布置，生活设施应远离有毒有害物质。临时办公和生活区距有毒有害存放地一般为 50m，因场地限制不能满足要求时应采取隔离措施。

② 生活区应有专人负责，应有消暑或保暖措施。

③ 现场工人劳动强度和工作时间应符合现行国家标准的有关规定。

④ 从事有毒、有害、有刺激性气味和强光、强噪声施工的人员应佩戴与其相应的防护器具。

⑤ 深井、密闭环境、防水和室内装修施工应有自然通风或临时通风设施。

⑥ 现场危险设备、地段、有毒物品存放地应配置醒目安全标志，施工应采取有效防毒、防污、防尘、防潮、通风等措施，应加强人员健康管理。

⑦ 厕所、卫生设施、排水沟及阴暗潮湿地带应定期消毒。

⑧ 食堂各类器具应清洁，操作行为应规范。

3）扬尘控制应符合下列规定。

① 现场应建立洒水清扫制度，配备洒水设备，并应有专人负责。

② 对裸露地面、集中堆放的土方应采取抑尘措施（临时绿化、喷浆和隔尘布遮

盖等）。

③ 运送土方、渣土等易产生扬尘的车辆应采取封闭或遮盖措施。

④ 现场进出口应设冲洗池和吸湿垫，应保持进出现场车辆清洁。

⑤ 易飞扬和细颗粒建筑材料应封闭存放，余料应及时回收。

⑥ 易产生扬尘的施工作业应采取遮挡、抑尘等措施。

⑦ 拆除爆破作业应有降尘措施。

⑧ 高空垃圾清运应采用封闭式管道或垂直运输机械完成。

⑨ 现场使用散装水泥、预拌砂浆应有密闭防尘措施。

4）废气排放控制应符合下列规定。

① 进出场车辆及机械设备废气排放应符合国家年检要求。

② 不应使用煤作为现场生活的燃料。

③ 电焊烟气的排放应符合现行国家标准《大气污染物综合排放标准》（GB 16297—1996）的规定。

④ 不应在现场燃烧废弃物。

5）建筑垃圾处置应符合下列规定。

① 建筑垃圾应分类收集、集中堆放。

② 废电池、废墨盒等有毒有害的废弃物应封闭回收，不应混放。

③ 有毒有害废物分类率应达到 100%。

④ 垃圾桶应分为可回收利用与不可回收利用两类，应定期清运。

⑤ 建筑垃圾回收利用率应达到 30%。

⑥ 碎石和土石方类等应用作地基和路基回填材料。

6）污水排放应符合下列规定。

① 现场道路和材料堆放场地周边应设排水沟。

② 工程污水和试验室养护用水应经处理（去泥沙、除油污、分解有机物、沉淀过滤、酸碱中和等）达标后排入市政污水管道。

③ 现场厕所应设置化粪池，化粪池应定期清理。

④ 工地厨房应设隔油池，应定期清理。

⑤ 雨水、污水应分流排放。

7）光污染应符合下列规定。

① 夜间焊接作业时，应采取挡光措施。

② 工地设置大型照明灯具时，应有防止强光线外泄的措施。

8）噪声控制应符合下列规定。

① 应采用先进机械、低噪声设备进行施工，机械、设备应定期保养维护。

② 产生噪声较大的机械设备，应尽量远离施工现场办公区、生活区和周边住宅区。

③ 混凝土输送泵、电锯房等应设有吸声降噪屏或采取其他降噪措施。

④ 夜间施工噪声声强值应符合国家有关规定。

⑤ 吊装作业指挥应使用对讲机传达指令。

9）施工现场应设置连续、密闭能有效隔绝各类污染的围挡。

10）施工中，开挖土方应合理回填利用。

3. 优选项

1）施工作业面应设置隔声设施。在施工作业面噪声敏感区域设置足够长度的隔声屏，满足隔声要求。

2）现场应设置可移动环保厕所，并应定期清运、消毒。高空作业每隔 5～8 层设置一座移动环保厕所，施工场地内环保厕所足量配置，并定岗定人负责保洁。

3）现场应设噪声监测点，并应实施动态监测。不定期请环保部门到现场检测噪声强度，将所有施工阶段的噪声控制在现行国家标准《建筑施工场界环境噪声排放标准》（GB 12523—2011）限值内。施工阶段噪声限值如表 15-2 所示。

表 15-2　建筑施工场界环境噪声限值　　单位：dB

昼间	夜间
70	55

注：1. 夜间噪声最大声级超过限制的幅度不得高于 15dB。
2. 当场界距噪声敏感建筑物较近时，其室外不满足测量条件时，可在噪声敏感建筑物室内测量，并将表 15-2 中相应的限值减 10dB 作为评价依据。

4）现场应有医务室，人员健康应急预案应完善。施工组织设计有保证现场人员健康的应急预案，预案内容应涉及火灾、爆炸、高空坠落、物体打击、触电、机械伤害、坍塌、SARS 病毒、疟疾、禽流感、霍乱、登革热、鼠疫疾病等，一旦发生上述事件，现场能果断处理，避免事态扩大和蔓延。

5）施工应采取基坑封闭降水措施。

6）现场应采用喷雾设备降尘。现场拆除作业、爆破作业、钻孔作业和干旱燥热条件土石方施工应采用喷雾降尘设备减少扬尘。

7）建筑垃圾回收利用率应达到 50%。

8）工程污水应采取去泥沙、除油污、分解有机物、沉淀过滤、酸碱中和等处理方式，实现达标排放。

15.3.3　节材与材料资源利用评价指标

1. 控制项

1）应根据就地取材的原则进行材料选择并有实施记录。

2）应有健全的机械保养、限额领料、建筑垃圾再生利用等制度。

2. 一般项

1）材料的选择应符合下列规定。

① 施工应选用绿色、环保材料。要求建立合格供应商档案库，材料采购做到质量优良、价格合理，所选材料应符合《民用建筑工程室内环境污染控制标准》（GB 50325—2020）和《室内装饰装修材料　人造板及其制品中甲醛释放限量》（GB 18580—2017）、《木器涂料中有害物质限量》（GB 18581—2020）、《建筑用墙面涂料中有害物质限量》

（GB 18582—2020）、《室内装饰装修材料 胶粘剂中有害物质限量》（GB 18583—2008）、《室内装饰装修材料 木家具中有害物质限量》（GB 18584—2001）、《室内装饰装修材料 壁纸中有害物质限量》（GB 18585—2001）、《室内装饰装修材料 聚氯乙烯卷材地板中有害物质限量》（GB 18586—2001）、《室内装饰装修材料 地毯、地毯衬垫及地毯胶粘剂有害物质释放限量》（GB 18587—2001）的要求，混凝土外加剂应符合《混凝土外加剂中释放氨的限量》（GB 18588—2001）的要求。

② 临建设施应采用可拆迁、可回收材料。

③ 应利用粉煤灰、矿渣、外加剂等新材料降低混凝土和砂浆中的水泥用量；粉煤灰、矿渣、外加剂等新材料掺量应按供货单位推荐掺量、使用要求、施工条件、原材料等因素通过试验确定。

2）材料节约应符合下列规定。

① 应采用管件合一的脚手架和支撑体系。

② 应采用工具式模板和新型模板材料，如铝合金、塑料、玻璃钢和其他可再生材质的大模板和钢框镶边模板。

③ 材料运输方法应科学，应降低运输损耗率。

④ 应优化线材下料方案。

⑤ 面材、块材镶贴，应做到预先总体排版。

⑥ 应因地制宜，采用新技术、新工艺、新设备和新材料。

⑦ 应提高模板、脚手架体系的周转率。

3）资源再生利用应符合下列规定。

① 建筑余料应合理使用。

② 板材、块材等下脚料和撒落混凝土及砂浆应科学利用。

③ 临建设施应充分利用既有建筑物、市政设施和周边道路。

④ 现场办公用纸应分类摆放，纸张应两面使用，废纸应回收。

3. 优选项

1）应编制材料计划，合理使用材料。

2）应采用建筑配件整体化或建筑构件装配化安装的施工方法。

3）主体结构施工应选择自动提升、顶升模架或工作平台。

4）建筑材料包装物回收率应达到100%。现场材料包装用纸质或塑料、塑料泡沫质的盒、袋均要分类回收，集中堆放。

5）现场应使用预拌砂浆。

6）水平承重模板应采用早拆支撑体系。

7）现场临建设施、安全防护设施应定型化、工具化、标准化。

15.3.4 节水与水资源利用评价指标

1. 控制项

1）签订标段分包或劳务合同时，应将节水指标纳入合同条款。

2）应有计量考核记录。

2. 一般项

1）节约用水应符合下列规定。

① 应根据工程特点，制定用水定额。

② 施工现场供、排水系统应合理适用。

③ 施工现场办公区、生活区的生活用水应采用节水器具，节水器具配置率应达到100%。

④ 施工现场的生活用水与工程用水应分别计量。

⑤ 施工中应采用先进的节水施工工艺。

⑥ 混凝土养护和砂浆搅拌用水应合理，应有节水措施。施工现场尽量避免现场搅拌，优先采用商品混凝土和预拌砂浆。必须现场搅拌时，要设置水计量检测和循环水利用装置。混凝土养护采取薄膜包裹覆盖、喷涂养护液等技术手段，杜绝无措施浇水养护。

⑦ 管网和用水器具不应有渗漏。

2）水资源的利用应符合下列规定。

① 基坑降水应储存使用。

② 冲洗现场机具、设备、车辆用水，应设立循环用水装置。

3. 优选项

1）施工现场应建立基坑降水再利用的收集处理系统。施工现场应对地下降水、设备冲刷用水、人员洗漱用水进行收集处理，用于喷洒路面、冲厕、冲洗机具。

2）施工现场应有雨水收集利用的设施。

3）喷洒路面、绿化浇灌不应使用自来水。

4）生活、生产污水应处理并再利用。

5）现场应使用经检验合格的非传统水源。应对现场开发使用自来水以外的非传统水源进行水质检测，其应符合工程质量用水标准和生活卫生水质标准。

15.3.5 节能与能源利用评价指标

1. 控制项

1）施工现场的生产、生活、办公和主要耗能施工设备应设有节能控制设施。施工现场高能耗设备主要是塔吊、施工电梯、电焊机及其他施工机具和现场照明，为便于计量，应对生产过程使用的施工设备、照明和生活办公区分别设定用电控制指标。

2）对主要耗能施工设备应定期进行耗能计量核算。施工用电必须装设电表，生活区和施工区应分别计量；应及时收集用电资料，建立用电节电统计台账。针对不同的工程类型，如住宅建筑、公共建筑、工业厂房建筑、仓储建筑、设备安装工程等进行分析、对比，提高节电率。

3）国家、行业、地方政府明令淘汰的施工设备、机具和产品不应使用。

2. 一般项

1）临时用电设施应符合下列规定。

① 应采用节能型设施。

② 临时用电应设置合理，管理制度应齐全并应落实到位。

③ 现场照明设计应符合国家现行标准《施工现场临时用电安全技术规范》（JGJ 46—2005）的规定。

2）机械设备应符合下列规定。

① 应采用能源利用效率高的施工机械设备。选择功率与负载相匹配的施工机械设备，机电设备的配置可采用节电型机械设备，如逆变式电焊机和能耗低、效率高的手持电动工具等，以利节电；机械设备宜使用节能型油料添加剂，在可能的情况下，考虑回收利用，节约油量。

② 施工机具资源应共享。在施工组织设计中，合理安排施工顺序、工作面，以减少作业区域的机具数量，相邻作业区充分利用共有的机具资源。

③ 应定期监控重点耗能设备的能源利用情况，并有记录。避免施工现场施工机械空载运行的现象，如空压机等的空载运行，不仅产生大量的噪声污染，而且还会产生不必要的电能消耗。

④ 应建立设备技术档案，并应定期进行设备维护、保养。为了更好地进行施工设备管理，应给每台设备建立技术档案，便于维修保养人员尽快准确地对设备的整机性能做出判断，以便出现故障及时修复；对于机型老、效率低、能耗高的陈旧设备要及时淘汰，代之以结构先进、技术完善、效率高、性能好及能耗低的设备，应建立设备管理制度，定期进行维护、保养，确保设备性能可靠、能源高效利用。

3）临时设施应符合下列规定。

① 施工临时设施应结合日照和风向等自然条件，合理采用自然采光、通风和外窗遮阳设施。根据现行国家标准《建筑采光设计标准》（GB/T 50033—2013），在同样照度条件下，天然光的辨认能力优于人工光，自然通风可提高人的舒适感。南方采用外遮阳，可减少太阳辐射和温度传导，节约大量的空调、电扇等运行能耗，是一种节能的有效手段，值得提倡。

② 临时施工用房应使用热工性能达标的复合墙体和屋面板，顶棚宜采用吊顶。现行国家标准《公共建筑节能设计标准》（GB 50189—2015）规定，在保证相同的室内环境参数条件下，建筑节能设计与未采取节能措施前比，全年采暖通风、空气调节、照明的总耗能应减少50%。施工现场临时设施的围护结构热工性能应参照执行，围护墙体、屋面、门窗等部位，要使用保温隔热性能指标达标的节能材料。

4）材料运输与施工应符合下列规定。

① 建筑材料的选用应缩短运输距离，减少能源消耗。工程施工使用的材料宜就地取材，距施工现场500km以内生产的建筑材料用量占工程施工使用的建筑材料总用量的70%以上。

② 应采用能耗少的施工工艺。改进施工工艺，节能降耗。如逆作法施工能降低施工扬尘和噪声，减少材料消耗，避免了使用大型设备消耗能源。

③ 应合理安排施工工序和施工进度。绿色施工倡导在既定施工目标条件下，做到均衡施工、流水施工。特别要避免突击赶工期的无序施工、造成人力、物力和财力浪费

等现象。

④ 应尽量减少夜间作业和冬期施工的时间。夜间作业不仅施工效率低，而且需要大量的人工照明，用电量大，应根据施工工艺特点，合理安排施工作业时间。如白天进行混凝土浇捣，晚上养护等。同样，冬季室外作业，需要采取冬季施工措施，如混凝土浇捣和养护时，采取电热丝加热或搭临时防护棚用煤炉供暖等，都会消耗大量的热能，这些都是应该避免的。

3. 优选项

1）根据当地气候和自然资源条件，应合理利用太阳能或其他可再生能源。可再生能源是指风能、太阳能、水能、生物质能、地热能、海洋能等非化石能源。国家鼓励单位和个人安装太阳能热水系统、太阳能供热采暖和制冷系统、太阳能光伏发电系统等。我国可再生能源在施工中的利用还刚刚起步，为加快施工现场对太阳能等可再生能源的应用步伐，应予以鼓励。

2）临时用电设备应采用自动控制装置。

3）使用的施工设备和机具应符合国家、行业有关节能、高效、环保的规定。节能、高效、环保的施工设备和机具综合能耗低，环境影响小，应积极引导施工企业，优先使用，如选用变频技术的节能施工设备等。

4）办公、生活和施工现场，采用节能照明灯具的数量应大于 80%。

5）办公、生活和施工现场用电应分别计量。

15.3.6　节地与土地资源保护评价指标

1. 控制项

1）施工场地布置应合理并应实施动态管理。施工现场布置实施动态管理，应根据工程进度对平面进行调整。一般建筑工程至少应有地基与基础、结构工程、装饰装修与机电安装 3 个阶段的施工平面布置图。

2）施工临时用地应有审批用地手续。如因工程需要，临时用地超出审批范围，必须提前到相关部门办理批准手续后方可占用。

3）施工单位应充分了解施工现场及毗邻区域内人文景观保护要求、工程地质情况及基础设施管线分布情况，制定相应保护措施，并应报请相关方核准。

2. 一般项

1）节约用地应符合下列规定。

① 施工总平面布置应紧凑，并应尽量减少占地。要求施工平面布置合理，组织科学，占地面积小。单位建筑面积施工用地率是施工现场节地的重要指标，其计算方法为

$$\text{单位建筑面积施工用地率}=\frac{\text{临时用地面积}}{\text{单位工程总建筑面积}}\times 100\%$$

临时设施各项指标是施工平面布置的重要依据，临时设施布置用地的参考指标参见表 15-3～表 15-5。

表 15-3 临时加工厂所需面积指标

加工厂名称	工程所需总量	占地总面积/m^2	长×宽	设备配备情况
混凝土搅拌站	12500m^3	150	10m×15m	350L 强制式搅拌机 2 台，灰机 2 台，配料机一套
临时性混凝土预制厂	200m^3			商品混凝土
钢筋加工厂	2800t	300	30m×10m	弯曲机 2 台，切断机 2 台，对焊机 1 台，拉丝机 1 台
金属结构加工厂	30t	600	20m×30m	氧割 2 套、电焊机 3 台
临时道路占地宽度	3.5～6m			

表 15-4 现场作业棚及堆场所需面积参考指标

名称		高峰期人数/人	占地总面积/m^2	长×宽	租用或业主提供原有旧房做临时用房情况说明
木作	木工作业棚	48	60	10m×6m	
	成品、半成品堆场		200	20m×10m	
钢筋	钢筋加工棚	30	80	10m×8m	
	成品、半成品堆场		210	21m×10m	
铁件	铁件加工棚	6	40	8m×5m	
	成品、半成品堆场		30	6m×5m	
混凝土砂浆	搅拌棚	6	72	12m×6m	
	水泥仓库	2	35	10m×3.5m	
	砂石堆场	6	120	12m×10m	
施工用电	配电房	2	18	6m×3m	
	电工房	4	20	5m×4m	
白铁房		2	12	4m×3m	
油漆工房		12	20	5m×4m	
机、铅修理房		6	18	6m×3m	
石灰	存放棚	2	28	7m×4m	
	消化池	2	24	6m×4m	
门窗存放棚			30	6m×5m	
砌块堆场			200	20m×10m	
轻质墙板堆场		8	18	6m×3m	
金属结构半成品堆场			50	10m×5m	
仓库（五金、玻璃、卷材、沥青等）		2	40	8m×5m	
仓库（安装工程）		2	32	4m×8m	
临时道路占地宽度		3.5～6m			

表 15-5　行政生活福利临时设施所需面积参考指标

临时房屋名称	占地面积/m^2	建筑面积/m^2	参考指标/（m^2/人）	备注	人数/人	租用或使用原有旧房情况说明
办公室	80	80	4	管理人员数	20	
宿舍（双层床）	210	600	2	按高峰年（季）平均职工人数（扣除不在工地住宿人数）	200	
食堂	120	120	0.5	按高峰期	240	
浴室	100	100	0.5	按高峰期	200	
活动室	45	45	0.23	按高峰期	200	

② 应在经批准的临时用地范围内组织施工。建设工程施工现场用地范围，以规划行政主管部门批准的建设工程用地和临时用地范围为准，必须在批准的范围内组织施工。

③ 应根据现场条件，合理设计场内交通道路。规定场内交通道路布置应满足各种车辆机具设备进出场、消防安全疏散要求，方便场内运输。场内交通道路双车道宽度不宜大于 6m，单车道不宜大于 3.5m，转弯半径不宜大于 15m，且尽量形成环形通道。

④ 施工现场临时道路布置应与原有及永久道路兼顾考虑，并应充分利用拟建道路为施工服务。

⑤ 基于减少现场临时占地，减少现场湿作业和扬尘的考虑，应采用预拌混凝土。

2）保护用地应符合下列规定。

① 应采取防止水土流失的措施。结合建筑场地永久绿化，提高场内绿化面积，保护土地。

② 应充分利用山地、荒地作为取土、弃土场的用地。施工取土、弃土场应选择荒废地，不占用农田，工程完工后，按“用多少，垦多少”的原则，恢复原有地形、地貌。在可能的情况下，应利用弃土造田，增加耕地。

③ 施工后应恢复植被。施工后应恢复施工活动破坏的植被（一般指临时占地内）与当地园林、环保部门合作，在施工占用区内种植合适的植物，尽量恢复原有地貌和植被。

④ 应对深基坑施工方案进行优化，并应减少土方开挖和回填量，保护用地。深基坑施工会对用地布置、地下设施、周边环境等产生重大影响，为减少深基坑施工过程对地下及周边环境的影响，在基坑开挖与支护方案的编制和论证时应考虑尽可能减少土方开挖和回填量，最大限度地减少对土地的扰动，保护自然生态环境。

⑤ 在生态脆弱的地区施工完成后，应进行地貌复原。在生态环境脆弱或具有重要人文、历史价值的场地施工，要做好保护和修复工作。场地内有价值的树木、水塘、水系以及具有人文、历史价值的地形、地貌是传承场地所在区域历史文脉的重要载体，也是该区域重要的景观标志。因此，应根据国家相关规定予以保护。对于因施工造成场地环境改变的情况，应采取恢复措施，并报请相关部门认可。

3. 优选项

1）临时办公和生活用房应采用结构可靠的多层轻钢活动板房、钢骨架多层水泥活动板房等可重复使用的装配式结构。

2）对施工中发现的地下文物资源，应进行有效保护，处理措施恰当。

3）地下水位控制应对相邻地表和建筑物无有害影响。对于深基坑降水，应对相邻的地表和建筑物进行监测，采取科学措施，以减少对地表和建筑的影响。

4）钢筋加工应配送化，构件制作应工厂化。

5）施工总平面布置应能充分利用和保护原有建筑物、构筑物、道路和管线等，职工宿舍应满足 $2m^2$/人的使用面积要求。高效利用现场既有资源是绿色施工的基本原则，施工现场生产生活临时设施尽量做到占地面积最小，并应满足使用功能的合理性、可行性和舒适性要求。

15.3.7 评价方法

1）绿色施工项目自评价次数每月不应少于 1 次，且每阶段不应少于 1 次。采取双控的方式，当某一施工阶段的工期少于 1 个月时，自评价也应不少于 1 次。

2）评价方法如下。

① 控制项指标，必须全部满足。评价方法应符合表 15-6 的规定。

表 15-6　控制项评价方法

评分要求	结论	说明
措施到位，全部满足考评指标要求	符合要求	进入评分流程
措施不到位，不满足考评指标要求	不符合要求	一票否决，为非绿色施工项目

② 一般项指标，应根据实际发生项执行的情况计分。评价方法应符合表 15-7 的规定。

表 15-7　一般项计分标准

评分要求	评分
措施到位，满足考评指标要求	2
措施基本到位，部分满足考评指标要求	1
措施不到位，不满足考评指标要求	0

③ 优选项指标，应根据实际发生项执行情况加分。评价方法应符合表 15-8 的规定。

表 15-8　优选项加分标准

评分要求	评分
措施到位，满足考评指标要求	1
措施基本到位，部分满足考评指标要求	0. 5
措施不到位，不满足考评指标要求	0

3）要素评价得分应符合下列规定。

① 一般项得分应按百分制折算，并按下式进行计算：

$$A=\frac{B}{C}\times 100\% \tag{15-1}$$

式中：A——折算分；

B——实际发生项条目实得分之和；

C——实际发生项条目应得分之和。

② 优选项加分 D 应按优选项实际发生条目加分求和。

③ 要素评价得分：

$$\text{要素评价得分 } F=\text{一般项折算分 } A+\text{优选项加分 } D$$

4）批次评价得分应符合下列规定。

① 批次评价应按表 15-9 的规定进行要素权重确定。

表 15-9　批次评价要素权重系数

评价要素	地基与基础、结构工程、装饰装修与机电安装
环境保护	0.3
节材与材料资源利用	0.2
节水与水资源利用	0.2
节能与能源利用	0.2
节地与土地资源保护	0.1

注：根据各评价要素对批次评价起的作用不同，评价时应考虑相应的权重系数。根据对大量施工现场的实地调查、相关施工人员的问卷调研，通过统计分析，得出批次评价时各评价要素的权重系数表。

② 批次评价得分 E 的计算公式如下：

$$\text{批次评价得分 } E=\sum（\text{要素评价得分 } F\times\text{权重系数}）$$

5）阶段评价得分 G 的计算公式如下：

$$\text{阶段评价得分 } G=\frac{\sum\text{批次评价得分}E}{\text{评价批次数}}$$

6）单位工程绿色评价得分应符合下列规定。

① 单位工程评价应按表 15-10 的规定进行要素权重确定。

表 15-10　单位工程要素权重系数

评价阶段	权重系数
地基与基础	0.3
结构工程	0.5
装饰装修与机电安装	0.2

注：考虑一般建筑工程结构施工时间较长、受外界因素影响大、涉及人员多、难度系数高等原因，在施工中尤其要保证“四节一环保”，这个阶段在单位绿色施工评价时地位重要，通过对大量工程的调研、统计、分析，规定其权重系数为 0.5；地基与基础施工阶段，对周围环境的影响及实施绿色施工的难度都较装饰装修与机电安装阶段大，所以，规定其权重系数分别为 0.3 和 0.2。

② 单位工程评价得分 W 的计算公式如下：

$$\text{单位工程评价得分 } W = \sum \text{阶段评价得分 } G \times \text{权重系数}$$

7）单位工程绿色施工等级应按下列规定进行判定。

① 有下列情况之一者为不合格。

控制项不满足要求；

单位工程总得分＜60 分；

结构工程得分＜60 分。

② 满足以下条件者为合格。

控制项全部满足要求；

60 分≤单位工程总得分＜80 分，结构工程得分≥60 分；

至少每个评价要素各有一项优选项得分，优选项总分≥5。

③ 满足以下条件者为优良。

控制项全部满足要求；

单位工程总得分≥80 分，结构工程得分≥80 分；

至少每个评价要素中有两项优选项得分，优选项总分≥10。

15.3.8 评价组织和程序

1. 评价组织

1）单位工程绿色施工评价应由建设单位组织，项目施工单位和监理单位参加，评价结果应由建设、监理、施工单位三方签认。

2）单位工程施工阶段评价由监理单位组织，项目建设单位和施工单位参加，评价结果应由建设、监理、施工单位三方签认。

3）单位工程施工批次评价应由施工单位组织，项目建设单位和监理单位参加，评价结果应由建设、监理、施工单位三方签认。

4）企业应进行绿色施工的随机检查，并对绿色施工目标的完成情况进行评估。

5）项目部应会同建设、监理单位根据绿色施工情况，制定改进措施，由项目部实施改进。

6）项目部应接受建设单位、政府主管部门及其委托单位的绿色施工检查。

2. 评价程序

1）单位工程绿色施工评价应在批次评价和阶段评价的基础上进行。绿色施工评价的基本原则：先由施工单位自评价，再由建设单位、监理单位或其他评价机构验收评价。

2）单位工程绿色施工评价应由施工单位书面申请，在工程竣工验收前进行评价。

3）单位工程绿色施工评价应检查相关技术和管理资料，并应听取施工单位“绿色施工总体情况报告”，综合确定绿色施工评价等级。单位工程绿色施工评价，证据的收集包括审查施工记录；对照记录查验现场，必要时进一步追踪隐蔽工程情况；询问现场有关人员。

4）单位工程绿色施工评价结果应在有关部门备案。

3. 评价资料

1）单位工程绿色施工评价资料应包括以下内容。

① 绿色施工组织设计专门章节，施工方案的绿色要求、技术交底及实施记录。

② 绿色施工要素评价表应按表 15-11 的格式进行填写。

③ 绿色施工批次评价汇总表应按表 15-12 的格式进行填写。

④ 绿色施工阶段评价汇总表应按表 15-13 的格式进行填写。

⑤ 反映绿色施工要求的图纸会审记录。

⑥ 单位工程绿色施工评价汇总表应按表 15-14 的格式进行填写。

⑦ 单位工程绿色施工总体情况总结。

⑧ 单位工程绿色施工相关方验收及确认表。

⑨ 反映评价要素水平的图片或影像资料。

2）绿色施工评价资料应按规定存档。

3）所有评价表编号均应按时间顺序的流水号排列，如 0001。

表 15-11　绿色施工要素评价表

<table>
<tr><td colspan="2" rowspan="2">工程名称</td><td colspan="3" rowspan="2"></td><td colspan="2">编号</td><td colspan="2"></td></tr>
<tr><td colspan="2">填表日期</td><td colspan="2"></td></tr>
<tr><td colspan="2">施工单位</td><td colspan="3"></td><td colspan="2">施工阶段</td><td colspan="2"></td></tr>
<tr><td colspan="2">评价指标</td><td colspan="3"></td><td colspan="2">施工部位</td><td colspan="2"></td></tr>
<tr><td rowspan="4">控制项</td><td colspan="6">标准编号及标准要求</td><td colspan="2">评价结论</td></tr>
<tr><td colspan="6"></td><td colspan="2"></td></tr>
<tr><td colspan="6"></td><td colspan="2"></td></tr>
<tr><td colspan="6"></td><td colspan="2"></td></tr>
<tr><td rowspan="7">一般项</td><td colspan="3">标准编号及标准要求</td><td colspan="3">计分标准</td><td>应得分</td><td>实得分</td></tr>
<tr><td colspan="3"></td><td colspan="3"></td><td></td><td></td></tr>
<tr><td colspan="3"></td><td colspan="3"></td><td></td><td></td></tr>
<tr><td colspan="3"></td><td colspan="3"></td><td></td><td></td></tr>
<tr><td colspan="3"></td><td colspan="3"></td><td></td><td></td></tr>
<tr><td colspan="3"></td><td colspan="3"></td><td></td><td></td></tr>
<tr><td colspan="3"></td><td colspan="3"></td><td></td><td></td></tr>
<tr><td rowspan="3">优选项</td><td colspan="3"></td><td colspan="3"></td><td></td><td></td></tr>
<tr><td colspan="3"></td><td colspan="3"></td><td></td><td></td></tr>
<tr><td colspan="3"></td><td colspan="3"></td><td></td><td></td></tr>
<tr><td>评价
结果</td><td colspan="8"></td></tr>
<tr><td rowspan="2">签字栏</td><td colspan="2">建设单位</td><td colspan="3">监理单位</td><td colspan="3">施工单位</td></tr>
<tr><td colspan="2"></td><td colspan="3"></td><td colspan="3"></td></tr>
</table>

表 15-12　绿色施工批次评价汇总表

<table>
<tr><td rowspan="2">工程名称</td><td rowspan="2" colspan="2"></td><td>编号</td><td></td></tr>
<tr><td>填表日期</td><td></td></tr>
<tr><td>评价阶段</td><td colspan="4"></td></tr>
<tr><td>评价要素</td><td colspan="2">评价得分</td><td>权重系数</td><td>实得分</td></tr>
<tr><td>环境保护</td><td colspan="2"></td><td>0.3</td><td></td></tr>
<tr><td>节材与材料资源利用</td><td colspan="2"></td><td>0.2</td><td></td></tr>
<tr><td>节水与水资源利用</td><td colspan="2"></td><td>0.2</td><td></td></tr>
<tr><td>节能与能源利用</td><td colspan="2"></td><td>0.2</td><td></td></tr>
<tr><td>节地与土地资源保护</td><td colspan="2"></td><td>0.1</td><td></td></tr>
<tr><td>合计</td><td colspan="2"></td><td>1</td><td></td></tr>
<tr><td>评价结论</td><td colspan="4">1．控制项：
2．评价得分：
3．优选项：
结论：</td></tr>
<tr><td rowspan="2">签字栏</td><td>建设单位</td><td colspan="2">监理单位</td><td>施工单位</td></tr>
<tr><td></td><td colspan="2"></td><td></td></tr>
</table>

表 15-13　绿色施工阶段评价汇总表

<table>
<tr><td rowspan="2">工程名称</td><td rowspan="2" colspan="2"></td><td>编号</td><td></td></tr>
<tr><td>填表日期</td><td></td></tr>
<tr><td>评价阶段</td><td colspan="4"></td></tr>
<tr><td>评价批次</td><td>批次得分</td><td colspan="2">评价批次</td><td>批次得分</td></tr>
<tr><td>1</td><td></td><td colspan="2">9</td><td></td></tr>
<tr><td>2</td><td></td><td colspan="2">10</td><td></td></tr>
<tr><td>3</td><td></td><td colspan="2">11</td><td></td></tr>
<tr><td>4</td><td></td><td colspan="2">12</td><td></td></tr>
<tr><td>5</td><td></td><td colspan="2">13</td><td></td></tr>
<tr><td>6</td><td></td><td colspan="2">14</td><td></td></tr>
<tr><td>7</td><td></td><td colspan="2">15</td><td></td></tr>
<tr><td>8</td><td></td><td colspan="2">⋮</td><td></td></tr>
<tr><td>小计</td><td colspan="4"></td></tr>
<tr><td rowspan="2">签字栏</td><td>建设单位</td><td>监理单位</td><td colspan="2">施工单位</td></tr>
<tr><td></td><td></td><td colspan="2"></td></tr>
</table>

注：阶段评价得分$G=\frac{\sum 批次评价得分E}{评价批次数}$。

表 15-14　单位工程绿色施工评价汇总表

<table>
<tr><td rowspan="2">工程名称</td><td rowspan="2"></td><td>编号</td><td></td></tr>
<tr><td>填表日期</td><td></td></tr>
<tr><td>评价阶段</td><td>阶段得分</td><td>权重系数</td><td>实得分</td></tr>
<tr><td>地基与基础</td><td></td><td>0.3</td><td></td></tr>
<tr><td>结构工程</td><td></td><td>0.5</td><td></td></tr>
<tr><td>装饰装修与机电安装</td><td></td><td>0.2</td><td></td></tr>
<tr><td>合计</td><td></td><td>1</td><td></td></tr>
<tr><td>评价结论</td><td colspan="3"></td></tr>
<tr><td rowspan="2">签字
盖章栏</td><td>建设单位（章）</td><td>监理单位（章）</td><td>施工单位（章）</td></tr>
<tr><td></td><td></td><td></td></tr>
</table>

思 考 题

15-1　简述绿色施工、建筑垃圾、建筑废弃物、回收利用率、信息化施工、建筑工业化的术语。

15-2　图示绿色施工总体框架。

15-3　简述绿色施工中施工单位的职责。

15-4　试述绿色施工的评价框架体系。

15-5　试述绿色施工的评价方法。

15-6　试述绿色施工的评价程序。

参考文献

广东省住房和城乡建设厅，2019．建筑施工承插型套扣式钢管脚手架安全技术规程：DBJ/T 15—98—2019［S］．北京：中国建筑工业出版社．

郭正兴，2012．土木工程施工［M］．2版．南京：东南大学出版社．

侯永利，2011．砌体工程与木结构工程［M］．南京：江苏人民出版社．

《建筑施工手册》编写组，2013．建筑施工手册［M］．5版．北京：中国建筑工业出版社．

穆静波，2017．土木工程施工［M］．北京：机械工业出版社．

王海良，董鹏，2013．桥梁工程施工技术［M］．北京：人民交通出版社．

余群舟，刘元珍，2006．建筑工程施工组织与管理［M］．北京：北京大学出版社．

中华人民共和国建设部，中华人民共和国国家质量监督检验检疫总局，2002．住宅装饰装修工程施工规范：GB 50327—2001［S］．北京：中国建筑工业出版社．

中华人民共和国交通运输部，2015．公路路面基层施工技术细则：JTG/T F20—2015［S］．北京：人民交通出版社．

中华人民共和国交通运输部，2020．公路桥涵施工技术规范：JTG/T 3650—2020［S］．北京：人民交通出版社．

中华人民共和国住房和城乡建设部，2008．建筑施工模板安全技术规范：JGJ 162—2008［S］．北京：中国建筑工业出版社．

中华人民共和国住房和城乡建设部，2008．建筑桩基技术规范：JGJ 94—2008［S］．北京：中国建筑工业出版社．

中华人民共和国住房和城乡建设部，2011．建筑施工承插型盘扣式钢管支架安全技术规程：JGJ 231—2010［S］．北京：中国建筑工业出版社．

中华人民共和国住房和城乡建设部，2011．建筑施工扣件式钢管脚手架安全技术规范：JGJ 130—2011［S］．北京：中国建筑工业出版社．

中华人民共和国住房和城乡建设部，2012．钢筋焊接及验收规程：JGJ 18—2012［S］．北京：中国建筑工业出版社．

中华人民共和国住房和城乡建设部，2012．建筑基坑支护技术规程：JGJ 120—2012［S］．北京：中国建筑工业出版社．

中华人民共和国住房和城乡建设部，2012．屋面工程质量验收规范：GB 50207—2012［S］．北京：中国建筑工业出版社．

中华人民共和国住房和城乡建设部，2017．建筑施工碗扣式钢管脚手架安全技术标准：JGJ 166—2016［S］．北京：中国建筑工业出版社．

中华人民共和国住房和城乡建设部，2017．建筑与市政工程地下水控制技术规范：JGJ 111—2016．［S］．北京：中国建筑工业出版社．

中华人民共和国住房和城乡建设部，2018．建筑装饰装修工程质量验收标准：GB 50210—2018［S］．北京：中国建筑工业出版社．

中华人民共和国住房和城乡建设部，2019．建筑施工门式钢管脚手架安全技术标准：JGJ/T 128—2019［S］．北京：中国建筑工业出版社．

中华人民共和国住房和城乡建设部，中华人民共和国国家质量监督检验检疫总局，2008．地下工程防水技术规范：GB 50108—2008［S］．北京：中国计划出版社．

中华人民共和国住房和城乡建设部，中华人民共和国国家质量监督检验检疫总局，2009．建筑施工组织设计规范：GB/T 50502—2009［S］．北京：中国建筑工业出版社．

中华人民共和国住房和城乡建设部，中华人民共和国国家质量监督检验检疫总局，2011．建筑工程绿色施工评价标准：GB/T 50640—2010［S］．北京：中国计划出版社．

中华人民共和国住房和城乡建设部，中华人民共和国国家质量监督检验检疫总局，2012．地下防水工程质量验收规范：GB

50208—2011 [S]. 北京：中国建筑工业出版社.

中华人民共和国住房和城乡建设部，中华人民共和国国家质量监督检验检疫总局，2012. 混凝土结构工程施工规范：GB 50666—2011 [S]. 北京：中国建筑工业出版社.

中华人民共和国住房和城乡建设部，中华人民共和国国家质量监督检验检疫总局，2012. 建筑地基处理技术规范：JGJ 79—2012 [S]. 北京：中国建筑工业出版社.

中华人民共和国住房和城乡建设部，中华人民共和国国家质量监督检验检疫总局，2012. 砌体结构工程施工质量验收规范：GB 50203—2011 [S]. 北京：中国建筑工业出版社.

中华人民共和国住房和城乡建设部，中华人民共和国国家质量监督检验检疫总局，2012. 土方与爆破工程施工及验收规范：GB 50201—2012 [S]. 北京：中国建筑工业出版社.

中华人民共和国住房和城乡建设部，中华人民共和国国家质量监督检验检疫总局，2012. 屋面工程技术规范：GB 50345—2012 [S]. 北京：中国建筑工业出版社.

中华人民共和国住房和城乡建设部，中华人民共和国国家质量监督检验检疫总局，2014. 混凝土结构工程施工质量验收规范：GB 50204—2015 [S]. 北京：中国建筑工业出版社.

中华人民共和国住房和城乡建设部，中华人民共和国国家质量监督检验检疫总局，2014. 建筑工程绿色施工规范：GB/T 50905—2014 [S]. 北京：中国建筑工业出版社.

中华人民共和国住房和城乡建设部，中华人民共和国国家质量监督检验检疫总局，2018. 建筑地基基础工程施工质量验收标准：GB 50202—2018 [S]. 北京：中国计划出版社.